Physik

9.30

Kondensierte Materie

Festkörperphysik I + II

Werner Känzig

Verlag der Fachvereine Zürich

Konzepte aus der Physik der kondensierten Materie

Vorlesungen "Festkörperphysik I und II"

gehalten im akademischen Jahr 1981/82

an der

Abteilung für Mathematik und Physik

der

Eidgenössischen Technischen Hochschule Zürich

von

Werner Känzig

Professor für Experimentalphysik

1982

ISBN 3 7281 1458 8

Inhaltsverzeichnis

Vorwort

Dieses Manuskript stellt eine Vorlesung dar. Es ist keine Stoffzusammenstellung, keine Übersicht, kein Nachschlagewerk und kein Repetitorium. Die Unterrichtsziele sind die folgenden:

1. Am Beispiel der Physik der kondensierten Materie soll die Allgemeinbildung in Physik erweitert und vertieft werden. Diese Vorlesung richtet sich an alle Physikstudenten. Sie hat nicht den Zweck, Spezialisten auf dem Gebiete der Physik der kondensierten Materie heranzuzüchten.

2. Dies soll eine Einführung sein in die Physik der kondensierten Materie. Sie ist aufgebaut auf dem propädeutischen Unterricht, wie er an der Abteilung für Mathematik und Physik an der ETH geboten wird. Studenten der Abteilungen für Maschineningenieurwesen, Materialwissenschaften, Elektrotechnik, Chemie und Naturwissenschaften sollten dieser Vorlesung auch folgen können. Es wird von ihnen jedoch eine zusätzliche Lernanstrengung verlangt, da die Physikstudenten einen etwas weiter gehenden propädeutischen Physikunterricht genossen haben*).

3. Der Student soll durch diese Vorlesung motiviert werden, tiefer in die Probleme einzudringen. Im Vordergrund steht immer die Problematik und nicht der allgemein akzeptierte Formalismus. Bewusst wird manchmal intellektuelles Unbehagen provoziert; denn der Student kann nicht früh genug daraufhin geschult wer-

---

*) Zur Erleichterung der zusätzlichen Lernanstrengung wird in diesem Manuskript sehr häufig Bezug genommen auf die propädeutischen Physikvorlesungen desselben Verfassers, die im Verlag der Fachvereine erschienen sind: "Mechanik und Wellenlehre" (Sommersemester 1977), "Elektrizität und Magnetismus" und "Wärmelehre" (Wintersemester 1977/78) und "Quantenphysik" (Sommersemester 1978).

den, die Schwächen im dargebotenen Verständnis (das ohnehin nie endgültig ist) zu suchen.

④ Es soll gezeigt werden, wie man durch Abstraktion zu Modellen gelangen kann, die uns einem Verständnis der Physik komplizierter Vielteilchensysteme näher bringen. Auch die Grenzen der Anwendbarkeit von Modellen sollen diskutiert werden.

⑤ Schliesslich sollte dieser Kurs den Studenten auch den Anschluss an die Fachliteratur erleichtern. Sie sollen verstehen, wovon dort die Rede ist. Es gibt so etwas, wie eine allgemein akzeptierte Festkörperphysik.*)

Die Stoffauswahl ist sehr persönlich. Der Fachmann mag sich wundern, warum z.B. Kapitel über Supraleitung, über Strukturdefekte und über Magnetismus fehlen. Supraleitung ist sicher eines der fundamentalsten und tiefgründigsten Phänomene der Physik der kondensierten Materie. Der interessierte Student verlangt aber mehr als nur eine Darstellung der Phänomenologie. Er will eine Erklärung haben, eine Theorie. Auf dem Ausbildungsstand, wo er diesen Kurs besucht, ist er noch nicht genügend mit den Ideen der Quantenelektrodynamik vertraut, dass ihm ein ehrliches Verständnis angeboten werden kann. Strukturdefekte spielen eine grosse Rolle in den Materialwissenschaften. Eine Behandlung, die ihre Physik interessant macht, sprengt aber den Rahmen dieser Einführung. Dass der Magnetismus nicht vorkommt, ist einfach unentschuldbar.

Da diese Vorlesung als Einführung gedacht ist, enthält sie Vereinfachungen, die manchmal an die Grenze des Erlaubten gehen. Darin liegt eine Gefahr: Zu sehr vereinfachte Theorien könnten den Experimentalphysiker zur Illusion verleiten, dass er sich des öftern auf eine ähnliche Weise "durchschwindeln" könne. Es ist jedoch eine Tatsache, dass dem Physiker nie etwas geschenkt wird. Es wird darum versucht, die Vereinfachungen nach

---

*) Dieses Ziel bedingt gewisse historische Perspektiven, aber auch manche hässliche Kompromisse.

Möglichkeit so zu gestalten, dass wenigstens die konzeptionellen Schwierigkeiten nicht unter den Tisch gewischt werden. Es werden auch Beispiele von naiven, unausgereiften Theorien präsentiert, bei denen die konzeptionellen Schwierigkeiten noch nicht im aalglatten Formalismus versteckt sind. Gelegentlich wird auch das Richtige mit dem Falschen konfrontiert; denn auf diesem Wege kann man manchmal klarer erkennen, warum etwas richtig ist.

Dieses Manuskript ist kein Ersatz für ein Lehrbuch. Insbesondere fehlen die Hinweise auf die Originalliteratur, die ein wichtiger Bestandteil eines Lehrbuches sind und eine Hilfe bei der Vertiefung und beim Einstieg in ein Spezialgebiet. Selbstverständlich gehört eine grosse Sammlung von Übungsaufgaben zu diesem Kurs. Sie ist nicht dem Manuskript einverleibt worden. Warum soll man die Schulmeisterei überborden lassen? Die folgenden Lehrbücher haben dieses Manuskript stark beeinflusst, und ihre Anschaffung wird dem Studenten sehr empfohlen.

1) N. W. Ashcroft and N. D. Mermin : "Solid State Physics"
(Holt, Rinehart and Winston 1976)

2) C. Kittel : "Einführung in die Festkörperphysik"
(Oldenbourg)

3) G. Busch und H. Schade : "Vorlesungen über Festkörperphysik"
(Birkhäuser 1973)

4) K.-H. Hellwege : "Einführung in die Festkörperphysik"
(Springer 1976)

Dieses Manuskript stellt erst den vierten Versuch des Verfassers dar zur Gestaltung einer Einführung in die Physik der kondensierten Materie und hat deshalb erst von den gescheiten Fragen von drei Studentenjahrgängen profitiert. Es dürften wohl viele stoffliche und didaktische Mängel darin zu finden sein.

W. K.

1. Beschreibung der Struktur der kondensierten Materie.

1.1. Ordnung und Unordnung

Man kann sich auf den Standpunkt stellen, dass ein grosser Schritt zum Verständnis der kondensierten Materie gemacht ist, wenn es gelingt, die physikalischen Eigenschaften in Zusammenhang zu bringen mit der Atomanordnung, der "Struktur". Ein wichtiges Charakteristikum der Struktur der kondensierten Materie ist die atomare Ordnung bzw. Unordnung: Als Extremfälle denke man an die strenge räumliche Periodizität des Idealkristalls einerseits, und an die weniger geordnete Struktur einer Flüssigkeit (oder eines Glases) anderseits

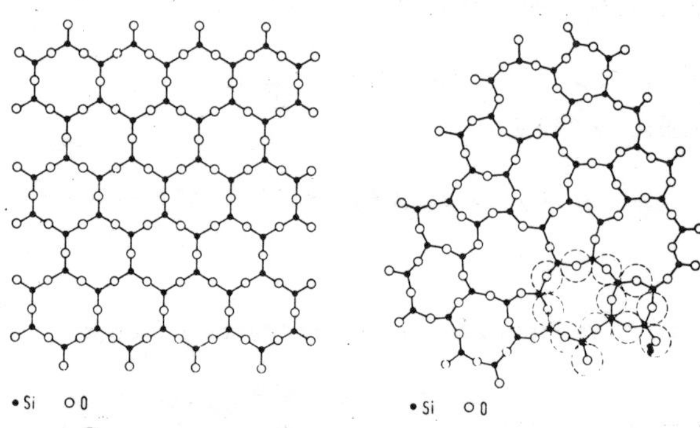

Die nebenstehende Zeichnung (aus H. Scholze: "Glas") gibt eine schematische, zweidimensionale Darstellung des Verknüpfungsnetzwerks der SiO_4-Tetraeder im kristallinen und

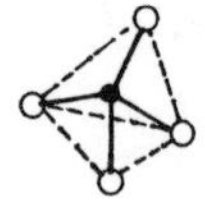

im Glas-Zustand. Die vierten Si-O-Bindungen ragen nach oben oder nach unten aus der Zeichenebene hinaus. Auch im Glas-Zustand (manchmal "amorpher Zustand" genannt) sind bei diesem Modell alle Bindungen abgesättigt. Die Bindungsenergien der beiden Zustände sind damit nicht stark verschieden, obwohl sich die Dichten unterscheiden.

Zwischen den Extremen "Idealkristall" und "Flüssigkeit" liegt eine ganze Welt von "Mesophasen" (Zwischenphasen), wie folgende Beispiele illustrieren sollen:

Feste Mesophasen:

Es gibt viele kristalline Stoffe, bei denen sich die dreidimensionale Periodizität streng genommen erst beim Abkühlen unter eine gewisse kritische Temperatur zu entwickeln beginnt.

Beispiel: Ammoniumchlorid NH_4Cl ist ein Ionenkristall. Die Anordnung der NH_4^+- und der Cl^--Ionen ist unten skizziert. Das

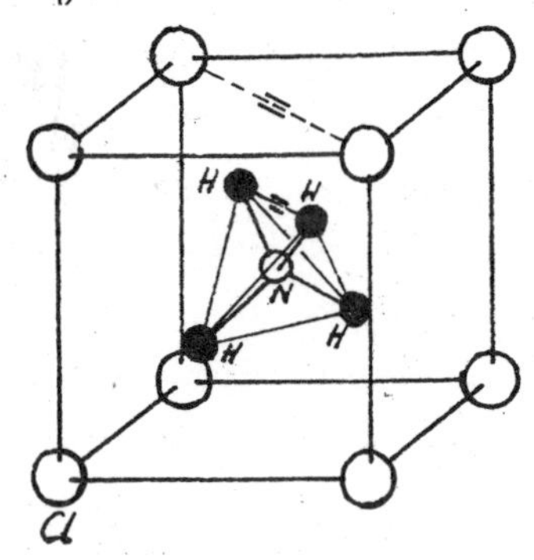

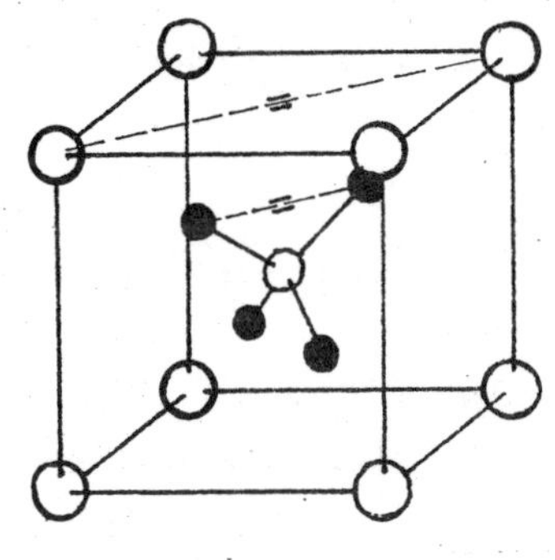

NH_4-Ion ist ein reguläres Tetraeder. Das Stickstoffatom liegt im Zentrum der kubischen Elementarzelle. Wenn man die vier an den Stickstoff gebundenen Wasserstoffatome als nicht unterscheidbar betrachtet, können dem NH_4^+-Tetraeder zwei äquivalente stabile Gleichgewichtsorientierungen zugeschrieben werden, wie sie oben skizziert sind. Oberhalb einer kritischen Temperatur $T_c = 242K$ führen die Tetraeder Drehsprünge aus zwischen den Gleichgewichtsorientierungen. Sie sind in zufälliger Weise auf die beiden Orientierungen verteilt. Damit ist der Kristall nicht streng periodisch. Bei Temperaturen unterhalb T_c sind die Tetraeder in makroskopischen Bereichen gleich orientiert. Die Struktur eines solchen Bereiches ist periodisch; es herrscht Ordnung.

Flüssige Mesophasen: flüssige Kristalle

In gewissen organischen Flüssigkeiten sind die Moleküle nicht zufällig orientiert. Es handelt sich dabei (ausnahmslos?) um langgestreckte Moleküle.

<u>Beispiele</u>: N-(p-<u>me</u>thoxyl<u>be</u>zylidin)-p-<u>bu</u>tyl<u>a</u>nilin, im Jargon als MBBA bezeichnet.

CH_3–O–⟨Benzolring⟩–CH=N–⟨Benzolring⟩–CH_2–CH_2–CH_2–CH_3

Bei Zimmertemperatur haben die Molekülachsen eine Vorzugsorientierung, während die Molekülschwerpunkte ähnlich verteilt sind, wie in einer gewöhnlichen Flüssigkeit. Die Häufigkeit der Moleküle als Funktion des Abweichungswinkels ϑ von der Vorzugsrichtung $\vec{n}$ ist nebenstehend skizziert.

$f(\vartheta)$ — $\vec{n}$ — ϑ: 0, $\pi/2$, π

Die Vorzugsrichtung $\vec{n}$ ist durch "kleine" äussere Einflüsse, z.B. durch die Wände des Gefässes bestimmt. Die Verteilungsfunktion $f(\vartheta)$ ist symmetrisch bezüglich $\vartheta = \frac{\pi}{2}$. Diese Phase der Flüssigkeit wird als <u>nematische Phase</u> bezeichnet (Griechisch: νημα = Faden). Die nematische Ordnung verschwindet, wenn MBBA über 47 °C erwärmt wird.

Es gibt auch organische Flüssigkeiten, die mit variierender Temperatur eine ganze Reihe von Ordnungszuständen durchlaufen. Dabei treten Phasen auf, bei denen nicht nur die <u>Orientierung</u> der Moleküle, sondern auch die <u>Lage ihrer Schwerpunkte</u> einer gewissen Ordnung entspricht.

<u>Beispiel</u>: In der <u>smektischen Phase</u> (σμηγμα = Seife) haben die Moleküle eine Vorzugsorientierung, und gleichzeitig liegen ihre Schwerpunkte in der Nähe von parallelen, äquidistanten Ebenen. Die Vorzugsorientierung kann senkrecht auf den Ebenen stehen (smektische Phase A) oder geneigt sein (smektische Phase C). Es gibt Substanzen, bei denen die smektischen Phasen bei tieferen Temperaturen auftreten als die nematische Phase, und solche, bei denen das

smektisch A

smektisch C

Umgekehrte zutrifft. Es gibt auch Flüssigkeiten bei denen eine smektische Phase auftritt, in der die Molekülschwerpunkte auf den parallelen Ebenen eine gitterähnliche Verteilung haben (smektische Phase H), wobei jedoch die Gittergeraden benachbarter Ebenen nicht parallel sind. Die Skizze illustriert das Verhalten einer Substanz, bei der zwischen der isotropen (normalen) Flüssigkeit und dem festen Kristall drei Mesophasen auftreten bei sinkender Temperatur, und zwei bei steigender Temperatur. Dieses Beispiel zeigt, dass sich nicht unbedingt die Struktur einstellt, die einem <u>absoluten</u> Minimum der freien Energie entspricht.

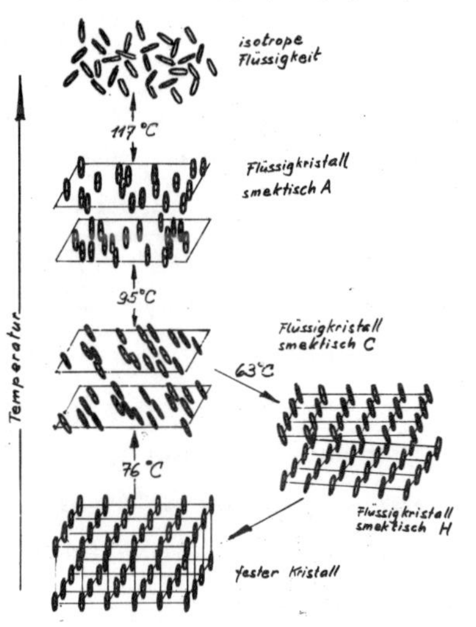

Wenn man den Molekülen eines flüssigen Kristalls einen Schraubensinn zuordnen kann, kann eine sog. <u>cholesterische Phase</u> auftreten. Diese kann insofern als Verzerrung der nematischen Phase aufgefasst werden, als die Vorzugsrichtung $\vec{n}$ der Moleküle nicht mehr räumlich konstant ist, sondern sich dreht, wenn man in der Flüssigkeit fortschreitet, wobei die Richtung der Drehachse (ähnlich wie in der nematischen Phase) durch sanfte äussere Bedingungen bestimmt ist. Der Schraubensinn ist derselbe wie für die Struktur des einzelnen Moleküls.

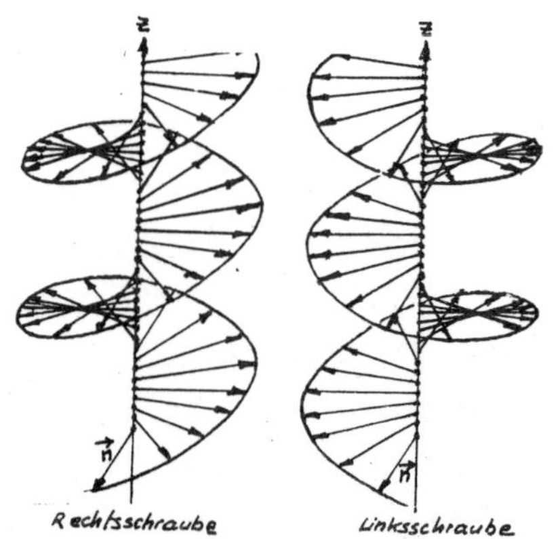

1.2. Geometrische Beschreibung des dreidimensional-periodischen Kristalls.

Dieser Abschnitt handelt von den Symmetrieeigenschaften der Kristallstrukturen. Es ist nicht möglich, auf den wenigen Seiten, die wir diesem Problem hier widmen können, eine strenge, in sich geschlossene, erschöpfende gruppentheoretische Behandlung zu geben. Wir müssen uns darauf beschränken, einige Begriffe mehr oder weniger intuitiv zu erklären, die in der Festkörperphysik (zum Teil aus historischen Gründen) häufig auftauchen. Einem Zunft-Kristallographen mag dieser Abschnitt als Greuel erscheinen. Tatsache ist indessen, dass sich ein Physiker die für die Festkörperphysik relevanten kristallographischen Kenntnisse sehr rasch durch Selbststudium aneignen kann. Folgende Bücher helfen ihm dabei:

Martin Buerger: "An Introduction to the Fundamental Geometric Features of Crystals," (MIT-Press 1978)

G. Burns and A. M. Glazer: "Space Groups for Solid State Scientists," (Academic Press 1978)

C. J. Bradley and A. P. Cracknell: "The Mathematical Theory of Symmetry in Solids", (Clarendon Press, Oxford 1972)

1.2.1. Räumliche Periodizität als Translationssymmetrie.

Die Beschreibung eines Kristalls als streng dreidimensional periodische Struktur ist eine Idealisierung. Es ist erstaunlich, wie viele fruchtbare Erkenntnisse aus dieser Idealisierung hervorgegangen sind. Es gibt weder ein allgemeines physikalisches Gesetz, das aussagt, dass die Struktur der festen kondensierten Materie im thermodynamischen Gleichgewicht (d.h. im Zustand tiefster freier Energie) periodisch sein müsse, noch kann man immer sicher sein, dass die beobachtete Struktur dem Zustand tiefster freier Energie entspricht. Man kennt heute sehr viele Kristalle mit nicht streng periodischer Struktur, bei denen die Abweichungen von der Periodizität völlig reproduzierbaren

Charakter haben[1]. Die periodische Struktur ist aber in den meisten Fällen ein guter Ausgangspunkt zur Behandlung vieler Probleme der Physik der kristallinen Materie. Wir akzeptieren hier <u>das Postulat der Translationssymmetrie</u>:

Die Kristallstruktur wird beschrieben als dreidimensional periodische Anordnung von identischen, gleich orientierten "Komplexen" von Atomen oder Molekülen.

<u>Die Gitterbedingung:</u>

Wir betrachten den Fall, wo ausser der Translationssymmetrie <u>keine</u> Symmetrieelemente vorhanden sind. Wir gehen aus von einem Komplex, der keine Symmetrieelemente aufweist, und bilden daraus durch periodische Translation eine <u>periodische Struktur</u>, wie die Skizze für den zweidimensionalen Fall veranschaulichen soll. Dieser Struktur kann man ein <u>Punktgitter</u> zuordnen im Sinne der nebenstehenden Skizze. An dieses Gitter stellt man eine Forderung, die als <u>Gitterbedingung</u> bezeichnet wird:

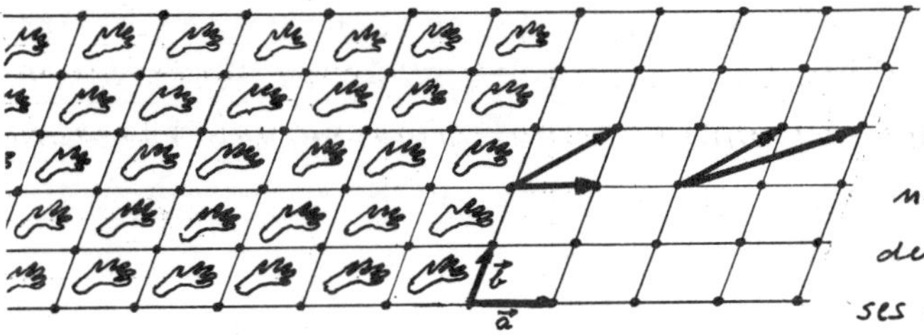

$\vec{b}$

$\vec{a}$

Jedem Gitterpunkt ist ein gleicher (und gleich orientierter) Komplex zugeordnet. Die Zuordnung ist so beschaffen, dass alle Gitterpunkte dieselbe (nahe und ferne) strukturelle Umgebung haben, auch in Bezug auf die absolute Orientierung.

Die Vektoren $\vec{a}$, $\vec{b}$ und $\vec{c}$, die das Punktgitter bestimmen, werden als <u>Translationsvektoren</u> des Gitters bezeichnet. Das

---

[1] Strukturdefekte, wie z.B. fehlende Atome (Leerstellen), chemische Verunreinigungen, Versetzungen, etc. stehen hier nicht zur Diskussion.

vektortripel $\vec{a}$, $\vec{b}$, $\vec{c}$ ist nicht eindeutig bestimmt durch die Struktur. Von den beliebig vielen Möglichkeiten sind in der Skizze drei angedeutet. Die Wahl der Translationsvektoren ist eine Frage der Konvenienz. Das Punktgitter hingegen ist eindeutig bestimmt, wenn man von einer eventuellen Translation absieht. Das Punktgitter ist immer ein Parallelepipedgitter (bzw. ein Parallelogrammgitter im zweidimensionalen Fall). Wenn der "Komplex", von dem man ausgegangen ist, keine Symmetrieelemente aufweist, besteht kein Grund, warum das Punktgitter neben der Translationssymmetrie noch weitere Symmetrieelemente aufweisten sollte.

Händigkeit (Chiralität) einer Struktur

Betrachte eine dreidimensional periodische Struktur, die erzeugt werde durch Translation eines Komplexes, der weder eine Spiegelebene, noch ein Inversionszentrum habe, wie z.B. eine Hand. Wenn wir die rechte Hand nehmen, entsteht eine rechtshändige Struktur. Durch Spiegelung an einer Ebene geht die rechte Hand in die linke Hand über und die rechtshändige, periodische Struktur in die entsprechende linkshändige, periodische Struktur. (Die kongruente linkshändige Struktur erhält man auch durch Inversion, $x \to -x$, $y \to -y$, $z \to -z$, allerdings in anderer Orientierung.) Die rechtshändige und die entsprechende linkshändige Struktur sind nicht kongruent; man spricht von einem enantiomorphen Paar. Kristalle, die eine "Händigkeit" haben — die gelehrte Bezeichnung ist "Chiralität"[2] — kommen in der Natur häufig vor. Es gibt z.B. Rechtsquarze und Linksquarze. Eine chirale Struktur kann weder eine Spiegelebene noch ein Inversionszentrum haben, wohl aber andere Symmetrieelemente. Ob man einer vorliegenden chiralen Struktur die rechte oder die linke Hand zuordnet, ist zunächst rein willkürlich. Wenn aber die Struktur Schrauben enthält, kann die Willkür der Zuordnung wegfallen, da Rechts-

---

[2] Das Wort "Chiralität" hat seinen Ursprung im Griechischen: χειρ heisst Hand. Der Genitiv ist χειρος. (Man denke an den Chiropraktiker oder an die Chiromantie)

und Linksschrauben durch Konvention festgelegt sind (S. 7).

Auch Flüssigkeiten und Gläser können chiral sein, nämlich dann, wenn den Molekülen eine Händigkeit zugeschrieben werden kann und rechtshändige und linkshändige Moleküle nicht gleich häufig sind.

Ein interessantes Rätsel ist die Tatsache, dass in der Natur die Partner eines enantiomorphen Paares nicht mit gleicher Häufigkeit auftreten. Ganz extrem äussert sich diese "Paritätsverletzung" in der Molekularbiologie, wo entweder nur der Rechtspartner oder nur der Linkspartner einer gegebenen chemischen Species vorkommt. Die enantiomorphe Welt existiert nicht in der Biologie! Wir essen Rechtszucker und wissen nicht, wie Linkszucker schmeckt. Würde der letztere überhaupt metabolisiert?

In der Festkörperphysik spielte der Begriff der Chiralität bisher keine grosse Rolle, denn die einfachen Kristallstrukturen, deren physikalische Eigenschaften gründlich untersucht wurden, sind nicht chiral. Ist es möglich, dass hier etwas verpasst wurde?[3] Man denke zum Beispiel an die kombinierte Wirkung eines elektrischen und eines magnetischen Feldes auf einen chiralen Kristall.[4] Eine Inversionstransformation würde den Kristall in den Enantiomorphen überführen und das elektrische Feld (polarer Vektor) umkehren, während das magnetische Feld (achsialer Vektor) unverändert bliebe ("Mechanik und Wellenlehre", S. 104/105, "Elektrizität und Magnetismus", S. 109). Darf man z.B. daraus schliessen, dass sich die magnetische Widerstandsänderung bei einem chiralen Leiter ändert, wenn man das Magnetfeld umpolt?

---

3) J.D. Dunitz

4) Von der wohlbekannten Drehung der Polarisationsebene des Lichtes sehen wir hier ab.

1.2.2. Die sieben Kristallsysteme

In der Welt der chemisch nicht sehr komplizierten Verbindungen, mit denen sich die Festkörperphysiker bisher am intensivsten beschäftigten, haben die Kristallstrukturen in der Regel über die Translationssymmetrie hinaus noch weitere Symmetrieeigenschaften, d.h. neben den Translationen gibt es noch weitere Deckoperationen für die Strukturen. Die Symmetrieelemente, die wir im folgenden besprechen, beziehen sich immer auf einen Punkt in der Elementarzelle. Dieser Punkt kann z.B. ein Inversionszentrum sein. Es kann z.B. eine Drehachse durch diesen Punkt gehen. Unter der Elementarzelle versteht man das durch die gewählten Translationsvektoren aufgespannte Parallelepiped samt seinem Strukturinhalt. Eine Punktsymmetrie-Operation führt die Elementarzelle in sie über, und wegen der Translationssymmetrie auch die ganze periodische Struktur. Man kann auch sagen, dass sich ein Punktsymmetrieelement entsprechend der Translationssymmetrie periodisch wiederholt.

Eine rohe Klassifikation der Kristallstrukturen wird erhalten, indem man (zusätzlich zur Translationssymmetrie) noch ein einziges Punktsymmetrieelement betrachtet, welches allerdings in der Elementarzelle mehrmals vorkommen kann. Dieses Punktsymmetrieelement ist entweder eine reine Drehung um eine Achse oder eine Drehinversion (uneigentliche Drehung):

Reine Drehungen um eine Achse

Eine Drehachse nennt man n-zählig, wenn bei aufeinanderfolgenden Drehungen um $\frac{2\pi}{n}$ die Struktur jedesmal zur Deckung kommt. Die Translationssymmetrie lässt nur die Zähligkeiten $n = 1, 2, 3, 4$ und 6 zu.

Die Händigkeit eines Objektes wird durch eine reine Drehung nicht verändert. Eine chirale Struktur kann also eine Drehachse haben.

Die nebenstehende Tabelle zeigt die Symbolik, die man in der Literatur über Festkörperphysik findet. Die Kristallographen benützen die Schoenflies'schen Symbole heute nicht mehr.

Zähligkeit n	Symbole	
	international	Schoenflies
1-zählig (Identität)	1	$C_1 (=E)$
2-zählig	2	C_2
3-zählig	3	C_3
4-zählig	4	C_4
6-zählig	6	C_6

<u>Die Inversion</u> (auch Paritätstransformation genannt) ist die Operation $x, y, z \rightarrow -x, -y, -z$, oder in der Schreibweise der Kristallographen $x, y, z \rightarrow \bar{x}, \bar{y}, \bar{z}$. Das internationale Symbol ist $\bar{1}$, und das Schoenflies'sche i . Die Inversion führt die rechte Hand in die linke Hand über, ändert also die Chiralität eines Objektes. Wegen der biologischen "Paritätsverletzung" können Proteinkristalle kein Inversionszentrum haben (S. 11).

<u>Drehinversionen</u> (uneigentliche Drehungen)

Die uneigentliche Drehung unterscheidet sich von der reinen Drehung, indem jedem Drehschritt um $\frac{2\pi}{n}$ <u>unmittelbar</u> (d.h. bevor die Lage des Objektes registriert wird) eine Inversion angefügt wird.

Zähligkeit n	Symbole	
	international	Schoenflies
1-zählig	$\bar{1}$	i
2-zählig	$\bar{2}$	σ
3-zählig	$\bar{3}$	S_6
4-zählig	$\bar{4}$	S_4
6-zählig	$\bar{6}$	S_3

In der dritten Kolonne der nebenstehenden Tabelle ist nicht etwa ein Druckfehler: S_6 gehört zu $n=3$ und S_3 zu $n=6$. Damit wir Beispiele zur Drehinversion geben können, müssen wir den Begriff des <u>"Motivs"</u> einführen.

<u>Der Begriff des "Motivs"</u>

Wenn eine Kristallstruktur Punktsymmetrieelemente aufweist,

findet man diese auch beim Komplex, durch dessen periodische Translation man die Struktur mathematisch erzeugen kann. Den Komplex selber kann man sich dann erzeugt denken durch sukzessive Anwendung von Punktsymmetrieoperationen auf ein sog. "Motiv", das keine Punktsymmetrieelemente hat. Motiv und Komplex können nur dann identisch sein, wenn die Struktur keine Punktsymmetrieelemente aufweist (s. Beispiel S. 9/10). Unter dem Motiv kann man sich z.B. ein Molekül vorstellen. In den folgenden Skizzen wird das Motiv durch eine Hand symbolisiert, um die Abwesenheit von Symmetrieelementen drastisch sichtbar zu machen.

① Die Punktsymmetrie $\bar{2}$ (σ)

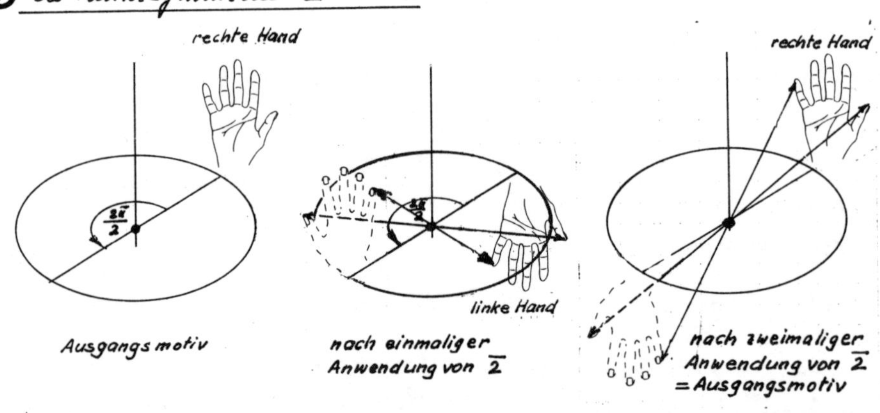

Durch einmalige Anwendung der Operation $\bar{2}$ wird das Motiv gespiegelt an der Ebene, die das Inversionszentrum enthält und senkrecht steht auf der Drehachse. Schon nach zweimaliger Anwendung ist man wieder beim Ausgangsmotiv angelangt. Die Punktsymmetrie $\bar{2}$ ist also äquivalent zu einer Spiegelebene. Das Schoenflies'sche Symbol dafür ist σ.

Die folgenden Skizzen stellen dasselbe nocheinmal dar in der konventionellen Symbolik der Kristallographen. Es sind Projektionen auf die Ebene, die senkrecht steht auf der Drehachse und das Inversionszentrum enthält. Mit ○+ ist das Motiv oberhalb der Projektionsebene und mit ○– das bezüglich der Projektionsebene gegenüberliegende (also das darunterliegende) deckungs-

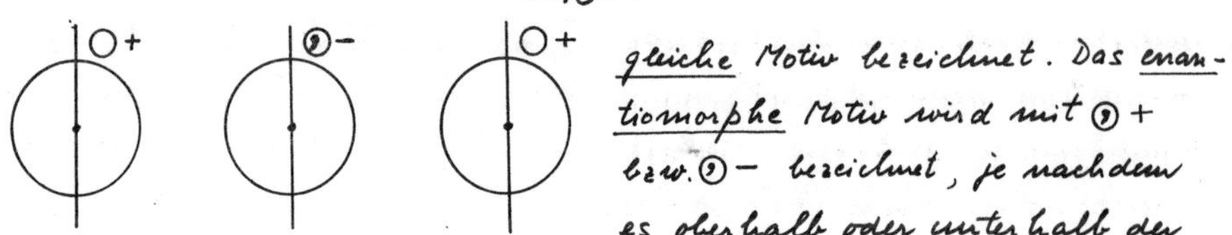

gleiche Motiv bezeichnet. Das enantiomorphe Motiv wird mit ⊙+ bzw. ⊙− bezeichnet, je nachdem es oberhalb oder unterhalb der Projektionsebene liegt. Die in der Skizze auf S. 14 gestrichelt eingezeichneten Motive gehören nicht zur Struktur; denn sie entsprechen erst der Drehung. Die Inversion hat noch nicht stattgefunden. Sie werden deshalb konsequent weggelassen. Die Punktsymmetrie $\bar{2}$ bedingt also, dass zum Ausgangsmotiv das gespiegelte Motiv hinzukommt, wenn man den Komplex konstruiert.

② Die Punktsymmetrie $\bar{3}$ (S_6)

Nach 6 aufeinanderfolgenden Drehinversionen mit $n=3$ geht das Motiv wieder in das Ausgangsmotiv über:

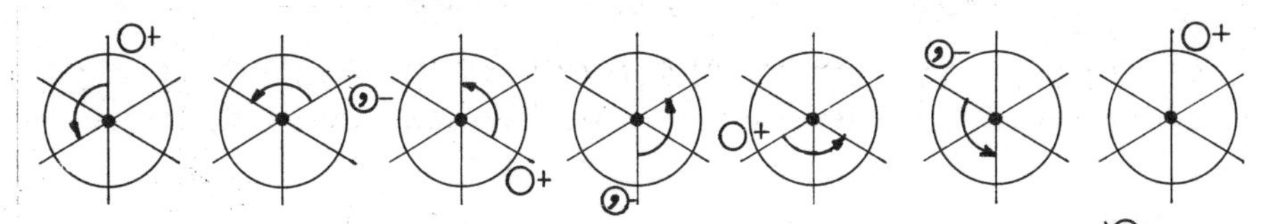

Die durch die Punktsymmetrie $\bar{3}$ (S_6) bedingte Anordnung der Motive ist nebenstehend skizziert.

③ Die Punktsymmetrie $\bar{6}$ (S_3)

Nach 6 aufeinanderfolgenden Drehinversionen mit $n=6$ geht das Motiv wieder in das Ausgangsmotiv über:

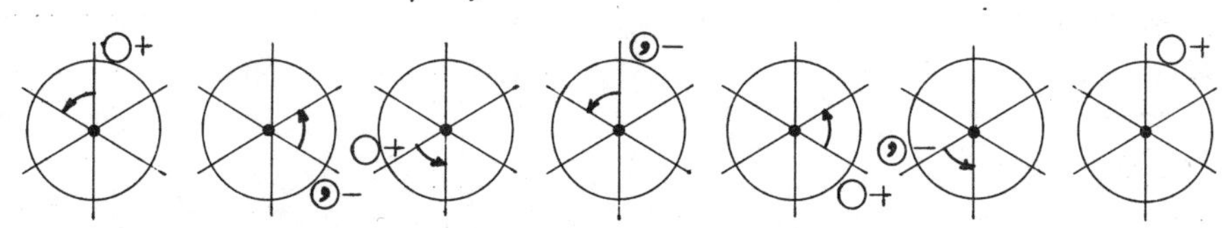

Die durch die Punktsymmetrie $\bar{6}$ (S_3) bedingte Anordnung der Motive ist nebenstehend skizziert. Man erkennt, dass $\bar{6}$ (S_3) äquivalent ist zu einer dreizähligen, reinen Drehung, kombiniert

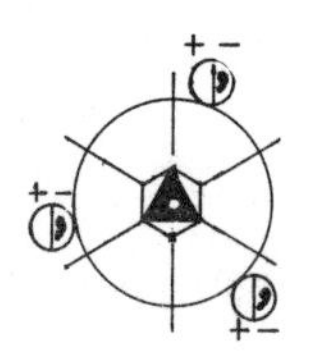

mit einer auf der Drehachse senkrecht stehenden, das Inversionszentrum enthaltenden Spiegelebene.

Symmetriegerechte Wahl der Translationsvektoren

Solange man nur die Translationssymmetrie betrachtet, hat man grosse Freiheit in der Wahl der Translationsvektoren bzw. der Elementarzelle (S. 9/10). Wenn Punktsymmetrieelemente vorhanden sind, wählt man Tripel von Translationsvektoren, die diese Punktsymmetrieelemente nicht verschleiern: Man tendiert auf eine Elementarzelle mit möglichst vielen Symmetrieelementen. Ein zweidimensionales Beispiel zur Illustration:

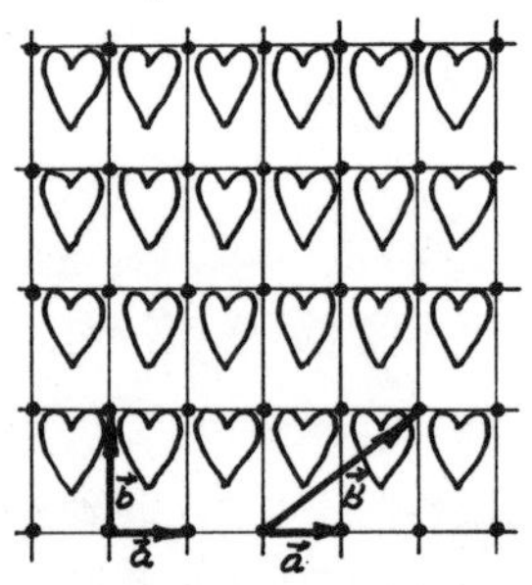

Bei einer periodischen Struktur, die durch Spiegelung an einer Geraden in sie übergeht, ist das zugeordnete Punktgitter notwendigerweise rechtwinklig. Wenn man die Punktsymmetrie bei der Wahl der Translationsvektoren, bzw. der Wahl der Elementarzelle, nicht verschleiern will, wählt man die senkrecht aufeinanderstehenden Basisvektoren $\vec{a}, \vec{b}$ und nicht das Paar $\vec{a}, \vec{b'}$, obwohl beide Paare genau dasselbe Punktgitter beschreiben.

Ein rohes Klassifikationskriterium für Kristallstrukturen:

Man gelangt zu den 7 Kristallsystemen, indem man die Kristallstrukturen durch <u>eines</u> der Punktsymmetrieelemente

$$\left.\begin{matrix} 1 & 2 & 3 & 4 & 6 \\ \bar{1} & \bar{2} & \bar{3} & \bar{4} & \bar{6} \end{matrix}\right\}$$

charakterisiert. Man sucht in der zu klassifizierenden Struktur das Punktsymmetrieelement, das in der obigen Aufstellung am weitesten rechts steht. (Wir werden sehen, dass es Fälle gibt, wo dieses Punktsymmetrieelement mehr als einmal auftritt.) Die Struktur muss sozusagen eine <u>minimale Symmetrie</u> erreichen, damit sie einem Kristallsystem zugeordnet werden kann. Sie <u>kann</u> (zusätzlich zum für die Klassifikation massgebenden Punktsymmetrieelement) noch weitere Punktsymmetrieelemente aufweisen.

I. Das trikline System

Ausschlaggebend für die Klassifikation ist die Punktsymmetrie 1 (C_1), was Abwesenheit jeglicher Punktsymmetrieelemente bedeutet, oder die Punktsymmetrie $\overline{1}$ (i), was die Existenz eines Inversionszentrums bedeutet. Dem Tripel der Translationsvektoren $\vec{a}, \vec{b}, \vec{c}$ sind keine Bedingungen auferlegt:

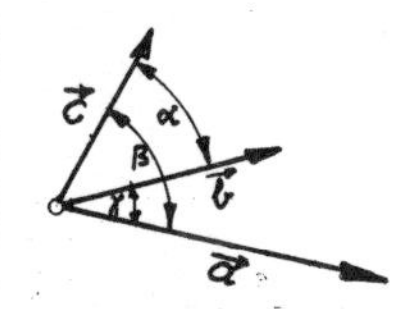

$$a \neq b \neq c \quad , \quad \alpha \neq \beta \neq \gamma \neq 90°$$

Dieses System heisst triklin, weil alle drei Winkel von einem rechten Winkel verschieden sind.

II. Das monokline System

Ausschlaggebend ist die Punktsymmetrie 2 (C_2) oder die Punktsymmetrie $\overline{2}$ (σ), wobei diese Symmetrieelemente nur einmal vorkommen. Nach vorherrschender Konvention wird der Translationsvektor $\vec{b}$ parallel zur zweizähligen Achse, bzw. senkrecht zur Spiegelebene gelegt (S. 14). Das Tripel der Translationsvektoren hat folgende Eigenschaft:

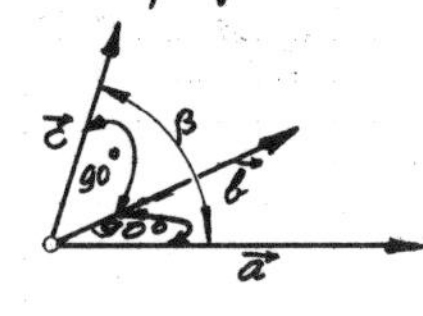

$$a \neq b \neq c \qquad \alpha = \gamma = 90° \quad \beta \neq 90°$$

Dieses System heisst monoklin, weil nur ein einziger Winkel von 90° verschieden ist.

III. Das orthorhombische System

Das Punktsymmetrieelement 2 (C_2) oder $\overline{2}$(σ) ist ausschlaggebend, und zwar kommt es zweimal vor. Man kann zeigen, dass es dann noch ein drittes Mal vorkommen muss, und dass die drei zweizähligen Achsen senkrecht aufeinanderstehen müssen. Das Tripel der Translationsvektoren hat folgende Eigenschaft:

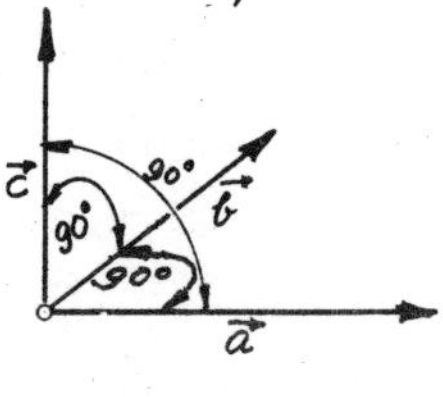

$$a \neq b \neq c \qquad \alpha = \beta = \gamma = 90°$$

IV Das tetragonale System

Das ausschlaggebende Punktsymmetrieelement ist 4 (C_4) oder $\overline{4}$ (S_4). Es kommt <u>einmal</u> vor. Das Tripel der Translationsvektoren hat folgende Eigenschaft:

$$a = b \neq c \qquad \alpha = \beta = \gamma = 90°$$

V Das kubische System

Das kubische System ist dadurch <u>definiert</u>, dass entweder vier dreizählige Drehachsen (3) oder vier dreizählige Drehinversionsachsen ($\overline{3}$) vorkommen, und zwar so, das jede mit jeder andern denselben Winkel einschliesst. Dieser kann nur der Winkel sein, den die Raumdiagonalen eines Würfels gegenseitig einschliessen (109°28'). Die Translationsvektoren werden parallel zu den Würfelkanten gelegt. Für das Vektortripel gilt dann

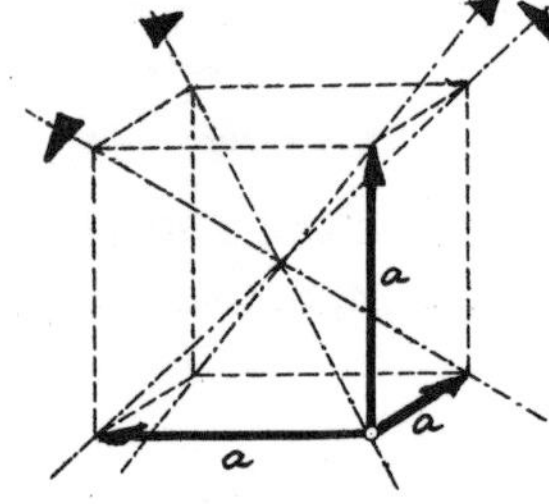

$$a = b = c \qquad \alpha = \beta = \gamma = 90°$$

VI. Das hexagonale System

Das ausschlaggebende Punktsymmetrieelement ist 6 (C_6) oder $\overline{6}$ (S_3), und zwar kommt es <u>einmal</u> vor. Der Translationsvektor $\vec{c}$ wird immer parallel zur sechszähligen Achse gelegt.

Zwischen den Translationsvektoren besteht die folgende Beziehung:

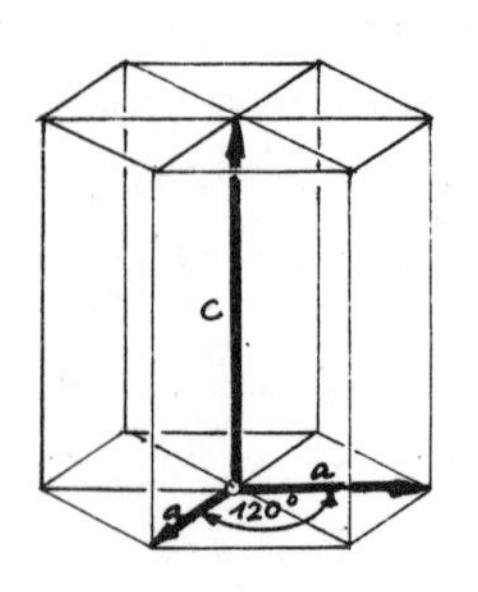

$$a = b \neq c \qquad \alpha = \beta = 90° \quad \gamma = 120°$$

Beachte, dass nach S. 15/16 $\overline{6}$ (S_3) äquivalent ist zur Kombination einer dreizähligen reinen Drehachse mit einer senkrecht darauf stehenden Spiegelebene.

Trotzdem ist $\overline{6}$ (S_3) ausschlaggebend für das <u>hexagonale</u> System.

VII. Das trigonale oder rhomboedrische System.

Das ausschlaggebende Punktsymmetrieelement ist $3 (C_3)$ oder $\bar{3} (S_6)$. Es kommt einmal vor. Man wählt Translationsvektoren, zwischen denen die folgende Beziehung besteht:

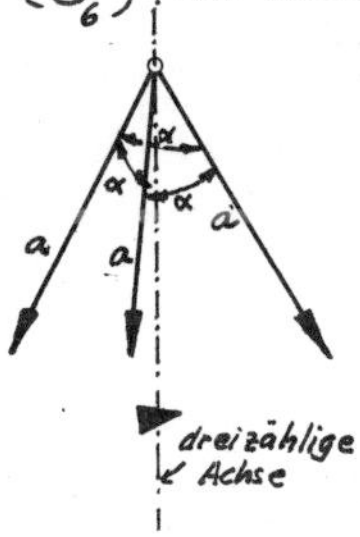

$$a = b = c \qquad \alpha = \beta = \gamma$$

Auch die drei Winkel, die die Translationsvektoren mit der dreizähligen Achse einschliessen, sind dann untereinander gleich.

Zur Problematik der Klassifikation nach Kristallsystemen

> Das Wesentliche an den Kristallsystemen sind die Punktsymmetrieen, die ihnen zu Grunde liegen, und nicht die Beziehungen zwischen den Translationsvektoren.

Beispiele zur Illustration:

(1) Es gibt kein "biklines" System:

Wenn die Beziehungen zwischen den Translationsvektoren das Wesentliche wären, müsste man sich fragen, ob neben dem monoklinen System noch ein "biklines" System einzuführen sei, ein System also, bei dem zwei Winkel von einem rechten Winkel verschieden wären, z.B.

$$\alpha \neq \beta \neq 90^\circ \quad \gamma = 90^\circ \qquad \text{und} \quad a \neq b \neq c$$

Anhand einer einfachen Skizze überzeugt man sich zunächst, dass das durch das bikline Vektortripel definierte Parallelepiped keine zweizählige Achse mehr hat. Damit kann auch die Struktur keine zweizählige Achse mehr haben und muss als triklin klassifiziert werden. Man kann auch so sagen: Durch reinen Zufall kann es vorkommen, dass im Vektortripel einer triklinen Struktur ein rechter Winkel vorkommt. Neue Punktsymmetrieelemente kommen aber dadurch nicht hinzu. Die Struktur bleibt triklin.

Es ist auch physikalisch falsch, von den Beziehungen zwischen den Translationsvektoren auszugehen; denn das Kräftespiel zwischen den Atomen hat die Symmetrie der Struktur, und diese ist massgebend für die Eigenschaften, und nicht das Bezugs-Koordinatensystem.

② Das Beispiel der Diamantstruktur

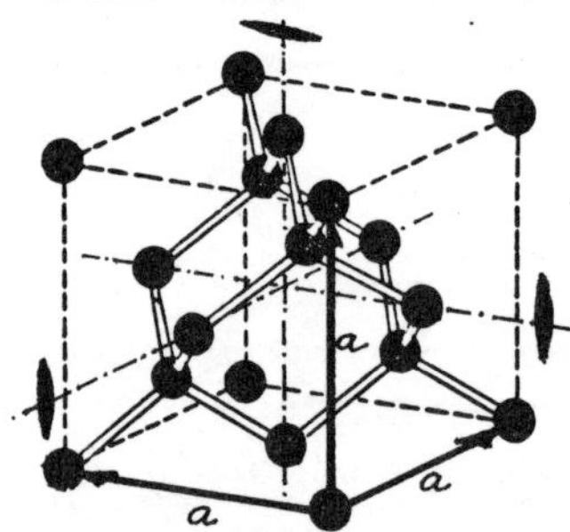

Beim kubischen System darf man aus der Beziehung zwischen den Translationsvektoren ($a = b = c$, $\alpha = \beta = \gamma = 90°$) nicht schliessen, dass eine Struktur, die diesem System angehört, notwendigerweise die volle Symmetrie eines (homogenen) Würfels haben müsse. Sie kann, aber sie muss nicht. Im Diamant z.B. ist jedes Kohlenstoffatom regulär-tetraedrisch von vier nächsten Nachbaratomen umgeben. Die Struktur hat (neben den vier dreizähligen Achsen, durch die das kubische Kristallsystem definiert ist) drei senkrecht aufeinanderstehende zweizählige Achsen. In den

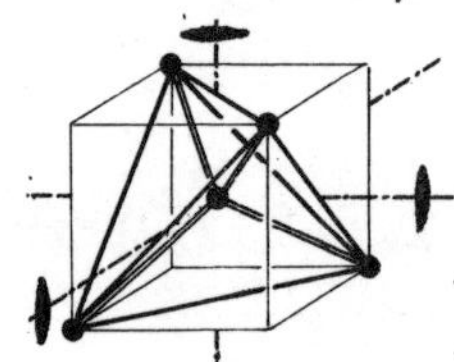

Skizzen sind sie durch das Symbol ⬮ gekennzeichnet. Bei einem homogenen Würfel wären diese drei Achsen vierzählig. Ein einzelnes reguläres Tetraeder hat übrigens auch vier dreizählige Achsen und drei aufeinander senkrecht stehende zweizählige Achsen.

1.2.3. Die 14 Bravais-Gitter

Primitive und nicht-primitive Elementarzellen.

Wir gehen davon aus, dass es einen kleinsten Komplex gibt, durch dessen periodische Translation die Kristallstruktur beschrieben werden kann. In diesem Sinne ist jeder Kristallstruktur eindeutig ein Punktgitter zugeordnet (S. 9/10). Dieses Punktgitter ist immer ein Parallelepipedgitter. Wenn Punktsymmetrieelemente vorhanden sind, erhält man spezielle Parallelepipedgitter, z.B. ein Quadergitter, ein Rhomboedergitter, ein Würfelgitter, etc.. In jedem Punktgitter kann man auf unendlich viele Weisen ein Tripel von Translationsvektoren aussuchen. Wenn man das Tripel so wählt, dass auf die vom ihm aufgespannte Elementarzelle ein einziger Gitterpunkt und damit auch nur ein einziger Komplex fällt, spricht man von einer primitiven Elementarzelle. Auch eine primitive Zelle kann auf unendlich viele Weisen im Punktgitter ausgesucht werden (Skizze S. 9). Auch wenn man eine möglichst isometrische primitive Zelle aussucht, und dabei zudem noch ein eventuell vorhande- Punktsymmetrieelement berücksichtigt im Sinne des vorhergehenden Abschnitts, können immer noch Symmetrieelemente der Struktur verschleiert werden. Die Symmetrieelemente einer Struktur lassen sich in vielen Fällen zum Ausdruck bringen, indem man eine Elementarzelle wählt, die mehr als nur einen Gitterpunkt bzw. Komplex enthält. Man spricht dann von einer nichtprimitiven Zelle. Man wählt die Zelle mit den meisten Punktsymmetrieelementen, die "Zelle höchster Symmetrie". Neben dem Gitterpunkt im Scheitel des Tripels der Vektoren, die die nichtprimitive Zelle aufspannen, können nun Gitterpunkte in die Schnittpunkte der Diagonalen von Seitenflächen fallen, oder es kann ein Gitterpunkt in den Schnittpunkt der Raumdiagonalen fallen. Am Punktgitter, von dem man ausgegangen ist, hat man gar nichts geändert. Es sind keine neuen Gitterpunkte hinzugekommen. Man hat nur die Punkte im Geiste anders zusammengefasst. (Die folgenden Zeichnungen bringen dies leider nicht zum Ausdruck.) Die konsequente Durchführung dieses Gedankens zwingt uns nicht zu einer Aufgabe der sieben Kristallsysteme, sondern nur zur Unterscheidung von primitiven und nichtprimitiven Elementarzellen. Man gelangt zu einer Klassifikation in 14 Punktgitter-Typen, die Bravais-Gitter genannt werden

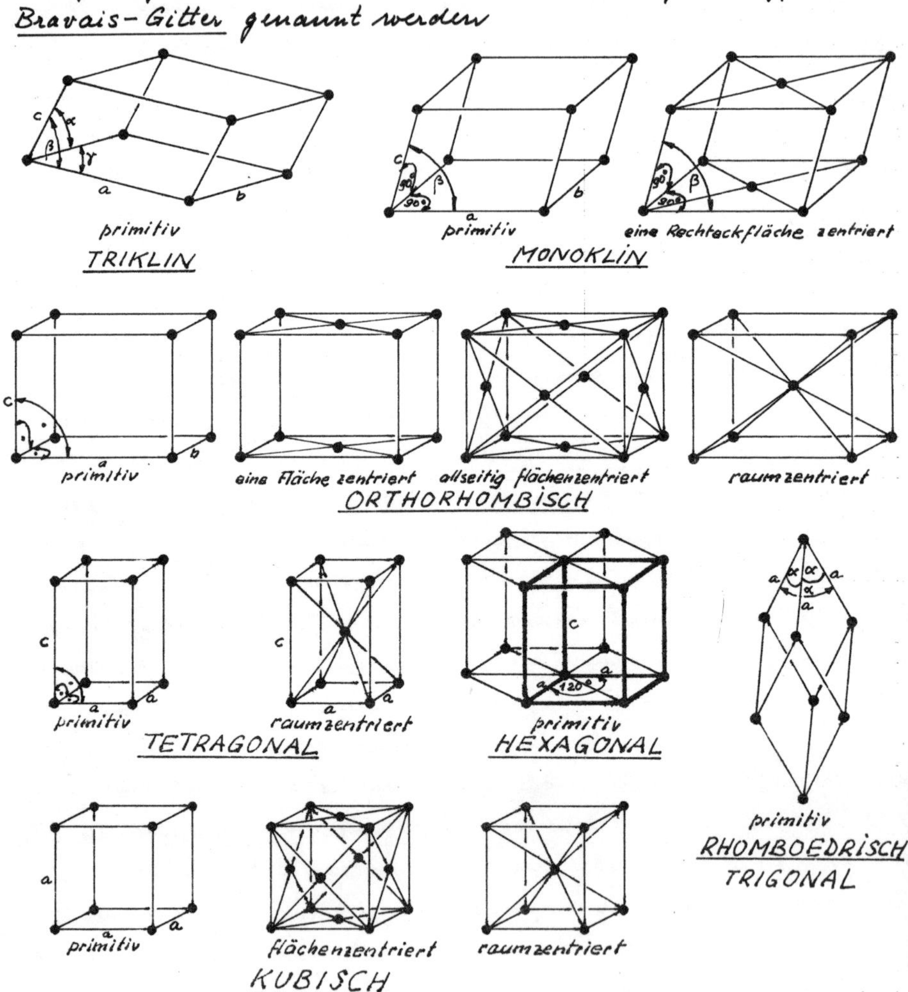

Um das Problem zu beleuchten, warum unter den nicht-primitiven Zellen nur gerade die sieben oben skizzierten aufgeführt sind, stellen wir als Beispiele folgende Fragen:

① Warum ist nur die primitive trikline Zelle aufgeführt?

Die Punktsymmetrie ist so niedrig (S. 17), dass die Wahl einer primitiven Zelle keine Symmetrieelemente verschleiern kann.

② Warum kommt das raumzentrierte monokline Gitter nicht vor?

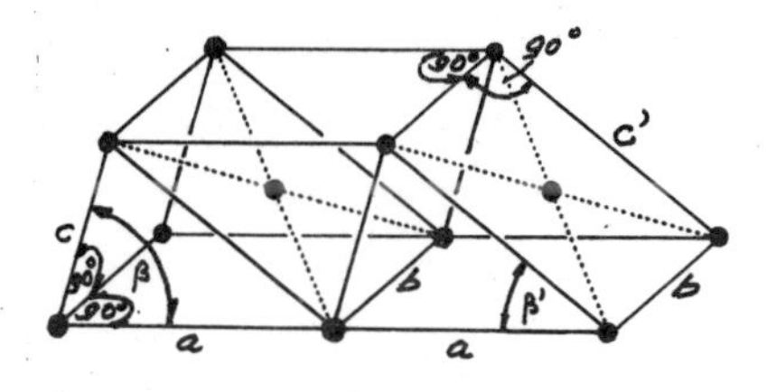

Wie die Skizze zeigt, kann man im raumzentrierten, monoklinen Gitter mit der Zelle a, b, c, β immer eine monokline Zelle a, b, c', β' heraussuchen, bei der eine Rechteckfläche zentriert ist. Dieser Gittertyp ist aber schon aufgeführt auf S. 22. Es ist eine der vielen kristallographischen Konventionen, dass man nicht die raumzentrierte monokline Zelle aufführt, sondern die auf S. 22 skizzierte nichtprimitive monokline Zelle.

③ Warum ist im orthorhombischen System die Zentrierung von nur zwei Rechteckflächen nicht erlaubt?

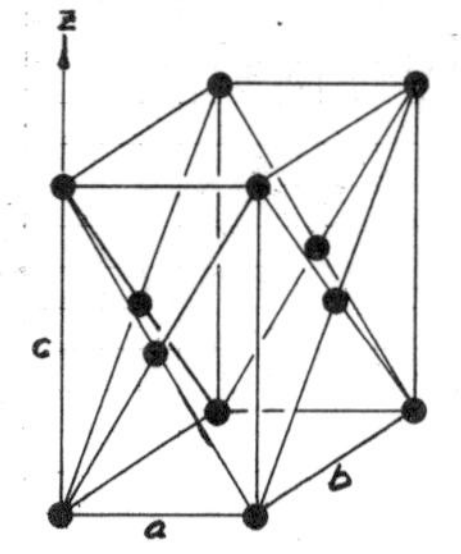

Betrachte eine orthorhombische Zelle, bei der die beiden Seitenflächen ac und bc zentriert sind, aber nicht auch die Grundfläche ab. Wenn man die Punktanordnung in der Ebene z=0 vergleicht mit derjenigen in der Ebene $z = \frac{c}{2}$, so sieht man sofort ein, dass die Gitterbedingung verletzt ist, indem die Punkte in der Ebene z = 0 nicht dieselbe Umgebung haben wie die Punkte in der Ebene z = c/2: Die Lage der Punkte kann nicht auf ein primitives Parallelepipedgitter zurückgeführt werden.

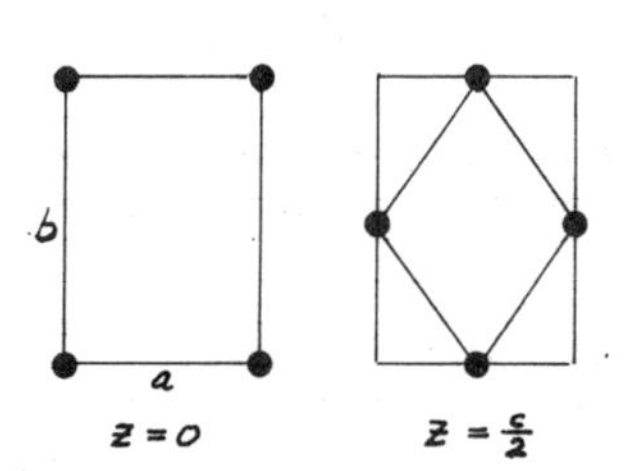

④ Warum müssen es Zentrierungen sein?

Man überlegt sich leicht, dass bei Abweichung von einer Zentrierung die Gitterbedingung immer verletzt ist.

1.2.4. Einfache Beispiele zur Beschreibung von Kristallstrukturen mit Hilfe von Bravais-Gittern.

Wir denken uns die Struktur eines Kristalls dadurch beschrieben, dass man zu jedem Gitterpunkt des zugeordneten Bravais-Gitters einen gleichen und gleich orientierten Komplex von Atomen hinbringt (S.9). Dieser Komplex wird in der Festkörperphysik und in der Kristallographie "<u>Basis</u>" genannt. Die Koordinaten der Basis-Atome werden ausgedrückt in Bruchteilen der Vektoren $\vec{a}, \vec{b}$ und $\vec{c}$, die die Bravais-Zelle im Punktgitter definieren. Es zeigt sich dabei, dass die Basisatome im allgemeinen nicht beliebige Koordinaten haben können. Wenn Punktsymmetrieelemente vorhanden sind, gibt es äquivalente Basisatome, die durch Punktsymmetrieoperationen ineinander übergehen. Die Skizze ist eine naive Illustration zur Problematik.

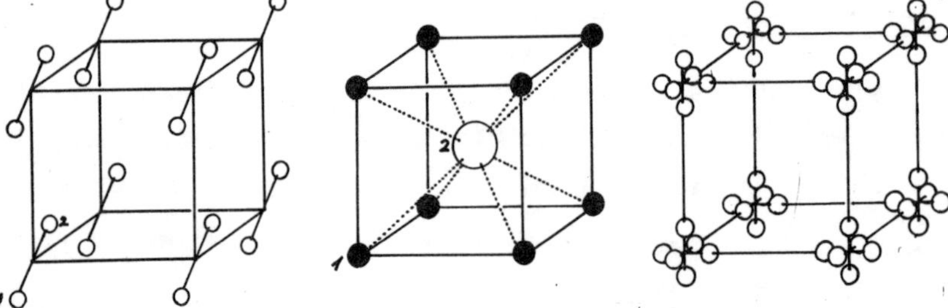
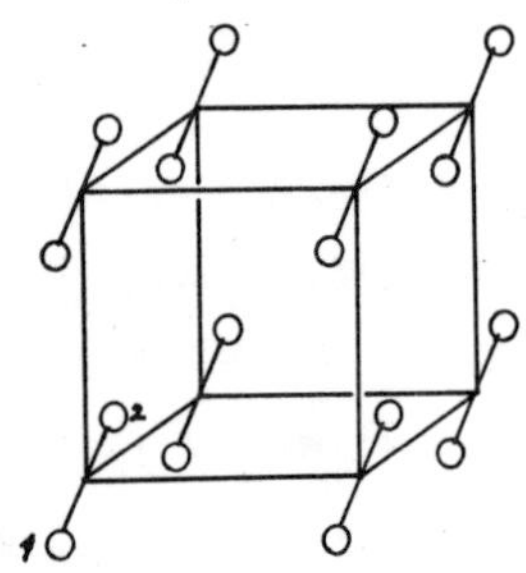

Zweiatomige Basis, die <u>nicht</u> verträglich ist mit dem kubischen System

Zweiatomige Basis, die verträglich ist mit dem kubischen System

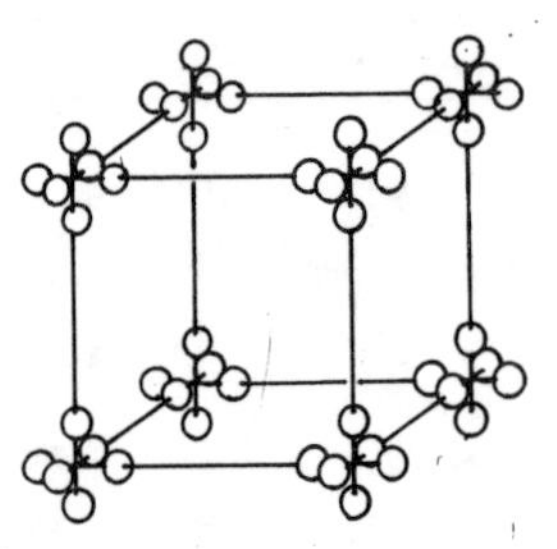

6-atomige Basis, die verträglich ist mit dem kubischen System

Die Systematik würde uns in die Theorie der 230 kristallographischen Raumgruppen hineinführen. Wir beschränken uns auf einfache <u>Beispiele</u>

(1) Eine primitive kubische Struktur mit zweiatomiger Basis.

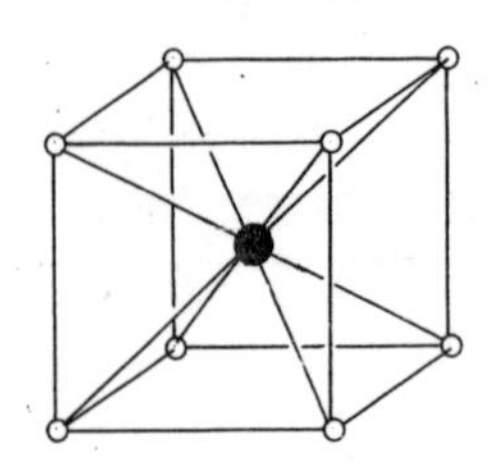

Das Schulbeispiel ist <u>Cäsium-Chlorid</u>. Die Basis ist:

Cs^{+}-Ion auf 000
Cl^{-}-Ion auf $\frac{1}{2}\,\frac{1}{2}\,\frac{1}{2}$ } oder vertauscht

Beachte, dass zu den Punktsymmetrieelementen, die der Definition des kubischen Systems (S.18) zu Grunde gelegt wurden, noch weitere hinzugekommen sind in diesem speziellen Fall, z.B. drei senkrecht aufeinanderstehende vierzählige Achsen.

② Kubisch flächenzentrierte Struktur mit einatomiger Basis.

Nur Strukturen chemischer Elemente können (müssen aber nicht) eine einatomige Basis haben. Die Atomkerne liegen auf den Bravais-Gitterpunkten, d.h. die Basiskoordinate ist 000. Viele metallische Elemente haben unter normalen Bedingungen kubisch flächenzentrierte Struktur (z.B. Al, Cu, Ag, Au, Ca, Ni). Auch hier sind viel mehr Symmetrieelemente vorhanden, als zur Definition des kubischen Systems gebraucht wurden.

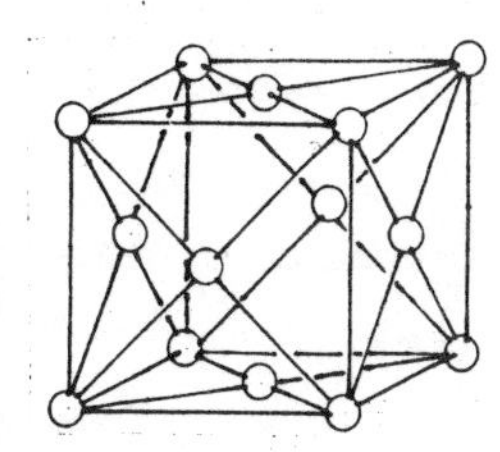

Wenn man in dieser Struktur die Atome als sich berührende Kugeln betrachtet, entspricht sie einer dichtesten Kugelpackung. Man sieht dies anhand der Projektion längs einer Würfeldiagonalen ein:

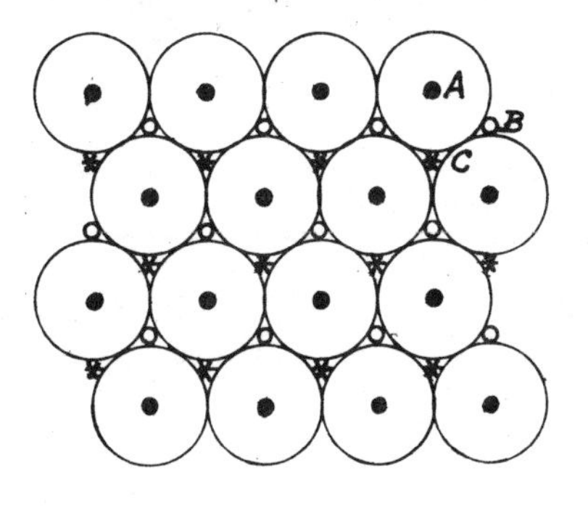

Auf eine erste, dicht gepackte Schicht mit den Kugelzentren A(●) wird eine zweite, dicht gepackte Schicht gelegt, deren Kugelzentren die Projektion B(○) haben. Dann folgt eine dicht gepackte Schicht, deren Kugelzentren die Projektion C(✱) haben. Die vierte Schicht liegt wieder über A. Die Schichtenfolge ist ABCA··· . Der Abstand zwischen entsprechenden Schichten (z.B. A–A) ist gleich der Länge der Raumdiagonalen der flächenzentrierten Bravais-Zelle.

③ Kubisch-flächenzentrierte Strukturen mit zweiatomiger Basis

Chemische Elemente und Verbindungen vom Typ AB kommen in Frage.

a) Die Diamant-Struktur (C, Si, Ge, graues Sn)

Die Koordinaten der Basisatome sind 000 und $\frac{1}{4}\,\frac{1}{4}\,\frac{1}{4}$.

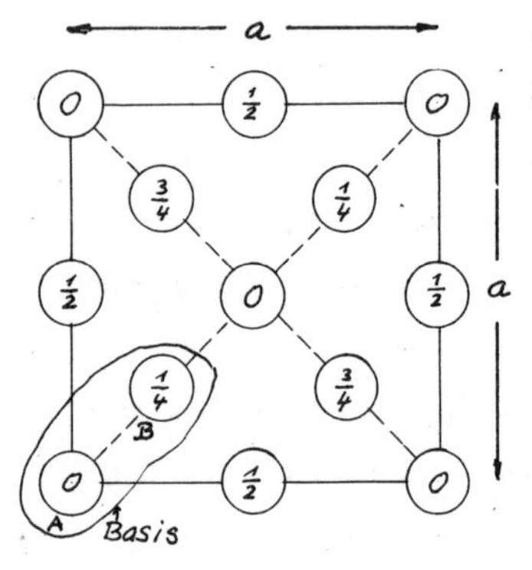

Die Projektion der Struktur auf eine Würfelfläche ist nebenstehend skizziert. Es ist angegeben, wie hoch die Atommittelpunkte über der Projektionsfläche liegen. Diese Struktur hat eine wichtige Eigenschaft: Jedes Atom sitzt im Zentrum eines regulären Tetraeders, das von seinen Nachbaratomen gebildet wird. Alle Tetraeder sind gleich gross (Kantenlänge $\frac{a}{\sqrt{2}}$). Sie sind aber nicht gleich orientiert: Das Tetraeder um das Basisatom A ist um 90° gedreht gegenüber dem Tetraeder um das Basisatom B. Das "Gitter" der Atommittelpunkte erfüllt die Gitterbedingung nicht; es ist kein Bravais-Gitter und muss es auch nicht sein. (Beachte auch, dass die Diamantstruktur nicht die Symmetrie eines Würfels hat (S. 20).)

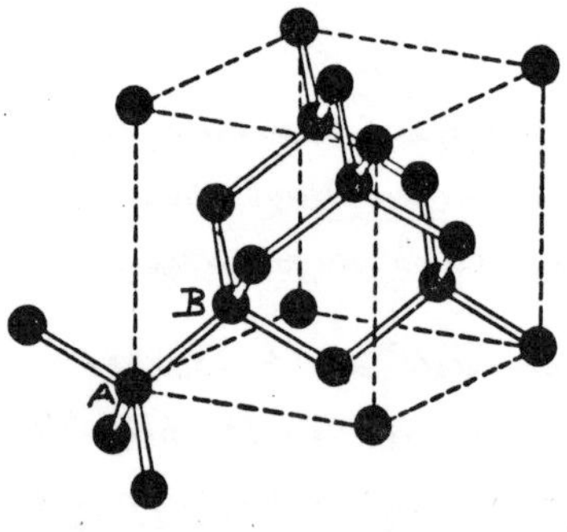

Die Diamantstruktur hat Inversionssymmetrie, d.h. es kommt (unter anderen) das Symmetrieelement $\bar{1}$ (i) vor (S. 13). Die Mittelpunkte der Verbindungsstrecken nächster Nachbaratome sind alle Inversionszentren. Das Zentrum des gestrichelten Elementarwürfels ist keines.

b) Die Zinkblende Struktur

Die Struktur des kubischen ZnS kann aus der Diamantstruktur hergeleitet werden, indem man für die Basisatome A und B zwei verschiedene chemische species einsetzt, Zn für A und S für B, oder umgekehrt. Die Inversionssymmetrie geht dabei verloren: Was bei Diamant eine Inversion ist, würde bei ZnS Zink in Schwefel und

Schwefel in Zink überführen. Die Abwesenheit eines Symmetriezentrums ist notwendige Bedingung für das Auftreten des piezoelektrischen Effektes, der darin besteht, dass durch eine geeignete elastische Deformation des Kristalls eine elektrische Polarisation erzeugt wird.[5] Am Beispiel der Zinkblende ist der piezoelektrische Effekt leicht einzusehen:

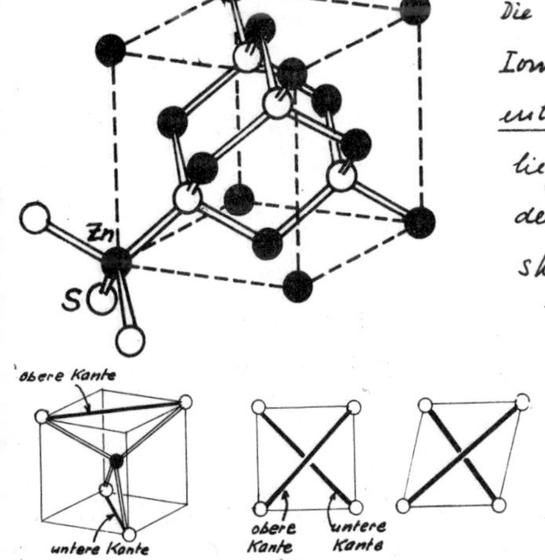

Die Schwefel-Tetraeder, die das Zn-Atom oder Ion[6] umgeben, sind alle gleich orientiert. In der undeformierten Struktur liegen die Ecken der Tetraeder auf den Ecken eines Würfels, wie unten skizziert ist. Wenn der Kristall durch eine Schubspannung geschert wird in der skizzierten Weise, werden in allen Schwefel-Tetraedern die oberen Kanten gedehnt und die unteren Kanten verkürzt. "Oben" und "unten" sind also nicht mehr gleichwertig. Das Zn Atom oder Ion muss sich aus dem Zentrum nach oben oder nach unten verschieben, und zwar in allen Tetraedern im selben Sinne: Es entsteht damit eine elektrische Polarisation. Sie ist in erster Näherung proportional zur Scherung. Umgekehrt erfährt der Kristall eine Scherung, wenn man durch Anlegen eines elektrischen Feldes eine elektrische Polarisation erzeugt. Der piezoelektrische Effekt wurde um 1880 herum von den Brüdern Pierre und Jacques Curie entdeckt. Zinkblende war unter den ersten Mineralien, die als piezoelektrisch befunden wurden. In ihren frühen Untersuchungen über Radioaktivität haben Pierre und Marie Curie ihren Elektrometern mit Hilfe von Piezoquarzen eine wohldefinierte Ladung erteilt.

---

5) Von 32 Kristallklassen (Punktsymmetrieklassen) haben 21 kein Symmetriezentrum, und von diesen sind 20 piezoelektrisch.

6) Man darf annehmen, dass Zn in dieser Verbindung positiv und S negativ geladen ist. Trotzdem darf man ZnS nicht als Ionenkristall $Zn^{2+}S^{2-}$ betrachten.

c) Die Natriumchlorid-Struktur

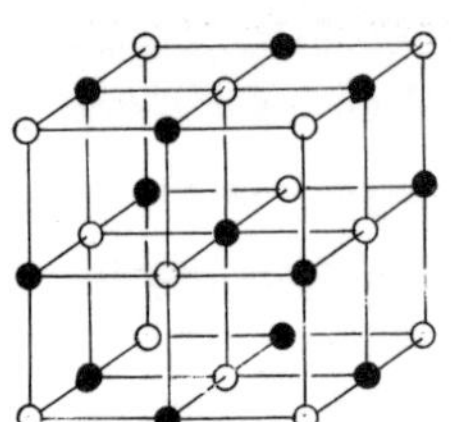

Die Basis kann auf folgende Weisen geschrieben werden:

Na^+ auf 000 oder Na^+ auf 000
Cl^- auf $\frac{1}{2}\frac{1}{2}\frac{1}{2}$ oder Cl^- auf $\frac{1}{2}00$ oder *)

(und mit vertauschtem Anion und Kation)

Die Struktur kann aufgefasst werden als zwei ineinandergestellte kubisch-flächenzentrierte Gitter, von denen das eine mit Na^+ und das andere mit Cl^- besetzt ist.

④ Kubisch raumzentrierte Strukturen

a) Einatomige Basis

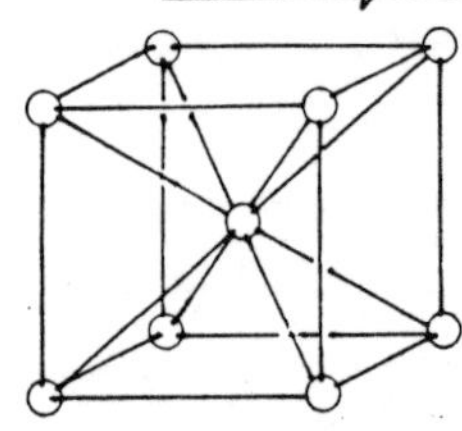

Schulbeispiele sind Alkalimetalle, W und α-Fe. Die Zentren der Atome liegen auf den Bravais-Gitterpunkten, d.h. die Basis ist 000.

b) Basis mit 29 Atomen

Die Struktur von Mangan unterhalb 727 °C (α-Mangan) ist ein Beispiel dafür, dass chemische Elemente eine sehr komplizierte Struktur haben können, in der die Atome nach ihrer Umgebung in verschiedene "Sorten" eingeteilt werden, also chemisch nicht äquivalent

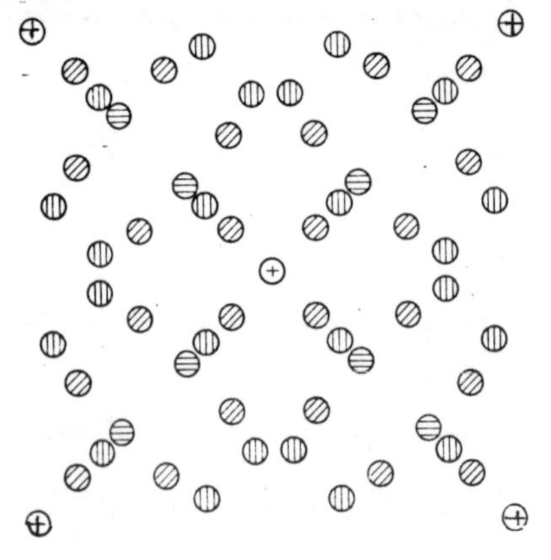

sind. In α-Mangan kann man 4 solche Sorten unterscheiden. Die nebenstehende Skizze zeigt die Projektion der Struktur auf eine Würfelfläche (aus J. Donohue: "The Structures of the Elements"). Die Basis besteht aus 29 Atomen. Die vier Sorten sind in der Skizze mit ⊕ Ⓘ ⊖ und ⊘ bezeichnet.

⑤ Eine hexagonale Struktur mit zweiatomiger Basis.

Es gibt chemische Elemente, die in der hexagonalen dichtesten Packung kristallisieren, wie z.B. Be, Mg, Zn, Cd. Zwischen der kubischen dichtesten Kugelpackung und der hexagonalen dichtesten Packung besteht ein Zusammenhang, der besonders leicht einzusehen ist, wenn man auch im hexagonalen Fall die Atome als lauter gleichgrosse starre Kugeln betrachtet. Wenn man von der Skizze unten auf S. 25 ausgeht, aber die Schichtenfolge ABABAB··· wählt, werden die Kugeln gleich dicht gepackt wie in der kubischen dichtesten Kugelpackung. Die Raumerfüllung beträgt 0.74. Die neue Struktur ist hexagonal, und zwar steht die hexagonale Achse senkrecht auf den Schichten. Die Basiskoordinaten sind 000, $\frac{2}{3}\frac{1}{3}\frac{1}{2}$. Beachte, dass es nur primitive hexagonale Bravais-Gitter gibt (siehe S 22). Die Kugelzentren in der hexagonalen dichtesten Packung werden also die Gitterbedingung nicht erfüllen (im Gegensatz zum Fall der kubischen dichtesten Kugelpackung, die auf einer einatomigen Basis beruht, sodass alle Kugelzentren mit den Bravais-Gitterpunkten zusammenfallen und umgekehrt).

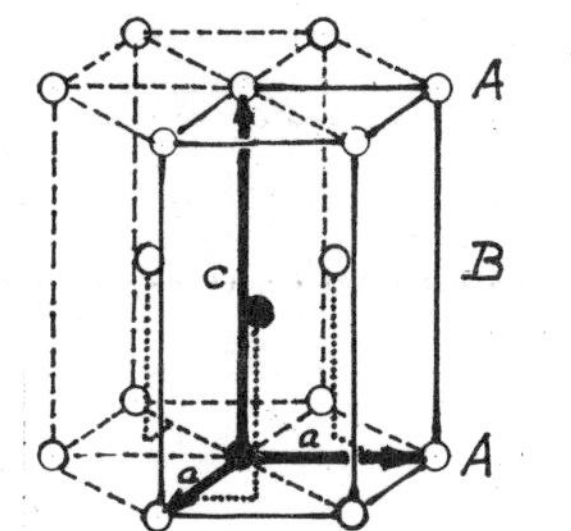

Wenn man Kugeln in Berührung annimmt, hat das Achsenverhältnis bei der hexagonalen dichtesten Packung den Wert $\frac{c}{a} = \left(\frac{8}{3}\right)^{1/2} = 1.63299$. Mit Hilfe der Beugung von Röntgenstrahlen wurden folgende Werte gemessen:

	He	Be	Mg	Zn	Cd
c/a	1.629	1.5680	1.6236	1.8561	1.8855
Fehlergrenze	±0.006	±0.0002	±0.0002	0.0002	±0.0003
Druck	~26 at	Atmosphärendruck			
Temperatur	~1.2 K	~300 K			

Die Tabelle zeigt, dass das Achsenverhältnis c/a nur beim festen

Helium innerhalb der Messfehlergrenzen mit dem geometrischen Wert für Kugeln übereinstimmt. Zudem sind die Messwerte von der Temperatur abhängig, wie die nebenstehenden Daten für Zink illustrieren (aus J. Donohue, "The Structures of the Elements").

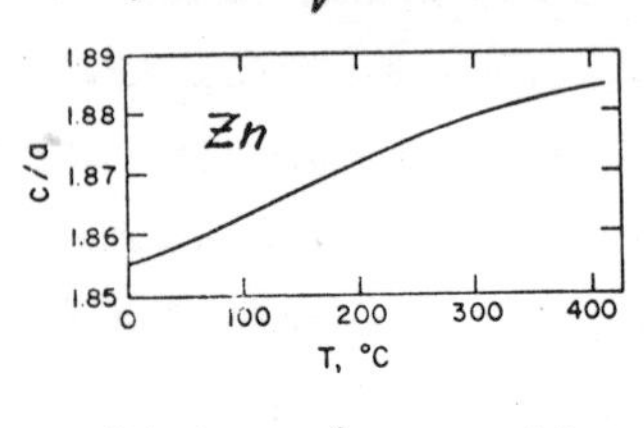

Die Physik, die dahinter steckt, ist nicht trivial. Sie hängt mit der elektronischen Struktur und der Bindung zusammen:

Die Atome sind nicht kugelsymmetrisch, wenn sie Bestandteil eines Kristalls sind. Die elektronische Struktur muss mit der Symmetrie des Kristalls verträglich sein. In der hexagonalen Struktur ist eine Achse ausgezeichnet, nämlich die c-Achse. Es ist deshalb zum vorneherein nicht richtig, wenn man von kugelsymmetrischen Atomen ausgeht. Der spezielle Wert des Achsenverhältnisses $\frac{c}{a} = \left(\frac{8}{3}\right)^{1/2}$ bringt keine zusätzlichen Symmetrieelemente mit sich. Sein Auftreten wäre reiner Zufall. Die Werte der Basiskoordinaten hingegen sind kein Zufall: Sie sind symmetriebedingt. Wenn man sie ändert, gehen hier Symmetrieelemente verloren. Das Achsenverhältnis ist der einzige freie Parameter dieser Struktur. Die kubische dichteste Packung hingegen hat keinen freien Parameter. Man darf daraus nicht auf kugelsymmetrische Atome schliessen. Die Symmetrie eines geeigneten Polyeders genügt.

⑥ Eine rhomboedrische Struktur mit zweiatomiger Basis.

Die Struktur von α-Arsen kann auf eine (primitive) rhomboedrische Bravaiszelle mit $\alpha = 54°$ und $a = 4.13$ Å bezogen werden. Die Basis ist zweiatomig mit den Koordinaten $\pm xxx$, wobei $x = 0.227$. Dieses Beispiel zeigt, dass man die Struktur nicht überblicken und verstehen kann durch blosses Aufzeichnen der Bravais-Zelle mit der Basis. Man muss sich in die Struktur vertiefen und Betrachtungen anstellen, die über die primitive Bravaiszelle hinausgehen. Die Figur A stellt die primitive rhomboedrische Zelle dar. Auf jedem Gitterpunkt liegt das Zentrum einer Hantel, die gemäss den Symmetrieelementen parallel zur dreizähligen Achse ausgerichtet ist. In der Figur B ist der Ursprung der Bravais-Zelle längs der dreizähligen Achse soweit verschoben, dass eines der beiden Basisatome in den Ursprung fällt. Die Basiskoordinaten sind dann 000 und $2x\ 2x\ 2x$, wobei $x = 0.227$ wie oben.

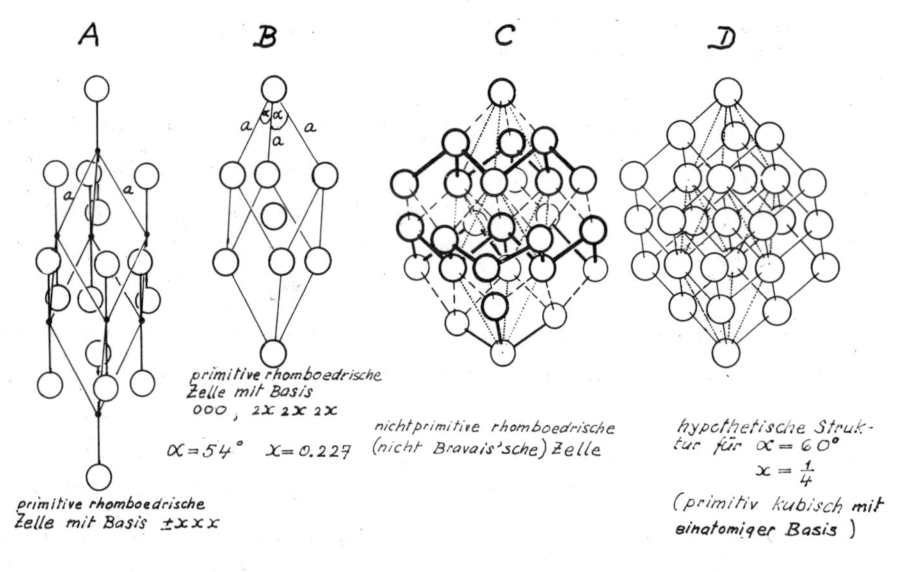

Um die <u>Bindungsverhältnisse</u> zu überblicken, ist es vorteilhaft, zu einer grösseren Rhomboederzelle überzugehen, wie sie in Fig. C skizziert ist (aus J. Donohue: "The Structures of the Elements"). Sie ist nicht primitiv und kann nicht als Bravais Zelle klassifiziert werden nach S. 22. Die primitive Zelle ist punktiert eingezeichnet.

α-Arsen hat eine <u>Schichtstruktur</u>. Innerhalb von Schichten, die senkrecht stehen auf der dreizähligen Achse, sind die Atome kovalent gebunden (dicke Striche). Zwischen den Schichten bestehen schwächere Bindungen (gestrichelt). Die Figur D beleuchtet einen weiteren Strukturzusammenhang: Eine kleine Veränderung der Gitterparameter genügt, um die Struktur in eine primitive kubische Struktur mit einatomiger Basis zu verwandeln. Man nehme $\alpha = 60°$ statt $54°$, $x = \frac{1}{4}$ statt 0.227. (Die

Skizze umfasst 8 Elementarzellen der einfach kubischen Struktur). Wenn man α-Arsen zwingen könnte, die kubisch primitive Struktur anzunehmen, so würden sich seine elektronischen Eigenschaften grundlegend ändern.[7)]

1.2.5. Die Wigner-Seitz-Zelle

Die bisher betrachteten Parallelepipedzellen eignen sich zur Behandlung von Problemen, bei denen die Periodizität der Struktur und damit auch deren räumliche Fourierzerlegung eine wichtige Rolle spielt. Wir werden später sehen, dass dies immer zutrifft bei der Ausbreitung von irgendwelchen Wellen in der Struktur. Die Individualität einzelner Atome, Moleküle oder Atomgruppen geht bei einer solchen Darstellung sozusagen unter in der Fourierzerlegung. Es gibt indessen Fälle, wo der Komplex, durch dessen Translation die Struktur erzeugt werden kann, aus einem Atom oder einem Molekül besteht, das man als abgrenzbar betrachten möchte. Man wird dann versuchen, die Eigenschaften des Kristalls ausgehend von der elektronischen Struktur dieses Atoms bzw. Moleküls zu verstehen. Dazu kann man eine symmetriegerechte polyedrische Zelle einführen, die das Atom bzw. Molekül gegen die Nachbarn abgrenzt. Diese Zelle enthält einen einzigen Gitterpunkt, der das "Zentrum" des Atoms bzw. Moleküls darstellen soll. Damit die Polyeder den ganzen Raum lückenlos und ohne Überschneidungen erfüllen, sind sie wie folgt zu konstruieren:

Man wählt einen beliebigen Gitterpunkt und verbindet ihn mit allen andern Gitterpunkten. Dann konstruiert man die Mittelnormalebenen dieser Strecken. Das kleinste aus ihnen gebildete, den Ausgangspunkt umschliessende Polyeder, ist die gesuchte Zelle. Sie wird Wigner-Seitz-Zelle genannt.

---

7) Das Halbmetall α-Arsen würde zu einem Metall.

Beispiele.

① Zweidimensionales, primitives Gitter.

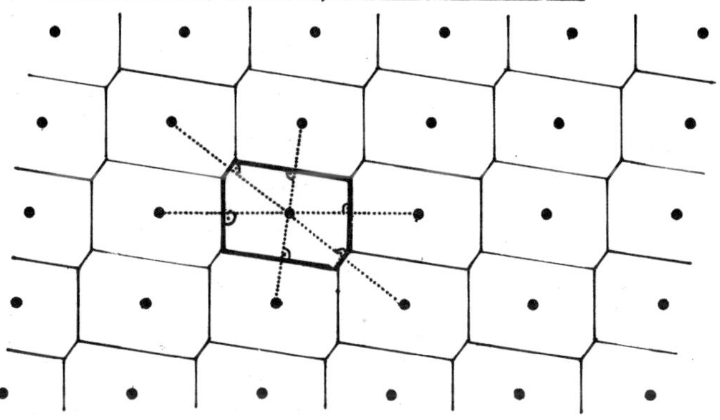

② Kubisch flächenzentriertes Gitter.

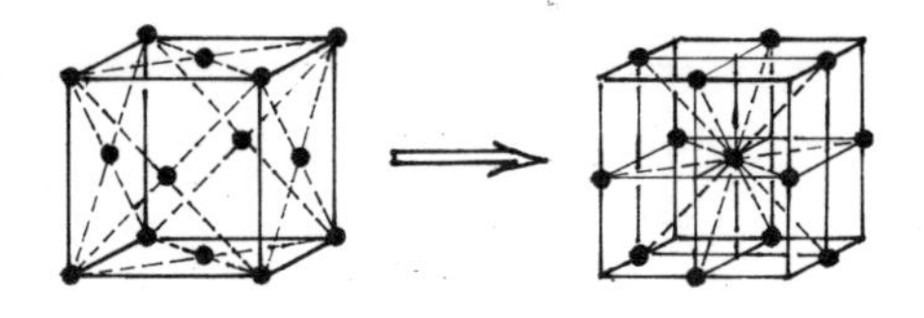

Zur Konstruktion der Wigner-Seitz-Zelle stellen wir die Bravais-Zelle so dar, dass ein Gitterpunkt im Zentrum liegt.

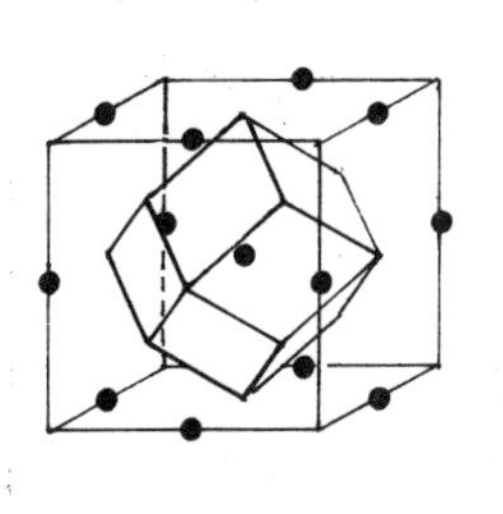

Die Wigner-Seitz Zelle ist ein Rhombendodekaeder, dessen Kanten parallel sind zu den Raumdiagonalen des Würfels. Da auf die kubisch-flächenzentrierte Bravais-Zelle vier Gitterpunkte entfallen, ist das Volumen der Wigner-Seitz-Zelle vier mal kleiner.

③ Kubisch-raumzentriertes Gitter

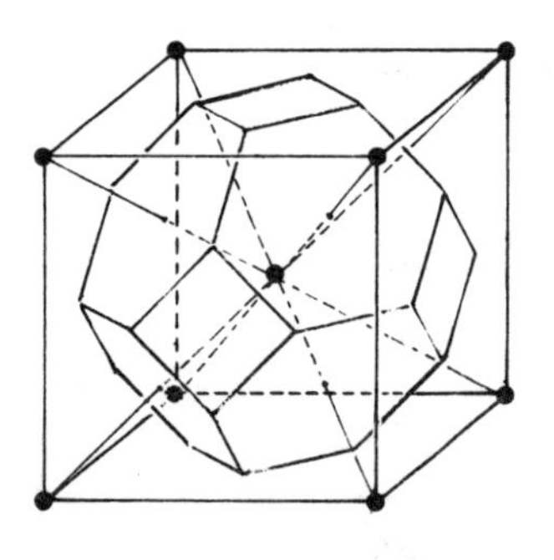

Die Wigner-Seitz-Zelle ist ein Polyeder, dessen Kanten parallel sind zu den Flächendiagonalen der Bravais-Zelle. Das Volumen ist halb so gross wie dasjenige der kubisch-raumzentrierten Bravais-Zelle.

1.2.6. Die 32 kristallographischen Punktgruppen

Durch die Angabe des Bravais-Gitters und der Basis ist eine Kristallstruktur vollständig beschrieben, zum mindesten, was die Lage der Zentren der Atome anbelangt. Wenn man den Bravais-Typ kennt, kann man auch sofort einige Punktsymmetrie-Elemente angeben, die die Struktur haben muss: sie hat mindestens die Punktsymmetrieelemente, die dem Kristallsystem zu Grunde liegen, zu dem der Bravais-Typ gehört (S.17–19, 22). Die Strukturbeispiele (S. 24–32) haben gezeigt, dass weitere Punktsymmetrie-Elemente vorhanden sein können. So hat z.B. die CsCl-Struktur zusätzlich zu den Punktsymmetrie-Elementen, die das kubische Kristallsystem definieren (S.18), noch drei senkrecht aufeinander stehende vierzählige Drehachsen und erst noch verschiedene Spiegelebenen. Wenn man der Sache auf den Grund gehen will, muss man dreidimensionale Gebilde systematisch nach ihren Punktsymmetrie-Elementen klassifizieren. Da die dreidimensionalen Gebilde, mit denen wir es hier zu tun haben, dreidimensional periodisch sind, d.h. Translationssymmetrie haben, ist die Zähligkeit der Drehachsen auf $n = 1, 2, 3, 4, 6$ beschränkt![8] Man spricht in diesem Fall von den kristallographischen Punktgruppen. Es gibt deren 32. Die Figuren auf den Seiten 36/37 (aus G. Burns and A.M. Glazer, "Space Groups for Solid State Scientists") illustrieren die 32 Punktgruppen. Die Bezeichnung ist nach Schoenflies und darunter in der internationalen Schreibweise angegeben.

Bemerkungen zur Schoenflies'schen Bezeichnungsweise.

Schoenflies führte die Drehinversion (S. 13–16) nicht ein und arbeitete mit der Drehspiegelung. Durch Spiegelung an einer Ebene

---

[8] Bei freien Molekülen fällt diese Beschränkung dahin.

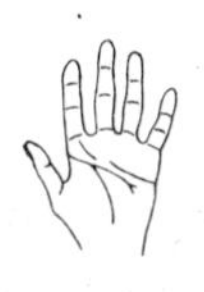
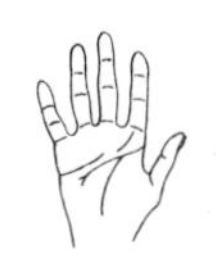

geht ein Objekt in sein Enantiomorphes über. Die Orientierung ist indessen nicht dieselbe wie bei der Inversion (S. 13).

① S_n ist nach Schoenflies eine n-zählige Drehspiegelung: Das Objekt wird um $\frac{2\pi}{n}$ um eine Achse gedreht und unmittelbar (d.h. ohne diese Lage zu registrieren) an einer Ebene gespiegelt, die senkrecht auf der Drehachse steht und den Symmetriepunkt enthält.

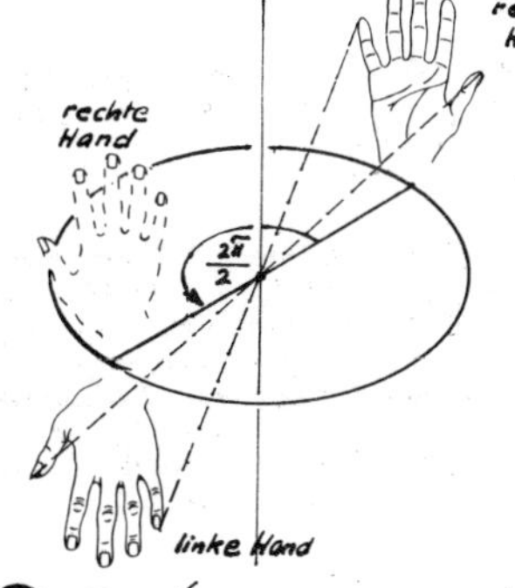

Die nebenstehende Skizze zeigt, dass die zweizählige Drehspiegelung S_2 identisch ist mit der Inversion i.

Anhand der Figuren auf S. 15 sieht man auch sofort ein, dass die Drehspiegelung S_6 identisch ist mit der Drehinversion $\overline{3}$, etc.

② C_n ($n = 1, 2, 3, 4, 6$) bedeutet eine n-zählige reine Drehung um eine Achse, die man sich als vertikal vorstellt.

③ σ_h bedeutet eine <u>horizontale</u> Spiegelebene und σ_v eine <u>vertikale</u>, (die Drehachse enthaltende) Spiegelebene. Mit σ_d ist eine "<u>diagonale</u>" Spiegelebene gemeint: Sie enthält die Drehachse (c) und halbiert den Winkel zwischen den Achsen a und b. In der Schoenflies'schen Bezeichnung der Punktgruppen werden die unteren Indizes h, v und d hingeschrieben.

④ D_n bedeutet eine n-zählige (vertikale) Drehachse, kombiniert mit einer senkrecht darauf stehenden zweizähligen Drehachse (die bei $n > 1$ der Drehsymmetrie entsprechend mehrmals vorkommt).

⑤ Die Bezeichnungen C, S, D, T, O stammen von den Begriffen "cyklisch", "Spiegel", "Dieder", "Tetraeder", "Oktaeder".

Erläuterungen zur internationalen Bezeichnungsweise:

Drehachsen und Drehinversionsachsen sind gemäss S. 13 durch ihre Zähligkeit n bezeichnet. Für Spiegelebenen steht das Symbol m (mirror).

Beispiele:

4/m : vierzählige Drehachse mit senkrecht darauf stehender Spiegelebene

4mm : vierzählige Drehachse und zwei Sorten von Spiegelebenen, die die Drehachse enthalten.

3 2 : dreizählige Drehachse und eine senkrecht darauf stehende zweizählige Drehachse. (Wenn wir sagen "eine", so ist eine Sorte gemeint. Die Dreizähligkeit der Drehachse impliziert, dass das Exemplar der Sorte nicht nur einmal auftritt.)

4/mmm : vierzählige Drehachse, eine senkrecht darauf stehende Spiegelebene, zwei Sorten von Spiegelebenen, die die Drehachse enthalten.

2 2 2 : drei verschiedene zweizählige Achsen (die notwendigerweise senkrecht aufeinander stehen).

32 Objekte, die den kristallographischen Punktgruppen entsprechen:

TRIKLIN:

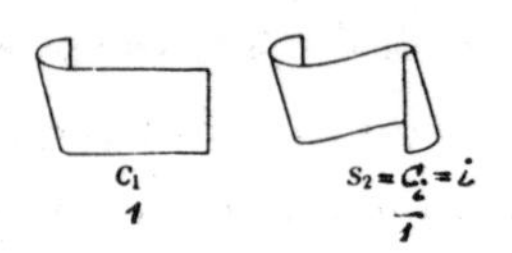

C_1 1 $S_2 = C_i = i$ $\bar{1}$

MONOKLIN:

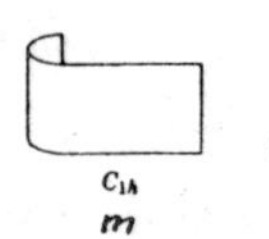

C_{1h} m

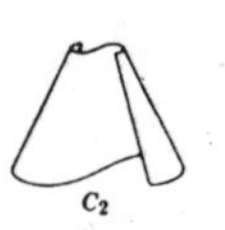

C_2 2

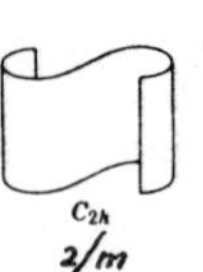

C_{2h} 2/m

ORTHORHOMBISCH:

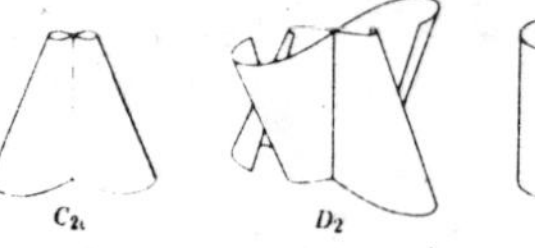

C_{2v} mm2 D_2 222

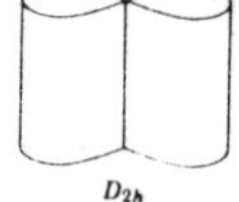

D_{2h} mmm

TETRAGONAL:

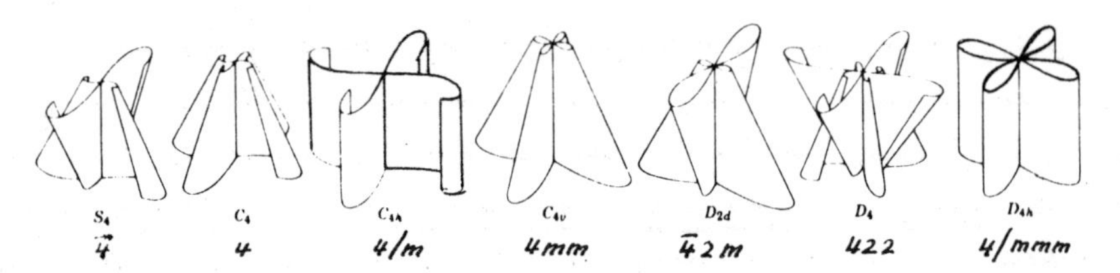

TRIGONAL, RHOMBOEDRISCH:

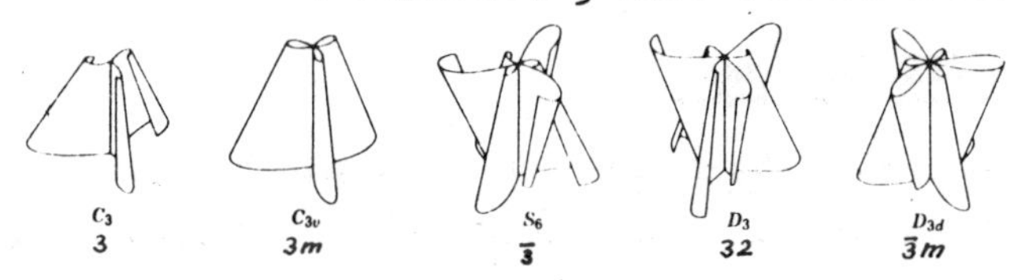

HEXAGONAL:

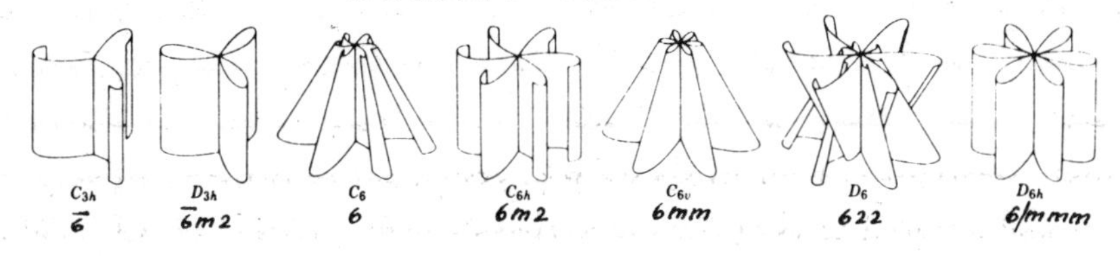

KUBISCH:

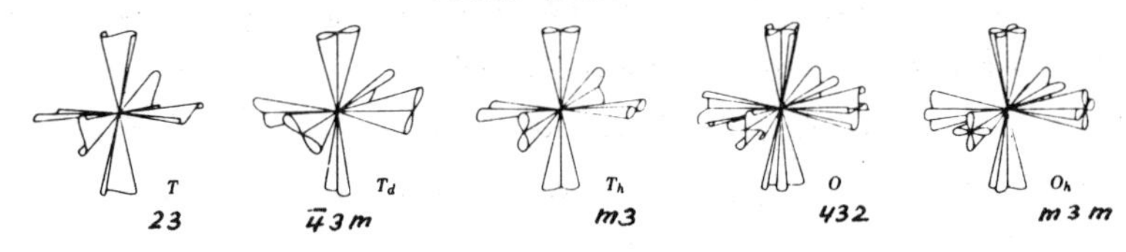

Der phänomenologische Aspekt der Punktgruppen.

Die 32 Punktgruppen enthalten noch nicht alle Symmetrieelemente, die eine dreifach periodische Struktur haben kann: von Schraubenachsen und Gleitspiegelebenen haben wir noch gar nicht gesprochen. Es stellt sich damit die Frage, ob die Punktgruppe, der eine Kristallstruktur angehört, mit physikalischen Messungen direkt etwas zu tun habe. Tatsächlich ist es so, dass die Punktgruppe in der phänomenologischen Kristallphysik eine grosse Rolle spielt:

Wenn man die Kristalle als anisotrope, homogene Kontinua auffasst und rein phänomenologische, makroskopische Messungen durchführt (Messungen, die den atomaren Aufbau völlig ausser Acht lassen), gelangt man zu einer Einteilung der Kristalle in 32 Kristallklassen, die gerade den 32 Punktgruppen entsprechen. Die phänomenologische Kristallphysik hatte ihre Blütezeit, bevor man Kristallstrukturen bestimmen konnte!

Beispiele zur Phänomenologie

① Symmetrie der Kristallgestalt: Man analysiert die Winkel zwischen Wachstumsflächen und eventuell Spaltflächen und sucht Symmetrieelemente.

② Elastizität: Man misst die elastische Deformation für verschieden orientierte Druck- und Scherspannungen. Man findet dann, dass das elastische Verhalten (auch im Bereich, wo Spannung und Deformation genau proportional sind) nicht durch zwei Materialkonstanten, z.B. einen Elastizitätsmodul E und eine Poisson'sche Zahl μ (Mechanik und Wellenlehre S. 169-175) beschrieben werden kann. Bei einem triklinen Kristall sind nicht weniger als 21 Konstanten notwendig, und bei der höchsten kubischen Symmetrie $m3m$ (O_h) sind es immer noch drei.

③ Die Dielektrizitätskonstante ε vermittelt die Beziehung zwischen den Vektoren $\vec{E}$ und $\vec{D}$ (Elektrizität und Magnetismus S. 58). Im linearen Bereich ist die Beziehung zwischen den beiden Vektoren also ein Tensor zweiter Stufe. Nur bei kubischen Strukturen (und bei isotropen Medien) genügt eine einzige Zahl ε zur Beschreibung des statischen, linearen dielektrischen Verhaltens. Ähnliche Überlegungen könnte man vielleicht über das magnetische Verhalten anstellen. Man darf aber die Analogie nicht zu weit treiben, da die Magnetisierung ein achsialer und die elektrische Polarisation ein polarer Vektor ist.

④ Der piezoelektrische Effekt: Hier geht es um die Beziehung zwischen einem Tensor (z.B. der mechanischen Spannung) und einem Vektor (z.B. der elektrischen Feldstärke $\vec{E}$). Notwendige Bedingung ist die Abwesenheit eines Symmetriezentrums (s. S. 27). Wenn die Struktur keine Punktsymmetrieelemente aufweist, d.h. bei der Kristallklasse 1 (C_1) sind 18 Konstanten notwendig zur vollständigen Beschreibung des Effektes; bei der Punktsymmetrie $\bar{4}3m$ (T_d) genügt eine einzige Konstante. Die auf S. 27 diskutierte Zinkblendestruktur ist dieser Kristallklasse zuzuordnen.

Die phänomenologische Kristallphysik steht heute längst nicht mehr im Brennpunkt der Forschung. Dies heisst nicht, dass man sie vergessen darf. Eine ausgezeichnete, moderne Darstellung findet man im Buch von F. Nye: "Physical Properties of Crystals: their Representation by Tensors and Matrices." Als abgeschlossen darf man diesen Zweig der Festkörperphysik jedoch nicht betrachten. Der Chiralität ist vielleicht zu wenig Aufmerksamkeit geschenkt worden (s. S. 10/11).

Nicht-phänomenologische Aspekte der Punktgruppen.

Man denke sich eine Kristallstruktur beschrieben durch ein Bravais-Gitter mit einer Basis (S. 24–32). Man kann versuchen, den einzelnen Basisplätzen Punktsymmetrieelemente zuzuschreiben, indem man nachschaut, ob Drehachsen, Drehinversionsachsen, Spiegelebenen, Drehspiegelebenen (S. 12–16, 34–36), die die ganze Kristallstruktur in sie überführen, durch diese Basisplätze gehen. Wenn solche Punktsymmetrieelemente vorhanden sind, findet man häufig, dass verschiedenen Basisplätzen verschiedene Punktsymmetrieelemente zuzuschreiben sind. (Unter den auf S. 24–32 besprochenen Strukturen ist diejenige von α-Mangan das einzige Beispiel für Basisplätze mit verschiedener Punktsymmetrie). Die Symmetrie eines Basisplatzes äussert sich in den spektroskopischen Eigenschaften des Ions oder Atoms, das ihn besetzt:

Betrachte (als eher akademisches Beispiel) ein H-Atom, das in einen Ionenkristall eingebaut ist. Sein Elektron bewegt sich dann in einem elektrischen Felde, das aufgefasst werden kann als Superposition der elektrischen Felder der Nachbarionen, des sog. Kristallfeldes, und des Coulombfeldes des Protons. Da das resultierende Feld nicht kugelsymmetrisch ist, kann man die Wellenfunktion des Elektrons nicht mehr schreiben als Produkt einer radialen Funktion $R(r)$, einer zonalen Funktion $\Theta(\vartheta)$ und einer azimutalen Funktion $\Phi(\varphi)$ (Quantenphysik S. 165). Wenn man die Energieniveaux vergleicht mit denjenigen des freien H-Atoms, so findet man, dass sie verschoben und in vielen Fällen aufgespalten sind. Man nennt diese Aufspaltung die Kristallfeldaufspaltung. Die Punktsymmetrie des Kristallfeldes bezüglich des Kerns des betrachteten Atoms bestimmt, welche Niveaux des freien Atoms aufgespalten werden, in wieviele "Unterniveaux" sie aufspalten, und welches die Symmetrieeigenschaften der Wellenfunktionen sind, die zu den verschiedenen Unterniveaux gehören.

Wer tiefer eindringen will in das Problem des Atoms im Kristallfeld greife zur Einführung zu einem der folgenden Bücher:
V. Heine; "Group Theory in Quantum Mechanics".
M. Tinkham: "Group Theory and Quantum Mechanics".

1.2.7. Die 230 kristallographischen Raumgruppen.

Man kann periodischen Strukturen zusätzlich zu den Punktsymmetrieelementen noch Symmetrieelemente zuschreiben, die sich nicht auf einen Punkt beziehen, sondern auf eine Achse oder auf eine Ebene: Es gibt auch Schraubenachsen und Gleitspiegelebenen. Selbstverständlich müssen die Ganghöhen der Schrauben und die Gleitrichtungen und Gleitdistanzen der Gleitspiegelebenen verträglich sein mit der Translationssymmetrie und den Punktsymmetrieelementen. Die Systematik führt auf die 230 kristallographischen Raumgruppen, die in keiner Weise trivial sind. Sie sind tabelliert in den "International Tables for X-Ray Crystallography", die nicht nur für den Kristallographen, sondern auch für den Festkörperphysiker von praktischer Bedeutung sind. Man findet darin für jede Raumgruppe zum Beispiel alle Symmetrieelemente, die möglichen Basiskoordinaten und die Punktsymmetrie bezogen auf die Basisplätze. Der Spektroskopiker interessiert sich vor allem für die zuletzt genannte Angabe.

Eine tiefschürfende Diskussion der Raumgruppen sprengt den Rahmen dieser Einführung. Um ein Gefühl dafür zu bekommen, worum es bei den Raumgruppen geht, betrachten wir zwei Beispiele:

① Zur Problematik der Schraubenachsen

α-Quarz ("Bergkristall") gehört zum trigonal-rhomboedrischen Kristallsystem (Kristallklasse 32, D_3) und hat eine 3-zählige Schraubenachse (vgl. S. 19). Wir bezeichnen die Translationsperiode längs dieser Achse mit c. Es gibt zwei verschiedene Rechtsschraubungen, die bei einer Drehung um $\frac{2\pi}{3}$ die Translationssymmetrie wahren. Die erste ist mit der Translation c/3 (Skizze A) und die zweite mit der Translation 2c/3 (Skizze B) verknüpft. Die eingezeichneten Punkte stellen äquivalente Punkte der Struktur dar. Die Skizzen entsprechen verschiedenen, aber eng verwandten Raumgruppen: Durch Spiegelung an der schraffierten Ebene geht die Struktur B in die Struktur A über, d.h. A und B sind ein enantiomorphes Paar. Tatsächlich kann man B auch als Linksschraubung auffassen, bei der der Drehschritt $-\frac{2\pi}{3}$ mit der Translation c/3 verknüpft ist. Die Chiralität einer Struktur steckt in der Raumgruppe. Es ist nicht nötig von einem chiralen Motiv oder einem chiralen Komplex auszugehen.

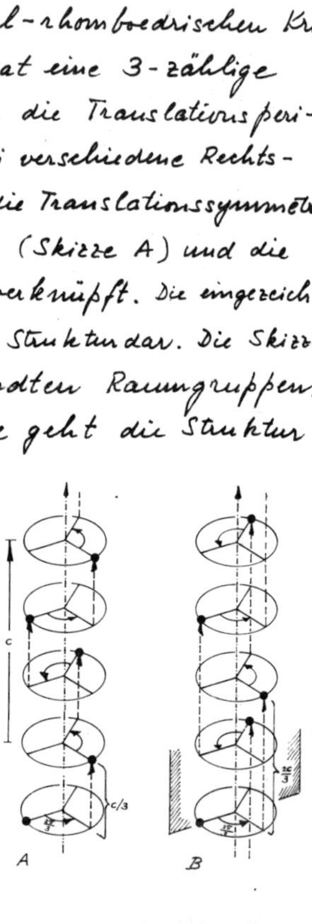

A B

② Raumgruppen im zweidimensionalen Raum

Bei zweidimensionalen periodischen Strukturen gibt es keine Schraubenachsen und damit auch keine Chiralität. (Im zweidimensionalen Raum geht jedes Objekt durch Inversion in ein kongruentes Objekt über.) Statt Gleitspiegelebenen hat man Gleitspiegelgeraden. Ein einfaches Beispiel ist nebenstehend skizziert. In der Ebene gibt es nur 17 Typen periodischer Muster. Sie sind viel leichter zu überblicken als die 230 Raumgruppen. Die folgenden Skizzen stellen die 17 ebenen Raumgruppen dar. Um die Symmetrieeigenschaften klar hervortreten zu lassen, sind die Basispunkte mit einem symmetrielosen Motiv markiert. Beachte, dass dieses Motiv mit der Raumgruppe an sich nichts zu tun hat; insbesondere soll es nicht einen Drehsinn suggerieren! Die Raumgruppe steckt in der Anordnung, nicht im Motiv.

Zeichenerklärung: Das erste Symbol, p oder c, bedeutet "primitiv" resp. "centriert". Das zweite Symbol, eine Zahl, bedeutet die Zähligkeit der Drehachse. Das dritte und vierte Symbol bedeutet je einen Satz von Spiegelgeraden m oder Gleitspiegelgeraden g. Wenn der Satz leer ist, steht die Zahl 1.

p1

p211

p1m1

p1g1

c1m1

p2mm

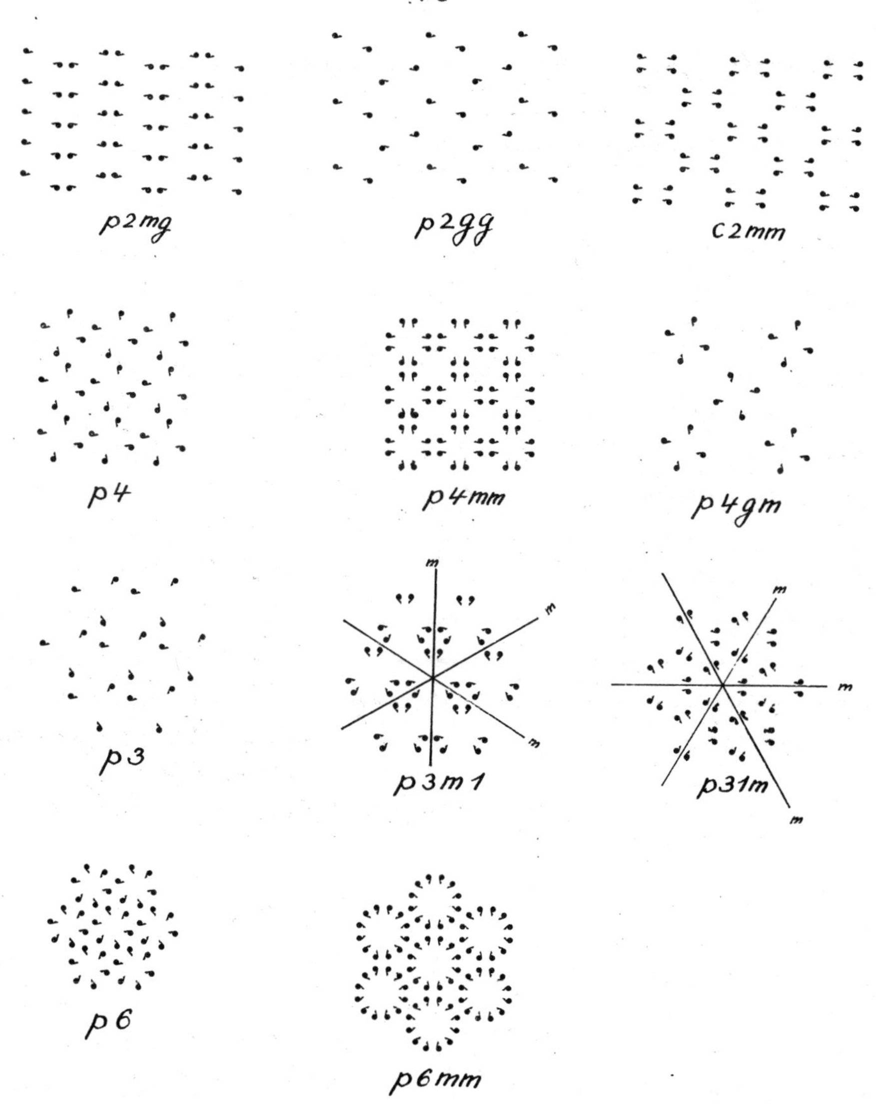

Zur Beleuchtung der Notation vergleiche man z.B. die Raumgruppe p3m1 mit p31m : Jede dieser Raumgruppen hat einen einzigen Satz von 3 Spiegelgeraden m. Diese Sätze sind aber verschieden orientiert bezüglich des gewählten Achsensystems.

1.3. Beschreibung der Struktur eines amorphen Körpers

1.3.1. Die Paarkorrelationsfunktion

Bei einem Kristall sind die Koordinaten aller Atome festgelegt durch die Angabe der drei Translationsvektoren $\vec{a}$, $\vec{b}$, $\vec{c}$ und der Basis (S. 24): Dank der Translationssymmetrie genügen verhältnismässig wenige Parameter zur vollständigen Beschreibung der Struktur. Bei einem amorphen Körper, sei er eine Flüssigkeit oder ein Glas, kommt wegen der fehlenden Periodizität die Angabe der Koordinaten jedes einzelnen Atoms nicht in Frage, sodass man sich mit einer statistischen Beschreibung der Struktur begnügen muss. Zur Vereinfachung nehmen wir an, dass alle Teilchen gleich und kugelsymmetrisch seien, sodass die Struktur durch die Lage der Teilchenmittelpunkte eindeutig gegeben ist. Zudem setzen wir voraus, dass der amorphe Körper statistisch homogen sei. Dies soll heissen, dass die statistischen Angaben über die Struktur nicht von der Lage des herausgegriffenen (nicht infinitesimalen) Volumenteils abhängen.

Wir denken uns in einem amorphen Körper, der sich in allen Richtungen bis ins unendlich Ferne erstrecke, ein makroskopisches Volumen V abgegrenzt, das N Teilchen enthalte. Sei $n(\vec{x})d^3x$ die Zahl der Teilchenmittelpunkte im Volumenelement d^3x, das sich am Ort $\vec{x}$ befindet. Man nennt $n(\vec{x})$ die Teilchenzahldichte am Orte $\vec{x}$. Die einfachste statistische Angabe, die man über die Struktur machen kann, ist die mittlere Teilchenzahldichte

$$(1) \qquad n_0 = \langle n(\vec{x}) \rangle = \frac{N}{V}$$

Je nach Substanz kann n_0 für die Flüssigkeit kleiner oder grösser sein als für den Kristall. Die mittlere Teilchenzahldichte ist eine sehr globale Information. Ein erster Schritt in Richtung auf lokale Information ist die Betrachtung der Paarkorrelation:

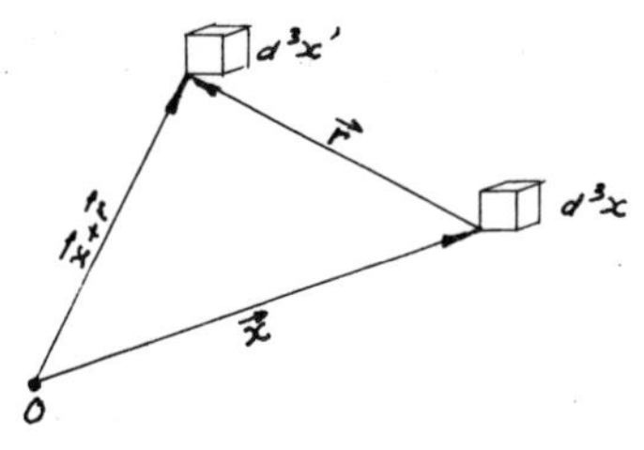

Wir bezeichnen mit d^3x' das Volumenelement an der Stelle $\vec{x}' = \vec{x} + \vec{r}$, das durch Translation um einen gegebenen Vektor $\vec{r}$ aus dem Volumenelement d^3x hervorgeht. Das Paar der Volumenelemente d^3x' und d^3x wird nun bei konstantem Vektor $\vec{r}$ relativ zum amorphen Körper verschoben, bis d^3x das ganze Volumen V ohne Überlappungen überstrichen hat.

Bei diesem Prozess notieren wir bei jeder Lage $\vec{x}$ von d^3x sowohl die Zahl der Teilchenmittelpunkte in d^3x als auch in d^3x'. Die statistische Auswertung gibt Auskunft über folgende Frage:

> Wie gross ist die Wahrscheinlichkeit, dass im Volumenelement d^3x' (bei $\vec{x}+\vec{r}$) ein Teilchenmittelpunkt liegt, wenn man weiss, dass im Volumenelement d^3x (bei $\vec{x}$) einer liegt, wobei es nicht auf den Ort $\vec{x}$, sondern nur auf den gegebenen Verschiebungsvektor $\vec{r}$ ankommen soll.

Diese Wahrscheinlichkeit lässt sich ausdrücken mit Hilfe der Teilchenzahldichteverteilung $n(\vec{x})$. Die Wahrscheinlichkeit, dass sich im Volumenelement d^3x am Orte $\vec{x}$ ein Teilchenmittelpunkt befindet, ist proportional zu $n(\vec{x})d^3x$. Die Wahrscheinlichkeit, dass sich <u>sowohl</u> im Volumenelement d^3x bei $\vec{x}$ <u>als auch</u> im Volumenelement d^3x' bei $\vec{x}+\vec{r}$ ein Teilchenmittelpunkt befindet ist also proportional zu $n(\vec{x})\,n(\vec{x}+\vec{r})\,d^3x\,d^3x'$. Nun soll d^3x im Sinne der obigen Frage nicht ein bestimmtes, sondern <u>irgend</u> ein Volumenelement im Volumen V sein, entweder das erste, oder das zweite, oder das dritte, oder ... . Die gesuchte Wahrscheinlichkeit ist damit proportional zur Summe

$$(2) \qquad d^3x' \int_V n(\vec{x})\, n(\vec{x}+\vec{r})\, d^3x \quad ,$$

und damit proportional zum Erwartungswert $\langle n(\vec{x})\, n(\vec{x}+\vec{r}) \rangle$. In einem statistisch homogenen Körper hängt dieser nicht vom Ort $\vec{x}$, sondern nur vom Parameter $\vec{r}$ ab. Die folgende dimensionslose Funktion wird Zweiteilchen-Korrelationsfunktion oder Paarkorrelationsfunktion genannt:

$$g(\vec{r}) = \left(\frac{V}{N}\right)^2 \langle n(\vec{x})\, n(\vec{x}+\vec{r})\rangle \tag{3}$$

Die Paarkorrelationsfunktion spielt eine wichtige Rolle: Einerseits kann sie durch Beugung von Wellen geeigneter Wellenlänge ($\lambda \lesssim$ Teilchenradius) experimentell bestimmt werden (wie in einem späteren Kapitel gezeigt wird), anderseits hängt sie bei einfachen Flüssigkeiten eng mit dem Paarpotential zusammen und kann aus diesem berechnet werden.

Anmerkung

Im statistisch homogenen Systemen ist es manchmal nützlich, nicht die Teilchenzahldichte $n(\vec{x})$, sondern deren Abweichung vom Mittelwert $\langle n(\vec{x})\rangle$ zu betrachten, und anstelle der Paarkorrelationsfunktion $g(\vec{r})$ folgende Funktion einzuführen:

$$G(\vec{r}) = \left(\frac{V}{N}\right)^2 \Big\langle \big(n(\vec{x}) - \langle n(\vec{x})\rangle\big)\big(n(\vec{x}+\vec{r}) - \langle n(\vec{x}+\vec{r})\rangle\big)\Big\rangle \tag{4}$$

Wegen der Voraussetzung der statistischen Homogenität ist

$$\langle n(\vec{x})\rangle = \langle n(\vec{x}+\vec{r})\rangle = n_0 \quad \text{, also}$$

$$G(\vec{r}) = \left(\frac{V}{N}\right)^2 \big\langle (n(\vec{x}) - n_0)(n(\vec{x}+\vec{r}) - n_0)\big\rangle$$

$$= \left(\frac{V}{N}\right)^2 \left\{ \langle n(\vec{x})\, n(\vec{x}+\vec{r})\rangle - \langle n(\vec{x})\, n_0\rangle - \langle n_0\, n(\vec{x}+\vec{r})\rangle + n_0^2 \right\} \quad \text{, also}$$

$$G(\vec{r}) = \left(\frac{V}{N}\right)^2 \left[\langle n(\vec{x})\, n(\vec{x}+\vec{r})\rangle - n_0^2 \right] = g(\vec{r}) - 1 \tag{5}$$

Illustrative Beispiele von Paarkorrelationsfunktionen

(1) Eindimensionale Flüssigkeit mit starren Molekülen.

Betrachte eine sehr grosse Zahl N von Stäben der Länge a, die auf einer Strecke L der x-Achse in zufälliger Weise angeordnet sind. Sie seien der einzigen Beschränkung unterworfen, dass sie sich nicht überlappen bzw. durchdringen, entsprechend der Vorstellung starrer Moleküle. Kräfte sollen keine wirken. Die Stäbe werden unter Einhaltung der Beschränkung rein zufällig angeordnet. Gesucht ist die Paarkorrelationsfunktion

$$g(r) = \left(\frac{L}{N}\right)^2 \langle n(x)\, n(x+r) \rangle \quad ,$$

wobei $n(x)$ die Zahl der Stabmittelpunkte pro Längeneinheit an der Stelle x bedeutet. Man kann diese eindimensionale Flüssigkeit charakterisieren durch den Zwischenraum pro Teilchen, den Parameter $\ell = \frac{L - Na}{N}$. Zur Berechnung von $g(r)$ lässt man N und L so gegen unendlich streben, dass ℓ konstant bleibt.

Für zwei Grenzfälle kann man $g(r)$ ohne Rechnung hinschreiben:

a) Geringe Raumerfüllung: $\frac{Na}{L} \rightarrow 0$, also $\ell \rightarrow \frac{L}{N}$.
Dieser Fall entspricht einem verdünnten Gas. Die Wahrscheinlichkeit, dass sich in einem Element dx' im Abstand $r > a$ vom Mittelpunkt eines beliebigen herausgegriffenen Teilchens der Mittelpunkt eines anderen Teilchens befindet, ist unabhängig von r. Es ist $g(r) = 1$ für $r > a$. Da sich die Teilchen aber nicht durchdringen, kann im Abstand $r \leq a$ niemals der Mittelpunkt eines anderen Teilchens liegen. Es ist $g(r) = 0$ für $r \leq a$:

b) Vollständige Raumerfüllung: $\frac{Na}{L} \rightarrow 1$, $\ell \rightarrow 0$.
Die Stäbe folgen lückenlos aufeinander, sodass eine periodische Struktur, ein eindimensionaler Kristall, entsteht. Die Wahrscheinlichkeit, im Abstand r von einem beliebigen Teilchenmittelpunkt den Mittel-

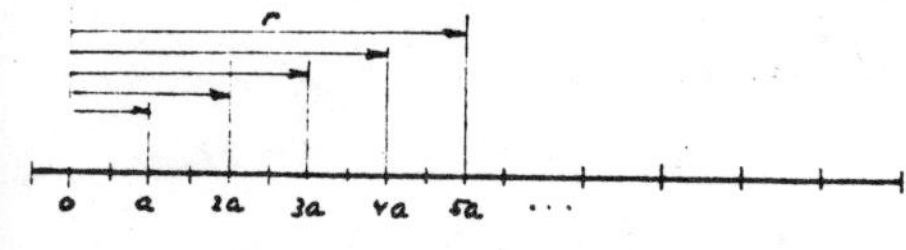

punkt eines zweiten Teilchens zu finden, ist nur für $r = ma$ von null verschieden, wobei m ganzzahlig ist. Damit ist $g(r)$ eine Sequenz von äquidistanten, gleichen Deltafunktionen.

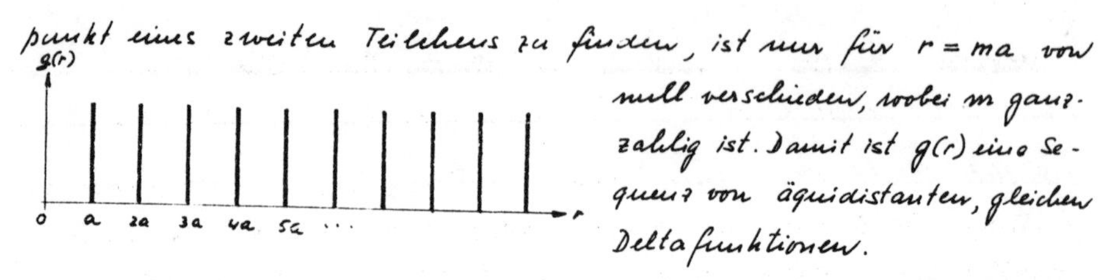

c) <u>Der allgemeine Fall</u> stellt ein bedeutend schwierigeres Problem dar. Es sei hier auf die Arbeit von Zernike und Prins (Z. Phys. <u>41</u>, 184 (1927)) verwiesen:

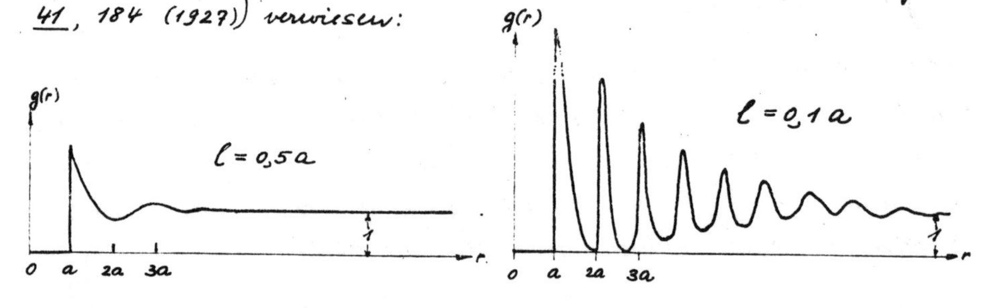

Die Oszillationen von $g(r)$ deuten eine lokale Ordnung an. Sie klingen ab über eine Distanz, die man als "Reichweite der lokalen Ordnung" oder als "Korrelationslänge" bezeichnen könnte. Sie ist umso grösser, je vollständiger die Raumerfüllung ist.

② <u>Dreidimensionale Flüssigkeit aus harten Kugeln.</u>

Eine solche Flüssigkeit ist notwendigerweise <u>statistisch isotrop</u>, wenn man von der Gravitation und eventuellen andern äusseren Kräften absieht. Wenn man die auf S. 45 beschriebene Statistik durchführt, wird sich herausstellen, dass die Paarkorrelationsfunktion $g(\vec{r})$ nur vom <u>Betrag</u> des Vektors $\vec{r}$ abhängt. Die Funktion $g(r)$ sieht ähnlich aus wie im eindimensionalen Fall.

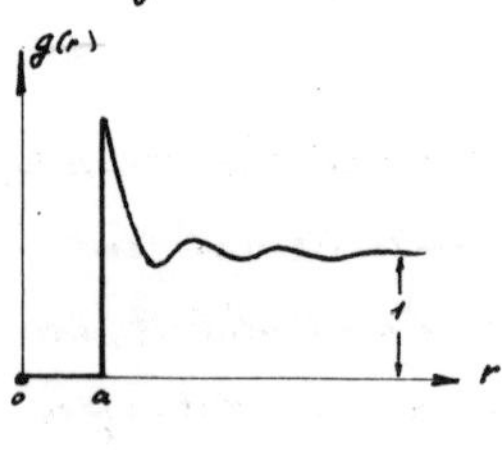

Die Skizze entspricht einer Raumerfüllung, die etwas kleiner ist als für die dichteste Kugelpackung (S. 25 und S. 29/30). Bei einem Kugeldurchmesser a liegt das erste Maximum bei $r = a$, das zweite Maximum aber etwas weiter aussen als $r = 2a$.

③ Flüssigkeit und Glas

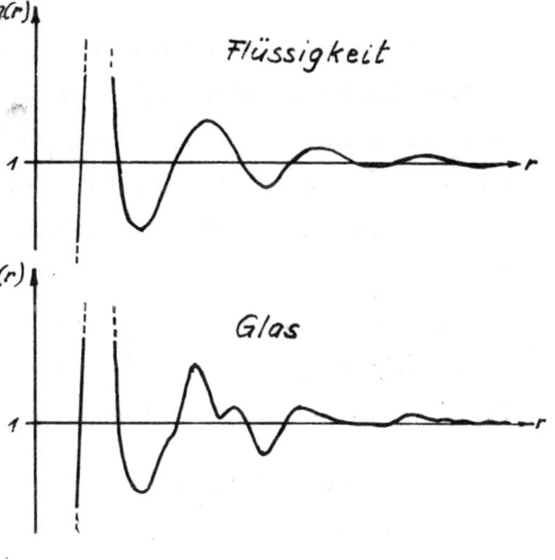

Wenn eine Flüssigkeit zu einem Glas erstarrt, ändert sich die Paarkorrelation, wie die nebenstehende qualitative Skizze zeigt. Die zusätzliche Strukturierung von $g(r)$ deutet kurzreichweitige periodische Eigenschaften der Atomanordnung im Glas an.

1.3.2. Kleiner mathematischer Exkurs: Autokorrelation und Paarkorrelation.

Eng verwandt, aber nicht identisch mit dem Begriff der Paarkorrelation ist der Begriff der Autokorrelation:

Betrachte irgend eine Funktion $f(x)$, die im Bereiche $-\infty < x < +\infty$ definiert sei. Dieser Funktion kann eine Autokorrelationsfunktion $R(r)$ zugeordnet werden durch die Definition

$$(6) \quad R(r) \equiv \lim_{x_0 \to \infty} \frac{1}{2x_0} \int_{-x_0}^{+x_0} f(x) f(x+r)\, dx = \langle f(x) f(x+r) \rangle \quad ^{9)}$$

Analog ist im dreidimensionalen Raum

$$(7) \quad R(\vec{r}) \equiv \lim_{\substack{|x_1| \to \infty \\ |x_2| \to \infty \\ |x_3| \to \infty}} \frac{1}{2x_1\, 2x_2\, 2x_3} \int_{-x_1}^{+x_1} \int_{-x_2}^{+x_2} \int_{-x_3}^{+x_3} f(\vec{x}) f(\vec{x}+\vec{r})\, d^3x$$

$$= \langle f(\vec{x}) f(\vec{x}+\vec{r}) \rangle$$

---

9) Wenn f eine komplexe Funktion (der reellen Variablen x) ist, definiert man $R(r) \equiv \langle f^*(x) f(x+r) \rangle$.
Bei integrabler Funktion $f(x)$ schreibt man oft $R(r) \equiv \int_{-\infty}^{+\infty} f(x) f(x+r)\, dx$

Wenn man sich auf den Standpunkt stellt, dass die Paarkorrelationsfunktion durch (3) definiert sei, dann ist sie bis auf einen eventuellen Normierungsfaktor identisch mit der Autokorrelationsfunktion der Teilchenzahldichte. Wenn man sie hingegen durch die auf S. 45 beschriebene Wahrscheinlichkeit definiert, unterscheidet sie sich von der blindlings nach (3) ausgerechneten Funktion. Die auf S. 48/49 skizzierten Paarkorrelationsfunktionen entsprechen der Definition mit der Wahrscheinlichkeit. Der Unterschied ist etwas subtil, aber manchmal wichtig:

Die *Paarkorrelationsfunktion* bezieht sich streng genommen auf eine Verteilung von *Punkten*. Wenn man sie als Wahrscheinlichkeit im Sinne von S. 45 auffasst, muss man sagen, dass sie *mindestens* für $\vec{r}=0$ verschwindet. Bei harten Kugeln vom Durchmesser a verschwindet sie für $r \leq a$. Die *Autokorrelationsfunktion* der Teilchenzahldichte hingegen kann für $\vec{r}=0$ nicht verschwinden; denn der Integrand in (7) ist überall positiv. Wir wollen uns den Unterschied klar machen durch Betrachtung einer Verteilung von Punkten, die wir als Deltafunktionen an den Orten $\vec{x}_i$ symbolisieren, d.h. durch $\sum_i \delta(\vec{x}-\vec{x}_i)$. Die Autokorrelationsfunktion der Teilchenzahldichte kann dann (unter Weglassung von Proportionalitätsfaktoren) geschrieben werden als

$$(8)\quad R(\vec{r}) = \int n(\vec{x})\, n(\vec{x}+\vec{r})\, d^3x = \int \underbrace{\sum_i \delta(\vec{x}-\vec{x}_i)}_{\text{Deltafunktionen an den Orten } \vec{x}_i} \; \underbrace{\sum_j \delta(\vec{x}+\vec{r}-\vec{x}_j)\, d^3x}_{\text{Deltafunktionen an den Orten } \vec{x}_j-\vec{r}}$$

Der Integrand verschwindet nur dann nicht, wenn die Deltafunktionen der beiden Faktoren zusammenfallen, d.h., wenn $\vec{r}=\vec{x}_j-\vec{x}_i$. Die Integration bedeutet eine Summation über diese Koinzidenzen. Die letzteren kann man schreiben als $\delta[\vec{r}-(\vec{x}_j-\vec{x}_i)]$, sodass

$$(9)\quad R(\vec{r}) = \sum_i \sum_j \delta[\vec{r}-(\vec{x}_j-\vec{x}_i)] = \underbrace{\sum_{i=j} \delta[\vec{r}-(\vec{x}_j-\vec{x}_i)]}_{\sum_i \delta(\vec{r})} + \sum_{i \neq j} \sum \delta[\vec{r}-(\vec{x}_j-\vec{x}_i)]$$

Sei N die Totalzahl der Punkte in der betrachteten Verteilung. Es ist dann

$$(10) \qquad R(\vec{r}) = \underbrace{N\delta(\vec{r})}_{\substack{\text{Deltafunktion} \\ \text{bei } \vec{r}=0}} + \underbrace{\sum_{i \neq j}\sum \delta\left[\vec{r} - (\vec{x}_j - \vec{x}_i)\right]}_{\text{Paarkorrelation}}$$

Das zweite Glied ist proportional zur Zahl der Punktepaare, deren Partner den Vektorabstand $\vec{r}$ haben, d.h. proportional zur <u>Paarkorrelationsfunktion</u> im Sinne der auf S. 45 beschriebenen Wahrscheinlichkeit. Bei einer Flüssigkeit aus starren Kugeln, zum Beispiel (s. S. 48), hängt die Autokorrelationsfunktion der Teilchenzahldichte nur von $|\vec{r}| = r$ ab. Man erhält die Autokorrelationsfunktion $R(r)$, indem man die Paarkorrelationsfunktion $g(r)$ durch eine Deltafunktion bei $r=0$ ergänzt. Bei nicht-starren und/oder nicht-kugeligen Teilchen sehen Autokorrelations- und Paarkorrelationsfunktion qualitativ gemäss folgenden Skizzen aus:

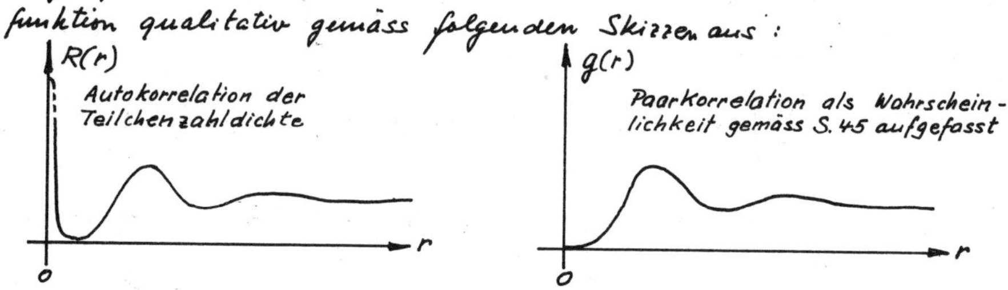

Einige Eigenschaften von Autokorrelationsfunktionen.

Die Integraltransformation (6), die $f(x)$ in $R(r)$ überführt, ist <u>nicht umkehrbar</u>. Die Kenntnis von $R(r)$ bedeutet nicht die vollständige Kenntnis von $f(x)$. Aus der Autokorrelationsfunktion kann man aber "statistische Information" über die Funktion $f(x)$ herauslesen. $R(r)$ kann sehr anschaulich sein:

① Aus der Definition (6) folgt unmittelbar

$$(11) \qquad R(0) = \langle f^2(x) \rangle, \text{ und (bei nicht anschwellender Funktion } f(x))$$

$$(12) \qquad R(0) \geq R(r) \quad \text{für alle } r \neq 0$$

Die oben skizzierte Autokorrelationsfunktion der Teilchenzahldichte in einer Flüssigkeit kann als Beispiel für (12) dienen.

② Wenn $f(x)$ periodisch ist mit der Periode a, dann ist auch $R(r)$ periodisch mit derselben Periode. Die Information über die Phase Δ von $f(x)$ geht bei der Integraltransformation verloren:

Beispiele

a) $f(x) = A \cos\left[\frac{2\pi}{a}(x-\Delta)\right]$

Es genügt, die Integration (6) über eine Periode zu erstrecken

$$R(r) = \frac{A^2}{a}\int_0^a \cos\left[\frac{2\pi}{a}(x-\Delta)\right]\cos\left[\frac{2\pi}{a}(x-\Delta+r)\right]dx$$

Mit der Identität $\cos\alpha\cos\beta \equiv \frac{1}{2}\cos(\alpha-\beta) + \frac{1}{2}\cos(\alpha+\beta)$ wird der Integrand $\frac{1}{2}\cos\left[-\frac{2\pi}{a}r\right] + \frac{1}{2}\cos\left[\frac{2\pi}{a}(2x-2\Delta+r)\right]$. Das Integral über den zweiten Summanden verschwindet, und es bleibt

$$R(r) = \frac{A^2}{2a}\int_0^a \cos\left[-\frac{2\pi}{a}r\right]dx = \frac{A^2}{2a}\,x\cos\left(\frac{2\pi}{a}r\right)\Big|_0^a = \frac{A^2}{2}\cos\left(\frac{2\pi}{a}r\right)$$

b) Sequenz mit der Periode a von Rechteckfunktionen der Breite b:

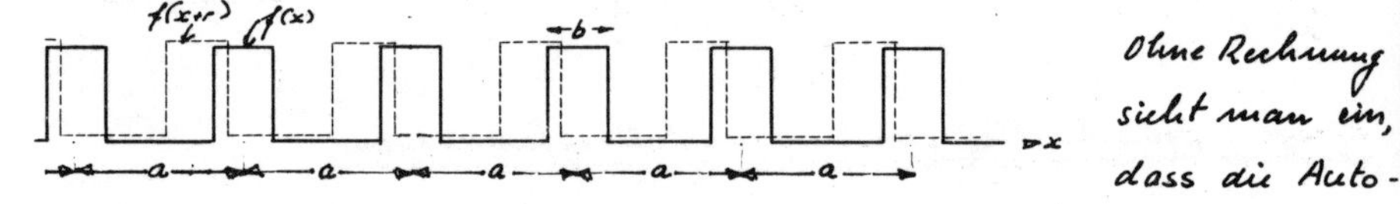

Ohne Rechnung sieht man ein, dass die Autokorrelationsfunktion $R(r)$ (unabhängig von der Phase) wie folgt aussieht

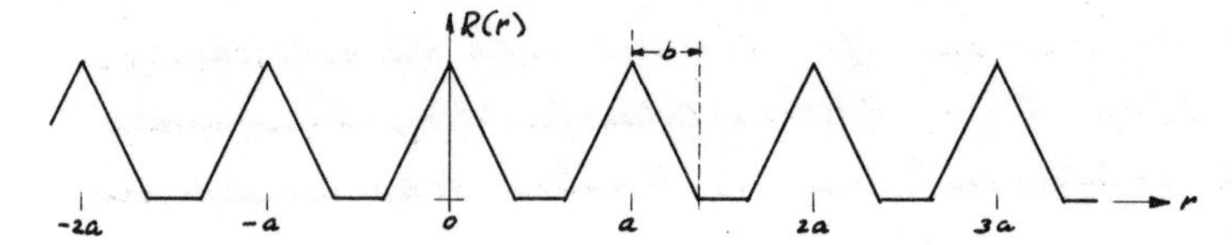

③ Aus $R(r)$ kann man Wiederholungseigenschaften von $f(x)$ herauslesen:

Beispiele

a) Betrachte eine zufällige Sequenz von identischen Paketen, von denen jedes aus vier gleichen äquidistanten Deltafunktionen im Abstand a besteht. Die Pakete dürfen auch durcheinandergreifen. Der Integrand in (6) verschwindet nicht, wenn der Parameter r Werte annimmt, für die mindestens eine Deltafunktion aus $f(x)$ mit einer Deltafunktion aus $f(x+r)$ zusammenfällt.

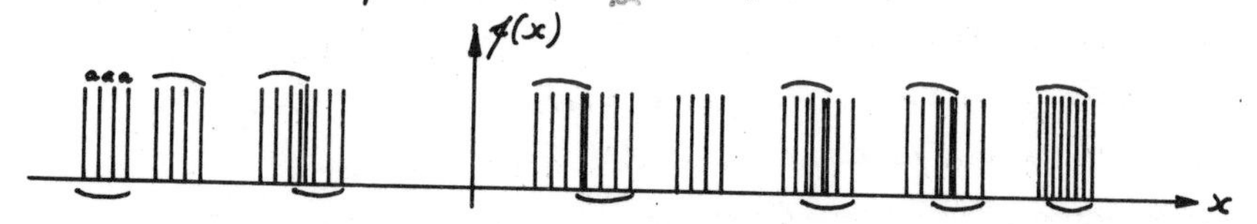

Für $r = 0, \pm a, \pm 2a$ und $\pm 3a$ fallen in jedem Paket Deltafunktionen des Faktors $f(x)$ mit Deltafunktionen des Faktors $f(x+r)$ zusammen und zwar: Bei $r=0$ fallen in jedem Paket die 4 Deltafunktionen des ersten Faktors mit den 4 Deltafunktionen des zweiten Faktors zusammen, bei $r = \pm a$ sind es noch 3, bei $r = \pm 2a$ noch zwei, und bei $r = \pm 3a$ hat man schliesslich nur noch eine einzige systematische Koinzidenz pro Paket. Für alle andern Werte von r gibt es höchstens zufällige Koinzidenzen. Sie können vernachlässigt werden, da sie nicht in allen Paketen gleichzeitig auftreten. $R(r)$ ist also nur

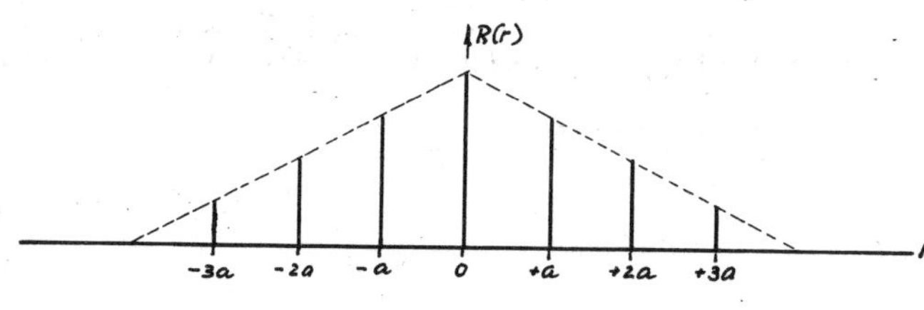

bei den sieben diskreten Werten $r=0$, $r = \pm a$, $r = \pm 2a$, $r = \pm 3a$ von Null verschieden und besteht aus Deltafunktionen, die sich verhalten wie 1 : 2 : 3 : 4 : 3 : 2 : 1.
Die Autokorrelationsfunktion $R(r)$ widerspiegelt also folgende Eigenschaften der Funktion $f(x)$:

- Häufig auftretende Distanzen (im Beispiel ganzzahlige Vielfache von a)

- Die Länge, über die sich die Wiederholungseigenschaften erstrecken (im Beispiel die Länge $3a$ eines Pakets). Diese Länge ist ein Beispiel einer Korrelationslänge.

Die Korrelationslänge ist eine "charakteristische Abklinglänge" der Autokorrelationsfunktion. Bei periodischen Funktionen $f(x)$ ist sie unendlich. Dies entspricht dem Kristall. Bei Flüssigkeiten beträgt sie im allgemeinen (trotz guter Raumerfüllung) nur einige Teilchendurchmesser. Ein gutes Beispiel für eine Korrelationslänge ist übrigens die Kohärenzlänge in der Optik ("Mechanik und Wellenlehre", S. 271/272). Der Zusammenhang mit dem oben diskutierten Beispiel wird evident, wenn man sich vereinfachend vorstellt, dass eine quasimonochromatische Strahlungsquelle in zufälliger Sequenz abgehackte Wellenzüge emittiert, die etwa die gleiche Zahl von Schwingungen enthalten.

b.) Rein zufällige Sequenz von Deltafunktionen:

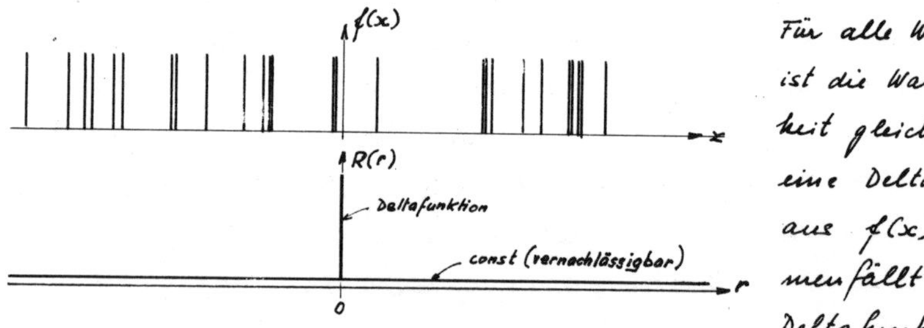

Für alle Werte $r \neq 0$ ist die Wahrscheinlichkeit gleich klein, dass eine Deltafunktion aus $f(x)$ zusammenfällt mit einer Deltafunktion von $f(x+r)$, und damit zu $\int f(x) f(x+r)\,dx$ beiträgt. $R(r)$ ist für $r \neq 0$ klein und konstant. Für $r=0$ hingegen fallen <u>alle</u> Deltafunktionen der beiden Faktoren zusammen, d.h. bei $r=0$ resultiert eine Deltafunktion. Der konstante Anteil kann vernachlässigt werden. Die Korrelationslänge ist hier null.

④ Die Autokorrelationsfunktion einer abklingenden Funktion widerspiegelt die Abklingeigenschaften

<u>Beispiel</u>

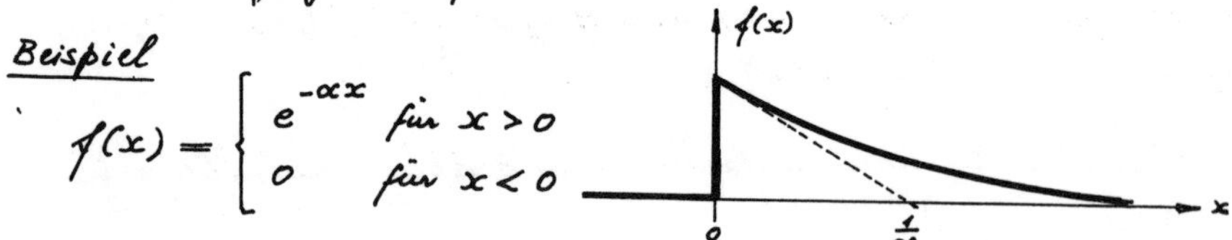

$$f(x) = \begin{cases} e^{-\alpha x} & \text{für } x > 0 \\ 0 & \text{für } x < 0 \end{cases}$$

In diesem Fall darf man schreiben

$$R(r) = \int_{-\infty}^{+\infty} f(x) f(x+r)\,dx = \int_{0}^{+\infty} e^{-\alpha x} e^{-\alpha(x+r)}\,dx = \frac{1}{2\alpha} e^{-\alpha |r|}$$

(5) Für die Autokorrelationsfunktion gilt

(13) $R(\vec{r}) = R(-\vec{r})$ bei reellem $f(x)$ und $R(\vec{r}) = R^*(-\vec{r})$ bei komplexem $f(\vec{x})$.

Zur Illustration dient das letzte Beispiel.

---

2. Strukturbestimmung durch kohärent-elastische Streuung.

Die kohärent-elastische Streuung von Wellen, deren Wellenlänge von der Grössenordnung der Atomradien oder kleiner ist, an kristallinen und amorphen Körpern hat bis heute am meisten Information geliefert über die Anordnung der Atome in der kondensierten Materie. Man arbeitet mit elektromagnetischen Wellen (vor allem mit Röntgenstrahlen und Synchrotonstrahlung) und mit Materiewellen (vor allem mit thermischen Neutronen, und mit Elektronen mit Energien zwischen 10 und 10^6 eV). In den Prinzipien der Strukturbestimmung steckt so viel allgemeine Physik, dass wir diesem Kapitel hier einigen Raum geben. Wichtige Anwendungen dieser Prinzipien findet man nicht nur in der ganzen Festkörperphysik, sondern z.B. auch in der Signalanalyse und Bildverarbeitung.

2.1. Der Begriff der kohärent-elastischen Streuung und der Streudichte

2.1.1. Kohärente und inkohärente, elastische und inelastische Streuung.

Im Gegensatz zum Kern- und Teilchenphysiker beobachtet der Festkörperphysiker bei seinen Strukturbestimmungsexperimenten die Streuung an einem ruhenden Streukörper, dessen Abmessungen zum mindesten in zwei Dimensionen sehr gross sind im Vergleich zur Wellenlänge der verwendeten Strahlung und, dessen Masse als unendlich gross betrachtet wird. (Es wird ihm nicht einfallen, die Rollen vom gestreuten Teilchen und vom Streukörper zu vertauschen.)

a) Kohärent und inkohärent

Zum mindesten klassisch kann kohärente Streuung so definiert werden:

Die Streuung wird <u>kohärent</u> genannt, wenn das Streuvolumen als Ganzes das gestreute Wellenfeld bestimmt, d.h. wenn der Streuprozess innerhalb des Streuvolumens nicht lokalisierbar ist.

Der Einfachheit halber setzen wir voraus, dass die einfallende Welle (Primärwelle) <u>eben</u> und <u>monochromatisch</u> (monoenergetisch) sei. Wenn die Lineardimensionen des Streuvolumens sehr gross sind im Vergleich zur Wellenlänge der Primärwelle, kann man bei kohärenter Streuung ebene, monochromatische Streuwellen <u>endlicher</u> Intensität beobachten, Streuwellen, die vom Streuvolumen als Ganzes herrühren. Wenn man sich auf den Standpunkt stellt, dass das Streuwellenfeld zustandekommt durch Superposition der von den einzelnen Volumenelementen ausgehenden elementaren Sekundärwellen, bedeutet kohärente Streuung eine <u>perfekte raumzeitliche Korrelation</u> der Streuung. Die gestreute Strahlung hat dabei nicht notwendigerweise die Frequenz der einfallenden Strahlung: Der Streukörper kann eine Modulation verursachen, sodass auch "Seitenbänder" auftreten ("Mechanik und Wellenlehre", S. 208/209).

<u>Inkohärente Streuung</u> tritt auf, wenn verschiedene Elemente des Streuvolumens unkorreliert streuen. Ein Schulbeispiel ist die Streuung von Neutronen (Spin $\frac{1}{2}$) an Atomkernen mit einem Spin $i \neq 0$. Der Streuprozess verläuft über einen Zwischenzustand, der entweder den Spin $i+\frac{1}{2}$ oder $i-\frac{1}{2}$ hat. Phase und Amplitude der Streuwelle können stark verschieden sein für diese beiden Möglichkeiten. Wenn weder die Spins im Primärstrahl, noch diejenigen im Streuvolumen ausgerichtet sind, besteht keine perfekte Korrelation zwischen den elementaren Sekundärwellen, die von verschiedenen Kernen ausgehen. Es ist dem Zufall überlassen, ob der Zwischenzustand den Spin $i+\frac{1}{2}$ oder $i-\frac{1}{2}$ hat. Dadurch entsteht ein <u>inkohärenter Anteil</u> im Streuwellenfeld. Dieser "verwischt" die räumliche Korrelation, die man bei einer Strukturbestimmung sucht [1].

---

[1] Zur Einführung in diese Probleme konsultiere man z.B. das Buch von G.E. Bacon: "Neutron Diffraction".

b) Elastisch und inelastisch

Der Festkörperphysiker spricht bei einem Strukturbestimmungsexperiment von elastischer Streuung, wenn sich der innere elektronische und vibratorische Zustand des Streukörpers beim Streuprozess nicht ändert. Dabei nimmt er stillschweigend an, dass die Strahlteilchen keine inneren Freiheitsgrade haben, die beim Streuprozess Energie aufnehmen oder abgeben. Beim Photon ist diese Annahme unproblematisch, ebenso beim Neutron und Elektron, wenn wir eine Spin-Zeemanaufspaltung ausschliessen.[2] Da ferner die Masse und das Trägheitsmoment des Streukörpers als unendlich gross betrachtet werden dürfen, wird beim Streuprozess keine Änderung eintreten, was seine Bewegung als starrer Körper betrifft. Er bleibt in Ruhe. Die Energie und der Betrag des Impulses der Strahlteilchen wird sich (bei Gültigkeit der obigen stillschweigenden Annahme) nicht ändern, wenn die Streuung elastisch ist. Wenn sich diese Grössen ändern, ist die Streuung inelastisch.

c) Die vier formalen Möglichkeiten

Aus der Sicht der klassischen Theorie kann man zu einer Klassifikation der Streuprozesse gelangen, indem man die Adjektive "kohärent" oder "inkohärent" kombiniert mit den Adjektiven "elastisch" oder "inelastisch". Dabei setzen wir Strahlteilchen voraus, die keine inneren Anregungen haben können. Ob man kohärent-elastische, kohärent-inelastische, inkohärent-elastische oder inkohärent-inelastische Streuung beobachtet, hängt konzeptionell von der experimentellen Anordnung ab, und nicht vom Streukörper oder den Strahlteilchen. Wir setzen voraus, dass der Experimentator Richtung und Frequenz der einfallenden ebenen Welle kenne und zudem in der Lage sei, die Streustrahlung nach Richtung, Frequenz und Intensität zu analysieren.

① Kohärent-elastische Streuung: Der Experimentator setzt vor den Detektor der Streustrahlung ein Frequenzfilter, das nur die Frequenz

---

2) Bei einem Streuexperiment mit Atom- oder Molekularstrahlen müsste man hier tiefer nachdenken.

der Primärstrahlung passieren lässt. Dann weiss er, dass er elastische Streuung beobachtet. Die Frage, ob es sich um kohärente Streuung handelt, könnte konzeptionell durch das skizzierte Experiment beantwortet werden:

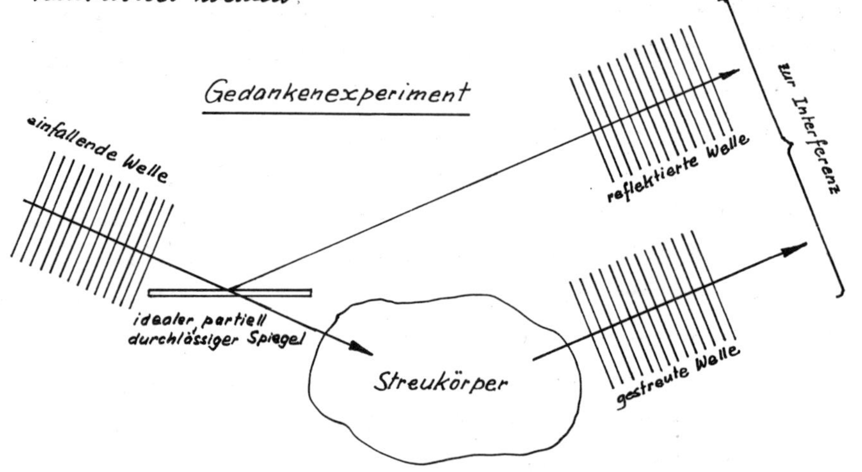

Mit einem partiell durchlässigen Spiegel werde ein Teil der einfallenden Welle abgelenkt und der Streuwelle überlagert. Wir setzen voraus, dass die Kohärenzlänge der einfallenden Strahlung gross sei im Vergleich zu den Wegdifferenzen. ("Mechanik und Wellenlehre", S. 269-272). Wenn die Überlagerung interferenzfähig ist, d.h. wenn sich nicht einfach die Intensitäten von gestreuter und reflektierter Welle addieren, kann man dann schliessen, dass die Streuung kohärent ist. Es besteht keine Hoffnung, dieses Gedankenexperiment in der oben skizzierten naiven Form mit gewöhnlichen Röntgenstrahlen zu realisieren. Für eine Spektrallinie, wie sie im Spektrum einer Röntgenröhre vorkommt (z.B. eine K_α-Linie des Molybdäns; s. "Quantenphysik", S. 45-48), beträgt die Kohärenzlänge nur etwa 10^{-5} cm. Der partiell durchlässige Spiegel müsste irgendwie im Streukörper eingebaut sein.

Ein Spezialfall liegt vor, wenn eine Streuwelle nur bei bestimmten Streuwinkeln, oder gar dazu noch nur bei bestimmten Orientierungen des Streukörpers beobachtet wird. In diesem Fall kann man direkt schliessen, dass der Streukörper räumliche Periodizitätseigenschaften hat, und dass die Streuung kohärent-elastisch verläuft. Dies ist der Fall der Bragg'schen Reflexion.

Wie kann man bei einem nicht-periodischen Streukörper wissen, ob die Streuung kohärent ist, ohne dass man ein Experiment vom Typus des skizzierten Gedankenexperimentes durchführt? Betrachte als Beispiel die Streuung von Röntgenstrahlen an SiO_2-Glas (S. 4). Das Streuexperiment an kristallinem SiO_2, d.h. am Quarz-Kristall, zeigt Bragg'sche Reflexion, klare Evidenz für kohärent-elastische Streuung. Eine solche wäre undenkbar, wenn nicht schon die Atome kohärent-elastisch streuen würden. Im SiO_2-Glas hat man dieselben Atome, d.h. sie werden auch hier kohärent-elastisch streuen. Wenn der Experimentator nur die Streustrahlung registriert, die dieselbe Frequenz hat wie die einfallende Strahlung, kann er auch beim amorphen Körper sagen, dass er kohärent-elastische Streuung beobachte.

Beim skizzierten Gedankenexperiment (mit abgestimmtem Frequenzfilter vor dem Detektor) erscheint der Streukörper als statisches Streuobjekt; denn man ignoriert die Modulationsseitenbänder, die von eventuellen Schwingungen der Struktur herrühren könnten. Über die Zeitabhängigkeit der Atomkoordinaten erfährt man auf diesem Wege nichts. Das statische Streuobjekt ist eine über die Zeit gemittelte Struktur. Wenn man auf eine quantenmechanische Beschreibung zusteuert, wird man sagen, dass der Streukörper beim Streuprozess seinen Zustand nicht ändert.

② Kohärent-inelastische Streuung: Inelastische Streuung kann man nachweisen, indem man in den Strahlengang der gestreuten Welle ein Frequenzfilter bringt, das gegen die Frequenz der einfallenden Strahlung verstimmt ist. Wenn ein Detektor hinter dem Filter Strahlung anzeigt, kann man auf inelastische Streuung schliessen. Schwieriger ist die Prüfung, ob man diese im Sinne der Definition von S. 56 als kohärent bezeichnen darf, insbesondere dann, wenn der Streukörper amorph ist. Im Prinzip könnte man die Überlagerung der vom Spiegel (S. 58) reflektierten Strahlung mit der vom Filter durchgelassenen Streustrahlung näher untersuchen. Wenn die Streuung kohärent ist, dann

addieren sich nicht einfach die beiden Leistungsspektren, sondern d
Wellensignale (Wellenfunktionen).

Bei kohärent-inelastischer Streuung, moduliert der Streukörper <u>als Ganzes</u> die Strahlung, zum Beispiel durch eine Normalschwingung. (Eine Normalschwingung ist nicht lokalisierbar. Betrachte das Beispie der sieben gekoppelten Pendel: "Mechanik und Wellenlehre", S. 204/20

③ <u>Inkohärent-elastische Streuung</u>: Wenn sich beim auf S. 58 skizzierten Gedankenexperiment bei auf die Frequenz der einfallenden Strahlung abgestimmtem Detektorfilter die Intensitäten von reflektierter und gestreuter Strahlung einfach addieren, beobachtet man sicher inkohärent-elastische Streuung. Die Streuung thermischer Neutronen an einem festen Körper, der viel Wasserstoff enthält, ist ein Sch beispiel (vgl. S. 56).

④ <u>Inkohärent-inelastische Streuung</u>: Ein Beispiel aus der Festkörperphysik ist die Compton-Streuung an Leitungselektronen eines Metalls. Ein Photon stösst mit einem Elektron zusammen und überträgt einen Teil seiner Energie auf dieses. Damit ist die Streuung inelastisch (vgl. "Quantenphysik", S. 53-58). Inkohärent ist die Streuung deshalb, weil es sich um einen lokalisierbaren Zusammenstoss handelt, bei dem der Stossparameter nicht vorausgesagt werden kann (ebensowenig wie der Spin des Zwischenzusta des bei der inkohärenten Neutronenstreuung). Über die räumliche Struktur des Streukörpers erfährt man bei diesem Experiment nicht viel. Es gibt aber Auskunft über die Impulsverteilung der Leitungselektronen.

<u>Fluoreszenz</u> kann im allgemeinen nicht als Streuung aufgefasst werden, auch nicht als inkohärent-inelastische Streuung, denn das einfallende Photon verschwindet, und ein anderes Photon wird nach einiger Zeit emittiert vom fluoreszierenden Medium. ("Quantenphysik", S. 212). Kohärenz spielt aber eine Rolle bei der induzierten Emission ("Quantenphysik", S. 222-230) und in gewisse Fällen bei Resonanzfluoreszenz.

2.1.2. Thomson-Streuung als Beispiel kohärent-elastischer Streuung

Wir betrachten die Streuung von Röntgenstrahlen an einem beliebigen Stück kondensierter Materie. Für eine erste Erklärung der kohärent-elastischen Streuung genügt eine klassische Behandlung des Problems:

Eine ebene elektromagnetische Welle der Frequenz ω durchdringe den Streukörper. Unter dem Einfluss des elektrischen Feldes $\vec{E}$ dieser Welle können die Elektronen des Streukörpers erzwungene Schwingungen ausführen mit der Frequenz der Primärwelle, und damit als Hertz'sche Oszillatoren Strahlung mit dieser Frequenz emittieren ("Elektrizität und Magnetismus", S. 241–246). Um unwesentliche Komplikationen zu vermeiden, sei angenommen, dass die Frequenz der einfallenden Strahlung weit über der Resonanzfrequenz der quasielastisch gebundenen Elektronen liege. Bei Wellenlängen, die von der Grössenordnung eines Atomradius oder kleiner sind, trifft dies zu für die meisten Elektronen in einem Streukörper, der nicht aus Atomen mit grosser Kernladungszahl Z besteht. Die quasielastische Bindungskraft kann dann in der Bewegungsgleichung des Elektrons vernachlässigt werden ("Mechanik und Wellenlehre", S. 186), und die Elektronen verhalten sich, als ob sie quasifrei wären. Vernachlässigbar ist auch die Dämpfung durch die Abstrahlung in einer rohen Betrachtung. Wir nehmen eine ebene elektromagnetische Welle an und legen die z-Achse parallel zum oszillierenden Vektor $\vec{E}$. Die approximative Bewegungsgleichung für ein Elektron der Ladung $-e$ ist dann

(1) $\quad m\ddot{z} = -e\,E(t)$,

wobei $E(t)$ die Feldstärke der einfallenden Welle am Orte des Elektrons bedeutet.

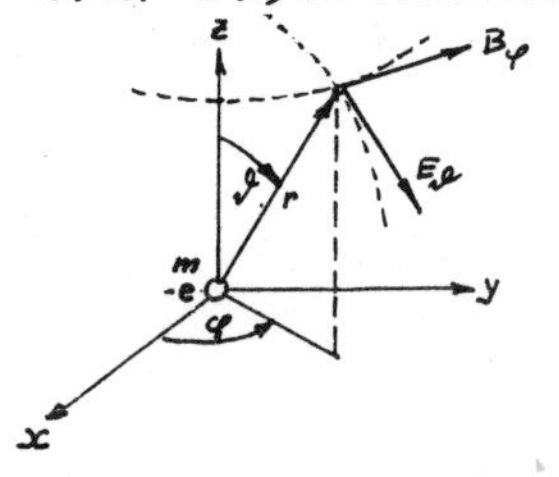

Das schwingende Elektron im Ursprung des Koordinatensystems Oxyz ist äquivalent einem Hertz'schen Dipol vom Moment $p(t) = -ez(t)$. Die Feldstärke der gestreuten Welle am Orte $\vec{r}(r, \vartheta, \varphi)$ ist (in e.s.u.) gegeben durch

$$(2)\quad \left[\begin{array}{ll} E_r = 0 & B_r = 0 \\ E_\vartheta = \frac{\ddot{p}}{rc^2}\sin\vartheta & B_\vartheta = 0 \\ E_\varphi = 0 & B_\varphi = \frac{\ddot{p}}{rc^2}\sin\vartheta \end{array}\right]$$

Wenn man $\ddot{p}$ zur Zeit t einsetzt, erhält man die Feldstärken der Streuwelle zur Zeit $t+\frac{r}{c}$. (Elektrizität und Magnetismus S. 245).

Mit $\ddot{p} = -e\ddot{z} = \frac{e^2}{m}E(t)$ ist

$$(3)\quad E_\vartheta(t+\tfrac{r}{c}) = B_\varphi(t+\tfrac{r}{c}) = \frac{e^2}{mc^2}\frac{\sin\vartheta}{r}E(t)$$

Selbstverständlich werden auch die Atomkerne im $\vec{E}$-Feld der einfallenden Welle geschüttelt. Der entsprechende Beitrag zur Streuung ist jedoch vernachlässigbar. Im Zähler von (3) ist wohl e^2 zu ersetzen durch $(Ze)^2$, aber im Nenner hat man anstelle von m grössenordnungsmässig $4000\,Zm$. Dazu kommt noch, dass es Z-mal mehr Elektronen hat als Kerne.

Mit $E(t) = E_0 e^{-i\omega t}$ wird die Feldstärke E_ϑ der Streuwelle

$$(4)\quad E_\vartheta(t) = \frac{e^2}{mc^2}\frac{\sin\vartheta}{r}E_0 e^{-i\omega(t-\frac{r}{c})}$$

Die hier berechnete Streuung wird als Thomson-Streuung bezeichnet (J.J. Thomson 1856-1940, Entdecker des Elektrons 1897). Die Unabhängigkeit der Amplidude und Phase der Streuwelle von der Frequenz ω ist eine Folge der Vernachlässigung der quasielastischen rücktreibenden Kraft gegenüber der Trägheitskraft.[3)]

Der Schritt von der Thomson-Streuung am einzelnen Elektron zur Streuung an einem Stück kondensierter Materie ist konzeptionell nicht ganz trivial, nicht zuletzt deshalb, weil die Thomson-Streuung im Grunde genommen eine klassische Fiktion ist. Die Unschärferelation verbie-

---

3) Das andere Extrem einer Approximation ist die Rayleigh-Streuung: Ihr liegt die Annahme zu Grunde, dass die Frequenz der einfallenden Strahlung weit unterhalb der Resonanzfrequenz des quasielastisch gebundenen Elektrons liege. In diesem Falle spielt die Trägheit keine Rolle. Dafür geht die "Federkonstante" ein. Die Amplitude der Streuwelle ist proportional zu ω^2, und die Phase ist um π verschoben im Vergleich zur Thomson-Streuung.

tet uns ohnehin, dem Elektron einen scharfen Ort $\vec{x}$ zuzuschreiben, von dem die Streuwelle ausgehen soll. Die im folgenden beschriebene halbklassische (oder gar klassische) Behandlungsweise hat sich bei der Strukturanalyse mit Röntgenstrahlen bewährt. Sie hat aber ihre Grenzen.

Der innere elektronische Zustand des Streukörpers bleibt bei elastischer Streuung definitionsgemäss unverändert. Man kann daher den Streukörper als Riesenmolekül in einem stationären elektronischen Zustand auffassen. Es soll bei der Streuung in diesem Zustand bleiben. Die Aufenthaltswahrscheinlichkeit $\varrho(\vec{x})$ der Elektronen wird als zeitlich konstant betrachtet, obwohl sie von der Streuwelle geschüttelt werden. Wenn z.B. der Streukörper nur ein einziges Elektron enthielte, wäre die Wahrscheinlichkeit, dieses Elektron im Volumenelement d^3x anzutreffen, gegeben durch $\psi^*(\vec{x})\psi(\vec{x})d^3x$, wobei $\psi(\vec{x})$ die Wellenfunktion des postulierten stationären Zustandes sein soll. Der Schritt zur Berechnung der kohärent-elastischen Streuung an einem Streukörper, der viele Elektronen enthält, ist auf überschbare Weise zu bewältigen, wenn man folgende Annahme macht:

> Der Beitrag dE_ϑ des Volumenelementes d^3x zur Feldstärke E_ϑ der Streuwelle im Abstand r vom Volumenelement wird erhalten, indem man den Thomson'schen Ausdruck (4) multipliziert mit der Wahrscheinlichkeit, dass sich in d^3x ein Elektron aufhält, d.h. mit $\varrho(\vec{x})d^3x$:

$$(5) \qquad dE_\vartheta(t) = \frac{e^2}{mc^2}\,\frac{\sin\vartheta}{r}\,\varrho(\vec{x})\,d^3x\,E_0\,e^{-i\omega(t-\frac{r}{c})}$$

Dies nennt man die Approximation unabhängig streuender Elektronen: Trotz der Wechselwirkung zwischen den Elektronen (die in der Berechnung von $\varrho(\vec{x})$ eine grosse Rolle spielen kann), soll der Thomson'sche Ausdruck (4) eine gute Approximation sein zur Berechnung der Streuwelle, die einem Elektron zuzuschreiben ist. Die Funktion $\varrho(\vec{x})$ wird Streudichte genannt. Aus einer graphischen Darstellung von $\varrho(\vec{x})$, aus einer sog. "Elektronendichtekarte" oder "Streudichtekarte" ersieht man sofort, wo die Atome liegen, denn $\varrho(\vec{x})$ ist gross in der Nähe der Atomkerne.

Der Begriff der Streudichte kann auch auf die Streuung von Materiewellen übertragen werden; aber er ist dann nicht mehr mit der Elektronenzahldichte zu identefizieren.

Bei der Streuung von thermischen Neutronen kann man zwei Fälle unterscheiden:

a) Wenn die Atome des Streukörpers weder ein Bahnmoment noch ein Spinmoment haben (Fall der gepaarten Elektronen), dann werden die Neutronen nur <u>an den Atomkernen gestreut</u>. Da die Kernradien grössenordnungsmässig 10^4 mal kleiner sind als die de Broglie Wellenlänge der thermischen Neutronen, stellt jeder Kern sozusagen eine Deltafunktion der Streudichte dar. An die Stelle des Thomson'schen Faktors $\frac{e^2}{mc^2}\sin\vartheta$ tritt eine für den Kern charakteristische Amplitude der kohärenten Streuung. Wenn der Kern einen Spin hat, kommt noch ein inkohärenter Anteil hinzu (S.56).

b) Wenn die Atome ein elektronisches magnetisches Moment haben (es kann ein Bahn- oder Spinmoment sein) tritt dieses in Wechselwirkung mit dem magnetischen Moment des Neutrons, sodass nicht nur am Kern, sondern auch an der Hülle gestreut wird, und zwar kann diese Streuung - man nennt sie <u>magnetische Streuung</u> - kohärent und elastisch sein, und vergleichbar mit der Streuung am Kern. Als Streudichte ist bei magnetischer Streuung die Dichteverteilung des magnetischen Momentes einzusetzen.

Bei der Streuung von Elektronenstrahlen ist die Streudichte durch die Raumabhängigkeit des elektrostatischen Potentials im Streukörper bestimmt

---

2.1.3. Die erste Born'sche Näherung und die Fourierbeziehung

Wir wollen nun die Streuung durch einen beliebigen Streukörper, der durch die Streudichteverteilung $\rho(\vec{x})$ charakterisiert sei, berechnen. Pour fixer les idées denken wir zunächst an Thomson-Streuung. Eine ebene, harmonische elektromagnetische Welle, deren E-Vektor längs der Achse ζ schwinge, durchlaufe in der Richtung des Einheitsvektors $\vec{e}_1$ den Streukörper. Das elektrische Feld der einfallenden Welle sei

$$(6) \qquad \vec{E}(\vec{x},t) = \vec{E}_0 e^{i(\vec{k}_1 \cdot \vec{x} - \omega t)} \qquad \text{wobei } \vec{k}_1 = \frac{2\pi}{\lambda} \vec{e}_1$$

Der Brechungsindex für Röntgenstrahlen liegt so nahe bei eins, dass man ihn nicht berücksichtigen muss, d.h. man kann für λ die Vakuum-Wellenlänge einsetzen.

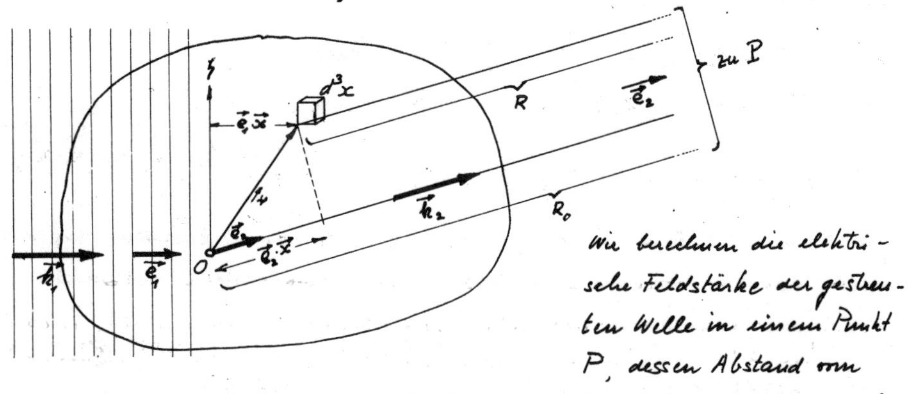

Wir berechnen die elektrische Feldstärke der gestreuten Welle in einem Punkt P, dessen Abstand vom Streukörper gross sein soll im Vergleich zu den Linearabmessungen desselben, und der in der Richtung des Einheitsvektors $\vec{e}_2$ liege. Nach klassischer Vorstellung geht von jedem Volumenelement d^3x des Streukörpers eine elementare Streuwelle aus. Diese Elementarwellen treffen als annähernd ebene Wellen mit parallelen $\vec{E}$-Vektoren im Punkte P ein. Zur weiteren Vereinfachung der Rechnung machen wir folgende Annahmen:

1. Die Streudichte sei so gering, dass die Schwächung der Primärwelle durch die Streuung, und damit auch die Streuung der gestreuten Welle, vernachlässigt werden kann. Wenn man mit Hilfe von (5) den Beitrag dE_y des Volumenelementes d^3x zum Wellenfeld in P berechnet, kann man also für das Feld der Primärwelle den Ausdruck (6) einsetzen. Diese Näherung wird als <u>erste Born'sche Näherung</u> bezeichnet. Sie ist ein guter Ausgangspunkt zur Berechnung der Streuung; aber in vielen Fällen nicht viel mehr.

2. Vernachlässigt wird ferner die Schwächung der Wellen durch photoelektrische Absorption, sowie die Reflexion und Brechung beim

Ein- und Austritt aus dem Streukörper.

Mit (5) und (6) erhält man für den Beitrag $dE_\vartheta(t)$ des Volumenelementes d^3x bei $\vec{x}$ zum Streuwellenfeld im Punkte P

$$(7)\qquad dE_\vartheta(t) = \frac{e^2}{mc^2}\sin\vartheta\, \rho(\vec{x})d^3x\, \frac{1}{R} E_0 e^{-i\left[\omega(t-\frac{R}{c}) - \vec{k}_1\cdot\vec{x}\right]}$$

ϑ ist der Winkel zwischen der Polarisationsachse ξ und dem Wellenvektor $\vec{k}_2$. Aus der Skizze S. 65 folgt

$$(8)\qquad R = R_0 - \vec{e}_2\cdot\vec{x} = R_0 - \frac{\vec{k}_2}{k_2}\cdot\vec{x}\ , \quad \text{sodass}$$

$$(9)\qquad \frac{\omega R}{c} = \frac{2\pi}{\lambda}R = k_2 R = k_2 R_0 - \vec{k}_2\cdot\vec{x}\ , \quad \text{und mit (7)}$$

$$(10)\qquad dE_\vartheta(t) = \frac{e^2}{mc^2}\sin\vartheta\, \frac{1}{R}\rho(\vec{x})d^3x\, E_0\, e^{-i\left[\omega t - k_2 R_0 + \vec{k}_2\cdot\vec{x} - \vec{k}_1\cdot\vec{x}\right]}$$

Die Streuung ist elastisch, sodass $k_1 = k_2 = k$. Durch Zusammenzug der Faktoren, die von der Lage $\vec{x}$ des Volumenelementes abhängen bzw. nicht abhängen, wird dann

$$(11)\qquad dE_\vartheta(t) = \underbrace{\frac{e^2}{mc^2}\sin\vartheta\, E_0\, e^{-i(\omega t - kR_0)}}_{\text{unabhängig von } \vec{x}}\ \underbrace{\frac{1}{R}\rho(\vec{x})d^3x\, e^{-i(\vec{k}_2-\vec{k}_1)\cdot\vec{x}}}_{\text{abhängig von } \vec{x}}$$

Durch Integration über den ganzen Streukörper erhält man die Feldstärke $E_\vartheta(t)$ der resultierenden Welle im Punkte P. Die Amplitude ist also proportional zu

$$\int \frac{1}{R}\rho(\vec{x})e^{-i(\vec{k}_2-\vec{k}_1)\cdot\vec{x}}\, d^3x$$

Da R als gross vorausgesetzt wurde im Vergleich zu den Linearabmessungen des Streukörpers,[4] kann die Veränderung von R bei der Integration vernachlässigt und R durch R_0 ersetzt werden, wenn der Ursprung im Streukörper liegt. Damit wird

$$(12)\qquad E_\vartheta(t) = \frac{e^2}{mc^2}\sin\vartheta\,\frac{1}{R_0}E_0\, e^{-i(\omega t - kR_0)} \underbrace{\int \rho(\vec{x})e^{-i(\vec{k}_2-\vec{k}_1)\cdot\vec{x}}\, d^3x}_{A}$$

---

[4] Bei den Experimenten trifft dies meistens zu.

Die Information über die <u>Struktur</u> des Streukörpers – wir verstehen darunter die Streudichteverteilung $\rho(\vec{x})$ – steckt im Integral A, das wir <u>Streuamplitude</u> nennen. Die Grösse

$$\vec{q} = \vec{k}_2 - \vec{k}_1 \tag{13}$$

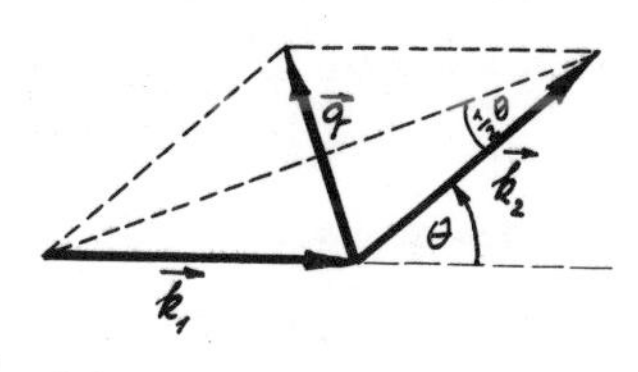

wird <u>Streuvektor</u> genannt, und der Winkel θ zwischen $\vec{k}_1$ und $\vec{k}_2$ <u>Streuwinkel</u>. Bei elastischer Streuung ($k_1 = k_2 = k$) ist

$$q = 2k \sin\frac{\theta}{2} \tag{14}$$

Für eine gegebene Streudichteverteilung $\rho(\vec{x})$ hängt die Streuamplitude A nur vom Streuvektor $\vec{q}$ ab:

$$\boxed{A(\vec{q}) = \int \rho(\vec{x})\, e^{-i\vec{q}\cdot\vec{x}}\, d^3x} \tag{15}$$

Die Streuamplitude $A(\vec{q})$ und die Streudichte $\rho(\vec{x})$ sind Fouriertransformierte

Durch Fourier-Umkehr erhält man aus der Streuamplitude die Streudichte:

$$\boxed{\rho(\vec{x}) = \frac{1}{(2\pi)^3} \int A(\vec{q})\, e^{i\vec{q}\cdot\vec{x}}\, d^3q} \tag{16}$$

Diese Beziehung ist die <u>Grundlage der Strukturbestimmung mit Hilfe kohärent-elastischer Streuung</u>. <u>Wenn</u> man die Streuamplitude A als Funktion des Streuvektors $\vec{q}$ für den ganzen $\vec{q}$-Raum messen <u>könnte</u>, erhielte man mit Hilfe von (16) eine exakte Streudichteverteilung $\rho(\vec{x})$, eine Beschreibung der Struktur.

Die Faktoren <u>vor</u> dem Integral A in (12) (mit Ausnahme des strahlungsunspezifischen Faktors $\frac{1}{R_0} e^{-i(\omega t - kR_0)}$) spielen eine Rolle bei der Auswertung eines Streuexperiments. Der Thomson'sche Faktor $\frac{e^2}{mc^2} \sin\vartheta$ ist charakteristisch für die Streuung linear polarisierter, elektromagnetischer Wellen an Elektronen. Bei einfallender unpolarisierter Strahlung muss man eine geeignete Mittelung über die Polarisationsrichtungen vornehmen.

Eine anschauliche Interpretation der Fourierbeziehung (16):

Wir wollen für einen Augenblick vergessen, dass wir durch Berechnung der Streuung zum Ausdruck (16) gelangt sind, und ihn auffassen als räumliche Fourierzerlegung der Streudichte $\rho(\vec{x})$, d.h. als Superposition unendlich vieler harmonischer Streudichtewellen. Dabei hat die harmonische Streudichtewelle mit dem Wellenvektor $\vec{q}$ eine Amplitude proportional zu $A(\vec{q})$. Jetzt erinnern wir uns daran, dass $\vec{q}$ ursprünglich als Streuvektor eingeführt wurde, und dass $A(\vec{q})$ nach (12) proportional ist zur Amplitude der Streuwelle mit dem Streuvektor $\vec{q}$. Dann können wir sagen:

> Wenn der Experimentator bei kohärent-elastischer Streuung den Streuvektor $\vec{q}$ wählt, empfängt der Detektor Streustrahlung, deren Amplitude proportional ist zur Amplitude der räumlichen Fourierkomponente der Streudichte mit dem Wellenvektor $\vec{q}$.

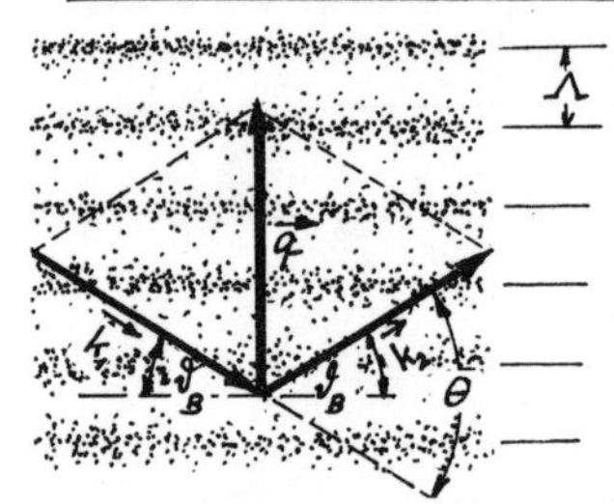

Dieser Satz kann als Formulierung der Bragg'schen Reflexion an der räumlichen Fourierkomponente der Streudichte mit dem Wellenvektor $\vec{q}$ (also der Periode $\Lambda = \frac{2\pi}{q}$) aufgefasst werden, wie die Skizze veranschaulichen soll.

Um den Zusammenhang mit der elementaren Formulierung des Bragg'schen Gesetzes zu sehen, führen wir den Bragg'schen Winkel $\vartheta_B = \frac{\theta}{2}$ ein, und haben dann mit $k = \frac{2\pi}{\lambda}$ und (14) $q = \frac{4\pi}{\lambda} \sin \vartheta_B$, sodass mit $q = \frac{2\pi}{\Lambda}$

$$(17) \qquad 2\Lambda \sin \vartheta_B = \lambda$$

Dies ist das Bragg'sche Gesetz für die Ordnungszahl $n = 1$ [5)]

[5)] Die elementare Herleitung des Bragg'schen Gesetzes mit Hilfe reflektierender Netzebenen im Abstand Λ liefert $2\Lambda \sin \vartheta_B = n\lambda$, mit n ganzzahlig. Dies ist nicht im Widerspruch zu (17): Das Netzebenenmodell entspricht nicht einer cos-Modulation der Streudichte. Es kommen die höheren Harmonischen mit der Periode $\frac{\Lambda}{n}$ vor ("Mechanik und Wellenlehre" S. 285/286, "Quantenphysik", S. 43/44).

Der Satz auf S. 68 ist von grosser Tragweite: Es liegt in der Hand des Experimentators, eine beliebige Fourierkomponente der Streudichte $\varrho(\vec{x})$ zur Beobachtung auszusondern! Er wählt hiezu Richtung und Wellenlänge der einfallenden Strahlung, die Orientierung des Streukörpers, die Beobachtungsrichtung und einen Detektor, der nur auf die Wellenlänge der einfallenden Strahlung anspricht.[6)]

2.1.4. Thomson-Streuung an einem Atom.

Wir berechnen die Thomson-Streuung an einem Atom mit *kugelsymmetrischer* Streudichteverteilung in der *Approximation unabhängig streuender Elektronen* mit Hilfe der Fourierbeziehung

$$(19)\qquad A(\vec{q}) = \int \varrho(\vec{x})\, e^{-i\vec{q}\cdot\vec{x}}\, d^3x$$

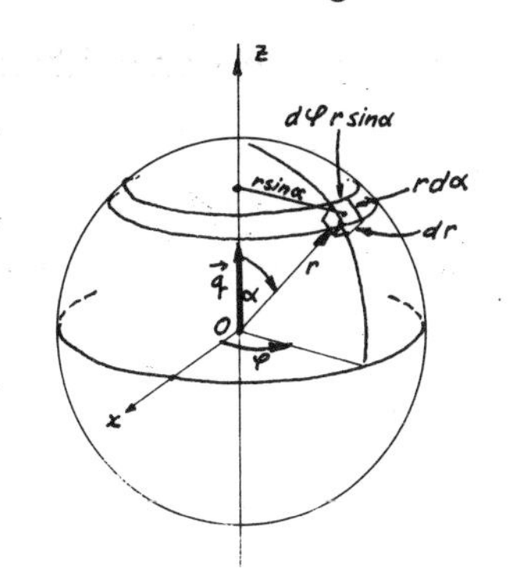

Der Mittelpunkt des Atoms wird in das Zentrum des Polarkoordinatensystems r, α, φ gelegt. Es ist dann $\varrho = \varrho(r)$, und das Volumenelement ist $d\tau = r^2 dr \sin\alpha\, d\alpha\, d\varphi$. Die Streuamplitude kann aus Symmetriegründen nur vom *Betrag* des Streuvektors $\vec{q}$ abhängen, sodass wir dessen Richtung wählen können, wie es die mathematische Konvenienz gebietet, nämlich parallel zur z-Achse.

Es ist dann $\vec{q}\cdot\vec{x} = qr\cos\alpha$, und nach (19) wird

$$(20)\qquad A(q) = \int_0^\infty dr \int_0^\pi d\alpha \int_0^{2\pi} d\varphi\, \varrho(r)\, e^{-iqr\cos\alpha}\, r^2 \sin\alpha$$

Mit der Transformation $\cos\alpha = \xi$, $\quad -\sin\alpha\, d\alpha = d\xi$ hat man dann

---

6) Ein frequenzselektiver Detektor ist im allgemeinen nicht notwendig, wenn die Struktur periodisch ist; denn die Bragg'schen Reflexionen sind meistens so intensiv, dass inkohärente und inelastische Streuung vernachlässigbar sind.

$$A(q) = 2\pi \int_0^\infty dr \int_{-1}^{+1} d\xi \, r^2 \rho(r) \left[\cos(qr\xi) - i \sin(qr\xi)\right]$$, woraus

(21) $$A(q) = \int_0^\infty 4\pi r^2 \rho(r) \frac{\sin(qr)}{qr} dr$$

Es gibt Approximationsmethoden zur Berechnung Streudichteverteilung $\rho(r)$ für Atome mit beliebiger Elektronenzahl. Die nach (21) berechneten Streuamplituden findet man in "International Tables for X-Ray Crystallography." Die Annahme einer kugelsymmetrischen Ladungsverteilung ist nur für freie Atome exakt.[7] In einer chemischen Verbindung sind es die Valenzelektronen, für die die Verteilung um den Atomkern vom einer kugelsymmetrischen am stärksten abweicht. Die kugelsymmetrische Approximation kann ein guter Ausgangspunkt sein, z.B. dann wenn die Zahl der Valenzelektronen des betrachteten Atoms klein ist im Vergleich zur Kernladungszahl Z, oder wenn Ionen mit abgeschlossenen Schalen vorliegen.

Illustrative Beispiele

① Freies Wasserstoffatom im 1s-Zustand

Die Wellenfunktion ist

(22) $$\psi_{1s} = \pi^{-1/2} a^{-3/2} e^{-r/a}$$

wobei $a = \frac{\hbar^2}{me^2} = 0.529$ Å der Bohr'sche Radius ist ("Quantenphysik", S. 187).

Die Streudichteverteilung ist also

(23) $$\rho(r) = \psi^*\psi = \frac{1}{\pi a^3} e^{-2r/a}$$

---

[7] Ein Elektron in einem s-Zustand entspricht immer einer kugelsymmetrischen Ladungsverteilung. Dasselbe gilt für eine abgeschlossene Elektronenschale. Wie steht es aber mit einem einzelnen Elektron eines freien Atoms, das nicht in einem s-Zustand ist? Betrachte als Beispiel ein p-Elektron. Die Wahrscheinlichkeit für jeden der drei magnetischen Unterzustände m = -1, m = 0, m = +1 ist gleich gross. Die resultierende Aufenthaltswahrscheinlichkeit ist $\frac{1}{3}(\psi_{-1}\psi_{-1}^* + \psi_0\psi_0^* + \psi_{+1}\psi_{+1}^*)$. Sie ist kugelsymmetrisch, wie man durch Einsetzen der p-Funktionen sofort sieht ("Quantenphysik", S. 193).

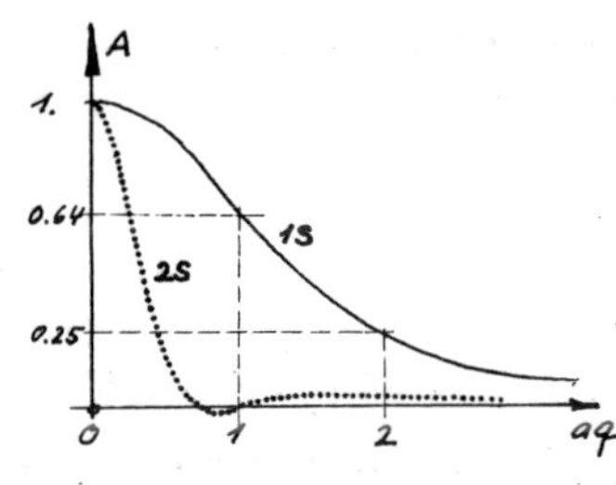

Durch Einsetzen in (21) erhält man ohne Schwierigkeit

$$A(q) = \frac{1}{\left[1 + \left(\frac{aq}{2}\right)^2\right]^2} \qquad (24)$$

Die Streuamplitude hängt hier nur von der dimensionslosen Grösse aq ab. Diese Abhängigkeit ist links skizziert. Mit $q = \frac{4\pi}{\lambda} \sin \frac{\theta}{2}$ ((14) S. 66) sieht man, dass die Streuamplitude mit zunehmendem Streuwinkel abnimmt, und dass im Grenzfall $\frac{\lambda}{a} \to \infty$ (also $aq \to 0$ für jeden Streuwinkel) die Streuamplitude nicht mehr vom Streuwinkel abhängt.

② Freies Wasserstoffatom im 2s-Zustand

Dieses rein akademische Beispiel dient nur zur Förderung des konzeptionellen Verständnisses: Mit der Wellenfunktion $\psi_{2s} = (32\pi)^{-1/2} a^{-3/2} \left(2 - \frac{r}{a}\right) e^{-r/2a}$

erhält man $A(q) = \frac{1 - (aq)^2}{\left[1 + (aq)^2\right]^4} \left[1 - 2(aq)^2\right]$.

Diese Funktion ist in der Figur auf S. 70 punktiert eingetragen. Der Abfall der Streuamplitude mit zunehmendem Wert aq ist rascher als beim 1s-Zustand, da sich das 2s-Elektron im Mittel weiter weg vom Kern aufhält. Das Beispiel zeigt auch, dass die Streuamplitude (rein aus der Ladungsverteilung heraus) im Prinzip negativ werden kann. Bei Atomen mit mehreren Elektronen tritt dies allerdings nicht auf [8].

Wegen dem Pauli-Prinzip haben die Elektronenwolken aller Atome etwa dieselbe räumliche Ausdehnung. Für alle Atome sind deshalb die q-Werte, bei denen die Streuamplitude auf die Hälfte gesunken ist, von der Grössenordnung $(1 Å)^{-1}$. Anderseits ist der Atomkern so klein gegen die Wellenlänge thermischer Neutronen, dass man den Abfall der Streuamplitude mit zunehmendem Streuwinkel nicht merkt bei der Streuung am Kern.

---

[8] Die Streuphase kann sich aber infolge von Resonanzerscheinungen ändern (vgl. S. 62, insbesondere Fussnote 3)

2.2. Zur Problematik der Strukturbestimmung mit Hilfe der Fourierbeziehung

2.2.1. Das Phasenproblem

Ein Experimentator führe zur Bestimmung einer Struktur, d.h. der Streudichte $\rho(\vec{x})$, ein Streuexperiment mit monochromatischer Strahlung durch. Wir setzen kohärent-elastische Streuung und eine <u>reelle Streudichte</u> voraus. Durch die Wahl des Streuvektors $\vec{q}$ wird die Fourierkomponente der Streudichte mit dem Wellenvektor $\vec{q}$ zur Beobachtung ausgesondert. Sie hat die räumliche Periode $\Lambda = \frac{2\pi}{q}$. Der Detektor zählt über längere Zeit die gestreuten Teilchen (z.B. Röntgenquanten), sodass man daraus eine mittlere Zählrate, also eine Intensität bestimmen kann. Diese ist proportional zu $|A(\vec{q})|^2$. Wenn die Struktur <u>kein Inversionszentrum</u> hat, d.h. wenn $\rho(\vec{x}) \neq \rho(-\vec{x})$, ist $A(\vec{q})$ komplex (s. Gl. 15) und hat damit eine <u>Phase</u>, die der oben beschriebenen Messung nicht entnommen werden kann. Wenn die Struktur ein <u>Inversionszentrum</u> hat, ist $A(\vec{q})$ reell; aber das Vorzeichen ist unbekannt (Phase 0 oder π). Die Bestimmung von $\rho(\vec{x})$ durch die Fourierumkehr (16) ist damit in beiden Fällen illusorisch:

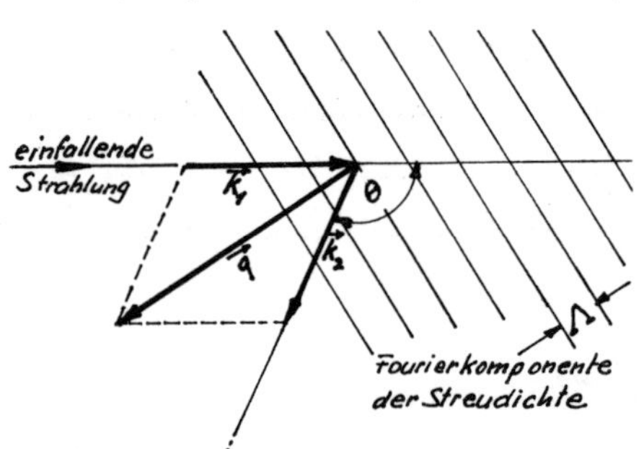

Aus den gemessenen Streuintensitäten <u>allein</u>, kann man nicht <u>eindeutig</u> auf die Struktur zurückschliessen.

Dies ist das berühmt-berüchtigte <u>Phasenproblem</u>.

Beachte auch, dass bei <u>reeller</u> Streudichte $A(\vec{q}) = A^*(-\vec{q})$, also $|A(\vec{q})|^2 = |A^*(-\vec{q})|^2 = |A(-\vec{q})|^2$. Es kommt auf dasselbe heraus, ob man an der "Vorderseite" oder an der "Hinterseite" streut. Das Streuexperiment täuscht sozusagen ein Inversionszentrum vor.

2.2.2. Das Problem der Auflösung

Auch wenn man die Phase der Streustrahlung messen könnte, bliebe noch eine Unschärfe in der Bestimmung der Struktur $\rho(\vec{x})$ auf dem Wege über die Fourierbeziehung (16) S. 67 : Zur exakten Bestimmung von $\rho(\vec{x})$ müsste bei einer <u>nichtperiodischen</u> Struktur die Streuamplitude $A(\vec{q})$ im <u>ganzen</u> $\vec{q}$-Raum – man spricht auch vom <u>Fourier-Raum</u> oder vom <u>reziproken Raum</u> – bekannt sein. Bei einer <u>periodischen</u> Struktur kommen nur diskrete Fourierkomponenten vor (Fourierreihe statt Fourierintegral). Aber auch diese müssten für den ganzen $\vec{q}$-Raum bekannt sein, wenn man die Streudichteverteilung $\rho(\vec{x})$ genau rekonstruieren wollte. Insbesondere müssten auch Streuexperimente für beliebig lange Streuvektoren, also mit beliebig kurzen Wellenlängen durchgeführt werden. Betrachte zunächst ein Streuexperiment bei fester Wellenlänge λ. Durch Variation des Streuwinkels Θ kann der Betrag des Streuvektors $q = \frac{4\pi}{\lambda} \sin\frac{\Theta}{2}$ von $q = 0$ bis $q_{max} = \frac{4\pi}{\lambda}$ gesteigert werden. Wenn wir berücksichtigen, dass die Orientierung des Streukörpers beliebig verändert werden kann, können wir sagen, dass $A(\vec{q})$ messbar ist für $\vec{q}$-Vektoren, deren Spitzen innerhalb einer Kugel vom Radius $\frac{4\pi}{\lambda} = 2k$ liegen. Die kurzwelligsten räumlichen Fourierkomponenten, die vom Experiment erfasst werden, haben die Raumperiodenlänge $\frac{2\pi}{q_{max}} = \frac{\lambda}{2} = \Lambda_{min}$. Details unterhalb einer Linearausdehnung von $\lambda/2$ können nicht aufgelöst werden, <u>wenn man sich nur auf die Fourierumkehr abstützt</u>.[9)]

Es scheint also zunächst, als ob man die Auflösung beliebig steigern könnte durch die Wahl kurzer Wellen. Die meisten Strukturbestimmungen werden aber mit Wellenlängen von der Grössenordnung von 1 Å gemacht, obwohl Strahlungsquellen mit kürzeren Wellen und genügender Intensität leicht zu realisieren sind. Für die Wahl $\lambda \sim 1$ Å gibt es bei Röntgen- und Neutronenstrahlen gute Gründe. (Elektronenstrahlen sind ein Spezialfall).

---

9) Dasselbe Ergebnis erhält man für das Auflösungsvermögen eines idealen, hypothetischen Mikroskops, dessen Apertur dem Raumwinkel 4π entspricht.

① Folgende Gründe gelten spezifisch für Röntgenstrahlen:

– Die Streuamplitude der Atome nimmt ab mit zunehmendem Betrag des Streuvektors (S. 69–71). Für den Streukörper gilt dasselbe, da er aus Atomen besteht. Für Wellenlängen λ, die klein sind gegen die Atomradien, ist deshalb nur die Streuung nach kleinen Winkeln stark.

– Die Wahrscheinlichkeit, dass die Streuung kohärent-elastisch verläuft, d.h. die Wahrscheinlichkeit für Thomson-Streuung, nimmt mit zunehmender Frequenz ab zu Gunsten inkohärent-inelastischer Streuung (Compton-Streuung, Raman-Streuung). Die halbklassische Formel (12) kann diesen Effekt nicht liefern, weil sie angeregte Zustände des Elektronensystems nicht berücksichtigt. ($\rho(\vec{x})$ ist die Aufenthaltswahrscheinlichkeitsdichte für den Grundzustand.)

Beide Effekte laufen einer genauen Messung der Intensität der kohärent-elastisch gestreuten Strahlung bei grossen Werten von q entgegen. Besonders schlimm wirkt sich dies aus, wenn der Detektor nicht frequenzselektiv (energieselektiv) ist. Bei einer photographischen Emulsion ist dies der Fall.

② Gleicherweise für Röntgenstrahlen und thermische Neutronen gilt folgender Grund:

– Durch die thermische Bewegung werden sowohl die Atome als auch die Atomkerne "verschmiert", d.h. die räumliche Ausdehnung wird vergrössert um rund das Doppelte der Amplituden der thermischen Schwingungen. Grössenordnungsmässig sind es 0.2 Å bei Zimmertemperatur. Durch die Verschmierung wird die Amplitude der Streuung nach grösseren Winkeln reduziert. (Ein analoger Fall wurde am Beispiel des H-Atoms im 1s- und 2s-Zustand demonstriert auf S. 70/71.

Auch hier stellt sich also das Problem der Messung kleiner Intensitäten, wenn man zu kürzeren Wellen übergeht. Abkühlen des Streukörpers schafft nur teilweise Remedur; denn die Nullpunktsschwingungen bringt man nicht weg ("Quantenphysik", S. 157).

Wenn man keine zusätzliche Information verwendet, kommt man

nicht viel unter 1 Å in der Auflösung.

Das Auflösungskriterium $\Lambda_{min} = \lambda/2$ gilt nicht für die Bestimmung der Translationsperioden (Länge der Translationsvektoren und von diesen eingeschlossene Winkel). Die relative Unschärfe der Bestimmung der Translationsperioden ist von der Grössenordnung des Verhältnisses der Strukturperiode zu den Linearabmessungen der streng periodischen Kristallbereiche. Dieses Verhältnis bestimmt die Winkelbreite der Bragg'schen Reflexionen an einem Kristall [10]. Bei einem makroskopischen Idealkristall ist die Genauigkeit der Bestimmung der Translationsperioden praktisch durch die Genauigkeit der Bestimmung der Wellenlänge der Strahlung begrenzt.

2.2.3. Zur Überwindung des Phasen- und des Auflösungsproblems.

Das Phasenproblem

Angesichts des Phasenproblems fragt man sich, wie es möglich ist, die Struktur eines kristallisierten Proteins zu bestimmen, die nur Translationssymmetrie aufweist und Tausende von Atomen in der Elementarzelle hat. Ein Markstein in der Geschichte der Röntgenkristallographie ist die Strukturbestimmung des Hämoglobins (mit 12000 Atomen in der Elementarzelle) durch Max Perutz. Er kam nicht darum herum, sich Information über die Phasen zu verschaffen, und benützte einen Trick, der eine gewisse Verwandtschaft hat mit dem auf S. 58 skizzierten Gedankenexperiment:

Isomorphe Substitution

Bei den Proteinen ist es möglich, an gewissen Atomgruppen, d.h. an chemisch wohldefinierten Stellen, Schweratome (z.B. Hg, I) einzubauen, ohne dass eine Änderung der Anordnung der übrigen Atome eintritt, die ausserhalb des Auflösungsvermögens der Fouriermethode

---

[10] Das analoge eindimensionale Problem wurde am Beispiel des Beugungsgitters in der Vorlesung "Mechanik und Wellenlehre" auf S. 283 – 288 behandelt.

liegt. Man nennt diesen Einbau "isomorphe Substitution". Diese Schweratome streuen stark wegen der grossen Elektronenzahl und liefern die Referenzwelle, die im Gedankenexperiment von S.58 der vom Spiegel reflektierten Welle entspricht. Bei der Strukturbestimmung sind die Streudaten für das unsubstituierte Protein mit denjenigen für das substituierte Protein zu vergleichen. Die fundamentale Auflösungsgrenze $\lambda/2$ bleibt selbstverständlich bestehen.

Variation der atomaren bzw. nuklearen Streuphasen

Bei der Streuung von elektromagnetischer Strahlung an Kristallen kann Phaseninformation dadurch gewonnen werden, dass man das Streuexperiment bei zwei verschiedenen Frequenzen durchführt in einem Bereich, wo eine Resonanz einer Atomsorte des Streukörpers liegt. Die Streuamplitude des betreffenden Atoms ist dann komplex, und verschieden für die zwei Frequenzen. Als man noch auf die Spektrallinien von Röntgenröhren angewiesen war, waren die Möglichkeiten für solche Experiment äusserst beschränkt [11]. Heute eröffnet die Anwendung der Synchrotionstrahlung und von Mössbauer-Strahlung neue Horizonte.

Bei der Streuung thermischer Neutronen an den Kernen kann man Isotopensubstitution zu Hilfe nehmen. Hier sind die Möglichkeiten beschränkt.

Verbesserung der Auflösung

Bei einfachen Kristallstrukturen können die Koordinaten der Basis mit einer Präzision bestimmt werden, die etwa zwei Grössenordnungen bes

---

11) Das erste Experiment dieser Art wurde im Jahre 1930 von Koster, Knol und Prins durchgeführt an Zinkblende (S. 26/27). Sie verwendeten eine Röntgenröhre mit Goldanode: Die Spektrallinien L_{α_1} und L_{α_2} liegen in einem Frequenzgebiet, wo die Streuamplitude des Zn-Atoms komplex und stark frequenzabhängig ist. Die Abwesenheit eines Symmetriezentrums manifestierte sich klar darin, dass ein Unterschied zwischen $|A(\vec{q})|^2$ und $|A(-\vec{q})|^2$ feststellbar war (vgl. S. 72).

ser ist als die fundamentale optische Auflösungsgrenze [12]. Als Beispiel betrachten wir die Struktur von α-Arsen (S.30/31). Der wahrscheinliche Fehler der Basiskoordinate $x = 0.227$ dürfte etwa $\Delta x = \pm 0.005$ betragen. Bei einer Translationsperiode von $a = 4.13$ Å entspricht dies einer Unsicherheit der relativen Lage der Atomzentren von rund ± 0.02 Å. Die Struktur wurde vermutlich mit Cu K_α-Strahlung ($\lambda = 1.54$ Å) oder mit Mo K_α-Strahlung ($\lambda = 0.71$ Å) bestimmt. Wie ist das möglich?

Die grosse Präzision der Basiskoordinatenbestimmung wird dadurch erreicht, dass man <u>die berechneten Streuamplituden der Atome benützt</u> (S. 69/70). An die Stelle der Bestimmung der Streudichtefunktion $\varrho(\vec{x})$ tritt dann die Bestimmung weniger Basiskoordinaten. (Im Beispiel des α-Arsens ist es eine einzige Zahl.) Im Abschnitt 2.4.3 (S. 97-101) werden wir zeigen, wie man von den bekannten Streuamplituden der Atome in der Strukturbestimmung Gebrauch macht.

Fouriermethode oder Basiskoordinatenbestimmung?

Bei der Bestimmung von Kristallstrukturen mit niedriger Symmetrie und sehr vielen Atomen in der Elementarzelle ist die Kenntnis der Streuamplituden der Atome keine grosse Hilfe. Bei einem Protein wären Tausende von Basiskoordinaten zu bestimmen. Die systematische Übersicht geht ganz verloren, wenn man sich um die Koordinaten jedes einzelnen Atoms kümmern muss: Man ist auf die Fourier-Methode angewiesen, wenn die Zahl der zu bestimmenden Atom-Positionen zweistellig oder grösser ist. Eine wichtige Kontrolle der am Schluss resultierenden Streudichte $\varrho(\vec{x})$ besteht darin, dass sich Atome und Moleküle abzeichnen müssen. Bei nicht allzukomplizierten Strukturen können Vieldeutigkeiten oft durch stereochemische Betrachtungen reduziert werden.

---

12) Gemeint sind hier nicht die speziellen, durch die Symmetrie bedingten Werte der Basiskoordinaten, die exakte rationale Zahlen sind.

2.3. Die Geometrie der Streuung an periodischen Strukturen

2.3.1. Der reziproke Raum und das reziproke Gitter

Durch die Fourierbeziehungen (15) und (16) S.67 ist dem $\vec{x}$-Raum, dem sog. direkten Raum, der $\vec{q}$-Raum, der sog. Fourier-Raum oder reziproke Raum zugeordnet. Im direkten Raum stellen wir uns die Struktur, bzw. die Streudichte $\rho(\vec{x})$ vor, und im Fourier-Raum denken wir uns die Amplituden $A(\vec{q})$ eingetragen. Bei periodischen Strukturen hat man statt den Fourierintegralen Fourier-Reihen: Nur zu diskreten $\vec{q}$-Vektoren gehört eine Amplitude $A(\vec{q})$. Die Spitzen dieser $\vec{q}$-Vektoren bilden ein Punktgitter, das reziproke Gitter

Das reziproke Gitter einer eindimensionalen periodischen Struktur.

Wir nehmen zunächst an, dass der direkte Raum eindimensional sei, und betrachten eine periodische Streudichte $\rho(x)$ mit der Periode a.

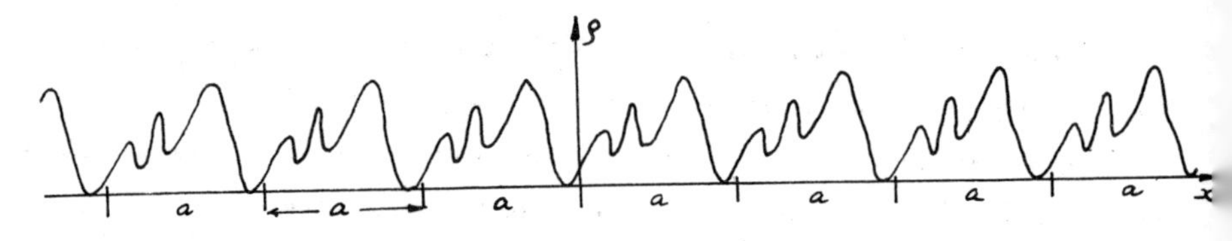

Die Fourier-Entwicklung ist

$$(25)\quad \rho(x) = \sum_{h=-\infty}^{+\infty} A_h e^{i\frac{2\pi}{a}hx}$$

, wobei h ganzzahlig ist. Mit der Abkürzung

$$(26)\quad \frac{2\pi}{a}h = q_h$$

wird

$$(27)\quad \rho(x) = \sum_{h=-\infty}^{+\infty} A_h e^{iq_h x}$$

Die Fourierkoeffizienten A_h sind gegeben durch

$$(28) \qquad A_h = \frac{1}{a}\int_{\text{Periode}} \varrho(x)\, e^{-iq_h x}\, dx$$

Mit den diskreten Werten (26) von q hat man das hier skizzierte reziproke Gitter:

$\leftarrow \frac{2\pi}{a} \rightarrow$

$-2\frac{2\pi}{a}$ $\quad -\frac{2\pi}{a}$ $\quad 0$ $\quad \frac{2\pi}{a}$ $\quad 2\frac{2\pi}{a}$ $\quad 3\frac{2\pi}{a}$ $\quad 4\frac{2\pi}{a}$ $\quad 5\frac{2\pi}{a}$ $\quad 6\frac{2\pi}{a}$ $\quad q$

Jedem Punkt ist ein Fourierkoeffizient A_h zugeordnet. (Im Sinne von (15)(16) kann man auch schreiben $A(q_h)$.)

Betrachte einen Vektor $\vec{R}$, der zwei beliebige Punkte des direkten Punktgitters verbindet. Es ist dann $R = na$ mit ganzzahligem n. Mit (26) wird

$\vec{R}$; a a a a a a a a a ; x

$$(29) \qquad q_h R = 2\pi h n$$

ein ganzzahliges Vielfaches von 2π, sodass

$$(30) \qquad e^{iq_h R} = 1$$

Man kann (30) als Formulierung der Translationssymmetrie auffassen.

Das reziproke Gitter einer dreidimensional-periodischen Struktur.

Wir denken uns die Struktur dadurch erzeugt, dass zu jedem Punkt des des primitiven Gitters

$$(31) \qquad \vec{R} = n_1\vec{a}_1 + n_2\vec{a}_2 + n_3\vec{a}_3 \qquad (n_i \text{ ganze Zahlen})$$

translatorisch derselbe Streukomplex hingebracht wird. Für die Streudichte gilt dann

$$(32) \qquad \varrho(\vec{x}) = \varrho(\vec{x} + \vec{R})$$

Analog zu (25) ist die Fourier-Entwicklung

$$(33) \qquad \varrho(\vec{x}) = \sum_{h_1}\sum_{h_2}\sum_{h_3} A_{h_1h_2h_3}\, e^{i\vec{q}_{h_1h_2h_3}\cdot\vec{x}} \qquad (h_i \text{ ganze Zahlen})$$

wobei die Fourier-Koeffizienten $A_{h_1h_2h_3}$ analog zu (28) gegeben sind durch

$$(34) \qquad A_{h_1h_2h_3} = \frac{1}{V}\int \varrho(\vec{x})\, e^{-i\vec{q}_{h_1h_2h_3}\cdot\vec{x}}\, d^3x$$

die Integration erstreckt sich über das Volumen V der von den Translationsvektoren $\vec{a}_1, \vec{a}_2, \vec{a}_3$ aufgespannten <u>primitiven</u> Zelle. Es ist

(35) $$V = (\vec{a}_1 \times \vec{a}_2) \cdot \vec{a}_3 \quad \text{(oder zyklisch vertauscht)}.$$

Aus der Translationssymmetrie folgt analog zu (29) und (30)

(36) $$\vec{q}_{h_1h_2h_3} \cdot \vec{R} = \text{ganzzahliges Vielfaches von } 2\pi, \text{ bzw. } e^{i\vec{q}_{h_1h_2h_3} \cdot \vec{R}} = 1$$

Dies ist erfüllt, wenn

(37) $$\vec{q}_{h_1h_2h_3} = h_1\vec{b}_1 + h_2\vec{b}_2 + h_3\vec{b}_3 \quad \text{mit ganzzahligen } h_i \text{, wobei}$$

(38) $$\begin{cases} \vec{b}_1 = \frac{2\pi}{V}\,\vec{a}_2 \times \vec{a}_3 \\ \vec{b}_2 = \frac{2\pi}{V}\,\vec{a}_3 \times \vec{a}_1 \\ \vec{b}_3 = \frac{2\pi}{V}\,\vec{a}_1 \times \vec{a}_2 \end{cases}$$

Die Vektoren $\vec{q}_{h_1h_2h_3}$ bilden das <u>reziproke Gitter</u>. Jedem Punkt ist ein Fourier-koeffizient $A_{h_1h_2h_3}$ zugeordnet. Aus (35) und (38) folgt

(39) $$\vec{b}_j \cdot \vec{a}_i = 2\pi\delta_{ij}, \quad \text{wobei } \delta_{ij} \text{ das Kronecker-Symbol bedeutet.}$$

Ferner ist

(40) $$(\vec{b}_1 \times \vec{b}_2)\,\vec{b}_3 = \frac{(2\pi)^3}{V}$$

Das direkte Gitter ist durch die Struktur eindeutig bestimmt. <u>Zu jedem direkten Gitter gibt es genau ein reziprokes Gitter</u>[13]. Also ist auch <u>das reziproke Gitter durch die Struktur eindeutig bestimmt</u>. Das reziproke Gitter des reziproken Gitters ist direkte Gitter, von dem man ausgegangen ist.

<u>Das einfachste Beispiel</u>: Das direkte Gitter sei kubisch primitiv. Die kürzesten Translationsvektoren spannen einen Würfel auf mit der Kante a. Das reziproke Gitter ist dann auch kubisch primitiv mit dem kür-

---

13) Es kommt nicht darauf an, welche von den beliebig vielen möglichen <u>primitiven</u> Zellen man wählt (s. Figur S. 9). Die verschiedenen Wahlmöglichkeiten führen mit (38) wohl auf verschiedene Vektortripel $\vec{b}_1, \vec{b}_2, \vec{b}_3$; aber die Punktgitter, die man daraus durch die Operation (37) erhält, unterscheiden sich nicht.

zesten Punktabstand $\frac{2\pi}{a}$.

Das reziproke Gitter bei nicht-primitiver Darstellung des direkten Gitters.

Die Wahl einer nicht-primitiven Elementarzelle im gegebenen Punktgitter ist nur eine andere "Zusammenfassung" der Gitterpunkte, eine Zusammenfassung, die das Erkennen von Punktsymmetrieelementen erleichtert (S. 21). Wenn eine solche Zusammenfassung im direkten Gitter möglich ist, dann ist sie auch im reziproken Gitter möglich. Wir wollen dies am Beispiel des kubisch-flächenzentrierten Gitters erläutern:

Die Kantenlänge des flächenzentrierten Elementarwürfels im direkten Gitter sei a. Zur Berechnung des reziproken Gitters nach (38) muss man von einer primitiven Darstellung ausgehen. Der Übersichtlichkeit halber wählen wir eine primitive Zelle, die von möglichst kurzen Translationsvektoren $\vec{a}_1'$, $\vec{a}_2'$, $\vec{a}_3'$ aufgespannt wird (Skizze unten). Durch Anwendung von (38) erhält man das Vektortripel $\vec{b}_1'$, $\vec{b}_2'$, $\vec{b}_3'$. Es zeigt sich dann, dass man im Punktgitter $h_1\vec{b}_1' + h_2\vec{b}_2' + h_3\vec{b}_3'$ eine kubisch-raumzentrierte Zelle finden kann mit der Kantenlänge $\frac{4\pi}{a}$. Beachte: $\frac{4\pi}{a}$ und nicht $\frac{2\pi}{a}$.

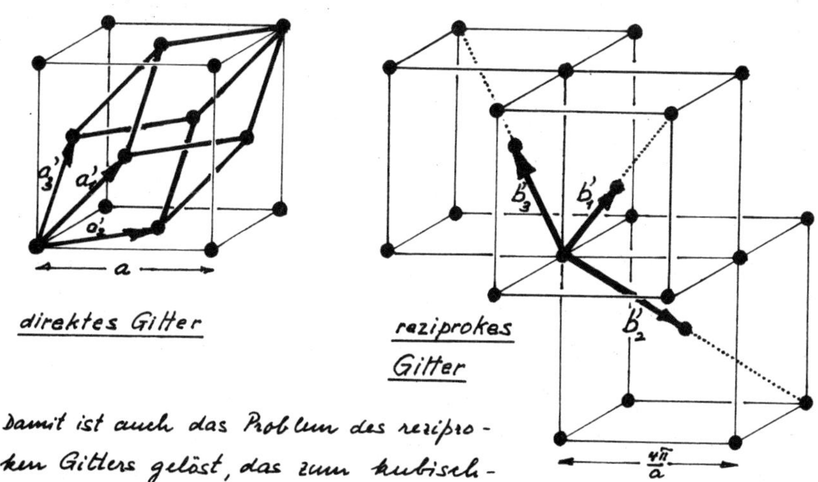

Damit ist auch das Problem des reziproken Gitters gelöst, das zum kubisch-raumzentrierten Gitter gehört.

2.3.2. Dreidimensional-periodische Strukturen.

Die Punkte des reziproken Gitters sind nach (37) gegeben durch

$$(41)\qquad \vec{q}_{h_1 h_2 h_3} = h_1 \vec{b}_1 + h_2 \vec{b}_2 + h_3 \vec{b}_3$$

Zum Gitterpunkt $h_1 h_2 h_3$ gehört die Fourierkomponente der Streudichte mit dem "Wellenvektor" $\vec{q}_{h_1 h_2 h_3}$ und der Amplitude $A_{h_1 h_2 h_3}$. Nach dem Theorem von S.68 hat der Vektor $\vec{q}$ noch eine zweite Bedeutung: $\vec{q}_{h_1 h_2 h_3}$ ist der Streuvektor, der zu wählen ist zur Beobachtung der obigen Fourierkomponente der Streudichte. Daraus folgt:

> Bei der kohärent-elastischen Streuung an einer dreidimensional-periodischen Struktur kann die Amplitude der Streuwelle nur dann von null verschieden sein, wenn der Streuvektor $\vec{q}$ zwei Punkte des reziproken Gitters verbindet.[14)]

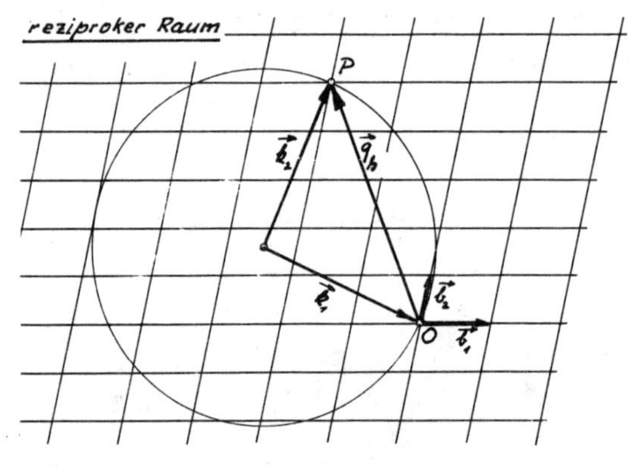

Im folgenden bezeichnen wir den Punkt $h_1 = h_2 = h_3 = 0$ als Ursprung des reziproken Raumes. Bei gegebenem Einfallsvektor $\vec{k}_1$ liegen die Spitzen der möglichen Streuvektoren $\vec{q} = \vec{k}_2 - \vec{k}_1$ bei elastischer Streuung, d.h. bei $k_1 = k_2 = \frac{2\pi}{\lambda}$ (S.67) auf einer Kugel vom Radius $\frac{2\pi}{\lambda}$, die durch den Ursprung des reziproken Raumes geht, wie oben zweidimensional skizziert ist. Nur wenn sie noch durch einen zweiten Punkt P hindurchgeht, kann eine Streuwelle auftreten.[14)] Diese Konstruktion liefert die geometrischen Bedingungen für das Auftreten eine Streuwelle bei einer dreidimensional periodischen Struktur: Die

---

14) Diese Bedingung ist wohl notwendig, aber nicht hinreichend. Der Fourier-Koeffizient $A_{h_1 h_2 h_3}$ könnte zufällig oder symmetriebedingt verschwinden.

Bedingung für Bragg'sche Reflexion. Die Konstruktion ist unter dem Namen "Ewald'sche Konstruktion" bekannt.

Wenn die einfallende Strahlung eine ebene, monochromatische Welle ist, und sich die Struktur streng periodisch ins Unendliche erstreckt in allen Richtungen, muss die Ewald'sche Bedingung mathematisch genau erfüllt sein, damit eine von null verschiedene Streuamplitude auftritt. Bei gegebenem Vektor $\vec{k}_1$ und einer festen Orientierung der Struktur (und damit auch des reziproken Gitters) ist es ein Zufall, wenn neben dem Ursprung O noch ein zweiter Punkt des reziproken Gitters auf der Ewald'schen Kugel liegt, d.h. es ist ein Zufall, wenn eine Streuwelle auftritt. Wenn man jedoch den Kristall dreht, treten sukzessive Punkte des reziproken Gitters durch die Kugelfläche hindurch. Jedes Mal "blitzt" eine Bragg'sche Reflexion auf. Auf diese Weise kann man viele Fourierkomponenten der Streudichte untersuchen.

Die Miller'schen Indices

Eine Bragg'sche Reflexion wird charakterisiert durch die drei ganzen Zahlen h_1, h_2, h_3, die nach (41) den Streuvektor festlegen. Man nennt diese Zahlen "Miller'sche Indices". Der Kristallograph bezeichnet sie mit h, k, l. Jedem Indextripel, das keinen gemeinsamen ganzzahligen Teiler hat, entspricht im Punktgitter, das im direkten Raum der Struktur zugeordnet ist (vgl. S. 9/10), eine Schaar parallelen "Netzebenen". Es sind die Netzebenen, an denen nach der naiven Herleitung des Bragg'schen Gesetzes die Reflexion stattfindet (vgl. "Quantenphysik" S. 42-44) [15].
Zur Illustration betrachten wir eine Struktur, deren primitive Elementarzelle aufgespannt werde durch die Translationsvektoren $\vec{a}_1$, $\vec{a}_2$ und $\vec{a}_3$, wobei $\vec{a}_1$ und $\vec{a}_2$ in der Zeichenebene liegen und $\vec{a}_3$ senkrecht darauf steht.

---

[15] Wenn man das Zahlentripel mit der ganzen Zahl n multipliziert, charakterisiert man die Bragg'sche Reflexion n^{ter} Ordnung an dieser Netzebenenschar. Sie entspricht der n^{ten} Harmonischen der Streudichteperiode in der Richtung, die senkrecht steht auf der Netzebenenschar, also parallel ist zu $\vec{q}_{h_1 h_2 h_3}$ (vgl. Fussnote S. 68).

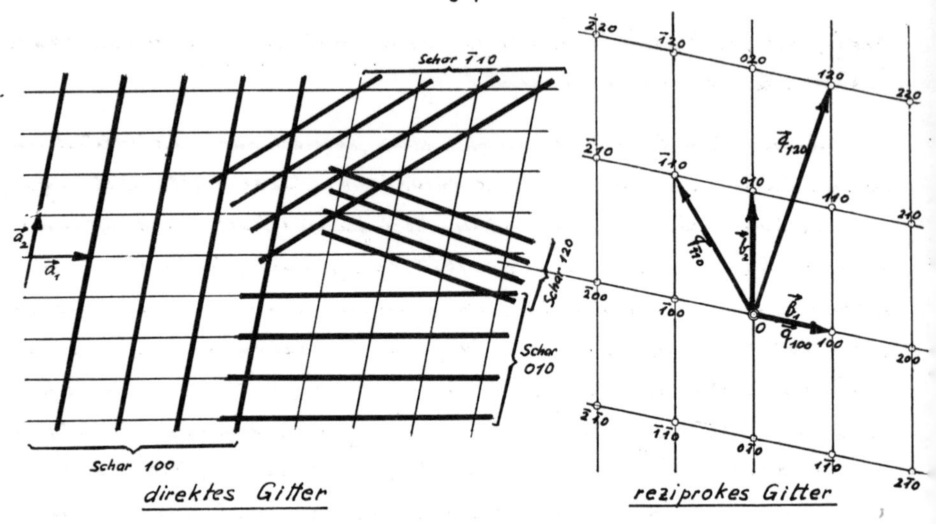

Im reziproken Gitter sind dann nach (38) S. 80 die Vektoren $\vec{b}_1$ und $\vec{b}_2$ parallel zur Zeichenebene und $\vec{b}_3$ ist senkrecht dazu. In der obigen Skizze ist rechts die Ebene $h_3 = 0$ des reziproken Gitters eingezeichnet. Die Ebenen $h_3 \neq 0$ liegen senkrecht über oder unter der Zeichenebene. Die Indextripel sind angeschrieben. Zum Beispiel heisst $\bar{1}20$ $h_1 = -1$, $h_2 = 2$, $h_3 = 0$ Die vier im reziproken Gitter eingezeichneten Streuvektoren 100, 101, $\bar{1}10$ und 120 entsprechen Bragg'scher Reflexion an den Netzebenenscharen, die in der Skizze des direkten Gitters angedeutet sind. Die Ordnungszahl n ist für die obendargestellten Bragg'schen Reflexionen 1, d.h. es handelt sich um Grundperioden. (Es liegen keine Netzebenen zwischen den in der Skizze dick ausgezogenen Netzebenen.)

Beachte, dass der reziproke Raum nicht als periodisch zu betrachten ist: Die Amplitude $A(\vec{q}_{h_1 h_2 h_3})$ variiert von Gitterpunkt zu Gitterpunkt.[16] Die Zuordnung ist eindeutig, sobald der Ursprung (der ein Punkt des reziproken Gitters sein muss) gewählt ist.

---

[16] In einem anderen Zusammenhang werden wir später Probleme kennen lernen, bei denen der reziproke Raum zu einer periodischen Struktur auch periodisch ist.

2.3.3. Reduzierte Dimensionalität der Periodizität

Die Zahl der kristallinen Verbindungen, bei denen systematische Abweichungen von der strengen dreidimensionalen Periodizität festgestellt werden,[17] nimmt gegenwärtig dauernd zu. Wir geben hier deshalb zwei einfache Beispiele dafür, wie sich fehlende Periodizität in der kohärent-elastischen Streuung äussern kann.

① Zweidimensional-periodische, dreidimensionale Struktur

Die der Struktur im direkten Raum zugeordnete Punktmenge (wir dürfen nicht mehr von einem dreidimensionalen Punktgitter sprechen) bestehe aus identischen, parallelen, zweidimensionalen Punktgittern, die parallel zur x_1x_2-Ebene sind, und sich ins Unendliche erstrecken. Jedem Punkt ist ein gleicher und gleichorientierter Komplex so zugeordnet, dass die zweidimensionalen Punktgitter identische zweidimensional-periodische Strukturen darstellen. Sie seien in zufälliger Weise gegeneinander verschoben, sowohl parallel zur x_1x_2-Ebene, als auch senkrecht dazu.

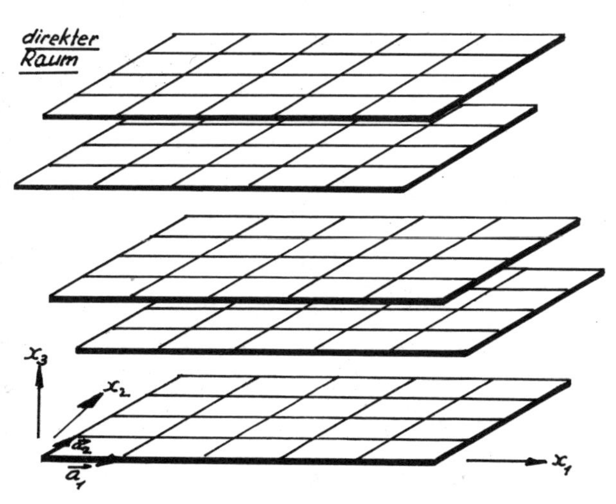

Die Translationssymmetrie einer solchen Struktur ist auf Verschiebungen parallel zur x_1x_2-Ebene beschränkt.

Frage: Wo liegen die Punkte im reziproken Raum, denen eine nichtverschwindende Streuamplitude zugeordnet werden kann?

---

[17] Gemeint ist die zeitlich gemittelte Struktur, wie man sie mit Hilfe kohärent-elastischer Streuung bestimmt (s. S. 59).

Man kann eine Antwort auf dem folgenden Wege finden: Die Abwesenheit von Periodizität längs x_3 kann aufgefasst werden als unendlich grosse Periode. Die Anwendung der Beziehung (38) S. 80 liefert dann ein reziprokes Gitter mit endlichen Vektoren $\vec{b}_1$ und $\vec{b}_2$ in der x_1x_2-Ebene, gemäss der untenstehenden Skizze, und mit einem unendlich kurzen Vektor $\vec{b}_3$ parallel zu x_3.

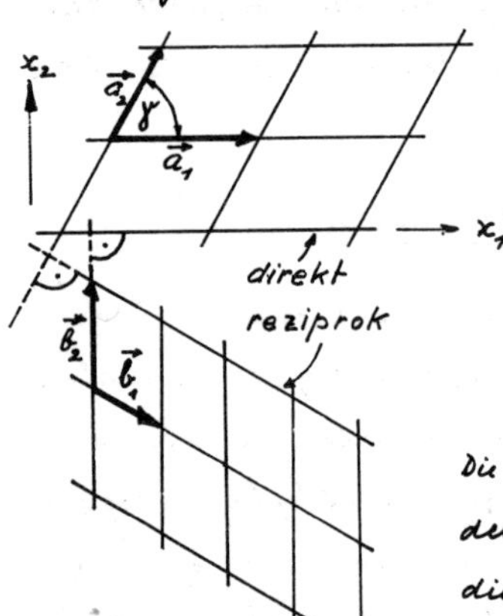

$$\left.\begin{aligned} \vec{b}_1 \perp \vec{a}_2 \,, \quad & b_1 = \frac{2\pi}{a_1 \sin\gamma} \\ \vec{b}_2 \perp \vec{a}_1 \quad & b_2 = \frac{2\pi}{a_2 \sin\gamma} \end{aligned}\right\} \quad (42)$$

$$\vec{b}_3 \perp \vec{a}_1, \vec{a}_2 \qquad b_3 \to 0 \qquad (43)$$

Die Beziehung (43) kann dahin interpretiert werden, dass die Geraden des reziproken Gitters, die senkrecht auf der x_1x_2-Ebene stehen kontinuierlich mit Streuamplitude "belegt" sind. Der Ursprung des reziproken Raumes liegt auf einer dieser Geraden. Wenn er festgelegt ist, ist die Streuamplitudenverteilung auf allen diesen Geraden durch die Struktur eindeutig gegeben.

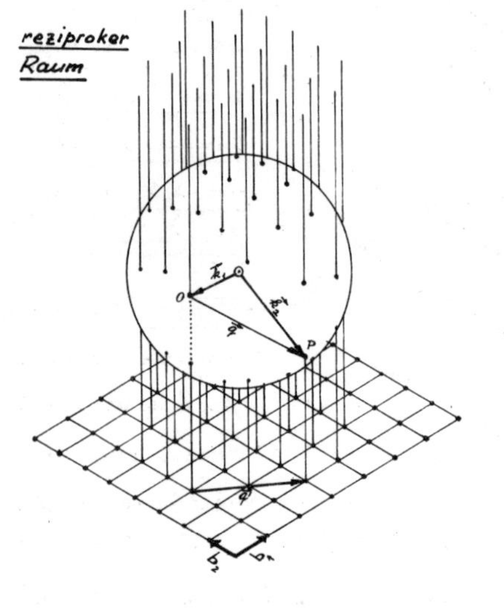

Wenn man die Ewald'sche Kugel einzeichnet für irgend einen (nicht zu kurzen) Wellenvektor $\vec{k}_1$ der einfallenden Strahlung, findet man <u>immer</u> mehrere oder viele <u>diskrete Richtungen</u> $\vec{k}_2$, in welche gestreut wird. Beachte den Gegensatz zur dreidimensional-periodischen Struktur, wo nur die Punkte des reziproken Gitters mit Streuamplitude belegt sind, sodass es bei gegebenem Einfallsvektor $\vec{k}_1$ nur für spezielle diskrete Orientierungen des Streukörpers eine kohärent-elastische Streuwelle gibt.

Man darf diese geometrischen Betrachtungen nicht überschätzen. Eine interessante Problematik kommt sofort zum Vorschein, wenn man folgende Frage stellt: Wie verändern sich in unserem Beispiel die Streuwellen, wenn die zweidimensionalen Netzebenen gegeneinander parallel zur x_1x_2-Ebene nicht verschoben sind?

② Eindimensional-periodische, dreidimensionale Struktur.

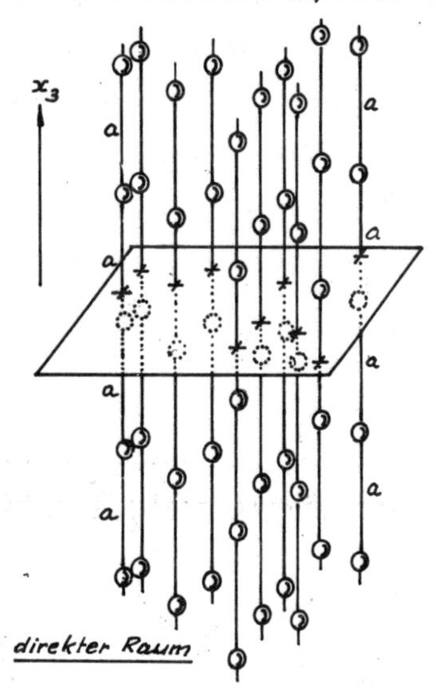

direkter Raum

Die der Struktur zugeordnete Punktmenge bestehe aus Reihen äquidistanter Punkte auf Geraden parallel zur x_3-Achse, die sowohl längs dieser Achse, als auch senkrecht dazu regellos gegeneinander verschoben seien. Jedem Punkt ist ein gleicher und gleichorientierter Komplex zugeordnet. Diese Struktur geht in sie über durch Translation nur längs x_3 um na (n ganze Zahl). Damit treten nur Fourierkomponenten der Streudichte auf, für die die Komponente von $\vec{q}$ längs der Achse x_3 ganzzahliges Vielfaches von $\frac{2\pi}{a}$ ist, während die Komponenten senkrecht dazu ein Kontinuum von Werten annehmen. Im reziproken Raum hat man also eine Schar äquidistanter Ebenen senkrecht zur x_3-Achse, die mit Streuamplituden kontinuierlich "belegt" sind. Durch Einzeichnen der Ewald'schen Kugel sieht man, dass für einen beliebigen gegebenen (nicht zu kurzen) Wellenvektor $\vec{k}_1$ der einfallenden Strahlung Streuung auftritt bei Wellenvektoren $\vec{k}_2$, die Kegelflächen bilden.

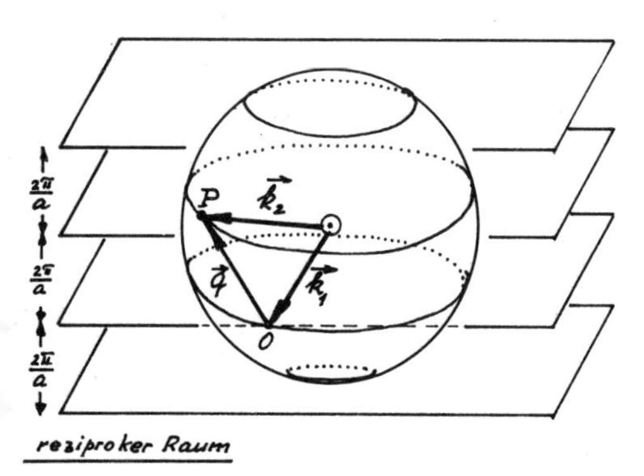

reziproker Raum

2.4. Streuung an beliebigen Anordnungen von Atomen

2.4.1. Mathematische Hilfsmittel.

Wir geben in diesem Abschnitt eine Zusammenstellung von einigen mathematischen Beziehungen, vor allem von Fourier-Beziehungen, die wir in den folgenden Abschnitten über Strukturanalyse und auch in späteren Abschnitten brauchen werden. Wir verzichten meistens auf die Beweise und empfehlen dem Physiker das Buch von David Champeney: "Fourier Transforms and their Physical Applications".

① Zur Definition der Fouriertransformation

Es sei $F(\vec{q})$ die Fouriertransformierte von $f(\vec{x})$

(44) $$F(\vec{q}) = \int f(\vec{x}) e^{-i\vec{q}\cdot\vec{x}} d^3x$$

Die Integration erstreckt sich über den ganzen Existenzbereich von $f(\vec{x})$ (s. (15) S.67). Man kann diese Transformation mit dem Operator $\mathfrak{F}^-$ bezeichnen (Vorzeichen des Exponenten im Integral), und schreiben

(45) $$F(\vec{q}) = \mathfrak{F}^- f(\vec{x})$$

Die Umkehrtransformation ist (im dreidimensionalen Raum [18])

(46) $$f(\vec{x}) = \frac{1}{(2\pi)^3} \int F(\vec{q}) e^{+i\vec{q}\cdot\vec{x}} d^3q ,$$

wobei sich die Integration über den Existenzbereich von $F(\vec{q})$ erstreckt (Gl. 16, S67). Man kann diese Transformation mit dem Operator $\mathfrak{F}^+$ bezeichnen, sodass

(47) $$f(\vec{x}) = \mathfrak{F}^+ F(\vec{q})$$

Wir betrachten sowohl $f(\vec{x})$ als auch $F(\vec{q})$ als komplexe Funktionen reeller Variablen.

② Die Parseval-Beziehung

(48) $$\int f_1^*(\vec{x}) f_2(\vec{x}) d^3x = \frac{1}{(2\pi)^3} \int F_1^*(\vec{q}) F_2(\vec{q}) d^3q$$

---

[18] Für den n-dimensionalen Raum steht vor dem Integral der Faktor $\frac{1}{(2\pi)^n}$

③ Fouriertransformation einer verschobenen Funktion

$$\mathcal{F}^{-} f(\vec{x}+\vec{r}) = \int f(\vec{x}+\vec{r})\, e^{-i\vec{q}\cdot\vec{x}}\, d^3x$$

Mit der Substitution $\vec{x}+\vec{r} = \vec{x}'$ wird

$$\mathcal{F}^{-} f(\vec{x}+\vec{r}) = \int f(\vec{x}')\, e^{-i\vec{q}\cdot(\vec{x}'-\vec{r})}\, d^3x' = e^{i\vec{q}\cdot\vec{r}} \int f(\vec{x}')\, e^{-i\vec{q}\cdot\vec{x}'}\, d^3x'$$

$$(49)\quad \mathcal{F}^{-} f(\vec{x}+\vec{r}) = e^{i\vec{q}\cdot\vec{r}}\, \mathcal{F}^{-} f(\vec{x})$$

④ Produkt- und Faltungssatz

Die Faltung einer Funktion $f_1(\vec{x})$ mit einer Funktion $f_2(\vec{x})$ ist definiert durch

$$(50)\quad f_1(\vec{x}) \otimes f_2(\vec{x}) \equiv \int f_1(\vec{x}')\, f_2(\vec{x}-\vec{x}')\, d^3x'$$

Die Integration erstreckt sich über den ganzen Raum. Es gelten die Beziehungen

$$(51)\quad \mathcal{F}^{-}\left\{ f_1(\vec{x}) \otimes f_2(\vec{x}) \right\} = \left\{\mathcal{F}^{-} f_1(\vec{x})\right\}\left\{\mathcal{F}^{-} f_2(\vec{x})\right\} = F_1(\vec{q})\, F_2(\vec{q})$$

Die Fouriertransformierte einer Faltung ist das Produkt der Fouriertransformierten der gefalteten Funktionen. Eng verwandt ist die Beziehung

$$(52)\quad \mathcal{F}^{-}\left[f_1(\vec{x})\, f_2(\vec{x}) \right] = \left[\mathcal{F}^{-} f_1(\vec{x})\right] \otimes \left[\mathcal{F}^{-} f_2(\vec{x})\right] = \frac{1}{(2\pi)^3}\, F_1(\vec{q}) \otimes F_2(\vec{q})$$ [18)]

Die Fouriertransformierte eines Produktes ist die Faltung der Fouriertransformierten der Faktoren.

⑤ Fouriertransformation von Deltafunktionen

Mit $\delta(\vec{x}-\vec{x}_i)$ bezeichnen wir eine Funktion mit folgenden Eigenschaften

$$(53)\quad \delta(\vec{x}-\vec{x}_i) \begin{cases} = 0 & \text{bei } \vec{x} \neq \vec{x}_i \\ = \infty & \text{bei } \vec{x} = \vec{x}_i \end{cases} \quad \text{und} \quad \int \delta(\vec{x}-\vec{x}_i)\, d^3x = 1$$

a) Fouriertransformation einer Deltafunktion im eindimensionalen Raum

$f(x)$ — 0 — x_i — x

Nach (44) ist

$$(54)\quad \mathcal{F}^{-}\delta(x-x_i) = \int e^{-iqx}\, \delta(x-x_i)\, dx = e^{-iqx_i}$$

Beachte auch den Zusammenhang mit (49).

b) Fouriertransformation einer periodischen Sequenz von Deltafunktionen

(55) $f(x) = \sum_n \delta(x - na)$, wobei n alle ganzen Zahlen durchläuft

$f(x)$ ist periodisch, d.h. statt des Fourier-Integrals haben wir nach S. 78/78 eine Fourierreihe mit den Koeffizienten

(56) $A_h = \frac{1}{a}\int f(x)\, e^{-iq_h x}\, dx = \frac{1}{a}\int f(x)\, e^{-i\frac{2\pi}{a}hx}\, dx$

wobei über eine Periode zu integrieren ist, z.B. von $-\frac{a}{2}$ bis $+\frac{a}{2}$, und h eine ganze Zahl darstellt. Mit (53) sieht man sofort, dass

(57) $A_h = \frac{1}{a}$ unabhängig von h.

Die Punkte des reziproken Gitters liegen bei $q_h = \frac{2\pi}{a}h$. Jedem Punkt des reziproken Gitters ist in diesem Fall derselbe Fourierkoeffizient zugeordnet. Dies gilt auch im entsprechenden dreidimensionalen Fall: Bei

(58) $f(\vec{x}) = \sum_{n_1 n_2 n_3} \delta(\vec{x} - \vec{R})$ mit $\vec{R} = n_1\vec{a}_1 + n_2\vec{a}_2 + n_3\vec{a}_3$, wird

(59) $A_{h_1 h_2 h_3} = \frac{1}{V}$, wobei $V = (\vec{a}_1 \times \vec{a}_2)\cdot\vec{a}_3$ (s. S. 79/80).

⑥ Faltung mit Deltafunktionen

a) Faltung mit $\delta(x)$:

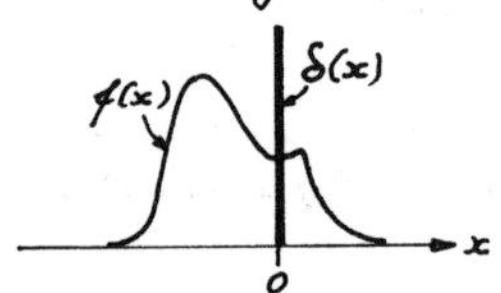

$f(x) \otimes \delta(x) = \int f(x')\,\delta(x - x')\,dx' = f(x)$

Die Funktion $f(x)$ wird reproduziert.

b) Faltung mit $\delta(x - x_i)$:

$f(x) \otimes \delta(x - x_i) = \int f(x')\,\delta(x - x_i - x')\,dx$
$= f(x - x_i)$

Die Funktion $f(x)$ wird um x_i nach rechts verschoben. In drei Dimensionen gilt ganz analog

(60) $f(\vec{x}) \otimes \delta(\vec{x}-\vec{x}_i) = f(\vec{x}-\vec{x}_i)$

c) Darstellung einer beliebigen repetitiven Struktur

Mit Hilfe der Gleichung (60) kann man Strukturen beschreiben, die durch translatorische, repetitive Anordnungen eines "Komplexes" (Atom, Atomgruppe, Molekül) gebildet werden: sei $f(\vec{x})$ die Streudichte eines Komplexes, der um $\vec{x}=0$ herum lokalisiert sei. Durch die Operation (60) wird er translatorisch an den Ort $\vec{x}_i$ verschoben. Wenn wir zu den verschiedenen Orten $\vec{x}_1, \vec{x}_2, \dots \vec{x}_i \dots \vec{x}_N$ gleiche und gleichorientierte Komplexe hinbringen, ist die Streudichte des resultierenden Objektes gegeben durch

(61) $\rho(\vec{x}) = f(\vec{x}) \otimes \sum_i \delta(\vec{x}-\vec{x}_i)$

⑦ Das Autokorrelationstheorem

Wenn $f(\vec{x})$ die Fouriertransformierte $F(\vec{q})$ hat, dann hat die Autokorrelationsfunktion von $f(\vec{x})$ die Fouriertransformierte $\|F(\vec{q})\|^2$.

Beweis

Wir sehen von eventuellen Normierungsfaktoren ab, und schreiben für die Autokorrelationsfunktion

(62) $R(\vec{r}) = \int f^*(\vec{x})\, f(\vec{x}+\vec{r})\, d^3x$ (siehe S. 49)

Im Hinblick auf die Benützung der Parseval-Beziehung (48) setzen wir

(63) $f_1(\vec{x}) = f(\vec{x})$ und $f_2(\vec{x}) = f(\vec{x}+\vec{r})$

Mit $\mathcal{F} f_1(\vec{x}) = F_1(\vec{q})$ und $\mathcal{F} f_2(\vec{x}) = F_2(\vec{q})$ und (49) wird

(64) $F_2(\vec{q}) = e^{i\vec{q}\cdot\vec{r}} F_1(\vec{q})$, also $F_1^*(\vec{q}) F_2(\vec{q}) = e^{i\vec{q}\cdot\vec{r}} |F_1(\vec{q})|^2$

Die Parseval-Beziehung sagt dann

(65) $\int f^*(\vec{x})\, f(\vec{x}+\vec{r})\, d^3x = \frac{1}{(2\pi)^3} \int e^{i\vec{q}\cdot\vec{r}} |F_1(\vec{q})|^2 d^3q$,

und mit (62) und der Umbezeichnung $F_1(\vec{q}) = F(\vec{q})$ haben wir

(66) $R(\vec{r}) \underset{\mathcal{F}^+}{\overset{\mathcal{F}}{\rightleftarrows}} |F(\vec{q})|^2$ q. e. d.

Das Autokorrelationstheorem ist dem <u>Elektroingenieur</u> unter dem Namen <u>Wiener – Khintchine – Theorem</u> wohlbekannt : Bei der Analyse zeitabhängiger Signale $f(t)$ führt er die Autokorrelationsfunktion $R(\tau) = \int f^*(t)\, f(t+\tau)\, dt$ und die Fouriertransformierte $F(\omega) = \int f(t) e^{-i\omega t} dt$ ein. $|F(\omega)|^2$ stellt das Leistungsspektrum des Signals dar. Leistungsspektrum und Autokorrelationsfunktion eines Signals sind also Fouriertransformierte.

Der <u>Röntgenkristallograph</u> andrerseits interessiert sich gelegentlich für die Autokorrelationsfunktion $R(\vec{r})$ der Streudichte $\varrho(\vec{x})$. Für ihn ist $R(\vec{r})$ die Patterson-Funktion. Da $\varrho(\vec{x})$ die Fouriertransformierte $A(\vec{q})$ hat (S. 67), sind die <u>Patterson-Funktion</u> $R(\vec{r})$ und $|A(\vec{q})|^2$ Fouriertransformierte. Dies ist das <u>Patterson-Theorem</u>.

Einen kleinen Schritt weiter in dieser Richtung gehen die <u>Physiker</u>, wenn sie kohärent-inelastische Streuung als <u>klassisches</u> Phänomen behandeln. Bei einer solchen Betrachtung fasst man die Streudichte als Funktion von Raum und Zeit auf, und führt die vierdimensionale Fouriertransformierte

(67) $A(\vec{q},\omega) = \int \varrho(\vec{x},t)\, e^{-i(\vec{q}\cdot\vec{x} - \omega t)} d^3x\, dt$ und die Autokorrelation

(68) $R(\vec{r},\tau) = \int \varrho^*(\vec{x},t)\, \varrho(\vec{x}+\vec{r},\, t+\tau)\, d^3x\, dt$ ein.

Das Autokorrelationstheorem sagt also, dass $R(\vec{r},\tau)$ und $|A(\vec{q},\omega)|^2$ Fouriertransformierte sind. Die Funktion $|A(\vec{q},\omega)|^2$ wird von den Physikern mit $S(\vec{q},\omega)$ bezeichnet und "dynamischer Strukturfaktor" oder "dynamische Strukturfunktion" genannt. Sie ist eine messbare Grösse. Bei einer <u>quantenmechanischen</u> Behandlung kann man die Streudichte nicht als Funktion von Raum und Zeit betrachten. Die Fouriertransformierte von $S(\vec{q},\omega)$, die sog. <u>van Hove Korrelationsfunktion</u>, ist dann nicht durch (68) gegeben, sondern durch einen quantenmechanischen Ausdruck, der Übergangsmatrixelemente zwischen verschiedenen stationären Zuständen des Streukörpers enthält.

2.4.2. Die Streuung an einer beliebigen statistisch homogenen Struktur.

① Das Patterson Theorem

Das Autokorrelationstheorem stellt eine ein-eindeutige Beziehung her zwischen der Autokorrelationsfunktion $R(\vec{r})$ der Streudichte $\varrho(\vec{x})$ und der aus Messungen der Streuintensität zu entnehmenden Grösse $|A(\vec{q})|^2$. Da $\varrho(\vec{x})$ und $A(\vec{q})$ Fouriertransformierte sind, gilt nach S. 91 :

> Die Autokorrelationsfunktion $R(\vec{r})$ der Streudichte und die Funktion $|A(\vec{q})|^2$ sind Fouriertransformierte.[19]

Diese Form des Autokorrelationstheorems wird von den Röntgenkristallographen als Patterson-Theorem bezeichnet. $R(\vec{r})$ ist die sog. Patterson-Funktion.

Das Phasenproblem (S. 72) taucht hier nicht auf, weil die Autokorrelationsfunktion unabhängig ist von der Phase der Fourierkomponenten der Streudichte (S. 52). Das Patterson-Theorem ermöglicht eine Interpretation der kohärent-elastischen Streuung an nichtkristallinen ("amorphen") Strukturen. Es kann aber auch bei der Bestimmung von Kristallstrukturen nützliche Dienste leisten.

② Streuung an einem amorphen Körper

Als einfaches Beispiel betrachten wir einen statistisch homogen-isotropen, amorphen Streukörper. Er soll aus gleichen kugelsymmetrischen Atomen bestehen, deren Kerne an den Orten $\vec{x}_i$ liegen und deren Streudichte gegeben ist durch $\varrho_{At}(\vec{x})$, wenn der Kern bei $\vec{x}=0$ liegt. Die Streudichte des Körpers kann nach (61) S. 91 geschrieben werden als Faltung

$$\varrho(\vec{x}) = \varrho_{At}(\vec{x}) \otimes \sum_i \delta(\vec{x}-\vec{x}_i) \tag{69}$$

Die Streuamplitude ist nach (15) S. 67 und (51) S. 89

$$A(\vec{q}) = \left\{\mathcal{F}^{-} \varrho_{At}(\vec{x})\right\}\left\{\mathcal{F}^{-} \sum_i \delta(\vec{x}-\vec{x}_i)\right\} \tag{70}$$

---

19) Man darf nicht vergessen, dass dies nur für die erste Born'sche Näherung gilt.

Der erste Faktor ist die Streuamplitude des Atoms. Wir bezeichnen sie mit $f(q)$ und setzen sie als bekannt voraus[20]. Zur Vereinfachung lassen wir Resonanzen aus dem Spiel und betrachten $f(q)$ als reelle Funktion. Zur Vereinfachung der Notation schreiben wir statt $\sum_i \delta(\vec{x}-\vec{x}_i)$ die Funktion $n(\vec{x})$ hin[21]. Nach (70) ist dann

(71) $\dfrac{A(\vec{q})}{f(q)} = \mathcal{F}^{-}\, n(\vec{x})$. Das Patterson-Theorem liefert damit

$$\frac{|A(\vec{q})|^2}{f^2(q)} \xleftarrow{\text{Fouriertransf.}} R(\vec{r}) = \int n(\vec{x})\, n(\vec{x}+\vec{r})\, d^3x$$

$|A(\vec{q})|^2$ ergibt sich aus den Messungen, und $f(q)$ ist bekannt. Damit kann <u>$R(\vec{r})$ als experimentell bestimmbare Grösse</u> betrachtet werden.

③ Zur experimentellen Prüfung der Theorie einer Flüssigkeit

Aus einem theoretischen Modell einer Flüssigkeit (S. 46-49) kann man die Paarkorrelationsfunktion $g(r)$ und daraus durch Hinzufügen einer delta-ähnlichen Funktion bei $r=0$ (S. 50/51) die Autokorrelations-Funktion $R_n(r)$ der Verteilung der Atommittelpunkte finden. Sei

(73) $$R_n(\vec{r}) = \int n(\vec{x})\, n(\vec{x}+\vec{r})\, d^3x$$ [22]

Wenn man von der delta-ähnlichen Funktion bei $\vec{r}=0$ absieht, darf man $R_n(\vec{r})$ als stetige Funktion betrachten, wenn das Volumen des amorphen Körpers genügend gross ist. Wegen der Voraussetzung der statistischen Iso-

---

[20] $f(q)$ kann mit Gl.(21) S. 70 aus der bekannten Elektronendichte des Atoms berechnet werden.

[21] Unter $n(\vec{x})$ stellen wir uns also nicht eine kontinuierliche, stetige Funktion vor, sondern ein "Gesprenkel" von Deltafunktionen: Wenn wir unter $n(\vec{x})d^3x$ die Zahl der Atommittelpunkte im Volumenelement d^3x verstehen wollen, ist das letztere so klein zu wählen, dass höchstens ein einziger Atommittelpunkt darin liegen kann.

[22] Normierungsfaktoren können wir hier weglassen; denn wir interessieren uns nur für die $\vec{q}$-Abhängigkeit der Streuintensität und nicht für die absolute Grösse.

tropie hängt $R_n(\vec{r})$ nur vom Betrag von $\vec{r}$ ab. Bei einer Flüssigkeit

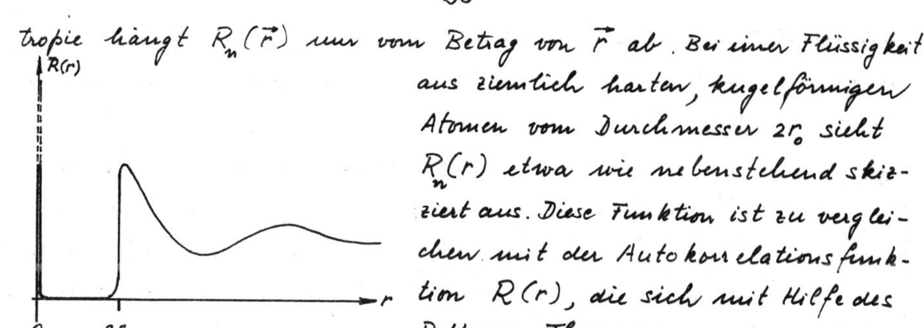

aus ziemlich harten, kugelförmigen Atomen vom Durchmesser $2r_0$ sieht $R_n(r)$ etwa wie nebenstehend skizziert aus. Diese Funktion ist zu vergleichen mit der Autokorrelationsfunktion $R(r)$, die sich mit Hilfe des Patterson Theorems aus der experimentell bestimmten Funktion $|A(\vec{q})|^2$ ergibt.

Beispiel eines Vergleichs zwischen Theorie und Experiment

Die Theorie der Flüssigkeiten zeigt, dass zwischen der Paarkorrelationsfunktion $g(r)$ und der potentiellen Energie $u(r)$ eines Atompaars ein Zusammenhang besteht[23]. Wegen seiner mathematischen Konvenienz wird häufig das Lennard-Jones Potential verwendet:

$$u(r) = 4\varepsilon\left[\left(\frac{\sigma}{r}\right)^{12} - \left(\frac{\sigma}{r}\right)^{6}\right] \tag{74}$$

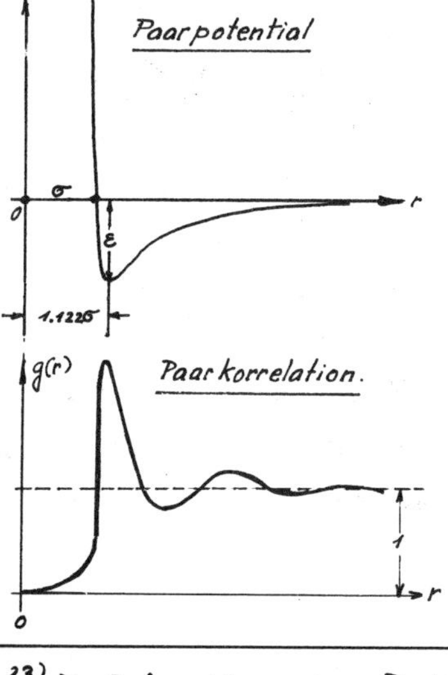

Der Exponent 12 beschreibt eine "harte" Abstossung, und der Exponent 6 die van der Waals'sche Anziehung. (Sie wird in einem späteren Kapitel behandelt). Die Bedeutung der Parameter ε und σ geht aus der Skizze hervor. Die Berechnung der Paarkorrelationsfunktion mit Methoden der statistischen Mechanik zeigt, dass das erste Maximum von $g(r)$ in der Nähe des Minimums des Paarpotentials $u(r)$ liegt, d.h. bei $\sigma\sqrt[6]{2} = 1.122\sigma$, was etwa dem "Atomdurchmesser" entsprechen könnte. Neben den Parametern ε und σ gehen die

---

23) Die Behandlung dieses Problems sprengt den Rahmen dieser Vorlesung. Als Einführung seien folgende Bücher empfohlen:
P.A. Egelstaff: "An Introduction to the liquid state" (Acad. Press 1967),
J.P. Hansen, I.R. McDonald: "Theory of Simple Liquids" (Acad. Press 1976).

mittlere Teilchenzahldichte (s. S. 46-48) und die Temperatur in die Rechnung ein. Die Skizze unten auf S. 95 entspricht einer Flüssigkeit in der Nähe des Tripelpunktes.

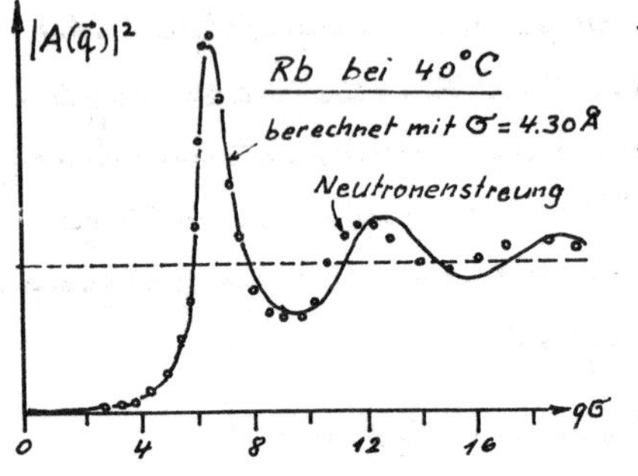

In der nebenstehenden Figur (aus dem Buch von Egelstaff) ist die auf Grund eines Lennard-Jones-Potentials berechnete Funktion $|A(q)|^2$ für flüssiges Rubidium bei 40 °C (d.h. knapp oberhalb des Schmelzpunktes, T_m = 38.89 °C) verglichen mit der durch Neutronenstreuung bestimmten Funktion $|A(q)|^2$. Auf der Abszisse ist die dimensionslose Grösse $q\sigma$ abgetragen. Die mittlere Teilchenzahldichte, die der Rechnung zugrunde liegt, entspricht der gemessenen Dichte der Flüssigkeit. Für den Wert des Parameters σ wurde 4.30 Å eingesetzt, was einem "Atomdurchmesser" von 4.83 Å entspricht [24]. Beachte, dass die Funktion $|A(q)|^2$ ganz ähnlich aussieht wie die Paarkorrelationsfunktion $g(r)$.

Bei der Streuung thermischer Neutronen an den Atomkernen ist $f(q)$ unabhängig von q, weil die Wellenlänge gross ist im Vergleich zum Kernradius (S. 71).

④ Zur Nomenklatur

Die Funktion $|A(\vec{q})|^2$ wird von den Physikern, die sich mit der Streuung an Flüssigkeiten und Gläsern befassen, oft "Strukturfaktor" oder "Strukturfunktion" genannt und mit $S(\vec{q})$ oder $S(\vec{K})$ bezeichnet. Der Name "Strukturfunktion" ist vorzuziehen, da der Kristallograph unter dem Begriff "Strukturfaktor" etwas anderes versteht (s. S. 98).

---

24) Aus der Kante der kubisch-raumzentrierten Elementarzelle mit einatomiger Basis (a = 5.70 Å bei 300 K) errechnet man den Atomdurchmesser 4.94 Å.

2.4.3. Streuung an einer dreidimensional-periodischen Anordnung von Atomen.

Wir wollen hier zeigen, wie man die Streuamplitude $A(\vec{q})$ ausrechnen kann für eine dreidimensional-periodische Struktur, ausgehend vom Tripel der Translationsvektoren $\vec{a}_1$, $\vec{a}_2$, $\vec{a}_3$, den Basiskoordinaten $\xi_1^{(j)}, \xi_2^{(j)}, \xi_3^{(j)}$ der Atome j und deren Streudichte $\varrho_j(r)$.[25] Wir setzen zunächst eine <u>primitive</u> Elementarzelle voraus. Gemäss der Definition der Basiskoordinaten liegt der Kern des Atoms j bezogen auf den Scheitelpunkt des die Elementarzelle aufspannenden Vektortripels bei

$$(75) \qquad \vec{x}_j = \xi_1^{(j)}\vec{a}_1 + \xi_2^{(j)}\vec{a}_2 + \xi_3^{(j)}\vec{a}_3$$

(Beispiel: Die primitive rhomboedrische Zelle des α-Arsens (S. 30) enthält zwei Atome mit den Koordinaten $\xi_1 = \xi_2 = \xi_3 = \pm 0.227$)

Nach (60) S. 91 kann die Streudichte der Elementarzelle durch folgende Faltung dargestellt werden

$$(76) \qquad \varrho_{Zelle}(\vec{x}) = \sum_j \varrho_j(\vec{x}) \otimes \delta(\vec{x} - \vec{x}_j)$$

Durch weitere Faltung von (76) mit den Deltafunktionen auf den Punkten des direkten Gitters

$$(77) \qquad \vec{R} = n_1\vec{a}_1 + n_2\vec{a}_2 + n_3\vec{a}_3 \qquad n \text{ ganz}$$

wird zu jedem Gitterpunkt die Streudichte der Elementarzelle hintransportiert. Die Streudichte des Kristalls ist damit nach (61) S. 91

$$(78) \qquad \varrho(\vec{x}) = \varrho_{Zelle}(\vec{x}) \otimes \sum_{n_1 n_2 n_3} \delta(\vec{x} - \vec{R})$$

Durch Fouriertransformation erhält man die Streuamplitude. Mit dem Faltungssatz (51) S. 89 wird

$$(79) \qquad A(\vec{q}) = \left[\mathcal{F}\varrho_{Zelle}(\vec{x})\right]\left[\mathcal{F}\sum_{n_1 n_2 n_3} \delta(\vec{x} - \vec{R})\right]$$

---

25) Der Index j bezieht sich auf einen einzelnen Basisplatz in der Zelle und nicht auf einen symmetriebedingten Satz von äquivalenten Basisplätzen (S. 24).

Da $\sum_{n_1 n_2 n_3} \delta(\vec{x}-\vec{R})$ nach Voraussetzung dreidimensional-periodisch ist mit den Translationsvektoren $\vec{a}_1, \vec{a}_2, \vec{a}_3$, kann der zweite Faktor des Produktes (79) nur dann von null verschieden sein, wenn $\vec{q}$ den Ursprung des reziproken Gitters mit irgend einem Gitterpunkt verbindet. Nach (59) S.90 beträgt dieser Faktor $\frac{1}{V}$ unabhängig vom Vektor $\vec{q}_{h_1 h_2 h_3}$. Er enthält damit nur die Information über die Translationssymmetrie. Die Information über den Inhalt der Elementarzelle steckt im ersten Faktor. Dieser wird berechnet durch Anwendung des Faltungssatzes (51) S.89 auf die Darstellung (76) der Streudichte der Zelle:

$$(80) \quad \mathcal{F}\varrho_{Zelle}(\vec{x}) = \sum_j \left\{\mathcal{F}\varrho_j(\vec{x})\right\}\left\{\mathcal{F}\delta(\vec{x}-\vec{x}_j)\right\}$$

Der erste Faktor in (80) ist die Streuamplitude des Atoms j. Allgemeinem Gebrauche folgend bezeichnen wir sie hier mit $f_j(\vec{q})$. Der zweite Faktor in (80) ergibt sich aus der Verallgemeinerung von (54) S.89 auf drei Dimensionen:

$$(81) \quad \mathcal{F}\delta(\vec{x}-\vec{x}_j) = e^{-i\vec{q}\cdot\vec{x}_j}, \quad \text{sodass}$$

$$(82) \quad A(\vec{q}) = \frac{1}{V}\sum_j f_j(\vec{q})\, e^{-i\vec{q}\cdot\vec{x}_j}$$

Mit den Beziehungen $\vec{q} = \vec{q}_{h_1 h_2 h_3} - h_1\vec{b}_1 + h_2\vec{b}_2 + h_3\vec{b}_3$ ((41) S.82) und $\vec{b}_\mu \cdot \vec{a}_\nu = 2\pi\delta_{\mu\nu}$ (Gl.39, S.80) und (75) erhält man schliesslich

$$(83) \quad \boxed{A(\vec{q}_{h_1 h_2 h_3}) = \frac{1}{V}\sum_j f_j(\vec{q}_{h_1 h_2 h_3})\, e^{-2\pi i\left(h_1\xi_1^{(j)} + h_2\xi_2^{(j)} + h_3\xi_3^{(j)}\right)}}$$

Der Ausdruck (83) wird von den Kristallographen als Strukturfaktor oder Strukturamplitude bezeichnet. In guter Näherung kann man für die Streuamplituden f_j die aus kugelsymmetrischen Atommodellen berechneten Funktionen $f_j(q)$ einsetzen (S.69-71). Die Bestimmung der Streudichtefunktion $\varrho_{Zelle}(\vec{x})$ reduziert sich damit auf die Bestimmung der Koordinatenwerte $\xi^{(j)}$ der Atome in der Zelle. Bei nicht zu komplizierten Strukturen[26] kann man dabei wie folgt vorgehen:

Durch intelligentes "Probieren" (Variieren der Zahlen $\xi^{(j)}$) bringt man

---

[26] Einstellige Zahl von nichtäquivalenten Atomen in der Zelle.

die berechneten Grössen $\left|A(\vec{q}_{h_1h_2h_3})\right|^2$ in Übereinstimmung mit den gemessenen.[27] Der Kristallograph weiss, wie man dabei von der Symmetrie vollen Gebrauch machen kann. Aus der Symmetrie der Interferenzen kann man die Raumgruppe bestimmen, ohne dass man die Intensitäten verschiedener Interferenzen vergleichen muss. Man achtet auf das symmetriebedingte Verschwinden von Fourierkoeffizienten, auf sog. systematische Auslöschungen. Wenn man die Raumgruppe kennt, kann man auf die Symmetrie der Anordnung der "Motive" (Atome, Atomgruppen, Moleküle) schliessen (S. 40–43). Je mehr Symmetrieelemente vorhanden sind, umso stärker reduziert sich die Zahl der zu bestimmenden Koordinatenwerte $\xi^{(j)}$. Diese Zahl kann sogar null werden, nämlich dann, wenn alle Koordinatenwerte symmetriebedingt, und damit einfache rationale Zahlen sind. (Von den Beispielen auf S. 24–31 sind nur bei α-Mangan und bei α-Arsen Koordinatenwerte zu bestimmen.)

Das Phasenproblem wird natürlich durch die Formel (83) nicht aus der Welt geschafft: Wenn man durch Probieren eine Struktur (d.h. einen Satz von Atomkoordinaten $\xi^{(j)}$) gefunden hat, für die das berechnete Verhältnis zwischen den verschiedenen $\left|A(\vec{q}_{h_1h_2h_3})\right|^2$ mit dem gemessenen Verhältnis übereinstimmt, so hat man nicht notwendigerweise die richtige Lösung. Unter verschiedenen Lösungen kann man aber meist mit Hilfe von stereochemischen Betrachtungen die richtige Lösung heraussuchen.

Zum Dialog zwischen dem Physiker und dem Kristallographen.

Der Physiker geht im allgemeinen von einer bekannten Kristallstruktur aus, sodass für ihn das direkte Gitter und das reziproke Gitter eindeutig gegeben sind (S. 80). Die Wahl des Vektortripels $\vec{a}_1, \vec{a}_2, \vec{a}_3$ ist für ihn eine rein formale Konvenienzangelegenheit. Er kann irgend eines der unendlich vielen Vektortripel nehmen, die eine primitive Zelle aufspannen, und erhält durch die Beziehungen

---

[27] Es geht dabei nicht um absolute Intensitäten, sondern um die Verhältnisse der Grössen $\left|A(\vec{q}_{h_1h_2h_3})\right|^2$ für verschiedene Indextripel $(h_1h_2h_3)$

(37)(38) S. 80 in jedem Fall alle Punkte des reziproken Gitters. Zu jedem gewählten Tripel $\vec{a}_1, \vec{a}_2, \vec{a}_3$ gehört sein reziprokes Tripel $\vec{b}_1, \vec{b}_2, \vec{b}_3$, dem im reziproken Gitter wiederum eine primitive Zelle zugeordnet werden kann. Die unter gegebenen experimentellen Bedingungen beobachteten Bragg'schen Reflexionen hängen selbstverständlich nicht davon ab, ob man die Gitterpunkte auf die eine oder andere Weise im Geiste zusammenfasst. Abhängig davon sind aber die Indizes $h_1 h_2 h_3$, die man den Interferenzen zuordnet.

Wir versetzen uns in die Lage eines Kristallographen, der eine (unbekannte) Struktur bestimmen will. Aus dem Habitus des Kristalls habe er z.B. schliessen können, dass der Kristall dem kubischen System angehöre. Durch Betrachtung der Geometrie der Interferenzen kann er dies nicht nur nachprüfen, sondern auch die kubische Periode a genau bestimmen. Da er den Strukturinhalt der Zelle nicht kennt, muss er sie zunächst als primitiv betrachten. Damit sind die Vektortripel $\vec{a}_1, \vec{a}_2, \vec{a}_3$ und (nach (38) S. 80) $\vec{b}_1, \vec{b}_2, \vec{b}_3$ festgelegt, und auch die Indizierung $h_1 h_2 h_3$ der Interferenzen. Als einfaches Beispiel machen wir die Annahme, dass die Struktur flächenzentriert sei mit einatomiger Basis. Der Kristallograph muss dies herausfinden können auf Grund der beobachteten Interferenzen $h_1 h_2 h_3$: Er muss zum Resultat gelangen, dass die gewählte Zelle einen ganz speziellen Strukturinhalt hat.

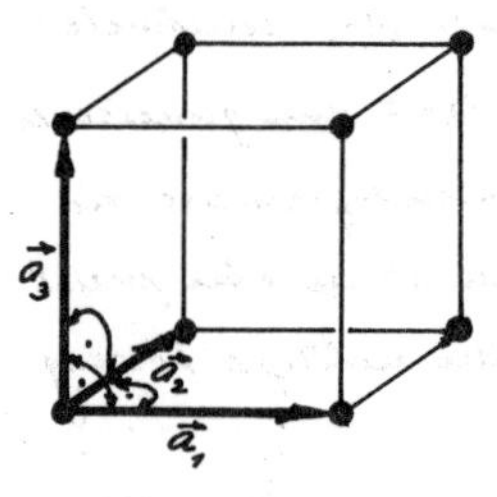

$a_1 = a_2 = a_3 = a$

direktes Gitter

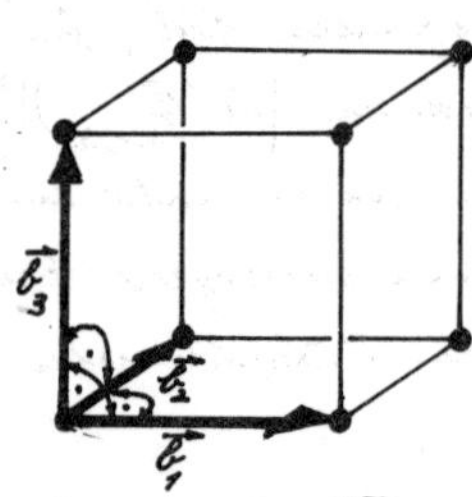

$b_1 = b_2 = b_3 = \frac{2\pi}{a}$

reziprokes Gitter

Es gehören zu ihr vier Atome mit den in der Tabelle aufgeführten Koordinaten. Für den Strukturfaktor erhält man damit nach (83.

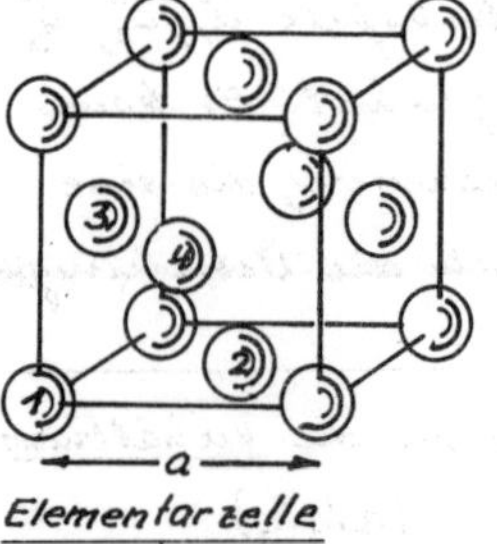

Elementarzelle

j	$\xi_1^{(j)}$	$\xi_2^{(j)}$	$\xi_3^{(j)}$
1	0	0	0
2	$\frac{1}{2}$	$\frac{1}{2}$	0
3	0	$\frac{1}{2}$	$\frac{1}{2}$
4	$\frac{1}{2}$	0	$\frac{1}{2}$

$$(84) \quad A(\vec{q}_{h_1 h_2 h_3}) = \frac{f(q)}{V} \cdot \left\{ 1 + e^{-i\pi(h_1+h_2)} + e^{-i\pi(h_2+h_3)} + e^{-i\pi(h_3+h_1)} \right\}$$

Daraus folgt:

$A = 0$, wenn unter den Indizes sowohl gerade als auch ungerade Zahlen auftreten (z.B. 001, 003, 011, 211). Dies sind systematische (symmetriebedingte) Auslöschungen.

$A = \frac{4f(q)}{V}$ wenn alle drei Indizes entweder gerade oder ungerade sind.

Dieses Auslöschungsgesetz gilt auch dann noch, wenn den Punkten eines kubisch-flächenzentrierten Gitters translatorisch ein beliebiger Streukomplex zugeordnet ist. Anstelle der Streuamplitude $f(q)$ eines Atoms ist in (84) ganz einfach die Streuamplitude dieses Komplexes einzusetzen. Man wird also zum Beispiel bei der NaCl-Struktur und der Diamantstruktur auch diese Auslöschungen finden, wenn man entsprechend den auf S. 26 und 28 skizzierten kubischen Elementarzellen indiziert.

Der Zusammenhang mit S. 81:

Unser Kristallograph ist von einem kubisch primitiven Gitter mit der Periode a ausgegangen und hat entsprechend ein primitiv kubisches reziprokes Gitter mit $b = \frac{2\pi}{a}$ benützt. In diesem Gitter muss er aber die Punkte herausstreichen, die den beschriebenen systematischen Auslöschungen entsprechen. Was übrig bleibt, ist ein kubisch-raumzentriertes reziprokes Gitter, dessen Zelle die Kante $\frac{4\pi}{a}$ hat, in voller Übereinstimmung mit den Betrachtungen von S. 81.

Zur Einführung in das Gebiet der Strukturbestimmung sind folgende Bücher empfohlen:

W.L. Bragg: The Development of X-Ray Analysis
J.M. Cowley: Diffraction Physics
A. Guinier: Radiocristallographie

3. Die thermische Bewegung im festen Körper

3.1. Beispiele zur experimentellen Evidenz für die thermische Bewegung.

3.1.1. Der Debye-Waller-Faktor

① Drei Beobachtungen

a) Die Intensität der Bragg'schen Reflexionen nimmt ab mit steigender Temperatur, und zwar ist die relative Abnahme umso grösser, je grösser der Betrag des Streuvektors $\vec{q}$ ist. Man beobachtet denselben Effekt, gleichgültig, ob man Röntgenstrahlen oder thermische Neutronen streut. Bei einfachen Strukturen ist die Temperaturabhängigkeit der Streuintensität in guter Näherung gegeben durch $e^{-q^2 B(T)}$, wo $B(T)$ eine mit der Temperatur zunehmende Funktion bedeutet, die bei Extrapolation nach $T = 0$ nicht verschwindet. Der obige Exponentialfaktor wird Debye-Waller-Faktor genannt.

b) Eine Änderung der Schärfe der Bragg'schen Reflexionen mit der Temperatur wird nicht festgestellt.

c) Man beobachtet eine schwache Streuung, wenn die Ewald'sche Bedingung nicht erfüllt ist, d.h. wenn die Spitze des Streuvektors neben und zwischen den Punkten des reziproken Gitters liegt. Die Intensität dieser Streuung nimmt zu mit steigender Temperatur. Man spricht von thermisch-diffuser Streuung. Der einfachste Fall kann bei einer klassischen Behandlung als kohärent-inelastische Streuung klassifiziert werden. Er ist auf S. 146 - 153 durchgerechnet.[1]

② Eine rohe Interpretation der Beobachtungen a) und b)

Wir stellen uns ein idealisiertes Experiment vor: Die einfallende Strah-

---

[1] Auch inkohärente Streuung (Compton-Streuung, Streuung von thermischen Neutronen an Atomkernen mit Spin) trägt zum "diffusen Untergrund" bei. Wir wollen sie hier vernachlässigen. (Vgl. S. 55 - 60).

lung sei streng monochromatisch, und vor dem Detektor der gestreuten Strahlung befinde sich ein Frequenzfilter, das nur die Frequenz der einfallenden Strahlung passieren lasse.[2] Damit wird nur elastische Streuung beobachtet. Da es sich um Bragg'sche Reflexion handelt, ist die Streuung auch kohärent (S.58/59). Wir wollen nun (etwas kühn) die Beobachtung b) dahin interpretieren, dass bei der vorausgesetzten Filterung nur dann Streuintensität auftrete, wenn der Streuvektor genau ein Vektor des reziproken Gitters sei, d.h. dass eine streng periodische Streudichte vorgetäuscht werde. Die Abnahme der Streuintensität mit zunehmendem Betrag des Streuvektors und zunehmender Temperatur kann damit erklärt werden, dass die thermische Bewegung die Atome sozusagen "verschmiert": Wenn man die Streuung an zwei Atomen mit gleicher Elektronenzahl, aber verschiedenem Radius der Elektronenwolke vergleicht, so findet man beim grösseren Atom einen rascheren Abfall der Streuamplitude mit zunehmendem Betrag des Streuvektors $\vec{q}$. Zum Beispiel vergleiche man die Streuamplitude des Wasserstoffatoms im 1s-Zustand mit derjenigen im 2s-Zustand (S.71). Die Kombination der Beobachtungen a) und b) führt damit auf folgende Vorstellung: Die Atome schwingen um mittlere Lagen, die einer streng periodischen Struktur entsprechen. Kristallographisch äquivalente Atome sind auf gleiche Weise verschmiert[2b]. An einem einfachen Beispiel wollen wir zeigen, was der Debye-Waller Faktor in diesem Zusammenhang bedeutet:

Betrachte eine hochsymmetrische Struktur mit einatomiger Basis, z.B. Aluminium (S.25). Die mittlere Lage der Atommittelpunkte ist durch das kubisch-flächenzentrierte Gitter gegeben. Wenn es keine thermische Bewegung gäbe, läge auf jedem Gitterpunkt $\vec{x}_i$ das Zentrum eines Atoms mit der Streudichteverteilung $\varrho_{At}(\vec{x})$ (wobei

---

[2] Konventionelle Röntgenkristallographie entspricht nicht dem idealisierten Experiment; denn die Spektrallinie einer Röntgenröhre hat eine Breite von rund 10^{15} Hz. Ideale Monochromatoren gibt es nicht.

[2b) or not 2b)] Die Röntgenkristallographen glauben, dass sie eine "mittlere" Struktur bestimmen. Welches Mittel gemessen wird, wäre näher zu untersuchen auf Grund der vierdimensionalen Autokorrelationsfunktion (68) S. 92.

$\vec{x}=0$ dem Atomzentrum entspricht). Die Streudichte des ganzen Körpers kann nach (61) S. 91 als <u>Faltung</u> geschrieben werden:

$$(1) \quad \varrho(\vec{x}) = \varrho_{At}(\vec{x}) \otimes \sum_i \delta(\vec{x}-\vec{x}_i)$$

Durch die thermische Bewegung werden die Atommittelpunkte aus den Gitterpunkten ausgelenkt. Sei $\varrho_{Th}(\vec{r})\,d^3x$ die Wahrscheinlichkeit, dass der Mittelpunkt des dem Gitterpunkt $\vec{x}_i$ zugeordneten Atoms im um $\vec{r}$ ausgelenkten Volumenelement d^3x zu finden sei. Die zeitlich gemittelte Streudichte des Atoms ist dann $\varrho_{Th}(\vec{x}) \otimes \varrho_{At}(\vec{x})$, und für die ganze Struktur hat man statt (1)

$$(2) \quad \varrho(\vec{x}) = \varrho_{Th}(\vec{x}) \otimes \varrho_{At}(\vec{x}) \otimes \sum_i \delta(\vec{x}-\vec{x}_i)$$

Durch Fouriertransformation erhält man die Streuamplitude. Die Anwendung des Faltungssatzes (51) S. 89 ergibt

$$(3) \quad A(\vec{q}) = \underbrace{\left(\bar{\mathcal{F}} \varrho_{Th}(\vec{x})\right)}_{\text{Temperatureinfluss}} \underbrace{\left(\bar{\mathcal{F}} \varrho_{At}(\vec{x})\right) \left(\bar{\mathcal{F}} \delta(\vec{x}-\vec{x}_i)\right)}_{\text{Streuamplitude des ungestörten Kristalls}}$$

Um das Wesentliche hervortreten zu lassen, rechnen wir eindimensional weiter. Die Verallgemeinerung auf drei Dimensionen bietet keine Schwierigkeiten. Eine Gauss-Verteilung ist eine vernünftige Approximation für $\varrho_{Th}(\vec{r})$ bzw. $\varrho_{Th}(\vec{x})$:

$$(4) \quad \varrho_{Th}(x) = \frac{1}{\sqrt{2\pi\langle x^2\rangle}}\, e^{-\frac{x^2}{2\langle x^2\rangle}}$$

Durch Fouriertransformation erhält man den Temperatureinflussfaktor der Streuamplitude (

$$(5) \quad \bar{\mathcal{F}} \varrho_{Th}(x) = e^{-\frac{1}{2} q^2 \langle x^2\rangle}$$

Der Temperaturfaktor der Streu<u>intensität</u>, der <u>Debye-Waller-Faktor</u>, ist

$$(6) \quad \boxed{D = e^{-q^2\langle x^2\rangle}}$$

x ist hier als r zu interpretieren, d.h. $\langle x^2\rangle$ ist das mittlere Verschiebungsquadrat der Atommittelpunkte bezogen auf das ungestörte Gitter. Die Verallgemeinerung auf drei Dimensionen liefert für <u>isotrope</u> Verschiebungsstatistik

(7) $$D = e^{-\frac{1}{3} q^2 \langle r^2 \rangle}$$

Der Temperatureinfluss steckt im mittleren Auslenkungsquadrat. Wenn man eine Theorie der thermischen Bewegung hat, kann man es berechnen. Bei anisotroper Auslenkungsstatistik muss man schreiben

(8) $$D = e^{-\langle (\vec{q} \cdot \vec{r})^2 \rangle}$$ Debye-Waller-Faktor für anisotrope Auslenkung

Diese Formel zeigt, dass die Komponente der Auslenkung der Atome parallel zum Streuvektor, d.h. senkrecht zu den reflektierenden Netzebenen, massgebend ist für die Schwächung der Bragg'schen Reflexionen.

Bei der Herleitung der Gleichungen (6) und (7) haben wir nirgends vorausgesetzt, dass die Struktur periodisch sei. Ein <u>amorpher</u> fester Körper hat auch einen Debye-Waller Faktor. Wir haben aber vorausgesetzt, dass jeder Atommittelpunkt eine feste mittlere Lage $\vec{x}_i$ habe. Bei einer Flüssigkeit ist dies nicht der Fall, und wir können ihr nicht einen Debye-Waller-Faktor <u>im Sinne von (6) und (7)</u> zuschreiben. Er würde verschwinden, weil die Atome im ganzen Volumen herumdiffundieren. Kohärent-elastische Streuung an einer Flüssigkeit ist aber <u>beobachtbar</u>. Die Gültigkeit unserer einfachen Betrachtungen hat ihre Grenzen. Eine tiefer schürfende Betrachtung würde zum folgenden Resultat führen

> Der Debye-Waller-Faktor ist die Wahrscheinlichkeit, dass die kohärente Streuung <u>elastisch</u> abläuft.

3.1.2. Brillouin-Streuung

Man kann die Wärmebewegung auch von einem phänomenologischen Standpunkt aus betrachten. Man stellt sich die kondensierte Materie als <u>elastisches Kontinuum</u> vor und die Wärmebewegung als <u>elastische Wellen</u>. Diese entsprechen raum-zeitlichen Schwankungen der Dichte und damit auch der dielektrischen Suszeptibilität χ. Dies gibt Anlass zu kohärenter Streuung von sichtbarem Licht, und zwar kommt es auf die Abweichungen der optischen dielektrischen Suszeptibilität vom Mittelwert an ("Elektrizität und Magnetismus", S. 248-252). Diese Abweichungen spielen die Rolle der Streudichte [3].

Durch die Wahl des Streuvektors $\vec{q}$ wird eine räumliche Fourierkomponente der Streudichteschwankungen zur Beobachtung ausgesucht. Wir machen nun die Annahme, dass die Frequenzänderung bei der Streuung sehr klein sei im Vergleich zur Frequenz der einfallenden Strahlung. Der Streuvektor $\vec{q}$ ist dann in guter Näherung gleich dem Wellenvektor der beobachteten räumlichen Fourierkomponente der Streudichte (s. S. 68). Wir werden diese Annahme am Ende der Rechnung rechtfertigen. Der Unterschied zur rein elastischen Streuung, wie sie auf S. 68 diskutiert wurde, besteht darin, dass wir hier eine laufende Fourierkomponente betrachten:

Wir stellen uns eine ebene, longitudinale, elastische Welle vor, d.h. die betrachtete Fourierkomponente der Dichteschwankungen sei eine ebene, harmonische Dichtemodulation mit der räumlichen Periodenlänge

---

[3] Der Hauptunterschied gegenüber der Streuung von Röntgenstrahlen an Elektronen (Thomson-Streuung, S. 62/63) besteht darin, dass man nun mit Frequenzen arbeitet, die unterhalb der Resonanzfrequenzen der Elektronen liegen, sodass die Masse (Trägheit) der Elektronen nicht eingeht wohl aber die quasielastische Rückstellkraft, die umgekehrt proportional ist zur dielektrischen Suszeptibilität. Der Beitrag des Volumenelementes d^3x zum Strahlungsfeld $E_\vartheta(t)$ im Abstand ist bei vernachlässigter Frequenzänderung gegeben durch

$$d E_\vartheta(t) = -\frac{\omega^2}{c^2} \sin\vartheta \, \chi(\vec{x}) d^3x \, \frac{1}{r} E_0 \, e^{-i\omega(t - \frac{r}{c})} ,$$

während bei Thomson-Streuung nach (5) S. 63

$$d E_\vartheta(t) = \frac{e^2}{mc^2} \sin\vartheta \, \rho(\vec{x}) d^3x \, \frac{1}{r} E_0 \, e^{-i\omega(t - \frac{r}{c})}$$

Der Vorzeichenunterschied rührt davon her, dass die erzwungene Schwingung im ersten Fall in Phase im zweiten Fall in Gegenphase ist bezüglich der Störkraft.

$\Lambda \cong \frac{2\pi}{q}$, die sich translatorisch mit der Schallgeschwindigkeit v nahezu parallel oder antiparallel zu $\vec{q}$ verschiebt, wie in der Skizze (im direkten Raum) schematisch dargestellt ist. Durch die Bewegung der Streudichteverteilung entsteht zweimal eine Doppler-Verschiebung. Da die Schallgeschwindigkeit v klein ist im Vergleich zur Lichtgeschwindigkeit c/n im Medium, genügt die Rechnung erster Ordnung in v/c.

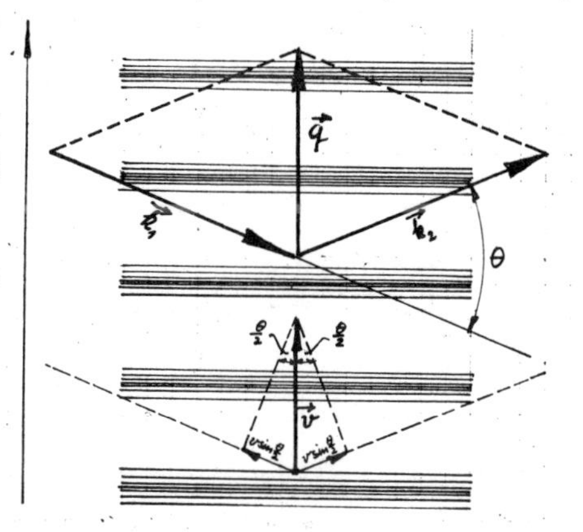

Die erste Dopplerverschiebung entsteht dadurch, dass die laufende Streudichteverteilung eine Geschwindigkeitskomponente $v \sin\frac{\theta}{2}$ in Richtung auf die Lichtquelle zu hat. Die elektrische Polarisation im Streuer schwingt dann mit einer Frequenz, die um

$$(9) \quad \Delta\nu_1 = \nu_0 \frac{v}{c/n} \sin\frac{\theta}{2}$$

höher liegt als die Frequenz ν_0 der Primärstrahlung (longitudinaler Dopplereffekt [4]). Siehe "Mechanik und Wellenlehre", S. 320/321). Eine zweite Dopplerverschiebung kommt zustande, indem die Dichtewelle ein bewegter Sekundärstrahler ist, der sich mit der Geschwindigkeitskomponente $v \sin\frac{\theta}{2}$ auf den Detektor zu bewegt, was in erster Ordnung in $\frac{v}{c/n}$ nocheinmal eine Frequenzerhöhung $\Delta\nu_2 = (\nu_0 + \Delta\nu_1)\frac{v}{c/n}\sin\frac{\theta}{2}$ zur Folge hat. Die totale Frequenzerhöhung der Streuung ist damit in erster Ordnung in v/c gegeben durch

$$(10) \quad \Delta\nu = \nu_0 \frac{2v}{c/n} \sin\frac{\theta}{2}$$

Mit $\lambda = \frac{c}{n\nu_0}$, $q = \frac{4\pi}{\lambda}\sin\frac{\theta}{2}$ und $\omega_0 = 2\pi\nu_0$ wird schliesslich

$$(11) \quad \boxed{\Delta\omega = vq} \quad \text{und} \quad \boxed{\Delta\omega = -vq}$$ für die gegenläufige Schallwelle.

---

[4] Der transversale Dopplereffekt geht mit $\left(\frac{v}{c/n}\right)^2$ und kann vernachlässigt werden in unserer Näherung.

Die Schallgeschwindigkeiten in festen Körpern und Flüssigkeiten sind normalerweise von der Grössenordnung 10^5 cm/sec. Die relative Frequenzänderung $\Delta\nu/\nu_0$ ist also von der Grössenordnung $10^{-5}\sin\frac{\theta}{2}$. Damit ist die auf S. 106 gemachte Annahme, dass die Streugeometrie nahezu derjenigen für kohärent-elastische Streuung entspreche, nachträglich gerechtfertigt.

Die beiden Schallwellen treten als thermische Fluktuationen mit gleicher Wahrscheinlichkeit auf. Nach dieser einfachen Betrachtung würden im Streulicht zwei gleich intensive Spektrallinien mit den Frequenzen $\omega_0 \pm vq$ auftreten (Brillouin'sches Dublett).

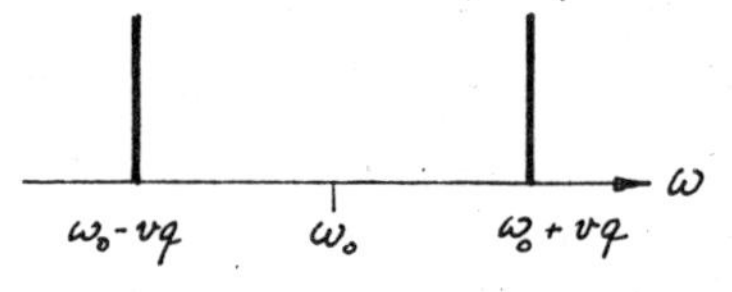

Die Wirklichkeit ist etwas komplizierter:
In festen Körpern sind longitudinale und transversale elastische Wellen im thermischen Gleichgewicht vorhanden. Da deren Phasengeschwindigkeiten sich unterscheiden ("Mechanik und Wellenlehre", S.221-224), beobachtet man mindestens zwei Brillouin Dubletts. Ferner ist immer eine unverschobene Spektrallinie vorhanden, die von Fluktuationen herrührt, die sich nicht durch Wellenfortpflanzung darstellen lassen. Bei Brillouinstreuung an einer Oberfläche kann zusätzlich noch ein Dublett auftreten, das von Oberflächenwellen verursacht wird.

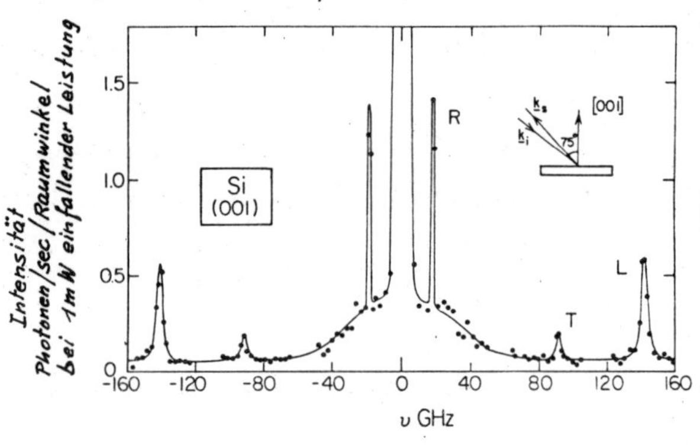

Die Figur zeigt das Ergebnis einer Messung der Brillouin-Streuung von sichtbarem LASER-Licht an der Oberfläche 001 eines Silizium Kristalls. Erkennbar sind die Brillouin-Dubletts, die den Oberflächenwellen (R), den transversalen (T) und longitudinalen (L) elastischen Wellen im Volumen zugeschrieben werden können, sowie die dominierende zentrale Linie. (J.R. Sandercock, Solid State Communications 26 547 (1978)).

In einem Experiment ist der Streuvektor $\vec{q}$ bekannt. Er lässt sich berechnen aus dem Streuwinkel, der Frequenz der Strahlungsquelle und dem Brechungsindex des Streukörpers. Aus der Messung der Brillouin'schen Frequenzverschiebung $\Delta\omega = vq$ ergibt sich dann die Phasengeschwindigkeit v der Schallwelle mit dem Wellenvektor $\vec{q}$, also mit der Wellenlänge $\Lambda \cong \frac{2\pi}{q}$. Wesentlich bei diesem Experiment ist die Tatsache, dass es nicht nötig ist, von aussen Schall in das Material einzukoppeln: Die thermische Bewegung genügt zur Erzeugung des Streueffektes.

Die Dispersion der Schallwellen darf vernachlässigt werden, wenn deren Wellenlänge gross ist im Vergleich zu den Atomabständen ("Mechanik und Wellenlehre" S. 294). Bei der Brillouin-Streuung werden Schallwellen erfasst, deren Wellenlänge Λ grösser ist als die halbe Lichtwellenlänge im untersuchten Medium, also grösser als rund tausend Atomabstände. Die Vernachlässigung der Dispersion ist damit gerechtfertigt. Wenn wir mit ω_s die Schallfrequenz bezeichnen, gilt also die wellenkinematische Beziehung $\omega_s = vq$ für die Schallwelle. Mit (11) kann man dann sagen

> Die Brillouin'sche Frequenzverschiebung ist gleich der Frequenz der Schallwelle, die das Licht beugt: $\Delta\omega = \pm\,\omega_s$

Die Brillouin-Streuung ist ein Beispiel für kohärent-inelastische Streuung.

Streuung von Licht an einer stehenden elastischen Welle.

Man kann die Brillouin-Linien auch ohne Zuhilfenahme des Dopplereffektes verstehen, nämlich als Modulationsseitenbänder ("Mechanik und Wellenlehre," S. 208/209): Man stelle sich eine stehende elastische Welle vor, die durch Superposition zweier gegenläufiger Wellen mit gleicher Frequenz ω_s und gleicher Amplitude entstehe. Die Dichtemodulation in der stehenden Welle ist harmonisch in Raum und Zeit, und zwar ist die Raumperiode Λ (wenn Λ die Wellenlänge der laufenden Wellen ist) und die Frequenz ist ω_s. Wenn der Experimentator den Streuwinkel einstellt, der der Bragg'-

schen Reflexion an einer harmonischen Dichtemodulation mit der Raumperiode Λ entspricht, wird die Streuwelle amplitudenmoduliert mit der Frequenz ω_s, sodass Seitenbänder auftreten bei den Frequenzen $\omega_0 \pm \omega_s$, in Übereinstimmung mit der ersten Betrachtungsweise.

<u>Numerisches Beispiel:</u>

Wasser bei 25 °C, Schallgeschwindigkeit $v = 1.49 \times 10^5$ cm/sec, Lichtquelle He-Ne-LASER $\lambda_{vac} = 6328$ Å, Brechungsindex $n = 1.33$, Streuwinkel $\theta = 90°$

$$q = \frac{4\pi}{\lambda_{vac}/n} \sin\frac{\theta}{2} = 1.87 \times 10^5 \text{ cm}^{-1}$$

$$\Delta\omega = vq = 2.78 \times 10^{10} \text{ sec}^{-1} \quad , \quad \Delta\nu = 4.43 \times 10^9 \text{ Hz}$$

Diese Frequenzverschiebung ist sehr klein im Vergleich zur Lichtfrequenz: $\frac{\Delta\omega}{\omega_0} \approx 10^{-5}$. Mit einem Fabry-Pérot-Interferometer lässt sie sich noch messen.

Die Brillouin-Linien sind nicht scharf. Ihre Frequenzbreite ist die mittlere reziproke Lebensdauer der beobachteten Fourierkomponente. Sie hängt bei einem gegebenen Material von der Temperatur und vom Streuvektor ab. Beim Experiment, das dem obigen numerischen Beispiel entspricht, ist die Linienbreite rund 10^8 Hz

---

3.1.3. Beobachtungen über die spezifische Wärme von Kristallen.

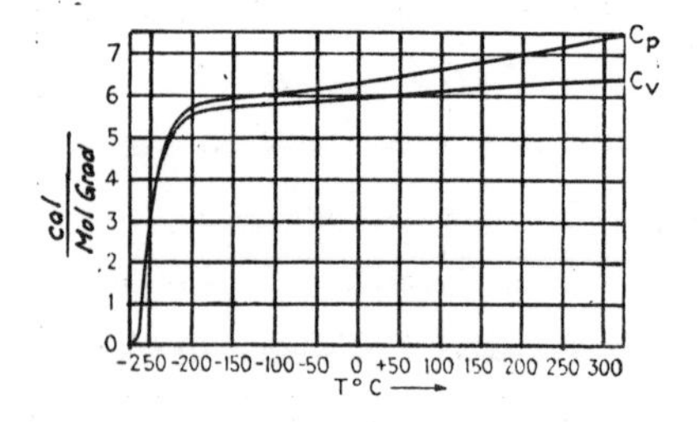

Die Abbildung (aus dem Klassiker F. Seitz: "Modern Theory of Solids" (1940)) zeigt die gemessene Temperaturabhängigkeit der Molwärme von Blei bei konstantem Druck und die daraus berechnete Molwärme bei konstantem Volumen. Der Zusammenhang der beiden Molwärmen ist durch folgende allgemeine thermodynamische Beziehung gegeben:

$$C_p - C_v = -T\frac{(\partial V/\partial T)_p^2}{(\partial V/\partial p)_T} \tag{13}$$

(Wir wollen sie hier nicht beweisen). Der Volumenausdehnungskoeffizient α ist definiert als

$$\alpha \equiv \frac{1}{V}\left(\frac{\partial V}{\partial T}\right)_p$$, und die isotherme Kompressibilität als

$$\kappa \equiv -\frac{1}{V}\left(\frac{\partial V}{\partial p}\right)_T$$ ("Mechanik und Wellenlehre", S. 173), womit

$$C_p - C_v = \frac{\alpha^2}{\kappa}TV \tag{14}$$

Wenn man Messungen von α und κ als Funktion der Temperatur hat, kann man aus der Wärmekapazität bei konstantem Druck, die man normalerweise bei festen Körpern direkt misst, auf die Wärmekapazität bei konstantem Volumen schliessen, die ihrerseits in direktem Zusammenhang mit der Theorie steht.

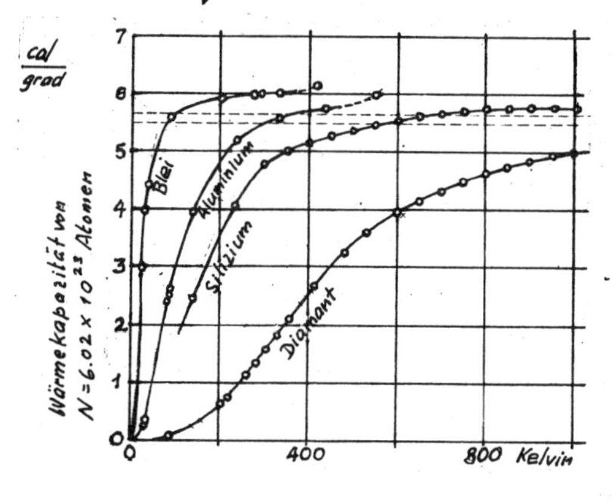

Die nebenstehende Abbildung (aus Richtmeyer, Kennard and Lauritsen: Modern Physics (1956)) zeigt die Temperaturabhängigkeit der Molwärme C_v für einige chemische Elemente mit einfachen Kristallstrukturen. Die Figur legt die Vermutung nahe, dass die Kurven eventuell zur Deckung gebracht werden könnten, indem man für jede Substanz eine individuelle lineare Streckung oder Kompression des Temperaturmassstabes vornimmt. Tatsächlich stimmt dies in guter Näherung, wenn man von Temperaturen unterhalb von einigen K und in der Nähe der Schmelztemperatur absieht. Der "universelle" Aspekt, dem man hier auf der Spur ist, ist nicht auf Kristalle mit einer einzigen Atomsorte beschränkt. Man kann die Temperaturabhängigkeit der spezifischen Wärme von kristallisierten einfachen Verbindungen auf eine <u>annähernd universelle Darstellung</u> bringen, indem man jeder Verbindung einen <u>charakteristischen Parameter Θ</u> zuordnet, und die Wärmekapazität für eine gegebene <u>totale</u> Zahl N von Atomen aufträgt als Funktion von T/Θ.

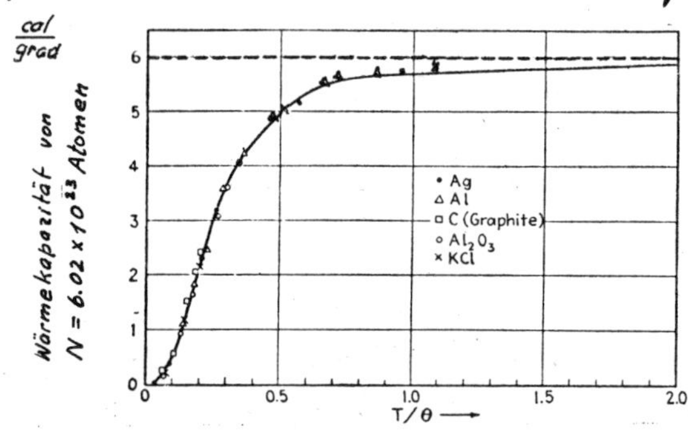

Üblicherweise wählt man für N die Avogadro'sche Zahl, und nennt die entsprechende Wärmekapazität die <u>Atomwärme</u>. Die Abbildung (aus dem Klassiker von F. Seitz) zeigt die resultierende, <u>annähernd</u> universelle Kurve.

Durch die beschriebene Transformation ist die reduzierte Temperaturskala nur bis auf einen konstanten Faktor bestimmt. In der Figur wurde dieser so festgelegt, dass die ausgezogene Kurve mit der später zu besprechenden Debye'schen Theorie übereinstimmt.

Bei <u>Nichtmetallen</u> ist bei <u>tiefen</u> Temperaturen C_v in guter Näherung proportional zu T^3. Bei <u>Metallen</u> kommt vom Elektronengas ein Beitrag hinzu, der proportional zu T ist. Erst bei Temperaturen unterhalb von etwa 1°K wird er vergleichbar mit dem Beitrag der Gitterschwingungen.

<u>Bei hohen Temperaturen</u> strebt die Atomwärme dem konstanten Wert $C_v = 6\ cal/grad = 25\ Joule/grad$ zu, wenn man nicht zu hoch geht (Regel von Dulong und Petit).

Grosse Abweichungen vom universellen Verhalten, sog. <u>Anomalien der spezifischen Wärme</u> treten auf, wenn sich die Kristallstruktur mit der Temperatur ändert. Ein <u>Beispiel</u> ist das auf S. 5 beschriebene Ammoniumchlorid. Zur Zerstörung der Orientierungsordnung der NH_4-Tetraeder muss bei 242 K zusätzliche Wärme zugeführt werden. Sie ist in diesem Fall als latente Wärme zu klassifizieren, analog zur Verdampfungswärme und zur Schmelzwärme (Wärmelehre S.6

Bei vielen Substanzen ist beobachtet worden, dass C_v mit steigender Temperatur etwas über den Dulong-Petit'schen Wert hinaus ansteigt. Grössere Abweichungen werden beobachtet, wenn sich die Temperatur der Schmelztemperatur nähert (S. 114).

3.1.4. Beobachtungen über die spezifische Wärme von Gläsern.

Die Temperaturabhängigkeit der spezifischen Wärme von Gläsern unterscheidet sich vor allem bei Temperaturen unterhalb von ca. 1 K in fundamentaler Weise von derjenigen kristalliner Materialien. Wir beschränken uns auf elektrisch nichtleitende Gläser. Die nebenstehende Figur[5] ist eine doppelt logarithmische Darstellung der Temperaturabhängigkeit der spezifischen Wärme von Na-Silikat Glas (im wesentlichen gewöhnliches Fensterglas) und von SiO_2-Glas (vgl. S. 5). Der Koeffizient α der thermischen Volumenausdehnung ist bei diesen Temperaturen so klein, dass man nicht unterscheiden muss zwischen C_p und C_v (vgl. (14) S. 111). Gegen tiefe Temperaturen stellt sich in dieser Darstellung ungefähr die Steigung 1 ein, d.h. $C_v \approx AT$. Zum Vergleich ist noch die entsprechende Kurve für kristallines SiO_2 (Quarz) eingetragen (Steigung 3). Bei 0.03 K ist die spezifische Wärme von SiO_2 Glas rund 1000 mal grösser als für perfekt kristallines SiO_2!

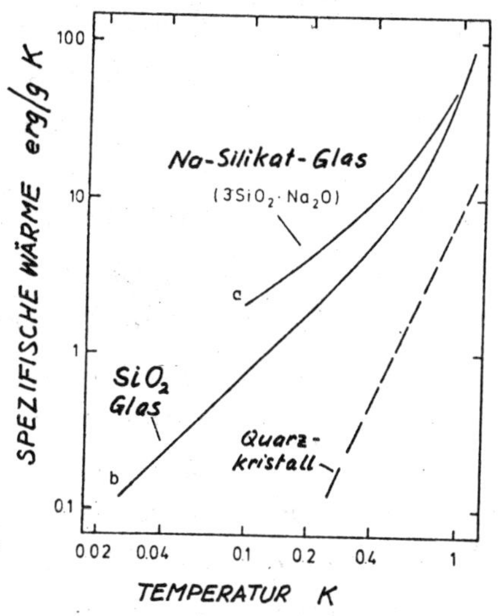

---

[5] Diese Figur stammt aus dem Übersichtsartikel von S. Hunklinger et al. in Festkörperprobleme 16, 267 (1976).

Bei Temperaturen oberhalb von einigen K verläuft die spezifische Wärme ähnlich wie bei kristallinen Materialien, wenigstens so lange das Glas nicht weich wird. (Ein Glas hat keine scharfe Schmelztemperatur).

3.1.5. Beobachtungen über die Molwärme einer einfachen Flüssigkeit.

Die Skizze zeigt die Temperaturabhängigkeit der Molwärme von Kalium im kristallinen und im flüssigen Zustand. Direkt gemessen wird C_p. C_v ergibt sich daraus mit Hilfe von (14) S. 111, wobei die experimentellen Daten über das Molvolumen V, den thermischen Volumenausdehnungskoeffizienten α und die Kompressibilität $\varkappa$ einzusetzen sind. (Die Literaturdaten streuen, sodass $C_p - C_v$ mit einer

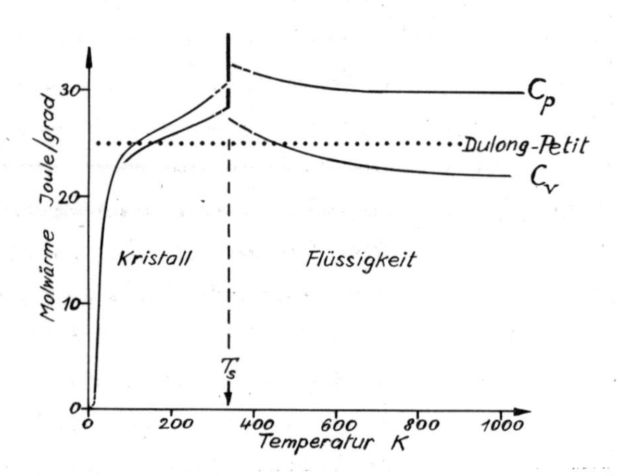

Unsicherheit bis zu 20% behaftet ist [6]). Am Schmelzpunkt kommt eine Deltafunktion hinzu, deren Integral für C_p die Schmelzenthalpie $\Delta H_s = 2.33$ kJ/mol ist, und für C_v die Schmelzwärme. Da die Volumenänderung beim Schmelzen unter konstantem Druck nur rund 2% beträgt, ist die Schmelzwärme nicht stark verschieden von der Schmelzenthalpie.

In der kristallinen Phase steigt C_v mit steigender Temperatur etwas über den Dulong-Petit'schen Wert hinaus. Auch für die Flüssigkeit

---

[6]) Der Skizze liegen Daten zu Grunde, die aus dem Werk "Landolt und Börnstein" entnommen sind. Es wäre zu untersuchen, ob es neuere Daten gibt, die das Bild wesentlich verändern.

scheint C_V in der Nähe des Schmelzpunktes oberhalb des Dulong-Petit'schen Wertes zu liegen. Mit steigender Temperatur fällt jedoch C_V für die Flüssigkeit klar unter diesen Wert. Die Flüssigkeit liegt in dieser Hinsicht zwischen dem Kristall und dem idealen Gas ($C_V = \frac{1}{2}$ Dulong-Petit'scher Wert).

3.2. Die ersten quantenmechanischen Theorien der spezifischen Wärme fester Körper

3.2.1. Das Modell von Einstein.

Der Dulong-Petit'sche Wert von 25 Joule/grad kann mit dem Äquipartitionsprinzip erklärt werden, wenn man annimmt, dass der feste Körper ein klassisches lineares Schwingsystem mit 3 N oszillatorischen Freiheitsgraden [7] darstellt ("Wärmelehre", S. 31/32; "Mechanik und Wellenlehre", S. 193-205). Der Äquipartitionswert der Energie pro oszillatorischer Freiheitsgrad ist $k_B T$, wobei k_B die Boltzmann'sche Konstante (1.38×10^{-23} Joule/grad) ist. Die innere Energie des Oszillatorsystems wäre damit $U = 3Nk_B T$, und für die Wärmekapazität erhielte man $C_V = \left(\frac{\partial U}{\partial T}\right)_V = 3Nk_B =$ $3 \times 6.02 \times 10^{23} \times 1.38 \times 10^{-23}$ Joule/grad $= 25$ Joule/grad (vgl. Wärmelehre S. 80). Heinrich Friedrich Weber in Zürich hatte schon um das Jahr 1875 herum die Molwärmen von Diamant, Graphit, Bor und Silizium gemessen und gefunden, dass sie bei 0°C unterhalb des Dulong-Petit'schen Wertes lagen, sich aber bei steigender Temperatur diesem näherten. Einstein hörte als ETH-Student (1896 - 1900) Vorlesungen bei H.F. Weber und hatte <u>vielleicht</u> deshalb Kenntnis von diesen Abweichungen. Um 1906 herum erkannte Einstein, dass der <u>Abfall der spezifischen Wärme mit sinkender Temperatur ein Quanteneffekt</u> sein müsse, und postulierte, dass ein fes-

---

[7] Genau genommen wären es 3N-6 oszillatorische Freiheitsgrade; denn die drei translatorischen und die drei rotatorischen Freiheitsgrade, die der feste Körper als starrer Körper hat, entsprechen der Frequenz null.

ter Körper aus N Atomen in dieser Hinsicht äquivalent sei zu $3N$ harmonischen Oszillatoren. Zur Vereinfachung nahm er an, dass alle dieselbe Frequenz ω_0 hätten. Jeder Oszillator soll im thermodynamischen Gleichgewicht sein mit einem Wärmebad der Temperatur T [8]. Die Wahrscheinlichkeit, dass er die Energie E_n hat, ist dann

$$(15) \qquad w_n = \frac{e^{-E_n/k_B T}}{Z} \quad \text{, wobei}$$

$$(16) \qquad Z = \sum_n e^{-E_n/k_B T}$$

("Quantenphysik", S. 24)

Bei einem harmonischen Oszillator der Frequenz ω_0 ist

$$(17) \qquad E_n = \left(\tfrac{1}{2}+n\right)\hbar\omega_0$$

Damit erhält man für die mittlere Energie eines solchen Oszillators

$$(18) \qquad \langle E\rangle = \sum_n w_n E_n = \frac{\sum_n \left(\frac{1}{2}+n\right)\hbar\omega_0\, e^{-\left(\frac{1}{2}+n\right)\hbar\omega_0/k_B T}}{\sum_n e^{-\left(\frac{1}{2}+n\right)\hbar\omega_0/k_B T}}$$

Dieser Ausdruck ist leicht zu berechnen mit dem Trick, der in der Vorlesung "Quantenphysik" auf S. 25 zu finden ist. Man erhält

$$(19) \qquad \boxed{\langle E \rangle = \frac{\hbar\omega_0}{2} + \frac{\hbar\omega_0}{e^{\hbar\omega_0/k_B T} - 1}}$$

Die innere Energie des Systems der $3N$ Oszillatoren ist

$$(20) \qquad U = 3N\langle E \rangle .$$

Die Wärmekapazität C_v ergibt sich nach der allgemeinen thermodynamischen Beziehung $C_v = (\partial U/\partial T)_v$ ("Wärmelehre", S. 80) zu

$$(21) \qquad \boxed{C_v = 3Nk_B\left[\left(\frac{\hbar\omega_0}{k_B T}\right)^2 \cdot \frac{e^{\hbar\omega_0/k_B T}}{\left(e^{\hbar\omega_0/k_B T} - 1\right)^2}\right]}$$

---

[8] Als einfache Hilfsvorstellung denke man sich den Raum zwischen den Atomen des Kristalls gefüllt mit einem idealen Gas, das auf der Temperatur T gehalten werde. Dieses Gas soll nicht zum festen Körper gezählt werden.

Wenn man den Parameter $\Theta_E = \hbar\omega_0/k_B$ einführt zur Charakterisierung des betrachteten Körpers, kann man C_V auffassen als Funktion von T/Θ_E, was einen Vergleich mit der "universellen" Darstellung der experimentellen Daten für einfache kristalline Materialien ermöglicht.

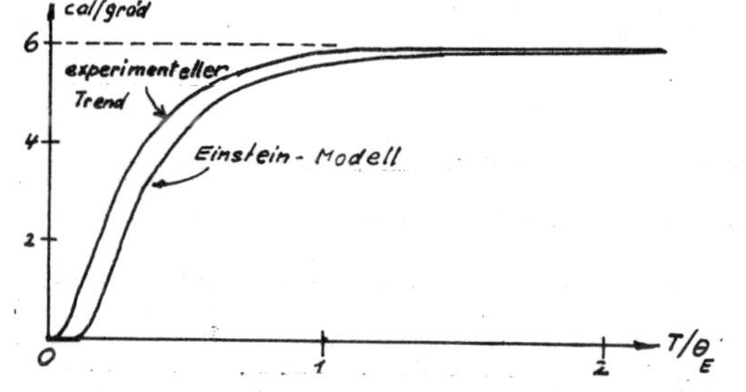

Bei $T > \Theta_E$ gibt die Einstein'sche Theorie den experimentellen Trend nicht schlecht wieder. Der Ausdruck in der geschweiften Klammer strebt gegen eins, sodass die Wärmekapazität für $N = 6.02 \times 10^{23}$ Atome dem Dulong-Petit'schen Wert zustrebt.

Bei tiefen Temperaturen hingegen, d.h. bei $T \ll \Theta_E$, ist die Einstein'sche Kurve zu wenig nach oben gekrümmt. Der steile Anstieg ist gegenüber dem experimentellen Trend etwas zu höheren Temperaturen verschoben. Wenn man den Parameter ω_0 in (21) so anpasst, dass der steile Anstieg von C_V im Bereich $\frac{1}{4}\Theta_E < T < \frac{3}{4}\Theta_E$ mit den Messungen einigermassen übereinstimmt, so findet man typischerweise Einsteinfrequenzen ω_0 im Grössenordnungsbereich von $10^{13}\,sec^{-1}$ bis $10^{14}\,sec$. (Im Spektrum der elektromagnetischen Strahlung liegen diese Frequenzen im infraroten Bereich.)

3.2.2. Das Modell von Debye.

Das Versagen der Einstein'schen Theorie bei tiefen Temperaturen deutet darauf hin, dass man Oszillatoren mit verschiedenen Frequenzen in die Betrachtung einbeziehen muss, um bessere Übereinstimmung mit dem Experiment zu bekommen. Oszillatoren mit tiefen Eigenfrequenzen heben die Wärmekapazität bei tiefen Temperaturen an. Wenn man genügend viele Parameter in eine Theorie hineinsteckt, kann man sie immer so wählen, dass die experimentelle Kurve angepasst wird. Dabei erhält man keinen Einblick in die Natur, es sei denn, man könne diese Parameter auch auf eine ganz andere Weise bestimmen. P. Debye schlug im Jahre 1911 ein Modell vor, das nur einen einzigen Parameter – man nennt ihn Debye-Temperatur Θ_D – enthält, und die Temperaturabhängigkeit der spezifischen Wärme kristalliner Materialien viel besser wiedergibt als das Modell von Einstein. Debye fasste den festen Körper als homogenes, isotropes, elastisches Kontinuum auf und stellte die thermischen Anregungen als longitudinale und transversale, ebene, elastische Wellen ("Schallwellen") dar. Die Dispersion wird vernachlässigt, sodass nur zwei feste Schallgeschwindigkeiten c_l und c_t für longitudinale bzw. transversale Wellen eingehen. Bei einem Elastizitätsmodul E, einem Schubmodul G und einer Dichte ρ ist $c_l^2 = E/\rho$ und $c_t^2 = G/\rho$ ("Mechanik und Wellenlehre", S. 221–224).

Die Idee der periodischen Randbedingungen

Die Eigenschwingungen (Normalschwingungen, normal modes) eines elastischen Körpers hängen von den Randbedingungen (Form, Grösse, Einspannbedingungen) ab. Die spezifische Wärme soll aber als Eigenschaft des Materials verstanden werden, und als solche nicht von den Randbedingungen abhängen. Man kann sich von den Randbedingungen frei machen, indem man einen Körper annimmt, der sich in allen Richtungen ins Unendliche erstreckt. Die konzeptionelle Schwierigkeit, die mit dieser Vorstellung verbunden ist, kann überwunden werden, indem man den unendlich grossen Körper in lauter gleiche makroskopische, parallelepipedische Gebiete unterteilt, in sog. Grundgebiete, die alle im selben Schwingungszustand sein sollen. Man postuliert also dreidimensionale Periodizität des Zustandes. Bei einem Kristall muss man ein Grundgebiet wählen, das aufgespannt wird durch Translationsvektoren die ein (sehr grosses) ganzes Vielfaches der Translationsvektoren $\vec{a}_1, \vec{a}_2, \vec{a}_3$ sind, die die Elementarzelle aufspannen. Beim einfachsten Debye-Modell wird der feste Körper als homogenes, isotropes Kontinuum betrachtet. Als Grundgebiet kann man dann einen Würfel mit der Kantenlänge L und beliebiger Orientierung einführen.

Sei

$$(22)\qquad \Psi(\vec{x}, t) = \vec{A}_0\, e^{i(\vec{k}\cdot\vec{x} - \omega t)}$$

eine beliebige ebene, harmonische, elastische Welle. Dann hat Ψ (und damit auch $\vec{A}_0$) die Bedeutung einer mechanischen Auslenkung, also eines Vektors. Bei einer longitudinalen Welle (Kompressionswelle) ist $\vec{A}_0 \parallel \vec{k}$, und bei einer transversalen Welle (Scherungswelle) ist $\vec{A}_0 \perp \vec{k}$. Zu jedem Wellenvektor $\vec{k}$ gibt es zwei unabhängige Transversalwellen. Die postulierte dreidimensionale, makroskopische Periodizität des Schwingungszustandes fordert dann

$$(23)\quad \Psi(x_1, x_2, x_3, t) = \Psi(x_1+L, x_2, x_3, t) = \Psi(x_1, x_2+L, x_3, t) = \Psi(x_1, x_2, x_3+L, t)$$

Aus (22) ersieht man, dass dies erfüllt ist, wenn

$$(24)\qquad k_1 = \frac{2\pi}{L} n_1 \ , \quad k_2 = \frac{2\pi}{L} n_2 \ , \quad k_3 = \frac{2\pi}{L} n_3$$

wobei n_1, n_2, n_3 ganze Zahlen sind. Zu jedem Zahlentripel gehört eine Welle, deren Wellenvektor folgenden Betrag hat

$$(25)\qquad k = \frac{2\pi}{L}\left(n_1^2 + n_2^2 + n_3^2\right)^{1/2}$$

Wir nehmen an, dass die Wellen keine Dispersion zeigen, und setzen $k = \frac{\omega}{c}$, wobei für c bei Longitudinalwellen die Phasengeschwindigkeit c_l und bei Transversalwellen die Phasengeschwindigkeit c_t einzusetzen ist. Eine Welle, die Gl. 24 erfüllt, kann als Normalschwingung aufgefasst werden.[9)]

[9)] Im elementaren Unterricht ("Mechanik und Wellenlehre", S. 235-250) wurden Eigenschwingungen eines Kontinuums als stehende Wellen dargestellt. In diesem Sinne müsste man der laufenden Welle (n_1, n_2, n_3) die gegenläufige Welle $(-n_1, -n_2, -n_3)$ überlagern. Die Zahl der stehenden Wellen wäre demnach halb so gross wie die Zahl der laufenden Wellen. Die beiden Betrachtungsweisen führen indessen zur gleichen Zahl von Eigenschwingungen, wenn man bedenkt, dass sich die Definition der ganzen Zahlen n in den beiden Darstellungen um einen Faktor zwei unterscheiden.

Wegen den periodischen Randbedingungen ist es nicht nötig zu unterscheiden zwischen den Eigenschwingungen des unendlich ausgedehnten Körpers und denjenigen eines Grundgebietes. Jede Eigenschwingung ist äquivalent zu einem harmonischen Oszillator ("Quantenphysik", S. 153). Im Gegensatz zum Einstein-Modell hat man nun Oszillatoren mit verschiedenen Frequenzen. Wir müssen ausrechnen, wie viele Oszillatoren zu jedem Frequenzintervall gehören, um dann mit Hilfe des Ausdrucks (19) für die mittlere Energie eines Oszillators zur inneren Energie U des Grundgebietes zu gelangen, woraus sich schliesslich durch Ableitung nach der Temperatur die Wärmekapazität C_v ergibt.

Die Frequenzdichte.

Nach (25) ist

$$(26)\qquad \omega = \frac{2\pi c}{L}\left(n_1^2 + n_2^2 + n_3^2\right)^{1/2} = \frac{2\pi c}{L} n \qquad [10]$$

Jeder Punkt n_1, n_2, n_3 im Gitter der ganzen Zahlen entspricht einer longitudinalen und zwei transversalen Eigenschwingungen. Ein makroskopisches Grundgebiet enthält eine riesige Zahl von Atomen, und hat damit eine riesige Zahl von Freiheitsgraden und Eigenfrequenzen. Deshalb sind so grosse Zahlen n bei der Berechnung der inneren Energie massgebend, dass man das Zahlengitter als Kontinuum behandeln darf. Für skalare Wellen der Phasengeschwindigkeit c wäre die Zahl $Z_\omega^{(c)}$ der Eigenschwingungen mit Frequenzen zwischen 0 und ω gleich der Zahl der Punkte im n-Raum innerhalb einer Kugel, deren Radius nach (26) gegeben ist durch $n = \frac{\omega L}{2\pi c}$, also

$$(27)\qquad Z_\omega^{(c)} = \frac{4\pi}{3}\left(\frac{\omega L}{2\pi c}\right)^3 = \frac{1}{6\pi^2}\frac{\omega^3 L^3}{c^3}$$

Unter Berücksichtigung der longitudinalen und transversalen Wellen wird

$$(28)\qquad Z_\omega = \frac{1}{6\pi^2}\omega^3 L^3 \underbrace{\left(\frac{1}{c_l^3} + \frac{2}{c_t^3}\right)}_{3/\bar{c}^3} = \frac{1}{2\pi^2}\frac{\omega^3 L^3}{\bar{c}^3}$$

---

10) Beachte, dass n hier nicht die Quantenzahl eines harmonischen Oszillators bedeutet.

Die Zahl der Eigenschwingungen mit Frequenzen zwischen ω und $\omega + d\omega$ ist

$$(29) \quad dZ_\omega = \frac{\partial Z_\omega}{\partial \omega} d\omega = \frac{3}{2\pi^2} \frac{L^3}{\overline{c^3}} \omega^2 d\omega = \rho(\omega) d\omega$$

die Frequenzdichte ist damit

$$(30) \quad \rho(\omega) = \frac{3}{2\pi^2} \frac{L^3}{\overline{c^3}} \omega^2$$

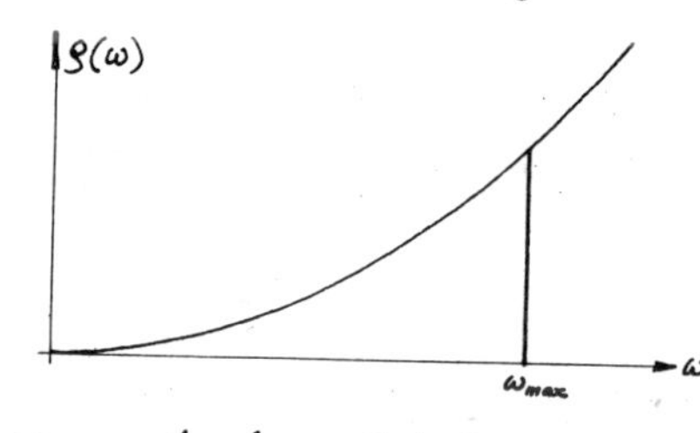

In einem hypothetischen, dispersions- und verlustfreien, elastischen Kontinuum könnten sich Wellen beliebig hoher Frequenz fortpflanzen. Die Frequenzdichtefunktion $\rho(\omega)$ würde sich also zu beliebig hohen Frequenzen erstrecken. Sobald man aber das Grundgebiet auffasst als lineares Schwingsystem aus N Atomen, die als Massenpunkte betrachtet werden, reduziert sich die Zahl der Eigenschwingungen auf $3N$. ("Mechanik und Wellenlehre," S. 195–205). Man muss also den "Frequenzwald" entweder lichten oder begrenzen. Das Modell der Federkette ("Mechanik und Wellenlehre", S. 291–295) legt nahe, dass man das Spektrum abschneiden muss bei einer oberen Grenzfrequenz ω_{max}. Diese muss so beschaffen sein, das $Z_{\omega_{max}} = 3N$. Nach (28) ist dann

$$(31) \quad \omega_{max}^3 = \frac{6\pi^2 N \overline{c^3}}{L^3}$$

N/L^3, die Anzahl der Atome pro cm^3, ist von der Grössenordnung 5×10^{22} cm^{-3}; $\overline{c^3}$ ist von der Grössenordnung $(10^5 \text{ cm sec}^{-1})^3 = 10^{15} \text{ cm}^3 \text{sec}^{-3}$. Damit erhält ω_{max} die Grössenordnung 10^{13} sec^{-1}, was fernem Infrarot entspricht. Es ist zweckmässig, mit Hilfe von (31) die Grenzfrequenz in den Ausdruck (30) für die Frequenzdichte einzuführen:

$$(32) \quad \rho(\omega) = \frac{9N}{\omega_{max}^3} \omega^2$$

Jede Eigenschwingung ist äquivalent zu einem harmonischen Oszillator. Auf irgend eine Weise sei Kontakt hergestellt mit einem Wärmereservoir der Temperatur T, und thermodynamisches Gleichgewicht habe sich eingestellt. Der Erwartungswert der Energie, die in einer Eigenschwingung steckt, hängt bei gegebener Temperatur nur von deren Frequenz ab, und ist nach (19) S. 116 gegeben durch

$$(33)\quad \langle E\rangle = \frac{\hbar\omega}{2} + \frac{\hbar\omega}{e^{\hbar\omega/k_B T} - 1}$$

Die totale Schwingungsenergie im Grundgebiet wird damit

$$(34)\quad U = \int_0^{\omega_{max}} \rho(\omega)\langle E(\omega)\rangle d\omega$$

Zur Berechnung der Wärmekapazität $C_v = \left(\frac{\partial U}{\partial T}\right)_v$ braucht man nur den <u>temperaturabhängigen</u> Beitrag zu (33) bzw. (34), und schreibt

$$(35)\quad U(T) = \frac{9N}{\omega^3_{max}} \int_0^{\omega_{max}} \frac{\hbar\omega^3}{e^{\hbar\omega/k_B T} - 1} d\omega$$

Allein ω_{max} hängt vom Material ab. Analog zum Einstein-Modell führt man eine für das Material charakteristische Temperatur Θ_D ein:

$$(36)\quad \Theta_D = \frac{\hbar\,\omega_{max}}{k_B}$$, die <u>Debye-Temperatur</u>.

Mit $x = \hbar\omega/k_B T$ und $x_{max} = \hbar\omega_{max}/k_B T = \Theta_D/T$ wird

$$(37)\quad U(T) = 9Nk_B T\left(\frac{T}{\Theta_D}\right)^3 \int_0^{x_{max}} \frac{x^3}{e^x - 1} dx$$

Die Differentiation nach der Temperatur gibt die Wärmekapazität

$$(38)\quad \boxed{C_v = 9Nk_B\left(\frac{T}{\Theta_D}\right)^3 \int_0^{x_{max}} \frac{x^4 e^x}{(e^x - 1)^2} dx}$$ Formel von Debye

Dies ist eine <u>universelle</u> Darstellung der Temperaturabhängigkeit der Wärmekapazität eines Grundgebietes aus N Atomen: C_v hängt nur vom Parameter T/Θ_D ab. Wenn man einen <u>makroskopischen</u> Kristall betrachtet, darf man für N die Zahl der Atome in diesem Kristall einsetzen. Je grösser der Kristall ist, umsoweniger machen sich Randbedingungen bemerkbar.[11] Für einfache Kristallstrukturen werden die Messungen im grossen Ganzen erstaunlich gut wiedergegeben durch die Debye'sche Formel. Die ausgezogene Kurve in der Fig. S. 112 ist mit dieser Formel berechnet worden.

---

[11] Die Lineardimensionen des Kristalls müssen sehr gross sein im Vergleich zur Wellenlänge der Eigenschwingungen, die am meisten zur inneren Energie beitragen; <u>mindestens</u> aber sehr gross im Vergleich zu $\lambda_{min} = \frac{2\pi c_t}{\omega_{max}}$

Der Zusammenhang mit dem phänomenologischen elastischen Verhalten

Die Grenzfrequenz ω_{max} kann nach (31) aus den Schallgeschwindigkeiten c_ℓ und c_t (vgl. auch (28)) berechnet werden. Es sollte also möglich sein, die Debye-Temperatur $\Theta_D = \hbar\omega_{max}/k_B$ zu berechnen aus dem phänomenologischen elastischen Verhalten des Kristalls. Dies ist nicht ganz trivial, weil sich ein Kristall (auch ein kubischer!) nicht wie ein isotropes elastisches Medium verhält. Damit kann sein elastisches Verhalten nicht durch nur zwei Materialkonstanten (Elastizitätsmodul E und Schubmodul G, bzw. zwei Schallgeschwindigkeiten c_ℓ und c_t) beschrieben werden. Bei einem triklinen Kristall sind 21 Konstanten nötig zur Beschreibung des elastischen Verhaltens. Diese Zahl reduziert sich auf 3 beim kubischen Kristallsystem.[12] Mit etwas mehr Aufwand kann man die Debye'sche Theorie auch für das anisotrope elastische Kontinuum formulieren, und die Debye-Temperatur durch die verschiedenen Elastizitätskonstanten ausdrücken.
In der folgenden Tabelle ist die Debye-Temperatur, die aus den gemessenen Elastizitätskonstanten berechnet wurde, verglichen mit der Debye-Temperatur, die sich durch Anpassung der Funktion (38) an die gemessene Wärmekapazität C_V ergibt.

Kristall	Diamant	Be	Si	Ge	Fe	Al	Pb
Θ_D aus C_V	2240	1160	647	378	457	423	102
Θ_D aus elastischem Verhalten	2240	1442	649	375	477	428	105

Grenzfälle:

a) Tiefe Temperaturen heisst $T \ll \Theta_D$, sodass $x_{max} = \frac{\hbar\omega_{max}}{k_B T} \gg 1$.
Im Ausdruck (37) für die Schwingungsenergie lassen wir die obere Integrationsgrenze x_{max} gegen unendlich streben. In einer Integraltafel findet man $\int_0^\infty \frac{x^3}{e^x - 1}\, dx = \frac{\pi^4}{15}$. Damit wird

---

12) F. Nye: "Physical properties of crystals: their representation by tensors and matrices".

$$(39) \quad U(T) = \frac{3\pi^4}{5} N k_B \frac{T^4}{\Theta_D^3} \quad \text{und}$$

$$(40) \quad \boxed{C_V(T) = \frac{12\pi^4}{5} N k_B \left(\frac{T}{\Theta_D}\right)^3} \quad \text{Debye'sches } T^3\text{-Gesetz.}$$

Bei einfachen, nichtmetallischen, kristallinen Körpern stimmt diese Beziehung gut mit dem Experiment überein. (Bei Metallen kommt der Beitrag der Leitungselektronen hinzu, der proportional zur Temperatur ist.)

b) Hohe Temperaturen heisst $T \gg \Theta_D$, sodass $x_{max} = \frac{\hbar\omega_{max}}{k_B T} \ll 1$.
Die Entwicklung der Exponentialfunktion im Integranden von (37) liefert

$$(41) \quad U(T) = 9Nk_B T\left(\frac{T}{\Theta_D}\right)^3 \int_0^{x_{max}} \frac{x^3\,dx}{1+x+\frac{x^2}{2}+\cdots-1} \approx 9Nk_B T\left(\frac{T}{\Theta_D}\right)^3 \underbrace{\int^{x_{max}} x^2\,dx}_{\frac{1}{3}x_{max}^3 = \frac{1}{3}\left(\frac{\Theta_D}{T}\right)^3} = 3Nk_B T$$

Dies ist der Äquipartitionswert.

Diskrepanzen zwischen Experiment und Theorie.

a) Kristalle: Der Parameter Θ_D kann im Prinzip aus der Messung der spezifischen Wärme bei einer einzigen Temperatur bestimmt werden; denn andere Parameter kommen in der Theorie nicht vor. (Diese Temperatur darf allerdings nicht zu hoch sein, denn sonst nähert man sich dem Äquipartitionswert, der Θ_D-unabhängig ist.) Es zeigt sich, dass Θ_D schwach von der Temperatur abhängt. Man kann versuchen, diesen Mangel zu beheben durch eine Verfeinerung der Theorie. Naheliegend wäre die Einführung von zwei verschiedenen Frequenzdichten und entsprechenden verschiedenen Grenzfrequenzen, je eine für longitudinale und eine für transversale Wellen. Solche Verfeinerungen haben wenig Sinn; denn ein Hauptmangel der Debye-Theorie ist die Vernachlässigung der Dispersion. Bei $T > \Theta_D$ beginnt zudem die Anharmonizität der Schwingungen eine Rolle zu spielen.

b) Gläser: Wenn man den festen Körper als elastisches Kontinuum betrachtet, ist nicht einzusehen, warum die Debye'sche Theorie nicht auch für Gläser gelten sollte. Bei sehr tiefen Temperaturen verhalten sich die Gläser aber ganz anders als die Kristalle (S. 113).

3.3. Gitterschwingungen in der harmonischen Approximation

Das Debye-Modell kann nicht befriedigen, trotz seinem Erfolg bei der Erklärung der globalen Temperaturabhängigkeit der spezifischen Wärme kristalliner Materialien: Man geht von einem ideal-elastischen, dispersionsfreien Kontinuum aus und postuliert nachträglich eine Grenzfrequenz ω_{max}. Diese ist aber charakteristisch für ein lineares Schwingsystem aus diskreten Atomen. In einem nächsten Schritt wird man ein Modell untersuchen, bei dem Atome zu einem linearen Schwingsystem zusammengekoppelt sind. Es geht dabei nicht in erster Linie darum, die Temperaturabhängigkeit der spezifischen Wärme zu erklären; denn diese ist ohnehin ein integrales Phänomen, das wenig Rückschlüsse auf die Dynamik der Kristallstruktur erlaubt. Es geht nun um das Verständnis der Atomschwingungen selber. Direkte Information darüber kann man z.B. der kohärent-inelastischen Neutronenstreuung und anderen Spektroskopien entnehmen.

3.3.1. Schwingungen einer eindimensionalen periodischen Struktur

Bravais-Gitter mit einatomiger Basis.

Im eindimensionalen Raum gibt es nur einen einzigen Bravais-Typ, nämlich eine Folge von äquidistanten Punkten. Sie werde beschrieben durch $x = na$ mit ganzzahligen n. Jedem Gitterpunkt ist die Gleichgewichtslage eines Atoms mit der Masse m zugeordnet. Die Wechselwirkung zwischen den Atomen sei beschrieben durch die Annahme von masselosen Federn mit der Kraftkonstanten f, die unmittelbar benachbarte Massenpunkte m verbinden. Die direkte Wechselwirkung zwischen weiter entfernten Atomen werde zunächst vernachlässigt.

Bezeichnet man die Auslenkungen der Atome aus den Gitterpunkten mit ξ_n, so ergibt sich für die Änderung der potentiellen Energie des Systems eine quadratische Form

(42) $$U_{pot} = \frac{1}{2} f \sum_n \left(\xi_n - \xi_{n-1}\right)^2$$, wobei f die Kraftkonstante der Feder ist.

Dies ist ein lineares Schwingsystem ("Mechanik und Wellenlehre", S. 193). Die Bewegungsgleichung der dem Gitterpunkt na zugeordneten Masse ist

(43) $$m\ddot{\xi}_n = -f\left(\xi_n - \xi_{n-1}\right) + f\left(\xi_{n+1} - \xi_n\right) = f\left(\xi_{n-1} + \xi_{n+1}\right) - 2f\xi_n$$

Bei N Atomen haben wir also ein System von N gekoppelten Differentialgleichungen zu lösen. Die Lösung hängt davon ab, welche <u>Randbedingungen</u> der Kette auferlegt werden. Man kann z.B. die Randatome festhalten oder "frei" geben. Wenn N eine kleine Zahl ist, hängen die Lösungen stark von den Randbedingungen ab, wie man sich am Beispiel $N = 3$ sofort klar macht.

$\omega^2 = \frac{2f}{m}$

$\omega^2 = \frac{f}{m}$

$\omega^2 = ?$

Durch Betrachtung einer unendlich langen Kette kann man sich von den Randbedingungen unabhängig machen. Den Schwierigkeiten, die mit der Behandlung eines Systems von unendlich vielen Differentialgleichung verbunden sind, kann man aus dem Wege gehen, indem man <u>periodische Randbedingungen</u> einführt und die Kette in lauter gleiche <u>Grundgebiete</u> einteilt, die je aus einer grossen Zahl N von Atomen bestehen, und alle im selben Schwingungszustand sind (S. 118). Damit dies möglich ist, muss die Länge des Grundgebietes Na sein. Die periodischen Randbedingungen besagen, dass das Atom mit der Ruhelage $x = na$ (n ganzzahlig) dieselbe Auslenkung hat wie das Atom mit der Ruhelage $x + Na$.

Na

$x = na$ $x = na + Na$

Physikalisch wäre dies realisierbar, indem man <u>jedes</u> Atom mit dem um Na entfernten Atom durch eine masselose, starre Stange verbindet. Äquivalent und viel eleganter ist folgende Vorstellung: Man betrachtet eine Kette aus N Atomen, biegt sie zu einem Kreis und schliesst sie, indem man das N-te Atom mit ersten Atom durch eine Feder verbindet, die identisch ist mit den übrigen Federn. Anstelle der periodischen hat man dann zyklische Randbedingungen.

Zur Auflösung des Systems (43) macht man den plausiblen Ansatz

(44) $\xi_n = A\, e^{i(kna-\omega t)}$, der an eine laufende Welle erinnert.

Für n sind positive und negative ganze Zahlen einzusetzen. Die Frequenz ω ist als positiv zu betrachten. Bei einem Grundgebiet von N Atomen fordern die periodischen Randbedingungen

(45) $\xi_n = \xi_{n+N}$ sodass $e^{ikna} = e^{ik(n+N)a}$ und $e^{ikNa} = 1$. Damit ist

(46) $kNa = 2\pi l$ mit ganzzahligem l, also $k = \frac{2\pi}{a}\frac{l}{N} = k_l$.

Betrachte nun eine Welle, deren Wellenzahl nicht durch die ganze Zahl l, sondern durch die ganze Zahl $l + hN$ (h ganzzahlig) charakterisiert sei. Sie unterscheidet sich in keiner Weise von der ersten Welle:

Mit $k_l = \frac{2\pi}{a}\frac{l}{N}$ wird $e^{ik_l na} = e^{2\pi i \frac{l}{N} n}$, und mit

$k_{l+hN} = \frac{2\pi}{a}\frac{l+hN}{N}$ wird $e^{ik_{l+hN}na} = e^{ik_l na}\cdot e^{2\pi i n h} = e^{ik_l na}$

Da k eine reziproke Länge ist, wird man die Beziehung zwischen den beiden Wellen im reziproken Raum betrachten. Es ist

(47) $k_{l+hN} - k_l = \frac{2\pi}{a} h$

Da h nach Voraussetzung irgend eine ganze Zahl ist, gilt

Zwei Gitterwellen, deren Wellenvektoren sich um einen Vektor des reziproken Gitters unterscheiden, sind identisch.

Man kann diese Tatsache auch so ausdrücken :

Im periodischen Diskontinuum ist der Wellenvektor $\vec{k}$ einer Gitterwelle nur bis auf einen additiven Vektor des reziproken Gitters bestimmt. 13)

Anschaulich heisst dies folgendes: Ein gegebenes sinusoidales Auslenkungsbild lässt sich auf viele Weisen durch eine Sinuskurve beschreiben. Ein einfaches Beispiel ist nebenstehend skizziert. Die Auslenkungen sind transversal eingezeichnet.

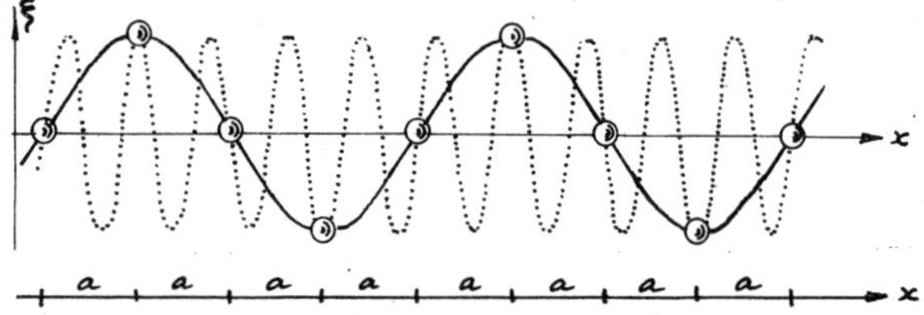

Da N eine sehr grosse Zahl ist, darf man ohne Einschränkung der Allgemeinheit annehmen, dass sie gerade ist. Wenn l die ganzen Zahlen von $l=0$ bis $l=N-1$ durchläuft, erhält man jede der N möglichen Wellen genau ein Mal. Nach dem Theorem von S. 127 kann man l auch von $l=-\frac{N}{2}$ bis $l=+\frac{N}{2}-1$ laufen lassen, um jede der N möglichen Wellen genau einmal zu bekommen. Wenn man bedenkt, dass N eine sehr grosse Zahl ist, kann man sagen, dass k dabei von $-\frac{\pi}{a}$ bis $+\frac{\pi}{a}$ variiert. Die N möglichen Wellen entsprechen den N Normalschwingungen des Grundgebietes.

Die erste Brillouin-Zone

Wir wählen irgend einen Punkt des reziproken Gitters, und tragen von diesem Punkte aus den Wellenvektor jeder Gitterwelle ab. Man erhält die N möglichen Wellen, wenn man die Spitzen der Wellenvektoren in

---

13) Es ist in diesem Zusammenhang nicht notwendig, einen Punkt des reziproken Gitters als Ursprung des reziproken Raumes auszuzeichnen. Dies ist im Gegensatz zum Problem der Strukturbestimmung durch kohärent-elastische Streuung von Wellen, die von aussen eingestrahlt werden. Jedem Punkt des reziproken Gitters kann dort ein Fourierkoeffizient der Streudichte zugeordnet werden. Dem Ursprung ist der Fourierkoeffizient $A_{h_1=h_2=h_3=0}$ zugeordnet (S. 79, 84).

eine Zone legt, deren Grenzen auf dem halben Wege zu den nächsten Punkten des reziproken Gitters liegen. Diese Zone wird <u>erste Brillouin-Zone</u> genannt [14].

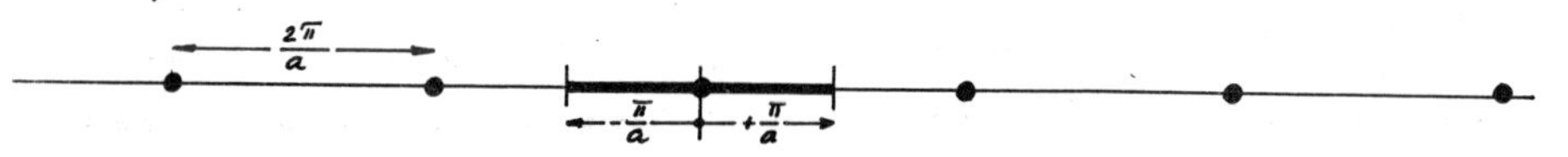

Dispersion und Grenzfrequenz

Durch Einsetzen des Ansatzes (44) in das System (43) erhält man

$$-m\omega^2 e^{ikna} = f\left(e^{ika} + e^{-ika} - 2\right)e^{ikna}$$

$$\omega^2 = \frac{2f}{m}(1 - \cos ka) = \frac{4f}{m}\sin^2\frac{ka}{2}$$. Mit der Abkürzung

(48) $$\frac{4f}{m} = \omega_0^2$$ wird

(49) $$\omega = \omega_0 \left|\sin\frac{ka}{2}\right|$$

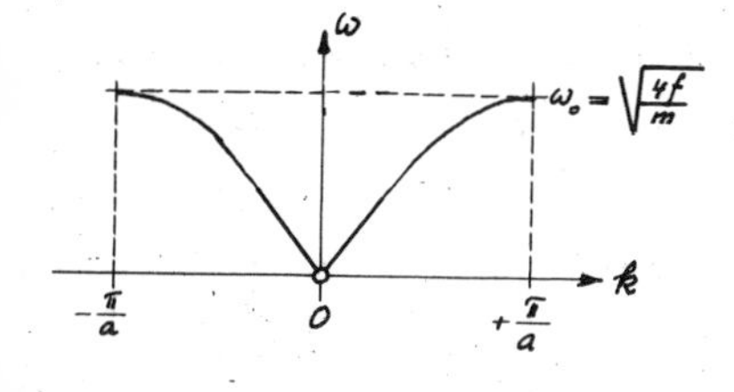

Es ist der absolute Betrag zu nehmen, da die Frequenz als positive Grösse definiert ist. Diese Dispersionsbeziehung wurde in "Mechanik und Wellenlehre", S. 294–295, diskutiert: Die Gruppengeschwindigkeit $v_G = \frac{\partial\omega}{\partial k}$ strebt gegen null, wenn sich die Spitze des Wellenvektors dem Rand der ersten Brillouin-Zone nähert. Für $\omega > \omega_0$ liefert (49) eine <u>komplexe Lösung</u> für k, was einer räumlich gedämpften Welle entspricht. Eine solche ist <u>keine Eigenschwingung</u>, denn die beiden Enden des Grundgebietes hätten verschiedene Amplituden. Ein solcher Schwingungszustand könnte nur durch einen Eingriff von aussen dem System aufgezwungen werden, z.B. dadurch, dass man ein Atom mit der Frequenz $\omega > \omega_0$ schüttelt. Eine so erzeugte "Welle" kommt nicht weit. Für $\omega = 2\omega_0$ zum Beispiel wäre $\xi_{n+4}/\xi_n \approx 5 \times 10^{-5}$. Wenn man über die Zeit mittelt, wird gar keine Energie in das System hineingesteckt. Spektroskopisch ist eine solche Welle nicht beobachtbar. (Sie lässt sich aber an einem makroskopischen mechanischen Modell demonstrieren)

---

[14] Ein allgemein bildendes Buch, das viel Physik unter einen Hut bringt, stammt von Léon Brillouin: "Wave Propagation in Periodic Structures".

$\omega_0 = \sqrt{\frac{4f}{m}}$ ist die höchste Frequenz, die man unter den Eigenschwingungen des betrachteten eindimensionalen Modells finden kann. Sie ist gleich der Eigenfrequenz des nebenstehend skizzierten eindimensionalen, harmonischen Oszillators. Wenn man bedenkt, dass die Kraftkonstante f einer Feder verdoppelt wird, wenn man die Feder halbiert, sieht man unmittelbar ein, dass die Grenzfrequenz der unten abgebildeten Schwingung entspricht, bei der die Mitten der Federn in Ruhe sind. Diese spezielle Eigenschwingung ist

eine stehende Welle, nämlich die Superposition der rechtslaufenden Welle mit $k = \frac{\pi}{a}$ und der linkslaufenden Welle mit $k = -\frac{\pi}{a}$.

Der Grenzfall langer Wellen

Bei $k = 0$ bewegt sich die Kette translatorisch, und zwar hat sie die Atomabstände a, die dem statischen Gleichgewicht entsprechen:

Bei $|k| \ll \frac{\pi}{a}$, also $\omega \ll \omega_0$, bewegen sich benachbarte Atome meist in derselben Richtung, wobei sich die Auslenkungen nur wenig unterscheiden:

Die Dispersionsbeziehung (49) kann in diesem Fall approximiert werden durch $\omega \cong \omega_0 \frac{ka}{2}$. Die Gruppengeschwindigkeit $\frac{\partial\omega}{\partial k}$ ist also annähernd gleich der Phasengeschwindigkeit $\frac{\omega}{k} \cong \frac{1}{2}\omega_0 a = a\sqrt{\frac{f}{m}}$. Der letzte Ausdruck entspricht der Formel für die Schallgeschwindigkeit im elastischen Kontinuum, $c = \sqrt{\frac{E}{\varrho}}$, wobei E der Elastizitätsmodul und ϱ die Dichte bedeuten. Bei Wellenlängen, die gross sind im Vergleich zum Atomabstand, verhält sich das periodische Diskontinuum wie ein (elastisches) Kontinuum.

Die Frequenzdichte

Die erlaubten Werte von k sind nach (46) gegeben durch $\frac{2\pi l}{Na}$. Die

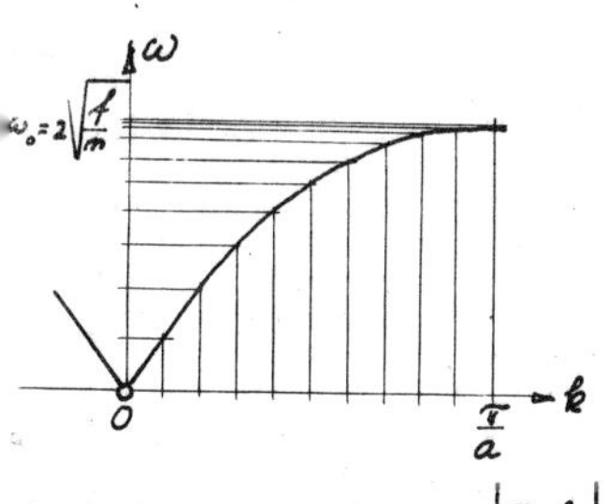

Spitzen der k-Vektoren liegen also überall gleich dicht für das eindimensionale Modell. Aus der nebenstehenden Skizze kann man ablesen, dass die Frequenzdichte $\varrho(\omega)$ proportional ist zur Steigung der Funktion $k(\omega)$:

(50) $$\varrho(\omega) \text{ prop. } \left|\frac{\partial k}{\partial \omega}\right|$$

Die Frequenzdichte divergiert, wo die Gruppengeschwindigkeit verschwindet. Unter Benützung von (49) und der Tatsache, dass die totale Zahl der Wellen gleich der Zahl N der Freiheitsgrade sein muss, erhält man für unser Modell

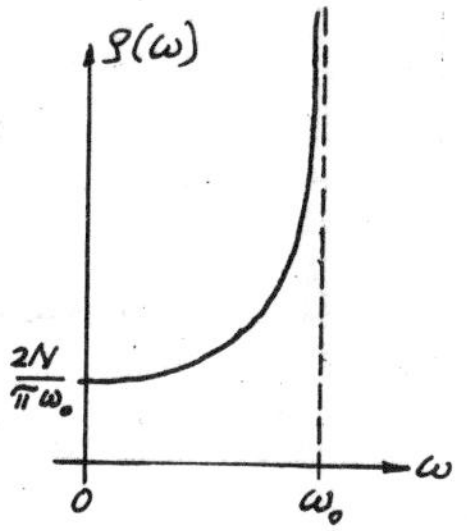

(51) $$\varrho(\omega) = \frac{2N}{\pi\sqrt{\omega_0^2 - \omega^2}}$$

Wenn man auch <u>übernächste</u> Nachbarn durch Federn (mit einer kleineren Kraftkonstanten) verbindet, ergeben sich Dispersionsbeziehungen vom links skizzierten Typ, wie man leicht nachrechnen kann. Die Frequenzdichte hat im skizzierten Fall zwei Pole.

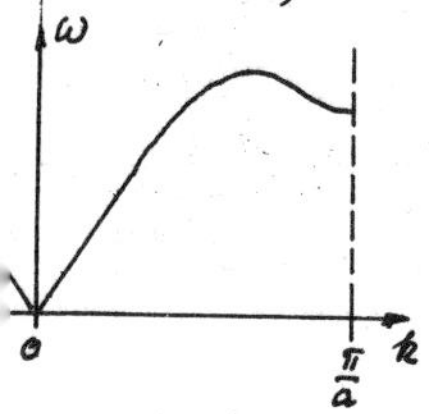

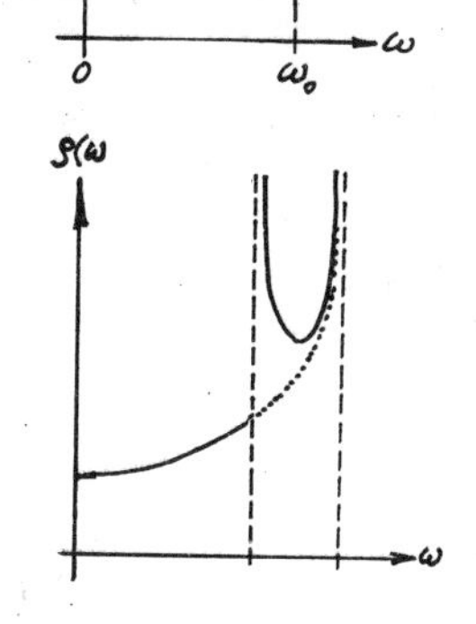

Bravais-Gitter mit zweiatomiger Basis.

Wir stellen uns als Beispiel einen eindimensionalen NaCl-Kristall vor mit der Raumperiode a. Na^+- und Cl^--Ionen folgen sich im Abstand $\frac{a}{2}$ (vgl. S. 28)

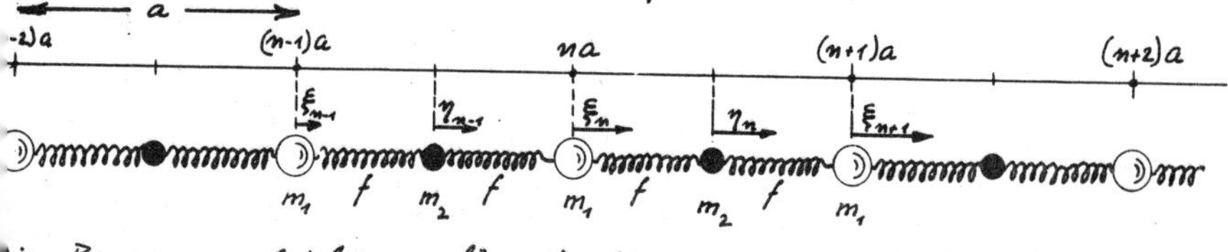

Die Bewegungsgleichung für die Masse m_1 in der Zelle bei na ist

$$(52) \quad \begin{aligned} m_1 \ddot{\xi}_n &= -f(\xi_n - \eta_n) - f(\xi_n - \eta_{n-1}) \\ m_2 \ddot{\eta}_n &= -f(\eta_n - \xi_n) - f(\eta_n - \xi_{n+1}) \end{aligned}$$

. Analog für m_2 in der gleichen Zelle

Man macht wieder einen Lösungsansatz, der an eine laufende Welle erinnert:

(53) $\xi_n = A_1 e^{i(kna - \omega t)}$ und $\eta_n = A_2 e^{i(kna - \omega t)}$, wobei

das Verhältnis der Amplituden A_1 und A_2 im allgemeinen komplex sein wird. Durch Einsetzen von (53) in (52) und Benützung der Abkürzungen

(54) $\omega_1^2 = \frac{f}{m_1}$ und $\omega_2^2 = \frac{f}{m_2}$ erhält man

$$(55) \quad \begin{cases} (\omega^2 - 2\omega_1^2) A_1 + \omega_1^2 (1 + e^{-ika}) A_2 = 0 \\ \omega_2^2 (1 + e^{ika}) A_1 + (\omega^2 - 2\omega_2^2) A_2 = 0 \end{cases}$$

Die Bedingung für eine nicht-triviale Lösung A_1, A_2 ist

$$(\omega^2 - 2\omega_1^2)(\omega^2 - 2\omega_2^2) - \omega_1^2 \omega_2^2 \underbrace{(1 + e^{-ika})(1 + e^{ika})}_{2(1 + \cos ka)} = 0$$

$$\omega^4 - 2(\omega_1^2 + \omega_2^2)\omega^2 + 2\omega_1^2\omega_2^2 (1 - \cos ka) = 0 \quad \text{sodass}$$

(56) $\omega_\pm^2 = (\omega_1^2 + \omega_2^2) \pm \sqrt{(\omega_1^2 + \omega_2^2)^2 - 2\omega_1^2\omega_2^2(1 - \cos ka)}$, umgeformt

(57) $\omega_\pm^2 = (\omega_1^2 + \omega_2^2) \pm \sqrt{\omega_1^4 + \omega_2^4 + 2\omega_1^2\omega_2^2 \cos ka}$

die beiden Lösungen ω_+^2 und ω_-^2 entsprechen je einem <u>Zweig der Dispersionsbeziehung</u>. Zur Diskussion setzen wir zunächst spezielle k-Werte in (57) ein:

mit $k = 0$ wird $\omega_+ = \sqrt{2(\omega_1^2 + \omega_2^2)}$ und $\omega_- = 0$

mit $k = \pm\frac{\pi}{a}$, also $\cos ka = -1$, wird $\omega_+ = \omega_1\sqrt{2}$ und $\omega_- = \omega_2\sqrt{2}$

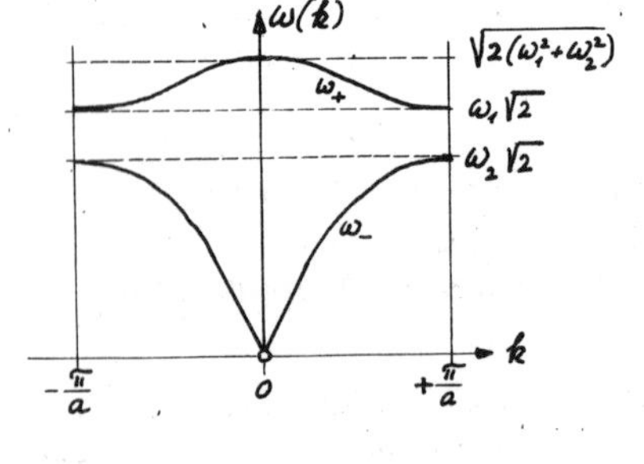

Die Skizze zeigt den Verlauf von $\omega(k)$ für die Annahme $\omega_1 > \omega_2$. Im Bereich $\omega_2\sqrt{2} < \omega < \omega_1\sqrt{2}$ gibt es keine Eigenschwingungen, und dasselbe gilt für $\omega > \sqrt{2(\omega_1^2 + \omega_2^2)}$. (Komplexe k-Werte sind auszuschliessen, S. 129.)

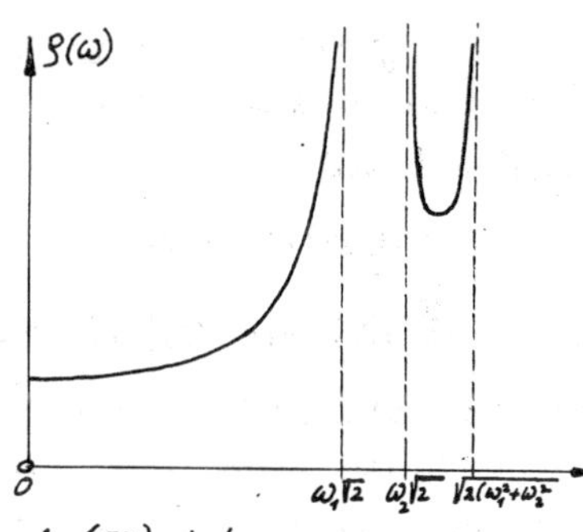

Die <u>Frequenzdichte</u>, die nach (50) proportional ist zu $\left|\frac{\partial k}{\partial \omega}\right|$, hat drei Pole.

<u>Die Art der Schwingungen.</u>

Wir betrachten das Verhältnis der Amplituden A_1 und A_2 für spezielle Punkte im Dispersionsdiagramm $\omega(k)$:

Nach (55) ist

$$\frac{A_1}{A_2} = \frac{\omega_1^2(1+e^{-ika})}{2\omega_1^2 - \omega^2} \tag{58}$$

und

$$\frac{A_1}{A_2} = \frac{2\omega_2^2 - \omega^2}{\omega_2^2(1+e^{ika})} \tag{59}$$

<u>a) Der Grenzfall $k = 0$</u> : Für den <u>Zweig ω_+</u> wird mit $\omega_+^2 = 2(\omega_1^2 + \omega_2^2)$

$$\frac{A_1}{A_2} = -\frac{\omega_1^2}{\omega_2^2} = -\frac{m_2}{m_1} \qquad \text{(aus (58) oder (59))}$$

Die Massen m_1 bewegen sich in <u>entgegengesetzter Richtung</u> zu den Massen m_2. Wenn sie verschiedene Ladungen tragen, entspricht eine solche Bewegung einem oszillierenden elektrischen Dipolmoment. Sie kann also angeregt werden durch das oszillierende elektrische Feld einer elektromagnetischen Welle: Die Dielektrizitätskonstante ist frequenzabhängig und hat bei $\omega = \sqrt{2(\omega_1^2+\omega_2^2)}$ eine Resonanz. Der ω_+-Zweig wird deshalb als <u>optischer Zweig</u> bezeichnet. Diese Bezeichnung wird auch beibehalten, wenn die Gitterbausteine keine Ladung tragen.

Notwendige und hinreichende Bedingung für die Existenz optischer Zweige ist ein Bravais-Gitter mit einer Basis, die mehr als ein Atom enthält.

Bei dreidimensionalen Strukturen ist dies in keiner Weise trivial. Zum Beispiel hat die Diamantstruktur (kubisch flächenzentriert mit zweiatomiger Basis, s. S. 25) optische Zweige, obwohl alle Atome die gleiche Masse haben und chemisch äquivalent sind. Aluminium (kubisch flächenzentriert mit einatomiger Basis, s. S. 25) hat keinen optischen Zweig. Das letzte Beispiel zeigt auch, dass man die Struktur mit den Augen des Physikers betrachten muss, wenn man den Satz anwenden will, und nicht mit den Augen des Röntgenkristallographen, der eventuell eine kubisch flächenzentrierte Struktur mit einatomiger Basis auffassen darf als kubisch primitive Struktur mit spezieller vieratomiger Basis, wie auf S. 99-101 dargelegt wurde.

Für den Zweig ω_- ist $\omega_-^2 = 0$, sodass nach (58) oder (59) für $k = 0$ $\frac{A_1}{A_2} = 1$. Dies bedeutet, dass sich m_1 und m_2 miteinander in derselben Richtung bewegen, wie in einer Schallwelle, deren Wellenlänge gross ist im Vergleich zum Atomabstand. Dieser Zweig wird deshalb **akustischer Zweig** genannt. Er tritt auch bei einatomiger Basis auf

Wenn sich die Spitze des k-Vektors der Grenze der ersten Brillouin-Zone nähert, ändern sich diese Schwingungsbilder:

b) Der Grenzfall $k = \pm\frac{\pi}{a}$: Für den optischen Zweig ist $\omega_+ = \omega_1\sqrt{2}$. Aus (58) erhält man das unbestimmte Verhältnis $A_1/A_2 = 0/0$; aber aus (59) folgt sofort $A_1/A_2 = \infty$. Man kann also die Massen m_2 als festgehalten betrachten. Die Bewegung der Massen m_1 ergibt sich durch Einsetzen von $k = \pm\frac{\pi}{a}$ in den Wellenansatz (53). Man erhält

$\xi_n = A_1 e^{\pm in\pi} e^{-i\omega t}$, was bedeutet, dass aufeinanderfolgende Massen m_1 entgegengesetzte Auslenkung haben.

m_2 m_1 m_2 m_1 m_2 m_1 m_2 m_1 m_2 m_1

← a →

Man könnte die Massen m_1 gerade so gut weglassen. Diese Schwingung hat kein oszillierendes Dipolmoment. Der optische Zweig wird an der Grenze der Brillouin-Zone durch elektromagnetische Wellen nicht mehr angeregt.

Für den akustischen Zweig ist $\omega_- = \omega_2\sqrt{2}$, sodass nach (58)

$$\frac{A_1}{A_2} = \frac{0}{2\omega_1^2 - 2\omega_2^2} = 0$$

Es stehen hier die Massen m_1 still, und die Massen m_2 schwingen:

m_2 m_1 m_2 m_1 m_2 m_1 m_2 m_1 m_2 m_1

← a →

Äquivalente Gitterwellen

Der Satz von S. 127 ist bei zwei- und mehratomiger Basis wie folgt zu modifizieren:

Zwei Gitterwellen <u>aus demselben Zweig</u>, deren Wellenvektoren sich um einen Vektor des reziproken Gitters unterscheiden, sind identisch.

Genau wie im Fall der einatomigen Basis sind also auch hier alle Punkte des reziproken Gitters äquivalente Zentren von (ersten) Brillouin-Zonen. Man darf daher die Dispersionsbeziehungen (49) S. 129 und (57) S. 132 als <u>periodische Funktionen im reziproken Raum</u> auffassen mit der Periode $\frac{2\pi}{a}$:

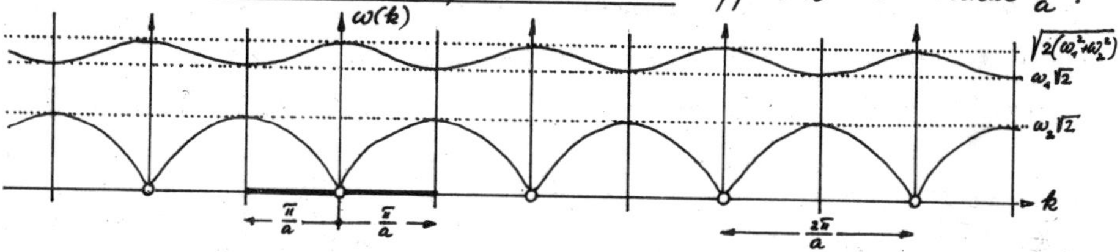

Die Punkte des reziproken Gitters sind mit o bezeichnet. Beachte, dass die ersten Brillouin-Zonen den reziproken Raum lückenlos und ohne Überlappung ausfüllen.

Der Grenzübergang zu gleichen Massen

Wir denken uns den Grenzübergang zu $m_1 = m_2 = m$ so vollzogen, dass die reduzierte Masse μ, die gegeben ist durch $\frac{1}{\mu} = \frac{1}{m_1} + \frac{1}{m_2}$, konstant bleibt. Die maximale Frequenz $\omega = \sqrt{2(\omega_1^2 + \omega_2^2)} = \sqrt{2f\left(\frac{1}{m_1} + \frac{1}{m_2}\right)} = \sqrt{2f/\mu} = 2\sqrt{f/m}$ bleibt dabei konstant (54) S. 132).

Betrachte zunächst den Fall, wo die beiden "Atome" m_1 und m_2 nach dem Grenzübergang ununterscheidbar sind. Sie sollen nicht nur gleiche Masse, sondern auch gleiche "Farbe" haben, wobei wir unter "Farbe" Ladung, magnetisches Moment, oder irgend eine Eigenschaft des Atoms verstehen wollen. Die Periode des dichten Gitters ist dann nach dem Grenzübergang $\frac{a}{2}$, und diejenige des reziproken Gitters $\frac{4\pi}{a}$. Damit ist auch der Durchmesser der ersten Brillouin-Zone $\frac{4\pi}{a}$, und die Dispersionsbeziehung sieht gemäss der nebenstehenden Skizze aus (die im selben Massstab gezeichnet ist wie

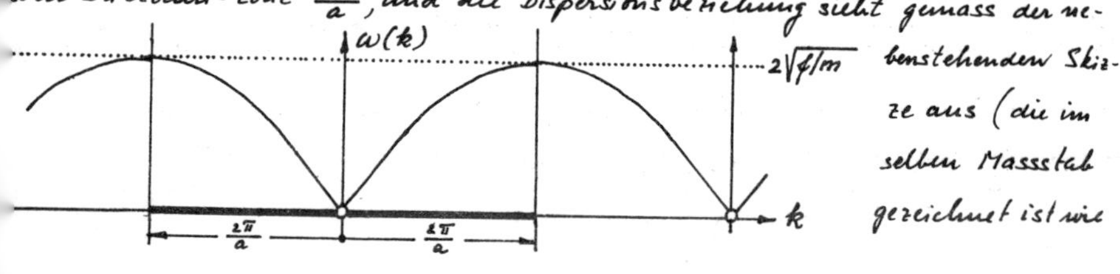

die erste Skizze auf S. 135). Es existiert nur ein akustischer Zweig.

Wenn die Atome alternierend verschiedene "Farbe" haben, so ändert sich nichts an der reinen Mechanik der Federkette. Nach dem Grenzübergang zu gleichen Massen hat man dieselbe Dispersionsbeziehung wie bei "gleichfarbigen" Atomen. Sobald man aber die Ankopplung an ein elektromagnetisches Strahlungsfeld in Betracht zieht, muss die "Farbe" konzeptionell berücksichtigt werden. Beim Grenzübergang zu gleichen Massen bleibt die Periode des direkten Gitters unverändert a, und diejenige des reziproken Gitters unverändert $\frac{2\pi}{a}$. Die Dispersionsbeziehung behält deshalb ihre Periode beim Grenzübergang, sodass man sie wie folgt aufzeichnen muss:

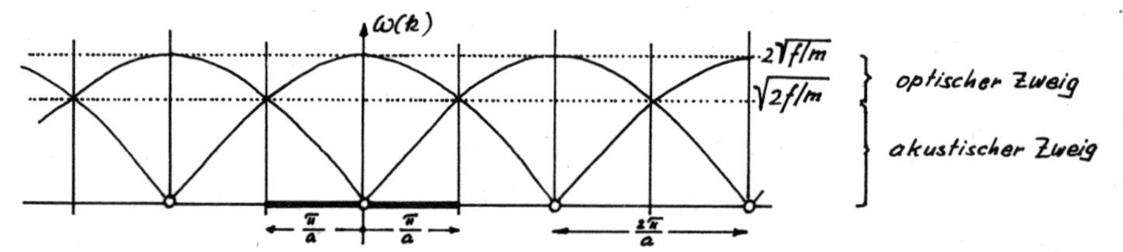

Der obere Rand des akustischen Zweiges fällt mit dem unteren Rand des optischen Zweiges zusammen. Damit ist auch klar wie sich die Dispersionsbeziehung während dem Grenzübergang entwickelt: Die ausgezogenen Kurven stellen die Dispersionsbeziehung für ungleiche Massen m_1 und m_2 dar, und die gestrichelten Kurven für gleiche Massen, aber alternierende "Farbe." Diese Figur illustriert übrigens ein mathematisches Phänomen, das in der Physik immer wieder auftaucht: Zwei Kurven, die sich für den entarteten Zustand (hier $m_1 = m_2$) schneiden, "stossen sich ab", wenn die Entartung aufgehoben wird.

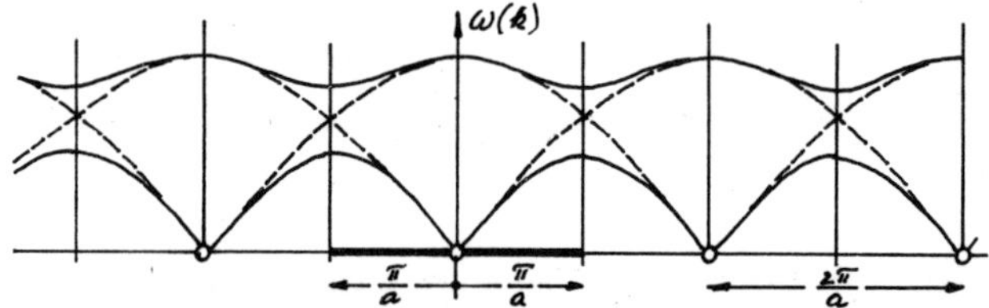

entartet · Entartung aufgehoben

Gleiche Massen und zwei verschiedene Kraftkonstanten f_1 und f_2.

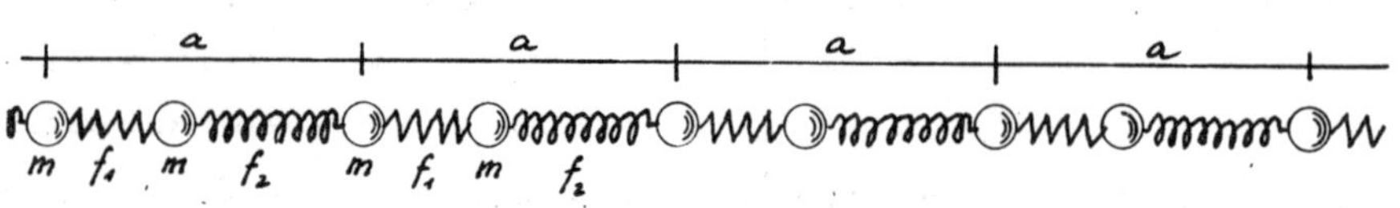

Auch dieses Modell entspricht einem Bravais-Gitter mit einer zweiatomigen Basis. Die Durchführung der Rechnung ist völlig analog zum Fall alternierender Massen und gleicher Kraftkonstanten. Man erhält einen optischen und einen akustischen Zweig. Das Schwingungsbild ist jedoch nicht dasselbe, insbesondere bei Annäherung von k an die Zonengrenze.

Ein Beispiel sind Gitterwellen mit $\vec{k}$ parallel zur Würfeldiagonalen in der Diamantstruktur (S. 26). Das Bravais-Gitter ist kubisch-flächenzentriert mit der Basis 000 (A-Atome), $\frac{1}{4}\frac{1}{4}\frac{1}{4}$ (B-Atome). A- und B-Atome sind chemisch äquivalent. Sie unterscheiden sich nur durch die Orientierung ihrer Umgebung. Die Struktur kann aufgefasst werden als zwei ineinandergestellte kubisch-flächenzentrierte Gitter, die längs einer Würfeldiagonalen um $\frac{1}{4}$ deren Länge d gegeneinander verschoben sind. Die A-Atome können zusammengefasst werden in äquidistanten Ebenen normal zu einer Würfeldiagonalen (Abstand $\frac{d}{3}$), und dasselbe gilt für die B-Atome, nur ist die Schar der B-Ebenen um $\frac{d}{4}$ verschoben. Zur Betrachtung einer Welle mit $\vec{k} \parallel 111$ fasst man die Atome in jeder A- und jeder B-Ebene in einem Massenpunkt zusammen. Die Betrachtung der Struktur und der Bindungen zeigt, dass die Federkonstanten zwischen aufeinanderfolgenden A- und B-Massenpunkten alternieren.

3.3.2. Schwingungen in zwei- und dreidimensionalen, periodischen Strukturen.

Identische Gitterwellen

Für ein eindimensionales, periodisches, elastisches Diskontinuum haben wir bewiesen, dass zwei Gitterwellen, deren Wellenvektoren sich um einen Vektor des reziproken Gitters unterscheiden, identisch sind (S. 127). Es ist eine direkte Folge dieses Satzes, dass die Dispersionsbeziehung die Periode des reziproken Gitters hat, und dass man alle Gitterwellen erhält, wenn man die Spitze des Wellenvektors in der ersten Brillouin-Zone variiert. Es ist leicht zu zeigen, dass diese Sätze für periodische Strukturen mit beliebiger Dimensionalität gelten. Betrachte als Beispiel den dreidimensionalen Fall. Wir gehen aus von der primitiven Darstellung des direkten Gitters

(60) $$\vec{R} = n_1\vec{a}_1 + n_2\vec{a}_2 + n_3\vec{a}_3 \qquad (n_i \text{ ganze Zahlen})$$

Der Einfachheit halber nehmen wir an, dass man die Struktur erhalte, indem man auf jeden Gitterpunkt ein Atom setzt, d.h. dass die Basis einatomig sei. Nach (37) S. 80 sind die Punkte des reziproken Gitters gegeben durch

(61) $$\vec{q}_{h_1 h_2 h_3} = h_1\vec{b}_1 + h_2\vec{b}_2 + h_3\vec{b}_3 \qquad (h_i \text{ ganze Zahlen})$$

Bei einer elastischen Welle im betrachteten periodischen Diskontinuum sind die Auslenkungen ξ nur an den Punkten $\vec{R}$ des direkten Gitters definiert. Analog zu (44) S. 127 kann man also schreiben

(62) $$\xi = A e^{i(\vec{k}\cdot\vec{R} - \omega t)}$$

Betrachte nun eine zweite Welle ξ' mit gleicher Amplitude, deren Wellenvektor $\vec{k}'$ sich vom Wellenvektor $\vec{k}$ der ersten Welle um einen Vektor $\vec{q}_h$ des reziproken Gitters unterscheidet, d.h. $\vec{k}' = \vec{k} + \vec{q}_h$:

(63) $$\xi' = A e^{i[(\vec{k}+\vec{q}_h)\cdot\vec{R} - \omega t]}$$

Nach S. 79/80 ist das reziproke Gitter so definiert, dass $\vec{q}_h \cdot \vec{R}$ ein ganzzahliges Vielfaches von 2π ist, d.h. die Welle ξ' ist <u>identisch</u> mit der Welle ξ. q.e.d.

Die erste Brillouin-Zone

In der dreidimensional periodischen Struktur erhält man die erste Brillouin-Zone, indem man einen Punkt des reziproken Gitters mit allen anderen Gitterpunkten verbindet, die Mittelnormalebenen dieser Strecken konstruiert und das kleinste von diesen Ebenen gebildete Polyeder aussucht, das den Ausgangspunkt umgibt: Die erste Brillouin-Zone ist die Wigner-Seitz-Zelle des reziproken Gitters (s.S. 32-33). Der reziproke Raum wird lückenlos und ohne Überschneidungen erfüllt, wenn man um jeden Punkt des reziproken Gitters die erste Brillouin-Zone konstruiert.

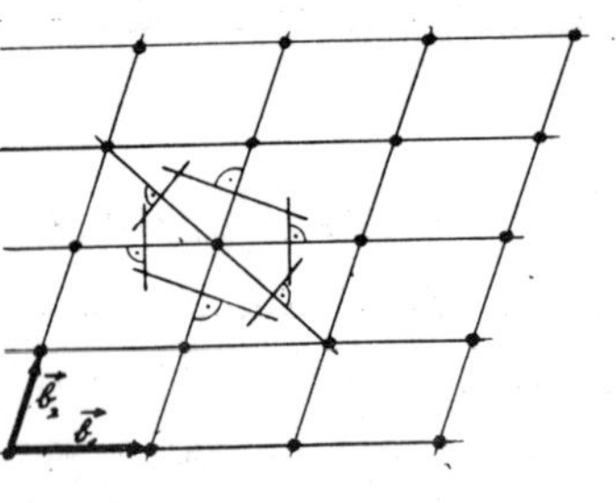

Die Dispersion

Im dreidimensional periodischen Diskontinuum gehen Richtung und Polarisation der Gitterwelle in die Dispersionsbeziehung $\omega(\vec{k})$ ein. Wir wollen hier nicht in den Formalismus einsteigen, denn er ist für den Anfänger zu wenig transparent. Statt dessen geben wir zwei illustrative Beispiele:

① Federmodell einer zweidimensionalen, quadratischen Struktur

Gleiche Massenpunkte m sind durch Federn in der skizzierten Weise verbunden, wobei die Kraftkonstante f_1 der Federn längs der Quadratseiten grösser sein soll als die Kraftkonstante f_2 der Diagonalfedern. Die letzteren geben der Struktur eine Scherungssteifigkeit (einen nicht verschwindenden Schubmodul). Wir nehmen an, dass sie ungespannt bzw. unkomprimiert sind in der ungestörten Struktur.

a) Longitudinalwellen längs [10]-Richtung: Die mit Massenpunkten belegten Gittergeraden, die senkrecht auf der Fortpflanzungsrichtung stehen, bewegen sich translatorisch seitwärts längs [10]. Für Auslenkungsunterschiede benachbarter Gittergeraden, die klein sind im Vergleich zur Gitterperiode a, verhält sich das System, wie die einfache auf S. 125 skizzierte Federkette. Es resultiert die auf S. 129 skizzierte Dispersionsbeziehung mit der Zonengrenze bei $\pm\frac{\pi}{a}$.

b) Longitudinalwellen längs [11]-Richtung: Es bewegen sich diagonale

Gittergeraden seitwärts. Die Skizze auf S. 139 zeigt, dass nicht nur unmittelbar benachbarte Gittergeraden, sondern auch übernächste Gittergeraden <u>direkt</u> durch Federn verbunden sind. Das äquivalente eindimensionale System ist unten skizziert. Die zu Massenpunkten zusammengefassten

Gittergeraden haben den Abstand $a/\sqrt{2}$. Dies ist die Periode der linearen Kette, die man bei einer longitudinalen Welle längs [11] betrachten muss[15]. Die Grenze der ersten Brillouin-Zone liegt damit für diese Richtung im Abstand $\frac{\pi}{a/\sqrt{2}}$ vom reziproken Gitterpunkt, was in Übereinstimmung ist mit dem formalen Rezept zur Konstruktion der ersten Brillouin-Zone. Wenn die Spitze des Wellenvektors k auf den Punkt P der Zonengrenze fällt, hat man eine stehende Welle, deren Schwingungsbild in der zweiten Skizze auf S. 130 dargestellt ist: Die Zusatzfedern f' ändern wohl die Dispersionskurve (s. S. 131), aber nicht die Symmetrie der Eigenschwingung.

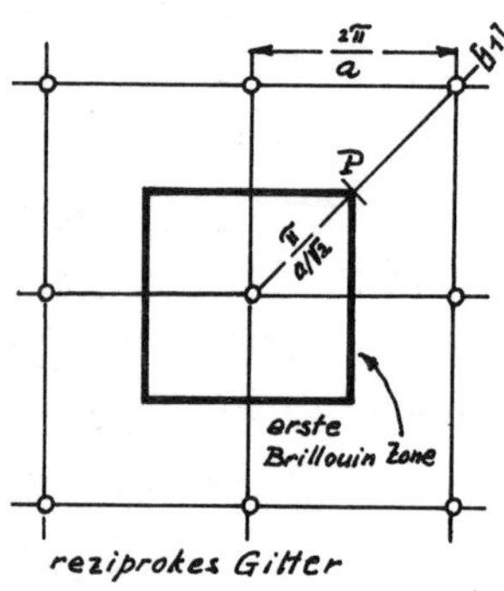

c) <u>Transversale Welle längs [10]-Richtung laufend</u>: Es sind dieselben Gittergeraden zu betrachten wie im Fall a). Die Auslenkung findet indessen <u>längs</u> der Gittergeraden statt. Eine direkte Kopplung besteht nur zwischen unmittelbar benachbarten Geraden, und zwar wird sie in erster Ordnung nur durch die Diagonalfedern vermittelt. Die Dispersionsbeziehung wird aussehen wie im Falle a). Die Zonengrenze liegt auch bei $\frac{\pi}{a}$. Die Grenzfrequenz wird niedriger sein.

---

15) Man soll sich durch die Skizze nicht täuschen lassen: Trotz den Federn f', die übernächste Nachbarn verbinden, ist die Periodizität $\frac{a}{\sqrt{2}}$ und nicht $\frac{2a}{\sqrt{2}}$. Man muss sich die Federachsen als zusammenfallend denken. Nur aus graphischen Gründen wurden sie seitlich versetzt gezeichnet.

d) Transversale Welle längs [11]-Richtung laufend: Im Gegensatz zum Fall b) besteht in erster Ordnung nur zwischen unmittelbar benachbarten Gittergeraden eine Kopplung.

qualitative Zusammenfassung

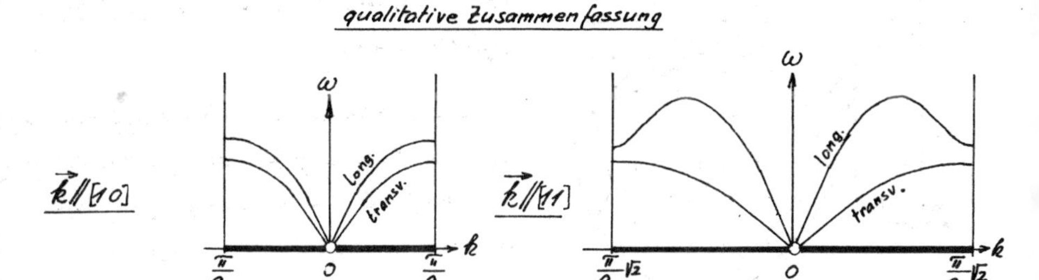

Warnung: Wir haben nicht bewiesen, dass das auf S. 139 skizzierte zweidimensionale System ein lineares Schwingsystem ist. Ein zwei- oder dreidimensionales System aus Federn und Massenpunkten ist nicht notwendigerweise ein lineares Schwingsystem ("Mechanik und Wellenlehre", S. 193 - 195). Und wenn das skizzierte System ein lineares Schwingsystem wäre, so haben wir nicht bewiesen, dass die betrachteten reinen Longitudinal- und Transversalwellen Normalschwingungen darstellen. Höchstens für Auslenkungen aus der ungestörten Gleichgewichtslage, die klein sind im Vergleich zur Gitterperiode, könnte die Betrachtung eine Approximation sein.

② Dispersion im Aluminium - Kristall.

Das Bravais-Gitter von Aluminium ist kubisch flächenzentriert. Die Basis ist einatomig, sodass die Gitterschwingungen nur akustische Zweige haben. Das reziproke Gitter ist kubisch raumzentriert. Die Kante des raumzentrierten Würfels beträgt $\frac{4\pi}{a}$, wobei a die Kante des flächenzentrierten Würfels im direkten Gitter bedeutet (S. 81). Das Volumen der ersten Brillouin-Zone ist halb so gross wie dasjenige des raumzentrierten Würfels im reziproken Gitter (S. 33). Es ist nützlich, wenn man jeden Punkt des reziproken Gitters als Zentrum einer Brillouin-Zone betrachtet; denn der reziproke Raum kann als periodisch betrachtet werden beim Problem der Gitterschwingungen (im Gegensatz zum Diffraktionsproblem, S. 84). Die

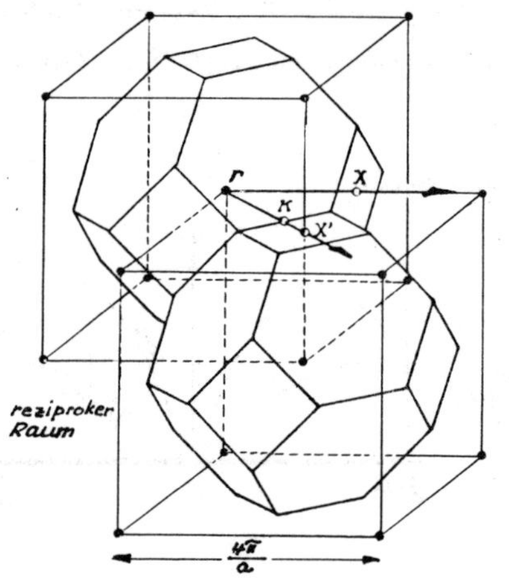

Skizze zeigt die erste Brillouin Zone für benachbarte Punkte des reziproken Gitters und illustriert, wie der ganze reziproke Raum lückenlos durch solche Polyeder erfüllt wird.

Da das Volumen der ersten Brillouin-Zone nur halb so gross ist wie das Volumen der kubisch raumzentrierten Zelle des reziproken Gitters, kann man die Dispersionsbeziehungen nicht überblicken für jede Richtung von $\vec{k}$, wenn man sich auf ein einziges Polyeder beschränkt. Zur Illustration lassen wir $\vec{k}$ vom Punkt Γ ausgehen und bewegen die Spitze von $\vec{k}$ auf dem Strahl $\Gamma K X'$. Der Punkt K liegt nicht in der Mitte zwischen zwei Punkten des reziproken Gitters. Obwohl K auf der Grenze der ersten Brillouin-Zone liegt, ist der Verlauf der Funktion $\omega(k)$ nicht symmetrisch beim Überschreiten der Grenze, im Gegensatz zum eindimensionalen Fall. Erst nach dem Überschreiten des Punktes X' setzt sich $\omega(k)$ symmetrisch fort. Die betrachtete Richtung ist ferner eine zweizählige Achse. Bei einer transversalen Welle muss man also die "vertikale" Polarisation von der "horizontalen" Polarisation unterscheiden: Die Dispersion der transversalen Welle wird verschieden sein für die beiden Schwingungsachsen.

Anders liegen die Verhältnisse bei einer Gitterwelle, die sich längs ΓX fortpflanzt. Der Punkt X liegt von Γ aus gesehen in der Mitte zwischen zwei Punkten des reziproken Gitters, sodass die Dispersionsbeziehung $\omega(k)$ symmetrisch verläuft nach dem Überschreiten dieses Punktes. Ferner entspricht die Fortpflanzungsrichtung einer vierzähligen Achse, sodass die Polarisationsrichtung der transversalen Wellen nicht eingeht.

Mit Hilfe inelastischer Neutronenstreuung kann die Dispersion der Gitterwellen gemessen werden. In der untenstehenden Skizze sind die Ergebnisse schematisch dargestellt für die beiden Richtungen

[010] (d.h. ΓX), und [110] (d.h. $\Gamma K X'$) bei <u>Aluminium</u>.[16] (Nach J. Yarnell, in "Lattice Dynamics", R.F. Wallis, ed.). L und T bezeichnen longitudinale bzw. transversale Wellen. Es wäre interessant, zu untersuchen, ob das Zusammenfallen von L und T_1 bei X' zufällig oder symmetriebedingt ist, und ob beim zweidimensionalen Federmodell von S. 141 ähnliche Koinzidenzen auftreten.

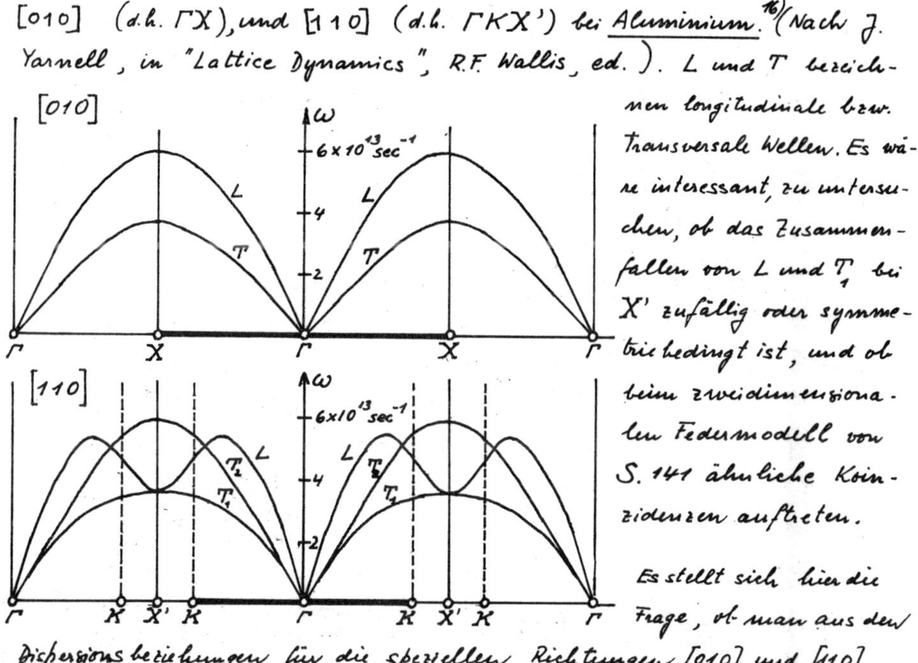

Es stellt sich hier die Frage, ob man aus den Dispersionsbeziehungen für die speziellen Richtungen [010] und [110] auf die Dispersionsbeziehungen für beliebige Richtungen schliessen könne. Die Beantwortung sprengt den Rahmen dieser Vorlesung.

Die Frequenzdichte

In die Berechnung der Frequenzdichte $\rho(\omega)$ (S.130–133) für eine dreidimensionale Struktur geht die volle Information über die Dispersion ein: Die Frequenz ω hängt nicht nur vom Betrag von $\vec{k}$ ab, sondern auch von der Richtung und Polarisation der Gitterwellen, sowie vom Zweig. Im allgemeinen gibt es mehrere akustische und optische Zweige. Als Beispiel ist die Frequenzdichte abgebildet für Aluminium, wie sie sich ergibt aus den mit Neutronenstreuung gemessenen Dispersionsbeziehungen $\omega(\vec{k})$. Da die Gruppengeschwindigkeit für gewisse

---

16) Eine stark vereinfachte Behandlung der kohärent-inelastischen Streuung an einer schwingenden, dreidimensional periodischen Struktur wird in einem späteren Abschnitt gegeben. Wer tieferes Verständnis sucht, studiere zuerst das empfohlene Textbuch von Ashcroft und Mermin und nehme dann W. Marshall and W. Lovesey, "Theory of Thermal Neutron Scattering" zur Hand.

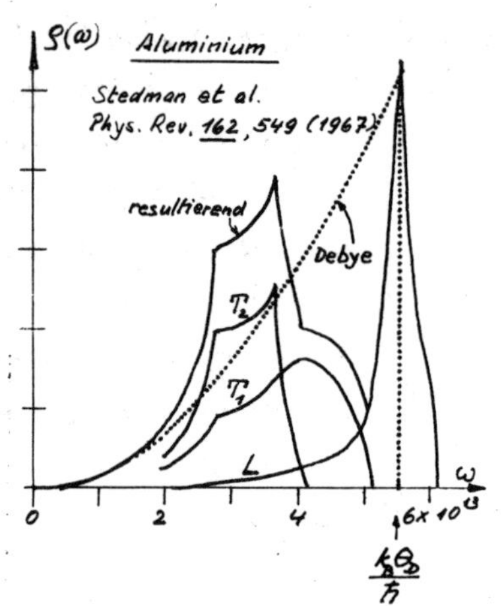

Punkte im $\vec{k}$-Raum verschwindet, hat die Frequenzdichte Singularitäten, sog. van Hove Singularitäten. Im Gegensatz zum eindimensionalen Fall kommen aber keine Pole vor.

Zum Vergleich ist punktiert die Frequenzdichte eingezeichnet, wie sie sich aus der Debye'schen Theorie ergibt, wenn man die Grenzfrequenz $\omega_{max} = \frac{k_B\Theta_D}{\hbar}$ (Gl. 36, S.122) aus der Debye-Temperatur berechnet, die ihrerseits den Messungen der spezifischen Wärme entnommen wurde ($\Theta_D = 423$ K).

3.3.3. Zum Begriff des Phonons und des Kristallimpulses

Die elastischen Wellen im periodischen Diskontinuum sind äquivalent zu Normalschwingungen des Grundgebietes (S.126/127). Sie sind charakterisiert durch einen Wellenvektor $\vec{k}$ (der nur bis auf einen additiven Vektor des reziproken Gitters bestimmt ist) und durch die Angabe eines Zweiges s (z.B. longitudinal akustisch, transversal akustisch mit bestimmter Polarisationsrichtung, etc.). Jede Normalschwingung ist äquivalent zu einem harmonischen Oszillator. Dieser ist nicht lokalisiert. Die totale Schwingungsenergie kann in der harmonischen Approximation geschrieben werden als

$$(64) \qquad U = \sum_{\vec{k},s} \left(\frac{1}{2} + n_{\vec{k},s}\right) \hbar\omega_s(\vec{k})$$

, wo $n_{\vec{k},s}$ ganze Zahlen sind (0, 1, 2 ...

Es besteht eine enge Analogie zu den elektromagnetischen Eigenschwingungen eines quaderförmigen Hohlraumes mit spiegelnden Wänden (Quantenphysik S. 13-16): Diese Eigenschwingungen sind durch einen eindeutig bestimmten Wellenvektor $\vec{k}$ und eine Polarisationsrichtung s charakterisierbar. Sie sind ausschlie lich transversal. Bei einer quantenmechanischen Beschreibung des Schwingungszustandes kann man im Sinne der Gleichung (64) sagen, dass der Hohlraum $n_{\vec{k},s}$ <u>Photonen</u> der Sorte $\vec{k}$,s enthalte, wobei der Index s einen der beiden linear unabhängigen Polarisationszustände des Photons bedeutet ("Quantenphysik," S. 241). Analog, wie man einer elektromagnetischen Eigenschwingung eines Hohlraums Photonen (Lichtquanten) der Energie $\hbar\omega$ zuschreibt, kann man einer mechanischen Normalschwingung eines elastischen, periodischen Diskontinuums (und übrigens auch eines elastischen Kontinuums) <u>Phononen</u> (Schallquanten) der Energie $\hbar\omega_s(\vec{k})$ zuordnen; denn die Normalschwingung $\vec{k}$, s kann ihre Energie nur in ganzen Quanten $\hbar\omega_s(\vec{k})$ ändern.

Diese Zuordnung ist nicht tiefgründig. Im Gegensatz zum Photon ist das Phonon kein fundamentales Teilchen. Es ist nur eine Ausgeburt der harmonischen Approximation, ein <u>Quasiteilchen</u>. Es soll zu einer quantenmechanisch suggestiven Ausdrucksweise verhelfen.

Durch die Analogie zum Photon wird man in Versuchung geführt, für den <u>Impuls des Phonons</u> $\hbar\vec{k}$ hinzuschreiben. Es ist indessen zum Vornherein klar, dass eine elastische Welle <u>keinen physikalischen Impuls</u> haben kann; denn die Massen bewegen sich nur hin und her. In einem periodischen Diskontinuum ist zudem $\vec{k}$ nur bis auf einen additiven Vektor $\vec{q}_h$ des reziproken Gitters bestimmt. Identische Wellen können doch nicht verschiedene Impulse haben! Es ist aber nützlich, eine <u>Rechengrösse</u> einzuführen, die die Dimension eines Impulses hat, den sog. "<u>Kristallimpuls</u>" $\hbar(\vec{k}+\vec{q}_h)$. Dabei kann man den Vektor $\vec{k}$ auf die erste Brillouin-Zone beschränken. Der Begriff des Kristallimpulses ermöglicht eine elegante Formulierung von Streuproblemen.

3.4. Kohärente Streuung am thermisch schwingenden Kristall

Zur rohesten Behandlung des Problems der Streuung von Röntgenstrahlen oder thermischen Neutronen am thermisch schwingenden Kristall (S. 102-105) haben wir angenommen, dass die thermische Bewegung die Atome etwa gemäss einer Gauss'schen Verteilung "verschmiere." Auf diese Weise kann man wohl den Debye-Waller Faktor erklären, aber nicht die "diffuse" Streuung, d.h. die Streuung, die man beobachtet, wenn der Streuvektor nicht ein Vektor im reziproken Gitter ist. Im Abschnitt 3.3. haben wir etwas detailliertere Vorstellungen gewonnen über die thermische Bewegung im Kristall, und können deshalb einen Schritt weiter gehen. Wir benützen dabei (wie im Kapitel über Strukturbestimmung) die aus der klassischen Wellenkinematik stammenden Begriffe "kohärente Streuung" (S. 56) und "Streudichte" (S. 63/64) [17]. Klassischer Denkweise folgend, gehen wir von einem Kristall aus, bei dem die Atome genau auf ihren Basisplätzen (S. 24-31) sitzen. Die Struktur dieses "ungestörten" Kristalls ist streng translationssymmetrisch und gehört einer der 230 Raumgruppen an (S. 40-43). Sei $\rho_0(\vec{x})$ die Streudichte dieses hypothetischen Zustandes. Der Übersichtlichkeit halber betrachten wir eine Struktur mit einer einzigen Atomsorte. Um uninteressante Faltungen zu vermeiden, nehmen wir punktförmige Atome an (Streuung thermischer Neutronen an den Kernen). Die Streudichte des ungestörten Streukörpers kann dann als Verteilung von Deltafunktionen geschrieben werden:

$$\rho_0(\vec{x}) = \sum_j \delta(\vec{x} - \vec{x}_j^{\,0}) \qquad (65)$$

Mit $\vec{x}_j^{\,0}$ ist die Lage des Atoms j bezeichnet, die "Gleichgewichtslage" analog zur Skizze auf S. 125. Es sei eine einzige Normalschwingung angeregt. Im Sinne des Ansatzes (44) S. 127 kann sie als ebe-

---

[17] Bei einer konsequent quantenmechanischen Behandlung muss man den Begriff der kohärenten Streuung, wie er auf S. 56 definiert wurde, gar nicht einführen. Die Streudichte wird zu einem Operator.

ne, harmonische Welle dargestellt werden. Die Atome sind dann aus der Gleichgewichtslage ausgelenkt, und die verschobene Lage kann geschrieben werden als

$$(66)\quad \vec{x}_j(t) = \vec{x}_j^{\,\circ} - \vec{a}\sin(\vec{K}\cdot\vec{x}_j^{\,\circ} - \Omega t)$$

$\vec{a}$, $\vec{K}$ und Ω bedeuten Amplitude, Wellenvektor und Frequenz der Gitterwelle. Die Streudichte des so gestörten Kristalls ist

$$(67)\quad \rho(\vec{x},t) = \sum_j \delta(\vec{x} - \vec{x}_j(t)) = \sum_j \delta\left[\vec{x} - \vec{x}_j^{\,\circ} + \vec{a}\sin(\vec{K}\cdot\vec{x}_j^{\,\circ} - \Omega t)\right]$$

Da die Streudichte zeitabhängig ist, ist auch die Streuamplitude zeitabhängig. Nach (15) S.67 hat man

$$(68)\quad A(\vec{q},t) = \int \rho(\vec{x},t)\, e^{-i\vec{q}\cdot\vec{x}}\, d^3x$$

$$= \int e^{-i\vec{q}\cdot\vec{x}} \sum_j \delta\left[\vec{x} - \vec{x}_j^{\,\circ} + \vec{a}\sin(\vec{K}\cdot\vec{x}_j^{\,\circ} - \Omega t)\right] d^3x$$

Mit (54) S.89 kann dies geschrieben werden als

$$(69)\quad A(\vec{q},t) = \sum_j e^{-i\vec{q}\cdot\left[\vec{x}_j^{\,\circ} - \vec{a}\sin(\vec{K}\cdot\vec{x}_j^{\,\circ} - \Omega t)\right]}$$

Dieser Ausdruck wird umgeformt mit Hilfe der folgenden Beziehung, die für die <u>Besselfunktionen erster Art</u> $J_n(\alpha)$ gilt:

$$(70)\quad e^{i\alpha\sin x} = \sum_{n=-\infty}^{+\infty} J_n(\alpha)\, e^{inx} \quad , \text{ sodass}$$

$$(71)\quad A(\vec{q},t) = \sum_j \left[e^{-i\vec{q}\cdot\vec{x}_j^{\,\circ}} \sum_{n=-\infty}^{+\infty} J_n(\vec{q}\cdot\vec{a})\, e^{in(\vec{K}\cdot\vec{x}_j^{\,\circ} - \Omega t)}\right]$$

Durch Vertauschung der Reihenfolge der Summationen über j und n wird

$$(72)\quad A(\vec{q},t) = \sum_{n=-\infty}^{+\infty}\left[J_n(\vec{q}\cdot\vec{a})\, e^{-in\Omega t} \sum_j e^{-i(\vec{q} - n\vec{K})\cdot\vec{x}_j^{\,\circ}}\right]$$

Rein formal lässt sich $\sum_j$ als Fouriertransformierte der ungestörten Streudichte (65) auffassen. Um dies einzusehen, setzen wir

$$(73)\quad A_0(\vec{Q}) = \int e^{-i\vec{Q}\cdot\vec{x}} \rho_0(\vec{x})\, d^3x \quad ,$$

ohne $\vec{Q}$ als Streuvektor zu interpretieren. Mit (54) S.89 ist dann wegen (65)

$$(74)\quad A_0(\vec{Q}) = \sum_j e^{-i\vec{Q}\cdot\vec{x}_j^{\,\circ}} \quad , \text{ sodass mit } \vec{Q} = \vec{q} - n\vec{K}$$

$$(75) \qquad \sum_j e^{-i(\vec{q}-n\vec{K})\cdot\vec{x}_j^{\,o}} = A_o(\vec{q}-n\vec{K})$$

Damit erhält man für die zeitabhängige Streuamplitude

$$(76) \qquad A(\vec{q},t) = \sum_{n=-\infty}^{+\infty}\left[J_n(\vec{q}\cdot\vec{a})\,e^{-in\Omega t}A_o(\vec{q}-n\vec{K})\right]$$

Diskussion und Interpretation

(1) Die wichtigsten Glieder

Durch Betrachtung der Besselfunktionen J_n kann man sehen, welche Glieder n in (76) dominieren. Wegen der allgemeinen Beziehung

$$(77) \qquad J_{-n}(\alpha) = (-1)^n J_n(\alpha)$$

muss man bei Berücksichtigung vom Glied n auch das Glied $-n$ berücksichtigen.

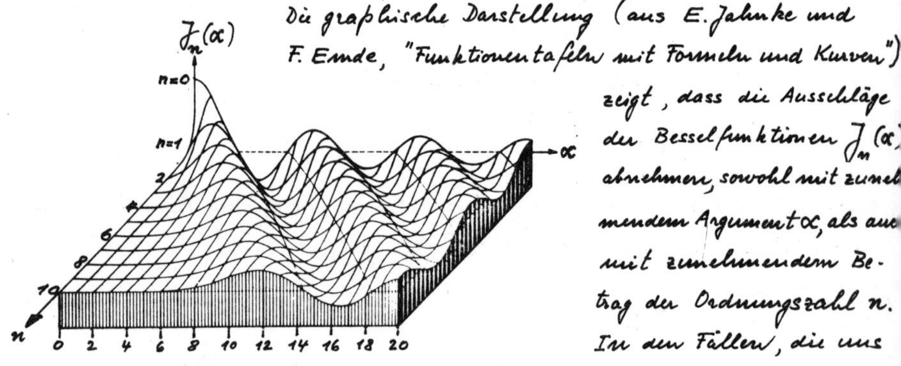

Die graphische Darstellung (aus E. Jahnke und F. Emde, "Funktionentafeln mit Formeln und Kurven") zeigt, dass die Ausschläge der Besselfunktionen $J_n(\alpha)$ abnehmen, sowohl mit zunehmendem Argument α, als auch mit zunehmendem Betrag der Ordnungszahl n. In den Fällen, die uns hier interessieren, ist das Argument $\alpha = \vec{q}\cdot\vec{a}$ von der Grössenordnung 1 oder kleiner[18], sodass die Glieder $n=0$ und $n=\pm 1$ dominieren.

---

18) Wir nehmen an, dass die Wellenlänge λ der einfallenden Strahlung von der Grössenordnung 1 Å sei (thermische Neutronen). Bei elastischer Streuung wäre der Betrag des Streuvektors beim Streuwinkel θ gegeben durch $q = \frac{4\pi}{\lambda}\sin\frac{\theta}{2}$ (Gl. 14, S. 67). Bei inelastischer Streuung wird die obere Grenze von q immer noch von der Grössenordnung $\frac{4\pi}{\lambda}$ sein; denn es ist höchst unwahrscheinlich, dass eine Energie an das Strahlteilchen abgegeben wird, die grösser ist als die Energie des energiereichsten Phonons. Da die Amplitude $|\vec{a}|$ der thermischen Schwingungen von der Grössenordnung 0.1 Å ist, ist $\vec{q}\cdot\vec{a}$ von der Grössenordnung 1 oder kleiner.

② Der Faktor $e^{-in\Omega t}$

Wenn ω_1 die Frequenz der einfallenden Strahlung ist, enthält die gestreute Welle immer den Faktor $e^{-i\omega_1 t}$ (Gl. 12, S. 66), gleichgültig, ob die Streudichte zeitabhängig ist oder nicht. Die Zeitabhängigkeit der Streudichte bringt für das Glied n in (76) noch den Faktor $e^{-in\Omega t}$, sodass die entsprechende Streuwelle die Frequenz $\omega_2 = \omega_1 + n\Omega$ hat. Die Glieder mit $n \neq 0$ entsprechen also inelastischer Streuung.

③ Der Faktor $A_0(\vec{q} - n\vec{K})$

Wir benützen die Voraussetzung, dass die ungestörte Streudichte $\varrho_0(\vec{x})$ dreidimensional periodisch ist. Wegen der Definition (73) von $A_0(\vec{Q})$ ist die notwendige Bedingung für nichtverschwindendes $A_0(Q)$, dass $\vec{Q}$ ein Vektor im reziproken Gitter ist[19]. Damit $A_0(\vec{q} - n\vec{K})$ nicht verschwindet, muss $\vec{q} - n\vec{K}$ ein Vektor im reziproken Gitter sein, genauer gesagt, ein Vektor, der den Ursprung des reziproken Gitters mit einem zweiten Gitterpunkt verbindet[20].

④ Das Glied $n = 0$

Wenn wir vor den Detektor der gestreuten Strahlung ein Filter setzen, das nur die Frequenz ω der einfallenden Strahlung passieren lässt, beobachten wir nur den Beitrag des Gliedes $n = 0$ zur Streustrahlung, d.h. elastische Streuung, und zwar ist nach (76)

$$A(\vec{q}, t) = A(\vec{q}) = J_0(\vec{q}\cdot\vec{a})\, A_0(\vec{q}) \tag{78}$$

$A_0(\vec{q})$ ist nur dann von null verschieden, wenn $\vec{q}$ (es handelt

---

19) Dies ist eine rein mathematische Tatsache. Sie ist unabhängig davon, wie man $\vec{Q}$ physikalisch interpretiert. Die Fouriertransformierte eines Gitters von Deltafunktionen ist das reziproke Gitter von Deltafunktionen (S. 90 und 97/98).

20) Da wir die Streuung von Wellen betrachten, die dem Kristall von aussen aufgezwungen werden, hat es hier einen Sinn, einen Punkt des reziproken Gitters als Ursprung auszuzeichnen (s. Fussnoten S. 84 und S. 128).

sich diesmal um den Streuvektor) ein Vektor im reziproken Gitter ist (S. 82). Der Faktor $J_0(\vec{q}\cdot\vec{a})$ beschreibt den Einfluss der Auslenkungen der Atome aus der Gleichgewichtslage und spielt damit die Rolle des Debye-Waller Faktors. Damit sehen wir ein, dass es auf die Komponente der Auslenkungen parallel zum Streuvektor, also senkrecht zur Bragg'sch reflektierenden Netzebenenschar ankommt[21] (vgl. S. 84). Der Zusammenhang mit dem Ausdruck (8) S. 105 kann wie folgt hergestellt werden: Da das Argument der Besselfunktion höchstens von der Grössenordnung 1 ist, kann man die folgende Entwicklung der Besselfunktion $J_0(\alpha)$ verwenden

$$(79)\qquad J_0(\alpha) = 1 - \tfrac{1}{4}\alpha^2 + \cdots \approx e^{-\frac{1}{4}\alpha^2}$$

Die betrachtete Gitterwelle schwächt also die Amplitude einer Bragg'schen Reflexion um den Faktor $e^{-\frac{1}{4}(\vec{q}\cdot\vec{a})^2}$. Es hat nicht viel Sinn, in dieser klassischen Betrachtung des Debye-Waller Faktors über diesen Punkt hinauszugehen.

Der Fall $n=0$ kann als Nullphononen-Streuung bezeichnet werden. Das einfallende Strahlteilchen hat weder ein Phonon erzeugt, noch ein Phonon vernichtet, d.h. seine Energie hat beim Streuprozess weder zugenommen noch abgenommen. Die Impulsänderung des Strahlteilchens, der sog. Impulsübertrag ist

$$(80)\qquad \hbar\vec{k}_2 - \hbar\vec{k}_1 = \hbar\vec{q}\ ,$$

wobei $\vec{q} = \vec{q}_h$, entsprechend kohärent-elastischer Streuung (S. 82).

④ Das Glied $n = 1$

Wir vernachlässigen alle Glieder $|n| > 1$. Wenn wir vor den Detektor der gestreuten Strahlung ein Filter setzen, das nur die Frequenz $\omega_2 = \omega_1 + \Omega$ durchlässt, können wir nur dann eine Streuwelle beachten, wenn $\vec{q} - \vec{K}$ ein Vektor des reziproken Gitters ist, und wenn es eine Gitterwelle der Frequenz Ω gibt, die den Wellenvektor $\vec{K}$ hat.

---

[21] Die alten Röntgenkristallographen sprachen von der "Aufrauhung" der Netzebenen

Ob es eine solche Gitterwelle gibt, hängt von der Dispersionsbeziehung $\Omega(\vec{K})$ ab. Zu einer gegebenen Frequenz Ω gibt es nur wenige $\vec{K}$-Vektoren. Nach S. 127, 128 und 135 kann man sich auf Gitterwellen beschränken, deren Wellenvektor $\vec{K}$ in der ersten Brillouin-Zone (1. BZ) liegt. Die Skizzen entsprechen der Streuung von thermischen Neutronen. Für die Frequenz der einfallenden Strahlung ist $\omega_1 = \frac{E_1}{\hbar}$ einzusetzen, wobei E_1 die kinetische Energie $\hbar^2 k_1^2/2m_0$ bedeutet, und das Entsprechende gilt für die gestreute Strahlung. Die Frequenzbedingung $\omega_2 = \omega_1 + \Omega$ entspricht der Energieerhaltung $E_2 = \hbar\omega_1 + \hbar\Omega$

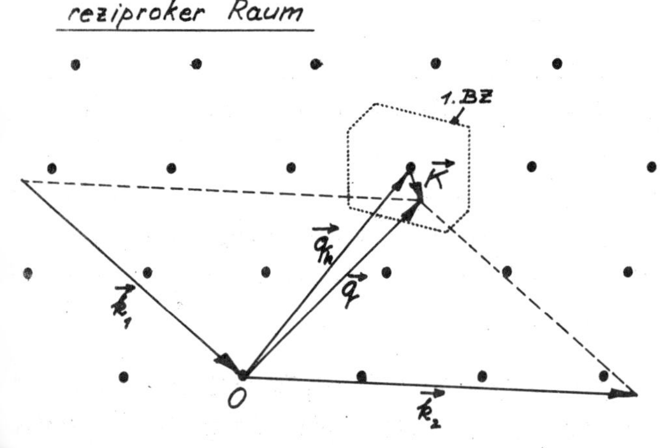

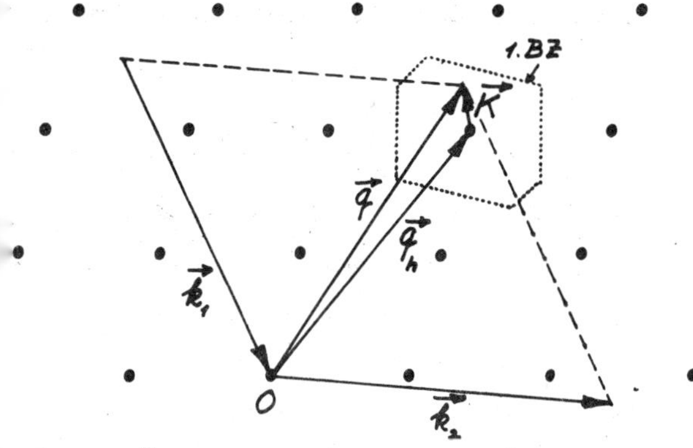

Das einfallende Neutron vernichtet ein Phonon der Energie $\hbar\Omega$ und nimmt dessen Energie mit. Die erste Skizze entspricht einer relativ grossen Zunahme der Energie des thermischen Neutrons. Da $\vec{K}$ weit innerhalb der ersten Brillouin-Zone liegt, kann man schliessen, dass es sich um ein Phonon des optischen Zweiges handelt; denn nur ein solches hat bei kleinem K eine Energie von der Grössenordnung der Energie eines thermischen Neutrons. Die zweite Skizze entspricht einer relativ geringen Zunahme der Energie des thermischen Neutrons, und man könnte auf ein akustisches Phonon schliessen.

Wegen der Bedingung $\vec{q} - \vec{K} = \vec{q}_n$ kann die Impulsänderung des Strahlteilchens, der <u>Impulsübertrag</u> geschrieben werden als

(81) $$\hbar\vec{q} = \hbar(\vec{K} + \vec{q}_n)$$

Der Impulsübertrag ist gleich dem Kristallimpuls des beobachteten Phonons

Analog kann man das Glied $n = -1$ interpretieren. Das Strahlteilchen erzeugt in diesem Falle ein Phonon der Energie $\hbar\Omega$ und verliert diese Energie beim Streuprozess. Die Glieder $n = \pm 1$ entsprechen der <u>Einphonon-Streuung</u>.

Durch systematische Untersuchung der Energieänderung der gestreuten Neutronen für verschiedene Richtungen der einfallenden und der gestreuten Strahlung kann man auf diese Weise die Dispersion $\Omega(\vec{K})$ der Gitterschwingungen experimentell bestimmen (Figur auf S. 143).

⑤ Röntgenstrahlen im Gegensatz zu thermischen Neutronen.

Der Grund, dass man solche Experimente zur Bestimmung der Dispersion der Gitterschwingungen mit thermischen Neutronen und nicht mit Röntgenstrahlen durchführt (obwohl beide Strahlenarten dieselbe Grössenordnung der Wellenlänge haben) beruht auf der gänzlich verschiedenen Energie-Impuls-Beziehung, nämlich $E = pc$ für Photonen und $E = p^2/2m_0$ für thermische Neutronen[22]. Das Röntgenphoton, das einer Wellenlänge von 1 Å entspricht, hat eine Energie von der Grössenordnung 10^4 eV, während ein thermisches Neutron mit derselben de Broglie-Wellenlänge eine Energie von nur rund 10^{-1} eV hat. Die Energie der Phononen liegt unterhalb von etwa $k_B\Theta_D$, d.h. unterhalb der Grössenordnung 3×10^{-2} eV. Die relative Energieänderung $\Delta E/E$ der Strahlteilchen ist bei Einphonon-Streuung bei Röntgenstrahlen im besten Falle von der Grössenordnung 3×10^{-6}, bei thermischen Neutronen aber kann sie die Grössenordnung von einigen 0.1 erreichen.

---

[22] Die nicht-relativistische Näherung genügt bei thermischer Energie.

⑤ Der Zusammenhang mit der Brillouin-Streuung

Auch die Brillouin-Streuung (S. 105-110) ist ein Einphonon-Prozess. Da sichtbares Licht gestreut wird, sind aber die beteiligten Wellenvektoren rund 10^3 mal kürzer als der kürzeste Vektor des reziproken Gitters, d.h. in der Gleichung $\vec{q} - \vec{K} = \vec{q}_h$ ist $\vec{q}_h = 0$. Tatsächlich steckt die Annahme $\vec{q} = \vec{K}$ in der Betrachtung von S. 107.

Kritik an der klassischen Behandlung des Problems.

In einer konsequent quantenmechanischen Behandlung darf man keine Streudichteverteilung $\rho(\vec{x})$ hinschreiben, und erst recht keine zeitabhängige Streudichte $\rho(\vec{x},t)$: In unserem Falle ist es klar, dass der Streuprozess, der Information über $\rho(\vec{x},t)$ liefern soll, das System stört, indem Phononen erzeugt oder vernichtet werden. Man fragt sich daher, ob zum Beispiel die Beziehungen $\hbar\vec{q} = \hbar(\vec{K}+\vec{q}_h)$ und $\hbar\omega_2 = \hbar\omega_1 \pm \hbar\Omega$ die für Einphonon-Streuung gelten, auch bei einer quantenmechanischen Behandlung herauskommen. Tatsächlich ist dies der Fall! Bei der zweiten Beziehung wundert man sich nicht, denn sie bedeutet Energieerhaltung. Was die klassische Behandlung indessen nicht korrekt liefert, ist die Intensität der inelastisch gestreuten Strahlung.

3.5. Extrem anharmonische Systeme: Gläser bei tiefen Temperaturen.

3.5.1. Die spezifische Wärme

Bei kristallinen Materialien ist die harmonische Approximation ein guter Ausgangspunkt, wenn man zu einem Verständnis der spezifischen Wärme und der inelastischen Streuung von thermischen Neutronen gelangen will. Unerklärbar mit dieser Approximation ist zum Beispiel die spezifische Wärme von Gläsern bei sehr tiefen Temperaturen (S. 113): Sie ist annähernd proportional zur Temperatur und viel grösser als die spezifische Wärme von Kristallen. Gläser haben offenbar Freiheitsgrade, denen man nicht harmonische Oszillatoren zuordnen kann. Tatsächlich weist schon das einfache Strukturbild auf S. 4 auf eine solche Möglichkeit hin: Das Fehlen räumlicher Periodizität ermöglicht lokale Deformationen mit stark anharmonischem Charakter, wie die folgende Skizze andeuten soll. Wir betrachten ein Sauerstoffatom im SiO_2 Glas. Die potentielle Energie als Funktion der Koordinate x könnte sehr wohl folgendermassen aussehen:

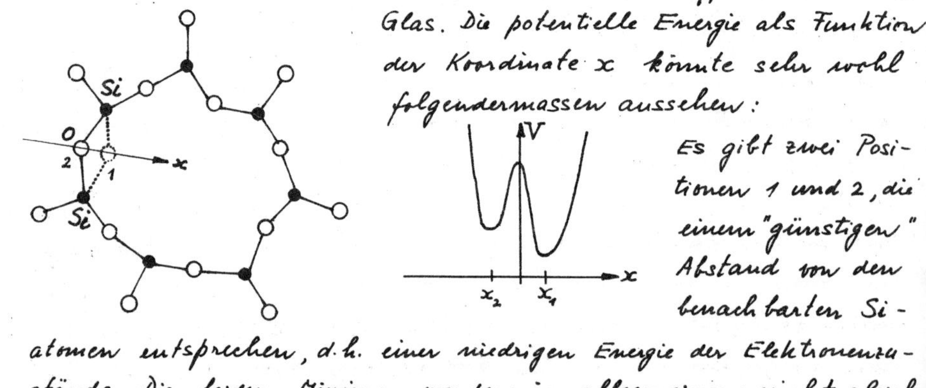

Es gibt zwei Positionen 1 und 2, die einem "günstigen" Abstand von den benachbarten Si-atomen entsprechen, d.h. einer niedrigen Energie der Elektronenzustände. Die beiden Minima werden im allgemeinen nicht gleich tief sein, denn die Struktur des Glases hat keine Symmetrieelemente. Als obere Schranke für die Energiedifferenz der beiden Minima könnte man die Grössenordnung 1 eV einsetzen, wenn man bedenkt, dass die Energie einer chemischen Bindung in SiO_2 vielleicht einige eV betragen könnte. Das Sauerstoffatom kann entweder in der einen oder in der anderen Mulde schwingen als quasiharmonischer Oszillator mit einer Frequenz ω, die typischerweise von der Grössenordnung 10^{13} - 10^{14} sec^{-1} (Ultrarotfrequenz) sein wird. Der erste angeregte Zustand des quasiharmonischen Oszillators würde um eine Energie $\hbar\omega$ oberhalb der Energie des Grundzustandes liegen. Das Verhältnis der Besetzungswahrscheinlichkeit des ersten angeregten Zustandes zur Besetzungswahrscheinlichkeit des Grundzustandes ist durch den Boltzmann Faktor $e^{-\hbar\omega/k_B T}$ gegeben. Wir interessieren uns hier für das Verhalten unterhalb einer Temperatur von etwa 1 K. Bei 1 K wäre $\hbar\omega/k_B T$ zwischen 10^2 und 10^3, sodass praktisch alle diese Oszillatoren im Grundzustand sind. Es ist damit naheliegend, als Modell ein <u>Ensemble von Zweiniveau-Systemen</u> zu

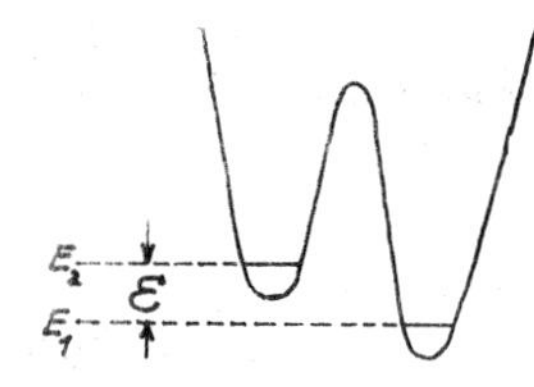

betrachten. Der Energieunterschied $\varepsilon = E_2 - E_1$ ist von Atom zu Atom verschieden, da die Struktur keine Periodizität hat. Er dürfte variieren zwischen null und einer oberen Grenze von rund 1 eV. Ein Atom in einem solchen Potential kann zwischen den beiden Mulden "hin und her springen", sogar bei tiefen Temperaturen. Es springt dabei nicht <u>über</u> die Potentialbarriere, sondern "<u>tunnelt</u>" hindurch.[23] Es handelt sich um einen quantenmechanischen Übergang, der dadurch induziert wird, dass die Potentialfläche (Mulde) infolge der thermischen Bewegung der Nachbaratome kleinen zeitlichen Schwankungen unterworfen ist; es ist ein <u>zeitabhängiges Störpotential</u> vorhanden ("Quantenphysik", S. 205). Durch diese Kopplung an die Nachbaratome ist sozusagen der Kontakt des betrachteten Sauerstoffatoms mit einem Wärmebad hergestellt. Das Wärmebad ist das Glas, und die Sauerstoffatome sind ein Bestandteil davon. Auf diese Weise stellt sich das thermodynamische Gleichgewicht ein, bei dem das Verhältnis der Besetzungswahrscheinlichkeiten der beiden Niveaux durch den Boltzmann Faktor gegeben ist.

Wir wollen nun zeigen, dass man die Temperaturabhängigkeit der spezifischen Wärme mit dem <u>Modell des Ensembles von Zweiniveau - Systemen</u> eventuell verstehen könnte.

<u>Vorübung</u>: Spezifische Wärme von N_0 <u>gleichen</u> Zweiniveau - Systemen.

E_2 —— ↑ ε ↓ —— E_1

Es seien N_1 und N_2 die Zahlen der Atome im Niveau E_1 bzw. E_2, wobei

$$(82)\quad N_1 + N_2 = N_0 \quad (= \text{const.})$$

---

[23] Da das Tunneln eine wesentliche Rolle spielt, steigt die Zeit, die es braucht zur Einstellung des Boltzmann - Gleichgewichtes nach einer Störung (z.B. einer schnellen Temperaturänderung), sehr stark an mit der Masse des tunnelnden Atoms. Aus diesem Grunde nehmen wir an, dass es die Sauerstoff Atome sind, die von einer Mulde in die andere "springen", und nicht die schwereren Silizium Atome.

Wir betrachten die Zweiniveau-Systeme als <u>unabhängig</u>. Im thermodynamischen Gleichgewicht ist dann

$$(83)\qquad \frac{N_1}{N_2} = \frac{e^{-E_1/k_BT}}{e^{-E_2/k_BT}} = e^{(E_2-E_1)/k_BT} = e^{\mathcal{E}/k_BT}, \quad \text{und mit (82)}$$

$$(84)\qquad N_2 = \frac{N_0}{1+e^{\mathcal{E}/k_BT}}$$

Die Energie des Ensembles ist die Summe der Energien

$$(85)\qquad U = N_1E_1 + N_2E_2 = (N_0-N_2)E_1 + N_2E_2 = N_2(E_2-E_1) + N_0E_1 = N_2\mathcal{E} + \text{const.}$$

Zur Berechnung der Wärmekapazität $C = \frac{\partial U}{\partial T}$ braucht man nur den temperaturabhängigen Term $U(T)$. Mit (85) und (84) ist

$$(86)\qquad U(T) = \frac{N_0\mathcal{E}}{1+e^{\mathcal{E}/k_BT}} \quad \text{und}$$

$$(87)\qquad C = N_0k_B\frac{(\mathcal{E}/k_BT)^2 e^{\mathcal{E}/k_BT}}{\left(1+e^{\mathcal{E}/k_BT}\right)^2}$$

Der Verlauf dieser Funktionen ist unten auf dimensionslose Weise skizziert. Er ist leicht zu verstehen:

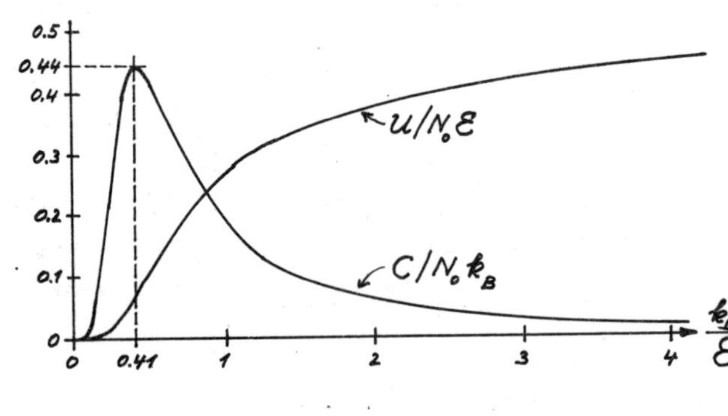

Bei <u>$k_BT \ll \mathcal{E}$</u> sind fast alle Atome im unteren Niveau, d.h. $U(T)$ verschwindet. C verschwindet ebenfalls, da eine kleine Temperaturerhöhung nicht reicht, um viele Atome ins obere Niveau zu befördern. Bei <u>$k_BT \gg \mathcal{E}$</u> strebt das Boltzmann-Verhältnis gegen eins, und $N_0/2$ Atome sind im untern und gleichviele im oberen Niveau, sodass $U/N_0\mathcal{E} \rightarrow 0.5$. C strebt gegen null, weil eine Temperaturerhöhung an dieser Verteilung nicht mehr viel ändern kann. Bei <u>$k_BT \approx \mathcal{E}$</u>, d.h. bei "mittleren" Temperaturen ändert sich das Besetungsverhältnis bei einer Temperaturänderung wesentlich. Die spezifische Wärme muss also ein Maximum durchlaufen. Interessanterweise hängt der maximale Wert der spezifischen Wärme nicht vom Systemparameter $\mathcal{E}$ ab.

Solche Buckel in der Temperaturabhängigkeit der spezifischen Wärme (superponiert zum normalen Debye'schen Verlauf) werden beobachtet zum Beispiel bei Kristallen, die Atome oder Ionen enthalten, bei denen ein angeregter Elektronenzustand existiert, dessen Energie um etwa $k_B T$ oberhalb des Grundzustandes liegt. Man nennt einen solchen Buckel Schottky-Anomalie.

Wir wollen nun zeigen, dass man die anomale Temperaturabhängigkeit der spezifischen Wärme der Gläser erklären kann als Superposition von vielen Schottky Anomalien, die verschiedenen Niveauabständen $\mathcal{E}$ entsprechen.

Die Verteilungsfunktion der Niveauabstände $\mathcal{E}$.

Sei $n(\mathcal{E})\,d\mathcal{E}$ die Anzahl der Zweiniveau-Systeme mit einer Energiedifferenz zwischen $\mathcal{E}$ und $\mathcal{E}+d\mathcal{E}$. Der temperaturabhängige Teil der inneren Energie ist dann nach (86) gegeben durch

$$(88) \qquad U(T) = \int_0^{\mathcal{E}_{max}} \frac{n(\mathcal{E})\,\mathcal{E}}{1+e^{\mathcal{E}/k_B T}}\,d\mathcal{E}$$

Mit der Substitution $x = \mathcal{E}/k_B T$ wird

$$(89) \qquad U(T) = k_B^2 T^2 \int_0^{x_{max}} \frac{n(\mathcal{E})\,x}{1+e^{x}}\,dx \qquad \text{wobei} \quad x_{max} = \frac{\mathcal{E}_{max}}{k_B T}$$

Wenn das Integral unabhängig wäre vom Parameter T, wäre die spezifische Wärme $C = \frac{\partial U}{\partial T}$ proportional zur Temperatur in Übereinstimmung mit den experimentellen Daten (S. 113). Es ist nicht schwierig, eine Funktion $n(\mathcal{E})$ zu finden, die uns diesen Gefallen tut, wenn man sich mit einer Näherung von einigen Prozent Genauigkeit zufrieden gibt:

Im der skizzierten Verteilung sei $\mathcal{E}_{max}$ von der Grössenordnung 1 eV (s. S. 155). Da wir nur Temperaturen unter 1 K betrachten, ist $x_{max} \gtrsim 10^4$. Damit wird

$$(90) \qquad U(T) = n_0\, k_B^2 T^2 \int_0^{x_{max}} \frac{x}{1+e^{x}}\,dx$$

der Integrand in (90) fällt mit zunehmender Variable x so rasch ab, dass man noch eine gute Approximation erhält, wenn man die obere Integrationsgrenze von rund $x = 10^4$ auf ∞ verlegt. In einer Integraltafel findet man $\int_0^\infty \frac{x}{1+e^x} dx = 0.822$, womit

(91) $$U(T) \approx 0.822\, n_0 k_B^2 T^2 \quad \text{und}$$

(92) $$C(T) \approx 1.644\, n_0 k_B^2 T = AT$$

Damit wäre der lineare Anstieg qualitativ erklärt, und es bleibt noch die Aufgabe, zu zeigen, dass der aus den Messungen der spezifischen Wärme erhaltene Proportionalitätsfaktor A einer Niveaudichte n_0 entspricht, die mit unserem Modell nicht im Widerspruch ist:

Für 1 g SiO_2-Glas bei 0.1 K beträgt die Wärmekapazität nach S. 116 rund 1 erg/K, für 1 Mol (60.08 g) also rund 60 erg/K, sodass

$$n_0 = \frac{C(T)}{1.644\, k^2 T} \approx \frac{60}{1.644 \times 1.906 \times 10^{-32} \times 0.1} \text{erg}^{-1}\text{Mol}^{-1} = 1.92 \times 10^{+34} \text{erg}^{-1}\text{Mol}^{-1}$$

Ob diese Grössenordnung der Niveaudichte vernünftig ist, kann etwa wie folgt entschieden werden: Die Anzahl Z der Zweiniveau-Systeme im Bereich $0 < \mathcal{E} < \mathcal{E}_{max} = 1 eV$ ist bei der angenommenen Verteilung

$$Z = n_0 \mathcal{E}_{max} = 1.92 \times 10^{+34} \times 1.6 \times 10^{-12} \text{Mol}^{-1} = 3.1 \times 10^{22} \text{Mol}^{-1}$$

Wenn alle Sauerstoffatome im SiO_2 Glas unabhängige Zweiniveau-Systeme darstellen würden, wäre $Z_0 = 2 \times 6.02 \times 10^{23} \text{Mol}^{-1}$. Dies wäre der maximale Wert, den Z haben könnte. Wenn $n_0 \mathcal{E}_{max}$ diesen Wert überschreiten würde, wären wir in Schwierigkeiten mit dem Modell. Werte, die um rund eine Grössenordnung kleiner sind als Z_0, lassen sich indessen qualitativ etwa folgendermassen erklären: Die suggestive Skizze der Struktur, von der wir ausgegangen sind (S. 154), stellt eine allzugrosse Vereinfachung dar. Es wird kaum zutreffen, dass die Sauerstoffatome unabhängig sind. Viel-

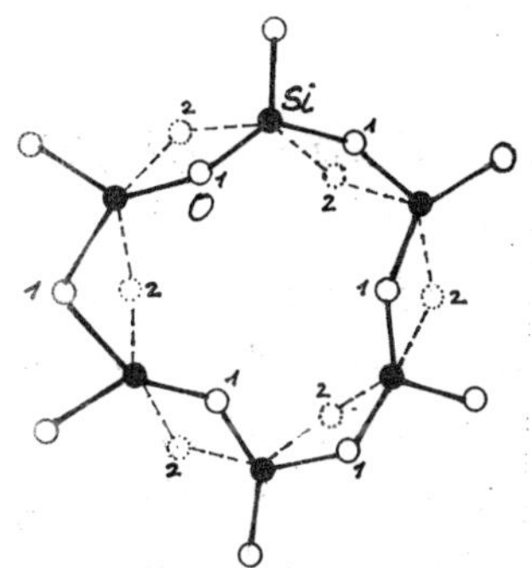

licht muss man sich ein Bild machen, in dem eine ganze Kette zwischen zwei Konformationen hin- und her springen kann, sodass man einem ganzen Komplex ein Zweimuldenpotential zuordnen muss. Die Skizze soll diese Idee illustrieren für einen Ring. Die Tunnelkoordinate ist eine Konfigurationskoordinate. Die obigen numerischen Betrachtungen zeigen, dass eine solche Theorie eine Chance haben könnte. Die Lösung des Problems stösst auf Schwierigkeiten, die noch nicht ganz überwunden sind.

3.5.2. Ultraschallabsorption

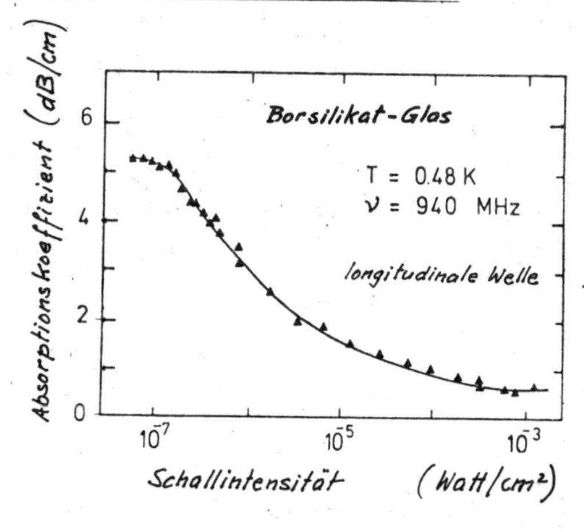

Die Figur (aus S. Hunklinger et al. Festkörperprobleme 16, 267 (1976)) zeigt, dass die Ultraschallabsorption in einem Glas bei tiefen Temperaturen mit zunehmender Schallintensität abnimmt[24]. Dieser Effekt tritt auch beim SiO_2-Glas auf. Im kristallinen SiO_2 (Quarz) wird er nicht beobachtet. Er ist – wie der im vorhergehenden Abschnitt besprochene Verlauf der spezifischen Wärme – durch die Anharmonizität der Atomschwingungen bedingt, und mit dem Modell eines Ensembles von Zweiniveau-

---

[24] Ultraschall mit der hier verwendeten Frequenz von der Grössenordnung 10^9 Hz hat eine Wellenlänge von der Grössenordnung 5×10^{-4} cm im Glas. Er kann erzeugt und empfangen werden mit Hilfe eines piezoelektrischen Kristalls, z.B. Quarz (vgl. S. 27).

systemen erklärbar:

Eine Ultraschallwelle der Frequenz ω induziert Übergänge zwischen den Niveaux E_1 und E_2 eines Zweimuldensystems, wenn die Bohr'sche Frequenzbedingung $\hbar\omega = |E_2 - E_1| = |\mathcal{E}|$ erfüllt ist. Wenn das System im oberen Energieniveau ist, ist die Wahrscheinlichkeit, dass innerhalb einer Sekunde ein Übergang in das untere Niveau induziert wird W_{21}, und wenn es im unteren Niveau ist, ist die Wahrscheinlichkeit, dass innerhalb einer Sekunde ein Übergang in das obere Niveau induziert wird, W_{12}, wobei $W_{21} = W_{12}$. Im ersten Fall wird dem Ultraschall-Strahlungsfeld ein Phonon der Energie $\mathcal{E}$ zugefügt. Man nennt diesen Vorgang induzierte Emission. Die vom Zweiniveausystem emittierte Welle hat gleiche Phase, gleiche Polarisation und gleiche Richtung wie die Primärwelle und verstärkt diese kohärent. Im zweiten Fall wird dem Ultraschallfeld ein Phonon entzogen, und man spricht von Absorption[25]. Ein Zweiniveausystem im oberen Niveau kann auch spontan in das untere Niveau übergehen, und zwar auf verschiedenen Wegen. Der einfachste Fall ist die spontane Emission eines Phonons der Frequenz $\omega = \frac{\mathcal{E}}{\hbar}$, wobei Phase, Polarisation und Emissionsrichtung zufällig sind. Es gibt aber kompliziertere Möglichkeiten, bei denen mehrere Phononen beteiligt sind, und noch viel kompliziertere Prozesse, bei denen verschiedene Zweiniveausysteme miteinander, sozusagen als ein System den Zustand ändern. Wesentlich ist hier nur, dass die spontanen Übergänge eine eventuell vorhandene Ultraschallwelle nicht verstärken.

Wir sprechen von einem stationären Zustand, wenn sich die Besetzungszahlen N_1 und N_2 der beiden Niveaux nicht ändern mit der Zeit. Wenn der Ultraschall nicht eingeschaltet ist, sind es die thermischen Phononen und die spontanen Prozesse, die für die Einstellung

---

25) Die Situation ist soweit ganz analog zur Emission und Absorption elektromagnetischer Wellen (Quantenphysik S. 228/229). Eine Berechnung der Matrixelemente des Überganges sprengt aber den Rahmen dieser Vorlesung.

des Boltzmann-Gleichgewichtes sorgen (S. 155). Wenn Ultraschall eingekoppelt wird, stellt sich ein anderes Besetzungsverhältnis ein. Mit Hilfe der Ratengleichung lässt es sich berechnen:

(93) $$\underbrace{N_1 W_{12}}_{\text{pro sec von unten nach oben: Absorption}} = \underbrace{N_2 W_{21}}_{\text{pro sec von oben nach unten durch induzierte Emission}} + \underbrace{N_2 A_{21}}_{\text{pro sec von oben nach unten durch spontane Prozesse jeder Art.}}$$

Bei grosser Ultraschallintensität ist A_{21} vernachlässigbar im Vergleich zu $W_{12} = W_{21}$. In diesem Grenzfall ist die Lösung von (93) $N_1 = N_2$. Der Ultraschallwelle wird dann durch induzierte Emission die gleiche Leistung zugeführt, die ihr durch Absorption entzogen wird. Die Welle passiert im Endeffekt ungeschwächt. Dieses Verhalten wird durch die Messungen (S. 159) bestätigt. Der Effekt wird ganz allgemein als Sättigung einer Resonanzabsorption bezeichnet.[26] Er kann bei einem Ensemble von harmonischen Oszillatoren nicht auftreten; denn es stehen unendlich viele äquidistante Niveaux $E_n = (\frac{1}{2} + n)\hbar\omega$ zur Verfügung, und Strahlung der Frequenz ω kann die Besetzung von irgend einem Niveau bewirken durch sukzessive Quantensprünge.

Die klassische Interpretation der Sättigung einer Resonanzabsorption ist folgende: Beim anharmonischen Oszillator ändert sich die Schwingfrequenz mit der Amplitude. Eine Störkraft, deren Frequenz mit der Schwingungsfrequenz des Oszillators bei kleinen Amplituden übereinstimmt, vermag ihn wohl anfänglich aufzuschaukeln, verstimmt ihn aber damit, sodass weitere Energieübertragung nicht mehr erfolgt im Zeitmittel.

---

26) Die Sättigung einer Resonanzabsorption wurde erstmals um das Jahr 1948 beobachtet an einem magnetischen Dipolübergang, nämlich am Übergang zwischen den Spin-Zeeman-Niveaux von Protonen in einem magnetischen Feld (magnetische Kernresonanz).

3.6. Die dielektrische Funktion eines Ionenkristalls

Wenn die Gitterbausteine geladen sind, koppelt ein von aussen angelegtes elektrisches Wechselfeld an die Gitterschwingungen an, sodass sich diese im dielektrisch-optischen Verhalten äussern. Die dominante Rolle spielt bei Ionenkristallen der optische Zweig bei $\vec{k} = 0$; denn er entspricht einer Oszillation eines makroskopischen elektrischen Dipols (S. 133).

Betrachte als Beispiel einen NaCl-Kristall (S.28) oder einen CsCl-Kristall (S.24) bei dem die Ionen genau auf den Gitterplätzen sitzen. Aus Symmetriegründen verschwindet das elektrische Feld auf jedem Gitterplatz. Der Kristall werde nun in ein homogenes elektrisches Feld $\vec{E}$ gebracht. Wenn die Ionen auf den Gitterplätzen festgehalten würden, und wenn sie nicht polarisierbar wären[27], wäre das elektrische Feld an jedem Gitterplatz gleich $\vec{E}$. Nun wird aber unter der Wirkung dieses Feldes das Untergitter der Anionen gegen das Untergitter der Kationen verschoben, und zudem werden die Ionen polarisiert. Dementsprechend setzt sich die elektrische Polarisation des Kristalls zusammen aus zwei Anteilen, die wir Gitterpolarisation und elektronische Polarisation nennen wollen. Die Symmetrie der Struktur wird dadurch erniedrigt. Das elektrische Feld an den ursprünglichen Gitterplätzen und auch am Orte der verschobenen Ionen ist verschieden vom angelegten Felde $\vec{E}$, das die Störung des Systems verursacht. Bei den Feldstärken E, die normalerweise angelegt werden (Feld in einem Kondensator oder einer elektromagnetischen Welle), ist die Verschiebung Δx der Untergitter gegeneinander klein im Vergleich zur Gitterperiode a. Zum angelegten (äusseren) Felde $\vec{E}$ kommt an den Plätzen der Ionen ein Binnenfeld $\vec{E}_B$ hinzu, das in erster Ordnung in $\Delta x/a$ proportional ist zur totalen elektrischen Polarisation $\vec{P}$. Die Berechnung

---

27) Die Polarisierbarkeit der Ionen rührt davon her, dass der Ladungsschwerpunkt der Elektronenhülle durch ein elektrisches Feld relativ zum Atomkern verschoben wird (Elektrizität und Magnetismus S. 48-50).

des Binnenfeldes ergibt sowohl für die NaCl- als auch für die CsCl-Struktur

$$(94) \qquad \vec{E}_B = \frac{4\pi}{3}\vec{P} \quad \text{(im c.g.s. System) und} \quad \vec{E}_B = \frac{1}{3\varepsilon_0}\vec{P} \quad \text{(im SI)}$$

Das totale elektrische Feld am Orte eines Ions ist dann

$$(95) \qquad \vec{E}_{tot} = \vec{E} + \frac{4\pi}{3}\vec{P} \quad \text{(c.g.s) und} \quad \vec{E}_{tot} = \vec{E} + \frac{1}{3\varepsilon_0}\vec{P} \quad \text{(im SI)}$$

Wir wollen hier die Komplikationen nicht diskutieren, die sich infolge des Binnenfeldes und allfälliger Polarisationsladungen ergeben, und einfach annehmen, dass durch einen äusseren Einfluss, z.B. durch eine elektromagnetische Welle, am Orte der Ionen ein oszillierendes elektrisches Feld $\vec{E}(t) = \vec{E}_0 e^{i\omega t}$ entstehe.

Wir denken uns als Beispiel eine longitudinale oder transversale Gitterwelle, die sich längs der [100]-Richtung in CsCl fortpflanze. Die Cs^+-Ionen einerseits, und Cl^--Ionen anderseits können dann zusammengefasst werden in parallelen Ebenen, die im Abstand $\frac{a}{2}$ aufeinander folgen, wie die skizzierte Projektion andeuten soll. Zur Behandlung der longitudinalen als auch der Transversalen Welle kann man auf das Modell der eindimensionalen Federkette zurückgreifen, bei der sich

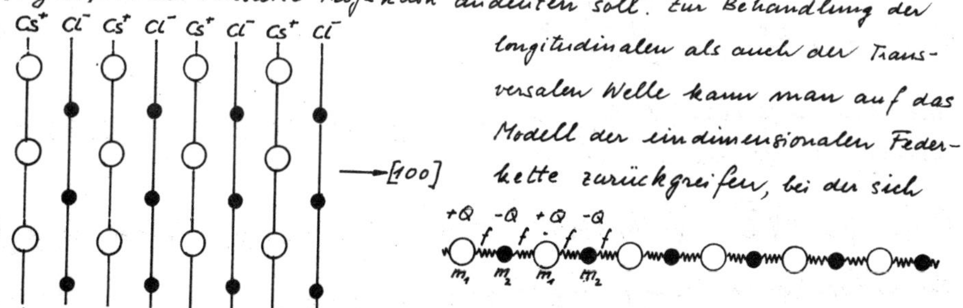

E ↕ Oszillation bei transversaler Gitterwelle

↔ E Oszillation bei longitudinaler Gitterwelle

die Massen längs der Kettenachse verschieben (S. 131–136). Die effektive Federkonstante hängt davon ab, ob longitudinale oder transversale Wellen in der dreidimensionalen Struktur betrachtet werden. Zur Vereinfachung nehmen wir an, dass es nicht nötig sei, im eindimensionalen Modell übernächste und weiter entfernte Massen durch Federn zu verbinden (vgl. S. 139/140). Die Bewegungsgleichungen (52) S. 132 sind nun zu ergänzen, durch die Kraft $\pm Q E_0 e^{i\omega t}$, die die geladenen Massen im oszillierenden elektrischen Felde erfahren. Wir haben dann

$$(96') \begin{cases} m_1 \ddot{\xi}_n = -f(\xi_n - \eta_n) - f(\xi_n - \eta_{n-1}) + QE_0 e^{i\omega t} \\ m_2 \ddot{\eta}_n = -f(\eta_n - \xi_n) - f(\eta_n - \xi_{n+1}) - QE_0 e^{i\omega t} \end{cases}$$

Wir betrachten den Grenzfall langer Gitterwellen, $k \to 0$, sodass $\eta_n = \eta_{n-1} = \eta$ und $\xi_n = \xi_{n+1} = \xi$. Damit wird

$$(97) \begin{cases} \ddot{\xi} = \frac{2f}{m_1}(\eta - \xi) + \frac{Q}{m_1} E_0 e^{i\omega t} \\ \ddot{\eta} = \frac{2f}{m_2}(\xi - \eta) - \frac{Q}{m_1} E_0 e^{i\omega t} \end{cases}$$

Durch Subtraktion erhält man

$$(98) \quad \ddot{\xi} - \ddot{\eta} = -2f\left(\frac{1}{m_1} + \frac{1}{m_2}\right)(\xi - \eta) + 2Q\left(\frac{1}{m_1} + \frac{1}{m_2}\right) E_0 e^{i\omega t}$$

Zur Abkürzung führen wir die Grösse

$$(99) \quad z = \xi - \eta$$

ein, die proportional ist zur Gitterpolarisation. Ferner benützen wir die effektive Masse $\mu = \frac{m_1 m_2}{m_1 + m_2}$ ("Mechanik und Wellenlehre", S. 120/121), sodass

$$(100) \quad \ddot{z} + \frac{2f}{\mu} z = \frac{2Q}{\mu} E_0 e^{i\omega t}$$

Dies ist die Differentialgleichung der erzwungenen Schwingung eines harmonischen Oszillators mit der Eigenfrequenz

$$(101) \quad \omega_0 = \sqrt{\frac{2f}{\mu}} = \sqrt{2(\omega_1^2 + \omega_2^2)}$$ (obere Grenzfrequenz des optischen Zweiges)

Für die stationäre Lösung macht man den Ansatz

$$(102) \quad z(t) = z_0(\omega) e^{i(\omega t - \delta)},$$

wobei $z_0(\omega)$ als positive, reelle Funktion definiert ist. Durch Einsetzen in (100) erhält man (vgl. Physik I, S. 185–187)

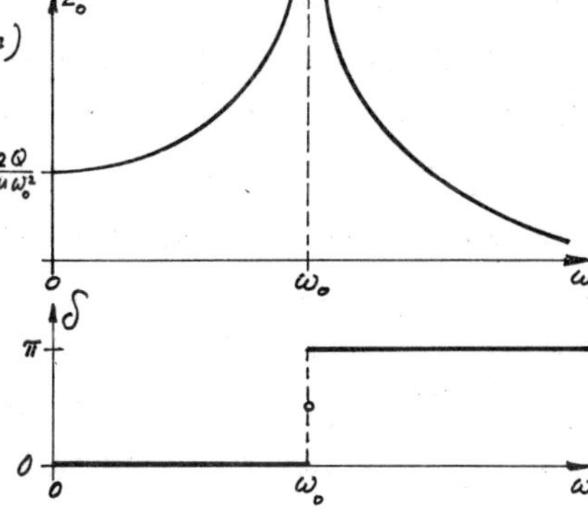

(103) $$z_0(\omega) = \frac{2Q/\mu}{|\omega_0^2 - \omega^2|} E_0$$ und

$\delta = 0$ bei $\omega < \omega_0$

$\delta = \frac{\pi}{2}$ bei $\omega = \omega_0$

$\delta = \pi$ bei $\omega > \omega_0$

Die dielektrische Suszeptibilität χ ist proportional zum Verhältnis der Polarisation zur Amplitude des elektrischen Feldes, also

(104) $$\chi \text{ prop. } \frac{z}{E_0} = \frac{2Q/\mu}{|\omega_0^2 - \omega^2|} e^{-i\delta}$$

Wir fassen die Suszeptibilität als komplexe Funktion der Frequenz auf:

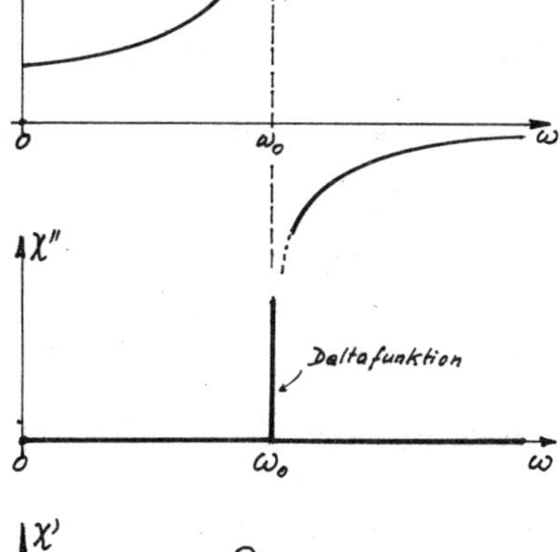

(105) $\chi = \chi' - i\chi''$, sodass

(106) $$\begin{cases} \chi' \text{ prop. } \dfrac{2Q/\mu}{|\omega_0^2 - \omega^2|} \cos\delta \\ \chi'' \text{ prop. } \dfrac{2Q/\mu}{|\omega_0^2 - \omega^2|} \sin\delta \end{cases}$$

Die Dämpfung wurde in unserer primitiven Betrachtung bis jetzt vernachlässigt. Ein wichtiger Dämpfungsmechanismus rührt von der Anharmonizität der Gitterschwingungen her. Sie bewirkt, dass die Eigenschwingungen nicht ganz unabhängig sind. Es kann dadurch Energie von einer Eigenschwingung auf andere Eigenschwingungen übertragen werden. Auch die Strahlungsdämpfung ist eventuell zu berücksichtigen.

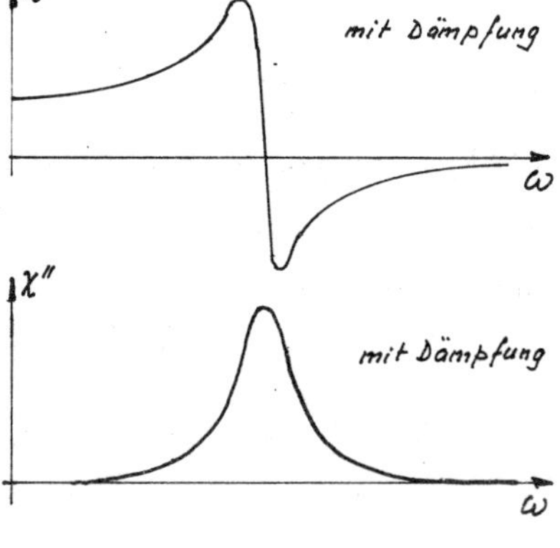

Aus der dielektrischen Suszeptibilität χ ergibt sich die Dielektrizitätskonstante ($\varepsilon = 1 + 4\pi\chi$ c.g.s, $\varepsilon = 1 + \chi$ S.I) und der Brechungsindex

($n = \sqrt{\varepsilon}$ bei einem nicht-magnetisierbaren Medium). Eine elektromagnetische Welle, die sich in einem (passiven) Medium mit komplexem Brechungsindex n fortpflanzt, wird geschwächt ("Elektrizität und Magnetismus", S. 217, 226, 227). Der Brechungsindex ist bei den Frequenzen komplex, wo die dielektrische Suszeptibilität komplex ist, also um die Frequenz ω_0 herum. Die Skizze zeigt das Ergebnis einer alten Messung der Durchlässigkeit eines NaCl-Films von 1.7 µm Dicke für elektromagnetische Strahlung im Spektralbereich des fernen Infrarots (R.B. Barnes, Z. Physik 75, 723 (1932)). Es tritt eine Absorptionsbande auf, deren Maximum bei der Vakuumwellenlänge von 61 µm liegt, was einer Kreisfrequenz $\omega = 3.1 \times 10^{13}\,\text{sec}^{-1}$ entspricht. Diese Frequenz liegt in der Nähe der Debye-Frequenz $\omega = \frac{k\Theta_D}{\hbar}$, die sich aus der Messung der spezifischen Wärme ergibt: Mit $\Theta_D = 281\,K$ erhält man $\omega = 3.36 \times 10^{13}\,\text{sec}^{-1}$.

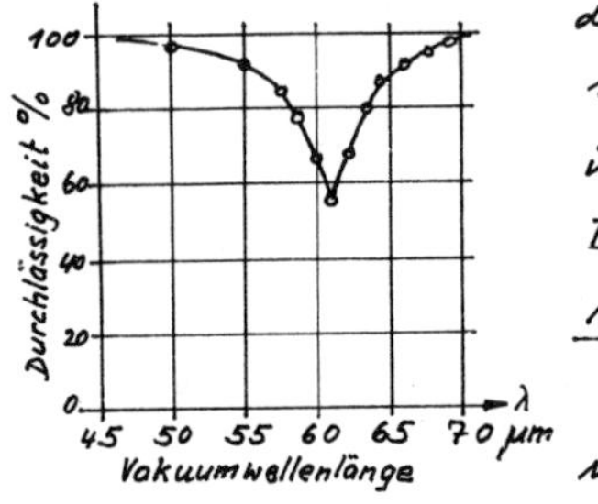

Der anomale Verlauf des Brechungsindexes in der Nähe der Frequenz ω_0 bedingt auch eine Anomalie der Reflektivität. Diese durchläuft bei NaCl ein Maximum zwischen 50 und 60 µm Vakuumwellenlänge. Durch mehrfache Reflexion an NaCl-Platten kann man aus polychromatischer Infrarotstrahlung eine Bande "herausreflektieren", die Wellenlängen im Bereich zwischen 50 und 60 µm enthält. Man spricht in diesem Zusammenhang von "Reststrahlen" (im Sinne der übrig bleibenden Strahlung).

Ausblick auf eine gründlichere Behandlung

Die oben gebotene Behandlung des Problems der dielektrischen und optischen Eigenschaften bei Infrarotfrequenzen ist allzusehr vereinfacht worden. Bei einer tiefer schürfenden Behandlung ist folgenden Umständen Rechnung zu tragen:

① Das Modell der eindimensionalen Federkette ignoriert wesentliche Aspekte, die mit der Polarisation der Gitterwellen zusammenhängen.

② Wir haben nur den Grenzfall $k \to 0$, also den Fall <u>homogener</u> Gitterpolarisation betrachtet. Bei $k \neq 0$ ist die Polarisation inhomogen. Zum Beispiel ist mit einer longitudinalen Gitterwelle, die sich längs [100] fortpflanzt, eine räumlich (und zeitlich) periodische Verteilung von Polarisationsladungen verknüpft [28], deren Feld berücksichtigt werden

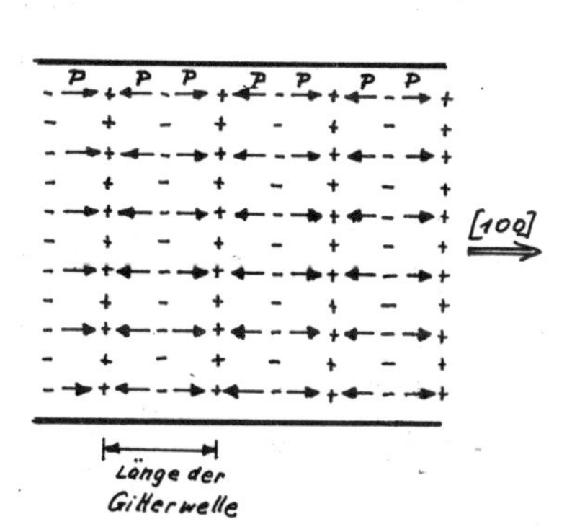

<u>longitudinal</u> längs [100] laufend

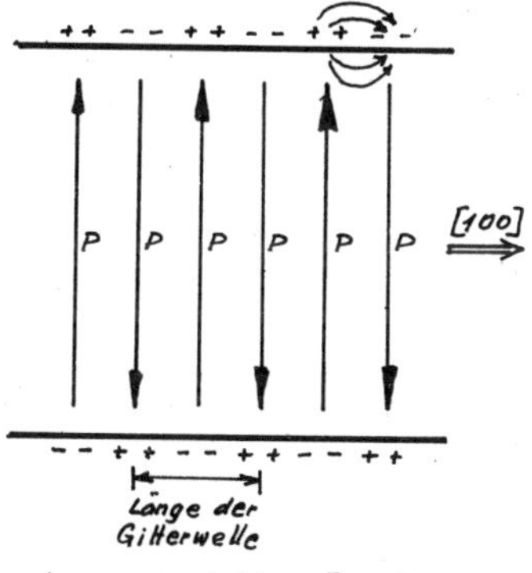

<u>transversal</u> längs [100] laufend

muss. Bei einer transversalen Gitterwelle treten nur an der Oberfläche des Kristalls Polarisationsladungen auf. Da ihr Vorzeichen alterniert, ist das von ihnen erzeugte Feld in der Nähe der Oberfläche lokalisiert, sodass im Innern kein Beitrag resultiert.

③ Die Ankopplung der Gitterwellen wurde nur für $k \to 0$ (obere Grenzfrequenz eines optischen Zweiges) diskutiert. Die Gitterpolarisation und das sie erzeugende elektrische Feld waren (makroskopisch betrachtet) homogen. Eine elektromagnetische Welle hat aber kein homogenes Feld. Aufgrund unserer einfachen Betrachtungen kann man nicht einsehen, wie die Kopplung an das Strahlungsfeld zustande kommt. Die elektromagnetische Welle im Kristall ist stark verschieden von der Vakuumwelle. Man muss zum vorneherein das gekoppelte System betrachten. Es ist nicht so, dass dem Kristall von aussen ein oszillierendes elektrisches Feld aufgezwungen wird. Im Kristall hat man keine Infrarotphotonen, sondern Quanten,

---

8) Die Dichte der Polarisationsladungen ist gegeben durch $\rho_{Pol} = -\operatorname{div}\vec{P}$ ("Elektrizität und Magnetismus", S. 55).

die dem gekoppelten System entsprechen, sog. Polaritonen.

④ Die elektronische Polarisation muss auch berücksichtigt werden. Sie ist über das Binnenfeld mit der Gitterpolarisation gekoppelt.

Wer tiefer eindringen will in das Polariton-Problem, beginne mit empfohlenen Textbuch von C. Kittel.

---

4. Elektronenzustände im Kristall

4.1. Die Einelektron-Näherung: Einleitung.

Zur korrekten Berechnung der stationären Zustände des Elektronensystems eines makroskopischen Stückes kristalliner Materie, ausgehend von den als bekannt vorausgesetzten Lagen der Atomkerne, müsste man die Schrödingergleichung lösen für rund 10^{23} Elektronen, die sich im Coulombfeld von rund 10^{22} festgehaltenen Kernen bewegen und sich gegenseitig abstossen. Um dem Pauli-Prinzip zu genügen, müsste man Lösungen suchen oder konstruieren, die antisymmetrisch sind in Bezug auf die Vertauschung der Koordinaten zweier beliebiger Elektronen (unter Einschluss der Spin-Koordinate. Vgl. "Quantenphysik", S. 281/282.) Dieses formidable Problem ist nicht streng lösbar, und man ist auf Näherungen angewiesen. Die ersten Approximationsmethoden zur Lösung des Problems mehrerer oder vieler Elektronen wurden entwickelt, um die <u>Atome</u> zu verstehen. Besonders fruchtbar erwies sich die sog. "<u>Einelektron-Näherung</u>". Das Gedankenschema, das ihr zu Grunde liegt, lässt sich auch auf Moleküle und auf feste Körper, insbesondere Kristalle anwenden. In dieser Vorlesung werden wir nicht über diese Näherung hinausgehen. Sie ist erstaunlich erfolgreich in der Erklärung und Voraussage der Eigenschaften von Atomen, Molekülen und der kondensierten Materie. Der Experimentalphysiker kann sich auf den Standpunkt stellen, dass sie dadurch gerechtfertigt sei.

4.1.1. Die Einelektron-Näherung beim Atom

① <u>Die roheste Form der Einelektron-Näherung</u>

Betrachte ein Atom, das besteht aus einem im Ursprung festgehaltenen Kern der Ladung $+Ze$, und aus N Elektronen j. Die stationären Zustände des Systems der N Elektronen werden erhalten durch Lösung der Schrödingergleichung in einem Raum der Dimension 3N

$$(1) \quad -\frac{\hbar^2}{2m}\Delta\Psi + \left[-\sum_j \frac{Ze^2}{r_j} + \sum \frac{e^2}{|\vec{r}_j - \vec{r}_i|}\right]\Psi = E\Psi$$

wobei $\Psi = \Psi(\vec{r}_1, \vec{r}_2, \ldots, \vec{r}_j, \ldots \vec{r}_N)$. Analytisch lösbar wird das Problem sofort, wenn man die Wechselwirkung der Elektronen, d.h. die zweite Summe in der eckigen Klammer, vernachlässigt. Man spricht dann von unabhängigen Elektronen. Eine Lösung von (1) ist dann ein Produkt von N Einelektron-Wellenfunktionen $\psi_j(\vec{r}_j)$, die ihrerseits Lösungen der Schrödingergleichung für ein "Wasserstoffatom" der Kernladung Ze sind

$$(2) \quad -\frac{\hbar^2}{2m}\Delta\psi_j(\vec{r}_j) - \frac{Ze^2}{r_j}\psi_j(\vec{r}_j) = \varepsilon_j\psi_j(\vec{r}_j)$$

In der Näherung unabhängiger Elektronen ist

$$(3) \quad \Psi(\vec{r}_1, \ldots \vec{r}_j \ldots \vec{r}_N) = \prod_j \psi_j(\vec{r}_j)$$

eine Lösung des Vielelektronenproblems, und zwar eine Lösung, die zum Energieeigenwert

$$(4) \quad E = \sum_j \varepsilon_j$$

gehört ("Quantenphysik", S. 279). Die Wasserstoff-Funktionen ψ_j, in Polarkoordinaten ausgedrückt, sind das Produkt einer radialen, einer zonalen und einer azimutalen Funktion ("Quantenphysik", S. 187-193):

$$(5) \quad \psi_{n_j l_j m_j}(r_j, \vartheta_j, \varphi_j) = R_{n_j l_j}(r_j)\,\Theta_{l_j}^{|m_j|}(\vartheta_j)\,\Phi_{m_j}(\varphi_j)$$

Der Energieeigenwert, der zur Lösung (5) gehört, hängt in der Näherung unabhängiger Elektronen (Bewegung in einem 1/r -Potential nur von der Hauptquantenzahl n ab, und ist gegeben durch

$$(6) \quad \varepsilon_j = -\frac{Z^2}{n_j^2}Ry \qquad \text{wobei } Ry = 13.6\text{ eV (Rydbergenergie)}$$

Das Pauli-Prinzip kann in der Näherung unabhängiger Elektronen berücksichtigt werden, indem man sagt, dass im Produkt (3) jedes Quantenzahlentripel n l m höchstens zweimal vorkommen darf: Ein bestimmtes Atomorbital $\psi_{n_j l_j m_j}$ kann mit höchstens zwei Elektronen besetzt sein.

Die Vernachlässigung der Coulombabstossung zwischen den Elektronen ist bei Atomen nicht zulässig, weil alle Elektronen im selben kleinen Raum lokalisiert sind.[1] Man muss bessere Approximationen suchen:

② Die ursprüngliche Näherung von Hartree.

Hartree (1928) postulierte, dass man auch bei geeigneter Berücksichtigung der Wechselwirkung der Elektronen eine Wellenfunktion $\Psi(\vec{r}_1, \cdots, \vec{r}_N)$ für das N-Elektronensystem hinschreiben könne, die das Produkt von N Einelektronwellenfunktionen $\psi_j(\vec{r}_j)$ sei. Die letzteren sollen folgende Einelektron-Schrödingergleichung befriedigen

$$(7)\quad -\frac{\hbar^2}{2m}\Delta\psi_j(\vec{r}_j) + \left[-\frac{Ze^2}{r_j} + \sum_{i\neq j}\int \frac{e^2|\psi_i|^2}{|\vec{r}_j - \vec{r}_i|}\,d\tau_i\right]\psi_j(\vec{r}_j) = \varepsilon_j\,\psi_j(\vec{r}_j)$$

Zur potentiellen Energie, die das Elektron j hat im Coulombfeld des Kerns, addierte Hartree die potentielle Energie, die es im Felde der Ladungsverteilung aller übrigen Elektronen hat, wobei die letzteren nach Massgabe ihrer Aufenthaltswahrscheinlichkeit verschmiert sind.

Für jedes Elektron j des Systems soll eine solche Gleichung gelten. Hartree entwickelte ein Iterationsverfahren, das selbstkonsistente Lösungen ψ_j, $(j = 1 \cdots N)$, liefert. Man kann diese als Atomorbitale bezeichnen. Die Elektronenkonfiguration der Atome lässt sich mit ihrer Hilfe beschreiben. Nach alten quantenmechanischen Vorstellungen könnte man sich auf den Standpunkt stellen, dass das

---

[1] Zur Illustration kann man sich z.B. überlegen, wie die Hauptserie im optischen Spektrum des Na-Atoms nach dieser Näherung aussehen würde: Die Zustände 3s und 3p des Leuchtelektrons hätten dieselbe Energie. Die langwelligste Linie im Absorptionsspektrum entspräche dem Übergang 3s → 4p, d.h. einer Energie

$$\varepsilon_{4p} - \varepsilon_{3s} = \underbrace{Z^2}_{121}\underbrace{\left(\frac{1}{3^2} - \frac{1}{4^2}\right)}_{0.0486}\underbrace{Ry}_{13.6\,eV} = 80\,eV$$

Die Hauptserie wäre im Gebiete der weichen Röntgenstrahlen statt im sichtbaren bis ultravioletten Gebiet!

Pauli-Prinzip nicht verletzt wird, wenn ein Orbital mit höchstens zwei Elektronen besetzt ist. Dies ist aber insofern unbefriedigend, als wir ein System von N wechselwirkenden Elektronen betrachten und das Pauli-Prinzip in seiner allgemeinen Form berücksichtigen sollten:

③ Die Hartree-Fock-Näherung

Das Pauli-Prinzip fordert, dass die Eigenfunktionen des Hamiltonoperators des Systems der N Elektronen antisymmetrisch sind bezüglich der Vertauschung zweier beliebiger Elektronen [2]. Eine einzelne Produktwellenfunktion im Sinne von (3) erfüllt diese Forderung nicht, hingegen tut es die lineare Kombination von Produktwellenfunktionen, die sich durch die folgende Determinante darstellen lässt:

$$(8) \qquad \Psi = \begin{vmatrix} \psi_1(\vec{r}_1) & \psi_1(\vec{r}_2) & \psi_1(\vec{r}_3) & \cdots & \psi_1(\vec{r}_N) \\ \psi_2(\vec{r}_1) & \psi_2(\vec{r}_2) & \psi_2(\vec{r}_3) & \cdots & \psi_2(\vec{r}_N) \\ \psi_3(\vec{r}_1) & \psi_3(\vec{r}_2) & \psi_3(\vec{r}_3) & \cdots & \psi_3(\vec{r}_N) \\ \cdot & & & & \cdot \\ \cdot & & & & \cdot \\ \psi_N(\vec{r}_1) & \psi_N(\vec{r}_2) & \psi_N(\vec{r}_3) & \cdots & \psi_N(\vec{r}_N) \end{vmatrix}$$

Es sei daran erinnert, dass eine Determinante das Vorzeichen wechselt, wenn man zwei Kolonnen vertauscht. Auch diese Determinanten-Wellenfunktion ist eine Ausgeburt der Einelektron-Näherung; denn sie basiert auf Einelektron-Zuständen $\psi_i(\vec{r}_j)$, die auf einem selbstkonsistenten Weg berechnet werden müssen. Wenn man annimmt, dass das Atom kugelsymmetrisch ist (Zentralfeld-Näherung), sind die Einelektron-Zustände von der Form (5), was die Bahnkoordinaten

---

[2] Die Eigenfunktionen wechseln das Vorzeichen, wenn man die Koordinaten (eingeschlossen die Spinkoordinate σ) irgend eines Elektrons vertauscht mit den entsprechenden Koordinaten irgend eines zweiten Elektrons. ("Quantenphysik", S. 264, 281/282). Wenn wir hier (d.h. nur in 4.1.1. ③) $\vec{r}_j$ schreiben, denken wir uns die Spinkoordinate in $\vec{r}_j$ eingeschlossen.

anbelangt. Die Hartree-Fock Wellenfunktionen haben sich bewährt als quantitativer Ausgangspunkt bei der Erklärung der elektronischen Eigenschaften der Atome. Wir verweisen auf J.C. Slater: "Quantum Theory of Atomic Structure".

4.1.2. Die Einelektron-Näherung beim Kristall

Man kann das Konzept der Hartree- und der Hartree-Fock Methode auch auf die Berechnung der Elektronenzustände von Kristallen anwenden: Wenn man über die elektronische Struktur der Atome nichts wüsste, würde man in Gl. 7 an die Stelle des Coulombfeldes eines einzelnen Atomkerns die räumlich periodische Anordnung von Coulombfeldern setzen, die der (als bekannt vorausgesetzten) Kristallstruktur entspricht. Die Einelektronwellenfunktionen ψ_j wären dann nicht als Atomorbitale aufzufassen, sondern als Kristallorbitale. Sie müssten auf selbstkonsistente Weise berechnet werden. Diese Aufgabe liesse sich nur lösen, wenn man zum vorneherein wüsste, wie sie etwa "aussehen". Ganz so weit unten muss man indessen nicht anfangen, wenn man von den (ein für allemal berechneten und als bekannt vorausgesetzten) Hartree- oder Hartree-Fock Atomorbitalen ausgeht.

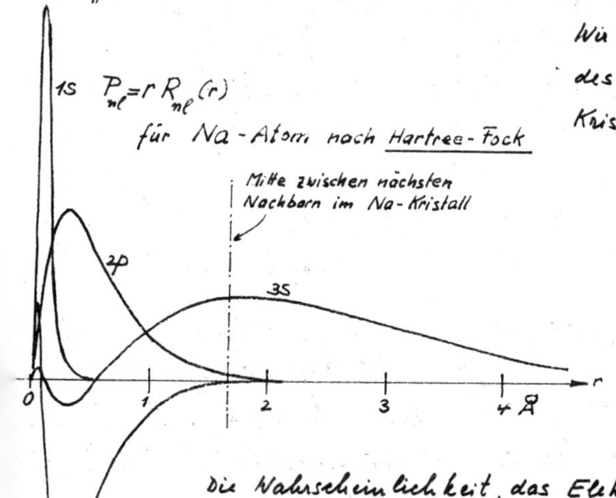

Wir wollen dies am Beispiel des metallischen Natrium-Kristalls erläutern:

Die Elektronenkonfiguration des Grundzustandes des Na-Atoms ist $1s^2 2s^2 2p^6 3s$. Die Skizze zeigt die nach Hartree-Fock berechneten radialen Einelektron-Funktionen $P_{nl}(r) = r R_{nl}(r)$

Die Wahrscheinlichkeit, das Elektron irgendwo zwischen r und $r+dr$ anzutreffen ist proportional zu $P_{nl}^2 = r^2 R_{nl}^2(r)$.

Wir denken uns zwei Na-Atome so zusammengeschoben, dass der Abstand der Kerne gleich ist dem Abstand nächster Nachbarplätze im Na-Kristall, d.h. 3.72 Å. Wenn wir annehmen, dass sich die Wellenfunktionen nicht ändern beim Zusammenschieben, stellen wir folgendes fest: Die Überlappung entsprechender Atomorbitale nächster Nachbarn ist sehr klein für die Rumpfelektronen 1s, 2s, 2p und gross für die Valenzelektronen 3s. Eine nähere Betrachtung, auf die wir hier verzichten müssen[3], führt zu den folgenden Schlüssen:

- Die Rümpfe der Na-Atome im Na-Kristall unterscheiden sich nicht stark von den Rümpfen freier Na-Atome. Man kann mit an den Atomen lokalisierten Rumpfelektronen $1s^2 2s^2 2p^6$ rechnen.

- Die Zustände der Valenzelektronen im Na-Kristall unterscheiden sich stark von denjenigen des freien Atoms. Die Kristallorbitale sind nicht an den Atomen lokalisiert. Sie erstrecken sich über den ganzen Kristall.

Bei einer selbstkonsisten Berechnung der Kristallorbitale der Valenzelektronen kann man von Atomrümpfen ausgehen, deren Ladungsverteilung der Hartree-Fock Atomberechnung entnommen wird, und die an den Gitterplätzen fixiert sind und so ein bekanntes periodisches Potential erzeugen. In diesem periodischen Potential bewegen sich so viele Valenzelektronen, wie es Atome im betrachteten Kristallstück[4] hat. Das periodische Potential, das man bei der Berechnung der Kristallorbitale in die Schrödingergleichung einsetzen muss, ist nicht identisch mit dem Potential der periodisch angeordneten Atomrümpfe (ebensowenig, wie beim Mehrelektronen-Atom das selbstkonsistente Hartree-Potential identisch ist mit dem Coulombpotential des Atomkerns). Wir wollen annehmen, dass

---

[3] Dass wir nur die Überlappung entsprechender Atomorbitale zweier Atome (Atomorbitale gleicher Energie) betrachten, hängt damit zusammen, dass die gesuchten Kristallorbitale Eigenfunktionen des Hamiltonoperators eines Elektrons in einem selbstkonsistenten Potential sein sollen. (Vgl. "Quantenphysik", S. 146).

[4] Korrekter ist die Einführung eines Grundgebietes.

das resultierende selbstkonsistente Potential die Periodizität der Kristallstruktur habe. Diese Annahme ist mindestens durch ihren Erfolg gerechtfertigt.

4.2. Das Gas unabhängiger, freier Elektronen: Das Fermi Gas.

4.2.1. Die Einelektron-Zustände

Wir betrachten die Valenzelektronen in einem Metall. Sie sind nicht an einem Atom lokalisiert und spielen die Rolle der Leitungselektronen. Im Sinne der Einelektron-Näherung postulieren wir die Existenz eines periodischen Potentials, das, in die Einelektron-Schrödingergleichung eingesetzt, zu vernünftigen Einelektron-Wellenfunktionen (Kristallorbitalen) führt. Die Wechselwirkung zwischen den Kristallelektronen denken wir uns wegdiskutiert mit der Bemerkung, dass das periodische Potential selbstkonsistent sei. Zur Vereinfachung der Rechnung machen wir zunächst die etwas ungeheuerliche Annahme, dass das Potential räumlich (und zeitlich) konstant sei. Die Elektronen werden also nicht nur als unabhängig sondern auch als frei (völlig ungebunden) betrachtet. Man kann von einem Gas freier, unabhängiger Elektronen sprechen. Jedem Elektron können stationäre Zustände ψ zugeordnet werden, die sich durch Lösung der Schrödingergleichung ergeben:

$$(9) \quad \Delta\psi + \frac{2m}{\hbar^2}\left(\mathcal{E} - V_0\right)\psi = 0$$

Ohne Einschränkung der Allgemeinheit darf das konstante Potential null gesetzt werden, sodass

$$(10) \quad \Delta\psi + k^2\psi = 0 \quad \text{mit} \quad k^2 = \frac{2m}{\hbar^2}\mathcal{E}$$

Die Lösungen dieser Gleichung hängen von den Randbedingungen ab. Das Gas sei statistisch homogen im ganzen Raum, was durch die Einführung periodischer Randbedingungen (vgl. S. 118) formuliert werden kann: Man denkt sich den Raum unterteilt in makroskopische Grundgebiete, in denen sich die Einelektron-Zustände periodisch wiederholen. Wie bei der Debye'schen Theorie der spezifischen Wärme wählen wir Würfel der Kante L

$$(11)\quad \psi(x_1,x_2,x_3) = \psi(x_1+L, x_2, x_3) = \psi(x_1, x_2+L, x_3) = \psi(x_1, x_2, x_3+L)$$

Die allgemeine Lösung von (10) ist

$$(12)\quad \psi(\vec{x}) = C_1 e^{i\vec{k}\cdot\vec{x}} + C_2 e^{-i\vec{k}\cdot\vec{x}}$$

Aus den periodischen Randbedingungen folgt für die Komponenten von $\vec{k}$

$$(13)\quad k_1 = \frac{2\pi}{L} n_1 \quad , \quad k_2 = \frac{2\pi}{L} n_2 \quad , \quad k_3 = \frac{2\pi}{L} n_3$$

wobei n_1, n_2, n_3 ganze (positive und negative) Zahlen bedeuten, nämlich die drei Bahnquantenzahlen[5] eines Elektrons, das man sich im Grundgebiet eingesperrt denken kann. Die Basislösung ist

$$(14)\quad \psi(\vec{x}) = C e^{i\vec{k}\cdot\vec{x}} \quad \text{wobei } C^*C = L^{-3} \text{ bei Normierung über das Grundgebiet}$$

Das entsprechende Elektron hat den Impuls $\vec{p} = \hbar\vec{k}$ und die Energie

$$(15)\quad \mathcal{E} = \frac{\hbar^2}{2m} k^2 \qquad \text{mit } k^2 = \left(\frac{2\pi}{L}\right)^2 \left(n_1^2 + n_2^2 + n_3^2\right)$$

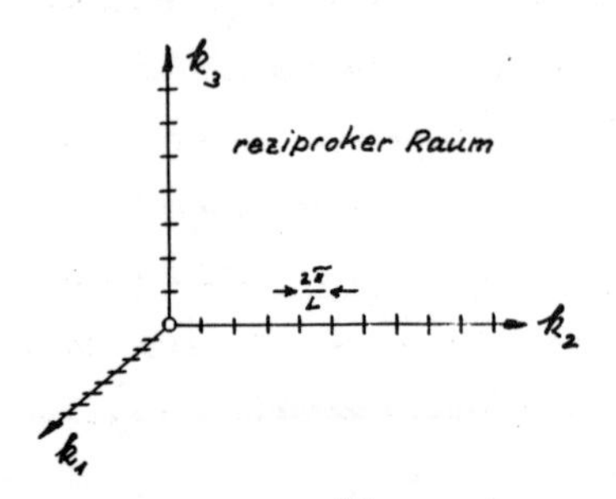

Jedem Einelektron-Zustand (14) entspricht ein Punkt im $\vec{k}$-Raum (im reziproken Raum). Nach (13) liegen die Punkte auf einem kubischen Gitter mit der Periode $\frac{2\pi}{L}$. Die Zahl der Zustände in einem beliebigen, nicht zu kleinen Volumenelement d^3k beträgt

$$(16)\quad dZ = \frac{d^3k}{(2\pi/L)^3} = \frac{L^3}{(2\pi)^3} d^3k = \frac{v}{(2\pi)^3} d^3k$$

wobei v das Volumen des Grundgebietes bedeutet. Damit ist

$$(17)\quad \frac{v}{(2\pi)^3} = \text{Zustandsdichte im } \vec{k}\text{-Raum}$$

Beachte, dass diese Zustandsdichte quasihomogen ist, d.h. nicht von $\vec{k}$ abhängt.

---

[5] Zu jedem Freiheitsgrad eines Massenpunktes gehört eine Bahnquantenzahl. Das Elektron des Wasserstoffatoms hat z.B. die drei Bahnquantenzahlen n, l und m (Quantenphysik S. 182).

Das Grundgebiet enthalte N (unabhängige) Elektronen. Wir können dieses Ensemble als ein abgeschlossenes quantenmechanisches System betrachten; denn alle Grundgebiete verhalten sich identisch. Da die Wechselwirkungen zwischen den Elektronen nicht eingehen, kann der Zustand des Systems durch N Einelektron-Wellenfunktionen[6)] beschrieben werden ("Quantenphysik", S. 279). Das System der N Elektronen ist dem Pauli-Prinzip unterworfen. Bei unabhängigen Elektronen wird es befriedigt, wenn nicht mehr als zwei Elektronen im selben Bahnzustand $\psi_{n_1 n_2 n_3}$ sind, und wenn sich bei doppelter Besetzung die beiden Elektronen in ihrer Spinquantenzahl ($m_s = \pm \frac{1}{2}$) unterscheiden ("Quantenphysik", S. 282).

4.2.2. Der Grundzustand des Fermi-Gases.

Der Grundzustand eines quantenmechanischen Systems ist definiert als der Zustand mit dem tiefsten Energie-Eigenwert. Da die Elektronen des Systems als unabhängig betrachtet werden, erhält man die Energie E des Systems durch Addition der Energie-Eigenwerte $\mathcal{E}_{n_1 n_2 n_3}$ der einzelnen Elektronen, die durch (15) gegeben sind. Die tiefste Energie des Systems wird offensichtlich erhalten durch lückenlose Besetzung der Gitterpunkte im $\vec{k}$-Raum, die innerhalb einer Kugel liegen, und zwar ist jeder Gitterpunkt mit zwei verschiedenen Spinzuständen besetzt. Diese Kugel heisst Fermi-Kugel. Ihr Radius k_F ergibt sich mit Hilfe von (17), indem

$$(18) \qquad N = 2 \cdot \frac{v}{(2\pi)^3} \cdot \frac{4\pi}{3} k_F^3$$

Wir führen die Elektronenzahldichte $n = \frac{N}{v}$ im Ortsraum ein, und haben nach (18)

$$(19) \qquad \boxed{k_F = (3\pi^2 n)^{1/3}} \qquad \text{Radius der Fermi-Kugel}$$

---

6) Kittel spricht von "Orbitalen", Ashcroft und Mermin sprechen von "Niveaux" (levels).

$\hbar \vec{k}_F$ wird als Fermi-Impuls bezeichnet, und die entsprechende Energie

$$(20) \quad \boxed{\mathcal{E}_F = \frac{\hbar^2}{2m} k_F^2}$$ ist die <u>Fermi-Energie</u>.

Im Grundzustand des Systems der N Elektronen sind alle Einelektron-Niveaux besetzt mit zwei Elektronen bis hinauf zur Fermi-Energie (Fermi-Niveau).

<u>Grössenordnungen bei einem typischen Metall.</u>

Das Beispiel des <u>Natriums</u>: Die Anzahl der Leitungselektronen ist gleich der Anzahl der Atome. Aus Dichte und Atomgewicht findet man (in Übereinstimmung mit der Strukturbestimmung) $n = 2.65 \times 10^{22}\ cm^{-3}$ woraus nach (19) $k_F = 9.22 \times 10^7\ cm^{-1}$. Die dazugehörige Wellenlänge ist $\lambda_F = \frac{2\pi}{k_F} = 6.81$ Å, also von der Grössenordnung der Atomabstände. Für die Fermi-Energie erhält man nach (20) mit obigem k_F $\quad \mathcal{E}_F = 5.19 \times 10^{-12}\ erg = 3.24\ eV$.

<u>Die totale Energie des Fermi-Gases im Grundzustand.</u>

Durch Aufsummieren über alle besetzten Einelektron-Zustände erhält man die totale Energie des Fermi-Gases:

$$(21) \qquad E = 2 \sum_{k \le k_F} \frac{\hbar^2 k^2}{2m}$$

Da die Fermi-Kugel eine enorme Anzahl von Einelektron-Zuständen umschliesst, darf man die Summation durch eine Integration ersetzen. Mit (17) wird dann

$$(22) \qquad E = 2 \int_{\text{Fermikugel}} \frac{\hbar^2 k^2}{2m} \cdot \frac{v}{(2\pi)^3} d^3k$$

Der Beitrag der Kugelschale zwischen k und $k+dk$ zum Integral ist

$$dE = 2\, \frac{\hbar^2 k^2}{2m} \cdot \frac{v}{(2\pi)^3} \cdot 4\pi k^2 dk \quad , \text{ sodass}$$

$$(23) \qquad E = \frac{\hbar^2}{2\pi^2} \cdot \frac{v}{m} \int_0^{k_F} k^4 dk = \frac{\hbar^2}{10\pi^2} \cdot \frac{v}{m} k_F^5$$

Nach (18) ist $N = \frac{v}{3\pi^2} k_F^3$, und die <u>Energie pro Elektron</u> wird

$$(24) \quad \boxed{\frac{E}{N} = \frac{3}{5} \frac{\hbar^2 k_F^2}{2m} = \frac{3}{5} \mathcal{E}_F}$$ für den Grundzustand

Die Energie-Eigenwertdichte $\rho(\mathcal{E})$

Es sei $\rho(\mathcal{E})d\mathcal{E}$ die Zahl der Einelektron-Energieeigenwerte zwischen $\mathcal{E}$ und $\mathcal{E}+d\mathcal{E}$. Da $\mathcal{E}=\frac{\hbar^2}{2m}k^2$, liegen die entsprechenden Zustände im k-Raum innerhalb der Kugelschale zwischen k und $k+dk$, wobei

$$k=\left(\frac{2m}{\hbar^2}\right)^{1/2}\mathcal{E}^{1/2} \quad \text{und} \quad dk=\frac{1}{2}\left(\frac{2m}{\hbar^2}\right)^{1/2}\mathcal{E}^{-1/2}d\mathcal{E}$$

Mit der Zustandsdichte $\frac{v}{(2\pi)^3}$ im k-Raum (Gl. 17) wird

$$\rho(\mathcal{E})d\mathcal{E} = \frac{v}{(2\pi)^3}4\pi k^2 dk = \frac{v}{2\pi^2}\frac{2m}{\hbar^2}\mathcal{E}\,\frac{1}{2}\left(\frac{2m}{\hbar^2}\right)^{1/2}\mathcal{E}^{-1/2}d\mathcal{E}\text{ , also}$$

$$\boxed{\rho(\mathcal{E})=\frac{v}{(2\pi)^2}\left(\frac{2m}{\hbar^2}\right)^{3/2}\mathcal{E}^{1/2}} \qquad (25)$$

Dies ist die Eigenwertdichte für freie, unabhängige Elektronen in einem Grundgebiet vom Volumen v

$\rho(\mathcal{E})$

$\mathcal{E}$

4.2.3. Die Fermi-Dirac-Verteilung.

Dem Grundzustand des Fermi-Gases ist die Temperatur null zuzuordnen. Die tiefste Energie, die es haben kann, ist nach (24) $\frac{3}{5}N\mathcal{E}_F$. Wir nehmen an, dass es möglich sei, das Elektronengas auf irgend eine Weise mit einem Wärmebad der Temperatur T in Kontakt zu bringen, sodass sich ein thermisches Gleichgewicht einstellt. Man könnte z.B. an den folgenden Mechanismus denken: Wir betrachten die Elektronen nur als quasifrei, indem wir ein schwaches periodisches Potential einführen, das durch die thermischen Gitterschwingungen zeitlich moduliert wird, sodass Übergänge zwischen den Einelektronniveaux induziert werden. Das Elektronengas könnte auf diesem Wege Phononen absorbieren und emittieren. Die Temperatur, die man im thermischen Gleichgewicht dem Elektronengas zuschreiben muss, ist die Gittertemperatur. Man kann sie mit einem Thermometer messen und auch theoretisch durch die mittlere Energie der Gitteroszillatoren definieren (Gl. 19 S.116). Man kann den Zustand des Elektronengases durch die Besetzung der Einelektron-Zustände beschreiben, wobei das Pauli-Prinzip nicht verletzt werden darf. Es wird nicht eine Boltzmann-Verteilung über die Einelektron-Niveaux resultieren; denn die Besetzung der Zustände ist nun Restriktionen unterworfen. Wir suchen die allgemeine Lösung des folgenden Problems:

Wie gross ist die Wahrscheinlichkeit $f_i^{(N)}$, dass in einem System von N unabhängigen Elektronen im thermischen Gleichgewicht der Einelektron-Zustand i besetzt ist.

Beachte: Wir setzen unabhängige Elektronen voraus. Sie müssen aber nicht frei sein, d.h. die Betrachtung wird auch gültig sein, wenn sich die Elektronen in einem beliebigen (zeitlich konstanten) Potentialfeld bewegen. Die Einelektron-Zustände, von denen wir sprechen, sind stationäre Zustände, Eigenzustände des Einelektron-Hamilton-Operators. Man kann solche Zustände charakterisieren durch drei Bahnquantenzahlen und eine Spinquantenzahl. Im Beispiel des Gases freier, unabhängiger Elektronen bedeutet der Zustandsindex i die vier Quantenzahlen n_1, n_2, n_3 und m_s. Für einen so charakterisierten Einelektron-Zustand lässt das Pauli-Prinzip nur zwei Besetzungsmöglichkeiten zu: Er ist entweder unbesetzt, oder dann mit einem Elektron besetzt.

Der Zustand des Systems der N Elektronen werde mit α bezeichnet. Da die Elektronen als unabhängig vorausgesetzt werden, ist die Energie des Systems im Zustand α – wir bezeichnen sie mit $E_\alpha^{(N)}$ – gleich der Summe der Energien ε_i der besetzten Einelektron-Zustände. Wir betrachten das N-Elektronensystem als thermodynamisches System im Gleichgewicht und schreiben ihm eine Temperatur T, eine Entropie S, eine innere Energie E, eine Helmholtz'sche freie Energie $\Phi = E - TS$ und weitere thermodynamische Zustandsfunktionen und Variable zu. Durch allgemeine thermodynamische und statistische Betrachtungen (skizziert in "Quantenphysik", S. 21-25) gelangt man zum folgenden Schluss: Bei der Temperatur T ist die Wahrscheinlichkeit, dass man das ganze System in einem Zustand mit der inneren Energie E antrifft, gegeben durch

$$(26) \quad w(E) = \frac{e^{-E/k_B T}}{\sum_\alpha e^{-E_\alpha/k_B T}} = \frac{e^{-E/k_B T}}{Z}$$

Die Summe im Nenner, die sog. Zustandssumme Z, erstreckt sich über alle möglichen Zustände α des N-Elektronensystems. Sie hängt mit der Helmholtz'schen freien Energie Φ zusammen durch die Beziehung

$$(27) \quad \Phi = -k_B T \ln Z \,, \text{ sodass } \sum_\alpha e^{-E_\alpha/k_B T} = e^{-\Phi/kT} \text{ und}$$

$$(28) \quad w(E) = e^{-(E-\Phi)/k_B T}$$

Um einen grösseren Exkurs in die allgemeine statistische Mechanik zu umgehen, folgen wir bei der Berechnung der Funktion $f_i^{(N)}$ dem Buch von Ashcroft und Mermin:

Sei α_i ein Zustand des N-Elektronensystems, bei dem ein bestimmter Einelektronzustand i besetzt ist, und sei $E_{\alpha_i}^{(N)}$ die Energie des N-Elektronensystems in diesem Zustand α_i. Es gibt viele mögliche (mit dem Pauli-Prinzip verträgliche) Zustände α_i. Sei $w_N\left(E_{\alpha_i}^{(N)}\right)$ die Wahrscheinlichkeit, dass das N-Elektronensystem im Zustand α_i ist. Die gesuchte Wahrscheinlichkeit $f_i^{(N)}$ kann als Summe der Wahrscheinlichkeiten der möglichen (als unabhängig zu betrachtenden) Zustände α_i dargestellt werden:

$$(29) \quad f_i^{(N)} = \sum_{\alpha_i} w_N\left(E_{\alpha_i}^{(N)}\right)$$

Da der Einelektronzustand i nur entweder unbesetzt oder einfach besetzt sein kann, ist die Wahrscheinlichkeit, dass er unbesetzt ist, gegeben durch $1 - f_i^{(N)}$. Sei γ_i ein Zustand des N-Elektronensystems bei dem der bestimmte Einelektronzustand i unbesetzt ist, und sei $E_{\gamma_i}^{(N)}$ die Energie des N-Elektronensystems in diesem Zustand γ_i. Es gibt viele mögliche Zustände γ_i. Analog zu Gl. 29 gilt also

$$(30) \quad 1 - f_i^{(N)} = \sum_{\gamma_i} w_N\left(E_{\gamma_i}^{(N)}\right)$$

wobei $w_N\left(E_{\gamma_i}^{(N)}\right)$ die Wahrscheinlichkeit bedeutet, dass das N-Elektronensystem im Zustand γ_i ist. Die Summation erstreckt sich über die möglichen Zustände γ_i.

Betrachte nun ein System von N+1 Elektronen. Das Potentialfeld, in dem sie sich bewegen, soll dasselbe sein wie beim System der N Elektronen, d.h. es stehen dieselben Einelektronzustände i zur Verfügung.[7] Wir greifen die möglichen Zustände des (N+1)-Elektronensystems heraus, bei denen der Einelektronzustand i besetzt ist. Von jedem solchen Zustand des (N+1)-Elektronensystems gelangt man zu einem "entsprechenden" Zustand des N-Elektronensystems, bei dem der Einelektronzustand i unbesetzt ist, indem man das Elektron im Einelektronzustand i wegnimmt und die Besetzung der übrigen Einelektronzustände unverändert lässt. Die Energiedifferenz zwischen dem (N+1)-Elektronensystem und dem N-Elektonensystem im "entsprechenden" Zustand ist der Energieeigenwert $\mathcal{E}_i$, der zum Einelektronzustand i gehört. Die Menge der möglichen Energiewerte $E^{(N)}_{\gamma_i}$, die das N-Elektronensystem bei unbesetztem Einelektronzustand i hat, ist gleich der Menge der um $\mathcal{E}_i$ verminderten möglichen Energiewerte $E^{(N+1)}_{\alpha_i}$, die das (N+1)-Elektronensystem bei besetztem Einelektronzustand i hat:

$$(31) \qquad E^{(N)}_{\gamma_i} = E^{(N+1)}_{\alpha_i} - \mathcal{E}_i \quad \text{, sodass mit (30)}$$

$$(32) \qquad 1 - f^{(N)}_i = \sum_{\alpha_i} w_N\left(E^{(N+1)}_{\alpha_i} - \mathcal{E}_i\right)$$

Wegen der obigen Mengengleichheit summiert man über alle möglichen Zustände α_i des (N+1)-Elektronensystems. Nach (28) ist die Wahrscheinlichkeit, dass das N-Elektronensystem bei der Temperatur T die Energie $E^{(N)}_{\gamma_i}$ hat, unter Berücksichtigung von (31) gegeben durch

$$(33) \qquad w_N\left(E^{(N+1)}_{\alpha_i} - \mathcal{E}_i\right) = e^{-\left(E^{(N+1)}_{\alpha_i} - \mathcal{E}_i - \Phi^{(N)}\right)/k_B T}$$

Anderseits ist die Wahrscheinlichkeit, dass das (N+1)-Elektronensystem die Energie $E^{(N+1)}_{\alpha_i}$ hat

$$(34) \qquad w_{N+1}\left(E^{(N+1)}_{\alpha_i}\right) = e^{-\left(E^{(N+1)}_{\alpha_i} - \Phi^{(N+1)}\right)/k_B T}$$

Damit lässt sich die Wahrscheinlichkeit (33) wie folgt schreiben

---

7) Beim Beispiel des Gases freier Elektronen heisst dies, dass man am Grundgebiet nichts ändert.

$$(35) \qquad w_N\left(E_{\alpha_i}^{(N+1)} - \mathcal{E}_i\right) = w_{N+1}\left(E_{\alpha_i}^{(N+1)}\right) e^{[\mathcal{E}_i - (\Phi^{(N+1)} - \Phi^{(N)})]/k_B T}$$

Wir werden später zeigen, dass die Differenz

$$(36) \qquad \mu = \Phi^{(N+1)} - \Phi^{(N)}$$

das chemische Potential des Systems der N Elektronen darstellt, d.h. die Gibbs'sche freie Energie G pro Teilchen. Mit (35) und (36) wird (32)

$$(37) \qquad f_i^{(N)} = 1 - e^{(\mathcal{E}_i - \mu)/k_B T} \sum_{\alpha_i} w_{N+1}\left(E_{\alpha_i}^{(N+1)}\right)$$

Mit (29) gilt ferner auch

$$(38) \qquad f_i^{(N+1)} = \sum_{\alpha_i} w_{N+1}\left(E_{\alpha_i}^{(N+1)}\right) \quad , \text{ sodass mit (37)}$$

$$(39) \qquad f_i^{(N)} = 1 - f_i^{(N+1)} e^{(\mathcal{E}_i - \mu)/k_B T}$$

Nun muss man sich daran erinnern, dass unabhängige Elektronen vorausgesetzt wurden, dass die Einelektronzustände nicht davon abhängen, wieviele Elektronen im System sind, und dass man es mit einer sehr grossen Zahl von Elektronen im Grundgebiet zu tun hat. Der Unterschied zwischen $f_i^{(N)}$ und $f_i^{(N+1)}$ kann deshalb vernachlässigt werden, und statt (39) kann man schreiben

$$f_i^{(N)} = 1 - f_i^{(N)} e^{(\mathcal{E}_i - \mu)/k_B T} \quad , \text{ sodass}$$

$$(40) \qquad \boxed{f_i^{(N)} = \frac{1}{e^{(\mathcal{E}_i - \mu)/k_B T} + 1}} \qquad \underline{\text{Fermi-Dirac-Verteilung}}$$

Die Energie geht nur als Differenz $\mathcal{E}_i - \mu$ ein, d.h. es ist gleichgültig, wo die Energieskala beginnt. Gemäss der Definition von $f_i^{(N)}$ auf S.180 wird diese Verteilung aber von der Zahl N der Elektronen im Grundgebiet (System) abhängen. Auf der rechten Seite der Gl. 40 ist das chemische Potential μ die einzige Grösse, die von der Teilchenzahl N abhängen kann. Man erwartet daher, dass das chemische Potential von der Teilchenzahl tatsächlich abhängt. Die Abhängigkeit des chemischen Potentials von der Teilchenzahl N und der Temperatur T ergibt sich aus der folgenden Betrachtung: Da ein Einelektronzustand nur entweder unbesetzt, oder mit einem Elektron besetzt sein kann, gilt $\sum_i f_i^{(N)} = N$ [8], sodass

$$N = \sum_i \frac{1}{e^{(\mathcal{E}_i-\mu)/k_B T} - 1} \tag{41}$$

Die Summation erstreckt sich über alle Einelektron-Zustände. Im allgemeinen sind es unendlich viele. Wenn man die Einelektron-Niveaux $\mathcal{E}_i$ kennt, kann man aus (41) die Abhängigkeit des chemischen Potentials μ von der Teilchenzahl N und der Temperatur T bestimmen.

4.2.4. Diskussion der Fermi-Dirac-Verteilung

Die Fermi-Dirac-Verteilung gilt ganz allgemein für ein System von gleichen Teilchen mit halbzahligem Spin, sog. Fermionen, vorausgesetzt, dass die Teilchen unabhängig sind. Frei müssen die Teilchen – im folgenden sprechen wir nur von Elektronen – nicht sein, sie können sich in einem beliebigen zeitunabhängigen Potential bewegen.

Wir wollen annehmen, dass die Verteilung der Einelektron-Energieeigenwerte $\mathcal{E}_i$ auf der Energieskala durch eine Eigenwertdichte $\rho(\mathcal{E})$ dargestellt werden könne, ähnlich wie im Beispiel der freien, unabhängigen Elektronen (S. 179). Es ist naheliegend, die Fermi-Dirac-Verteilung als Funktion der Einteilchenenergie $\mathcal{E}_i = \mathcal{E}$ aufzufassen und zu schreiben

$$\boxed{f(\mathcal{E}) = \frac{1}{e^{(\mathcal{E}-\mu)/k_B T} + 1}} \tag{42}$$

Fermi-Dirac-Funktion

Wir nehmen weiter an, dass die Einteilchenenergie $\mathcal{E}$ vom Spinzu-

---

8) Man sieht dies wie folgt ein: $f_i^{(N)}$ ist definitionsgemäss die Wahrscheinlichkeit, dass der Einelektron-Zustand i besetzt ist. Im Mittel über viele identische N-Elektronensysteme ist also i mit $f_i^{(N)}$ Elektronen besetzt. Die Gesamtzahl N der Elektronen ist damit $\sum_i f_i^{(N)}$.

stand unabhängig sei. Dies trifft zu, wenn die Spin-Bahn-Kopplung verschwindet, und wenn sich das System nicht in einem Magnetfeld befindet ("Quantenphysik", S. 267–270, 264). Man kann dann sagen, dass der Einelektron-Energieeigenwert $\mathcal{E}$ entartet ist, indem zwei Zustände i dazu gehören. Die Zahl der besetzten Zustände mit einer Energie zwischen $\mathcal{E}$ und $\mathcal{E}+d\mathcal{E}$ kann damit geschrieben werden als

(43) $$dN = 2\varrho(\mathcal{E})f(\mathcal{E})\,d\mathcal{E} \quad .$$

① Der Grenzfall $T = 0$

Für $T = 0$ kann die Fermi-Dirac-Funktion für ein beliebiges System ohne Benützung von (40) oder (42) direkt hingeschrieben werden. Das System ist im Grundzustand. Alle Einelektronniveaux sind von unten her aufgefüllt,

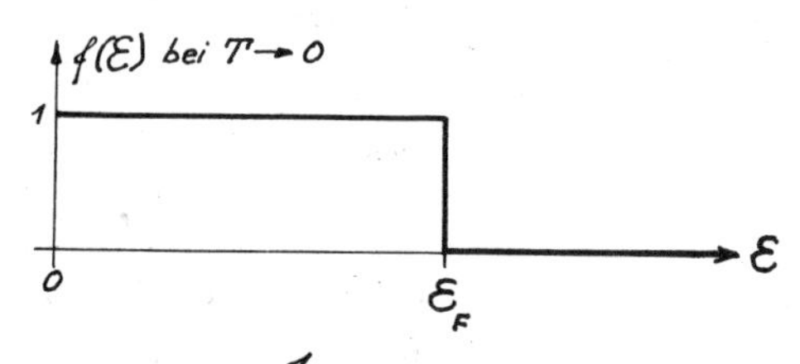

und oberhalb einer Grenzenergie $\mathcal{E}_F$, der Fermi-Energie, sind sie leer. Die skizzierte Stufenfunktion ergibt sich tatsächlich auch aus (42) als

$$\lim_{T\to 0} \frac{1}{e^{(\mathcal{E}-\mu)/k_B T}+1} \quad , \text{ wobei}$$

(44) $$\lim_{T\to 0} \mu(N,T) = \mathcal{E}_F$$

Im Spezialfall freier Elektronen ist nach S. 177/178

(45) $$\mathcal{E}_F = \frac{\hbar^2}{2m}\left(3\pi^2 n\right)^{2/3}$$

Bei einem quasihomogenen System kommt es offensichtlich nicht auf die Teilchenzahl N an, sondern auf die Teilchenzahldichte $n = \frac{N}{V}$.

② Endliche Temperatur

Damit man die Fermi-Dirac-Funktion $f(\mathcal{E})$ aufzeichnen kann, muss man das chemische Potential μ kennen. Es ist implizit gegeben durch

(46) $$N = \int_0^\infty \frac{2\varrho(\mathcal{E})\,d\mathcal{E}}{e^{(\mathcal{E}-\mu)/k_B T}+1}$$

Dieses Integral entspricht der Summe (41). Da die Einelektron-Energieeigenwerte $\mathcal{E}_i$ vom Potential abhängen, in dem die Elektronen sich bewegen, hängt auch die Eigenwertdichte $\rho(\mathcal{E})$ und damit die Funktion $\mu(N,T)$ davon ab.

Im Spezialfall des Gases freier, unabhängiger Elektronen ist $\rho(\mathcal{E})$ durch (25) S. 179 gegeben. Dieses Gas ist vollständig charakterisiert durch die Teilchenzahldichte n, oder eine Grösse, die nur von der Teilchenzahldichte abhängt, wie z.B. die Fermi-Energie $\mathcal{E}_F$ oder die Fermi-Temperatur $T_F = \mathcal{E}_F / k_B$. Wir nehmen das numerische Beispiel aus dem Buch von C. Kittel "Thermal Physics", Die Fermi-Temperatur sei 50'000 K, was etwa dem Gas der Leitungselektronen in einem typischen Metall entspricht [9]. Beachte folgende Eigenschaften der Fermi-Dirac-Funktion $f(\mathcal{E})$:

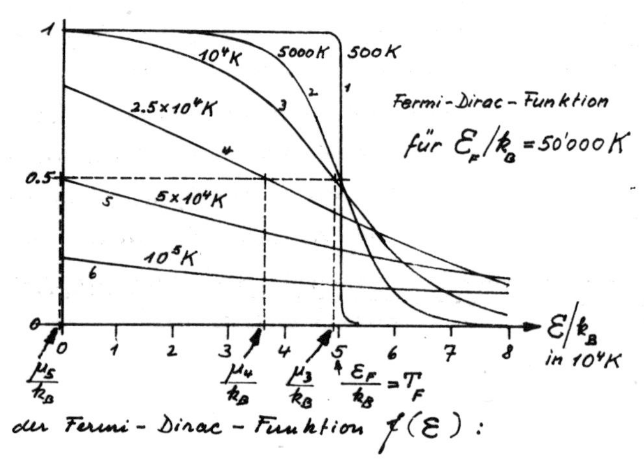

a) Für $T \ll T_F$ unterscheidet sich die Fermi-Dirac-Funktion nicht stark von der "Stufenfunktion", die dem Grenzfall $T=0$ entspricht. Der Abfall erstreckt sich über einen Energiebereich, dessen Breite etwa $k_B T$ ist.

b) Für jedes System ist $f(\mathcal{E}) = \frac{1}{2}$ bei $\mathcal{E} = \mu$. Beim Gas freier Elektronen nimmt das chemische Potential μ mit steigender Temperatur ab: Bei $T=0$ ist $\mu = \mathcal{E}_F$, bei $T \ll T_F$ ist die relative Abweichung vom Wert $\mathcal{E}_F$ noch sehr klein. Beim Überschreiten einer Temperatur, die sehr nahe bei T_F liegt, wird μ negativ. Das Auftreten negativer Werte des chemischen Potentials bei hohen Temperaturen

---

9) Für Na fanden wir auf S. 178 $\mathcal{E}_F = 5.19 \times 10^{-12}$ erg, sodass
$$T_F = \frac{5.19 \times 10^{-12}\,\text{erg}}{1.38 \times 10^{-16}\,\text{erg/K}} = 3.76 \times 10^4\,\text{K}$$

rührt vom Entropieterm im Gibbs'schen Potential $G = U - TS + pv$ her. (Für ein System mit nur einer Teilchensorte ist $\mu = G/N$.) Für $T_f = 50'000\,K$ gibt Kittel folgende Werte des chemischen Potentials:

Temperatur T	0	500	5000	10'000	25'000	50'000	100'000	K
μ/k_B	50'000	50'000	49'700	48'200	36'200	−100	−128'000	K

③ Das klassische Régime beim Gas freier unabhängiger Teilchen.

a) Wenn man das Pauli-Prinzip zum Vorneherein ignoriert, d.h. die Besetzungsmöglichkeiten der Einteilchen-Zustände nicht einschränkt, ist die Besetzungswahrscheinlichkeit des Einelektron-Zustandes mit der Energie $\mathcal{E}$ im thermodynamischen Gleichgewicht proportional zum Boltzmann-Faktor $e^{-\mathcal{E}/k_BT}$. Statt (43) kann man dann schreiben

$$dN = C\varrho(\mathcal{E})\,e^{-\mathcal{E}/k_BT}\,d\mathcal{E} \qquad (47)$$

wobei C gegeben ist durch die Bedingung, dass die totale Zahl der Teilchen im Grundgebiet N beträgt:

$$N = C\int_0^\infty \varrho(\mathcal{E})\,e^{-\mathcal{E}/k_BT}\,d\mathcal{E} \qquad (48)$$

Für $\varrho(\mathcal{E})$ setzen wir den Ausdruck (25) S. 179 ein, und erhalten durch Einsetzen des resultierenden Wertes von C in (47)

$$dN = 2\pi N(\pi k_BT)^{-3/2}\,\mathcal{E}^{1/2}\,e^{-\mathcal{E}/k_BT}\,d\mathcal{E}\,. \qquad (49)$$

Wenn man hier für $\mathcal{E}$ den klassischen Ausdruck für die kinetische Energie einsetzt, erhält man genau die Maxwell'sche Geschwindigkeitsverteilung ("Wärmelehre", S. 38).

b) Viel interessanter ist die Konstruktion eines "klassischen" Régimes ausgehend von der Fermi-Dirac-Verteilung. Nach (42), (43) und (25) ist

$$dN = 2\frac{v}{(2\pi)^2}\left(\frac{2m}{\hbar^2}\right)^{3/2}\mathcal{E}^{1/2}\,\frac{1}{e^{(\mathcal{E}-\mu)/k_BT}-1}\,d\mathcal{E}\,, \qquad (50)$$

wobei v das Volumen des Grundgebietes bedeutet. Bei genügend hoher

Temperatur ist die Besetzungswahrscheinlichkeit $f(\mathcal{E})$ für alle Energieniveaux klein gegen eins, sodass das Pauli-Prinzip keine grosse Rolle mehr spielt. Wie das numerische Beispiel $T_F = 50'000\,K$ zeigt, ist dies etwa für $T > 2T_F$ der Fall (Figur S. 186). Die Fermi-Dirac-Funktion kann dann durch $e^{-(\mathcal{E}-\mu)/k_B T}$ approximiert werden, wie man anhand der Tabelle auf S. 187 leicht verifiziert [10]. Man spricht vom "klassischen" Régime oder vom "nicht-entarteten" [11] Elektronengas. Bei einem Metall liegt die Fermi-Temperatur so hoch, dass das Régime der Nichtentartung rein akademisch ist. Das Elektronengas ist "entartet", d.h. im Régime, wo das Pauli-Prinzip wichtig ist. Als rohes Entartungskriterium könnte man $k_B T < \frac{1}{3}\mathcal{E}_F$ angeben. In Halbleitern hingegen können so kleine Elektronenzahldichten auftreten, dass man mit dem klassischen Régime rechnen kann.

Mit der obigen Approximation von $f(\mathcal{E})$ erhalten wir aus (50)

$$dN = 2\frac{v}{(2\pi)^2}\left(\frac{2m}{\hbar^2}\right)^{3/2} e^{\mu/k_B T}\, \mathcal{E}^{1/2}\, e^{-\mathcal{E}/k_B T}\, d\mathcal{E} \tag{51}$$

Durch Vergleich mit der auf rein klassischem Wege herleitbaren Formel (49) erhält man eine Beziehung für das chemische Potential, die im klassischen Régime gilt. Da der Spin keine Rolle mehr spielt, streichen wir den Faktor 2 in (51) und erhalten mit (49)

$$e^{\mu/k_B T} = \frac{N}{v}\left(\frac{2\pi\hbar^2}{m k_B T}\right)^{3/2} \tag{52}$$

Auch im klassischen Régime kommt das Planck'sche Wirkungsquantum vor. Die Gründe liegen sehr tief. Wir wollen sie durch eine einfache Betrachtung etwas beleuchten. Der Faktor $(\;)^{3/2}$ in (52) hat die Dimension eines Volumens. Wir stellen uns einen Kubus vor mit der Kante $\left(\frac{2\pi}{m k_B T}\right)^{1/2}\hbar$. Für das klassische ideale Gas ist $\frac{3}{2}k_B T = \frac{\langle p^2\rangle}{2m}$, wobei p der Betrag des Impulses eines Teilchens ist ("Wärmelehre", S. 22). Für eine rohe Betrachtung darf man annehmen, dass alle Teilchen den gleichen Impulsbetrag $p = (3 m k_B T)^{1/2}$ haben. Die entsprechende de Broglie Wellenlänge ist

---

[10] $\mathcal{E}$ ist als positive Grösse zu verstehen, und μ ist in diesem Falle negativ.

[11] Diese unglückliche Bezeichnung stammt aus einer Zeit, in der Quanteneffekte noch keine Selbstverständlichkeit waren.

(53) $$\frac{2\pi\hbar}{p} = \left(\frac{\frac{4}{3}\pi^2}{m k_B T}\right)^{1/2} \hbar$$

Dies ist ungefähr gleich der Kante des oben beschriebenen Würfels.

c) Gl. 52 zeigt auch, dass das chemische Potential mit abnehmender Teilchenzahldichte $\frac{N}{v}$ und mit steigender Temperatur T abnimmt und schliesslich negativ wird. Das Vorzeichen schlägt um bei $\mu = 0$, d.h. wo

(54) $$k_B T = 2\pi \left(\frac{N}{v}\right)^{2/3} \frac{\hbar^2}{2m}$$

Diese Energie ist von der Grössenordnung der Fermi-Energie, d.h. die Temperatur ist von der Grössenordnung der Fermi-Temperatur T_F, die nach (19)(20) S. 177 gegeben ist durch

(55) $$k_B T_F = \mathcal{E}_F = (3\pi^2)^{2/3} \left(\frac{N}{v}\right)^{2/3} \frac{\hbar^2}{2m} \;.$$

4.2.5. Thermodynamische Eigenschaften des entarteten Elektronengases.

Das Gas freier, unabhängiger Elektronen ist ein dermassen idealisiertes Modell für das System der Leitungselektronen, dass man sich fragen muss, ob es einen guten Ausgangspunkt zum Verständnis der Metalle darstelle. Um Berührungspunkte mit der experimentellen Realität zu finden, berechnen wir einige thermodynamische Eigenschaften des Fermi-Gases. Dabei denken wir an Metalle, bei denen die Zahl der Leitungselektronen von der Grössenordnung der Zahl der Atome ist. Für das Modell bedeutet dies, dass die Fermi-Dirac-Funktion $f(\mathcal{E})$ bei Temperaturen von einigen 10^2 K etwa verläuft, wie durch die Kurve 1 in der Skizze auf S. 186 dargestellt ist: Wir betrachten also das Régime der starken Entartung, $T \ll T_F$.

Die Sommerfeld'sche Entwicklung

Die mathematische Hauptschwierigkeit bei der Berechnung von thermodynamischen Eigenschaften des Fermi Gases liegt darin, dass das chemische Potential μ auf nicht sehr übersichtliche Weise aus der Erhaltungsgleichung (41)(46) für die Teilchenzahl bestimmt werden muss. Mit der Eigenwertdichte (25) wird

$$(56) \quad N = \frac{V}{2\pi^2}\left(\frac{2m}{\hbar^2}\right)^{3/2}\int_0^\infty \mathcal{E}^{1/2} f(\mathcal{E})\, d\mathcal{E}$$

Integrale dieser Art treten allgemein auf bei der Berechnung thermodynamischer Funktionen des Fermi-Gases. Betrachte deshalb zunächst ein Integral der allgemeinen Form

$$(57) \quad \int_0^\infty G(\mathcal{E}) f(\mathcal{E})\, d\mathcal{E} \quad ,$$

wobei $f(\mathcal{E})$ die Fermi-Dirac Funktion (42) bedeuten soll. Im Grenzfall $T \to 0$ ist $f(\mathcal{E})$ die auf S. 185 skizzierte Stufenfunktion, sodass

$$(58) \quad \lim_{T\to 0} \int_0^\infty G(\mathcal{E}) f(\mathcal{E})\, d\mathcal{E} = \int_0^{\mathcal{E}_F} G(\mathcal{E})\, d\mathcal{E}$$

Für $T > 0$ gibt es meistens keine geschlossene Lösung. Man kann aber eine brauchbare Entwicklung finden durch Benützung der Tatsache, dass die Abweichung von (57) vom Grenzfall (58) durch den Verlauf der Funktion $G(\mathcal{E})$ im Bereich des steilen Abfalls der Fermi-Dirac Funktion bestimmt ist, d.h. durch den Verlauf in einem Energiebereich der Breite von einigen $k_B T$ um $\mathcal{E} = \mu$ herum. Man entwickelt deshalb $G(\mathcal{E})$ um $\mathcal{E} = \mu$ nach Taylor:

$$(59) \quad G(\mathcal{E}) = \sum_{n=0}^{\infty} \frac{1}{n!} \left.\frac{d^n G(\mathcal{E})}{d\mathcal{E}^n}\right|_{\mathcal{E}=\mu} (\mathcal{E}-\mu)^n$$

Eine nähere, rein mathematische Betrachtung (s. Appendix C in Ashcroft und Mermin) liefert dann

$$(60) \quad \int_0^\infty G(\mathcal{E}) f(\mathcal{E})\, d\mathcal{E} = \int_0^{\mu} G(\mathcal{E})\, d\mathcal{E} + \sum_{n=1}^{\infty} (k_B T)^{2n} a_n \left.\frac{d^{2n-1} G(\mathcal{E})}{d\mathcal{E}^{2n-1}}\right|_{\mathcal{E}=\mu}$$

Die Koeffizienten a_n sind dimensionslos und von der Grössenordnung eins. Es ist z.B.

$$(61) \quad a_1 = \frac{\pi^2}{6} \quad \text{und} \quad a_2 = \frac{7\pi^4}{360}$$

Die Anwendung auf (56), d.h. auf den Fall $G(\mathcal{E}) = \mathcal{E}^{1/2}$, liefert

$$(62) \quad N = \frac{V}{3\pi^2}\left(\frac{2m}{\hbar^2}\right)^{3/2} \mu^{3/2} \left[1 + \frac{\pi^2}{8}\left(\frac{k_B T}{\mu}\right)^2 + \frac{7\pi^4}{640}\left(\frac{k_B T}{\mu}\right)^4 + \dots\right]$$

Bei Temperaturen von einigen 10^2 K und darunter sind Metalle im Régime starker Entartung, sodass $k_B T/\mu$ von der Grössenordnung 10^{-2} oder kleiner ist (s. Skizze auf S. 186). Die Glieder vierter und höherer Ordnung in $k_B T/\mu$ können vernachlässigt werden. Ferner ist der relative Unterschied zwischen μ und $\mathcal{E}_F$ so klein, dass man in der eckigen Klammer in (62) μ durch $\mathcal{E}_F$ ersetzen darf. Setzt man schliesslich für $\mathcal{E}_F$ den Ausdruck (45) ein, so ergibt die Auflösung von (62) nach dem chemischen Potential (das nur noch vor der eckigen Klammer vorkommt)

$$(63) \quad \boxed{\mu \simeq \mathcal{E}_F \left[1 - \frac{1}{3}\left(\frac{\pi k_B T}{2\mathcal{E}_F} \right)^2 \right]} \qquad \text{Näherung für } k_B T \ll \mathcal{E}_F$$

Die innere Energie U und die spezifische Wärme C_v

Die Wärmekapazität (spezifische Wärme) eines Systems bei konstantem Volumen ist ganz allgemein gegeben durch $C_v = \left(\frac{\partial U}{\partial T}\right)_v$, wobei U die innere Energie bedeutet. Wenn sich das Elektronengas wie ein Maxwell-Boltzmann-Gas verhalten würde, hätte seine innere Energie den Äquipartitionswert $U = \frac{3}{2} N k_B T$. Bei einem Metall käme zur spezifischen Wärme des Gitters ein temperaturunabhängiger Beitrag $\frac{3}{2} N k_B$ vom Elektronengas hinzu. Wenn N gleich der Anzahl der Atome ist, wie etwa bei den Alkalimetallen, wäre der Beitrag der Leitungselektronen halb so gross wie der Dulong-Petit-Wert, was im krassen Widerspruch wäre mit der Erfahrung (S. 110-112). Messungen an Metallen bei tiefen Temperaturen zeigen aber, dass dem Gitteranteil ein Elektronenanteil überlagert ist, der proportional zur Temperatur ist. Bei tiefen Temperaturen fällt er ins Gewicht, weil hier der Gitteranteil proportional zu T^3 ist (S. 124). Die Theorie des entarteten Fermi-Gases liefert tatsächlich einen temperaturproportionalen Beitrag der richtigen Grössenordnung:

Die innere Energie lässt sich mit (43) S. 185 und (25) S. 179 schreiben als

$$(64) \quad U = 2\int_0^\infty \mathcal{E}\, g(\mathcal{E})\, f(\mathcal{E})\, d\mathcal{E} = \frac{v}{2\pi^2}\left(\frac{2m}{\hbar^2}\right)^{3/2} \int_0^\infty \mathcal{E}^{3/2} f(\mathcal{E})\, d\mathcal{E}$$

Durch Anwendung von (60) auf (64) erhält man

$$(65) \quad U \simeq \frac{v}{5\pi^2}\left(\frac{2m}{\hbar^2}\right)^{3/2} \mu^{5/2} \left[1 + \frac{5\pi^2}{8}\left(\frac{k_B T}{\mu}\right)^2 - \frac{7\pi^4}{384}\left(\frac{k_B T}{\mu}\right)^4 + \cdots \right]$$

In der eckigen Klammer werden wiederum die Glieder vierter und höherer Ordnung vernachlässigt, und μ wird durch $\mathcal{E}_F$ ersetzt. Der Faktor $\mu^{5/2}$ ergibt sich aus (63), sodass schliesslich

(66) $$\mathcal{U}(T) \cong \frac{v}{5\pi^2}\left(\frac{2m}{\hbar^2}\right)^{3/2}\mathcal{E}_F^{5/2}\left[1+\frac{5\pi^2}{12}\left(\frac{k_B T}{\mathcal{E}_F}\right)^2\right]$$

Das Produkt vor der eckigen Klammer ist die Energie des Grundzustandes, nämlich $\frac{3}{5}N\mathcal{E}_F$ (Gl. 24, S 178), wie man durch Berechnung des Integrals $\int_0^{\mathcal{E}_F} \mathcal{E}\,\rho(\mathcal{E})\,d\mathcal{E}$, wobei $\rho(\mathcal{E})$ durch (25) S. 179 gegeben ist, sofort einsieht. Damit hat man für die innere Energie des entarteten Fermi-Gases

(67) $$\mathcal{U}(T) \cong \frac{3}{5}N\mathcal{E}_F\left[1+\frac{5\pi^2}{12}\left(\frac{k_B T}{\mathcal{E}_F}\right)^2\right]$$

Durch Ableitung nach der Temperatur erhält man die spezifische Wärme

(68) $$\boxed{C_v^{el}(T) \cong \frac{\pi^2}{2}\frac{N k_B^2}{\mathcal{E}_F}T \cong \gamma T}$$ Näherung für $k_B T \ll \mathcal{E}_F$

<u>Numerisches Beispiel</u>: 1 Mol metallisches Na, 1 Elektron / Atom:
$N = 6.02 \times 10^{23}$, $\mathcal{E}_F = 5.19 \times 10^{-12}$ erg (S. 178)
$\gamma_{theor.} = 1.09 \times 10^4$ erg mol^{-1} grad^{-2}

Zur Prüfung der Theorie misst man die spezifische Wärme des Metalls bei tiefen Temperaturen, d.h. bei $T \ll \Theta_D$. Der Beitrag der Gitterschwingungen, die sog. "Gitterwärme" ist dann proportional zu T^3 (Gl. 40 S. 124), sodass der Beitrag γT der Elektronen, die sog. "Elektronenwärme", spürbar wird. Die Temperatur T^*, unterhalb welcher die Elektronenwärme grösser ist als die Gitterwärme, ergibt sich aus (40) S. 124 und der obigen Beziehung (68) zu

(69) $$T^* = \left(\frac{5}{24\pi^2}\right)^{1/2}\left(\frac{k_B\Theta_D^3}{\mathcal{E}_F}\right)^{1/2}$$

Typischerweise ist T^* von der Grössenordnung 1 K. Die Temperaturabhängigkeit der totalen spezifischen Wärme sollte nach der Theorie beschreibbar sein durch

(70) $$C_v(T) = \gamma T + AT^3$$

Durch Auftragen von C_v/T gegen T^2 sollte man nach der Theorie eine Gerade erhalten. Die Figur zeigt eine solche Darstellung von älteren Messdaten für Natrium und Kalium (W.H. Lien and N.E. Phillips, Phys. Rev. 118, 958 (1960)). Für $T \gtrsim 0.3\,K$ kommt tatsächlich eine

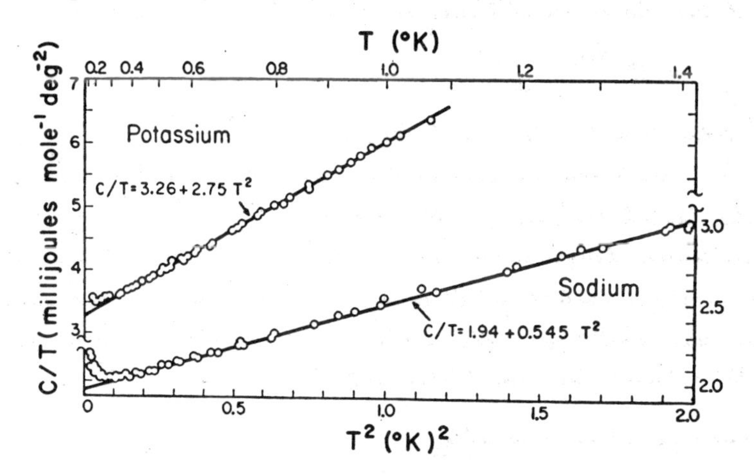

Gerade heraus. Da im betrachteten Temperaturbereich das Debye'sche T^3-Gesetz erfahrungsgemäss sehr gut stimmt, darf man folgern, dass der Elektronenanteil proportional zu T ist. Die Verlängerung der Geraden nach $T=0$ liefert den Wert des Proportionalitätsfaktors γ_{exp}. Man findet $\gamma_{exp} = 1.94 \times 10^4$ erg mol^{-1} grad^{-2} für Natrium und $\gamma_{exp} = 3.26 \times 10^4$ erg mol^{-1} grad^{-2} für Kalium [12]. Die Grössenordnung stimmt mit der Rechnung (S. 192) überein.

Die Abweichung von der erwarteten Geraden bei Natrium unterhalb 0.3K ist vermutlich darauf zurückzuführen, dass bei tiefen Temperaturen die kubisch-raumzentrierte Struktur nicht mehr stabil ist, sondern die kubisch-flächenzentrierte Struktur.

Bei Nichtalkali-Metallen ist das Modell der freien unabhängigen Elektronen meistens in weniger guter Übereinstimmung mit dem Experiment als bei Alkali-Metallen.

---

12) 1 millijoule = 10^4 erg

4.2.6. Thermodynamische Betrachtungen über das chemische Potential

Das chemische Potential μ wurde auf S. 183 am sehr speziellen Beispiel des Gases unabhängiger Elektronen eingeführt als

$$(71) \qquad \mu = \Phi^{(N+1)} - \Phi^{(N)}$$

$\Phi^{(N+1)}$ bedeutete dort die Helmholtz'sche freie Energie für ein System von N+1 Elektronen in einem Grundgebiet mit dem Volumen v, und $\Phi^{(N)}$ die Helmholtz'sche freie Energie eines Systems von N Elektronen in einem kongruenten Grundgebiet und bei derselben Temperatur. Das chemische Potential spielt in der Physik und der Chemie ganz allgemein eine wichtige Rolle, sodass eine allgemeinere thermodynamische Betrachtung hier am Platze ist:

Extensive und intensive Variable

Variable, die proportional sind zur "Grösse" des Systems werden extensive Variable genannt: Wenn man zwei gleiche homogene Systeme, die im gleichen Zustand sind, zusammenfügt zu einem neuen homogenen System, sind dessen extensive Variable doppelt so gross wie die entsprechenden extensiven Variablen der Ausgangssysteme. Extensive Variable sind zum Beispiel das Volumen V, die Teilchenzahl N, das magnetische Dipolmoment $\vec{\mathfrak{M}}$ und das elektrische Dipolmoment $\vec{\mathfrak{P}}$. Bei vielen Betrachtungen ist es nützlich, auch die Entropie S als extensive Variable zu betrachten (statt als Zustandsfunktion). Jeder extensiven Variablen x_i ist eine intensive Variable y_i zugeordnet durch den Ausdruck für die Änderung der inneren Energie:

$$(72) \qquad dU = \sum_i y_i \, dx_i \qquad (\text{"Wärmelehre", S. 130})$$

Im speziellen Fall, wo keine chemischen Reaktionen im System ablaufen, sind die Teilchenzahlen N_i der verschiedenen Sorten i konstant und müssen nicht als Variable aufgefasst werden. Es genügt dann, den ersten Hauptsatz in der Form

$$(73) \qquad dU = \delta Q^{\prime} + \delta A^{\prime} = T dS + \delta A^{\prime}$$

hinzuschreiben. Bei einem Gas, das weder magnetisierbar, noch elektrisch polarisierbar ist, wäre z.B.

(74) $$dU = TdS - pdV$$

Der extensiven Variablen S ist die intensive Variable T, und der extensiven Variablen V die intensive Variable $-p$ zugeordnet.

Eine formale Definition des chemischen Potentials

Betrachte ein System, das aus N_i Teilchen der Sorte i bestehe. Chemische Reaktionen seien zugelassen, sodass die Teilchenzahlen N_i als Variable zu betrachten sind. Als weitere extensive Variable sollen das Volumen V und die Entropie S vorkommen.[13] Wir gehen aus von der fundamentalsten Zustandsfunktion, der inneren Energie U, und fassen sie als Funktion der extensiven Variablen auf

(75) $$U = U(S, V, N_1 \cdots N_i \cdots N_m)$$

Rein formal kann man mit Hilfe von (72) die intensiven Variablen μ_i definieren, die den extensiven Variablen N_i zugeordnet sind, indem man gemäss (72) schreibt

(76) $$dU = TdS - pdV + \sum_i \mu_i dN_i$$

Die der extensiven Variablen N_i zugeordnete intensive Variable μ_i ist das chemische Potential der Teilchensorte i.

Änderung des chemischen Potentials bei einer chemischen Reaktion

Zur Beleuchtung der physikalisch-chemischen Bedeutung des chemischen Potentials betrachten wir zunächst ein Gas, das aus N_1 Cl-Atomen und N_2 Cl_2-Molekülen bestehen soll, sodass die chemische Reaktion $2\,Cl \rightleftarrows Cl_2$ eine Rolle spielt. Die Darstellungen (75) und (76) implizieren, dass es nicht genügt, die innere Energie als Summe der kinetischen Energie der Teilchen und der potentiellen Energie ihrer Wechselwirkung (etwa im Sinne eines

---

[13] Die Variablen N_i, V und S sind nicht notwendigerweise unabhängig.

Paarpotentials, vgl. S. 95) aufzufassen. Der dritte Term in (76) kann im folgenden Sinn als "potentielle chemische Energie" interpretiert werden: Einem Cl-Atom wird eine "potentielle chemische Energie" μ_1 und einem Cl_2-Molekül eine "potentielle chemische Energie" μ_2 zugeschrieben. Wenn zwei Cl-Atome zu einem Cl_2-Molekül reagieren, ändert sich die "potentielle chemische Energie" um $-2\mu_1 + \mu_2$. (Im Beispiel ist die Änderung negativ).

Das chemische Potential ist nicht notwendigerweise mit einer chemischen Reaktion verknüpft: Sowohl das Fermi-Gas als auch das ideale Gas haben ein chemisches Potential (Gl. 63, S. 191 und Gl. 51, S. 188).

Änderung des chemischen Potentials durch äussere Felder

Das chemische Potential spielt vollends die Rolle einer potentiellen Energie, wenn man den Einfluss äusserer Felder betrachtet:

- Bei einem Gas aus Teilchen der Masse m im Gravitationsfeld der Erde (Erdbeschleunigung g) muss der Term mgz addiert werden zum "inneren" chemischen Potential.

- Bei geladenen Teilchen in einem elektrostatischen Feld kommt die potentielle elektrostatische Energie zum "inneren" chemischen Potential hinzu.

Diese Beispiele zeigen, dass es nützlich sein kann, das chemische Potential als potentielle Energie aufzufassen. Aus diesem Grunde wurde oben der Ausdruck "potentielle chemische Energie" verwendet.

Formalismus

Wir schreiten zum Beweis, dass das durch Gl. 71 definierte chemische Potential identisch ist mit dem durch Gl. 76 definierten, und dass bei einem System mit nur einer Teilchensorte das chemische Potential die Gibbs'sche freie Energie pro Teilchen ist. Auf dem Weg leiten wir einige nützliche allgemeine Beziehungen her. Aus (75) folgt

$$dU = \left(\frac{\partial U}{\partial S}\right)_{V,N} dS + \left(\frac{\partial U}{\partial V}\right)_{S,N} dV + \sum_i \left(\frac{\partial U}{\partial N_i}\right)_{S,V,N\neq N_i} dN_i \tag{77}$$

Der untere Index N bedeutet in diesem Abschnitt, dass bei der Ableitung alle N_j konstant gehalten werden, der untere Index $N \neq N_i$ hingegen, dass alle N_j mit Ausnahme von N_i konstant gehalten werden. Der Vergleich mit (76) liefert

$$(78) \quad T = \left(\frac{\partial U}{\partial S}\right)_{V,N} \quad , \quad -p = \left(\frac{\partial U}{\partial V}\right)_{S,N} \quad \text{und}$$

$$(79) \quad \boxed{\mu_i = \left(\frac{\partial U}{\partial N_i}\right)_{S,V,N\neq N_i}}$$

Dieser Zusammenhang ist nützlich, wenn man das System in Abhängigkeit von den extensiven Variablen S, V, N_i betrachtet. Wenn man statt der Entropie S die dazu konjugierte intensive Variable T einführt, so geht man nicht von der inneren Energie aus, sondern von der Helmholtz'schen freien Energie

$$(80) \quad \Phi = \Phi(T, V, N_1, \cdots, N_i \cdots N_m) \quad ,$$

die definiert werden kann als

$$(81) \quad \Phi = U - TS \qquad \text{("Wärmelehre", S. 121 - 124)}$$

Damit ist

$$(82) \quad d\Phi = dU - TdS - SdT \quad , \text{ und mit (76)}$$

$$(83) \quad d\Phi = -SdT - pdV + \sum_i \mu_i dN_i$$

Wir vergleichen (83) mit dem totalen Differential von (80), nämlich

$$(84) \quad d\Phi = \left(\frac{\partial \Phi}{\partial T}\right)_{V,N} dT + \left(\frac{\partial \Phi}{\partial V}\right)_{T,N} dV + \sum_i \left(\frac{\partial \Phi}{\partial N_i}\right)_{T,V,N\neq N_i} dN_i$$

und erhalten

$$(85) \quad -S = \left(\frac{\partial \Phi}{\partial T}\right)_{V,N} \quad , \quad -p = \left(\frac{\partial \Phi}{\partial V}\right)_{T,N} \quad \text{und}$$

$$(86) \quad \boxed{\mu_i = \left(\frac{\partial \Phi}{\partial N_i}\right)_{T,V,N\neq N_i}}$$

Wenn das System nur eine einzige Teilchensorte enthält, hat man

(87) $$\mu = \left(\frac{\partial \Phi}{\partial N}\right)_{T,V}$$

Damit können wir leicht verstehen, warum die Differenz $\Phi^{(N+1)} - \Phi^{(N)}$, die wir bei der Herleitung der Fermi-Dirac Verteilung angetroffen haben, das chemische Potential des Elektronengases darstellt (Gl. 36, S. 183). Das Volumen des Systems war das Volumen des Grundgebietes. Es musste als konstant betrachtet werden, damit immer dieselben Einelektronzustände zur Diskussion standen. Die Temperatur spielte die Rolle eines (konstanten) Parameters. Die Änderung der Teilchenzahl von N auf $N+1$ erfolgte, indem man dem System ein Elektron so beifügte, dass V und T unverändert blieben (S. 182). Die Anwendung von (87) liefert

(88) $$\mu = \left(\frac{\Delta \Phi}{\Delta N}\right)_{T,V} = \frac{\Phi^{(N+1)} - \Phi^{(N)}}{\Delta N} = \Phi^{(N+1)} - \Phi^{(N)}$$

Wenn man statt des Volumens V die dazu konjugierte intensive Variable $-p$ einführt, geht man nicht von der Helmholtz'schen freien Energie Φ aus, sondern von der <u>Gibb'schen</u> freien Energie

(89) $$G = G(T, p, N_1, \cdots N_i \cdots N_m) ,$$

die definiert werden kann als

(90) $$G = U - TS + pV$$ ("Wärmelehre," S. 125–127)

Damit ist

(91) $$dG = dU - TdS - SdT + pdV + Vdp$$, und mit (76)

(92) $$dG = -SdT + Vdp + \sum_i \mu_i dN_i$$

Der Vergleich mit dem totalen Differential von (89) liefert

(93) $$-S = \left(\frac{\partial G}{\partial T}\right)_{p,N} , \quad V = \left(\frac{\partial G}{\partial p}\right)_{T,N}$$ und

(94) $$\boxed{\mu_i = \left(\frac{\partial G}{\partial N_i}\right)_{T,p,N \neq N_i}}$$

<u>Die Euler'sche Darstellung der inneren Energie.</u>

Man kann die innere Energie auf eine einfache mathematische Form bringen, die die physikalische Bedeutung des chemischen Potentials etwas transparenter macht. Wir gehen aus von einem System, das aus homogenen Subsystemen bestehe[14]. Wenn man eine Anzahl λ von gleichen solchen Systemen (die im gleichen Zustand sein sollen) zusammenfügt, sind die intensiven Grössen des neuen Systems dieselben wie für das Ausgangssystem; aber die extensiven Grössen sind λ mal grösser. Zum Beispiel ist

$$S \to \lambda S, \quad V \to \lambda V, \quad N_i \to \lambda N_i \quad ; \text{ aber auch } U \to \lambda U, \text{ etc.}$$

Stillschweigend wird dabei vorausgesetzt, dass beim Zusammenfügen keine neue Grenzflächen zwischen Subsystemen entstehen, oder gar, dass der Einfluss der Grenzflächen (z.B. deren Beitrag zur Energie) vernachlässigbar sei. Wenn wir am Beispiel der extensiven Variablen $S, V, N_1 \cdots N_i \cdots N_m$ festhalten, ist

$$U(\lambda S, \lambda V, \lambda N_1 \cdots \lambda N_i \cdots \lambda N_m) = \lambda U(S, V, N_1 \cdots N_i \cdots N_m) \tag{95}$$

Die Differentiation dieser Gleichung nach λ liefert

$$\frac{\partial U}{\partial(\lambda S)} S + \frac{\partial U}{\partial(\lambda V)} V + \sum_i \frac{\partial U}{\partial(\lambda N_i)} N_i = U(S, V, N_1 \cdots N_i \cdots N_m) \tag{96}$$

Diese Gleichung stimmt für alle Werte von λ, insbesondere für $\lambda = 1$:

$$\left(\frac{\partial U}{\partial S}\right)_{V,N} S + \left(\frac{\partial U}{\partial V}\right)_{S,N} V + \sum_i \left(\frac{\partial U}{\partial N_i}\right)_{S,V,N \neq N_i} N_i = U(S, V, N_1 \cdots N_i \cdots N_m) \tag{97}$$

Mit (78) und (79) erhält man die Euler'sche Darstellung[15]

$$\boxed{U(S, V, N_1 \cdots N_i \cdots N_m) = TS - pV + \sum_i \mu_i N_i} \tag{98}$$

Der Vergleich mit (90) liefert

$$\boxed{G = \sum_i \mu_i N_i} \tag{99}$$

---

[14] Als Beispiel kann man an die Koexistenz der flüssigen Phase mit der Dampfphase denken.

[15] Von Euler stammt die mathematische Methode. Die Anwendung auf die Thermodynamik kam erst viel später.

Im Gegensatz zur Chemie betrachtet man in der Physik sehr häufig Systeme, deren Verhalten mit Hilfe einer einzigen Teilchensorte beschrieben werden kann (Kondensation, Elektronengas, etc.). Bei einem System aus N gleichen Teilchen hat das chemische Potential eine einfache Bedeutung

(100) $\mu = \frac{G}{N}$ = Gibbs'sche freie Energie pro Teilchen

---

4.3. Einelektron-Zustände für ein schwaches periodisches Potential

Wir betrachten weiterhin die Leitungselektronen in einem Metall mit Hilfe der Einelektron-Approximation, d.h. wir tun, als ob die Elektronen unabhängig wären. Wir lassen aber die Annahme von S.175 fallen, dass die Elektronen ganz frei seien, indem wir an die Stelle des räumlich konstanten Potentials ein räumlich periodisches Potential setzen. Dieses soll so schwach sein, dass man seinen Einfluss mit Hilfe einer Störungsrechnung behandeln kann. Wir denken uns das periodische Potential als gegeben, d.h. es soll unabhängig sein von vom Zustand des betrachteten Elektrons.[16)]

4.3.1. Kleiner Exkurs über zeitunabhängige Störungen

Dieser Abschnitt richtet sich an Studenten, die noch nie mit quantenmechanischer Störungsrechnung konfrontiert wurden.

A. Störungsrechnung erster Ordnung.

a. Störung nicht-entarteter Eigenzustände des Hamilton-Operators

Als ungestörtes System betrachten wir ein Elektron, dessen potentielle Energie $V(\vec{x})$ nicht explizit von der Zeit abhängt. Die stationären Zu-

---

[16)] Die analoge Annahme bei der Berechnung der Zustände des Valenzelektrons (Leuchtelektron) eines Alkaliatoms wäre folgende: Das Rumpfpotential soll unabhängig sein vom Zustand des Valenzelektrons.

stände ψ_j sind Lösungen der zeitunabhängigen Schrödingergleichung

(101) $\hat{\mathcal{H}}\psi_j = E_j\psi_j$

Die Eigenfunktionen ψ_j des Hamiltonoperators $\hat{\mathcal{H}}$ und die Energieeigenwerte E_j seien bekannt. j steht für einen Satz von Quantenzahlen (vgl. z.B. S. 176). Wir betrachten einen Eigenwert E_α, zu dem eine einzige Eigenfunktion ψ_α gehört, d.h. einen nicht-entarteten Eigenwert. Frage: Wie ändern sich der Energieeigenwert E_α und die Eigenfunktion ψ_α, wenn man zur ursprünglichen potentiellen Energie $V(\vec{x})$ eine kleine zeitunabhängige Störung $V'(\vec{x})$ addiert. Wir nennen $V'(\vec{x})$ im folgenden "Störpotential". Es werden folgende Bezeichnungen benützt

	ungestört	gestört
Hamiltonoperator	$\hat{\mathcal{H}}$	$\hat{\mathcal{H}}' = \hat{\mathcal{H}} + V'$
Energieeigenwert	E_α	E_α'
Eigenfunktion	ψ_α	ψ_α'

Ein stationärer Zustand ψ_α' des gestörten Systems ist eine Lösung der Schrödingergleichung

(102) $(\hat{\mathcal{H}} + V')\psi_\alpha' = E_\alpha'\psi_\alpha'$

Wir denken uns nun die Eigenfunktion ψ_α' des gestörten Systems entwickelt nach dem Orthogonalsystem der Eigenfunktionen des ungestörten Systems ("Quantenphysik", S. 149 ÷ 152):

(103) $\psi_\alpha' = \sum_j c_j\psi_j$

Damit wird die Schrödinger-Gleichung des gestörten Systems

(104) $(\hat{\mathcal{H}} + V')\sum_j c_j\psi_j = E_\alpha'\sum_j c_j\psi_j$

Wegen der Eigenwertgleichung (101) ist $\hat{\mathcal{H}}\sum_j c_j\psi_j = \sum_j c_j E_j\psi_j$ sodass aus (104)

(105) $\sum_j c_j(E_j + V')\psi_j = E_\alpha'\sum_j c_j\psi_j$

Soweit gilt alles streng. Nun kommt eine Approximation: Wir nehmen an, dass die Störung so beschaffen sei, dass die Eigenfunktion ψ_α' des gestörten Systems nirgends stark abweiche von der entsprechenden Eigenfunktion des ungestörten Systems. Dies bedeutet, dass in der

Entwicklung (103) $c_\alpha \approx 1$ und $|c_{j\neq\alpha}| \ll 1$. Offensichtlich kann dies zutreffen, wenn das Störpotential "genügend klein" ist. Wir wollen darunter folgendes verstehen: $\sum_{j\neq\alpha} c_j V' \psi_j$ in (105) soll vernachlässigbar sein gegen $c_\alpha V' \psi_\alpha$. Damit schreiben wir statt (105)

$$(106) \quad \sum_j c_j E_j \psi_j + c_\alpha V' \psi_\alpha = E'_\alpha \sum_j c_j \psi_j$$

Multiplikation dieser Gleichung mit ψ_α^* und Integration über den ganzen Raum liefert unter Berücksichtigung der Orthogonalität und Normierung der Eigenfunktionen ψ_j:

$$(107) \quad c_\alpha E_\alpha + c_\alpha \int \psi_\alpha^* V' \psi_\alpha \, d\tau = E'_\alpha c_\alpha$$, sodass mit $c_\alpha = 1$

$$(108) \quad \boxed{E'_\alpha - E_\alpha = \int \psi_\alpha^* V' \psi_\alpha \, d\tau, \text{ und in Dirac'scher Notation } E'_\alpha - E_\alpha = \langle \psi_\alpha | V' | \psi_\alpha \rangle}$$

> Die Änderung des Energieeigenwertes E_α ist in erster Näherung gleich dem Erwartungswert des Störpotentials für die ungestörte Eigenfunktion ψ_α.

Für das angenommene "genügend kleine" Störpotential wird die Energiedifferenz $E'_\alpha - E_\alpha$ "klein" sein. Einleuchtend ist die Annahme

$$(109) \quad |E'_\alpha - E_\alpha| \ll |E_j - E_\alpha| \qquad \text{für alle } j \neq \alpha \quad ;$$

denn die Wellenfunktionen ψ'_α und ψ_α (die beinahe demselben Potential entsprechen) gehören zum gleichen Satz α von Quantenzahlen, während ψ_j zu einem andern Satz von Quantenzahlen gehört.

Um die gestörte Eigenfunktion ψ'_α zu erhalten, müssen wir die Koeffizienten in der Entwicklung (103) berechnen. Dazu multiplizieren wir (106) mit ψ_j^* und integrieren über den ganzen Raum, analog wie oben, und erhalten

$$(110) \quad c_j E_j + c_\alpha \int \psi_j^* V' \psi_\alpha \, d\tau = E'_\alpha c_j$$

Im Sinne der ersten Näherung setzen wir $c_\alpha = 1$. Aus (109) folgt ferner $E'_\alpha - E_j \simeq E_\alpha - E_j$, sodass in dieser Näherung

$$(111) \quad c_j = \frac{\int \psi_j^* V' \psi_\alpha \, d\tau}{E_\alpha - E_j} \qquad \text{für } j \neq \alpha$$

Das Integral im Zähler ist ein nichtdiagonales Element der <u>Störmatrix</u>.

(V'_{ji}), nämlich das Element $V'_{j\alpha}$. Die gestörte Wellenfunktion ψ'_α ist also in erster Näherung gegeben durch

$$(112)\qquad \boxed{\psi'_\alpha = \psi_\alpha + \sum_{j\neq\alpha} \frac{V'_{j\alpha}}{E_\alpha - E_j}\,\psi_j}$$

Das Störpotential V' bewirkt, dass der Eigenfunktion ψ_α des Hamilton-Operators weitere Eigenfunktionen ψ_j "beigemischt" werden. Nach dieser Formel würde die Störung der Wellenfunktion divergieren, wenn ψ_α und ψ_j zu Energieeigenwerten gehören würden, deren Differenz verschwindet. Dies wäre der Fall der Entartung. Die Voraussetzungen, die zu den Resultaten (108) und (111) führen, sind dann nicht erfüllt, und es ist eine besondere Betrachtung notwendig:

b. Störung entarteter Eigenzustände des Hamilton-Operators.

Betrachte den Fall, wo zwei Eigenfunktionen ψ_{α_1} und ψ_{α_2} des Hamilton-Operators $\hat{\mathcal{H}}$ des ungestörten Systems zum selben Energieeigenwert E_α gehören. Es divergiert dann die Störung der Wellenfunktion im Sinne der Beziehungen (111) und (112). Man hilft sich in diesem Falle wie folgt: Man macht davon Gebrauch, dass eine beliebige Linearkombination

$$(113)\qquad \psi_\alpha = c_1\psi_{\alpha_1} + c_2\psi_{\alpha_2}$$

auch eine Eigenfunktion des Hamiltonoperators $\hat{\mathcal{H}}$ ist, die zum Eigenwert E_α gehört ("Quantenphysik", S. 146). Der Trick besteht darin, dass man anstelle der ursprünglichen Eigenfunktionen ψ_{α_1} und ψ_{α_2} zwei linear unabhängige Linearkombinationen derselben nimmt, die so beschaffen sind, dass sie durch die Störung nicht stark verändert werden. Solche Linearkombinationen werden als "gute Ausgangsfunktionen" bezeichnet. Wir setzen voraus, dass (113) diese Forderung erfülle, d.h. dass die Veränderung von ψ_α infolge der Störung klein sei:

$$(114)\qquad \psi'_\alpha = \psi_\alpha + \delta\psi_\alpha$$

wobei voraussetzungsgemäss $|\delta\psi_\alpha| \ll |\psi_\alpha|$ im ganzen Raum. Der Energieeigenwert E'_α des gestörten Systems unterscheidet sich nur wenig von E_α. Wir schreiben

$$(115)\qquad E'_\alpha = E_\alpha + \varepsilon \qquad \text{wobei} \quad |\varepsilon| \ll |E_j - E_\alpha| \quad \text{für alle } j \neq \alpha\,.$$

Mit (114) und (115) ist die zeitunabhängige Schrödingergleichung für da gestörte System gegeben durch

(116) $(\hat{\mathcal{H}} + V')(\psi_\alpha + \delta\psi_\alpha) = (E_\alpha + \varepsilon)(\psi_\alpha + \delta\psi_\alpha)$

Im Sinne einer <u>Näherung erster Ordnung</u> können die Glieder $V'\delta\psi_\alpha$ und $\varepsilon\delta\psi_\alpha$ vernachlässigt werden gegen $V'\psi_\alpha$ bzw $\varepsilon\psi_\alpha$. Unter Berücksichtigung der Schrödingergleichung $\hat{\mathcal{H}}\psi_\alpha = E_\alpha\psi_\alpha$ für das ungestörte System wird aus (116)

(117) $(\hat{\mathcal{H}} - E_\alpha)\delta\psi_\alpha + (V' - \varepsilon)\psi_\alpha = 0$, und mit (113)

(118) $(\hat{\mathcal{H}} - E_\alpha)\delta\psi_\alpha + (V' - \varepsilon)(c_1\psi_{\alpha_1} + c_2\psi_{\alpha_2}) = 0$

Multiplikation dieser Gleichung von links mit $\psi_{\alpha_1}^*$ und nachfolgende Integration übe den ganzen Raum liefert unter Berücksichtigung der Normierung und der Orthogonalität[17] der Eigenfunktionen ψ_{α_1} und ψ_{α_2}

(119) $\int\psi_{\alpha_1}^*(\hat{\mathcal{H}} - E_\alpha)\delta\psi_\alpha d\tau + c_1\underbrace{\int\psi_{\alpha_1}^* V'\psi_{\alpha_1} d\tau}_{V'_{11}} - c_1\varepsilon + c_2\underbrace{\int\psi_{\alpha_1}^* V'\psi_{\alpha_2} d\tau}_{V'_{12}} = 0$

Betrachte nun das erste Integral. Der Operator $(\hat{\mathcal{H}} - E_\alpha)$ hat bestimmt reelle Eigenwerte, d.h. er ist <u>hermitisch</u>. Zudem ist er reell. Für einen hermitischen Operator $\hat{F}$ gilt allgemein

(120) $\int\psi_a^*\hat{F}\psi_b d\tau = \int\psi_b\hat{F}^*\psi_a^* d\tau$ ("Quantenphysik", S. 113, 114, 145), soda

(121) $\int\psi_{\alpha_1}^*(\hat{\mathcal{H}} - E_\alpha)\delta\psi_\alpha d\tau = \int\delta\psi_\alpha(\hat{\mathcal{H}} - E_\alpha)\psi_{\alpha_1}^* d\tau$

der Integrand auf der rechten Seite verschwindet wegen der Schrödingergleichung für das ungestörte System, die man sowohl als $(\hat{\mathcal{H}} - E_\alpha)\psi_{\alpha_1} = 0$, wie auch als $(\hat{\mathcal{H}} - E_\alpha)\psi_{\alpha_1}^* = 0$ schreiben kann. Von der Gleichung (119) bleibt also noch

(122) $c_1(V'_{11} - \varepsilon) + c_2 V'_{12} = 0$

---

17) Beachte, dass Eigenfunktionen eines Operators, die zum gleichen Eigenwert gehören, nicht notwendigerweise orthogonal sind. Man kann aber immer orthogonale Eigenfunktionen konstruieren in diesem Falle ("Quantenphysik", S. 143 - 147). Wir dürfen also voraussetzen, dass ψ_{α_1} und ψ_{α_2} orthogonal sind.

Ganz analog erhält man durch Multiplikation von (118) von links mit $\psi_{\alpha_2}^*$ und Integration über den Raum

$$(123) \qquad c_1 V'_{21} + c_2(V'_{22} - \varepsilon) = 0$$

Das System der linearen Gleichungen (122)(123) mit den Unbekannten c_1 und c_2 hat nicht-triviale Lösungen, wenn

$$(124) \qquad \begin{vmatrix} (V'_{11} - \varepsilon) & V'_{12} \\ V'_{21} & (V'_{22} - \varepsilon) \end{vmatrix} = 0$$

Durch Lösung dieser <u>Säkulargleichung</u> erhält man zwei Werte für die Energieänderung ε, d.h. die <u>Entartung</u> des Energieniveaus E_α wird im allgemeinen durch die Störung <u>aufgehoben.</u> Zu jedem der beiden Werte ε gehört ein Koeffizientenpaar c_1, c_2 und damit eine "gute Ausgangsfunktion" $\psi_\alpha = c_1 \psi_{\alpha_1} + c_2 \psi_{\alpha_2}$.

Betrachte den <u>Spezialfall</u>, wo die nicht-diagonalen Elemente der Störmatrix (V'_{ji}) verschwinden. Die Säkulargleichung reduziert sich dann auf

$$(125) \qquad (V'_{11} - \varepsilon)(V'_{22} - \varepsilon) = 0$$

mit den Lösungen

$$(126) \qquad \varepsilon_1 = V'_{11} = \int \psi_{\alpha_1}^* V' \psi_{\alpha_1} \, d\tau \quad \text{und} \quad \varepsilon_2 = V'_{22} = \int \psi_{\alpha_2}^* V' \psi_{\alpha_2} \, d\tau$$

Dieselben Ausdrücke haben wir im Fall eines nicht-entarteten Energieniveaus erhalten (108). Wenn die nicht-diagonalen Elemente der Störmatrix verschwinden, sind die Eigenfunktionen ψ_{α_1} und ψ_{α_2} bereits gute Ausgangsfunktionen.

Zur Berechnung der gestörten Wellenfunktionen, die aus den <u>guten</u> Ausgangsfunktionen hervorgehen, darf Gl. (112) verwendet werden. Für die Niveaux E_j sind die vom entarteten Niveau verschiedenen Niveaux einzusetzen.

<u>Verallgemeinerung</u>: Wenn zu einem Energieniveau E_α n linear unabhängige Eigenfunktionen $\psi_{\alpha_1}, \psi_{\alpha_2}, \dots \psi_{\alpha_n}$ gehören, gelangt man auf eine $n \times n$ Störmatrix und entsprechend auf eine Säkulargleichung n-ter Ordnung. Ob die Entartung durch das Störpotential völlig aufgehoben wird (Aufspaltung in n Energieniveaux), oder ob die resultierenden Niveaux noch verbleibende Entartungen haben, hängt

von der Symmetrie der Ausgangsfunktionen ψ_{α_i} und der Symmetrie der Störung ab. Das mathematische Hilfswerkzeug, das man zum Überblicken des gestörten Systems heranzieht, ist die Gruppentheorie. Die Störung muss nicht unbedingt ein Potential $V'(\vec{x})$ sein. Analoge Betrachtungen können mit allgemeinen Störoperatoren durchgeführt werden.

B. Störungsrechnung zweiter Ordnung.

Die Änderung des Energieeigenwertes, wie sie in der Störungsrechnung erster Ordnung resultiert (Gl. 108 und 126), ist leicht zu interpretieren: Man berechnet den Erwartungswert des Störpotentials für die ungestörten Eigenfunktionen (für die Wellenfunktionen nullter Ordnung).[18] Man kann die Näherung verbessern, indem man die Änderung der Wellenfunktionen, wie sie sich aus der Störungsrechnung erster Ordnung ergibt, in der Berechnung der Energie des gestörten Systems berücksichtigt. Man erhält so die Energieänderung "in zweiter Ordnung". Das Vorgehen ist nicht trivial. Es ist klar beschrieben im Band "Quantenmechanik" des Werkes von Landau und Lifshitz. Anstelle von (108) erhält man

$$E'_\alpha - E_\alpha = \langle \psi_\alpha | V' | \psi_\alpha \rangle + \sum_{j \neq \alpha} \frac{|\langle \psi_\alpha | V' | \psi_j \rangle|^2}{E_\alpha - E_j} \tag{127}$$

In vielen Fällen verschwindet der erste Term (der Term "erster Ordnung"), und die Energieänderung kommt erst in zweiter Ordnung zum Vorschein.

4.3.2. Fast-freie Elektronen: Das periodische Potential als schwache Störung

Bei manchen Metallen gelangt man zu einem befriedigenden Verständnis der Einteilchenzustände der Leitungselektronen, wenn man sich vorstellt, dass das effektive periodische Potential eine schwache Störung der

---

18) Im Fall der Entartung sind die "guten Ausgangsfunktionen" zu nehmen; auch diese sind Eigenfunktionen des ungestörten Hamilton-Operators.

sonst freien Elektronen verursacht. Der Einfachheit halber betrachten wir zunächst ein <u>eindimensionales System</u>. Die Einsichten, die man dabei gewinnt, sind sehr instruktiv und nützlich:

Wir gehen aus von den Zuständen freier, unabhängiger Elektronen

(128) $\quad \psi(x) = C e^{ikx}$ wobei $C^*C = L^{-1}$ bei Normierung über das Grundgebiet.

Die periodischen Randbedingungen fordern (vgl. S. 176)

(129) $\quad k = \frac{2\pi}{L} n \quad$ wobei n eine ganze positive oder negative Zahl ist.

Es ist Geschmacksache, ob man n oder k als <u>Bahnquantenzahl</u> betrachtet, da nach (129) jedem n eindeutig ein k-Wert zugeordnet ist.[19] Wir charakterisieren im folgenden den Einelektron-Bahnzustand mit k und schreiben $\psi_k(x)$. Auch dem entsprechenden Energie-Eigenwert wird der untere Index k beigefügt, sodass

(130) $\quad \mathcal{E}_k = \frac{\hbar^2}{2m} k^2$

<u>Das Störpotential V</u> habe die Periode a, sodass $V(x) = V(x+a)$. Das Grundgebiet muss eine ganze Zahl von Perioden umfassen, damit die Periodizität im ganzen Raum gewährleistet ist. Wir nennen diese ganze Zahl N und schreiben

(131) $\quad L = Na$

Beachte, dass N nicht die Zahl der Elektronen im (eindimensionalen) Grundgebiet bedeutet, es sei denn, dass jede Strukturperiode ein Elektron zum eindimensionalen Elektronengas beisteuere.

Man denke sich das periodische Potential als Fourier-Reihe geschrieben:

---

19) Die Spin-Quantenzahl geht gar nicht in diese Störungsrechnung ein, da die Störung $V(x)$ nicht auf den Spin wirkt. Auch im dreidimensionalen Fall kann man die Komponenten des $\vec{k}$-Vektors als Bahnquantenzahlen betrachten.

(132) $$V(x) = \sum_{\nu=-\infty}^{+\infty} A_\nu e^{\frac{2\pi i}{a}\nu x} \qquad \nu \text{ ganzzahlig}$$

$V(x)$ ist eine reelle Funktion, sodass $A_{-\nu} = A_\nu^*$. Um Komplikationen, die für unsere Betrachtungen unwesentlich sind, zu vermeiden, nehmen wir ein symmetrisches Potential an, d.h. eine Struktur mit einem Symmetriezentrum. Es ist dann $V(x) = V(-x)$ und

(133) $$A_\nu = A_{-\nu}$$

Ferner ist ganz allgemein

(134) $$\overline{V}(x) = A_0$$

Wir begnügen uns hier mit einer Störungsrechnung erster Ordnung. Es liegt der Fall der Entartung vor; denn zu jedem Energieeigenwert $\mathcal{E}_k$ des ungestörten Systems gehören wegen (130) zwei Bahnzustände, nämlich ψ_k und ψ_{-k}. Die Störmatrix wird also eine 2×2 Matrix sein. Zuerst untersuchen wir, ob die Eigenfunktionen (128) des Hamiltonoperators des ungestörten Systems "zufälligerweise" schon gute Basisfunktionen sind, d.h. ob die ausserdiagonalen Elemente der Störmatrix verschwinden (S. 205). Sollte dies zutreffen, dann wäre die Störung der Ausgangszustände ψ_k und ψ_{-k} klein, und man könnte die Änderung der Energie nach (108) und die Änderung der Wellenfunktion nach (112) berechnen. Die ausserdiagonalen Elemente der Störmatrix sind

(135) $$V_{k,-k} = \int_0^L \psi_k^* V(x) \psi_{-k}\, dx \quad \text{und} \quad V_{-k,k} = \int_0^L \psi_{-k}^* V(x) \psi_k\, dx$$

Die Integration erstreckt sich über das Gebiet, in dem die Wellenfunktionen normiert sind, d.h. über das Grundgebiet $L = Na$. Mit (128) ist

(136) $$V_{k,-k} = \frac{1}{L}\int_0^L e^{-ikx} V(x) e^{-ikx} dx = \frac{1}{L}\int_0^L e^{-2ikx} V(x) dx$$

Mit (132) haben wir dann

(137) $$V_{k,-k} = \frac{1}{L}\int_0^L e^{-2ikx} \sum_{\nu=-\infty}^{+\infty} A_\nu e^{\frac{2\pi i}{a}\nu x} dx = \sum_\nu \int_0^L \frac{A_\nu}{L} e^{i\left(\frac{2\pi}{a}\nu - 2k\right)x} dx$$

Es sind zwei Fälle zu unterscheiden:

a) Sei $k \neq \frac{\pi}{a}\nu'$, wobei ν' eine beliebige ganze positive oder negative Zahl ist.

In (137) verschwindet dann jeder einzelne Summand:

(138) $$\int_0^L \frac{A_\nu}{L} e^{i\left(\frac{2\pi}{a}\nu - 2k\right)x} dx = \frac{A_\nu}{Na}\int_0^{Na} e^{2\pi i\left(\frac{\nu}{a} - \frac{k}{\pi}\right)x} dx = \frac{A_\nu}{Na}\cdot\frac{1}{2\pi i\left(\frac{\nu}{a}-\frac{k}{\pi}\right)} e^{2\pi i\left(\frac{\nu}{a}-\frac{k}{\pi}\right)x}\Big|_0^{Na}$$

Nach (129) und (131) ist $k = \frac{2\pi}{L}n = \frac{2\pi}{Na}n$, sodass

(139) $$\int_0^L = \frac{A_\nu}{Na}\cdot\frac{1}{2\pi i\left(\frac{\nu}{a}-\frac{k}{\pi}\right)}\left[e^{2\pi i(\nu N - 2n)} - 1\right]$$

Der Ausdruck in der eckigen Klammer verschwindet; denn $\nu N - 2n$ ist ganzzahlig. Der Nenner verschwindet nicht wegen der Voraussetzung $k \neq \frac{\pi}{a}\nu'$, die auch $k \neq \frac{\pi}{a}\nu$ impliziert.

b) Bei $k = \frac{\pi}{a}\nu'$ erhält man für die Summanden in (137)

(140) $$\int_0^L \frac{A_\nu}{L} e^{i\left(\frac{2\pi}{a}\nu - \frac{2\pi}{a}\nu'\right)x} dx = \begin{cases} A_{\nu'} & \text{für } \nu = \nu' \\ 0 & \text{für } \nu \neq \nu' \end{cases}$$

(141) Damit ist gezeigt: $$V_{k,-k} = \begin{cases} A_{\nu'} & \text{für } k = \frac{\pi}{a}\nu' \quad (\nu' \text{ ganzzahlig}) \\ 0 & \text{sonst} \end{cases}$$

Dasselbe Ergebnis erhält man für $V_{-k,k}$

Die Energie des gestörten Systems

a) $k \neq \frac{\pi}{a}\nu'$: Da die ausserdiagonalen Elemente der Störmatrix verschwinden, sind die Eigenfunktionen (128) eine gute Basis, und man darf sie in (108) einsetzen: Die Energie $\mathcal{E}_k'$ des Elektrons im schwachen periodischen Potential ist

(142) $$\mathcal{E}_k' = \mathcal{E}_k + \int_0^L \psi_k^* V(x)\, \psi_k\, dx = \mathcal{E}_k + \int_0^L \frac{1}{L} V(x) dx = \mathcal{E}_k + \overline{V}(x) = \mathcal{E}_k + A_0$$

Mit (130) und (134) ist

(143) $$\mathcal{E}_k' = \frac{\hbar^2}{2m}k^2 + A_0$$

b) $k = \frac{\pi}{a}\nu'$: Die ausserdiagonalen Elemente der Störmatrix verschwinden nicht. Nach (141) betragen sie $A_{\nu'}$. Die Eigenfunktionen (128) sind keine gute Basis, und man muss die Säkulargleichung (124) lösen. Für die Diagonalelemente erhält man $V_{k,k} = V_{-k,-k} = \overline{V}(x) = A_0$ (vgl. 142). Sei

(144) $$\Delta\mathcal{E}_k = \mathcal{E}_k' - \mathcal{E}_k$$ die störungsbedingte Änderung der Energie.

Die Säkulargleichung ist damit

$$(145)\quad \begin{vmatrix} A_0-\Delta\mathcal{E}_k & A_{\nu'} \\ A_{\nu'} & A_0-\Delta\mathcal{E}_k \end{vmatrix} = 0 \quad \text{mit den Lösungen } \Delta\mathcal{E}_k = A_0 \pm A_{\nu'}$$, sodass

$$(146)\quad \mathcal{E}'_k = \frac{\hbar^2}{2m}k^2 + A_0 \pm A_{\nu'}$$

Bei $k = \frac{\pi}{a}\nu'$ hat man also zwei Energieeigenwerte, die sich um das doppelte des Fourierkoeffizienten $A_{\nu'}$ des periodischen Potentials unterscheiden.

Die guten Wellenfunktionen

a) $k \neq \frac{\pi}{a}\nu'$: Die Zustände (128) $\psi_k = Ce^{ikx}$ sind gute Basisfunktionen, (d.h. sie werden nur schwach gestört). Sie stellen laufende Wellen dar.

b) $k = \frac{\pi}{a}\nu'$: Nach S. 203-205 sind die guten Basisfunktionen gegeben durch

$$(147)\quad \psi_k = c_1\psi_k + c_2\psi_{-k} = C\left(c_1 e^{ikx} + c_2 e^{-ikx}\right),$$

wobei c_1 und c_2 folgendes Gleichungssystem befriedigen müssen

$$(148)\quad \begin{aligned} c_1(A_0-\Delta\mathcal{E}_k) + c_2 A_\nu &= 0 \\ c_1 A_\nu + c_2(A_0-\Delta\mathcal{E}_k) &= 0 \end{aligned} \quad \text{sodass mit (145)} \quad \begin{aligned} \mp c_1 A_\nu + c_2 A_\nu &= 0 \\ c_1 A_\nu \mp c_2 A_\nu &= 0 \end{aligned}$$

Die Lösungen sind

$$(149)\quad \begin{aligned} c_1 &= c_2 \quad \text{bei } \Delta\mathcal{E} = A_0 + A_\nu \\ c_1 &= -c_2 \quad \text{bei } \Delta\mathcal{E} = A_0 - A_\nu \end{aligned}$$

Die guten Wellenfunktionen sind also

$$(150)\quad \psi_k = c\left(e^{ikx} \pm e^{-ikx}\right)$$

wobei c ein (eventuell komplexer) Koeffizient ist, der die Normierung über das Grundgebiet gewährleistet. Eine gute Wellenfunktion für $k = \frac{\pi}{a}\nu'$ ist also die Superposition einer nach rechts laufenden und einer nach links laufenden (aber sonst gleichen Welle), d.h. eine stehende Welle. Man kann sich vorstellen, dass die nach links laufende Welle durch Bragg'sche Reflexion der nach rechts laufenden Welle entsteht, oder umgekehrt: Der Streuvektor ist

$$(151) \qquad q = k_2 - k_1 = -k - k = -2k = \frac{-2\pi}{a}\nu'$$

q ist ein Vektor im reziproken Gitter, d.h. die Bragg-Ewald'sche Bedingung ist erfüllt (S. 82/83). Es sieht also aus, als ob die den quasifreien Elektronen entsprechenden Materiewellen am periodischen Potential kohärent-elastisch gestreut würden. Diese Auffassung ist etwas gefährlich; denn wir haben bei der Behandlung des Problems weder eine einfallende, noch eine gestreute Welle eingeführt, sondern nur die Eigenfunktionen eines Elektrons im periodischen Potential gesucht. Für die Quantenzahlen $k = \frac{2\pi}{a}\nu'$ sind die Lösungen <u>stehende</u> Wellen. Punktum. Da unsere Störungsrechnung etwas ganz anderes ist als die erste Born'sche Näherung, zeigt sie, dass das Bragg'sche Gesetz eine allgemeinere Bedeutung hat, als die Herleitung S. 67/68 vermuten lässt.

Der Verlauf von $\mathcal{E}'_k$ in der Nähe von $k = \frac{\pi}{a}\nu'$!

Die einfache Störungsrechnung erster Ordnung, die wir hier durchgeführt haben, erweckt den Eindruck, dass $\mathcal{E}'_k$ für $k \neq \frac{\pi}{a}\nu'$ überall durch die Parabel (143) gegeben sei, und dass nur für $k = \frac{\pi}{a}\nu'$ eine Abweichung erfolge gemäss (146). Tatsächlich ist es aber so, dass unsere Störungsrechnung wohl die Funktionswerte für $k = \frac{\pi}{a}\nu'$ richtig liefert im Sinne einer Näherung erster Ordnung, aber nicht den Verlauf der Funktion $\mathcal{E}'(k)$ in unmittelbarer Nähe von $k = \frac{\pi}{a}\nu'$. Die Skizze unten links zeigt, was man auf Grund der obigen Rechnungen aussagen kann. Der Verlauf von $\mathcal{E}'(k)$ in der Nähe von $k = \frac{\pi}{a}\nu'$ ergibt sich

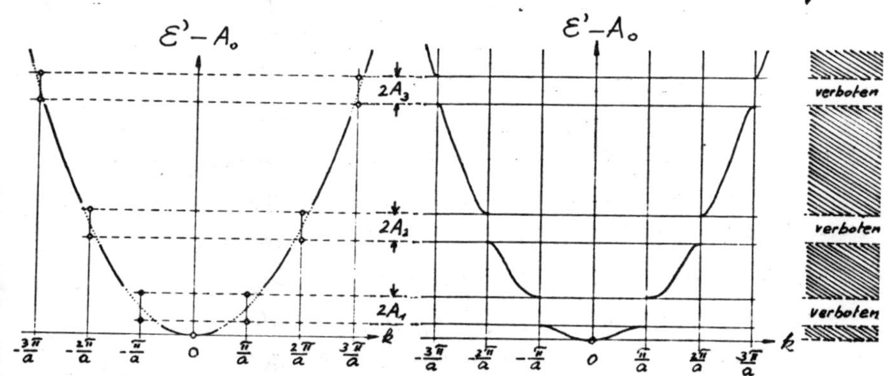

erst aus einer etwas subtileren Rechnung. Dazu geht man von den guten Wellenfunktionen (150) für $k = \frac{\pi}{a}\nu'$ aus und berechnet die Änderung der Energie für eine kleine Änderung des Wellenvektors k. Man findet dann, dass $\left.\frac{\partial \mathcal{E}'}{\partial k}\right|_{k=\frac{\pi}{a}\nu} = 0$. Die auf subtilerem Wege berechnete Funktion $\mathcal{E}'(k)$ ist oben rechts skizziert.[20] Die erlaubten Energie-Eigenwerte liegen im sog. Energiebändern, die durch verbotene Energiegebiete der Breite $2A_\nu$, sog. Energielücken getrennt sind.

4.3.3. Brillouin – Zonen.

Wir gehen aus von der Figur auf S. 211. Wenn man die Energiebänder fortlaufend von unten nach oben numeriert, entspricht dem n-ten Energieband ein k-Bereich, der gegeben ist durch

$$(152) \qquad \frac{\pi(n-1)}{a} \leq |k| \leq \frac{\pi n}{a}$$

Der durch $n=1$ definierte Bereich ist die erste Brillouin-Zone, wie sie schon auf S. 129 bei der Behandlung der Gitterschwingungen eingeführt wurde. Entsprechend definiert man gemäss (152) die n-te Brillouin-Zone. Bei den Gitterschwingungen genügt die Betrachtung der ersten Zone; denn durch Addition eines beliebigen Vektors des reziproken Gitters zum Wellenvektor $\vec{k}$ einer Gitterwelle erhält man die identische Welle.

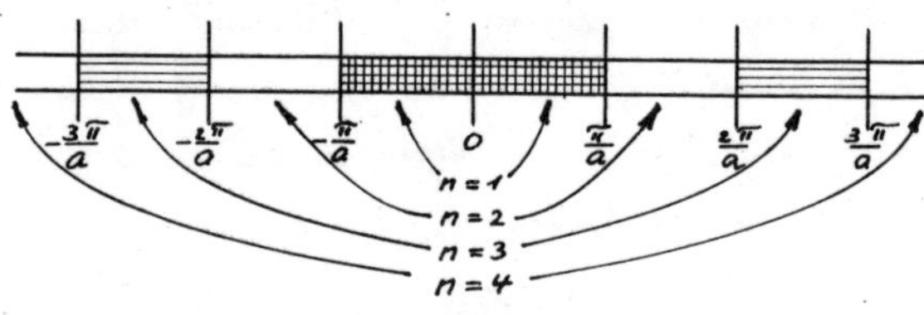

Bei den Elektronenwellen ist es nicht notwendigerweise so: Wenn man von freien Elektronen ausgeht und das periodische Potential als schwache Störung behandelt, erhält man einen Zustand in einem anderen Energieband, wenn man zu $\vec{k}$ einen Vektor des reziproken Gitters addiert. Man muss hier die höheren Brillouin-Zonen in Betracht ziehen. Eine Störungsrechnung liefert indessen nicht alles. Erst bei der allgemeinen Behandlung des Problems werden wir etwas weiter sehen. Im eindimensionalen Fall erhält man die Grenzen der Brillouin-Zonen, indem man den Ursprung des reziproken Gitters

---

[20] Man konsultiere das Buch von E. Merzbacher: "Quantum Mechanics".

mit allen andern Gitterpunkten verbindet und die Mittelpunkte dieser Strecken markiert. Im <u>zweidimensionalen</u> Fall verbindet man den Punkt des reziproken Gitters, den man als Ursprung gewählt hat, mit allen andern Gitterpunkten und konstruiert die Mittelsenkrechten dieser Strecken. Die erste Brillouin-Zone (1.BZ) ist das kleinste Polygon, das von diesen Mittelsenkrechten um den Ursprung herum gebildet wird. Das kleinste Poly-

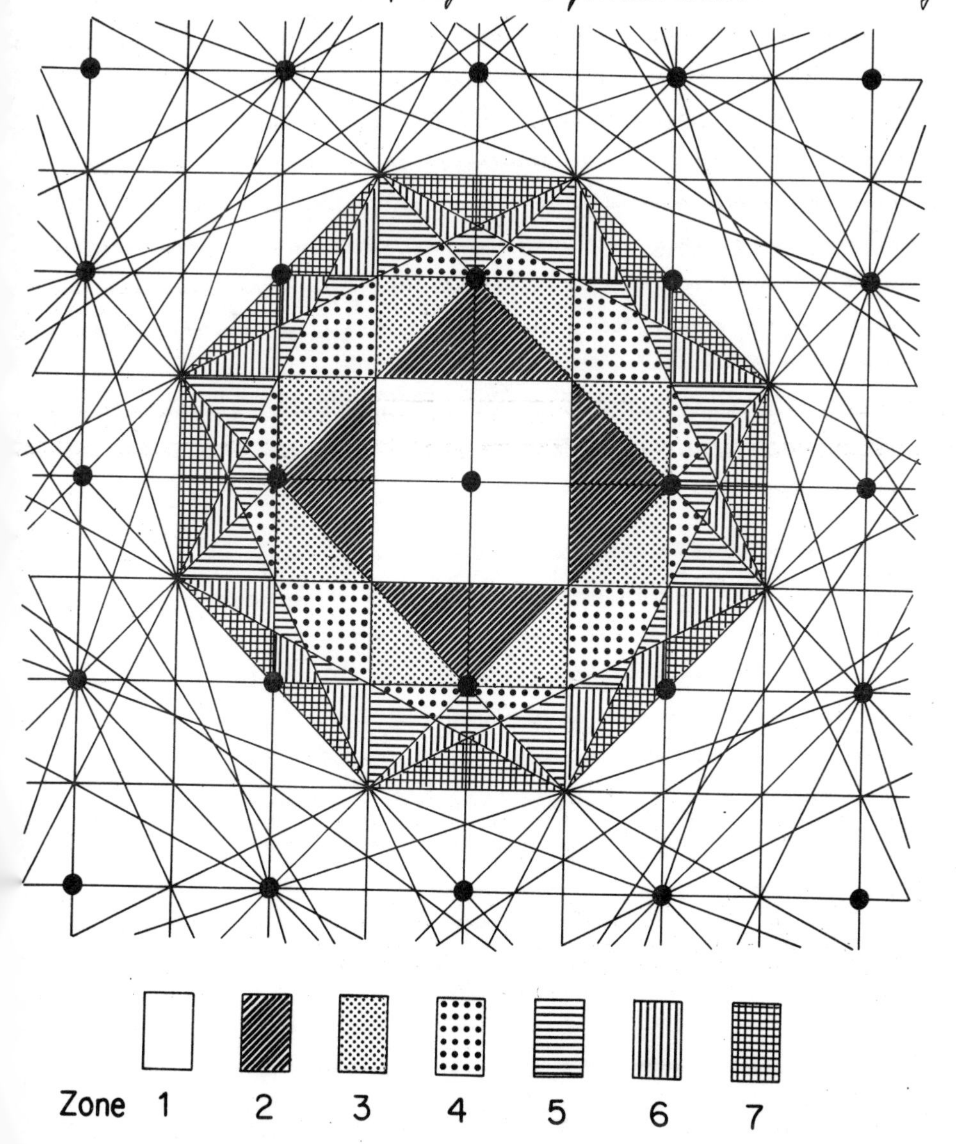

gon wird umschlossen von einem zweiten Polygon, das die doppelte Fläche hat. Die Fläche zwischen den beiden Polygonen ist die zweite Brillouin-Zone. Sie ist flächengleich zur 1. BZ. Das zweite Polygon wird umschlossen von einem dritten Polygon, das den dreifachen Flächeninhalt der 1. BZ hat. Die Fläche zwischen dem zweiten und dem dritten Polygon ist die dritte Brillouin-Zone. Sie ist flächengleich zur 1. BZ. Undsoweiter. Die einzelnen Brillouin-Zonen sind aber nicht nur flächengleich; die 2. BZ und die höheren BZ bestehen aus Stücken, die durch reine Translationen in den Raum der ersten BZ hineingeschoben und dort lückenlos und ohne Überlappungen zusammengefügt werden können. Die Zeichnung auf S. 213 illustriert die ersten sieben BZ für ein Quadratgitter. Im dreidimensionalen Fall treten an die Stelle der Mittelsenkrechten die Mittelnormalebenen und an die Stelle der Polygone Polyeder. Was wir vom zweidimensionalen Fall gelernt haben, kann sinngemäss übernommen werden. Der Rauminhalt jeder BZ ist gleich dem Rauminhalt der primitiven Zelle des reziproken Gitters, also $(2\pi)^3/V$, wobei V das Volumen der primitiven Zelle im direkten Gitter bedeutet (vgl. Gl. 40 S. 80).

Bei freien Elektronen ist die Zahl der Bahnzustände im Volumenelement d^3k des $\vec{k}$-Raumes nach (17) S. 176 gegeben durch $\frac{v}{(2\pi)^3}\, d^3k$, wobei v das Volumen des Grundgebietes bedeutet. Dieselbe Zustandsdichte gilt für Elektronen im schwachen periodischen Potential; denn man geht von den Zuständen freier Elektronen aus. Im Abschnitt 4.4.2 werden wir zeigen, dass dieselbe Zustandsdichte für ein beliebiges periodisches Potential gültig ist. Die Zahl der Bahnzustände in einer BZ ist damit $\frac{(2\pi)^3}{V} \cdot \frac{v}{(2\pi)^3} = \frac{v}{V} = N$, und wir haben den Satz:

> Die Zahl der Bahnzustände in jeder Brillouin-Zone ist gleich der Zahl der primitiven Zellen im Grundgebiet.

4.4. Einelektron-Zustände für ein beliebiges periodisches Potential

4.4.1. Das Theorem von Bloch.

Die Punkte des direkten Gitters seien gegeben durch

$$\vec{R} = n_1\vec{a}_1 + n_2\vec{a}_2 + n_3\vec{a}_3 \qquad n_i \text{ ganze Zahlen} \tag{153}$$

Die Translationsvektoren $\vec{a}_i$ sollen eine primitive Zelle aufspannen. Die potentielle Energie eines Elektrons hat die Periodizität der Struktur, sodass

$$V(\vec{x}) = V(\vec{x}+\vec{R}) \tag{154}$$

Die stationären Einelektron-Zustände $\psi(\vec{x})$ sind die Lösungen der Eigenwertgleichung

$$\hat{\mathcal{H}}\,\psi(\vec{x}) = \mathcal{E}\,\psi(\vec{x}) \quad \text{, wobei } \hat{\mathcal{H}} = -\frac{\hbar^2}{2m}\Delta + V(\vec{x}) \tag{155}$$

Felix Bloch zeigte, dass die Eigenfunktionen folgende Form haben

$$\boxed{\psi_{\vec{k}}(\vec{x}) = u_{\vec{k}}(\vec{x})\,e^{i\vec{k}\cdot\vec{x}}} \tag{156}$$

wobei $u_{\vec{k}}(\vec{x})$ die Periodizität der Kristallstruktur hat

$$\boxed{u_{\vec{k}}(\vec{x}) = u_{\vec{k}}(\vec{x}+\vec{R})} \tag{157}$$

Der untere Index $\vec{k}$ soll andeuten, dass die Komponenten des Wellenvektors als Bahnquantenzahlen aufgefasst werden. Wir werden später zeigen, dass diese Bahnquantenzahlen dieselben Werte annehmen können wie bei freien Elektronen (Elektronen im konstanten Potential). Die Gleichungen (156) und (157) sind zusammen der Inhalt des Theorems von Bloch. Einelektron-Zustände $\psi(\vec{x})$, die (156) und (157) befriedigen, werden Bloch-Zustände oder Bloch-Wellen genannt. Aus (156) und (157) folgt sofort

$$\boxed{\psi_{\vec{k}}(\vec{x}+\vec{R}) = \psi_{\vec{k}}(\vec{x})\,e^{i\vec{k}\cdot\vec{R}}} \tag{158}$$

Auch die Gleichung 158 ist eine Formulierung des Bloch-Theorems. Den Beweis des Theorems entnehmen wir dem Buch von Ashcroft und Mermin.

Man geht aus von der Translationssymmetrie des Potentials $V(\vec{x})$ und führt einen Translationsoperator $\hat{T}_R$ ein durch die Definition

$$(159)\quad \hat{T}_R f(\vec{x}) = f(\vec{x}+\vec{R})$$

Wenn man sich unter $f(\vec{x})$ z.B. die Funktion $\hat{\mathcal{H}}\psi(\vec{x})$ vorstellt, hat man nach (159)

$$(160)\quad \hat{T}_R \hat{\mathcal{H}} \psi(\vec{x}) = \hat{\mathcal{H}}(\vec{x}+\vec{R})\,\psi(\vec{x}+\vec{R})$$

Der Hamiltonoperator (141) hat die Periodizität des Potentials, d.h. $\hat{\mathcal{H}}(\vec{x}+\vec{R}) = \hat{\mathcal{H}}(\vec{x})$. Nach (159) ist ferner $\hat{T}_R\psi(\vec{x}) = \psi(\vec{x}+\vec{R})$, sodass

$$(161)\quad \hat{T}_R \hat{\mathcal{H}} \psi(\vec{x}) = \hat{\mathcal{H}} \hat{T}_R \psi(\vec{x})$$

Die Operatoren $\hat{\mathcal{H}}$ und $\hat{T}_R$ kommutieren also bei der Anwendung auf $\psi(\vec{x})$. Weiterhin kommutieren zwei Translationen $\hat{T}_R$ und $\hat{T}_{R'}$, denn $\vec{R}+\vec{R'} = \vec{R'}+\vec{R}$:

$$(162)\quad \hat{T}_R \hat{T}_{R'} = \hat{T}_{R'} \hat{T}_R = \hat{T}_{R+R'} \quad \text{und damit} \quad \left(\hat{T}_R\right)^l = \hat{T}_{lR} \quad (l \text{ ganz})$$

Nach (155) ist $\psi(\vec{x})$ eine Eigenfunktion von $\hat{\mathcal{H}}$. Da $\hat{\mathcal{H}}$ mit $\hat{T}_R$ kommutiert, ist $\psi(\vec{x})$ auch eine Eigenfunktion von $\hat{T}_R$ ("Quantenphysik", S. 141/142); d.h. $\psi(\vec{x})$ befriedigt auch die folgende Eigenwertgleichung

$$(163)\quad \hat{T}_R \psi(\vec{x}) = T_R \psi(\vec{x})$$

. Damit haben wir

$$(164)\quad \psi(\vec{x}+\vec{R}) = T_R \psi(\vec{x})$$

Wenn wir zeigen können, dass $T_R = e^{i\vec{k}\cdot\vec{R}}$, ist die Richtigkeit der Formulierung (158) des Bloch-Theorems bewiesen. Offensichtlich muss man die Eigenwerte der Translationsoperatoren etwas näher betrachten. Aus (162) und (163) folgt

$$(165)\quad \left(\hat{T}_R\right)^l \psi(\vec{x}) = T_R^{\,l} \psi(\vec{x})$$

Für eine Translation um einen Basisvektor $\vec{a}_i$ des direkten Punktgitters hat man nach (163)

(166) $\hat{T}_{a_i}\,\psi(\vec{x}) = T_{a_i}\,\psi(\vec{x})$,

und für eine Translation um einen beliebigen Vektor im direkten Punktgitter, $\vec{R} = n_1\vec{a}_1 + n_2\vec{a}_2 + n_3\vec{a}_3$, hat man mit (163) (165) und (166)

(167) $\hat{T}_R\,\psi(\vec{x}) = \left(\hat{T}_{a_1}\right)^{n_1}\left(\hat{T}_{a_2}\right)^{n_2}\left(\hat{T}_{a_3}\right)^{n_3}\psi(\vec{x}) = T_{a_1}^{n_1}\,T_{a_2}^{n_2}\,T_{a_3}^{n_3}\,\psi(\vec{x}) = T_R\,\psi(\vec{x})$

Man kann immer eine Beziehung $\xi_j(\vec{a}_j)$ finden, die es gestattet, die Eigenwerte T_{a_j} in folgender Form zu schreiben

(168) $T_{a_j} = e^{2\pi i\,\xi_j}$, sodass mit (167)

(169) $T_R = e^{2\pi i\,(n_1\xi_1 + n_2\xi_2 + n_3\xi_3)}$

Wir definieren einen Vektor $\vec{k}$ durch

(170) $\vec{k} = \xi_1\vec{b}_1 + \xi_2\vec{b}_2 + \xi_3\vec{b}_3$, wobei $\vec{b}_i$ die Basisvektoren des reziproken Gitters sind. Nach (39) S. 80 gilt für diese

(171) $\vec{a}_i\cdot\vec{b}_j = 2\pi\,\delta_{ij}$, sodass mit (170)

(172) $\vec{k}\cdot\vec{R} = 2\pi\,(n_1\xi_1 + n_2\xi_2 + n_3\xi_3)$, und mit (169)

(173) $T_R = e^{i\vec{k}\cdot\vec{R}}$ q.e.d.

4.4.2. Diskussion der Bloch-Zustände.

① Impuls und Kristallimpuls

Die Eigenfunktionen des Impulsoperators $\hat{\vec{p}}$ sind allgemein von der Form $\psi(\vec{x}) = C e^{\frac{i}{\hbar}\vec{p}\cdot\vec{x}} = C e^{i\vec{k}\cdot\vec{x}}$ mit $\vec{p} = \hbar\vec{k}$, wobei $\vec{p}$ der physikalische Impuls les Teilchens ist. ("Quantenphysik," S. 136/137). Die Bloch-Wellen $\psi(\vec{x}) = u(\vec{x})\,e^{i\vec{k}\cdot\vec{x}}$ ind also keine Eigenfunktionen von $\hat{\vec{p}}$. Die Grösse $\hbar\vec{k}$ ist hier nicht der physika- sche Impuls, sondern ein "Kristallimpuls", ähnlich wie bei den Phononen (S. 145). uf S. 220 wird gezeigt, unter welchen Bedingungen $\vec{k}$ durch $\vec{k}+\vec{q}_h$ er- tzt werden darf, wobei $\vec{q}_h$ ein Vektor im reziproken Gitter bedeutet. n Begriff des Kristallimpulses ermöglicht vor allem eine elegante Formulierung der Elektron-Phonon Streuung (vgl. S. 146-153) sowie des Einflusses äusserer Felder auf die Einelektron-Zustände.

② Die Zustandsdichte im $\vec{k}$-Raum.

Die möglichen Vektoren $\vec{k}$ ergeben sich aus den periodischen Randbedingungen, ganz ähnlich wie im Fall der freien Elektronen (S. 176). Als Grundgebiet wählt man ein Parallelepiped, das aufgespannt wird durch die Vektoren

$$(174) \qquad \vec{L}_i = N_i \vec{a}_i \quad , \quad i = 1, 2, 3 \qquad \text{(analog zu Gl. 131 S. 207)}$$

N_i sind sehr grosse ganze Zahlen, und $\vec{a}_i$ die Basisvektoren des direkten Gitters. Die periodischen Randbedingungen fordern

$$(175) \qquad \psi(\vec{x} + N_i \vec{a}_i) = \psi(\vec{x})$$

In jeder Bloch-Funktion $\psi_{\vec{k}}(\vec{x}) = u_{\vec{k}}(\vec{x}) e^{i \vec{k} \cdot \vec{x}}$ erfüllt der Faktor $u_{\vec{k}}(\vec{x})$ wegen (157) S. 215 automatisch die periodischen Randbedingungen, sodass nur noch der Faktor $e^{i \vec{k} \cdot \vec{x}}$ zu betrachten ist. Man erhält deshalb dasselbe Ergebnis für die Zustandsdichte im $\vec{k}$-Raum wie bei freien Elektronen.

③ Energiebänder und Bandindex

Wir wollen zeigen, dass das Bloch-Theorem ganz allgemein die Existenz von verschiedenen Energiebändern impliziert. In einem Energieband ist die Energie $\mathcal{E}$ eine stetige Funktion des Wellenvektors $\vec{k}$. Zu verschiedenen Energiebändern gehören verschiedene Funktionen $\mathcal{E}(\vec{k})$. Ob Energiebänder durch Energielücken (S. 211/212) getrennt sind, oder ob sie überlappen, hängt vom periodischen Potential ab. Um etwas zu erfahren über einen allgemeinen Zusammenhang zwischen $\mathcal{E}$ und $\vec{k}$, setzen wir die Blochwelle (156) in die Schrödinger-Gleichung (155) ein. Betrachte der Einfachheit halber zunächst den eindimensionalen Fall, wo

$$(176) \qquad \psi(x) = u(x) e^{ikx} \qquad \text{und}$$

(177) $$-\frac{\hbar^2}{2m}\frac{\partial^2\psi}{\partial x^2} + V(x)\,\psi(x) = \mathcal{E}\,\psi(x)$$

Durch Einsetzen von (156) und Division durch e^{ikx} erhält man

(178) $$-\frac{\hbar^2}{2m}\left(\frac{\partial^2}{\partial x^2} + 2ik\frac{\partial}{\partial x} - k^2\right)u(x) + V(x)\,u(x) = \mathcal{E}\,u(x)$$

und mit dem Impuls-Operator $\hat{p} = \frac{\hbar}{i}\frac{\partial}{\partial x}$

(179) $$\left[\frac{1}{2m}\left(\hat{p} + \hbar k\right)^2 + V(x)\right]u(x) = \mathcal{E}\,u(x)$$

Dieselbe Gleichung gilt im dreidimensionalen Raum

(180) $$\left[\frac{1}{2m}\left(\hat{\vec{p}} + \hbar\vec{k}\right)^2 + V(\vec{x})\right]u(\vec{x}) = \mathcal{E}\,u(\vec{x})$$

Dies ist eine Darstellung der Eigenwertgleichung für die Energie. Die eckige Klammer zeigt, dass der Hamilton-Operator vom Parameter $\vec{k}$ abhängt. Es ist deshalb angezeigt, sowohl die Lösungen $u(\vec{x})$, wie auch den Energie-Eigenwert $\mathcal{E}$ mit dem Index $\vec{k}$ zu versehen, wie wir dies schon früher aus einer etwas anderen Perspektive heraus getan haben (s. S. 207, 215):

(181) $$\hat{\mathcal{H}}_{\vec{k}}\, u_{\vec{k}}(\vec{x}) = \mathcal{E}_{\vec{k}}\, u_{\vec{k}}(\vec{x})$$

Nach dem Bloch-Theorem sind die Lösungen dieser Eigenwertgleichung periodische Funktionen von $\vec{x}$ und können damit als Lösungen eines Randwertproblems aufgefasst werden. Randwertprobleme führen immer auf eine Menge von diskreten Eigenwerten [21]. Wir fassen $\vec{k}$ als Parameter auf und fügen dem Energie-Eigenwert noch einen Index n bei, der anzeigt, welche diskrete Lösung gemeint ist [22]. Dieser Index ist auch der Funktion $u_{\vec{k}}(\vec{x})$ und damit auch der Bloch-Welle $\psi_{\vec{k}}(\vec{x})$ beizufügen:

(182) $$\mathcal{E} = \mathcal{E}_{n\vec{k}}\;,\quad u = u_{n\vec{k}}(\vec{x})\;,\quad \psi = \psi_{n\vec{k}}(\vec{x})$$

Im nächsten Schritt betrachten wir $\vec{k}$ als variabel, schreiben

---

21) Man denke an die diskreten Eigenfrequenzen einer Saite, einer Membran oder eines Hohlraumes ("Mechanik und Wellenlehre", S. 239–249).

22) Beachte, dass dieser Index n gar nichts zu tun hat mit den ganzen Zahlen n in den Gleichungen (13) S. 176 und (129) S. 207.

$$(183) \qquad \mathcal{E} = \mathcal{E}_n(\vec{k}) \quad ,$$

und identifizieren n mit dem Bandindex. Der Zusammenhang mit der auf S. 212 eingeführten Nummer der Brillouin-Zone ist damit noch nicht ganz hergestellt; denn die im Abschnitt 4.3.2. durchgeführte Störungsrechnung lieferte zu jedem festen Wert k nur einen einzigen Energie-Eigenwert (ausser für die Zonengrenzen). Die einfache Störungsrechnung vermag einen wesentlichen Aspekt nicht zu liefern:

④ Periodizität im $\vec{k}$-Raum

Periodizität im $\vec{k}$-Raum haben wir schon bei den Gitterschwingungen angetroffen (S.128/129, 137/138). Es ist nicht erstaunlich, dass sie auch bei den Einelektron-Zuständen im periodischen Potential auftritt:

Sei $\psi_{n\vec{k}}(\vec{x})$ eine Bloch-Funktion. Nach S. 215 ist dann

$$(184) \qquad \psi_{n\vec{k}}(\vec{x}+\vec{R}) = \psi_{n\vec{k}}(\vec{x})\, e^{i\vec{k}\cdot\vec{R}}$$

Betrachte eine Bloch-Welle aus demselben Band n, die aber zur Quantenzahl $\vec{k}+\vec{q}_h$ gehört, wobei $\vec{q}_h$ ein Vektor im reziproken Gitter ist, und damit nach (36) S. 80 die Gleichung

$$(185) \qquad e^{i\vec{q}_h\cdot\vec{R}} = 1$$

befriedigt. Für die zweite Bloch-Funktion gilt nach (158) S. 215

$$(186) \qquad \psi_{n,\vec{k}+\vec{q}_h}(\vec{x}+\vec{R}) = \psi_{n,\vec{k}+\vec{q}_h}(\vec{x})\, e^{i(\vec{k}+\vec{q}_h)\cdot\vec{R}} \quad \text{, sodass mit (185)}$$

$$(187) \qquad \psi_{n,\vec{k}+\vec{q}_h}(\vec{x}+\vec{R}) = \psi_{n,\vec{k}+\vec{q}_h}(\vec{x})\, e^{i\vec{k}\cdot\vec{R}}$$

Das Bloch-Theorem (S. 215) sagt, dass eine Wellenfunktion, die die Bedingung (184) erfüllt, eine Lösung der Schrödingergleichung darstellt für ein Teilchen in einem periodischen Potential, das durch (153) und (154) charakterisiert ist. Der Vergleich von (187) mit (184) zeigt, dass es nicht darauf ankommt, ob man $\psi_{n,\vec{k}}(\vec{x})$ oder $\psi_{n,\vec{k}+\vec{q}_h}(\vec{x})$ hinschreibt. Physikalisch sind die beiden Bloch-Funktionen nicht unterscheidbar, ähnlich wie zwei Gitterwellen, deren Wellenvektoren sich um einen Vektor des reziproken Gitters unterscheiden. Sie müssen jedoch zum selben Bandindex n gehören, ähnlich wie die beiden Gitterwellen zum selben Zweig gehören müssen (S. 135). Wenn $\psi_{n\vec{k}}$ und $\psi_{n,\vec{k}+\vec{q}_h}$ dieselbe Bloch-Welle darstellen, sind auch die entsprechenden Energie-Eigenwerte gleich, d.h. man darf schreiben

$$(188) \qquad \boxed{\mathcal{E}_{n,\vec{k}+\vec{q}_h} = \mathcal{E}_{n\vec{k}} \quad \text{und} \quad \mathcal{E}_n(\vec{k}+\vec{q}_h) = \mathcal{E}_n(\vec{k})}$$

Die Funktion $\mathcal{E}_n(\vec{k})$ hat damit die Periodizität des reziproken Gitters.

Zur Illustration betrachten wir das auf S. 207-212 behandelte Beispiel der Elektronen im schwachen periodischen Potential. In jedem Energieband n kann nach (188) die Funktion $\mathcal{E}_n(k)$ periodisch fortgesetzt werden. Ausgehend von der Figur S. 211 erhält man so die Skizze unten links, das sog. "periodische Zonenschema". Wegen der Periodizität genügt die Betrachtung des Gebietes $-\frac{\pi}{a} \leq k \leq \frac{\pi}{a}$. Man gelangt so zum "reduzierten Zonenschema". Man kann es sich entstanden denken, ausgehend von der Fig.

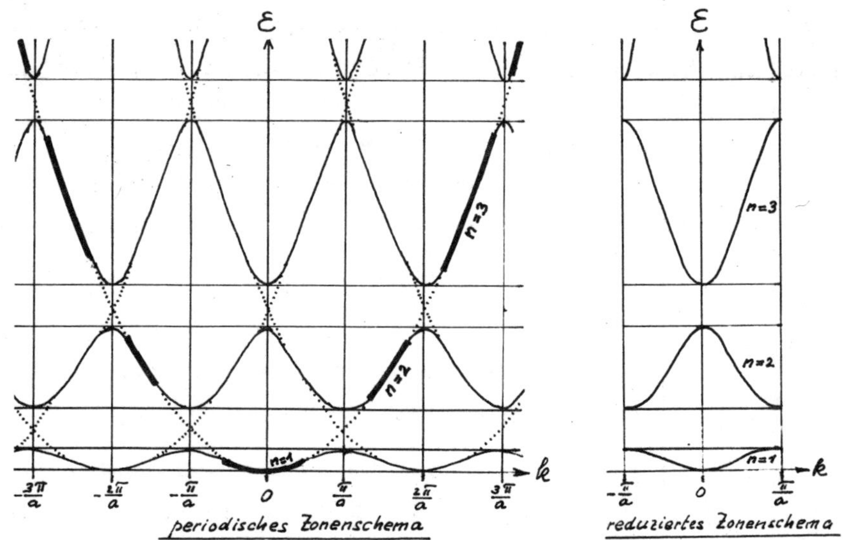

auf S. 212: Die Stücke, aus denen die höheren Brillouin-Zonen bestehen – im eindimensionalen Beispiel sind es nur zwei –, sind in den Raum der ersten Brillouin-Zone hineingeschoben worden (vgl. S. 214). Selbstverständlich gilt diese Betrachtungsweise für ein beliebiges periodisches Potential und beliebige Dimensionalität.

4.4.3. Überlappende Energiebänder.

Die eindimensionalen Modelle unterschlagen oft Aspekte, die für das Verständnis des dreidimensionalen Kristalls von ausschlaggebender Bedeutung sind. Im dreidimensional-periodischen Potential hängt der Energieeigenwert $\mathcal{E}_n(\vec{k})$ nicht nur vom Betrag des Vektors $\vec{k}$, sondern auch von dessen Richtung ab. Zur Veranschaulichung pflegt man $\mathcal{E}_n(k)$ aufzutragen für ausgewählte Richtungen, z.B. parallel zu Symmetrieachsen der Struktur. Da der Energieeigenwert für $\vec{k}=0$ nur vom Bandindex abhängt, gehen die Kurven $\mathcal{E}_n(k)$ bei gegebenem Bandindex für alle Richtungen von derselben Energie $\mathcal{E}_n(0)$ aus. Die Skizze illustriert, wie $\mathcal{E}(k)$ etwa aussehen könnte für zwei stark verschiedene Richtungen I und II. Für jede Richtung ist die Funktion $\mathcal{E}(k)$ nur bis zur Zonengrenze eingezeichnet. Im Zentrum der Zone (Γ-Punkt) ist $\frac{\partial \mathcal{E}}{\partial k}=0$ für jedes Band und für jede Richtung.[23] An der Zonengrenze ist dies nicht notwendigerweise der Fall, wie man anhand der Figur auf S. 142 einsehen kann.

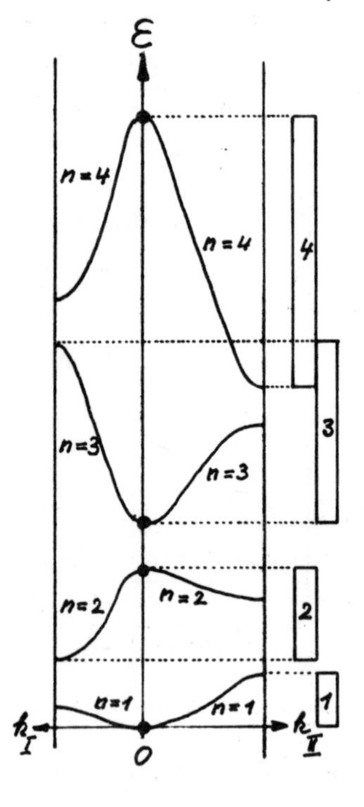

Die wichtigste Einsicht, die die Skizze vermittelt ist die, dass Energiebänder unter Umständen nicht durch eine Energielücke getrennt sind, sondern <u>überlappen</u>.

Im vielen Fällen liegt das absolute Extremum von $\mathcal{E}_n(k)$ nicht bei $k=0$ und nicht an der Zonengrenze.

---

23) Man kann zeigen, dass sogar $\mathcal{E}_n(\vec{k})=\mathcal{E}_n(-\vec{k})$, auch dann, wenn die Struktur kein Symmetriezentrum aufweist.

4.4.4. Die Eigenwertdichte $\rho(\mathcal{E})$

Die Zahl der Einelektron-Energieeigenwerte zwischen $\mathcal{E}$ und $\mathcal{E}+d\mathcal{E}$ kann geschrieben werden als $\rho(\mathcal{E})\,d\mathcal{E}$. Die eindimensionalen Modelle vermitteln keine gute Vorstellung der Eigenwertdichte im dreidimensionalen Kristall. Man sieht dies schon am Beispiel der freien Elektronen ein: Im eindimensionalen Kristall ist die Zahl

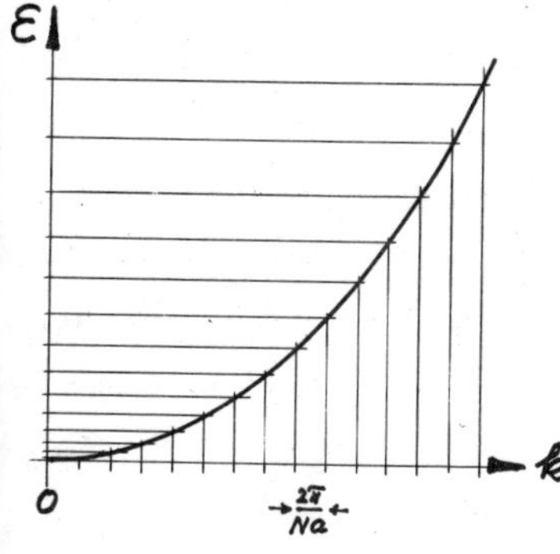

der Energieeigenwerte zwischen $\mathcal{E}$ und $\mathcal{E}+d\mathcal{E}$ proportional zu $\frac{\partial k}{\partial \mathcal{E}}$ (Nach Gl. 129 S. 207 folgen die k-Werte in gleichen Schritten der Länge $\frac{2\pi}{Na}$ aufeinander auf der k-Achse.) Mit $\mathcal{E} \propto k^2$ wird $\rho(\mathcal{E}) \propto \mathcal{E}^{-1/2}$. Die Eigenwertdichte divergiert bei $k \to 0$. Für den dreidimensionalen Raum ergibt die Rechnung (S.179) $\rho(\mathcal{E}) \propto \mathcal{E}^{1/2}$. Bei Elektronen im periodischen Potential führt das eindimensionale Modell zu einer Divergenz der Eigenwertdichte sowohl am oberen, wie auch am unteren Bandrand, wie man anhand der Skizze S. 211 einsieht. (Die Zustandsdichte im $\vec{k}$-Raum ist dieselbe wie bei freien Elektronen. Vgl. S. 218).

Zur Eigenwertdichte im dreidimensionalen Kristall gelangt man auf dem folgenden Wege: Man betrachtet im $\vec{k}$-Raum die Flächen konstanter Energie $\mathcal{E}_n(\vec{k}) = \text{const.}$. Bei freien Elektronen sind diese Flächen konzentrische Kugeln. Bei Elektronen im schwachen periodischen Potential, d.h. für die Leitungselektronen eines Metalls, ist eine Kugelfläche solange eine gute Näherung, als sie nirgends zu nahe an eine Zonengrenze herankommt. Unproblematisch ist diese Näherung nur innerhalb der ersten Brillouin-Zone, wie man anhand der Figur auf S. 213 ahnen kann. (Mit grösster Vorsicht zu geniessen ist folgende Begründung der Kugelnäherung: Wenn $\vec{k}$ genügend klein ist, ist die de Broglie-Wellenlänge so gross, dass die Elektronen das periodische Potential nicht mehr "sehen". Man muss immer daran denken, dass Impuls und Kristallimpuls nicht dasselbe sind.) Man kommt nicht um eine sorgfältigere Behandlung des Problems herum. Es zeigt sich dabei, dass die Flächen konstanter Energie unter einem rechten Winkel auf die Zonengrenzen auftreffen, wenn man von den Kanten und Ecken der letzteren absieht.

Zunächst denken wir nicht an das periodische und an das reduzierte Zonenschema, sondern gehen aus vom ursprünglichen Konzept, wie es die Skizze auf S. 211 (rechts) für ein eindimensionales Modell illustriert. Wenn die Spitze des Wellenvektors $\vec{k}$ eine Zonengrenze überschreitet, springt die Energie in das nächste Band: Wir denken im sog. "fortgesetzten" oder "erweiterten" Zonenschema. Zur Veranschaulichung betrachten wir die erste und die zweite Brillouin-Zone für einen zweidimensionalen Kristall mit quadratischer Struktur (s. Figur S. 213). Einige Kurven konstanter Energie sind qualitativ eingetragen. Die Versetzung an der Zonengrenze markiert den Energiesprung. Wenn keine Bandüberlappung eintritt, entsprechen die Kurven in der zweiten Zone Energien, die höher sind als für jede Kurve in der ersten Zone.

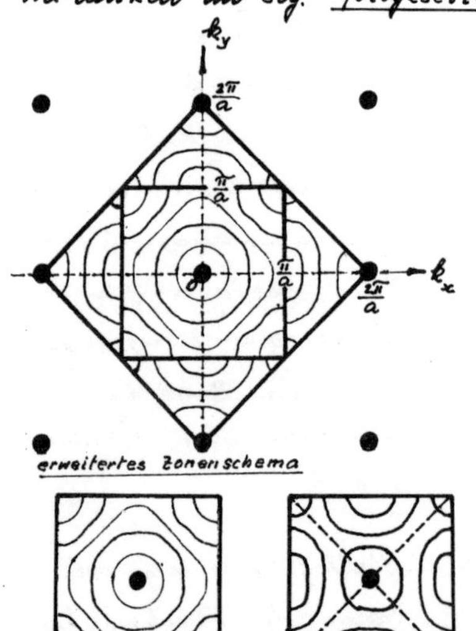

Wenn man das Problem im reduzierten Zonenschema betrachten will, schiebt man die einzelnen Stücke, aus denen eine höhere Zone besteht, translatorisch in den Raum der ersten Zone hinein (S. 214). Im Falle eines schwachen periodischen Potentials und der Abwesenheit von Bandüberlappung würde die Energie in der ersten Zone zum mindesten anfänglich von innen nach aussen ansteigen und in der zweiten Zone sinken.

Zur Berechnung der Eigenwertdichte in einem bestimmten Band eines dreidimensionalen Kristalls stellen wir uns die Flächen konstanter Energie vor in der Brillouin-Zone, die diesem Band entspricht. Übersichtlich sind die Flächen konstanter Energie im reduzierten Zonenschema. Wir betrachten die Flächen

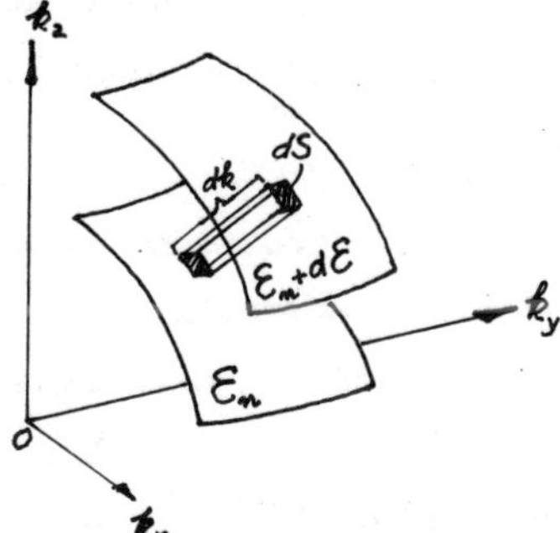

$$\mathcal{E}_n(\vec{k}) = \mathcal{E}_n = \text{const. und}$$
$$\mathcal{E}_n(\vec{k}) = \mathcal{E}_n + d\mathcal{E} = \text{const.}$$

Ganz allgemein lässt sich der Energieunterschied $d\mathcal{E}$ schreiben als

$$(189) \quad d\mathcal{E} = \left|\nabla_k \mathcal{E}(\vec{k})\right| dk$$

wobei dk der Abstand der beiden Energieflächen am Orte $\vec{k}$ bedeutet. Das Volumen des skizzierten senkrechten, infinitesimalen Prismas mit Grund- und Deckfläche dS und Höhe dk ist unter Berücksichtigung von (189)

$$(190) \quad dS\,dk = \frac{d\mathcal{E}}{\left|\nabla_k \mathcal{E}(\vec{k})\right|} dS$$

Da die Zustandsdichte im k-Raum dieselbe ist wie bei freien Elektronen (S. 176 und S. 218), ist die Zahl der Energieeigenwerte, die Punkten im Prisma entsprechen, gegeben durch

$$(191) \quad dS\,dk \frac{v}{(2\pi)^3} \ ,$$

wobei v das Volumen des Grundgebietes ist. Durch Integration über die Fläche $\mathcal{E}_n(\vec{k}) = \mathcal{E}_n = \text{const.}$ erhält man die Zahl der Energieeigenwerte zwischen $\mathcal{E}_n$ und $\mathcal{E}_n + d\mathcal{E}$ zu

$$(192) \quad \rho(\mathcal{E})\,d\mathcal{E} = \frac{v}{(2\pi)^3}\, d\mathcal{E} \int_{\mathcal{E}=\text{const}} \frac{dS}{\left|\nabla_k \mathcal{E}(\vec{k})\right|}$$

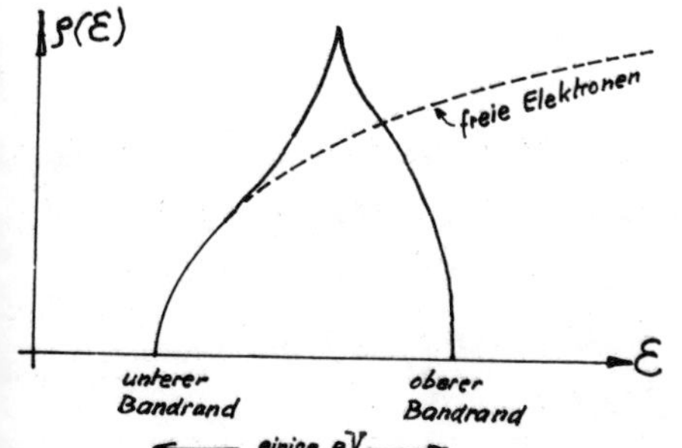

Man findet, dass $\rho(\mathcal{E})$ keine Pole hat, wohl aber Unstetigkeiten in der Ableitung. Für Valenzelektronen eines einfachen Metalls verläuft $\rho(\mathcal{E})$ etwa wie hier skizziert ist.

4.5 Von Atomniveaux zu Energiebändern

Wir bleiben bei der Einelektron-Näherung und stellen uns damit auf den Standpunkt, dass es selbstkonsistente Potentiale und Einelektron-Wellenfunktionen gebe, sowohl für einzelne Atome, als auch für Kristalle. Wir gehen nun nicht von den Zuständen eines Elektrons im periodischen Potential aus, sondern von Atomorbitalen (vgl. S. 169-175). Der Gedanke ist naheliegend, dass sich die Energiebänder entwickeln lassen

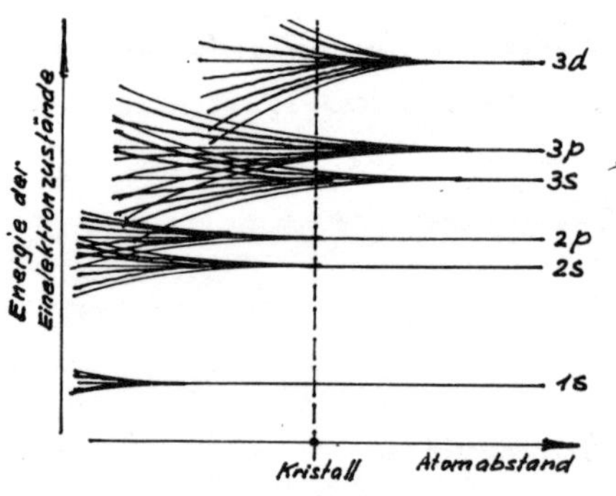

aus den Einelektron-Niveaux der Atome, indem man ursprünglich weit voneinander entfernte Atome zu einer periodischen Struktur zusammenschiebt. Je stärker entsprechende Atomorbitale benachbarter Atome überlappen, umso sinnvoller wird es, von nicht-lokalisierten Elektronen in einem periodischen Potential zu sprechen und eine Beschreibung der Einelektronzustände durch Bloch-Funktionen anzustreben. Ganz schematisch soll die obige Skizze diese Idee vermitteln. Der Bandindex n kann auf diese Weise mit einem Atomorbital in Zusammenhang gebracht werden. Zum Beispiel würde man die Leitungselektronen des metallischen Natriums dem "3s-Band" zuordnen (S. 173-174). In den folgenden Betrachtungen lehnen wir uns eng an das Buch von Ashcroft und Mermin an.

4.5.1. Die nullte Näherung

Sei $\psi_n(\vec{x})$ ein selbstkonsistentes Atomorbital, das nach Hartree und Fock berechnet worden sei. In der Zentralfeldnäherung steht der Index n für das Tripel n, l, m der Bahnquantenzahlen (S. 169-173). Zu diesem Atomorbital gehört ein selbstkonsistentes Atompotential $V_{at}(\vec{x})$. Das Atomorbital $\psi_n(\vec{x})$ ist eine Lösung der Schrödinger-Gleichung

$$\hat{\mathcal{H}}_{at}\,\psi_n = E_n \psi_n \quad \text{mit} \quad \hat{\mathcal{H}}_{at} = -\frac{\hbar^2}{2m}\Delta + V_{at}(\vec{x}) \tag{193}$$

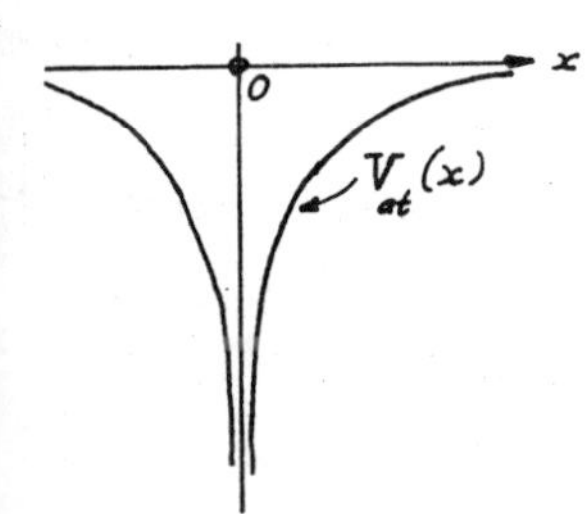

Für eine Ebene, die durch den Atomkern geht, sieht $V_{at}(\vec{x})$ etwa gemäss der nebenstehenden Skizze aus ("Quantenphysik", S. 247). Wir fassen eine Struktur mit einatomiger Basis (S. 24) ins Auge und setzen das Atom auf einen Gitterpunkt O eines zunächst leeren primitiven Gitters. Am Atompotential ändert sich dabei nichts. Wenn nun alle Gitterpunkte mit gleichen Atomen besetzt werden, ändert sich das Potential für das bei O zentrierte Atomorbital um $\delta V(\vec{x})$, und zwar ist $\delta V(\vec{x})$ so beschaffen dass $V_{at}(\vec{x}) + \delta V(\vec{x})$ als das selbstkonsistente

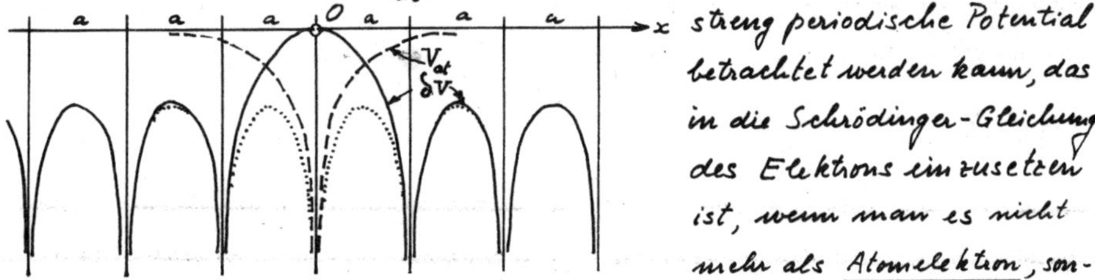

streng periodische Potential betrachtet werden kann, das in die Schrödinger-Gleichung des Elektrons einzusetzen ist, wenn man es nicht mehr als Atomelektron, sondern als nicht-lokalisiertes Kristallelektron betrachtet[24]. Die Skizze illustriert den Potentialverlauf in der Ebene einer Atomreihe. Die stationären Zustände eines Elektrons in diesem Potential sind Eigenfunktionen des Operators

$$\hat{\mathcal{H}}_{crist} = \hat{\mathcal{H}}_{at} + \delta V(\vec{x}) \quad , \tag{194}$$

der die Periodizität der Kristallstruktur hat. Das auf $\vec{x} = 0$ zentrierte Atomorbital $\psi_n(\vec{x})$ wäre nicht nur eine Eigenfunktion von $\hat{\mathcal{H}}_{at}$, sondern auch von $\hat{\mathcal{H}}_{crist}$, wenn

$$\delta V(\vec{x})\,\psi_n(\vec{x}) = 0 \tag{195}$$

---

[24] Zu verschiedenen Energiebändern gehören verschiedene selbstkonsistente periodische Potentiale, ähnlich wie zu verschiedenen Hartree-Fock-Atomorbitalen verschiedene selbstkonsistente Atompotentiale gehören. Zu verschiedenen Einelektronzuständen im selben Band soll aber dasselbe periodische Potential gehören.

zutreffen würde, d.h. wenn $\delta V(\vec{x})$ überall dort verschwände, wo $\psi_n(\vec{x})$ nicht verschwindet. Wenn man bedenkt, dass jedes Atomorbital einen Faktor hat, der exponentiell mit dem Abstand vom Zentrum abnimmt ("Quantenphysik", S. 181 und 187–189), und zudem in Betracht zieht, dass $|\delta V(x)|$ in der Nähe von O klein ist und in O praktisch verschwindet, wird man (195) <u>in nullter Näherung</u> gelten lassen und $\psi_n(\vec{x})$ als nullte Näherung einer Eigenfunktion von $\hat{\mathcal{H}}_{crist}$ auffassen. Da $\hat{\mathcal{H}}_{crist}$ die Periodizität der Kristallstruktur hat, wird auch $\psi_n(\vec{x}-\vec{R'})$ eine Eigenfunktion von $\hat{\mathcal{H}}_{crist}$ sein, wenn $\vec{R'}$ ein Vektor des direkten Gitters ist. Sie stellt das auf den Punkt $\vec{R'}$ zentrierte kongruente Atomorbital dar und gehört deshalb zum gleichen Energieeigenwert E_n wie $\psi_n(\vec{x})$. Wir haben oben vereinfachend angenommen, dass das Grundgebiet N primitive einatomige Zellen enthalte. Gemäss der nullten Näherung hat dann die Eigenwertgleichung

$$(196) \qquad \hat{\mathcal{H}}_{crist}\,\psi = E_n\,\psi$$

N Lösungen, nämlich Atomorbitale, die auf einem der N Punkte des Gitters zentriert sind. Das Energieniveau E_n ist also in nullter Näherung <u>N-fach entartet</u>. Die nullte Näherung liefert also keine Energiebänder. Wir wissen aber, dass eine Störung Entartungen <u>aufheben</u> kann. Wir sind also auf einem guten Wege (S. 205). Die Aufhebung der Entartung wird erst im nächsten Abschnitt behandelt. Wegen der N-fachen Entartung ist in der nullten Näherung eine beliebige Linearkombination

$$(197) \qquad \Psi_n(\vec{x}) = \sum_{\vec{R'}} c_{\vec{R'}}\,\psi_n(\vec{x}-\vec{R'})$$

wieder eine Eigenfunktion von $\hat{\mathcal{H}}_{crist}$ zum selben Energieeigenwert E_n ("Quantenphysik", S. 146). Da der Operator $\hat{\mathcal{H}}_{crist}$ <u>periodisch</u> ist, sind seine Eigenfunktionen <u>Bloch-Wellen</u>. Zum Index n kommt also als weiterer Index die Quantenzahl $\vec{k}$ hinzu. Nach (158) S. 215 müssen die Eigenfunktionen die Gleichung

$$(198) \qquad \Psi_{n\vec{k}}(\vec{x}+\vec{R}) = \Psi_{n\vec{k}}(\vec{x})\,e^{i\vec{k}\cdot\vec{R}} \qquad \text{befriedigen.}$$

Die Linearkombination im Summe von (197), die (198) befriedigt, ist

$$(199)\quad \Psi_{n\vec{k}}(\vec{x}) = \sum_{\vec{R}'} e^{i\vec{k}\cdot\vec{R}'}\,\psi_n(\vec{x}-\vec{R}')$$ Kristallorbital in nullter Näherung

Die Summe erstreckt sich über alle Gitterpunkte des Grundgebietes. Im Sinne des reduzierten Zonenschemas genügt es, $\vec{k}$ - Werte innerhalb der ersten Brillouin - Zone zu betrachten. Der Index n übernimmt dabei die Rolle des Bandindexes. Die Konvergenz der Summe (199) ist unproblematisch, da die Wellenfunktionen ψ_n exponentiell abnehmen mit $|\vec{x}-\vec{R}'|$.

Beweis, dass (199) die Bloch'sche Bedingung (198) erfüllt (nach Ashcroft und Mermin): Wenn (199) gilt, dann ist

$$(200)\quad \Psi_{n\vec{k}}(\vec{x}+\vec{R}) = \sum_{\vec{R}'} e^{i\vec{k}\cdot\vec{R}'}\,\psi_n(\vec{x}+\vec{R}-\vec{R}') = e^{i\vec{k}\cdot\vec{R}}\sum_{\vec{R}'} e^{i\vec{k}(\vec{R}'-\vec{R})}\,\psi_n(\vec{x}-(\vec{R}'-\vec{R}))$$

Man stelle sich nun ein Grundgebiet vor, das sich in allen Richtungen ins Unendliche erstreckt. Es kommt dann nicht darauf an, ob man über $\vec{R}'$ oder $\vec{R}'-\vec{R}=\vec{R}''$ summiert; denn das Summationsgebiet hat keine Oberfläche, und man summiert in beiden Fällen über die Punkte eines unendlichen Gitters. Man darf damit schreiben

$$(201)\quad \Psi_{n\vec{k}}(\vec{x}+\vec{R}) = e^{i\vec{k}\cdot\vec{R}}\sum_{\vec{R}''} e^{i\vec{k}\cdot\vec{R}''}\,\psi_n(\vec{x}-\vec{R}'') = e^{i\vec{k}\cdot\vec{R}}\,\Psi_{n\vec{k}}(\vec{x})$$

q.e.d.

Diskussion der nullten Näherung (199)

Da Gl. (199) eine Bloch-Welle darstellt, muss sie sich nach (156) S.215 in folgender Form schreiben lassen

$$(202)\quad \Psi_{n\vec{k}}(\vec{x}) = u_{n\vec{k}}(\vec{x})\,e^{i\vec{k}\cdot\vec{x}}$$

Betrachte zunächst die spezielle Bloch-Welle $\vec{k}=0$. Es ist dann

$$(203)\quad \Psi_{n0}(\vec{x}) = u_{n0}(\vec{x}) = \sum_{R}\psi_n(\vec{x}-\vec{R})$$

Dies ist die Superposition der auf allen Gitterpunkten zentrierten Atomorbitale. Als Beispiele betrachten wir ein 1s - Orbital und ein 2s - Orbital. Qualitativ sehen diese Atomfunktionen gemäss den folgenden Skizzen aus ("Quantenphysik", S.181):

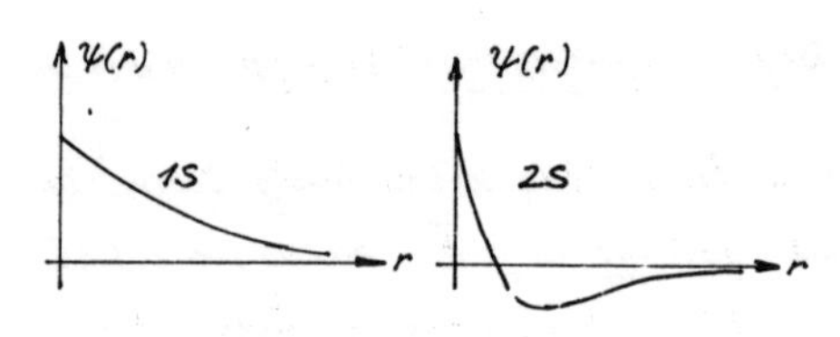

Wenn man die Superposition (203) für eine Gittergerade (Atomreihe) betrachtet, ergeben sich die folgenden schematischen Skizzen:

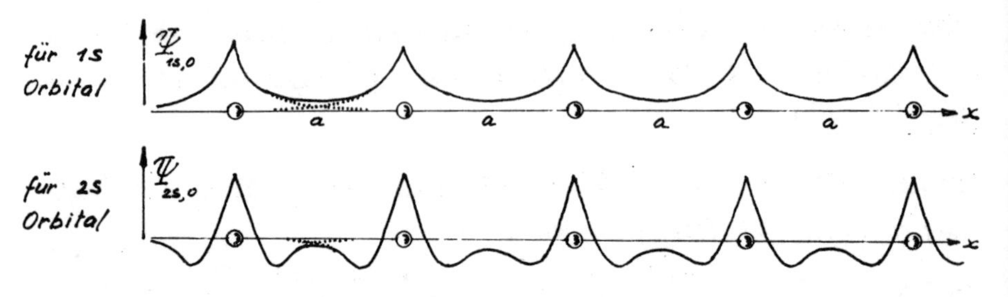

Die nächsten Skizzen illustrieren den Einfluss einer Veränderung der Quantenzahl $\vec{k}$ auf eine Kristall-Wellenfunktion nullter Näherung, die auf 1s-Atomorbitalen beruht. Der Verlauf dieser Funktionen ist leicht zu verstehen aufgrund der Darstellung (199): Das am Gitterpunkt $\vec{R}$ zentrierte Atomorbital ist mit dem Faktor $e^{i\vec{k}\cdot\vec{R}}$ zu multiplizieren. Dieser Faktor ist nur an den Gitterpunkten definiert, d.h. jedes Atomorbital wird mit einem "individuellen", nur vom Gitterpunkt abhängigen (sonst von $\vec{x}$ unabhängigen) Faktor multipliziert.

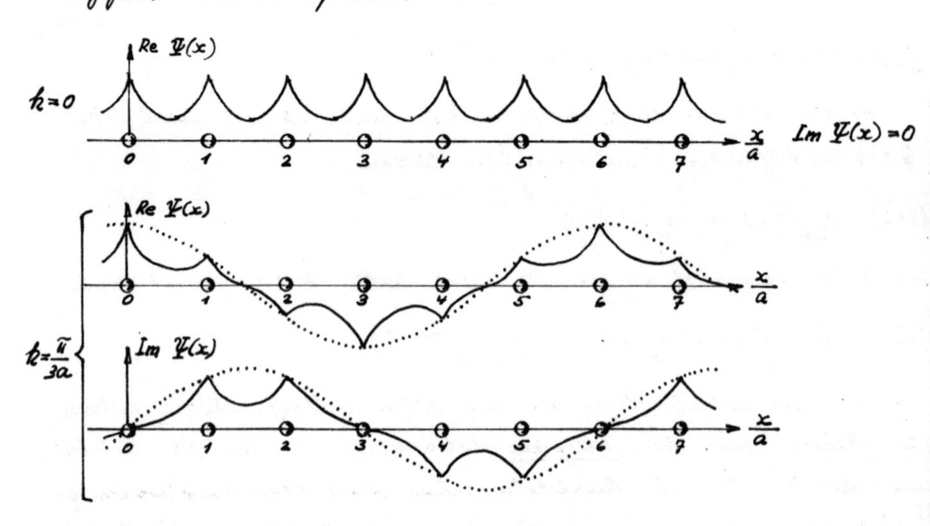

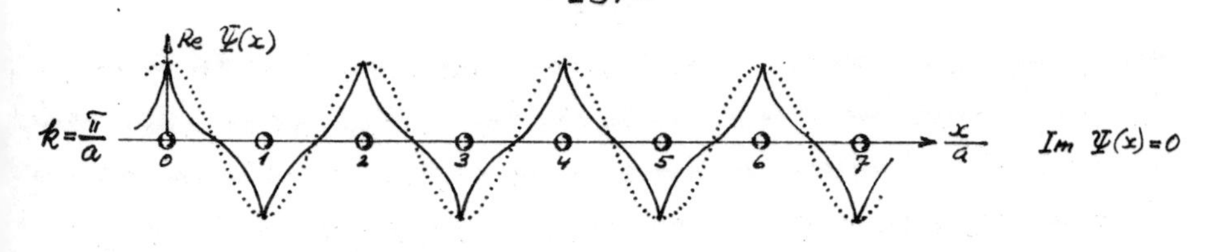

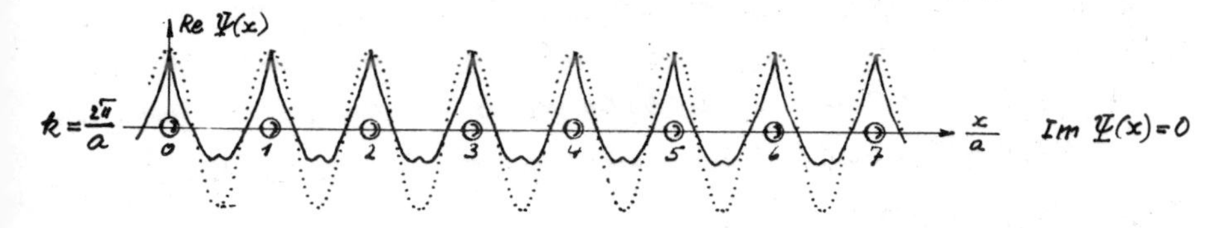

Beachte die Ähnlichkeit der Funktion für $k=\frac{2\pi}{a}$ mit $\Psi_{2S,0}$. Die folgende Interpretation drängt sich hier auf: Wenn man von $k=0$ zu $k=\frac{2\pi}{a}$ schreitet, gelangt man vom 1S-Band (unterer Rand) in das 2S-Band (oberer Rand). Man betrachte die Figur auf S. 211.

4.5.2. Die erste Näherung für die Energie $\mathcal{E}_n(\vec{k})$

① Qualitative Betrachtungen zur $\vec{k}$-Abhängigkeit der Energie

Ausgehend von der Eigenfunktion nullter Näherung (199) kann man zur ersten Näherung für die Energie gelangen, indem man die Annahme (195) und ihre Konsequenz (196) aufgibt. Dass eine $\vec{k}$-abhängige Energie und damit ein Energieband resultiert, ist qualitativ wie folgt einzusehen: Der Phasenfaktor $e^{i\vec{k}\cdot\vec{R}}$, der in der Eigenfunktion (199) vorkommt, beeinflusst die Aufenthaltswahrscheinlichkeit $|\Psi_{n\vec{k}}|^2$ im Überlappungsgebiet der auf verschiedenen (insbesondere benachbarten) Gitterplätzen zentrierten Atomorbitale φ_n.[25] Man vergleiche z.B. die Skizzen für $k=0$ und $k=\frac{\pi}{a}$ auf S. 230/231 miteinander.

Der Chemiker sieht hier sofort den Zusammenhang mit der einfachsten Theorie des H_2^+-Moleküls: Betrachte anstelle der periodischen Anordnung

---

25) Wenn keine Überlappung stattfindet, ist die Aufenthaltswahrscheinlichkeit unabhängig von $\vec{k}$; denn $|e^{i\vec{k}\cdot\vec{R}}| \equiv 1$

von Atomen zwei Protonen A und B, in deren elektrischen Felde sich ein Elektron bewegt. Wenn dieses in der Nähe des Protons A ist, dominieren in seiner Hamilton-Funktion die Terme, die einem auf A zentrierten Atomorbital entsprechen, und das Analoge gilt für B. Für eine Näherungslösung der Schrödingergleichung des *Zweizentrenproblems* könnte man also eine Wellenfunktion ansetzen, die in der Nähe von A wie ein auf A zentriertes Atomorbital $\psi^{(A)}$ und in der Nähe von B wie ein auf B zentriertes Atomorbital $\psi^{(B)}$ aussieht. Eine naheliegende *Approximation für ein Molekülorbital* wäre damit [26]

(204) $$\Psi = c_A \psi^{(A)} + c_B \psi^{(B)} \quad .$$

Dieses Verfahren ist unter dem Namen *LCAO-Approximation* bekannt: Linear Combination of Atomic Orbitals. Wir suchen die Molekülorbitale tiefster Energie und gehen dazu vom 1s-Atomorbital aus. Da die Hamilton-Funktion des Elektrons symmetrisch ist bezüglich des Mittelpunktes zwischen den beiden Protonen, sind nur zwei Linearkombinationen zu betrachten, eine mit gerader und eine mit ungerader Parität [27]

(205) $$\Psi^{\pm} = c\left(\psi^{A}_{1s} \pm \psi^{B}_{1s}\right)$$

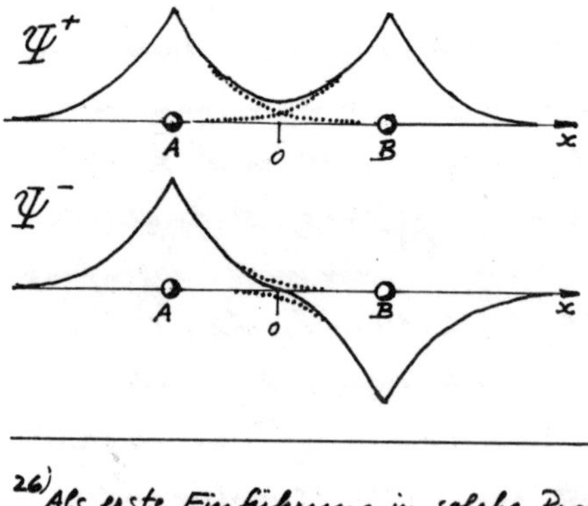

Die Aufenthaltswahrscheinlichkeit des Elektrons im Überlappungsgebiet der Atomorbitale, d.h. *zwischen* den Protonen ist für das Molekülorbital Ψ^{+} grösser als für das Molekülorbital Ψ^{-}. Eine nähere Betrachtung zeigt, dass die elektronische Energie des Zustandes Ψ^{+} tiefer liegt als diejenige des

---

[26] Als erste Einführung in solche Probleme kann dem Physiker folgendes Buch empfohlen werden: C.A. Coulson, "Valence".

[27] Die Wellenfunktion gerader Parität bleibt unverändert, wenn man $\vec{x}$ durch $-\vec{x}$ ersetzt, während die Wellenfunktion ungerader Parität das Vorzeichen wechselt. Bezugspunkt ist das Symmetriezentrum des Potentials, d.h. die Mitte zwischen den beiden Protonen.

Zustandes Ψ^- bei festgehaltenen Protonen[28]. Dieses Beispiel enthält zwei Extremfälle, wenn man einen "Phasenfaktor" einführt: Bei Ψ^+ ändert sich der Phasenfaktor nicht, wenn man vom "Atom A" zum "Atom B" schreitet, während er bei Ψ^- das Vorzeichen kehrt. Damit ist die Vermutung naheliegend, dass in der eindimensionalen periodischen Atomreihe $k = 0$ dem unteren und $k = \frac{\pi}{a}$ dem oberen Bandrand entspreche. Damit wäre ein Zusammenhang mit der Theorie des Elektrons im schwachen periodischen Potential hergestellt (S. 211).

② Berechnung eines Energiebandes aus Atomorbitalen

Wir geben die nullte Näherung (196) für die Energieeigenwertgleichung auf und schreiben gemäss (194) exakter

$$(206) \quad \underbrace{\left[\hat{\mathcal{H}}_{at} + \delta V(\vec{x})\right]}_{\mathcal{H}_{crist}} \Psi_{n\vec{k}}(\vec{x}) = \mathcal{E}_n(\vec{k})\, \Psi_{n\vec{k}}(\vec{x}) \quad ,$$

wobei wir für $\Psi_{n\vec{k}}(\vec{x})$ die Wellenfunktionen nullter Näherung nach (199) einsetzen, nämlich

$$(207) \quad \Psi_{n\vec{k}}(\vec{x}) = \sum_{\vec{R}} e^{i\vec{k}\cdot\vec{R}}\, \psi_n(\vec{x}-\vec{R})$$

Durch Multiplikation von (206) von links mit dem Atomorbital $\psi_n^*(\vec{x})$ und Integration über den ganzen Raum (oder das Grundgebiet) wird

$$(208) \quad \underbrace{\int \psi_n^* \hat{\mathcal{H}}_{at} \Psi_{n\vec{k}}\, d^3x}_{A} + \underbrace{\int \psi_n^* \delta V\, \Psi_{n\vec{k}}\, d^3x}_{B} = \mathcal{E}_n(\vec{k}) \underbrace{\int \psi_n^* \Psi_{n\vec{k}}\, d^3x}_{C}$$

<u>Integral A</u> : Wir machen davon Gebrauch, dass $\hat{\mathcal{H}}_{at}$ hermitisch ist, und schreiben ("Quantenphysik", S. 113/114 und 145)

$$(209) \quad A = \int \Psi_{n\vec{k}}(\vec{x})\, \hat{\mathcal{H}}_{at}\, \psi_n^*(\vec{x})\, d^3x$$

---

[28] Die Summe der elektronischen Energie und der Energie der Coulomb-Abstossung der Protonen hat als Funktion des Kernabstandes für den Zustand Ψ^+ ein Minimum, d.h. das Molekül hält zusammen. Für den Zustand Ψ^- hingegen nimmt die Gesamtenergie monoton ab mit zunehmendem Kernabstand, d.h. das Molekül zerfällt.

Nach Voraussetzung ist $\psi_n(\vec{x})$ das bei $\vec{x}=0$ zentrierte Atomorbital, sodass $\hat{\mathcal{H}}_{at}\,\psi_n(\vec{x}) = E_n\,\psi_n(\vec{x})$ und $\hat{\mathcal{H}}_{at}\,\psi_n^*(\vec{x}) = E_n\,\psi_n^*(\vec{x})$, womit

$$(210)\quad A = E_n \int \Psi_{n\vec{k}}(\vec{x})\,\psi_n^*(\vec{x})\,d^3x$$

, und durch Einsetzen von (207)

$$(211)\quad A = E_n \int \sum_{\vec{R}} e^{i\vec{k}\cdot\vec{R}}\,\psi_n(\vec{x}-\vec{R})\,\psi_n^*(\vec{x})\,d^3x = E_n \sum_{\vec{R}} e^{i\vec{k}\cdot\vec{R}} \int \psi_n(\vec{x}-\vec{R})\,\psi_n^*(\vec{x})\,d^3x$$

Wir sondern den Summanden $\vec{R}=0$ aus und erhalten mit der Normierung $\int \psi_n(\vec{x})\,\psi_n^*(\vec{x})\,d^3x = 1$

$$(212)\quad A = E_n\Big(1+\sum_{\vec{R}\neq 0} e^{i\vec{k}\cdot\vec{R}} \underbrace{\int \psi_n(\vec{x}-\vec{R})\,\psi_n^*(\vec{x})\,d^3x}_{\text{Überlappungsintegral } \alpha(\vec{R})}\Big) = E_n\Big(1+\sum_{\vec{R}\neq 0} e^{i\vec{k}\cdot\vec{R}}\,\alpha(\vec{R})\Big)$$

<u>Integral B</u> : Auf analogem Wege wie oben findet man

$$(213)\quad B = \sum_{\vec{R}} e^{i\vec{k}\cdot\vec{R}} \int \psi_n^*(\vec{x})\,\delta V(\vec{x})\,\psi_n(\vec{x}-\vec{R})\,d^3x$$

$$= \underbrace{\int \psi_n^*(\vec{x})\,\delta V(\vec{x})\,\psi_n(\vec{x})\,d^3x}_{-\beta} + \sum_{\vec{R}\neq 0} e^{i\vec{k}\cdot\vec{R}} \underbrace{\int \psi_n^*(\vec{x})\,\delta V(\vec{x})\,\psi_n(\vec{x}-\vec{R})\,d^3x}_{-\gamma(\vec{R})}$$

$$= -\beta - \sum_{\vec{R}\neq 0} e^{i\vec{k}\cdot\vec{R}}\,\gamma(\vec{R})$$

<u>Integral C</u> :

$$(214)\quad C = \sum_{\vec{R}} e^{i\vec{k}\cdot\vec{R}} \int \psi_n^*(\vec{x})\,\psi_n(\vec{x}-\vec{R})\,d^3x = 1 + \sum_{\vec{R}\neq 0} e^{i\vec{k}\cdot\vec{R}} \underbrace{\int \psi_n^*(\vec{x})\,\psi_n(\vec{x}-\vec{R})\,d^3x}_{\alpha(\vec{R})}$$

$$= 1 + \sum_{\vec{R}\neq 0} e^{i\vec{k}\cdot\vec{R}}\,\alpha(\vec{R})$$

Damit erhält man für die Auflösung der Gleichung (208) nach der gesuchten Bandstrukturfunktion $\mathcal{E}_n(\vec{k})$

$$(215)\quad \boxed{\mathcal{E}_n(\vec{k}) = E_n - \frac{\beta + \sum_{\vec{R}\neq 0} e^{i\vec{k}\cdot\vec{R}}\,\gamma(\vec{R})}{1 + \sum_{\vec{R}\neq 0} e^{i\vec{k}\cdot\vec{R}}\,\alpha(\vec{R})}}$$

③ Der Fall schwacher Überlappung der Atomorbitale

Es ist besonders dann sinnvoll, von Atomorbitalen auszugehen bei der Berechnung eines Energiebandes, wenn die Überlappung klein ist, d.h. wenn das Überlappungsintegral $\alpha(\vec{R})$ schon für nächste Nachbarn klein ist im Vergleich zum Normierungsintegral des Atomorbitals, also

(216) $\alpha(\vec{R}) \ll 1$ für nächste Nachbarn.

Für übernächste und noch weiter entfernte Nachbarn ist das Überlappungsintegral völlig vernachlässigbar, da die Atomwellenfunktionen exponentiell abnehmen mit dem Abstand vom Kern. Die Summe $\sum_{\vec{R}\neq 0} e^{i\vec{k}\cdot\vec{R}}\alpha(\vec{R})$ im Nenner von (215) ist also klein gegen 1 und kann deshalb vernachlässigt werden. Im Zähler dagegen ist $\sum_{\vec{R}\neq 0} e^{i\vec{k}\cdot\vec{R}}\gamma(\vec{R})$ nicht vernachlässigbar gegen β; aber diese Summe kann über die nächsten Nachbarn (n.N.) beschränkt werden, sodass

(217) $$\boxed{\mathcal{E}_n(\vec{k}) = \underbrace{E_n - \beta}_{\vec{k}\text{-unabhängig}} - \underbrace{\sum_{n.N.} e^{i\vec{k}\cdot\vec{R}}\gamma(\vec{R})}_{\vec{k}\text{-abhängig}}}$$ erste Näherung bei schwacher Überlappung

Wenn man die Gitterperiode gegen ∞ streben lässt, verschwinden sowohl β (weil dann das Potential $\delta V(\vec{x})$ am Orte des Atoms bei $\vec{R}=0$ verschwindet), als auch $\gamma(\vec{R})$ (weil die Atomorbitale nicht mehr überlappen). Man hat dann die nullte Näherung für die Energie, $\mathcal{E}_n(\vec{k}) = E_n$.

Der $\vec{k}$-abhängige Teil von (217), und damit die Breite des Energiebandes, ist umso grösser, je stärker die Orbitale ψ_n benachbarter Atome überlappen.

Eine wichtige Rolle spielt auch die $\vec{k}$-unabhängige Energie $-\beta$. Im Rahmen der Störungsrechnung erster Ordnung (S. 200-206) kann $-\beta$ gedeutet werden als Änderung der Energie des Orbitals $\psi_n(\vec{x})$, die dadurch verursacht wird, dass im Kristall zum atomaren Zentralpotential das nicht kugelsymmetrische Störpotential $\delta V(\vec{x})$ hinzukommt: Wenn das Energieniveau E_n des Atoms nicht entartet ist [29], stellt gemäss Gl. 108 S. 202 die Grösse

---

29) Wenn wir hier von Entartung sprechen, so ist nur die Bahnentartung gemeint

$$(218) \quad -\beta = \int \psi_n^*(\vec{x})\, \delta V(\vec{x})\, \psi_n(\vec{x})\, d^3x$$

die durch $\delta V(\vec{x})$ hervorgerufene Störung des Energieeigenwertes E_n dar. Nun sind aber alle Energieeigenwerte <u>entartet</u> mit Ausnahme der s-Zustände ($l=0$), indem zu jedem Wert der Quantenzahl l ($2l+1$) Bahnzustände gehören[30]. Durch die Störung wird ein entartetes Energieniveau im allgemeinen nicht nur verschoben, sondern <u>aufgespalten</u> (S. 205). Aus jedem Subniveau entwickelt sich ein Energieband.

4.5.3. Beispiele zur Berechnung von Energiebändern in erster Näherung

Wir betrachten in diesem Abschnitt nur den Fall schwacher Überlappung, sodass wir die Näherung (217) verwenden können.

① <u>Berechnung eines s-Bandes</u> (nach Ashcroft und Mermin)

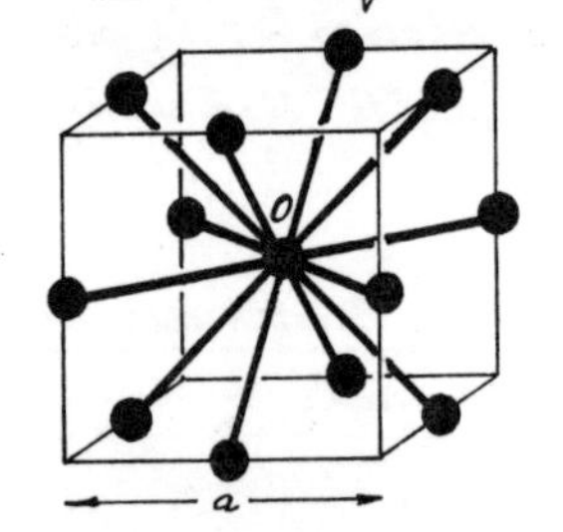

direktes Gitter

Die Atomkerne sollen auf den Punkten eines kubisch-flächenzentrierten Gitters liegen. Da die s-Niveaux keine Bahnentartung haben, erhält man die Energieverschiebung β direkt durch Einsetzen des s-Orbitals in Gl. 218. Das Störpotential $\delta V(\vec{x})$ ist negativ, und die s-Orbitale sind überall positiv. Damit ist β positiv, was einer Erniedrigung der Energie entspricht. Wegen der hohen Symmetrie der Struktur und der Kugelsymmetrie der s-Orbitale sind die 12 nächsten Nachbarn jedes Atoms äquivalent, was die Berechnung des Integrals

$$(219) \quad -\gamma(\vec{R}) = \int \psi_n^*(\vec{x})\, \delta V(\vec{x})\, \psi_n(\vec{x}-\vec{R})\, d^3x$$

---

[30] Im speziellen Fall des H-Atoms hängt die Energie nur von der Hauptquantenzahl n ab, sodass die Zahl der Bahnzustände mit der Energie E_n n^2 beträgt ("Quantenphysik", S. 170, 182, 247).

anbelangt, sodass in $\sum_{n.N}$ in (217) $\gamma(\vec{R}) = \gamma_0$ eingesetzt werden darf. γ_0 ist eine positive Energie, analog zu β.

Wenn man in (217) für $\vec{R}$ die Koordinaten der 12 nächsten Nachbarn einsetzt und die Euler'sche Darstellung und das Additionstheorem der cos-Funktion benützt, erhält man sofort

$$(220)\quad \mathcal{E}(\vec{k}) = E - \beta - 4\gamma_0\left[\cos(\tfrac{1}{2}k_x a)\cos(\tfrac{1}{2}k_y a) + \cos(\tfrac{1}{2}k_y a)\cos(\tfrac{1}{2}k_z a) + \cos(\tfrac{1}{2}k_z a)\cos(\tfrac{1}{2}k_x a)\right]$$

wobei a die Kante der flächenzentrierten Elementarzelle bedeutet. Zur Illustration betrachten wir die beiden Richtungen 100 und 111:

Für $\vec{k} \parallel 100$ wird

$$(221)\quad \mathcal{E}(k) = E_n - \beta - 4\gamma_0\left[2\cos(\tfrac{1}{2}ka) + 1\right]$$

und für $\vec{k} \parallel 111$

$$(222)\quad \mathcal{E}(k) = E_n - \beta - 4\gamma_0\left[3\cos^2\left(\frac{1}{2\sqrt{3}}ka\right)\right] = E_n - \beta - 6\gamma_0\left[\cos\left(\frac{1}{\sqrt{3}}ka\right) + 1\right]$$

Die Funktionen (221) und (222) sind in der Skizze dargestellt

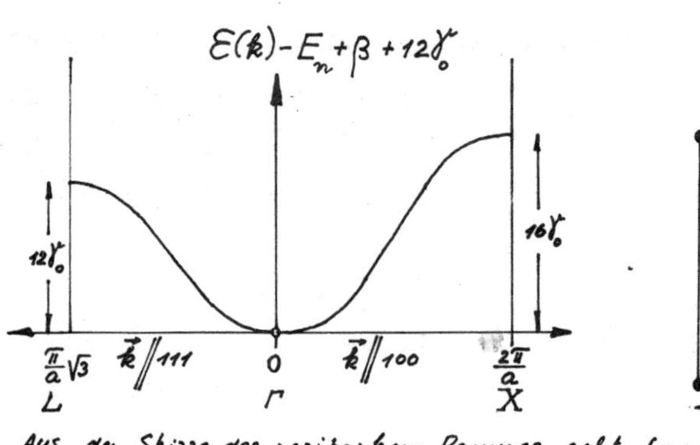

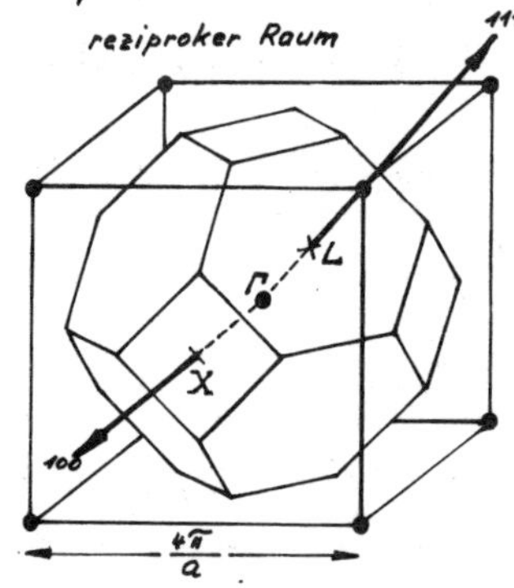

Aus der Skizze des reziproken Raumes geht hervor, dass die Grenze der ersten Brillouin-Zone für $\vec{k}\parallel 100$ bei $\frac{2\pi}{a}$ und für $\vec{k}\parallel 111$ bei $\frac{\pi}{a}\sqrt{3}$ liegt.

② p-Bänder

a) Die p-Orbitale des freien Atoms

Beim freien Atom nimmt man in der Einelektron-Näherung an, dass sich das betrachtete Elektron in einem (selbstkonsistenten) Zentralfeld bewegt. Die Lösungen der Schrödingergleichung sind von der Form

(223) $\psi_{nlm}(r,\vartheta,\varphi) = R_{nl}(r)\,\Theta_l^{|m|}(\vartheta)\,e^{im\varphi}$ ("Quantenphysik", S. 165 – 186)

Diese Wellenfunktionen sind Eigenfunktionen der Operatoren $\hat{\mathcal{H}}$, $\hat{L}^2$ und $\hat{L}_z$. Die Energieeigenwerte hängen von den Quantenzahlen n und l ab. Sie sind entartet, indem zu einer gegebenen Quantenzahl l 2l+1 Werte der Quantenzahl m gehören. Wir interessieren uns hier für die Entartung der p-Orbitale. Bezogen auf das kartesische Koordinatensystem, das dem Polarkoordinatensystem r, ϑ, φ zu Grunde liegt, kann man die p-Funktionen in der folgenden Form schreiben ("Quantenphysik", S. 187 – 190):

(224) $\underbrace{\psi_{n1-1}}_{\psi_-} = \frac{x-iy}{\sqrt{2}} f_n(r) \qquad \underbrace{\psi_{n10}}_{\psi_0} = z f_n(r) \qquad \underbrace{\psi_{n1-1}}_{\psi_+} = \frac{x+iy}{\sqrt{2}} f_n(r)$

Für die 2p-Orbitale des Wasserstoffatoms z.B. ist $f_2(r) = (32\pi)^{-1/2} a^{-5/2} e^{-r/2a}$, wobei a der (erste) Bohr'sche Radius bedeutet. Eine beliebige Linearkombination von ψ_-, ψ_0 und ψ_+ ist immer noch eine Eigenfunktion von $\hat{\mathcal{H}}$ und von $\hat{L}^2$, aber keine Eigenfunktion von $\hat{L}_z$ mehr ("Quantenphysik", S. 146 – 149). Wir betrachten zunächst die folgenden Linearkombinationen:

(225)
$$\begin{cases} \frac{1}{\sqrt{2}}(\psi_+ + \psi_-) = x f(r) = |p_x\rangle \\ \frac{1}{i\sqrt{2}}(\psi_+ - \psi_-) = y f(r) = |p_y\rangle \\ \psi_0 = z f(r) = |p_z\rangle \end{cases}$$

Diese drei Funktionen sind auch p-Funktionen; denn sie gehören zum Wert 1 der Quantenzahl l. Sie bilden eine reelle orthonormale Basis.

$|p_j\rangle$ ist Eigenfunktion von $\hat{L}_j$ mit dem Eigenwert null.

Die Winkelabhängigkeit dieser reellen Funktionen kann veranschaulicht werden, indem man für konstanten Radius r den Funktionswert in einem Polardiagramm abträgt, wie in der Skizze für eine p_y-Funktion angedeutet ist. Man erhält auf diese Weise eine Doppelkugel, die angibt, in welchen Richtungen die Wellenfunktion grosse bzw. kleine Werte hat. Für y > 0 ist das Vorzeichen positiv und für y < 0 negativ. (Eine p-Funktion hat ungerade Parität.) Die folgenden Skizzen stellen die Polardiagramme der p_x-, p_y-

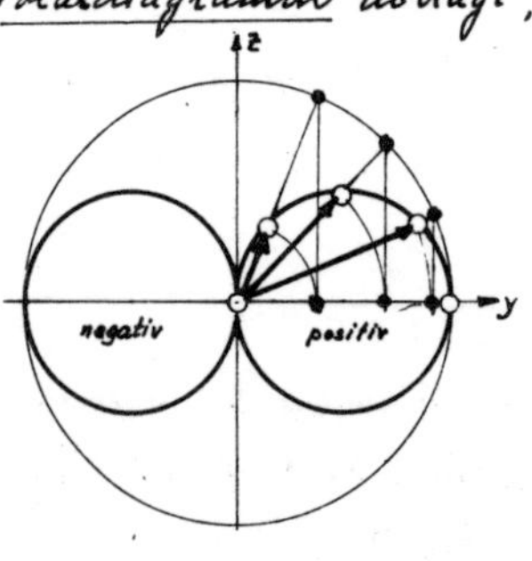

und der p_z - Funktion dar. Man pflegt diese reellen p-Funktionen durch eine "Achterschaufe" zu symbolisieren : ⊖⊕ .

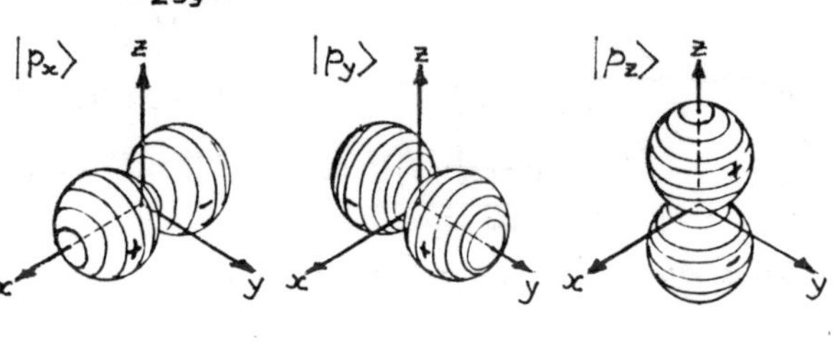

b) Die Aufspaltung der p - Niveaux im Kristall

Als einfaches akademisches Beispiel betrachten wir eine primitive orthorhombische Struktur mit einatomiger Basis und den Perioden $a < b < c$. Der relative Unterschied zwischen a, b und c soll nicht gross sein, d.h. die nächsten Nachbarn liegen längs den orthorhombischen Achsen. Durch das Störpotential $\delta V(x,y,z)$ wird die Entartung des p-Niveaus in diesem Beispiel vollständig aufgehoben, d.h. die Störungsrechnung erster Ordnung liefert drei verschiedene Werte der durch (218) definierten Grösse β. Man überzeugt sich leicht, dass die nicht-diagonalen Elemente der Störmatrix verschwinden, wenn man die Basis $|p_x\rangle, |p_y\rangle, |p_z\rangle$ verwendet: Betrachte als Beispiel das Element

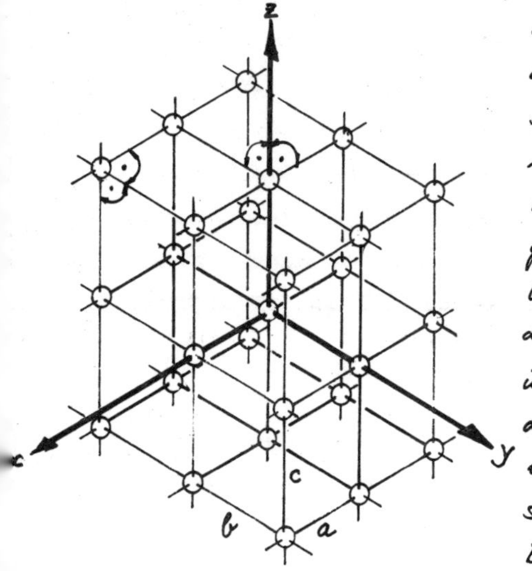

$$(226)\quad \delta V_{xy} = \langle p_x | \delta V(x,y,z) | p_y \rangle = \int xy\, f^2(r)\, \delta V(x,y,z)\, dx\, dy\, dz$$

Das Störpotential hat offensichtlich folgende Symmetrieeigenschaft

$$(227)\quad \delta V(x,y,z) = \delta V(-x,y,z) = \delta V(x,-y,z) = \delta V(x,y,-z) \quad , \text{etc.} \quad ,$$

sodass sich im Integral (226) die Summanden paarweise aufheben. Die Diagonalelemente verschwinden hingegen nicht. Betrachte z.B.

$$(228)\quad \delta V_{xx} = \langle p_x | \delta V(x,y,z) | p_x \rangle = \int x^2 f^2(r)\, \delta V(x,y,z)\, dx\, dy\, dz \;=\; -\beta_{xx}$$

Beachten wir die Voraussetzung $a < b < c$, so erhalten wir das nachfolgend skizzierte qualitative Aufspaltungsschema (S. 205)

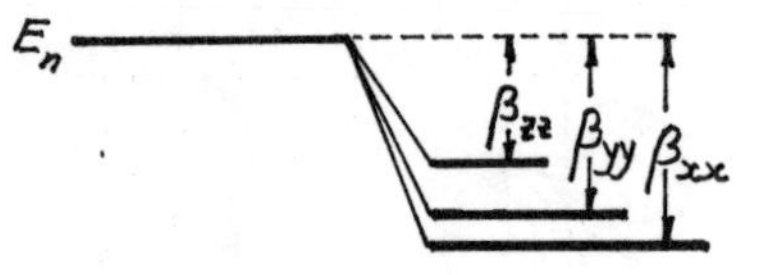

freies Atom Atom im Kristall

Aus jedem dieser drei p-Niveaux geht ein Energieband hervor.

c) Der $\vec{k}$-abhängige Teil der Energie

Aus dem Niveau $E_n - \beta_{xx}$ entwickelt sich das p_x-Band. Im $\vec{k}$-abhängigen Teil von Gl. 217 sind in die Integrale $\gamma(\vec{R})$ (definiert durch (213) und (219)) die p_x-Funktionen einzusetzen. Analog ergibt sich das p_y- und das p_z-Band. Im Gegensatz zur Berechnung des s-Bandes für die kubisch-flächenzentrierte Struktur sind nun die nächsten Nachbarn eines herausgegriffenen Atoms nicht alle äquivalent, was die Berechnung von $\gamma(\vec{R})$ anbelangt; denn die Wellenfunktionen $|p_x\rangle$, $|p_y\rangle$ und $|p_z\rangle$ sind nicht kugelsymmetrisch, und zudem haben die Nachbaratome verschiedene Abstände a, b und c. Wir verzichten auf die pedantische Durchrechnung von $\sum_{N.N.} e^{i\vec{k}\cdot\vec{R}}\gamma(\vec{R})$ und geben eine qualitative Behandlung des Problems:

Das p_x-Band:

$k=0$ (Zentrum der Brillouin-Zone): Wir erinnern uns, dass wir die Bloch-Wellen nullter Näherung (Gl. 199 S. 229) benützen zur Berechnung der Energie in erster Näherung. Für $\vec{k}=0$ ist also auf jeden Punkt des direkten Gitters eine p_x-Funktion zu setzen mit dem Phasenfaktor 1. Das Integral

$$(229)\quad -\gamma(\vec{R}) = \int p_x(\vec{x})\,\delta V(\vec{x})\,p_x(\vec{x}-\vec{R})\,d^3x$$

hängt stark von der Überlappung der Funktionen $p_x(\vec{x})$ (Atom bei 0) und $p_x(\vec{x}-\vec{R})$ (Atom bei $\vec{R}$) ab. Es verschwindet, wenn keine Überlappung vorhanden ist. Wie die Skizze andeutet, ist die Überlappung nur längs der x-Achse gross. Da die Wellenfunktionen im Überlappungsgebiet entgegengesetztes Vorzeichen haben, ist die Aufenthaltswahrscheinlichkeit des p_x-Elektrons

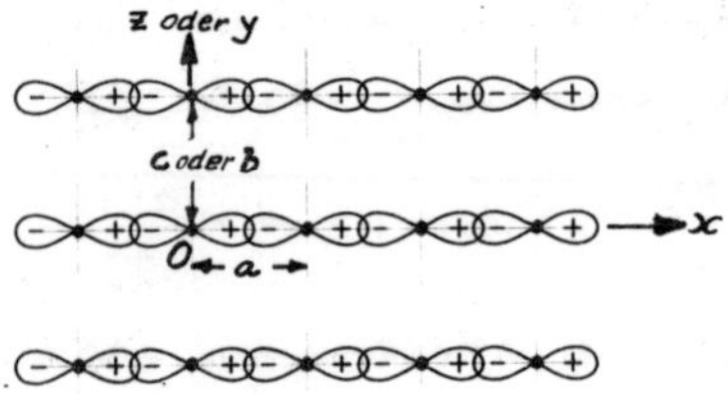

z oder y
c oder b
x
0 a

zwischen den Nachbaratomen längs der x-Achse klein und verschwindet in der Mitte. Man kann hier wieder den Zusammenhang mit der LCAO-Approximation für ein zweiatomiges Molekül herstellen. Die skizzierte Kombination von zwei p-Orbitalen ist ein sog. $p\sigma$-Molekülorbital. Die Energie dieses Orbitals ist hoch, da die Wellenfunktion einen Knoten hat zwischen den beiden Atomen. Der Chemiker spricht in diesem Fall von einem "lockernden" ("antibindenden") $p\sigma$-Orbital[31]. (Der Index σ (=s) soll andeuten, dass das Bahnmoment bezüglich der Molekülachse verschwindet.)

lockerndes $p\sigma$-Orbital

$k = \frac{\pi}{a}$, $\vec{k} \,//\, 100$ (Zonengrenze): Der Phasenfaktor $e^{i\vec{k}\cdot\vec{R}}$ kehrt das Vorzeichen, wenn man längs der x-Achse zum nächsten Nachbarn schreitet. Die Wellenfunktionen haben gleiches Vorzeichen im Überlappungsgebiet zwischen den Atomen, was auf eine tiefe Energie führt. Die Elektronenladung häuft sich also zwischen den Atomen an. Der Chemiker spricht von einem "bindenden" $p\sigma$-Orbital.[31]

z oder y

c oder b

0 a x

bindendes $p\sigma$-Orbital

$\mathcal{E}(\vec{k})$ für $k \,//\, 100$ wird also qualitativ gemäss der nebenstehenden Skizze aussehen.

$\mathcal{E}(k)$

0 $\frac{\pi}{a}$ k

$k = \frac{\pi}{b}$, $\vec{k} \,//\, 010$ (Zonengrenze): Für diese Richtung besteht zwischen der Energie für $k = 0$ und der Energie für die Zonengrenze nur ein geringer Unterschied, wie man durch

---

31) Damit ein Orbital bindet, muss die Elektronenladung zwischen den Atomen angehäuft werden. So ist z.B. auf S. 232 Ψ^+ als "bindendes" und Ψ^- als "lockerndes" Orbital zu klassifizieren. Je mehr Knoten eine Wellenfunktion hat, umso höher ist die Energie. Man denke an das eingesperrte Elektron, den harmonischen Oszillator oder an das Wasserstoffatom ("Quantenphysik", S. 126, 159, 181).

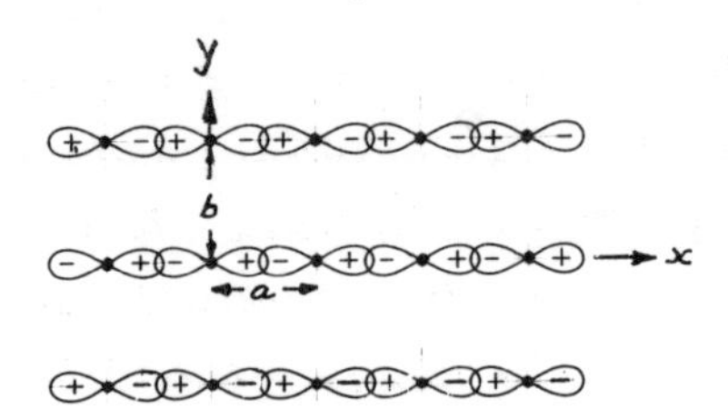

Vergleich der nebenstehenden Skizze mit der Entsprechenden für $k=0$ (S.240) sofort einsieht: Wie bei $k=0$ haben die längs der x-Achse überlappenden Wellenfunktionen im Überlappungsgebiet entgegengesetztes Vorzeichen. Die Energie wird beinahe die selbe sein, aber nur beinahe. Wenn man nämlich längs der y-Achse fortschreitet, trifft man bei $k=0$ immer auf Schleifen der p-Funktionen mit gleichem Vorzeichen, während die Vorzeichen in der obigen Skizze alternieren, was einer kleinen Reduktion der Aufenthaltswahrscheinlichkeit des Elektrons zwischen den Atomen und damit einer kleinen Erhöhung der Energie entspricht. Der Chemiker erkennt hier die Analogie zum bindenden und zum lockernden (antibindenden) $p\pi$-Orbital. Dieselben Überlegungen führen auch auf die Energie für $k=\frac{\pi}{c}$ bei $\vec{k}\,/\!/\,001$. Die untenstehende Skizze fasst die auf diesem Wege gewonnenen qualitativen Ergebnisse zusammen für das p_x-Band.

bindendes $p\pi$-Orbital

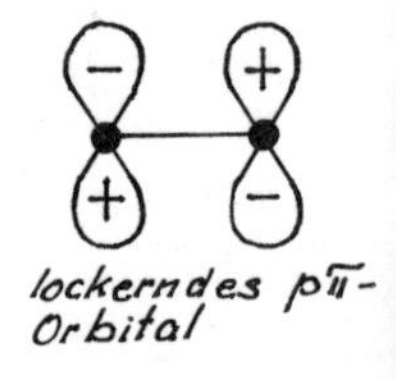

lockerndes $p\pi$-Orbital

$\mathcal{E}(\vec{k})$

010

001

100

k

0 $\frac{\pi}{c}$ $\frac{\pi}{b}$ $\frac{\pi}{a}$

Selbstverständlich kann man viel weiter gehen, als in diesem Abschnitt skizziert wurde. Insbesondere kann man von einer besseren als der nullten Näherung (199) der Kristallorbitale ausgehen. Man kann z.B. in (199) die durch das Zusatzpotential $\delta V(\vec{x})$ veränderten Atomorbitale einsetzen, wie dies im Buch von Ashcroft und Mermin angedeutet wird, wo die gestörten Atomorbitale nach dem Orthogonalsystem der ungestörten Atomorbitale entwickelt werden. Wer tiefer eindringen will in diese Probleme, greife zum Buch von Walter A. Harrison: "Electronic Structure and the Properties of Solids" (1979).

4.6. Die Besetzung der Einelektron-Zustände.

Die Einelektron-Näherung ist durch ihren Erfolg gerechtfertigt. Sie erlaubt es, einen grossen Komplex von Erscheinungen auf dem Gebiete der Physik der kondensierten Materie zu überblicken, oder gar zu "erklären". Diese Betrachtungsweise war dermassen erfolgreich, dass man sich rückblickend fragt, ob nicht manche wertvolle Anstrengungen, über sie hinauszukommen, einfach blockiert wurden. Wir stellen uns hier noch auf den Boden der Einelektron-Näherung; denn es wäre noch verfrüht, in einer Einführung in die Physik der kondensierten Materie darüber hinauszugehen. Erfahrungsgemäss dauert es viele Jahre, bis eine neue Betrachtungsweise so transparent wird, dass man sie dem Anfänger näherbringen kann.

In den Abschnitten 4.3 - 4.5 haben wir uns rein abstrakt mit den Zuständen befasst, die ein Elektron in einem zeitlich konstanten periodischen Potential haben kann. Wir stellen uns nun auf den Standpunkt, dass es solche Einelektron-Zustände gebe, und dass man sie mit Elektronen besetzen könne.

4.6.1. Zur Anwendung des Pauli-Prinzips.

Die Gesamtheit der Elektronen im Grundgebiet[32] wird als ein abgeschlossenes quantenmechanisches System betrachtet. Als solches ist es dem Pauli-Prinzip unterworfen. In der Einelektron-Näherung werden die Elektronen als unabhängig betrachtet. Wir stellen uns vor, dass der Spinzustand - wir bezeichnen ihn mit $|\uparrow\rangle$ bzw. $|\downarrow\rangle$ - in der Beschreibung des Einelektron-Zustandes enthalten sei. Das Pauli-Prinzip lässt dann nur zwei Möglichkeiten zu, was die Besetzung anbelangt: Der (durch Bahn- und Spinzustand charakterisierte) Einelektron-Zustand i ist entweder besetzt mit einem einzigen

---

[32] Als Grundgebiet darf man sich den ganzen Kristall vorstellen, wenn man Oberflächeneffekte nicht in Betracht zieht.

Elektron, oder unbesetzt. Die Wahrscheinlichkeit, dass der Einelektron-Zustand i besetzt ist, ist durch die Fermi-Dirac Verteilung gegeben:

$$(230) \qquad f_i^{(N)} = \frac{1}{e^{(\varepsilon_i-\mu)/k_B T}+1} \qquad (S. 183)$$

ε_i bedeutet der Eigenwert der Energie des Einelektron-Zustandes i und μ das chemische Potential, das dem betrachteten System von N unabhängigen Elektronen zuzuschreiben ist.[33] Da der Zustand i nur einfach besetzt oder unbesetzt sein kann, ist die Wahrscheinlichkeit, dass er unbesetzt ist, gegeben durch

$$(231) \qquad 1-f_i^{(N)} = 1-\frac{1}{e^{(\varepsilon_i-\mu)/k_B T}+1} = \frac{1}{e^{(\mu-\varepsilon_i)/k_B T}+1}$$

Beachte die Symmetriebeziehung zwischen der Wahrscheinlichkeit für Besetzung und der Wahrscheinlichkeit für Nichtbesetzung.

Bahnzustand und Spinzustand sind im allgemeinen nicht unabhängig. Spin-Bahn-Kopplung tritt nicht nur bei Atomorbitalen auf ("Quantenphysik", S. 167 – 176), sondern auch bei Kristallorbitalen, d.h. bei Einelektron-Zuständen im Kristall. Man kann dies auf verschiedene Weisen einsehen. Einerseits kann man vom freien Elektron ausgehen und sich die Entwicklung einer ebenen Welle nach Kugelfunktionen vorstellen, anderseits kann man die Bandzustände mit Hilfe von Atomorbitalen darstellen[34]. Die Spin-Bahn-Kopplung bewirkt, dass zwei Einelektron-Zustände, die durch die gleichen Bahnquantenzahlen aber verschiedene Spinquantenzahl charakterisiert sind, nicht dieselbe Energie haben. Die Spin-Bahn-Aufspaltung nimmt zu mit der Kernladungszahl der Atome.

---

33) Siehe Gl.(40) S. 183 und beachte die Bemerkungen auf S. 180.

34) Auch wenn man von einem s-Orbital ausgeht, kann eine Spin-Bahn-Aufspaltung resultieren. Wenn man über die Kristallorbitale nullter Näherung Gl. (199) S. 229 hinausgeht, kann das Störpotential $\delta V(\vec{x})$ eine Beimischung von Orbitalen mit einem Bahnmoment bewirken.

Eine Aufspaltung, die mit dem Spinmoment des Elektrons zusammenhängt, tritt auch dann auf, wenn sich ein Elektron in einem magnetischen Felde befindet (Spin Zeeman-Aufspaltung).

Rein formal kann man in der <u>Einelektron-Näherung</u> die durch den Spin bedingte Aufspaltung der Energieniveaux berücksichtigen, indem man für die beiden Spinzustände $|\uparrow\rangle$ und $|\downarrow\rangle$ verschiedene Energiebänder, sog. <u>Unterbänder</u>, einführt und diesen verschiedene Eigenwertdichten $\varrho_\uparrow(\mathcal{E})$ und $\varrho_\downarrow(\mathcal{E})$ zuschreibt. Für die Zahl der Elektronen mit dem Spinzustand $|\uparrow\rangle$ und einer Energie zwischen $\mathcal{E}$ und $\mathcal{E}+d\mathcal{E}$ schreibt man dann (statt (43) S. 185)

$$(232)\quad dN_\uparrow = N_\uparrow(\mathcal{E})\,d\mathcal{E} = \varrho_\uparrow(\mathcal{E})\,f(\mathcal{E})\,d\mathcal{E}$$

und analog für den Spinzustand $|\downarrow\rangle$

$$(233)\quad dN_\downarrow = N_\downarrow(\mathcal{E})\,d\mathcal{E} = \varrho_\downarrow(\mathcal{E})\,f(\mathcal{E})\,d\mathcal{E}$$

Da man ein einziges System von Elektronen betrachtet, kommt nur ein einziges chemisches Potential vor. Es lässt sich im Prinzip bestimmen aus dem Ausdruck für die Zahl N der Elektronen im System (Gl. (46) S. 185)

$$(234)\quad N = \int \frac{\varrho_\uparrow(\mathcal{E}) + \varrho_\downarrow(\mathcal{E})}{e^{(\mathcal{E}-\mu)/k_B T} + 1}\, d\mathcal{E}$$

Die Spin-Bahn Kopplung ist für die Energiebänder, die in der Physik der kondensierten Materie von Interesse sind, meistens so klein, dass sie als Störung betrachtet werden darf. Wir werden sie im folgenden <u>vernachlässigen</u>. Ferner nehmen wir an, dass kein magnetisches Feld da sei. Die Energie eines Einelektron-Zustandes hängt dann nur vom Bahnzustand ab, den man durch die Quantenzahl $\vec{k}$ und durch den Bandindex n charakterisieren kann (S. 218 – 220). Wir setzen

$$(235)\quad \varrho_\uparrow(\mathcal{E}) = \varrho_\downarrow(\mathcal{E}) = \varrho(\mathcal{E}) \qquad \text{und}$$

$$(236)\quad N_\uparrow(\mathcal{E}) + N_\downarrow(\mathcal{E}) = N(\mathcal{E})$$

Die Zahl der Elektronen, deren Energie zwischen $\mathcal{E}$ und $\mathcal{E}+d\mathcal{E}$ liegt, ist damit

$$(237) \qquad N(\mathcal{E})\,d\mathcal{E} = 2\,\varrho(\mathcal{E})\,f(\mathcal{E})\,d\mathcal{E}$$

$\varrho(\mathcal{E})$ ist die Eigenwertdichte der Bahnzustände, genau wie in den früheren Betrachtungen (S. 179, 185, 223-225). Wenn sich Bänder überlappen, so summieren sich die Eigenwertdichten der überlappenden Bänder. Das chemische Potential ergibt sich aus (46) S. 185.

4.6.2. Die Besetzung der Einelektron-Zustände bei $T = 0$

Bei $T = 0$ ist $f(\mathcal{E}) = 1$ für $\mathcal{E} < \mathcal{E}_F$ und $f(\mathcal{E}) = 0$ für $\mathcal{E} > \mathcal{E}_F$. Jeder Einelektron-Zustand mit $\mathcal{E} < \mathcal{E}_F$ ist besetzt, und jeder Einelektron-Zustand mit $\mathcal{E} > \mathcal{E}_F$ ist unbesetzt (S. 185).

Isolatoren

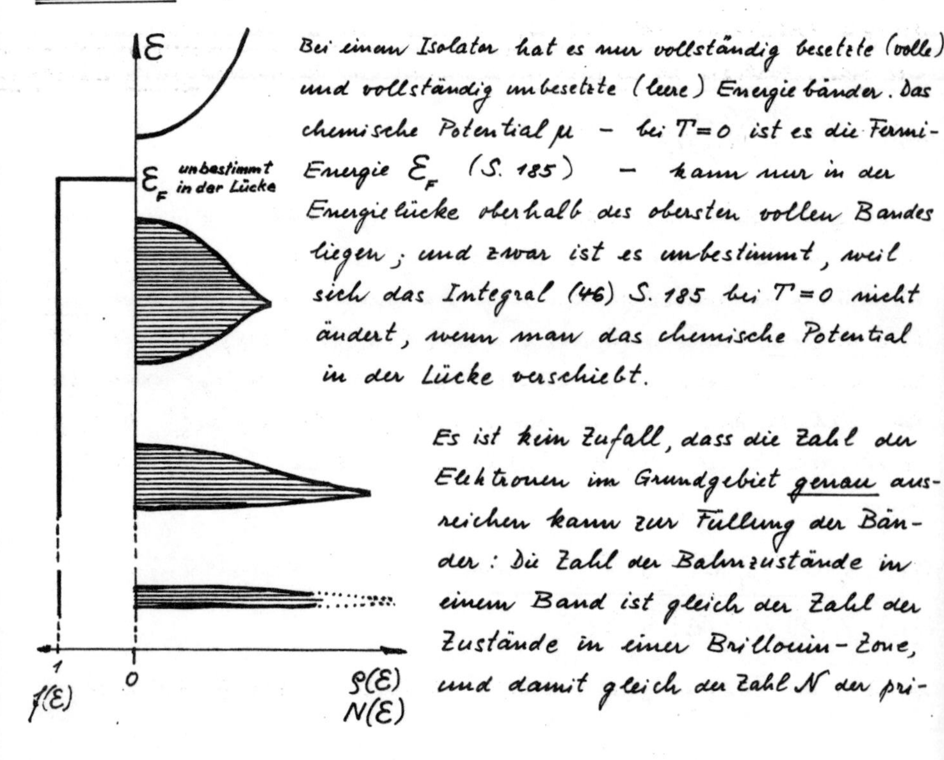

Bei einem Isolator hat es nur vollständig besetzte (volle) und vollständig unbesetzte (leere) Energiebänder. Das chemische Potential μ – bei $T = 0$ ist es die Fermi-Energie $\mathcal{E}_F$ (S. 185) – kann nur in der Energielücke oberhalb des obersten vollen Bandes liegen; und zwar ist es unbestimmt, weil sich das Integral (46) S. 185 bei $T = 0$ nicht ändert, wenn man das chemische Potential in der Lücke verschiebt.

Es ist kein Zufall, dass die Zahl der Elektronen im Grundgebiet genau ausreichen kann zur Füllung der Bänder: Die Zahl der Bahnzustände in einem Band ist gleich der Zahl der Zustände in einer Brillouin-Zone, und damit gleich der Zahl N der primitiven Zellen im Grundgebiet (S. 214, 218). Zur Füllung eines Bandes braucht es also $2N$ Elektronen. Auf eine Zelle entfällt notwendigerweise eine ganze Zahl von Atomen und damit auch eine ganze Zahl von Elektronen. Je nach der chemischen Zusammensetzung kann diese Zahl gerade oder ungerade sein. Eine <u>notwendige</u> Bedingung, die erfüllt sein muss, damit ein Kristall ein Isolator sein kann, ist eine gerade Elektronenzahl in der primitiven Zelle. Dass diese Bedingung <u>nicht hinreichend</u> ist, zeigt z.B. die Existenz zweiwertiger Metalle.

Um zu verstehen, warum ein Kristall ein Isolator ist, wenn nur vollständig besetzte und leere Bänder vorhanden sind, muss man zeigen, dass <u>die Elektronen in einem vollen Band nicht zum Ladungstransport (Strom) beitragen</u> können. Die folgende rohe Betrachtung soll dies plausibel machen:

Wir nehmen an, dass das angelegte elektrische Feld so schwach sei, dass die Bloch-Zustände als ungestört betrachtet werden dürfen, und berechnen den Strom

$$\vec{j} = \frac{ie\hbar}{2m}\left(\psi \operatorname{grad} \psi^* - \psi^* \operatorname{grad} \psi\right) , \qquad \text{("Quantenphysik", S. 250)} \tag{238}$$

der einem besetzten Bloch-Zustand

$$\psi_{n\vec{k}}(\vec{x}) = u_{n\vec{k}}(\vec{x})\, e^{i\vec{k}\cdot\vec{x}} \tag{239}$$

zugeschrieben werden kann. Durch Einsetzen von (239) in (238) wird

$$\vec{j}(\vec{x}) = \frac{e}{m}\hbar\vec{k}\left|u_{n\vec{k}}\right|^2 + \frac{ie\hbar}{2m}\left(u_{n\vec{k}} \operatorname{grad} u^*_{n\vec{k}} - u^*_{n\vec{k}} \operatorname{grad} u_{n\vec{k}}\right) \tag{240}$$

Da $u_{n\vec{k}}(\vec{x})$ die Periodizität der Struktur hat, hat auch $\vec{j}(\vec{x})$ die Periodizität der Struktur. Wir machen nun davon Gebrauch, dass die Bloch-Wellen Eigenfunktionen eines <u>reellen</u> Operators sind, nämlich des Hamilton-Operators $\hat{\mathcal{H}} = -\frac{\hbar^2}{2m}\Delta + V(\vec{x})$. Mit

$$\hat{\mathcal{H}}\,\psi_{n\vec{k}} = \mathcal{E}_{n\vec{k}}\,\psi_{n\vec{k}} \tag{241}$$

gilt auch

$$\hat{\mathcal{H}}\,\psi^*_{n\vec{k}} = \mathcal{E}_{n\vec{k}}\,\psi^*_{n\vec{k}} \tag{242}$$

Die Zustände $\psi_{n\vec{k}}$ und $\psi^*_{n\vec{k}}$ sind Lösungen derselben Schrödinger-Gleichung. Sie gehören zum selben Energieeigenwert $\mathcal{E}_{n\vec{k}}$ und sind deshalb gleich besetzt. Ein angelegtes E-Feld kann bei vollem Band nichts daran ändern. Da $\psi^*_{n\vec{k}}$ der Wellenvektor $-\vec{k}$ zuzuschreiben ist, fliessen entgegengesetzt gleiche Ströme.

Beispiele für Isolatoren

a) Typische Ionenkristalle, wie Alkalihalogenide und Erdalkalihalogenide: Anionen und Kationen haben Edelgaskonfiguration.

b) Edelgas-Kristalle

c) Durch kovalente Bindungen zusammengehaltene Kristalle, wie Diamant, Si (bei T=0), Ge (bei T=0).

Einfache Metalle

Wir denken hier an einwertige Metalle, die in einer Struktur mit einatomiger Basis kristallisieren, bei denen die Rumpfelektronen stark lokalisiert sind, und die Valenzelektronen das Elektronengas bilden. Die Alkalimetalle (möglicherweise nur diese) können streng in diese Kategorie eingereiht werden. Im obersten Band, in dem es noch besetzte Zustände hat, ist genau die halbe Zahl der Bahnzustände mit je zwei Elektronen besetzt. Das oberste besetzte Energieniveau liegt bei T=0 genau bei der Fermi-Energie $\mathcal{E}_F$, wie sie durch Gl. (46) S. 185 eindeutig bestimmt ist. Unmittelbar oberhalb dem obersten besetzten Bandniveau liegen viele unbesetzte Niveaux. Ein kleines, an den Kristall angelegtes elektrisches Feld bewirkt eine Änderung in der Besetzung der Niveaux in der Nähe der Fermi-Energie, die so beschaffen ist, dass sich die Ströme, die den besetzten Bloch-Zuständen zugeschrieben werden können,

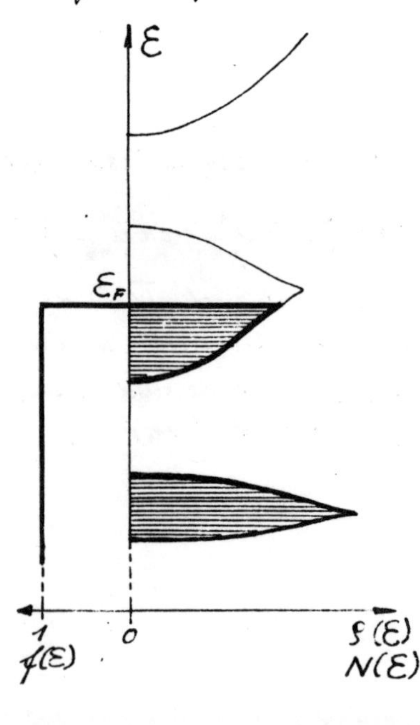

nicht mehr aufheben.[35]

Metalle mit Bandüberlappung

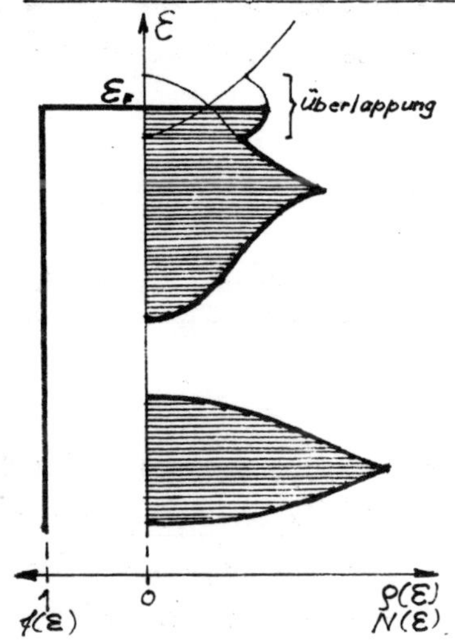

Eine gerade Elektronenzahl in der primitiven Zelle bedingt nicht notwendigerweise einen Isolator: Es gibt viele Metalle mit gerader Elektronenzahl. Beispiele sind Be, Mg, Ca, Sr, Ba. Das metallische Verhalten wird damit erklärt, dass die obersten Bänder, in denen noch Zustände besetzt sind, überlappen (S. 222). Es treten teilweise gefüllte Bänder auf, und die hohe metallische Leitfähigkeit lässt sich erklären mit denselben Argumenten wie bei den einfachen Metallen. Die Fermi-Energie ist durch Gl (46) S. 185 bestimmt, wenn man unter $\rho(\mathcal{E})$ die Summe der Eigenwertdichten der überlappenden Bänder versteht.

Halbmetalle

As, Sb und Bi haben 5 Valenzelektronen pro Atom und kristallisieren in der auf S. 30/31 beschriebenen Struktur, deren primitive Zelle zwei chemisch-kristallographisch äquivalente Atome enthält, also 10 Valenzelektronen. Es würden nur vollständig gefüllte Bänder auftreten, wenn nicht ein höher liegendes Band mit dem obersten gefüllten Band überlappen würde. Die Überlappung ist gering, sodass die Eigenwertdichten im Überlappungsgebiet klein sind. Aus diesem Grunde nehmen in einem Halbmetall weniger Ladungsträger am Ladungstransport teil als in einem Metall. Experimentell äussert sich dies z.B. darin, dass die Hallspannung grösser ist als bei einem gewöhnlichen Metall bei gleicher Stromdichte ("Elektrizität und Magnetismus", S. 128 - 130).

---

[35] Eine gründlichere Behandlung folgt im Abschnitt über Ladungstransport und Leitfähigkeit.

Zum mindesten konzeptionell kann man die α-Arsen Struktur durch eine kleine Deformation in eine primitiv kubische Struktur mit einatomiger Basis überführen. Da sich die Brillouin-Zonen dabei drastisch ändern, erwartet man eine Änderung der elektronischen Eigenschaften. Die Einelektron-Approximation sagt eine Umwandlung in ein Metall voraus.

4.6.3. Die Besetzung der Einelektron-Zustände bei endlicher Temperatur.

Vom Isolator zum Eigenhalbleiter

Wir betrachten einen Isolator, bei dem die Energielücke zwischen dem (bei $T=0$) vollen obersten Band - man nennt es <u>Valenzband</u> - und dem nächst höherliegenden (bei $T=0$) leeren Band - man nennt es <u>Leitungsband</u> - von der Grössenordnung von einigen Zehntel eV sei.

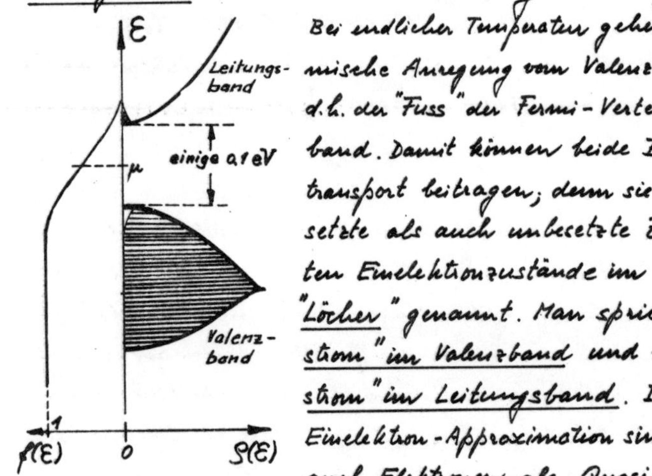

Bei endlicher Temperatur gehen Elektronen durch thermische Anregung vom Valenzband ins Leitungsband, d.h. der "Fuss" der Fermi-Verteilung reicht ins Leitungsband. Damit können beide Bänder zum Ladungstransport beitragen; denn sie enthalten sowohl besetzte als auch unbesetzte Zustände. Die unbesetzten Einelektronzustände im Valenzband werden "<u>Löcher</u>" genannt. Man spricht von einem "<u>Löcherstrom</u>" <u>im Valenzband</u> und von einem "<u>Elektronenstrom</u>" <u>im Leitungsband</u>. Im Sinn und Geist der Einelektron-Approximation sind sowohl Löcher, als auch Elektronen als <u>Quasiteilchen</u> aufzufassen.

$f(E)$ ist die Besetzungswahrscheinlichkeit für einen "Elektronenzustand" und $1-f(E)$ für einen "Lochzustand" (Gl.(231) S. 244).

Das chemische Potential μ des Elektronensystems ist nicht mehr unbestimmt, obwohl es in der Energielücke liegt; denn zu Gl.(46) S.185 kommt die Bedingung hinzu, dass die Zahl der Elektronen im Leitungsband gleich der Zahl der Löcher im Valenzband sein muss.

Die Temperaturabhängigkeit der Leitfähigkeit σ enthält den Faktor $e^{\Delta E/2k_BT}$, wobei ΔE die Breite der Energielücke bedeutet. Der Faktor zwei im Nenner des Exponenten zeigt, dass es sich nicht einfach um einen Boltzman Faktor handelt. Der Logarithmus der Leitfähigkeit σ ist ungefähr eine lineare Funktion von $1/T$. Aus der Neigung lässt sich die Breite der Energielücke bestimmen. Die nebenstehende Figur zeigt die Messungen von Morin und Maita an Germanium (Phys. Rev. 94, 1526 (1954)). Die Energielücke beträgt 0.67 eV. Die Abweichungen vom idealen Verhalten, die bei tiefen Temperaturen auftreten können, hängen von den Verunreinigungen ab. Sie sind ausserordentlich interessant und technisch von grosser Bedeutung. Im Kapitel über Halbleiter werden wir darauf eingehen.

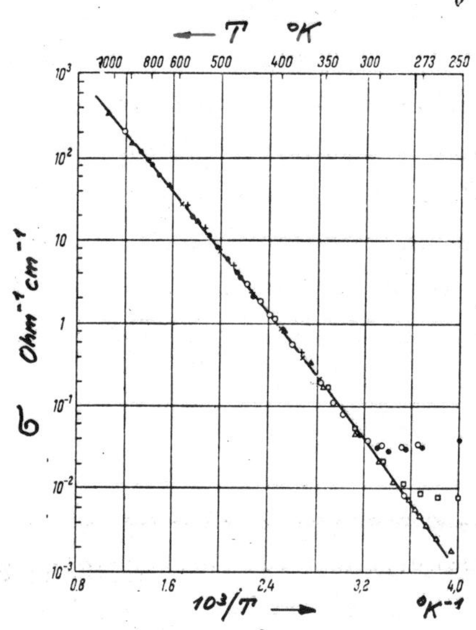

Photoleitung: Durch Absorption eines Photons geeigneter Energie kann ein Elektron sowohl bei $T=0$ als auch bei $T\neq 0$ vom Valenzband ins Leitungsband angeregt werden.

Metalle

Der Abfall der Fermi-Funktion erstreckt sich über einen Energiebereich der Grössenordnung k_BT (S. 186). Dieser ist klein im Vergleich zur Bandbreite und zur Energielücke. Das chemische Potential verschiebt sich zudem nur wenig, wenn man von $T=0$ zu Temperaturen von der Grössenordnung 10^2 K geht (vgl. S. 186/187). Die Zahl der Ladungsträger, die zum Ladungstransport beitragen, ändert sich prozentual nur sehr wenig, im Gegensatz zum

Fall des Halbleiters. Die Temperaturabhängigkeit des elektrischen

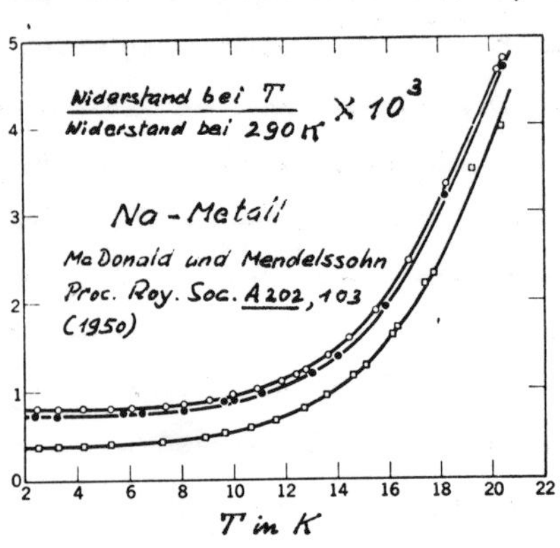

Widerstandes ist nicht durch die Temperaturabhängigkeit der Zahl der Ladungsträger bestimmt, sondern durch die Streuung derselben an Phononen und an statischen Gitterdefekten. (Vom Phänomen der Supraleitung sehen wir hier ab; denn wir können es nicht erfassen mit der einfachen Theorie, die wir bis dahin behandelt haben.) Der bei tiefen Temperaturen verbleibende "Restwiderstand" ist durch statische Gitterdefekte (z.B. Fremdatome) bedingt.

Die Starrheit der Energiebänder

Die Funktionen $\mathcal{E}_n(\vec{k})$ hängen vom zugrundegelegten periodischen Potential ab, und dieses muss mit der Besetzung der Zustände konsistent sein. Wenn die Besetzung sich ändert, so ändern sich im Prinzip auch die Funktionen $\mathcal{E}_n(\vec{k})$. Man sagt: "Die Bänder sind nicht starr". Damit ist gemäss (192) S. 225 auch die Eigenwertdichte $\rho(\mathcal{E})$ nicht "starr", und man muss sich fragen, wie weit die obigen Betrachtungen Gültigkeit haben. Ganz roh kann man folgendes sagen: Bei einem gewöhnlichen Metall vermag eine blosse Änderung der Temperatur an der Bandstruktur nicht viel zu ändern, es sei denn, dass eine Kristallstruktur-Umwandlung eintrete[36]. Dassel-

[36] Damit haben wir nicht gesagt, dass die Strukturumwandlung die "Ursache" und die Änderung der Bandstruktur die "Wirkung" sei. Der stabile Zustand ist einfach der Zustand tiefster freier Energie. Ob er erreicht werden kann, ist wieder eine andere Frage. Mit sinkender Temperatur nimmt die "Reaktionsgeschwindigkeit" einer Strukturänderung ab. Eine Struktur kann in einem metastabilen Zustand "einfrieren".

be gilt für einen Isolator bzw. Halbleiter mit grosser Energielücke. Kritisch kann die Sache werden bei einem Halbleiter mit einer sehr kleinen Energielücke.

Bei chemischen Veränderungen, z.B. beim Zulegieren eines Metalls mit einer anderen Wertigkeit, kann man leicht aus dem Bereich herausgeraten, wo die Bandstruktur der Ausgangssubstanz noch eine gute Näherung ist.

4.6.4. Die Fermi-Fläche.

In den Abschnitten 4.6.1 - 4.6.3 haben wir bei der Diskussion der Besetzung der Einelektron-Zustände deren Energie $\mathcal{E}$ als variablen Parameter betrachtet. In diesem Abschnitt soll nun die Besetzung der Einelektron-Zustände im $\vec{k}$-Raum veranschaulicht werden. Die Quantenzahl $\vec{k}$ charakterisiert den Bahnzustand. Wenn man $\vec{k}$ auf die erste Brillouin-Zone beschränkt (reduziertes Zonenschema, vgl. S. 221, 224), ist zur vollständigen Charakterisierung noch ein Bandindex n hinzuzufügen. Wir beschränken uns hier auf die Valenzelektronen in Metallen.

Ausgangspunkt sei das Gas freier, unabhängiger Elektronen. Die Energie eines Einelektron-Zustandes ist $\mathcal{E} = \frac{\hbar^2}{2m} k^2$ (wenn wir das räumlich und zeitlich konstante Potential gleich null setzen). Die Flächen konstanter Energie im $\vec{k}$-Raum sind Kugelflächen. Bei $T = 0$ ist jeder Bahnzustand innerhalb einer Kugel vom Radius $k_F = (3\pi^2 n)^{1/3}$, der Fermi-Kugel, mit zwei Elektronen besetzt, und die Zustände ausserhalb sind leer (S. 177). Bei den Elektronenzahldichten n, die in einem Metall herrschen, ist die Grenze der besetzten Zustände nicht stark verwischt, wenn man mit dem Radius der Fermikugel vergleicht, und das chemische Potential μ liegt sehr nahe bei der Fermi-Energie $\mathcal{E}_F$ (Gl. (63), S. 191). Bei einem eindimensionalen Elektronengas hätte man anstelle der Fermi-Kugel zwei Fermi-Punkte und bei einem zweidimensionalen Elektronengas einen Fermi-Kreis.

Bei Elektronen im periodischen Potential hängt $\mathcal{E}(\vec{k})$ nicht nur vom Betrag, sondern auch von der Richtung von $\vec{k}$ ab, sodass die Flächen konstanter Energie keine Kugeln mehr sind, wie die Skizzen auf S. 224 illustrieren. Wenn man das erweiterte Zonenschema zur Veranschaulichung herbeizieht und $\vec{k}$ die Grenze einer Brillouin-Zone überschreiten lässt, springt die Energie in ein anderes Band. Beim eindimensionalen Kristall ist der Energiesprung gleich der Energielücke (Skizze S. 211); beim zwei- und dreidimensionalen Kristall hängt der Energiesprung von der Richtung von $\vec{k}$ ab. Die Flächen konstanter Energie schneiden die Zonengrenze unter einem rechten Winkel[37].

Die Fermi-Fläche ist die spezielle Fläche konstanter Energie, die gegeben ist durch die Gleichung

$$\mathcal{E}(\vec{k}) = \mathcal{E}_F \qquad (243)$$ [38]

Ein bestimmter Bandindex kann ihr nur dann zugeordnet werden, wenn keine Bandüberlappung auftritt (S. 222, 249).

Die Fermi-Fläche spielt eine grosse Rolle in der Erklärung vieler elektronischer Eigenschaften der Metalle; denn äussere elektrische und magnetische Felder erzeugen Änderungen der Besetzung der Zustände in unmittelbarer Nähe der Fermi-Fläche. Ein wichtiges Beispiel hiezu ist der Ladungstransport (S. 247/248).

① Die Alkali-Metalle.

Lange Zeit hat man geglaubt, dass die Alkali-Metalle besonders leicht zu verstehen seien mit Hilfe der Einelektron-Näherung, und man

---

37) Für Kanten und Ecken der Brillouin-Zonen müssen spezielle Betrachtungen angestellt werden.

38) Man könnte auch schreiben $\mathcal{E}(\vec{k}) = \mu$. Der Unterschied zwischen $\mathcal{E}_F$ und μ ist klein und bei unseren Betrachtungen über Metalle belanglos (S. 185/186).

hat an der Richtigkeit der Vorstellung eines halb gefüllten Bandes (S. 248) kaum gezweifelt. Der Glaube, dass die Alkali-Metalle "einfache Metalle" seien, beruht vor allem auf den folgenden Überlegungen:

- Die Alkali-Atome sind ganz sicher <u>einwertig</u>: Das Valenzelektron umkreist einen Atomrumpf, der Edelgaskonfiguration hat und deshalb durch den Zusammenschluss der Atome zu einem Kristall nur wenig beeinflusst wird.

- Die <u>Kristallstruktur</u> ist gemäss den bisherigen Diffraktionsexperimenten mit Röntgenstrahlen und thermischen Neutronen sehr einfach. Das Bravais-Gitter ist kubisch raumzentriert. Da die Basis einatomig ist, entfällt ein einziges Valenzelektron auf die primitive Zelle. Im reziproken Gitter kann man eine kubisch-flächenzentrierte Zelle wählen mit der Kante $\frac{4\pi}{a}$, wobei a die Kante der kubisch-raumzentrierten Zelle im direkten Gitter bedeutet (S. 81). Da uns die Rumpfelektronen nicht interessieren, deklarieren wir als <u>erste</u> Brillouin-Zone die Zone, die dem zu betrachtenden (halb gefüllten) Band entspricht.[39]

a

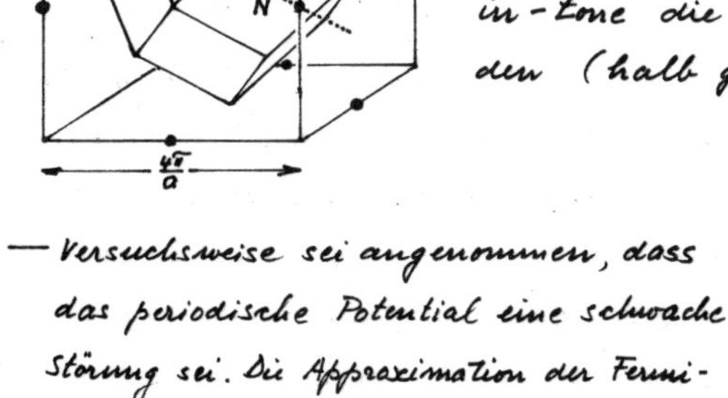

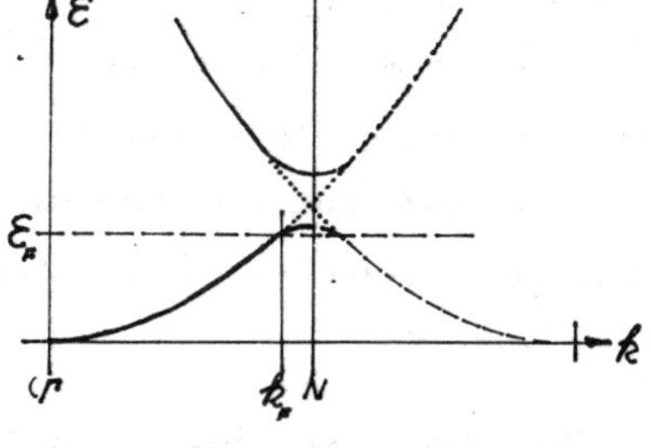

- Versuchsweise sei angenommen, dass das periodische Potential eine schwache Störung sei. Die Approximation der Fermi-Fläche durch eine Kugel vom Radius $k_F = (3\pi^2 n)^{1/3}$ wäre dann noch zulässig, wenn k_F der Zonengrenze nirgends zu nahe käme. Im Sinne

---

[39] Die Periodizität von $\mathcal{E}_n(\vec{k})$ im $\vec{k}$-Raum (S. 220/221) und die auf S. 214 beschriebenen geometrischen Eigenschaften der Brillouin-Zonen rechtfertigen, dass man irgend eine Brillouin-Zone als "erste Zone" betrachten darf. Es besteht kein Zwang, die erste Zone dem 1s-Band zuzuordnen.

der Störungsrechnung (S. 206-212) dürfte man dann noch schreiben $\mathcal{E}(\vec{k}) = \frac{\hbar^2}{2m} k^2$, wie bei freien Elektronen. Bei den Alkali-Metallen scheint diese Näherung bei $k \lesssim k_F$ akzeptabel zu sein:

Für die Elektronenzahldichte ist $n = \frac{2}{a^3}$ einzusetzen; denn auf die kubisch-raumzentrierte Zelle entfallen zwei Valenzelektronen. Damit ist

$$(244) \quad k_F = \left(\frac{3}{4\pi}\right)^{1/3} \frac{2\pi}{a} = 0.62 \, \frac{2\pi}{a}$$

Es ist der Punkt N der Zonengrenze, der dem Zentrum Γ am nächsten liegt. Nach der Skizze auf S. 255 ist

$$(245) \quad \Gamma N = \frac{1}{\sqrt{2}} \frac{2\pi}{a} = 0.707 \, \frac{2\pi}{a}$$

Berechnungen von $\mathcal{E}(k)$, basierend auf einem selbstkonsistenten periodischen Potential zeigen, dass die Abweichungen von der Proportionalität zu k^2 bei $k = k_F$ nicht gross sind im Punkt N. Da alle andern Punkte der Zonengrenze weiter entfernt sind, hat man angenommen, dass die Fermi-Kugel bei den Alkalimetallen eine gute Approximation der Fermi-Fläche darstelle. Nach diesen Überlegungen würde die Fermi-Fläche ganz innerhalb der ersten Brillouin-Zone liegen.

Es gibt verschiedene Experimente, die, wenn man sie im Geiste der Einelektron-Näherung interpretiert, Auskunft geben über Topologie, Form und Grösse der Fermi-Fläche[40]. In diesem Sinne scheint sie zu existieren. An dieser Stelle sind wird noch nicht vorbereitet, diese Experimente zu diskutieren. Bei Natrium und Kalium schliesst man aus den Messungen, dass die Abweichungen von der Kugelgestalt kleiner sind als 10^{-3}.

Man kann die Fermi-Fläche auch im <u>periodischen Zonenschema</u> einzeichnen. Die betrachtete Brillouin-Zone wiederholt sich periodisch im reziproken Gitter, und damit auch das Stück der Fermi-

---

[40] Eine wichtige Methode ist die Untersuchung der Magnetisierung als Funktion der Richtung und des Betrages eines äusseren Magnetfeldes. Sie zeigt als Funktion der Feldstärke richtungsabhängige Oszillationen (de Haas-van Alphen Effekt).

Fläche, das in ihr liegt. Im hier diskutierten Fall ist es die ganze Fermi-Kugel. Jeder Punkt des reziproken Gitters ist das Zentrum einer Fermi-Kugel. Die Fermi-Fläche ist in diesem Fall im periodischen Zonenschema nicht zusammenhängend. Die Skizze illustriert den entsprechenden Fall für eine zweidimensionale, quadratische Struktur. Die Zentren der Fermi-Kreise stellen das reziproke Gitter dar und die Geraden die Zonengrenzen.

Sind die Alkali-Metalle wirklich einfache Metalle?

Das oben diskutierte einfache Modell ist in neuerer Zeit in Frage gestellt worden von A.W. Overhauser. Es scheint in Widerspruch zu sein mit Experimenten über das optische Verhalten der Alkali-Metalle (Reflektivität und Absorption): Nach den obigen

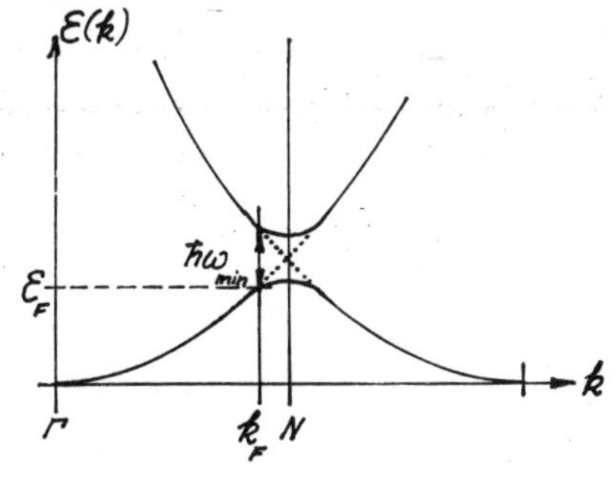

Vorstellungen würden Photonen Übergänge vom unteren ins obere (unbesetzte) Band induzieren, wenn ihre Energie $\hbar\omega_{min}$ übersteigt (Interband-Übergänge): Der Ausgangszustand muss besetzt sein, und der Endzustand muss im unbesetzten Band liegen. Eine nähere Betrachtung zeigt ferner, dass die Auswahlregel nur Übergänge zulässt zwischen Zuständen, die im skizzierten Schema auf Geraden parallel zur Ordinate liegen. Wenn man die Abweichung von $\mathcal{E}(k)$ bei k_F von einer Parabel vernachlässigt, erhält man $\hbar\omega_{min} = 0.64\ \mathcal{E}_F$. Bei Na ist $\mathcal{E}_F = 3.24\,eV$ (S.178), sodass $\hbar\omega_{min} = 2.07\ eV$. Eine solche Schwelle kann man tatsächlich aus vielen Experimenten an dünnen aufgedampften Schichten herauslesen. Reflexionsmessungen an Einkristallen zeigen indessen, dass schon bei 0.45 eV eine Schwelle liegt. Es hat den Anschein, als ob eine Energielücke vorhanden sei, die nicht mit dem allgemein akzeptierten Zonenschema und der kugeligen Fermi-Fläche zu vereinbaren ist.

Wir wissen, dass die Energielücken den Fourier-Koeffizienten des periodischen Potentials entsprechen (S. 206-212). Overhauser glaubt, die neue Energieschwelle bei 0.45eV erklären zu können durch die Annahme einer räumlich-periodischen Modulation der allgemein akzeptierten Kristallstruktur. Diese Modulation ist statisch (im Gegensatz zur Modulation durch die Gitterschwingungen), und sie ist inkommensurabel mit der Gitterperiode von der man ausgeht. Die Struktur ist damit nicht mehr streng periodisch (vgl. S. 8-10). Overhauser spricht von Ladungsdichtewellen. Bei einem Diffraktionsexperiment mit Röntgenstrahlen oder thermischen Neutronen würden sich diese äussern in "Satelliten" zu den Bragg'schen Reflexionen ("räumliche Modulationsseitenbänder"). Im Gegensatz zum Fall einer elastischen Gitterwelle (Phonon) träte aber keine Änderung der Frequenz bzw. Energie der Strahlung auf (vgl. S. 146-152). Ein überzeugender experimenteller Nachweis der Overhauser'schen Ladungsdichtewellen in Alkalimetallen steht noch aus.

② Kupfer, Silber und Gold.

Die Elektronenkonfigurationen der Atome sind:

Cu: $[Ar]\,3d^{10}4s$, Ag: $[Kr]\,4d^{10}5s$, Au: $[Xe]\,4f^{14}5d^{10}6s$

Wir wollen diese Metalle zunächst als einwertig betrachten und die Überlegungen, die wir auf S. 254-257 für die Alkali-Metalle anstellten, sinngemäss übernehmen. Das Bravais-Gitter ist kubisch flächenzentriert. Die Basis ist einatomig, sodass mit einem Valenzelektron pro primi-

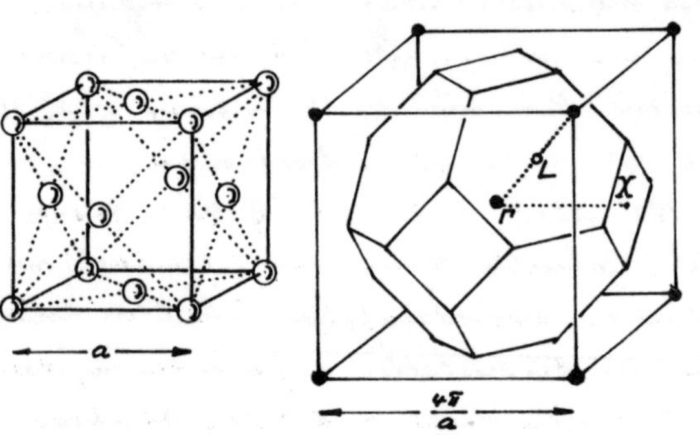

tive Zelle zu rechnen ist. Die Elektronenzahldichte ist $n = \frac{4}{a^3}$; denn die kubisch flächenzentrierte Zelle enthält vier Atome. Wenn die Fermi-Fläche eine Kugel wäre, hätte sie den Radius

$$(246) \qquad k_F = \left(\frac{3}{2\pi}\right)^{1/3} \frac{2\pi}{a} = 0.78 \frac{2\pi}{a}$$

Der Punkt der Zonengrenze, der dem Zentrum Γ am nächsten liegt, ist der Punkt L. Aus der Skizze S. 258 folgt

$$(247) \qquad \Gamma L = \frac{\sqrt{3}}{2} \frac{2\pi}{a} = 0.866 \frac{2\pi}{a}$$

Analog zum Fall der Alkali-Metalle könnte man hier schliessen, dass die Fermi-Fläche ganz innerhalb der ersten Brillouin-Zone liege und in guter Näherung eine Kugel sei.

Die Ausmessung der Fermi-Fläche mit Hilfe des de Haas-van Alphen Effektes (Fussnote S. 256) zeigt indessen, dass sie Hälse hat, die sich längs den 111-Achsen bis zur Zonengrenze erstrecken. Im periodischen Zonenschema hat man deshalb nicht voneinander abgenabelte Kugeln, sondern eine einzige, mehrfach zusammenhängende Fläche.

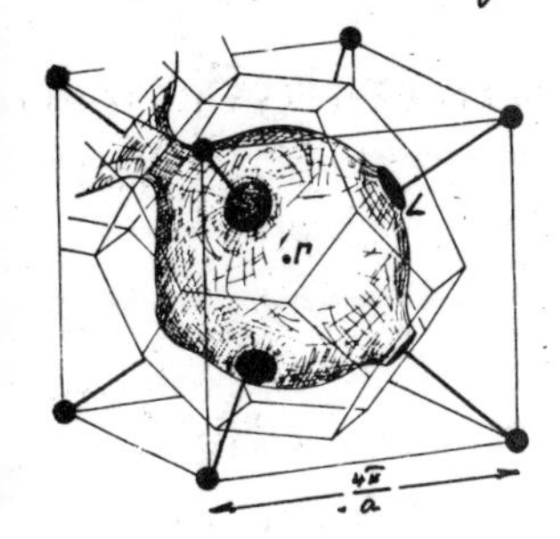

Der Unterschied zu den Alkalimetallen wird folgendermassen interpretiert: Vergleiche als Beispiel die Elektronenkonfiguration des Kaliumatoms [A] 4s mit derjenigen des Kupferatoms [A] $3d^{10}$ 4s. Bei Cu haben wir nicht die einfache Situation, wo ein 4s-Elektron einen Atomrumpf mit stabiler Edelgaskonfiguration umkreist.[41] Der Zusammenschluss von Cu-Atomen zum Kristall lässt die 3d-Elektronen nicht unberührt. Die Betrachtung eines 4s-Bandes genügt nicht: Aus den 3d-Atomorbita-

---

[41] Dies manifestiert sich auch im Atomspektrum: Das Valenzelektron des K-Atoms gibt Anlass zu einem Spektrum, das mit demjenigen des Wasserstoffatoms verwandt ist (Quantenphysik S. 245 - 249). Beim Cu-Atom ist das Spektrum ganz verschieden.

len entwickeln sich verschiedene 3d-Bänder, analog zum Fall der p-Orbitale (vgl. S. 237–242). Diese 3d-Bänder überlappen untereinander und mit dem 4S-Band dermassen, dass man sich fragt, ob es noch sinnvoll ist, von Atomorbitalen auszugehen.[42)]

③ Zweiwertige Metalle.

Übersichtliche Bandstrukturen erwartet man bei den Erdalkalimetallen, Be, Mg, Ca, Sr, Ba (II B-Metalle). Zwei Valenzelektronen umkreisen einen Atomrumpf mit Edelgaskonfiguration. Zudem sind die Kristallstrukturen einfach:

Be	[He] $2S^2$	hexagonale dichteste Packung	$c/a = 1.5680 \pm 0.0002$
Mg	[Ne] $3S^2$	" " "	$c/a = 1.6236 \pm 0.0002$
Ca	[A] $4S^2$	kubisch flächenzentriert mit einatomiger Basis	
Sr	[Kr] $5S^2$	" " " " "	
Ba	[Xe] $6S^2$	kubisch raumzentriert mit einatomiger Basis.	

Wir versuchen zu verstehen, warum dies überhaupt Metalle sind, d.h. warum Bandüberlappung eintritt (S. 249). Von der Diskussion der Alkali-Metalle haben wir gelernt, dass Valenzelektronen, die im freien Atom einen Rumpf mit Edelgaskonfiguration umkreisen, sich beim Zusammenschluss der Atome zu einem Kristall wie quasi-freie Elektronen verhalten können. Wir wollen diesen Gedanken auf die obigen Metalle anwenden. Als Beispiel betrachten wir Ca und Sr. Die Elektronenzahldichte ist $n = \frac{8}{a^3}$, denn es sind 4 Atome mit je 2 Valenzelektronen in der kubisch flächenzentrierten Zelle. Damit wird

$$(248) \quad k_F = \left(\frac{3}{\pi}\right)^{1/3} \frac{2\pi}{a} = 0.985 \, \frac{2\pi}{a} ,$$

sodass $\Gamma X > k_F > \Gamma L$ (Siehe Skizze S. 258, $\Gamma X = \frac{2\pi}{a}$, $\Gamma L = 0.866 \frac{2\pi}{a}$).
Wenn wir die Fermi-Fläche durch eine Kugel approximieren,

---

42) Anderseits darf man auch nicht so weit gehen und 11 Valenzelektronen in ein schwaches periodisches Potential setzen.

kommen wir zum Schluss, dass sie zum Teil innerhalb und zum Teil ausserhalb der ersten Brillouin-Zone liegen wird.[43)] Da zu jeder Brillouin-Zone ein Energieband gehört (S. 211-214) liegt das Fermi-Niveau $\mathcal{E}_F$ in unserem Falle in zwei Bändern. Dies ist nur möglich, wenn die Bänder überlappen.

Die Zweiwertigkeit führt also bei diesem Strukturtyp notwendigerweise auf überlappende Bänder, vorausgesetzt, dass die Elektronen als quasifrei betrachtet werden (Fall des schwachen periodischen Potentials). Dies illustriert die Tatsache, dass die Bandstruktur von der Besetzung abhängt und mit dieser konsistent sein muss. Die Approximation der Fermi-Fläche durch eine Kugel ignoriert allerdings die Tatsache, dass die Flächen konstanter Energie aus Symmetriegründen unter einem rechten Winkel auf die Zonengrenze auftreffen müssen (S. 224). Durch ein schwaches periodisches Potential wird der Verlauf nur in unmittelbarer Nähe der Zonengrenze beeinflusst (S. 211). Die Skizze soll dies illustrieren in zwei Dimensionen. (Sie entspricht insofern der Zweiwertigkeit, als die Fläche des Fermi-Kreises gleich der Fläche der quadratischen Brillouin-Zone gemacht wurde.) Bei der Darstellung der Fermi-Fläche im peri-

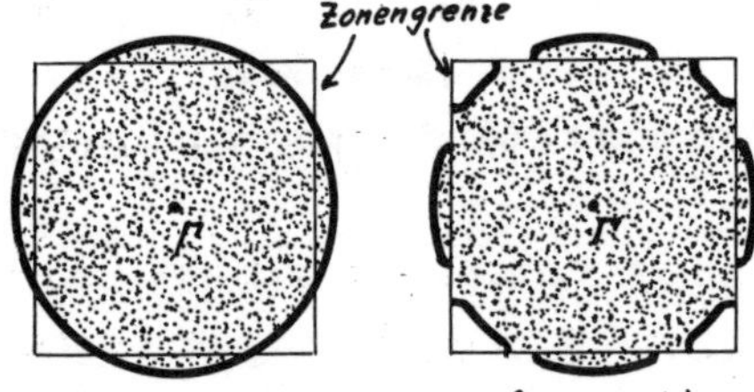

---

43) Qualitativ hätte man dies auch ohne die Berechnung von k_F und ΓL einsehen können: Die Zustandsdichte im k-Raum ist in jedem Falle homogen und gleich der Zustandsdichte für freie Elektronen (S. 176, 218), d.h. bei N primitiven Zellen im Grundgebiet sind N Zustände in der Brillouin-Zone. Die Fermi-Kugel enthält in unserem Falle N Elektronen im Spinzustand $|\uparrow\rangle$ und N Elektronen im Spinzustand $|\downarrow\rangle$. Sie umschliesst damit N Zustände im k-Raum und hat damit dasselbe Volumen wie die Brillouin-Zone.

odischen Zonenschema muss man die Stücke der Fermi-Fläche, die in verschiedenen Zonen liegen, unterscheiden. Für das zweidimensionale Veranschaulichungsmodell erhält man die unten skizzierten Stücke der "Fermi-Fläche" (bzw. Fermi-Kurve):

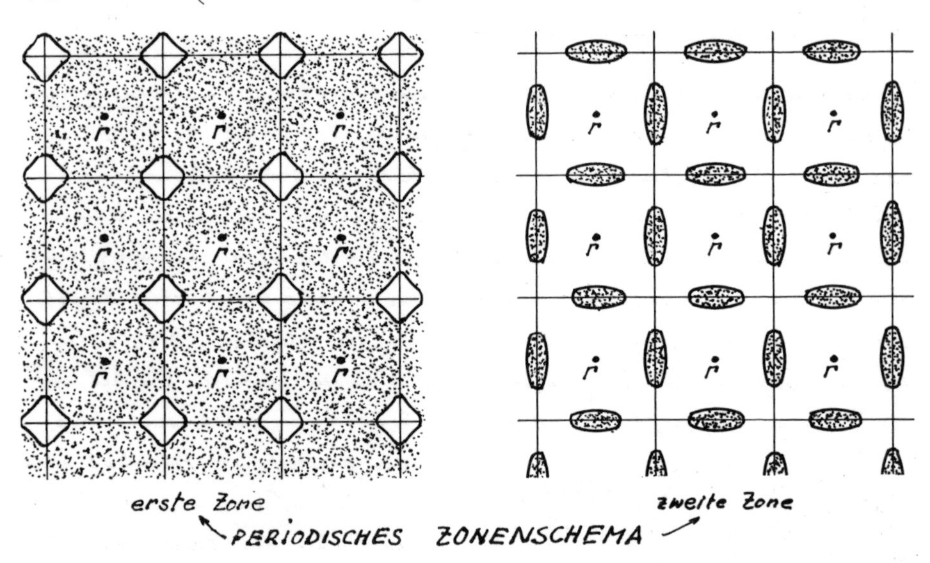

Die besetzten Teile des k-Raumes sind durch Sprenkelung gekennzeichnet. Sowohl in der ersten als auch in der zweiten Zone besteht die Fermi-Fläche aus unzusammenhängenden Stücken (im Gegensatz zum Fall von Cu). Das dreidimensionale Modell sieht etwas komplizierter aus.

Weitere zweiwertige Metalle sind

Zn : $[A]\,3d^{10}4s^2$ hexagonale dichteste Packung $c/a = 1.8561 \pm 0.002$ (bei 300K)
Cd : $[Kr]\,4d^{10}5s^2$ " " " $c/a = 1.8855 \pm 0.0003$ (bei 300K)

Beachte, dass die Abweichung von einer hexagonalen dichtesten Kugelpackung ($c/a = (\frac{8}{3})^{1/2} = 1.633$) hier grösser ist als bei Be und Mg. Dies hängt damit zusammen, dass der Atomrumpf nicht Edelgaskonfiguration hat. Quecksilber mit der Konfiguration
Hg : $[Xe]\,4f^{14}5d^{10}6s^2$ kristallisiert im rhomboedrischen System.

④ Dreiwertige Metalle

Als einfachstes Beispiel betrachten wir Aluminium. Die Elektronenkonfiguration des Atoms ist $[Ne]3s^2 3p$. Das Bravais-Gitter ist kubisch flächenzentriert, und die Basis ist einatomig. Die Elektronen ausserhalb des Rumpfes [Ne] bilden das Gas der Leitungselektronen. Das Modell quasifreier Elektronen ist auch hier ein guter Ausgangspunkt. Es hat deshalb keinen Sinn, hier von einem 3s-Band und drei 3p-Bändern zu sprechen.

Um eine rohe Vorstellung zu gewinnen, wie die Stücke der Fermi-Fläche aussehen, die den verschiedenen Zonen bzw. Bändern entsprechen, vernachlässigen wir die Deformation der Fermi-Kugel, die in der Nähe der Zonengrenze auftreten muss. In die Berechnung von k_F nach (19) S. 177 ist $n = \frac{12}{a^3}$ einzusetzen, sodass

$$k_F = \left(\frac{9}{2\pi}\right)^{1/3} \frac{2\pi}{a} = 1.127\, \frac{2\pi}{a} \tag{250}$$

Die ganze Fermi-Kugel liegt <u>ausserhalb</u> der ersten Brillouin-Zone. Grössere Stücke der Kugelfläche liegen in der zweiten und dritten Zone, und ganz kleine Stücke in der vierten Zone. Es kommen also mehrere Bandüberlappungen vor. Das Vorgehen sei am <u>zweidimensionalen Beispiel des Quadratgitters</u> illustriert. Fig. a) zeigt das erweiterte Zonenschema. In Fig. b) ist noch der Fermi-Kreis eingezeichnet. Fig. c) stellt die Reduktion der Zonen auf die erste Zone dar. Jedes Zonenstück wird durch <u>Translation</u> um einen Vektor des reziproken Gitters in die erste Zone gebracht samt dem Stück des Fermi-Kreises, das

a)

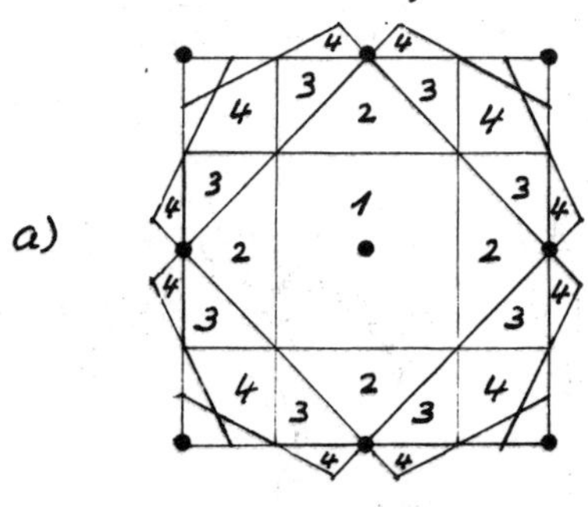

Zonen-Schema

b)

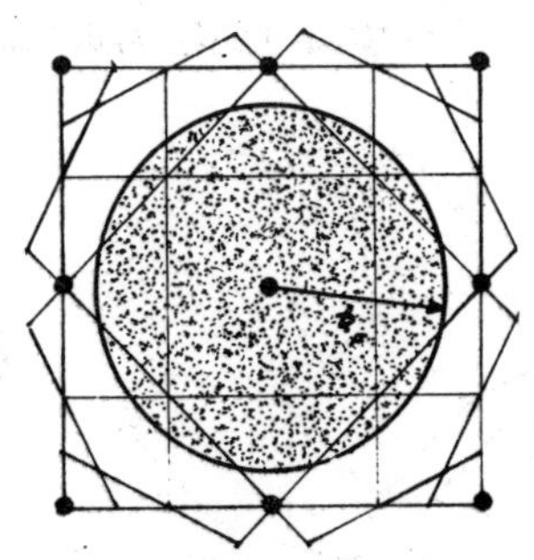

Fermi-Kreis

c) Zonenreduktion

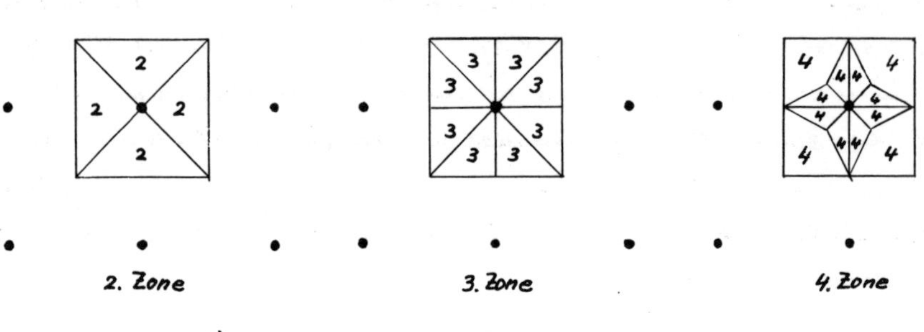

d) Fermi-Grenze nach Zonenreduktion

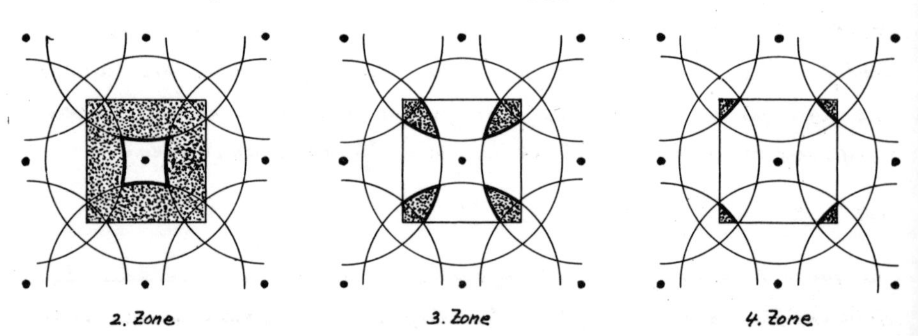

darin enthalten ist. Fig. d) zeigt die Fermi-Grenze nach der Zonenreduktion. Die besetzten Gebiete sind durch Sprenkelung gekennzeichnet. Die erste Zone ist voll und nicht aufgeführt. Der Übergang zum periodischen Zonenschema anhand von Fig. d) ist trivial. Fig. e) zeigt das Ergebnis der entsprechenden Konstruktion für das kubisch raumzentrierte reziproke Gitter. Die erste Zone ist voll. Der Körper in der zweiten Zone umschliesst unbesetzte Zustände (Löcher), analog zum zweidimensionalen Modell.

e) Fermi-Fläche konstruiert für kubisch-raumzentriertes reziprokes Gitter

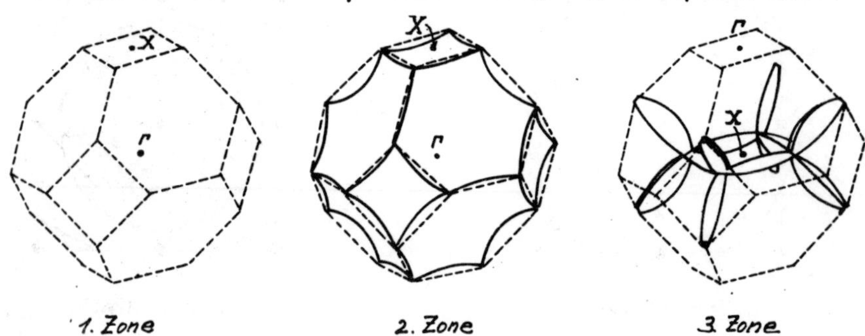

Das "Ungeheuer" in der dritten Zone enthält besetzte Zustände (Elektronen). Um die Symmetrie klarer hervortreten zu lassen, wurde es mit dem Punkt X im Zentrum gezeichnet. Das gestrichelte Polyeder wäre um die Strecke ΓX zu verschieben, wenn man es als Zonengrenze interpretieren wollte.

Diese Konstruktionen, die auf dem Modell freier Elektronen beruhen, geben einen Anhaltspunkt, wie die Fermi-Fläche etwa aussehen könnte, und sind eine Hilfe bei der Interpretation von Experimenten, die Information über Topologie und Form der Fermi-Fläche geben. Die Experimente zeigen in vielen Fällen signifikante Abweichungen von diesen Konstruktionen.

---

5. Das halbklassische Modell des elektronischen Ladungstransportes

Wenn man einen Halbleiter oder ein Metall rein makroskopisch, phänomenologisch betrachtet, kann man sagen, dass darin ein elektrischer Strom fliesst, wenn ein elektrisches Feld $\vec{E}$ angelegt wird. Dem Kristall wird dabei elektrische Energie zugeführt; und wenn er in Kontakt ist mit einem Wärmereservoir, wird die zugeführte elektrische Energie als Joule'sche Wärme an das Wärmereservoir abgegeben. Es existiert bei einem zeitlich konstanten elektrischen Felde ein stationärer Zustand des Systems der Elektronen im Leiter. Dieser stationäre Zustand ist kein Gleichgewichtszustand; denn es spielen sich dauernd irreversible Prozesse ab. Die Behandlung dieses Problems im Sinne der Quantenmechanik und der statistischen Mechanik ist eine Aufgabe, die sich nicht in Strenge lösen lässt. In dieser Vorlesung können wir nicht sehr tief schürfen. Wir werden von der Einelektron-Approximation ausgehen und mit ihrer Hilfe ein anschauliches und suggestives halbklassisches Modell der Dynamik der Kristallelektronen konstruieren, das sich zur Erklärung des Ladungstransportes und verwandter Phänomene eignet. Dem "Schwindel" der Einelektron-Approximation wird sozusagen ein zweiter Schwindel aufgepfropft, und das ganze Gebäude wird durch den grossen Erfolg bei der Erklärung mancher elektronischer Phänomene gerechtfertigt. Man darf ihm deshalb einen beachtlichen Wahrheitsgehalt nicht absprechen. Ein einfaches Beispiel für diesen Erfolg ist folgendes: Das Modell erklärt zwanglos, dass es Metalle gibt, bei denen das Vorzeichen der Hall-Spannung gerade das umgekehrte Vorzeichen hat, als man für Ladungstransport durch Elektronen erwarten würde ("Elektrizitätslehre", S. 128 - 130).

5.1. Die halbklassische Bewegungsgleichung der Elektronen

5.1.1. Wellenpakete

In einer halbklassischen Betrachtungsweise stützt man sich auf die Krücke der Vorstellung von lokalisierbaren Teilchen. Anstelle einer Bloch-Welle, die im direkten Raum einen nicht lokalisierten Zustand darstellt, betrachtet man eine Linearkombination von Bloch-Wellen, ein Wellenpaket. Bei der Untersuchung makroskopischer Phänomene interessiert man sich nicht für die Lokalisierung eines Elektrons in einem Bereich von atomaren Dimensionen; ein Bereich, der viele Gitterperioden umfasst, genügt. Wir schreiben ein Paket von Bloch-Wellen hin, dessen Breite Δx im direkten Raum gross ist im Vergleich zur Gitterperiode a. Die superponierten Bloch-Wellen sollen alle zum selben Band n gehören. In einer eindimensionalen Betrachtung schreiben wir

(1) $$\Phi_n(x,t) = \int c(k)\, u_{nk}(x)\, e^{i(kx-\omega_{nk}t)}\, dk$$, wobei

(2) $$\omega_{nk} = \frac{1}{\hbar}\, \mathcal{E}_n(k)$$

Bei freien Elektronen ist der Impuls gegeben durch $p = \hbar k$, und die Unschärferelation lässt sich schreiben in der Form [1)]

(3) $\Delta x \Delta k \approx 2\pi$

Wir <u>postulieren</u>, dass dies auch für das betrachtete Paket von Bloch-Wellen gelte. Dies ist insofern vernünftig, als sich dieses über viele Gitterperioden erstreckt und die Kräfte des periodischen Potentials nicht als solche erfährt. Mit der Voraussetzung $\Delta x \gg a$ haben wir also

(4) $\Delta k \ll \frac{2\pi}{a}$ [2)]

Dies bedeutet, dass das Wellenpaket im k-Raum einen Bereich umfasst, dessen Durchmesser klein ist im Vergleich zum Durchmesser der Brillouin-Zone. In diesem Sinne darf k als quasischarfe Variable betrachtet werden, und die Benützung der Funktion $\mathcal{E}_n(k)$ ist sinnvoll. Auf diesem Wege geht die Bandstruktur, d.h. das periodische Potential in die Rechnung ein. Der Erfolg der halbklassischen Dynamik ist auf diese Subtilität zurückzuführen.

Da die Amplitudenverteilung $c(k)$ nur in einem kleinen Bereich Δk dominiert, darf die k-Abhängigkeit von $u_{nk}(x)$ bei der Ausführung der Integration (1) vernachlässigt werden. Im direkten Raum hält sich das Elektron dort auf, wo die Interferenz der in (1) superponierten Wellen konstruktiv ist, d.h. dort, wo sich die Phase $kx - \omega_{nk} t$ nicht stark ändert als Funktion von k, also wo

(5) $\frac{\partial}{\partial k}\left(kx - \omega_{nk} t\right) = 0$. Daraus ergibt sich

(6) $x = \frac{\partial \omega_{nk}}{\partial k} \cdot t$

Das Wellenpaket läuft mit der Geschwindigkeit $v_n = \frac{x}{t}$, die als <u>Gruppengeschwindigkeit</u> bezeichnet wird:

[1)] Auf Faktoren der Grössenordnung π soll es hier nicht ankommen.

[2)] Damit k als quasikontinuierliche Variable gelten kann, muss die Länge L des Grundgebietes genügend gross sein, d.h. neben (4) muss noch gelten $\Delta k \gg \frac{2\pi}{L}$ (vgl. S. 176, 212, 218).

(7) $$v_n(k) = \frac{\partial \omega_{nk}}{\partial k} = \frac{1}{\hbar}\frac{\partial \mathcal{E}_n(k)}{\partial k}$$, und in drei Dimensionen

(8) $$\vec{v}_n(\vec{k}) = \frac{1}{\hbar} \nabla_k \mathcal{E}_n(\vec{k})$$

Diese Formel gilt auch im Grenzfall freier Elektronen. Hier wäre $\mathcal{E}(k) = \frac{\hbar^2}{2m}k^2$, also $\frac{\partial \mathcal{E}}{\partial k} = \frac{\hbar^2}{m}k$, woraus mit $mv = p = \hbar k$ $v = \frac{1}{\hbar}\frac{\partial \mathcal{E}}{\partial k}$. Trotzdem besteht ein grosser <u>Unterschied</u> zwischen einem freien Elektron und einem Elektron, das durch das Wellenpaket (1) dargestellt wird: Da die superponierten Bloch-Funktionen aus einem einzigen Band stammen, ist $\mathcal{E}_n(k)$, und damit auch $v_n(k)$, im Sinne des periodischen Zonenschemas (S. 221) eine zwischen endlichen Grenzwerten oszillierende Funktion, während $v(k)$ für freie Elektronen mit wachsendem k unbegrenzt ansteigt, wie die Skizzen für das eindimensionale Modell illustrieren.

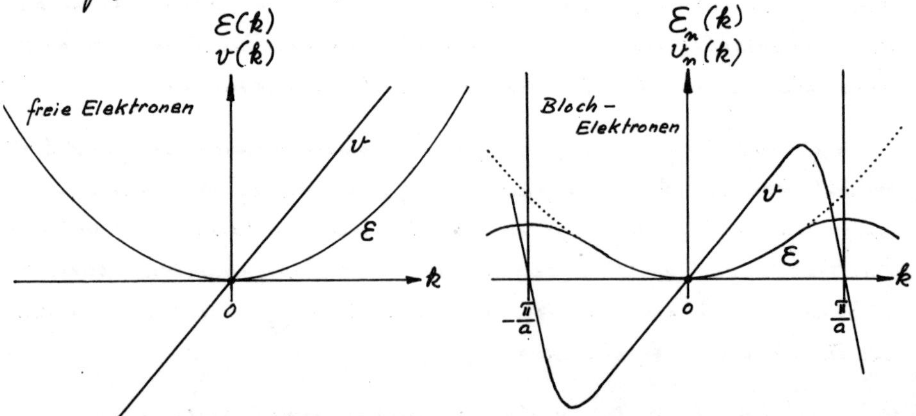

Ein weiterer Unterschied zwischen freien Elektronen und Bloch-Elektronen ist folgender: Bei freien Elektronen ist die Geschwindigkeit immer parallel zu $\vec{k}$. Bei Kristallelektronen ist $\nabla_k \mathcal{E}(\vec{k})$ im allgemeinen nicht parallel zu $\vec{k}$ (Skizze S. 224).

<u>Auffassung des Wellenpakets als gestörter Bloch-Zustand.</u>

Das Integral (1) ist eine normierte Linearkombination von Bloch-Zuständen. Also ist $|C(k)|^2$ proportional zur Wahrscheinlichkeit, dass das durch das Wellenpaket $\phi_n(x,t)$ beschriebene Elektron zur Zeit

t im Bloch-Zustand $\psi_{nk}(x) = u_{nk}(x)e^{ikx}$ anzutreffen ist ("Quantenphysik", S. 146-149). Der Zustand $\Phi_n(x,t)$ ist im allgemeinen kein stationärer Zustand (kein Eigenzustand des Hamilton-Operators für die Bewegung des Elektrons im zeitlich konstanten periodischen Potential) [3]. Man kann sich vorstellen, dass er durch Störung eines Bloch-Zustandes entstanden ist, des Bloch-Zustandes, der dem Schwerpunkt des Wellenpakets entspricht. Die Störung ist durch das phänomenologische Feld bedingt, z.B. durch ein angelegtes Feld. Im Sinne der Störungsrechnung erster Ordnung beschreiben die "Koeffizienten" $c(k)dk$ die störungsbedingte Mischung der Bloch-Zustände (S. 203). Da die im Wellenpaket zusammengemischten Bloch-Zustände im $\vec{k}$-Raum nahe beieinander liegen, differerieren sie auch nur wenig in der Energie, denn $\mathcal{E}_n(k)$ springt nicht innerhalb eines Bandes. Dies ist verträglich mit der Störungstheorie: Der Energie-Nenner in der Formel für die Beimischungskoeffizienten (vgl. (111) S. 202) sorgt dafür, dass nur Zustände beigemischt werden, deren Energie nur wenig von der Energie des Ausgangszustandes abweicht.

5.1.2. Die Änderung der Geschwindigkeit und des Impulses.

Da sich das Wellenpaket im direkten Raum über viele Gitterperioden erstreckt, bewirkt das periodische Potential keine Abhängigkeit der Gruppengeschwindigkeit vom Ort und von der Zeit. Nur Kräfte, die auf von aussen angelegte Felder zurückführbar sind, können die Gruppengeschwindigkeit ändern. Von Interesse sind hier für uns elektrische und magnetische Felder. Wir stellen uns vor, dass die Lorentz-Kraft $\vec{F}$ auf das Elektron wirke, das durch das Wellenpaket dargestellt sei. Nach klassischer Vorstellung

---

[3] Als Ausnahme könnte man sich ein Wellenpaket denken, das aus Bloch-Zuständen zusammengesetzt ist, die im k-Raum auf einer Fläche konstanter Energie liegen (S. 224/225). Streng genommen gibt es nur dann Flächen konstanter Energie, wenn k ein kontinuierlich variabler Parameter ist, d.h. bei unendlich grossem Grundgebiet.

bewirkt eine Kraft $\vec{F}$, die an einem reibungslos verschiebbaren Teilchen angreift, das sich mit der Geschwindigkeit $\vec{v}$ bewegt, pro sec eine Änderung der Energie des Teilchens, die gegeben ist durch $\vec{F}\cdot\vec{v}$ ("Leistung der Kraft"). Die Energie des Teilchens ist in unserem Fall der Erwartungswert der Energie des durch das Wellenpaket beschriebenen Zustandes. Da die Energien der superponierten Bloch-Zustände in der Nähe von $\mathcal{E}_n(\vec{k})$ liegen, darf $\mathcal{E}_n(\vec{k})$ auch als Energie <u>des Teilchens</u> bezeichnet werden. In einer Dimension hätte man

$$(9) \qquad F v_n(k) = \frac{d\,\mathcal{E}_n(k)}{dt} = \frac{\partial\,\mathcal{E}_n(k)}{\partial k}\cdot\frac{dk}{dt}$$

, und in drei Dimensionen

$$(10) \qquad \vec{F}\cdot\vec{v}_n(\vec{k}) = \nabla_k\,\mathcal{E}_n(\vec{k})\cdot\frac{d\vec{k}}{dt} ,$$

wobei ∇_k der Gradientenoperator im $\vec{k}$-Raum bedeutet. Unter Benützung von (8) S. 268 wird aus (10)

$$(11) \qquad \vec{F}\cdot\vec{v}_n(\vec{k}) = \hbar\,\vec{v}_n(\vec{k})\cdot\frac{d\vec{k}}{dt}$$

Daraus folgt [4]

$$(12) \qquad \boxed{\vec{F} = \frac{d}{dt}\left(\hbar\vec{k}\right)}$$

halbklassische Bewegungsgleichung :

Die Änderung des Kristallimpulses pro sec ist gleich der phänomenologischen Kraft

Wenn man die Lorentz-Kraft einsetzt, wird [5]

$$(13) \qquad \begin{aligned} \hbar\dot{\vec{k}} &= -e\left[\vec{E}(\vec{x},t) + \tfrac{1}{c}\,\vec{v}_n(\vec{k})\times\vec{B}(\vec{x},t)\right] \qquad &(e.s.u) \\ \hbar\dot{\vec{k}} &= -e\left[E(\vec{x},t) + \vec{v}_n(\vec{k})\times\vec{B}(\vec{x},t)\right] \qquad &(S.I) \end{aligned}$$

---

4) Man kann hier einwenden, dass der Schluss von (11) auf (12) nicht eindeutig sei, da (11) auch dann noch gelte, wenn man auf der rechten Seite zu $\vec{v}_n(\vec{k})$ einen beliebigen Vektor addiere, der auf $\dot{\vec{k}}$ senkrecht steht. Der Einwand wird dadurch entkräftet, dass das Ergebnis (12) offensichtlich auch im Grenzfall freier Elektronen stimmt.

5) Mit e bezeichnen wir eine positive Ladung vom Betrag 4.80×10^{-10} statClb bzw. 1.60×10^{-19} Clb. Für ein Elektron ist damit immer die Ladung $-e$ einzusetzen.

Grenzen der Anwendbarkeit der halbklassischen Bewegungsgleichung.

① Die räumliche Auflösung der halbklassischen Betrachtungsweise: Voraussetzungsgemäss ist die Breite des Wellenpaketes im direkten Raum gross im Vergleich zur Strukturperiode. Die halbklassische Bewegungsgleichung kann also keine Auskunft geben über die Dynamik der Elektronen in molekularen Massstäben.

② $\vec{B}$ oder $\vec{H}$? Wenn die Struktur Atome mit permanenten magnetischen Momenten enthält, variiert das lokale Feld $\vec{B}$ sehr stark über atomare Distanzen. In die halbklassische Bewegungsgleichung (13) wäre ein "geeigneter" Mittelwert einzusetzen. Die halbklassische Theorie gibt keine Auskunft darüber, wie dieser Mittelwert zu bilden ist. Ashcroft und Mermin schreiben in ihrer Einführung $\vec{H}$ statt $\vec{B}$ (bzw. $\mu_0\vec{H}$ statt $\vec{B}$). Bei schwacher Magnetisierung kommt es nicht darauf an, ob man das eine oder das andere Feld hinschreibt. Konzeptionell ist jedoch in diesem Falle das Feld $\vec{H}$ (bzw. $\mu_0\vec{H}$) vorzuziehen, da es als räumlich gemittelte (phänomenologische) Grösse definiert ist ("Elektrizität und Magnetismus", S. 137-139).

③ Schwache und starke äussere Felder: Da das halbklassische Modell der Dynamik der Kristallelektronen von einer schwachen Störung der Bloch-Zustände ausgeht, ist es nur bei "genügend schwachen" äusseren Feldern anwendbar. Eine tiefer schürfende Betrachtung wäre notwendig, um herauszufinden, was "genügend schwach" bedeutet. Ashcroft und Mermin geben klare Bedingungen, die erfüllt sein müssen, damit die Anwendung der halbklassischen Bewegungsgleichungen vom theoretischen Standpunkt aus gerechtfertigt ist:

$$(14)\quad eEa \ll \frac{(\Delta\mathcal{E}(\vec{k}))^2}{\mathcal{E}_F}$$

$$(15)\quad \hbar\omega_c \ll \frac{(\Delta\mathcal{E}(\vec{k}))^2}{\mathcal{E}_F}$$

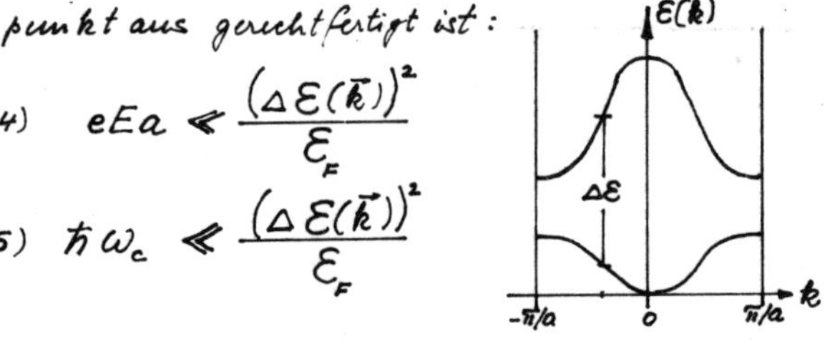

Die Bedeutung von $\Delta\mathcal{E}(\vec{k})$ geht aus der Skizze hervor. $\mathcal{E}_F$ ist die Fermi-Energie, a die Strukturperiode und $\omega_c = \frac{eB}{mc}$ (bzw $\frac{eB}{m}$ im SI) die Zyklotronfrequenz des Elektrons. Beachte, dass in die Bedingungen (14) und (15) nicht nur Eigenschaften des Kristalls eingehen, sondern auch der $\vec{k}$-Vektor, der dem Zentrum des betrachteten Wellenpaketes entspricht. An ein Metall kann man wegen der grossen Leitfähigkeit niemals ein statisches elektrisches Feld anlegen, das so stark ist, dass es die Bedingung (14) verletzt. $\mathcal{E}_F$ ist von der Grössenordnung von einigen eV, $\Delta\mathcal{E}$ von der Grössenordnung von einigen 10^{-1} eV (S. 257) und a beträgt einige 10^{-8} cm. Damit müsste etwa $eEa \ll 5\times10^{-2}$ eV verletzt werden können, was bei $a = 5\times10^{-8}$ cm eine Stärke des elektrischen Feldes von der Grössenordnung von 10^{6} Volt/cm erfordern würde. Der spezifische Widerstand von Metallen ist von der Grössenordnung 10^{-4} bis 10^{-6} Ohm cm, was zu Stromdichten von 10^{10} bis 10^{12} Amp/cm^2 führen würde. Die zugeführte Leistung würde das Metall in kürzester Zeit schmelzen und verdampfen. Die Bedingung (15) lässt sich hingegen unter Laboratoriumsbedingungen verletzen, insbesondere bei Halbmetallen, wo $\Delta\mathcal{E}$ von der Grössenordnung 10^{-2} eV sein kann. Mit supraleitenden Spulen erreicht man leicht magnetische Feldstärken von 10^{5} Gauss (= 10 Tesla), was einer Zyklotronfrequenz von $\omega_c = 1.76\times10^{12}$ sec^{-1}, also $\hbar\omega_c = 1.16\times10^{-3}$ eV entspricht. Wenn die Bedingungen (14) oder (15) verletzt werden, spricht man vom <u>elektrischen bzw. magnetischen Zusammenbruch</u>[6].

④ <u>Interbandübergänge</u>: Durch Einstrahlen von Photonen der Energie $\hbar\omega = \Delta\mathcal{E}$ können Übergänge von Elektronen zwischen Zuständen in zwei verschiedenen Bändern induziert werden. Mit der halbklassischen Dynamik können solche Übergänge nicht behandelt werden, denn die halbklassische Bewegungsgleichung bezieht sich auf ein einziges Band, wie aus der Herleitung (S. 270) hervorgeht.

---

6) Gemeint ist dabei der Zusammenbruch einer <u>Theorie</u>. In der Wirklichkeit muss bei diesem Zusammenbruch nicht unbedingt etwas Dramatisches passieren.

5.1.3. Die effektive Masse

Bei der halbklassischen Betrachtungsweise stellt man sich das Wellenpaket als Teilchen vor, dessen Geschwindigkeit $\vec{v}_n(\vec{k})$, die Gruppengeschwindigkeit, durch eine angelegte äussere Kraft $\vec{F}$ geändert wird. Für einen Physiker, der die Newton'sche Mechanik als anschaulicher empfindet als die Quantenmechanik, ist es deshalb naheliegend, dem Teilchen im Sinne des zweiten Newton'schen Gesetzes eine Masse zuzuschreiben. Diese Masse ist im allgemeinen verschieden von der Masse des freien Elektrons und wird "<u>effektive Masse</u>" genannt:

Die kartesische Komponente i der Beschleunigung ist nach (8) S. 268

$$(16)\quad \frac{dv_i}{dt} = \frac{1}{\hbar}\frac{d}{dt}\frac{\partial \mathcal{E}_n(k_x,k_y,k_z)}{\partial k_i} = \frac{1}{\hbar}\frac{\partial}{\partial k_i}\frac{d}{dt}\mathcal{E}_n(k_x,k_y,k_z)$$

$$= \frac{1}{\hbar}\frac{\partial}{\partial k_i}\left(\frac{\partial \mathcal{E}_n}{\partial k_x}\frac{dk_x}{dt} + \frac{\partial \mathcal{E}_n}{\partial k_y}\frac{dk_y}{dt} + \frac{\partial \mathcal{E}_n}{\partial k_z}\frac{dk_z}{dt}\right)$$

$$= \frac{1}{\hbar}\left(\frac{\partial^2 \mathcal{E}_n}{\partial k_i \partial k_x}\dot{k}_x + \frac{\partial^2 \mathcal{E}_n}{\partial k_i \partial k_y}\dot{k}_y + \frac{\partial^2 \mathcal{E}_n}{\partial k_i \partial k_z}\dot{k}_z\right)$$

Nach (12) ist $\dot{k}_i = \frac{1}{\hbar}F_i$, sodass

$$(17)\quad \frac{dv_i}{dt} = \underbrace{\frac{1}{\hbar^2}\frac{\partial^2 \mathcal{E}_n}{\partial k_i \partial k_x}}_{\left(\frac{1}{m_n^*}\right)_{ix}} F_x + \underbrace{\frac{1}{\hbar^2}\frac{\partial^2 \mathcal{E}_n}{\partial k_i \partial k_y}}_{\left(\frac{1}{m_n^*}\right)_{iy}} F_y + \underbrace{\frac{1}{\hbar^2}\frac{\partial^2 \mathcal{E}_n}{\partial k_i \partial k_z}}_{\left(\frac{1}{m_n^*}\right)_{iz}} F_z$$

Die Beziehung zwischen der Beschleunigung $\dot{\vec{v}}$ und der äusseren Kraft $\vec{F}$ ist also durch einen (symmetrischen) Tensor zweiter Stufe beschrieben, und nicht durch eine skalare Grösse $\frac{1}{m}$, im Gegensatz zur Newton'schen Mechanik. Die Beschleunigung hat damit im allgemeinen nicht die Richtung der äusseren Kraft. Mit dem durch (17) definierten Tensor

$$(18)\quad \left(\frac{1}{m_n^*}\right)_{ij} = \frac{1}{\hbar^2}\frac{\partial^2 \mathcal{E}_n}{\partial k_i \partial k_j}$$

schreibt sich die halbklassische Bewegungsgleichung in der Form

$$(19)\quad \boxed{\dot{\vec{v}}(\vec{k}) = \left(\frac{1}{m_n^*}\right)_{ij}\vec{F}} \quad \text{oder} \quad \boxed{\left(\frac{1}{m_n^*}\right)_{ij}^{-1}\dot{\vec{v}} = \vec{F}}$$

Der zum Tensor (18) inverse Tensor $\left(\frac{1}{m^*}\right)_{ij}^{-1}$ ist der <u>Tensor der effektiven Masse</u>. Beachte:

- Der Tensor hängt <u>explizit</u> von $\vec{k}$ ab, d.h. seine Hauptachsen hängen nach Betrag und Orientierung vom Ort im $\vec{k}$-Raum ab. Wenn ein Wellenpaket seinen Bewegungszustand ändert, dann ändert sich im allgemeinen auch seine effektive Masse.
- Nur für spezielle Orte im $\vec{k}$-Raum sind die Hauptachsen parallel zu Symmetrieachsen der Kristallstruktur
- Der Tensor der effektiven Masse hängt vom Bandindex ab (von der Brillouin-Zone).

① <u>Eindimensionales Beispiel: Elektron im schwachen periodischen Potential</u>

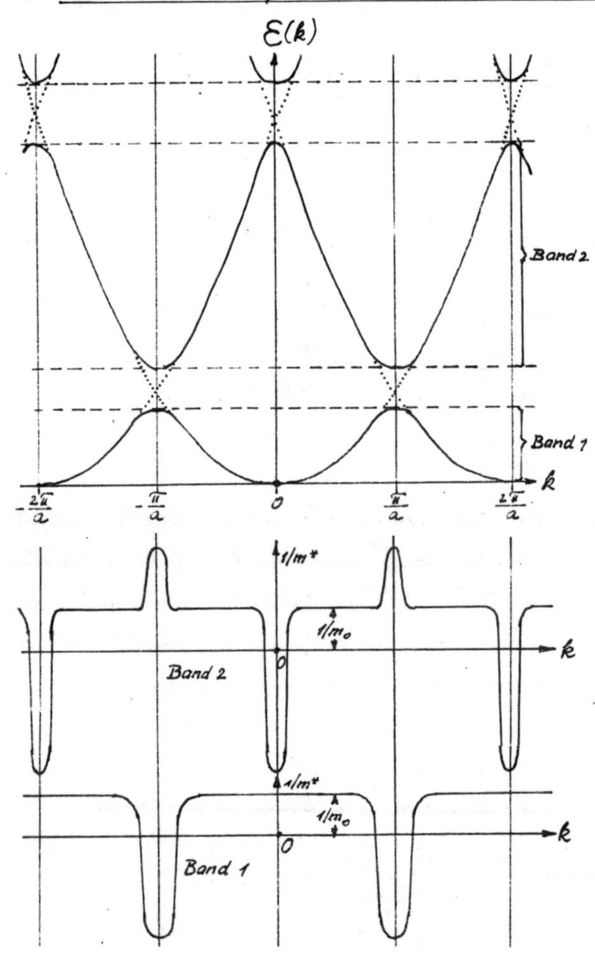

Bei einem eindimensionalen Modell wird der Tensor $\left(\frac{1}{m^*}\right)_{ij}$ zum Skalar

$$\frac{1}{m^*} = \frac{1}{\hbar^2}\frac{d^2\mathcal{E}(k)}{dk^2} \tag{20}$$

Nach S. 206-212 weicht $\mathcal{E}(k)$ nur für k-Werte in der Nähe von $k = n\frac{\pi}{a}$ ($n = \pm 1, \pm 2, \pm 3 \cdots$) von der für freie Elektronen charakteristischen Parabel $\mathcal{E}(k) = \frac{\hbar^2}{2m_0}k^2$ ab. Im übrigen Bereich ist

$$\frac{1}{m^*} = \frac{1}{m_0}$$

In der Nähe der kritischen k-Werte ändert sich die reziproke Masse sehr rasch mit k, wie die Skizze (im periodischen Zonenschema) andeutet. Da die Funktion $\mathcal{E}_n(k)$ periodisch ist (S. 220/221), oszilliert die zweite Ableitung notwendigerweise zwischen positiven und negativen Werten.

② s-Band für kubisch-flächenzentriertes Gitter mit einatomiger Basis

Für $\mathcal{E}(\vec{k})$ fanden wir folgenden Ausdruck (Gl.(220) S. 237)

$$\mathcal{E}(\vec{k}) = \text{const.} - 4\gamma_0 \left[\cos\frac{k_x a}{2}\cos\frac{k_y a}{2} + \cos\frac{k_y a}{2}\cos\frac{k_z a}{2} + \cos\frac{k_z a}{2}\cos\frac{k_x a}{2}\right] \quad (221)$$

Die Bezugsachsen x, y, z sind parallel zu den kubischen Achsen. a ist die Kante des flächenzentrierten Elementarwürfels und γ_0 ist definiert auf S. 234 und 237. Als Beispiel betrachten wir spezielle Orte im $\vec{k}$-Raum:

- Im Γ-Punkt ist die effektive Masse isotrop (skalar), und zwar findet man $\frac{1}{m^*} = \frac{2}{\hbar^2} a^2 \gamma_0$

- Für die Punkte auf einer der Achsen ΓX ist die effektive Masse rotationssymmetrisch bezüglich dieser Achse. Entsprechendes gilt für die Punkte auf ΓL.

In jedem Fall ist $\left(\frac{1}{m^*}\right)_{ij}$ proportional zum Parameter γ_0, dessen Betrag mit der Überlappung der Atomorbitale zunimmt (S. 236/237). Bei kleiner Überlappung, also schmalem Energieband, ist die effektive Masse gross.

③ Effektive Massen mit anderem physikalischen Ursprung.

Die effektive Masse eines Elektrons im periodischen Potential ist eine rein formale Angelegenheit. (Wenn man z.B. versucht, negative Werte auf anschauliche Weise schmackhaft zu machen, gerät man in grosses intellektuelles Unbehagen.) Es gibt aber in der Physik (auch in der Festkörperphysik) positive effektive Massen, die man ziemlich anschaulich interpretieren kann.

a) Eine effektive Masse in der Hydrodynamik

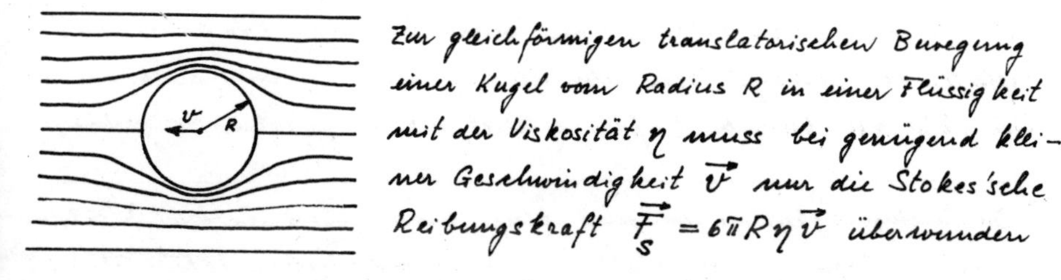

Zur gleichförmigen translatorischen Bewegung einer Kugel vom Radius R in einer Flüssigkeit mit der Viskosität η muss bei genügend kleiner Geschwindigkeit $\vec{v}$ nur die Stokes'sche Reibungskraft $\vec{F}_S = 6\pi R \eta \vec{v}$ überwunden werden[7]. Wir wollen annehmen, dass die Kugel masselos sei. Es stellt sich folgende Frage: Wie gross ist die zusätzliche Kraft $\vec{F}_a$, die nötig ist, um der Kugel in der Bewegungsrichtung die Beschleunigung $\vec{a}$ zu erteilen? Die Rechnung liefert $\vec{F}_a = \frac{1}{2}\frac{4\pi}{3}R^3\varrho\vec{a}$, wobei ϱ die Dichte der Flüssigkeit ist. Die Kugel verhält sich, als ob sie eine Masse hätte, die halb so gross ist wie die Masse der verdrängten Flüssigkeit. Diese effektive Masse rührt offensichtlich davon her, dass bei einer Beschleunigung der Kugel in deren Umgebung Flüssigkeit beschleunigt wird. Die effektive Masse der Hydrodynamik hängt im allgemeinen stark von der Form und von der Bewegungs- und Beschleunigungsrichtung ab. So hat z.B. eine dünne Scheibe, die sich senkrecht zu ihrer Ebene bewegt und längs derselben Achse beschleunigt wird, eine grosse effektive Masse (obwohl das verdrängte Flüssigkeitsvolumen verschwindet), während für eine Bewegung und Beschleunigung parallel zur Scheibenebene die effektive Masse null ist.

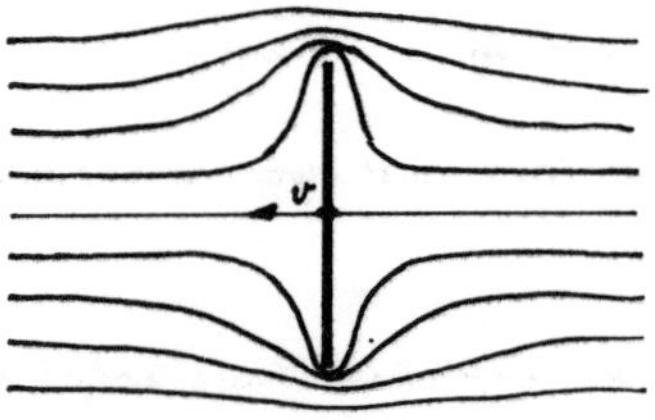

b) Das Polaron

Die halbklassische Bewegungsgleichung (19) S. 273 beruht auf der Vorstellung von Wellenpaketen, deren Breite gross ist im Vergleich zur Gitterperiode. Es kann aber vorkommen, dass Ladungsträger in Zuständen sind, deren Ortsunschärfe vergleichbar ist mit der Gitterperiode, oder sogar kleiner. Man spricht von Polaron-Zuständen. Eine ernsthafte Erklärung, wie es zu einer solchen Lokalisierung kommen kann, sprengt den Rahmen dieser Einführung. Was man aber sofort einsieht, ist, dass in der unmittelbaren Umgebung eines lokalisierten Ladungsträgers ein starkes elektrisches Feld herrscht, das eine elektrische Polarisation verursacht. Im Falle eines Ionenkristalls werden Ionen polarisiert und verschoben. Diese "Polarisationswolke" begleitet den Ladungsträger, ähnlich wie in der Hydrodynamik das Stromlinienbild den bewegten Körper begleitet, d.h. die effektive Masse hängt

---

7) Die Geschwindigkeit ist genügend klein, wenn sich keine Wirbel bilden: laminare Strömung, Grenzfall kleiner Reynolds'scher Zahlen.

hier damit zusammen, dass mit dem Ladungsträger auch "Umgebung" beschleunigt wird.

c) Elektron-Elektron-Wechselwirkung

Wenn man über die Einelektron-Approximation hinausgeht, d.h. die Wechselwirkung der Elektronen berücksichtigt, kann man ebenfalls auf eine effektive Masse gelangen, auch dann, wenn die Elektronen sonst frei sind.

5.2. Ladungstransport und Leitfähigkeit

5.2.1. Die Relaxationszeit

① Ein rohes klassisches Modell: Der Leitungsstrom, der bei einem konstanten angelegten elektrischen Felde fliesst, ist erfahrungsgemäss konstant und endlich. Die Beschleunigung, gemittelt über viele Ladungsträger, verschwindet. Bei flüssigen Elektrolyten ist die Erklärung einfach. Die Ladungsträger sind Ionen, die sich in einer viskosen Flüssigkeit bewegen. Die Stokes'sche Reibungskraft ist proportional zur Geschwindigkeit des Ions und begrenzt diese. Sie erklärt die Proportionalität zwischen elektrischer Feldstärke und Strom, das sog. Ohm'sche Verhalten ("Elektrizität und Magnetismus", S. 75-79). Auch bei der Elektronenleitung in Metallen, Halbmetallen und Halbleitern findet man in der Regel Ohm'sches Verhalten. Die Einführung einer geschwindigkeitsproportionalen Reibungskraft wäre aber hier sehr künstlich. Eine einfache, realistischere Modellvorstellung, die auf eine Begrenzung der Geschwindigkeitszunahme der Ladungsträger im angelegten elektrischen Felde führt, ist folgende:

Wir gehen aus von einem Gas freier, unabhängiger Ladungsträger und nehmen an, dass bei Abwesenheit eines äusseren Feldes die Geschwindigkeitsverteilung der Ladungsträger so sei, dass kein Strom resultiert, z.B. kugelsymmetrisch. Sie entspricht dem <u>thermischen Gleichgewicht</u> bei einer Temperatur T. Man denke sich nun ein elektrisches Feld $\vec{E}$ angelegt. Der Kontakt mit dem Wärmereservoir der Temperatur T werde aufrechterhalten. Das angelegte Feld verursacht eine <u>Zusatzgeschwindigkeit</u>. Nach der klassischen Dynamik ist der Geschwindigkeitszuwachs eines Ladungsträgers der Masse m und Ladung Q im Zeitintervall dt gegeben durch

$$(22) \quad d\vec{v} = \frac{Q}{m}\vec{E}\,dt$$

Die ursprüngliche Gleichgewichtsverteilung der Geschwindigkeiten wird dadurch <u>gestört</u>. Wir betrachten das Gas in einem Zeitpunkt t, lange nach dem Einschalten des elektrischen Feldes. Es soll in einem <u>stationären Zustand</u> sein, d.h. die statistischen Angaben sollen sich nicht mehr ändern mit der Zeit. Dieser stationäre Zustand ist nicht identisch mit dem thermodynamischen Gleichgewichtszustand vor dem Anlegen des Feldes, auch wenn der Kontakt mit dem Wärmereservoir bleibt. Damit sich ein stationärer Zustand einstellen kann, muss die Zeit, während der ein Ladungträger im Felde $\vec{E}$ ungehemmt beschleunigt werden kann, begrenzt werden. Im Mittel über viele Ladungsträger soll die gleichförmige Beschleunigung eine gewisse Zeit τ dauern. Nach dieser Zeit soll ein "Zusammenstoss" stattfinden, der die Ladungsträger <u>"thermalisiert"</u>. Dies bedeutet folgendes: Wenn man die Geschwindigkeit von vielen Ladungsträgern betrachtet, unmittelbar nachdem sie einen Zusammenstoss erlitten haben, soll die Statistik die Gleichgewichtsverteilung liefern, die der Temperatur T entspricht[8]. Ob der Zusammenstoss mit einem anderen Ladungsträger oder mit einem Atomrumpf erfolgt, sei hier dahingestellt. Die mittlere Zusatzgeschwindigkeit ergibt sich aus (22) zu

$$(23) \quad \langle \Delta\vec{v} \rangle = \frac{Q}{m}\vec{E}\tau$$

Bei n Ladungsträgern pro cm^3 ergibt dies eine Stromdichte

$$(24) \quad \vec{j} = nQ\langle \Delta\vec{v} \rangle = \frac{nQ^2\tau}{m}\vec{E}$$

---

[8] Statt über viele Ladungsträger zu mitteln, kann man auch das Schicksal eines einzelnen Ladungsträgers verfolgen und über viele Stösse mitteln.

Die Leitfähigkeit ist damit im Falle von Elektronen ($Q = -e$)

$$\sigma = \frac{n e^2 \tau}{m} \qquad (25)$$

Die Zeit τ wird Relaxationszeit (gelegentlich auch Thermalisierungszeit, mittlere freie Flugzeit oder mittlere Stosszeit) genannt.

② Zur Problematik der Übertragung auf das halbklassische Modell

— Das schwierigste Problem ist das Verständnis der Relaxationszeit τ. Wie ist ein "Zusammenstoss" zu interpretieren? Die Einführung von Zusammenstössen zwischen verschiedenen Wellenpaketen kann nicht sinnvoll sein im Rahmen der Einelektron-Näherung; denn ein Wellenpaket stellt ein Elektron dar, und die Wechselwirkung zwischen den Elektronen geht gar nicht explizit in die Näherung ein. Wie steht es mit Zusammenstössen mit den Atomrümpfen? Ein Paket von Bloch-Wellen läuft ungehindert in einer streng periodischen Struktur; es wird nicht gestreut. Dies hängt damit zusammen, dass eine Bloch-Welle durch Bragg'sche Reflexion sozusagen in sie selber übergeht: Nach S.220/221 stellen $\psi_{n,\vec{k}}(\vec{x})$ und $\psi_{n,\vec{k}+\vec{q}_h}(\vec{x})$ dieselbe Bloch-Welle dar. Eine Streuung kann aber durch eine Störung der Periodizität der Struktur verursacht werden, einerseits durch Gitterschwingungen und anderseits durch statische Gitterdefekte, z.B. durch Fremdatome und durch Versetzungen.

— Die effektive Masse, die in die halbklassische Bewegungsgleichung (19) S. 273 eingeht, ist ein Tensor, der explizit von $\vec{k}$, also vom Bewegungszustand des Wellenpakets abhängt. Des Argumentes willen sei angenommen, dass die effektive Masse für das Band der Leitungselektronen isotrop sei, sodass sich die halbklassische Bewegungsgleichung auf $\dot{\vec{v}} = \frac{1}{m^*}\vec{F}$ reduziert. Weiter sei angenommen, dass die Relaxationszeit so kurz sei, dass die Änderung der effektiven Masse, die mit der feldbedingten Geschwindigkeitsänderung einher geht, vernachlässigbar sei [9]. Wie die Herleitung von (25) zeigt, darf man dann anstelle von m die effektive Masse m^* einsetzen.

---

9) Wir werden später zeigen, dass diese Annahme zum Mindesten bei gewöhnlichen Metallen zutrifft.

Bei der Anwendung dieser klassischen Vorstellungen auf das quantenmechanische Elektronengas stellt sich sofort die folgende Frage:

Welche Ladungsträgerkonzentration n ist (25) einzusetzen? Auf S. 248 haben wir argumentiert, dass bei einem Metall nur Elektronen in Zuständen mit einer Energie nahe der Fermi-Energie $\mathcal{E}_F$ zum Ladungstransport beitragen können.

Man kommt nicht darum herum, etwas tiefer zu schürfen:

5.2.2. Berechnung der elektrischen Leitfähigkeit mit der Boltzmann-Gleichung.

Die halbklassische Behandlung des Gases der Ladungsträger lehnt sich an die klassische Boltzmann'sche Gaskinetik an:

Zur Beschreibung eines Gases kann man den sechsdimensionalen Raum x, y, z, p_x, p_y, p_z, den sog. <u>Phasenraum</u>, einführen und in diesem Raum eine <u>Verteilungsfunktion</u> f definieren:

Sei $f(\vec{x}, \vec{p})\, d^3x\, d^3p$ die Zahl der Gasteilchen, die im direkten Raum im Volumenelement d^3x bei $\vec{x}$ liegen, und deren Impulse im Volumenelement d^3p bei $\vec{p}$ des Impulsraumes zu finden sind.

Man kann diese Beschreibungsweise auf die <u>Kristallelektronen</u> anwenden und anstelle des Impulses $\vec{p}$ den Kristallimpuls, $\hbar\vec{k}$ oder einfach den Wellenvektor $\vec{k}$ einführen. Zur Vereinfachung beschränken wir uns auf statistisch <u>homogene</u> Bedingungen im direkten Raum[10], und setzen ferner voraus, dass für beide Spinzustände dieselbe Funktion $\mathcal{E}_n(\vec{k})$ gelte. Die Verteilungsfunktion f hängt dann nur von $\vec{k}$ ab und kann wie folgt definiert werden:

---

10) Dies bedeutet insbesondere, dass keine Temperaturunterschiede auftreten sollen. Wir verzichten damit auf eine Behandlung der thermoelektrischen Effekte.

Es sei $f(\vec{k})$ der Bruchteil der Zahl der Zustände im Volumenelement d^3k des $\vec{k}$-Raumes bei $\vec{k}$, die besetzt sind. Für ein Grundgebiet vom Einheitsvolumen, ist dann die Zahl der Elektronen, deren $\vec{k}$-Vektoren in d^3k enden, gegeben durch

$$(26) \qquad 2 f(\vec{k}) \frac{d^3k}{(2\pi)^3} \qquad ;$$

denn $d^3k/(2\pi)^2$ ist nach S.176, 178 die Zahl der Bahnzustände in d^3k, und der Faktor 2 berücksichtigt die Spin-Entartung. Sei $\vec{v}(\vec{k})$ die Geschwindigkeit dieser Elektronen. Ihr Beitrag zur Stromdichte $\vec{j}$ ist dann [11])

$$d\vec{j} = -\frac{e}{4\pi^3} \vec{v}(\vec{k}) f(\vec{k}) d^3k$$

Der Beitrag des Energiebandes n zum Strom wird erhalten durch Integration über alle Zustände in der entsprechenden Brillouin-Zone

$$(27) \qquad \vec{j}_n = -\frac{e}{4\pi^3} \int_{\text{Zone}} \vec{v}_n(\vec{k}) f(\vec{k}) d^3k$$

Für das halbklassische Modell ist nach (8) S.268 $\vec{v}_n(\vec{k}) = \frac{1}{\hbar} \nabla_k \mathcal{E}(\vec{k})$, sodass

$$(28) \qquad \vec{j}_n = -\frac{e}{4\pi^3\hbar} \int_{\text{Zone}} \nabla_k \mathcal{E}_n(\vec{k}) f(\vec{k}) d^3k$$

Ein gefülltes Band trägt nicht zum Strom bei.

Bei $T=0$ ist ein Band voll, wenn der obere Bandrand unterhalb der Fermi-Energie $\mathcal{E}_F$ liegt (Skizzen auf S. 246-250). Bei endlicher Temperatur kann ein Band als voll betrachtet werden, wenn sein oberer Rand genügend weit unterhalb des chemischen Potentials liegt. Beim entarteten Elektronengas (S.184-189) bedeutet "genügend weit" ein Betrag, der gross ist im Vergleich zu k_BT.

Bei einem gefüllten Band ist damit in (28) $f(\vec{k}) = 1$ einzusetzen in der ganzen Zone, sodass

$$(29) \qquad \vec{j}_n = -\frac{e}{4\pi^3\hbar} \int_{\text{Zone}} \nabla_k \mathcal{E}_n(\vec{k}) d^3k$$

---

[11]) "Elektrizität und Magnetismus", S. 74

Dieses Integral verschwindet: Es ist $\mathcal{E}_n(\vec{k}) = \mathcal{E}_n(-\vec{k})$ [12], sodass $\nabla_k \mathcal{E}(\vec{k}) = -\nabla_k \mathcal{E}_n(-\vec{k})$; ferner ist die Brillouin-Zone zentrosymmetrisch. Damit ist gezeigt, dass nach der halbklassischen Betrachtungsweise ein volles Band nicht zum Strom beiträgt, vorausgesetzt, dass die Störung der Bandstruktur $\mathcal{E}_n(\vec{k})$ durch angelegte Felder vernachlässigbar ist (S. 271/272).

Die ungestörte Verteilungsfunktion $f_0(\vec{k})$.

In einem Energieband n ist jedem Vektor $\vec{k}$ eindeutig eine Energie $\mathcal{E}_n(\vec{k})$ zugeordnet. Im thermodynamischen Gleichgewicht kann deshalb die Verteilungsfunktion f auf die <u>Fermi-Funktion</u> zurückgeführt werden, indem man schreibt

$$(31)\qquad f_0(\vec{k}) = \frac{1}{e^{[\mathcal{E}_n(\vec{k})-\mu]/k_B T} + 1}$$

Ganz allgemein gilt

$$(32)\qquad \mathcal{E}_n(\vec{k}) = \mathcal{E}_n(-\vec{k})$$ [12] womit

$$(33)\qquad f_0(\vec{k}) = f_0(-\vec{k})$$ und

$$(34)\qquad \vec{v}_n(\vec{k}) = -\vec{v}_n(-\vec{k})$$

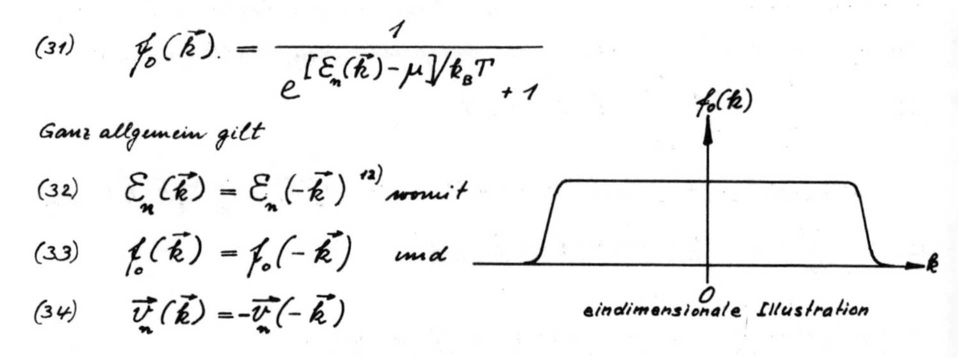

eindimensionale Illustration

Durch Einsetzen von (33) und (34) in (27) sieht man, dass der halbklassische Strom auch bei einem nur <u>teilweise</u> gefüllten Band verschwindet, wenn die Verteilungsfunktion f dem thermischen Gleichgewicht entspricht. Wenn man den Strom halbklassisch (oder auch klassisch) verstehen will, muss man die durch die Wirkung des angelegten Feldes <u>gestörte</u> Verteilung betrachten (vgl. S. 278).

Die Störung der Verteilungsfunktion durch das elektrische Feld.

Zur Zeit $t = 0$ werde ein homogenes elektrisches Feld $\vec{E}$ eingeschaltet und dann konstant gehalten. Die halbklassische Bewegungsgleichung $\hbar\dot{\vec{k}} = -e\vec{E}$ liefert <u>für das einzelne Elektron</u>

---

[12] Diese Beziehung gilt bei Vernachlässigung der Spin-Bahn-Kopplung. Insbesondere gilt sie dann auch für nichtzentrosymmetrische Strukturen.

$$(35) \quad \vec{k}(t) = \vec{k}(0) - \frac{e}{\hbar}\vec{E}t = \vec{k}(0) + \delta\vec{k}(t)$$

Zunächst würde man sagen, dass in der ungestörten Verteilungsfunktion $f_0(\vec{k})$ der Wellenvektor der ungestörten Elektronen, also $\vec{k}(0)$, einzusetzen sei. Da wir uns für die Verteilungsfunktion interessieren und nicht für die Bewegung einzelner Elektronen, schreiben wir nicht $\vec{k}(0)$, sondern $\vec{k}$, und betrachten dies als zeitunabhängige Koordinate im $\vec{k}$-Raum. Die durch das elektrische Feld gestörte Verteilung ist damit als $f(\vec{k},t)$ zu schreiben und nicht als $f(\vec{k}(t))$. Zu ihrer Berechnung machen wir folgende Annahmen:

a) Das Energieband $\mathcal{E}_n(\vec{k})$ werde durch das angelegte $\vec{E}$-Feld nicht verändert.

b) Die Zeit t, auf die es ankommt [13], sei so kurz, dass $\delta\vec{k}(t)$ sehr klein ist im Vergleich zu den Linearabmessungen der Brillouin-Zone.

Man erhält damit eine Näherung für die gestörte Verteilungsfunktion $f(\vec{k},t)$, indem man die ungestörte Verteilungsfunktion $f_0(\vec{k})$ um $\delta\vec{k}(t)$ im $\vec{k}$-Raum verschiebt, wie hier für eine Dimension skizziert ist. Für die gestörte Verteilung schreibt man $f(\vec{k},t) = f_0(\vec{k} - \delta\vec{k}(t))$

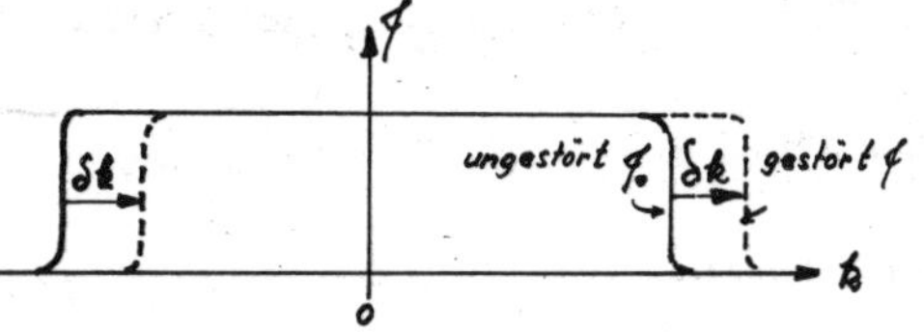

Dabei ist gar nicht trivial, dass man das chemische Potential μ und die Temperatur von der ungestörten Verteilung $f_0(\vec{k})$ übernehmen darf. Man braucht den Satz von Liouville aus der statistischen Mechanik, um dies zu zeigen. Die Annahme b) rechtfertigt die Entwicklung der gestörten Verteilungsfunktion um die ungestörte Verteilungsfunktion und das Abbrechen nach dem Glied erster Ordnung in $\delta\vec{k}$

$$(36) \quad f(\vec{k},t) = f_0(\vec{k}) - \nabla_k f_0(\vec{k}) \cdot \delta\vec{k}(t) = f_0(\vec{k}) + \nabla_k f_0(\vec{k}) \cdot \frac{e}{\hbar}\vec{E}t$$

Wenn man höhere Terme berücksichtigt, erhält man einen Strom, der nicht mehr proportional ist zu $\vec{E}$.

---

[13] Es wird sich später herausstellen, dass diese Zeit die Relaxationszeit τ ist (Gl. (43) S. 285). Sie ist so kurz, dass für ein reines Metall bei Zimmertemperatur $|\delta k| \approx 10^{-10}$ bis 10^{-8} Zonendurchmesser beträgt (S. 288/289).

$f_0(\vec{k})$ hängt gemäss (31) nur über $\mathcal{E}(\vec{k})$ von $\vec{k}$ ab, sodass

$$\nabla_k f_0(\vec{k}) = \frac{\partial f_0}{\partial \mathcal{E}} \nabla_k \mathcal{E}_n(\vec{k}) = \frac{\partial f_0}{\partial \mathcal{E}} \hbar \vec{v}_n(\vec{k}) \tag{37}$$

, und eingesetzt in (36)

$$f(\vec{k},t) = f_0(\vec{k}) + \frac{\partial f_0}{\partial \mathcal{E}} e \vec{v}_n(\vec{k}) \cdot \vec{E}\, t \tag{38}$$

Die durch das angelegte elektrische Feld bewirkte zeitliche Änderung der Verteilungsfunktion $f(\vec{k},t)$ ist damit

$$\left. \frac{\partial f(\vec{k},t)}{\partial t} \right|_{Feld} = + \frac{\partial f_0}{\partial \mathcal{E}} e \vec{v}_n(\vec{k}) \cdot \vec{E} \tag{39}$$

Der betrachtete Kristall soll voraussetzungsgemäss in einem statistisch <u>stationären</u> Zustand sein. Die durch das elektrische Feld bewirkte zeitliche Veränderung der Verteilungsfunktion muss durch die von den Zusammenstössen bewirkte zeitliche Veränderung genau wettgemacht werden:

$$\left. \frac{\partial f(\vec{k},t)}{\partial t} \right|_{Feld} - \left. \frac{\partial f(\vec{k},t)}{\partial t} \right|_{Stösse} = 0 \tag{40}$$

Boltzmann-Gleichung für homogenes System

Die Änderung der Verteilungsfunktion durch Zusammenstösse.

Wir stellen uns vor, dass das System der Elektronen auf irgend eine Weise in einen (im direkten Raum statistisch homogenen) Nichtgleichgewichtszustand gebracht worden sei, der durch die Verteilungsfunktion $f(\vec{k})$ beschrieben werde. Die Gitterschwingungen sollen weiterhin mit einem Wärmereservoir der Temperatur T im Gleichgewicht sein. Die Streuprozesse (s. S. 279) sorgen dann dafür, dass das System der Elektronen in den Gleichgewichtszustand zurückkehrt, der durch die ungestörte Verteilungsfunktion $f_0(\vec{k})$ für die Temperatur T charakterisiert wird. Für diese Rückkehr, die man <u>Relaxation</u> nennt, macht man einen einfachen <u>Ansatz</u>, der in unserem Fall nur durch seinen Erfolg zu rechtfertigen ist:

$$- \left. \frac{\partial f(\vec{k},t)}{\partial t} \right|_{Stösse} = \frac{f(\vec{k},t) - f_0(\vec{k})}{\tau(\vec{k})} \tag{41}$$

<u>Durch diesen Ansatz ist eine Relaxationszeit $\tau(\vec{k})$ definiert</u>. Der Allgemeinheit willen ziehen wir in Betracht, dass sie vom Vektor $\vec{k}$ abhängen könn-

te, der in (41) die Rolle eines Parameters spielt. Die Integration von (41) liefert

$$(42) \qquad f(t) - f_0 = A e^{-t/\tau}$$

Durch Einsetzen von (41) in die Boltzmann-Gleichung (40) wird mit (39)

$$(43) \qquad f(\vec{k}) = f_0(\vec{k}) + \frac{\partial f_0}{\partial \mathcal{E}} e \vec{v}_n(\vec{k}) \cdot \vec{E}\, \tau(\vec{k})$$

Die Stromdichte.

Durch Einsetzen von (43) in (27) erhält man für den Beitrag des Bandes n zum Strom

$$(44) \qquad \vec{j}_n = -\frac{e}{4\pi^3} \int\limits_{\text{Zone } n} \left[f_0(\vec{k}) + \frac{\partial f_0}{\partial \mathcal{E}} e \vec{v}_n(\vec{k}) \cdot \vec{E}\, \tau(\vec{k}) \right] \vec{v}_n(\vec{k})\, d^3k$$

Wegen (33) und (34) trägt der erste Term im Integranden nichts zum Strom bei, und es bleibt

$$(45) \qquad \vec{j}_n = -\frac{e^2}{4\pi^3} \int\limits_{\text{Zone } n} \tau(\vec{k}) \frac{\partial f_0}{\partial \mathcal{E}} \left(\vec{v}_n(\vec{k}) \cdot \vec{E} \right) \vec{v}_n(\vec{k})\, d^3k$$

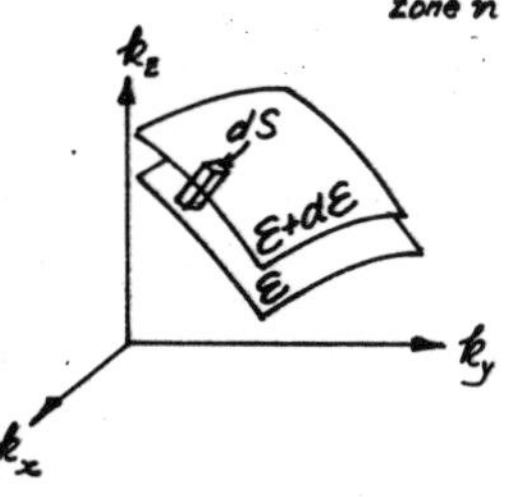

Zur übersichtlichen Durchführung der Integration wählt man als Volumenelement im $\vec{k}$-Raum ein Prisma zwischen zwei Flächen konstanter Energie, $\mathcal{E}(\vec{k}) = \mathcal{E} = \text{const.}$ und $\mathcal{E}(\vec{k}) = \mathcal{E} + d\mathcal{E} = \text{const.}$, das auf diesen Flächen senkrecht steht, die Höhe $k_\perp$ und die Grundfläche dS hat. Nach (190) S. 225 und (8) S. 268 ist sein Volumen

$$(46) \qquad dS\, dk_\perp = \frac{d\mathcal{E}}{\left| \nabla_k \mathcal{E}_n(\vec{k}) \right|} dS = \frac{d\mathcal{E}}{\hbar \left| \vec{v}_n(\vec{k}) \right|} dS \quad , \text{ sodass mit (45)}$$

$$(47) \qquad \vec{j}_n = -\frac{e^2}{4\pi^3 \hbar} \int\limits_{\text{Energie}} \int\limits_{\substack{\text{Fläche} \\ \mathcal{E} = \text{const} \\ \text{in Zone } n}} \tau(\vec{k}) \frac{\partial f_0}{\partial \mathcal{E}} \cdot \frac{\left(\vec{v}_n(\vec{k}) \cdot \vec{E} \right) \vec{v}_n(\vec{k})}{\left| \vec{v}_n(\vec{k}) \right|} d\mathcal{E}\, dS$$

Die Anwendung auf ein Metall.

$\frac{\partial f_0}{\partial \mathcal{E}}$ ist nur innerhalb eines Energiebereiches der Breite $k_B T$ bei der Energie μ wesentlich von null verschieden. Bei $T=0$

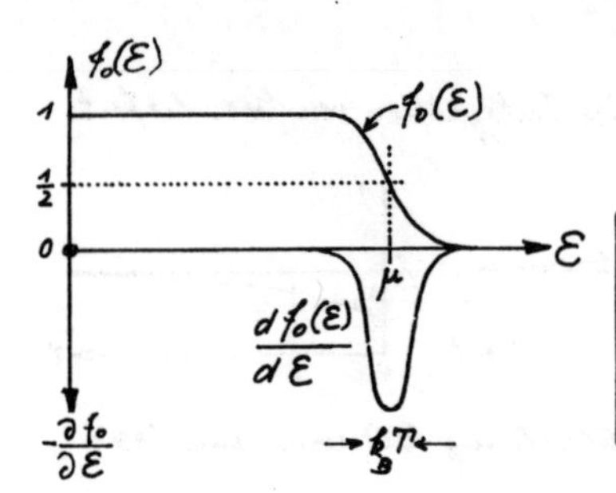

geht $\frac{\partial f_0}{\partial \mathcal{E}}$ in eine Deltafunktion bei $\mathcal{E}_F$ über.

> In einem Metall tragen also nur die Elektronen in Zuständen nahe der Fermi-Fläche zum Strom bei.

Man erhält deshalb eine gute Näherung für den Strom, wenn man in (47) als Integrationsfläche die <u>Fermi-Fläche</u> $\mathcal{E} = \mathcal{E}_F$ nimmt und für $\vec{v}_n(\vec{k})$ und $\tau(\vec{k})$ die Werte an der Fermi-Fläche einsetzt. Das Integral (47) faktorisiert sich dann, und man hat

$$(48)\quad \vec{j}_n = -\frac{e^2}{4\pi^3\hbar}\int\limits_{\text{Fermi-fläche}} \tau(\vec{k})\,\frac{(\vec{v}_n(\vec{k})\cdot\vec{E})\,\vec{v}_n(\vec{k})}{|v_n(\vec{k})|}\,dS \int\limits_{\text{Energie}} \frac{\partial f_0(\mathcal{E})}{\partial \mathcal{E}}\,d\mathcal{E}$$

Die Integration über die Energie ist problemlos. Für $f_0(\mathcal{E})$ ist die Fermi-Dirac-Funktion einzusetzen.

$$(49)\quad \int_0^\infty \frac{\partial f_0(\mathcal{E})}{\partial \mathcal{E}}\,d\mathcal{E} = \int_0^\infty d f_0 = \underbrace{f_0(\infty)}_{0} - \underbrace{f_0(0)}_{1} = -1$$

, womit schliesslich

$$\boxed{(50)\quad \vec{j}_n = \frac{e^2}{4\pi^3\hbar}\int\limits_{\text{Fermi-fläche}} \tau(\vec{k})\,\frac{(\vec{v}_n(\vec{k})\cdot\vec{E})\,\vec{v}_n(\vec{k})}{|v_n(\vec{k})|}\,dS}$$

In dyadischer Notation schreibt man statt (50)

$$(51)\quad \vec{j}_n = \frac{e^2}{4\pi^3\hbar}\int\limits_{\text{Fermi-fläche}} \tau(\vec{k})\,\frac{\vec{v}_n(\vec{k})\,\vec{v}_n(\vec{k})}{|v_n(\vec{k})|}\,dS\,\vec{E}$$

(Beachte, dass $\vec{v}_n(\vec{k})\,\vec{v}_n(\vec{k})$ in (51) nicht ein skalares Produkt darstellt).
Bei überlappenden Bändern ist über die Beiträge der einzelnen Bänder zu summieren (S. 260–265). Die Beziehung (50) bzw. (51) zwischen den Vektoren $\vec{j}$ und $\vec{E}$ ist <u>linear</u>[14], stellt also einen <u>Tensor zweiter Stufe</u> dar (vgl. "Mechanik und Wellenlehre", S. 141). Man schreibt

$$(52)\quad \vec{j} = \overleftrightarrow{\sigma}\,\vec{E} \qquad \overleftrightarrow{\sigma} = \text{Tensor der Leitfähigkeit}$$

---

[14] $\vec{E}$ ist ein konstanter Vektor und das Integral eine Summe.

Ausgeschrieben $\overset{\Rightarrow}{\sigma} = \begin{pmatrix} \sigma_{xx} & \sigma_{xy} & \sigma_{xz} \\ \sigma_{yx} & \sigma_{yy} & \sigma_{yz} \\ \sigma_{zx} & \sigma_{zy} & \sigma_{zz} \end{pmatrix}$, $j_x = \sigma_{xx}E_x + \sigma_{xy}E_y + \sigma_{xz}E_z$, etc.

Zur Illustration berechnen wir die erste Zeile der Tensorkomponenten direkt nach Gl. (50) : $(\vec{v}_n(\vec{k})\cdot\vec{E})\vec{v}_n(\vec{k})$ ist ein Vektor mit der kartesischen x-Komponente $(v_x E_x + v_y E_y + v_z E_z)v_x = v_x v_x E_x + v_x v_y E_y + v_x v_z E_z$. Damit erhalten wir für die x-Komponente des Stromes

$$(53)\quad \underbrace{E_x\left(\frac{e^2}{4\pi^3\hbar}\int_{\text{Fermi-Fl.}}\tau(\vec{k})\frac{v_x^2}{v_F}dS\right)}_{\sigma_{xx}} + \underbrace{E_y\left(\frac{e^2}{4\pi^3\hbar}\int_{\text{Fermi-Fl.}}\tau(\vec{k})\frac{v_x v_y}{v_F}dS\right)}_{\sigma_{xy}} + \underbrace{E_z\left(\frac{e^2}{4\pi^3\hbar}\int_{\text{Fermi-Fl.}}\tau(\vec{k})\frac{v_x v_z}{v_F}dS\right)}_{\sigma_{xz}}$$

Zur Abkürzung haben wir für den Betrag von $v_n(\vec{k})$ an der Fermi-Fläche v_F geschrieben. Man kann sich anhand von (53) vergewissern, dass der Tensor der Leitfähigkeit symmetrisch ist. Die Beziehungen (32) und (34) implizieren, dass $\tau(\vec{k}) = \tau(-\vec{k})$.

Spezialfälle:

① Wir betrachten eine Struktur mit drei senkrecht aufeinanderstehenden, gleichwertigen Achsen x, y und z. Sie ist dem kubischen System zuzuordnen. Die nicht-diagonalen Elemente des Tensors verschwinden, und die diagonalen Elemente sind gleich. Der Tensor der Leitfähigkeit entartet zu einer skalaren Grösse. Sie lässt sich wie folgt berechnen: Für $\vec{E} = (E_x, 0, 0)$ hat man nach (53)

$$(54)\quad j_x = \frac{e^2}{4\pi^3\hbar}E_x\int\tau(\vec{k})\frac{v_x^2}{v_F}dS$$

Für ein längs 111 gerichtetes Feld der Stärke E_o wäre anderseits $\vec{E} = \frac{1}{\sqrt{3}}(E_o, E_o, E_o)$, also $j_x = j_y = j_z = \frac{1}{\sqrt{3}}j_o$, wobei mit (54)

$$(55)\quad j_x + j_y + j_z = \frac{e^2}{4\pi^3\hbar}\cdot\frac{E_o}{\sqrt{3}}\int\tau(\vec{k})\frac{v_x^2+v_y^2+v_z^2}{v_F}dS$$

Mit $v_x^2 + v_y^2 + v_z^2 = v_F^2$ und $j_x + j_y + j_z = j_o\sqrt{3}$ wird

$$(56)\quad j_o = E_o\cdot\frac{e^2}{12\pi^3\hbar}\int\tau(\vec{k})\,v_F(\vec{k})\,dS$$

② Der Grenzfall freier Elektronen ist besonders instruktiv. Hier gilt $m\vec{v} = \hbar\vec{k}$

und damit auch $mv_F = \hbar k_F$. Die Fermi-Fläche ist eine Kugel vom Radius $k_F = (3\pi^2 n)^{1/3}$, wobei n die Anzahl der Elektronen pro cm^3 bedeutet. Obwohl wir von freien Elektronen sprechen, nehmen wir an, dass auf irgend eine Weise Relaxation (Thermalisierung) stattfinde. Die Relaxationszeit ist hier aus Symmetriegründen auf der Fermi-Fläche konstant. Die Spezialisierung von (56) auf den isotropen Fall liefert damit

$$(57) \qquad \sigma = \frac{e^2}{12\pi^2\hbar}\tau_F v_F 4\pi k_F^2 = \frac{ne^2\tau_F}{m} \quad ^{15)}$$

Die naive klassische Betrachtung auf S. 277–279 hat auf dieselbe Formel geführt (Gl.(25) S. 279)! Trotzdem waren unsere Anstrengungen ab S. 280 nicht vergeblich; denn sie beleuchten den Übergang vom klassischen zum halbklassischen Modell: Einerseits haben wir in Gl.(41) eine klare Definition der Relaxationszeit, und anderseits wissen wir, dass für n die Zahl der Elektronen pro cm^3 im Elektronengas einzusetzen ist, gleichgültig, ob man eine klassische oder eine halbklassische Betrachtung macht. Aufgrund des Satzes auf S. 286 würde man naiverweise etwas anderes vermuten.

③ Einfache Metalle: Die Fermi-Fläche ist noch in guter Näherung eine Kugel (wenn man von den Bemerkungen auf S. 257 absieht). Man wird in diesem Falle in (57) die Masse m durch eine über die Fermi-Fläche geeignet gemittelte skalare Masse m^* ersetzen und τ_F als eine gemittelte Relaxationszeit auffassen. Dies wäre zum mindesten ein Ausgangspunkt zur Diskussion der Leitfähigkeit σ.

Die Grössenordnung der Relaxationszeit bei Metallen.

Bei einem einfachen Metall kann man die Grössenordnung der Relaxationszeit abschätzen mit Hilfe des Ausdrucks (57) unter Verwendung der experimentell bestimmten Leitfähigkeit. Es ist zu erwarten, dass die mittlere effektive Masse nicht stark von der Masse

---

15) Wenn man σ in $Ohm^{-1} cm^{-1}$, n in cm^{-3}, e in Clb und m in gr ausdrückt, muss man statt (57) schreiben $\sigma = 10^{-7}\frac{ne^2\tau}{m}$

des freien Elektrons abweicht. (Die Skizze auf S. 255 ist realistisch). Als Beispiel betrachten wir Natrium: Bei 0°C ist $\sigma = 2.34 \times 10^5 \, \text{Ohm}^{-1} \text{cm}^{-1}$. Die Anzahl der Ladungsträger ist gleich der Anzahl der Atome. Aus der Struktur ergibt sich $n = 2.65 \times 10^{22} \text{cm}^{-3}$, sodass $\tau = 3.15 \times 10^{-14}$ sec. Mit diesem Ergebnis können wir nachprüfen, ob die auf S. 283 gemachte Annahme c) über die Kleinheit der Änderung des Kristallimpulses zutrifft. Zu diesem Zwecke interpretieren wir die Relaxationszeit als "ungestörte Beschleunigungszeit" im Sinne der klassischen Betrachtung. Die Übertragung auf das halbklassische Modell ergibt nach (35)

(58) $$|\delta k| = \frac{e}{\hbar} E \tau$$

Eine normalerweise vorkommende Stromdichte ist $j = 100$ Ampère cm^{-2}, was einer Feldstärke von $E = \frac{j}{\sigma} = 4.28 \times 10^{-4}$ Volt/cm $= 1.43 \times 10^{-6}$ e.s.u. entspricht. Damit erhält man (in c.g.s. gerechnet)

$$\delta k = \frac{4.8 \times 10^{-10}}{1.05 \times 10^{-27}} \cdot 1.43 \times 10^{-6} \times 3.15 \times 10^{-14} = 2.06 \times 10^{-2} \text{cm}^{-1}$$

Dies ist zu vergleichen mit dem Zonendurchmesser, der nach S. 255 $\frac{4\pi}{a\sqrt{2}} = 2.07 \times 10^8 \text{cm}^{-1}$ beträgt. Gl. (36) ist damit eine sehr gute Näherung.

Da man die Relaxationszeit τ klassisch als mittlere freie Flugzeit interpretieren kann, ist man versucht, im halbklassischen Modell eine "mittlere freie Weglänge" einzuführen: Die Elektronen, auf die es beim Ladungstransport ankommt, laufen mit der Fermi-Geschwindigkeit v_F, sodass man $\lambda = v_F \tau$ als mittlere freie Weglänge betrachten kann. Bei Natrium ist nach dem Modell der freien Elektronen $v = \frac{\hbar k}{m}$, also an der Fermi-Fläche $v_F = \frac{\hbar k_F}{m} = 1.06 \times 10^8 \frac{\text{cm}}{\text{sec}}$ (vgl. S. 178). Mit dem oben berechneten Wert von τ für 0°C wird $v_F \tau = 3.34 \times 10^{-6}$ cm. Dies ist von der Grössenordnung von 100 Gitterperioden. Der Restwiderstand ist nach S. 252 einige 10^3 mal kleiner als der Widerstand bei 0°C, sodass man bei Temperaturen von rund 1 K mit einer mittleren freien Weglänge von der Grössenordnung 10^{-2} cm zu rechnen hat. Bei dünnen Drähten macht sich hier bereits die Streuung an der Oberfläche im Widerstand bemerkbar.

Die Grössenordnung von τ, die sich mit Hilfe von (57) aus der experimentell bestimmten Leitfähigkeit von Natrium bei 0 °C ergab (einige 10^{-14} sec), ist typisch für reine Metalle bei dieser Temperatur. Typisch ist auch eine starke Zunahme der Leitfähigkeit (und damit der daraus berechneten Relaxationszeit) mit sinkender Temperatur (Figur S. 252). Ganz anders verhalten sich ungeordnete Legierungen[16]. Die Leitfähigkeit bei 0 °C ist um eine bis zwei Zehnerpotenzen kleiner als bei reinen Metallen, und die relative Zunahme mit sinkender Temperatur ist klein. Die Interpretation ist offensichtlich folgende:

Bei <u>reinen Metallen</u> und nicht zu tiefen Temperaturen wird der elektrische Widerstand durch die durch die <u>Gitterschwingungen</u> verursachte Störung der Periodizität der Struktur verursacht. Bei <u>ungeordneten Legierungen</u> dominiert die <u>chemische Störung</u> der Periodizität.

5.2.3. Temperaturabhängigkeit der Leitfähigkeit von reinen Metallen.

Experimentelle Tatsachen und ihre qualitative Interpretation.

Bei Temperaturen oberhalb der Debye Temperatur Θ_D ist der spezifische Widerstand $\varrho \left(= \frac{1}{\sigma}\right)$ reiner Metalle annähernd proportional zur Temperatur T. Bei tiefen Temperaturen bleibt ein temperatur<u>un</u>abhängiger Restwiderstand ϱ_{Rest} übrig[17]. Im Temperaturgebiet $T \ll \Theta_D$ ist die Differenz $\varrho - \varrho_{Rest}$ proportional zu einer höheren Potenz (2 bis 5) von T (vgl. Figur S. 252).

Es ist naheliegend, anzunehmen, dass der temperaturabhängige Anteil des Widerstandes von der Störung der Periodizität der Struktur durch die Gitterschwingungen herrührt und der Restwiderstand von statischen Störungen, d. h. von Strukturfehlern (Fremdatome, Leerstel-

---

[16] In einem Kristall aus einer <u>ungeordneten</u> Legierung folgen die verschiedenen Atomsorten nicht streng periodisch aufeinander. Die Periodizität ist vor allem <u>chemisch</u> gestört.

[17] Vom Phänomen der Supraleitung sehen wir hier ab.

len, Atome auf Zwischengitterplätzen, Versetzungen, Korngrenzen). Diese Interpretation legt die Additivität von zwei Beiträgen zum Widerstand nahe:

(59) $$\rho = \rho_{Phononen} + \rho_{Defekte} = \left(\frac{1}{\sigma}\right)_{Phononen} + \left(\frac{1}{\sigma}\right)_{Defekte}$$

Im Sinne der Ausdrücke (57) und (25) bedeutet diese Annahme Additivität der Relaxationsraten, d.h.

(60) $$\frac{1}{\tau} = \frac{1}{\tau_{Ph}} + \frac{1}{\tau_{Def.}} ,$$

und damit Unabhängigkeit der verschiedenen Relaxationsprozesse. Im folgenden beschränken wir uns auf die Diskussion des Beitrages der Gitterschwingungen (Phononen).

Bemerkungen zur Theorie der Streuung von Elektronen an Phononen.

Eine ausführliche quantitative Behandlung der Temperaturabhängigkeit der elektrischen Leitfähigkeit auf der Grundlage der Einelektron-Näherung sprengt den Rahmen dieser Einführung. Wir beschränken uns hier auf ein paar skizzenhafte Bemerkungen. Das zentrale Problem ist die Berechnung der Thermalisierungszeit τ. Es hat mit der halbklassischen Bewegungsgleichung insofern nichts zu tun, als die Relaxation nicht durch äussere Kräfte verursacht wird. Man betrachtet nicht Wellenpakete, sondern Bloch-Zustände $\psi_{n\vec{k}}(\vec{x})$, Lösungen der zeitunabhängigen Schrödinger-Gleichung. Relaxation bedeutet Änderung der Besetzung dieser Zustände im Sinne von Gl.(41) S.284. Man kann sich auf den Standpunkt stellen, dass dem zeitunabhängigen, streng periodischen Potential, das in die Schrödinger-Gleichung eingesetzt wird, ein zeitabhängiges Störpotential überlagert sei, das von den Gitterschwingungen herrührt und Übergänge zwischen verschiedenen Bloch-Zuständen induziert. Diese Betrachtungsweise ist nicht streng. Sie ist analog zur halbklassischen Strahlungstheorie ("Quantenphysik", S. 195 - 206): Das zeitabhängige Störpotential wird dem quantenmechanisch behandelten Elektronensystem sozusagen von aussen durch ein davon unabhängiges System aufgezwungen, analog wie in der halbklassischen Strahlungstheorie das die Übergänge induzierende Strahlungsfeld als gegebenes, zeitabhängiges Störpotential dargestellt wird. Bei einer strengen Behandlung muss man die Leitungselektronen und das Schwingsystem des Gitters zusammen als ein einziges quantenmechanisches System betrachten, analog wie man in der Quantenelektrodynamik Atom und Strahlungsfeld zusammen als quantenmechanisches System betrachtet. Wir können hier nicht so weit gehen und bleiben auf dem Boden der zeitabhängigen Störungsrechnung [18].

Zur Vereinfachung betrachten wir einfache Metalle, sodass nur ein einziger Bandindex eingeht (S.248, 254-257). Das Elektron soll vom Bloch-Zustand $\psi_{n\vec{k}}(\vec{x})$ in den Bloch-Zustand $\psi_{n\vec{k}'}(\vec{x})$ übergehen ("gestreut werden"). $\psi_{n\vec{k}}$ ist also ursprünglich besetzt und $\psi_{n\vec{k}'}$ unbesetzt. Im einfachsten Fall wird ein einziges Phonon entweder erzeugt oder vernichtet (S.150-152). Die Erhaltung der Energie fordert dann

$$(61) \qquad \mathcal{E}_n(\vec{k}') - \mathcal{E}_n(\vec{k}) = \pm \hbar\omega_{Phonon}$$

Nach dem Debye-Modell ist $\hbar\omega_{Phonon} \leq k_B \Theta_D$, wobei Θ_D die Grössenordnung $10^2 - 10^3$ °K hat (S.123). Die Bloch-Zustände, zwischen denen Phononen direkte Übergänge induzieren, liegen im $\vec{k}$-Raum sehr nahe bei der Fermi-Fläche. Das Matrixelement eines Einphonon-Überganges verschwindet nicht, wenn

$$(62) \qquad \vec{k}'_{Bloch} - \vec{k}_{Bloch} = \vec{q}_h + \vec{k}_{Phonon}$$

wobei $\vec{q}_h$ ein Vektor des reziproken Gitters bedeutet. Diese Auswahlregel ist identisch mit derjenigen, die auf S. 146-152 für kohärent-inelastische Streuung irgend einer Welle am schwingenden Kristallgitter hergeleitet wurde. (Ihre Gültigkeit geht über die erste Born'sche Näherung hinaus.) Bei $\vec{k}_{Phonon} = 0$ geht die Bloch-Welle in sie selber über; denn $\vec{k}_{Bloch}$ und $\vec{k}_{Bloch} + \vec{q}_h$ stellen im selben Energieband denselben Elektronenzustand dar (S.220/221). Die Übergangswahrscheinlichkeit bei $k_{Phonon} \neq 0$ geht in die Berechnung der Relaxationszeit τ_0 ein. Das Problem ist nicht so einfach zu lösen.

Eine rohe Abschätzung der Relaxationszeit für $T > \Theta_D$

Die im folgenden beschriebene Abschätzung der Relaxationszeit τ wird präsentiert, um grasses intellektuelles Unbehagen hervorzurufen. Sie ist trotzdem

---

18) Die Behandlung des Problems im Sinne der Quantenelektrodynamik führte zum Verständnis der Supraleitung.

für die meisten reinen Metalle für $T > \Theta_D$ in grössenordnungsmässiger Übereinstimmung mit der Relaxationszeit, die sich aus (57) S. 288 ergibt, wenn man für n die Konzentration der Valenzelektronen, für m die Masse des freien Elektrons und für σ die gemessene Leitfähigkeit einsetzt. Ganz falsch kann die Betrachtung also nicht sein.[19]

Ausgangspunkt sind Vorstellungen, die auf der Einelektron-Näherung fussen:

- Nur Elektronen in Zuständen nahe der Fermi-Fläche nehmen am Ladungstransport teil (S. 248, 286, 288).

- Wenn die Struktur streng periodisch ist, bewegen sich die Ladungsträger ungehindert (S. 279). Zusammenstösse finden nur dann statt, wenn die Atome aus den regulären Gitterplätzen ausgelenkt sind.

Man umgeht die weiter oben skizzierte Berechnung der induzierten Übergänge zwischen Bloch-Zuständen, indem man sich folgendes Bild macht:

- Die Leitungselektronen sind unabhängige Punktmassen, die sich mit der Fermi-Geschwindigkeit v_F bewegen (S. 287/288).

- Wenn die Periodizität ungestört ist, verschwindet der Wirkungsquerschnitt für den Zusammenstoss eines Elektrons mit einem Gitteratom, d.h. das letztere kann dann als Punktobjekt betrachtet werden.

- Wenn die Periodizität der Struktur gestört wird durch Auslenkung der Atome aus den Gitterplätzen, ist der Wirkungsquerschnitt ein Kreis, dessen Radiusquadrat gleich dem über die Atome gemittelten Verschiebungsquadrat $\langle r^2 \rangle$ ist, d.h. die Punktatome werden sozusagen "verschmiert".

Bei n_a Atomen pro cm^3 durchstösst eine Strecke der Länge l im Mittel $l n_a \pi \langle r^2 \rangle$ verschmierte Punktatome, wenn man von speziellen Geraden absieht. Die Zahl der Zusammenstösse, die ein mit der Geschwindigkeit v_F fliegendes Elektron pro sec. erleidet, ist im Mittel $v_F n_a \pi \langle r^2 \rangle$. Die mittlere freie Flugzeit, d.h. die Rela-

---

19) Diese Betrachtung stammt aus "Physics with Illustrative Examples from Medicine and Biology" von F.M. Villars und G.B. Benedek.

xationszeit τ_F, ist damit gegeben durch

(63) $$\tau_F = \frac{1}{v_F n_a \pi \langle r^2 \rangle}$$

Der nächste Schritt besteht in der Berechnung von $\langle r^2 \rangle$ für $T > \Theta_D$. Das Einstein-Modell genügt bei diesen Temperaturen für eine rohe Betrachtung. Im Sinne einer solchen Näherung darf man bei der Berechnung der Einstein-Frequenz mit Hilfe der Beziehung $\hbar\omega_0 = k_B\Theta_E$ anstelle der Einstein-Temperatur Θ_E die Debye-Temperatur Θ_D einsetzen, die man z.B. der Messung der spezifischen Wärme entnehmen könnte. Bei $T > \Theta_D$ ist ferner die Äquipartition eine annehmbare Näherung, sodass man klassisch rechnen darf (Figur S. 117). Die Energie eines harmonischen Oszillators der Frequenz ω_0 ist

(64) $$E = \frac{1}{2} M \omega_0^2 r_0^2 \quad \text{mit} \quad \omega_0^2 = \left(\frac{k_B\Theta_E}{\hbar}\right)^2 ,$$

wobei M die Masse und r_0 die Amplitude des schwingenden Atoms bezeichnet. Nach dem Äquipartitionsprinzip gilt für einen dreidimensionalen, isotropen harmonischen Oszillator

(65) $$\langle E \rangle = 3 k_B T = \frac{1}{2} M \omega_0^2 \langle r_0^2 \rangle$$

Mit $\langle r^2 \rangle = \frac{1}{2}\langle r_0^2 \rangle$ und $\Theta_E \cong \Theta_D$ erhält man aus (63), (64) und (65)

(66) $$\tau_F \cong \frac{M k_B \Theta_D^2}{3\pi v_F n_a \hbar^2 T}$$

Durch Einsetzen in (57) erhält man die Leitfähigkeit σ. Der spezifische Widerstand $1/\sigma$ ist damit proportional zur Temperatur, was im betrachteten Temperaturgebiet nicht schlecht mit dem Experiment übereinstimmt. Die Grössenordnung von τ kommt richtig heraus. Wir wollen dies am Beispiel des metallischen Natriums zeigen:

Natrium: $M = 3.82 \times 10^{-23}$ g, $v_F = \frac{\hbar k_F}{m} = 1.06 \times 10^8$ cm sec^{-1} (Approximation freier Elektronen, vgl. S. 179), $\Theta_D \cong 150$ °K, $n_a = 2.65 \times 10^{22}$ cm^{-3}. Mit diesen Zahlen wird für $T = 273$ °K

$\tau_F = 2.7 \times 10^{-14}$ sec. Dies ist zu vergleichen mit dem Wert, der auf S. 289 aus der experimentell bestimmten Leitfähigkeit errechnet wurde: $\tau = 3.15 \times 10^{-14}$ sec. Die Übereinstimmung ist geradezu unmoralisch gut, wenn man an das rohe Bild denkt, das der Berechnung von $\bar{\tau}$ zugrundegelegt wurde. Bei den andern Alkali-Metallen liegt die Übereinstimmung innerhalb eines Faktors 4, und zwar in dem Sinne, dass die Theorie zu grosse Relaxationszeiten liefert. Auch bei Cu, Ag und Au erhält man zu grosse Relaxationszeiten; aber die Grössenordnung stimmt.

5.3. Elektronen und Löcher

Es gibt Metalle (z.B. Be, In, Zn, Cd), bei denen das Vorzeichen des Hall-Effektes so ist, als ob der Ladungstransport durch <u>positive</u> Ladungsträger erfolgen würde ("Elektrizitätslehre," S. 128-130). Auch bei gewissen Halbleitern wird diese Beobachtung gemacht. Die Wanderung positiver Ionen kann in diesen Fällen mit Sicherheit ausgeschlossen werden, da an den Elektroden keine chemischen Veränderungen (wie z.B. Materialabscheidung) beobachtet werden. Es handelt sich um <u>ein rein elektronisches Phänomen</u>. Die Einelektron-Näherung in Verbindung mit der halbklassischen Dynamik vermag es sogar zu erklären. Naiverweise könnte man vermuten, dass das "anomale" Vorzeichen des Hall-Effektes ganz einfach mit Hilfe von Elektronen mit negativer effektiver Masse erklärt werden könne; denn die klassische Dynamik eines freien Teilchens der Ladung Q und der Masse m in einem Raum, wo ein $\vec{E}$-Feld und ein $\vec{B}$-Feld herrscht, hängt von Q/m ab. Wenn man aber die Behandlung des Hall-Effektes, wie sie im elementaren Unterricht geboten wird, auf einen Ladungsträger mit negativer Masse anwendet, gelangt man sofort auf unsinnige Resultate. So einfach ist das Problem nicht; denn wir haben es nicht mit freien, klassischen Teilchen zu tun!

Eine anschauliche Sprache wird ermöglicht durch Einführung eines <u>Quasiteilchens mit positiver Ladung</u>, das man "<u>Loch</u>" nennt: Wenn ein Einelektron-Zustand unbesetzt ist, sagt man er sei mit einem Loch besetzt. Dies ist nicht abwegig angesichts der Symmetriebeziehung zwischen der Wahrscheinlichkeit für Besetzung und Nichtbesetzung (S. 244). Besonders anschaulich ist die Loch-Sprache, wenn man ein Band betrachtet, das bis auf wenige Zustände besetzt ist. Die physikalischen Eigenschaften eines Loches ergeben sich aus der Gesamtheit der Elektronen im betrachteten Band [20]. Auch in der Atomphysik spricht man von Löchern. Man kann z.B. einem unbesetzten Orbital in einer sonst gefüllten Schale ein Loch zuordnen. Hier ist unmittelbar einleuchtend, dass die Eigenschaften des Loches durch die Gesamtheit der Elektronen bestimmt sind.

5.3.1. Zum Zusammenhang zwischen Elektron und Loch.

① Die Ladung

Zufügen eines Loches heisst wegnehmen eines Elektrons:

$$Q_{Loch} = -Q_{Elektron} = +e \qquad (67)$$

② Die Bahnquantenzahl $\vec{k}$

Da die Brillouin-Zone gemäss Konstruktion (S. 213/214) immer ein Symmetriezentrum hat, gibt es in einem beliebigen Band zu jedem Bahnzustand $\vec{k}$ einen Bahnzustand $-\vec{k}$, d.h. $\sum_{Band} \vec{k} = 0$. Wenn das Band voll ist, ist jeder Bahnzustand mit zwei Elektronen besetzt, und die Summe verschwindet auch, wenn man die Vektoren $\vec{k}_e$ der Elektronen einsetzt, die die Zustände besetzen. Wenn man ein Elektron mit der Bahnquantenzahl $\vec{k}_e$ wegnimmt, vermindert sich die Summe um $\vec{k}_e$, d.h. dem Loch ist der Wellenvektor $-\vec{k}_e$ zuzuschreiben:

$$\vec{k}_p = -\vec{k}_e \qquad (68)$$

Im folgenden verwenden wir den Index p zur Bezeichnung der positiven Ladungsträger, d.h. der Löcher.

---

[20] Als Metaphor denke man an eine Luftblase im Wasser: Ihre Dynamik ist die Dynamik der Wasserteilchen, von denen sie umgeben ist.

③ Die Spinquantenzahl m_s

In einem vollen Band ist jeder Bahnzustand besetzt mit zwei Elektronen, deren Spinquantenzahlen m_s entgegengesetzt gleich sind ($+\frac{1}{2}$ und $-\frac{1}{2}$), sodass $\sum_{Band} m_s = 0$. Wenn man ein Elektron mit der Spinquantenzahl m_{se} wegnimmt, vermindert sich die Summe um m_{se}, d.h. für das so zugefügte Loch gilt

(69) $$m_{sp} = -m_{se}$$

④ Die Energie

Wenn man dem System ein Elektron der Energie $\mathcal{E}_e(\vec{k}_e)$ entnimmt, wird die Energie des Systems um $\mathcal{E}_e(\vec{k}_e)$ erniedrigt. Dem Loch, das auf diese Weise entsteht, ist damit die Energie $\mathcal{E}_p = -\mathcal{E}_e$ zuzuschreiben[21]. Mit der Beziehung $\mathcal{E}(\vec{k}) = \mathcal{E}(-\vec{k})$, die bei Vernachlässigung der Spin-Bahn-Kopplung gilt, und Gl. (68) kann man schreiben

(70) $$\mathcal{E}_p(\vec{k}_p) = -\mathcal{E}_e(\vec{k}_e)$$

⑤ Die Teilchengeschwindigkeit

Für das halbklassische Modell kann der Beitrag des Bandes n zum Strom gemäss Gl. (27) S. 281 geschrieben werden als

(71) $$\vec{j}_n = \frac{-e}{4\pi^3} \int_{Zone} \vec{v}_n(\vec{k})\, f(\vec{k})\, d^3k \quad (\neq 0 \text{ für gestörte Verteilung } f(\vec{k}))$$

Die Funktion $f(\vec{k})$ beschreibt die Besetzungswahrscheinlichkeit der Zustände im $\vec{k}$-Raum. Folgende Darstellung des Stromes ist deshalb äquivalent zu (71)

(72) $$\vec{j}_n = \frac{-e}{4\pi^3} \int_{\substack{\text{besetzte Zu-}\\ \text{stände in Zone } n}} \vec{v}_n(\vec{k})\, d^3k$$

Nach den Betrachtungen auf S. 281/282 verschwindet der Beitrag eines vollen Bandes zum Strom, d.h.

---

[21] Die Energie des Loches ist vom selben Nullpunkt aus zu messen wie die Energie des Elektrons.

$$(73) \qquad 0 = \int\limits_{\substack{\text{alle}\\ \text{Zustände}}} \vec{v}_n(\vec{k})\, d^3k = \int\limits_{\substack{\text{besetzte}\\ \text{Zustände}}} \vec{v}_n(\vec{k})\, d^3k + \int\limits_{\substack{\text{unbesetzte}\\ \text{Zustände}}} \vec{v}_n(\vec{k})\, d^3k$$

Damit erhält man eine zu (72) <u>äquivalente</u> Darstellung des Stromes

$$(74) \qquad \vec{j}_n = \frac{+e}{4\pi^3} \int\limits_{\substack{\text{unbesetzte Zu-}\\ \text{stände in Zone } n}} \vec{v}_n(\vec{k})\, d^3k$$

<u>Rein formal</u> kann man sich also auf den Standpunkt stellen, dass die unbesetzten Zustände, die <u>Löcher</u>, den Ladungstransport besorgen.[22] Die Ladung des Loches ist $+e$, in Übereinstimmung mit (67), und die Geschwindigkeit ist $\vec{v}_n(\vec{k})$, d.h. die Geschwindigkeit, die man dem Elektron zuschreibt. Das Loch-Wellenpaket bewegt sich im direkten Raum zusammen mit dem entsprechenden Elektron-Wellenpaket[23]:

$$(75) \qquad \vec{v}_p(\vec{k}_p) = \vec{v}_e(\vec{k}_e)$$

⑥ <u>Die halbklassische Bewegungsgleichung und die effektive Masse</u>

Für das Elektron gilt nach Gl. (13) S. 270

$$(76) \qquad \hbar \dot{\vec{k}}_e = -e\left(\vec{E} + \frac{1}{c}\vec{v}_e \times \vec{B}\right) = \vec{F}_e$$

Mit (68) und (75) wird für das Loch

$$(77) \qquad \hbar \dot{\vec{k}}_p = +e\left(\vec{E} + \frac{1}{c}\vec{v}_p \times \vec{B}\right) = -\vec{F}_e = \vec{F}_p \quad ,$$

was die Kraft auf ein Teilchen der Ladung $+e$ darstellt (vgl. (67)). Wegen (75) sind die Beschleunigungen von Loch und Elektron gleich. Mit $\vec{F}_p = -\vec{F}_e$ und der halbklassischen Bewegungsgleichung (19) S. 273 wird

$$(78) \qquad \left(\frac{1}{m_p^*}\right)_{ij} = -\left(\frac{1}{m_e^*}\right)_{ij}$$

Die effektiven Massen von Elektron und Loch sind entgegengesetzt gleich.

---

[22] Was man nicht sagen darf, ist, dass in einem gegebenen Band sowohl die Elektronen, als auch die Löcher zum Strom beitragen. Man muss sich für eine der beiden äquivalenten Beschreibungen entscheiden.

[23] Diese Aussage scheint völlig trivial zu sein: Im direkten Raum ist das Loch immer dort, wo man das Elektron weggenommen hat.

⑦ Loch-Sprache oder Elektron-Sprache?

Die Loch-Sprache ist besonders anschaulich bei der Behandlung des Ladungstransportes im Valenzband eines Halbleiters (S. 250). In der Nähe des oberen Randes hat es (wenige) unbesetzte Zustände (Löcher). Da im vollen Band kein Ladungstransport erfolgt, ist es sinnvoll, diese Löcher als Ladungsträger zu betrachten. Mehr noch: Die Elektronen am oberen Bandrand haben eine negative effektive Masse, da dort $E(\vec{k})$ nach unten gekrümmt ist (S. 273/274). Die Löcher sind also "anständige" Teilchen, d.h. ihre effektive Masse ist positiv. Umgekehrt wird man im Leitungsband die wenigen Elektronen in der Nähe des unteren Randes für den Ladungstransport verantwortwortlich machen; denn im vollständig leeren Band kann dieser nicht stattfinden. Zudem ist die effektive Masse dieser Elektronen positiv. Der Ladungstransport durch die Löcher wird ein Hall-Feld mit anomalem Vorzeichen, und derjenige durch die Elektronen ein Hall-Feld mit normalem Vorzeichen erzeugen. Diese Hall-Felder heben sich im allgemeinen nicht auf, auch beim Eigenhalbleiter nicht, der gleichviele Elektronen wie Löcher hat.

5.3.2. Elektronen und Löcher in Metallen

Ähnlich wie bei den Halbleitern wird man auch bei den Metallen bei der Interpretation des Hall-Effektes (und anderer elektronischer Effekte) von Elektronen und Löchern sprechen. Die theoretische Klassifikation der Ladungsträger ist indessen nicht so einfach wie beim oben betrachteten Zweiband-Modell des Halbleiters. Der wesentliche Unterschied zum Halbleiter besteht darin, dass das Metall eine Fermi-Fläche hat, und dass nur die Zustände in der Nähe dieser Fläche für den Ladungstransport massgebend sind (S. 286). Bei den Alkali-Metallen liegt die Fermifläche ganz innerhalb der ersten Brillouin-Zone. Sie ist annähernd eine Kugel, die die besetzten Zustände umschliesst (S. 254-257).

Auch bei den Edelmetallen Cu, Ag, Au liegt die Fermi-Fläche ganz innerhalb der ersten Zone; aber ihre Topologie im periodischen Zonenschema ist komplizierter als bei den Alkali-Metallen (S.259). Bei zwei- und mehrwertigen Metallen liegen Stücke der Fermi-Fläche in verschiedenen Zonen (S.260-265). Je nach Zone liegen die besetzten Zustände ausserhalb oder innerhalb der Fermi-Fläche.

Um herauszufinden, unter welchen Umständen ein Ladungsträger in einem Metall als Elektron oder als Loch zu klassifizieren ist, stellen wir uns zunächst auf den Standpunkt, dass es nur die Elektron-Sprache gebe. Der Kristall befinde sich in einem räumlich und zeitlich konstanten Felde $\vec{B}$. Die halbklassische Bewegungsgleichung für ein Elektron im Band n ist nach (13) S.270

(79) $\hbar\dot{\vec{k}} = -\frac{e}{c}\,\vec{v}_n(\vec{k}) \times \vec{B}$, und mit (8) S.268

(80) $\dot{\vec{k}} = -\frac{e}{\hbar^2 c}\,\nabla_k \mathcal{E}_n(\vec{k}) \times \vec{B}$

Da die Lorentz-Kraft keine Arbeit leistet, läuft die Bewegung im $\vec{k}$-Raum auf einer Fläche $\mathcal{E}_n(\vec{k}) = \text{const.}$ ab, z.B. auf der Fermi-Fläche, und zwar mit der Geschwindigkeit $\dot{\vec{k}}$. Nach (79) verschwindet die Komponente von $\dot{\vec{k}}$ längs $\vec{B}$, sodass die Bewegung auf der Schnittkurve der Fläche $\mathcal{E}_n(\vec{k}) = \text{const.}$ mit einer Ebene senkrecht zu $\vec{B}$ so verläuft, wie nebenstehend skizziert ist für $\vec{B}$ parallel zur z-Achse. Der Skizze liegt die Annahme zu Grunde, dass $\mathcal{E}_n(\vec{k})$ nach aussen zunimmt. Der Umlaufsinn ist gegen den Uhrzeiger, wenn man dem Felde $\vec{B}$ entgegenblickt. Wenn hingegen $\mathcal{E}_n(\vec{k})$ nach innen zunimmt, d.h. $\nabla_k \mathcal{E}_n(\vec{k})$ nach innen zeigt, ist der Umlaufsinn derjenige des Uhrzeigers. Man überlegt sich leicht, dass der Umlaufsinn eines Wellenpakets im x-Raum gleich ist wie im $\vec{k}$-Raum.

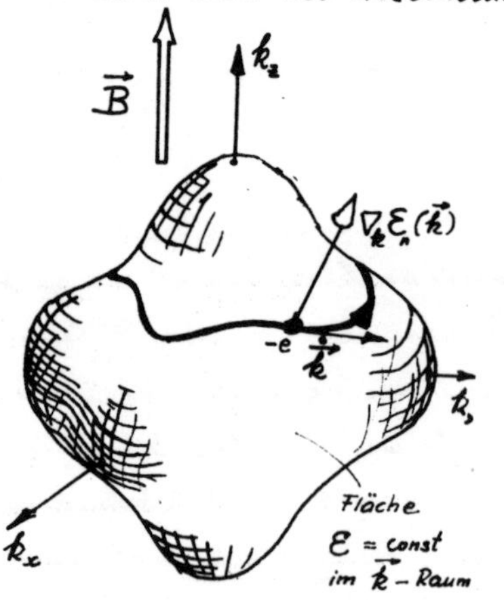

Die Bewegung eines klassischen Teilchens mit positiver Masse im

$\vec{B}$-Feld verläuft bei negativer Ladung gegen den Uhrzeiger und bei positiver Ladung mit dem Uhrzeiger, wobei man immer gegen die Richtung des $\vec{B}$-Feldes blickt. Die Elektron-Sprache ist deshalb im Sinne der klassischen Physik anschaulich, wenn die Energie im $\vec{k}$-Raum nach <u>aussen</u> zunimmt (bezogen auf eine geschlossene Fläche konstanter Energie, vgl. S. 224), und die Loch-Sprache, wenn sie nach <u>innen</u> zunimmt. Bei einem Metall sind die Ladungsträger an der Fermi-Fläche zu betrachten. Die Energie nimmt zu in Richtung auf die unbesetzten Zustände. Die folgenden einfachen Beispiele dienen zur Illustration:

① <u>Elektron-artige Bahnen</u>: Als Schulbeispiel für den Ladungstransport durch <u>Elektronen</u> kann man die Alkali-Metalle herbeiziehen. In der einzigen Zone, die man betrachten muss, liegen die unbesetzten Zustände ausserhalb der Fermi-Fläche, d.h. die Energie nimmt nach aussen zu. Der Hall-Effekt hat das normale Vorzeichen.

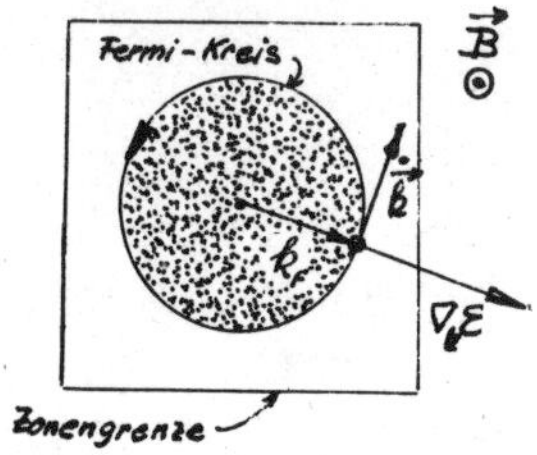

② <u>Loch-artige Bahnen</u>: Bei Aluminium ist die erste Zone voll, und in der <u>zweiten Zone</u> liegen die unbesetzten Zustände innen, d.h. die Energie nimmt nach innen zu, sodass man von <u>Löchern</u> spricht. Wenn die zweite Zone allein für den Ladungstransport verantwortlich wäre, hätte der Hall-Effekt das anomale Vorzeichen. Im Experiment findet man aber das normale Vorzeichen. Dies hängt mit den Ladungsträgern in der dritten Zone zusammen, die als Elektronen klassifiziert werden, da das auf S. 264 skizzierte Ungeheuer mit besetzten Zuständen gefüllt ist. Das Hall-Feld der Ladungsträger der dritten Zone scheint zu überwiegen.

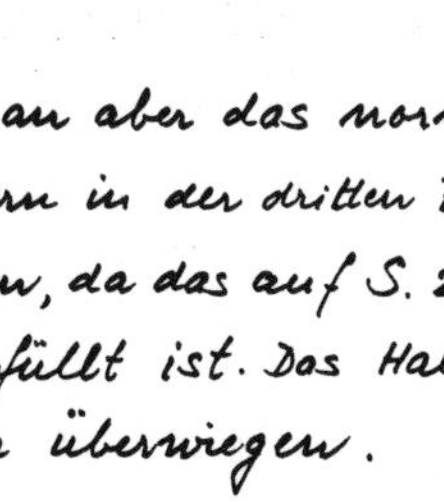

③ <u>Geschlossene und offene Bahnen</u>: In den obigen Beispielen haben wir Fermi-Flächen angenommen, die im periodischen Zonenschema nicht zusammenhängend sind. Die Schnittkurven der Fermi-Fläche mit einer Ebene senkrecht zu $\vec{B}$, d.h. die Bahnen im $\vec{k}$-Raum, schliessen sich innerhalb jeder einzelnen Zone.

Anders liegen die Verhältnisse bei den Edelmetallen Cu, Ag, Au. Obwohl die erste Zone halb gefüllt ist wie bei den Alkali-Metallen, besteht die Fermi-Fläche im periodischen Zonenschema nicht aus getrennten, sondern aus zusammenhängenden Sphäroïden (S. 253), wie die dritte Skizze zweidimensional und die vierte dreidimensional veranschaulicht.

Fermi Flächen im periodischen Zonenschema

Alkali-Metalle 1. Zone

geschlossene elektronartige Bahnen

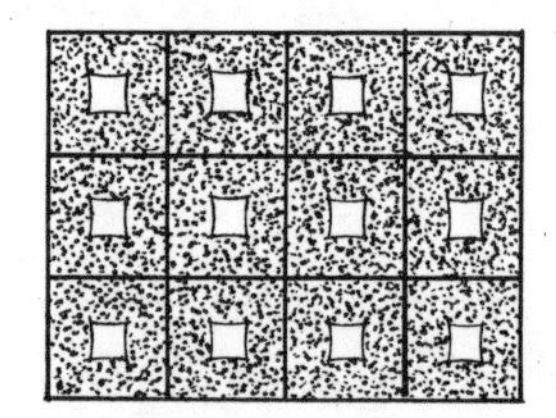

Aluminium 2. Zone

geschlossene lochartige Bahnen

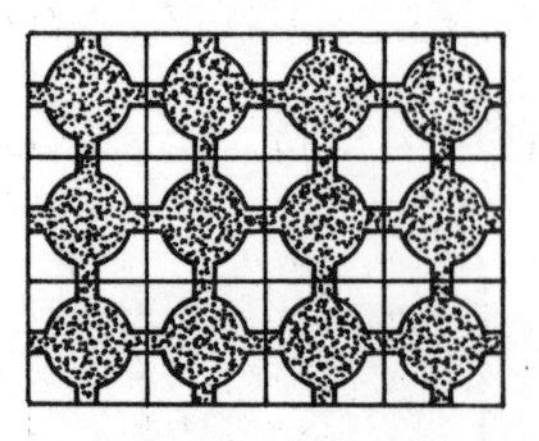

Edelmetalle 1. Zone

offene Bahnen, geschlossene elektron-artige und geschlossene loch-artige Bahnen möglich

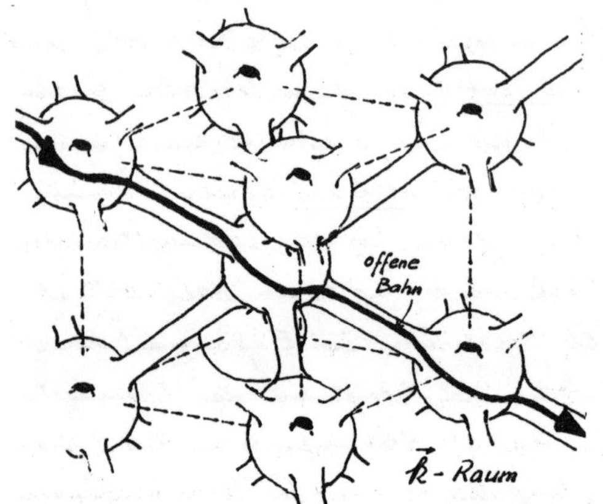

Auf einer zusammenhängenden Fermi-Fläche sind offene und geschlossene Bahnen möglich. Offene Bahnen spielen z.B. eine Rolle bei der Interpretation der magnetischen Widerstandsänderung.

6. Halbleiter

6.1. Der Eigenhalbleiter

Bei einem Eigenhalbleiter[1] stammen alle Elektronen im Leitungsband aus dem Valenzband, und alle Löcher im Valenzband sind durch Übergang von Elektronen vom Valenzband ins Leitungsband entstanden. Der Eigenhalbleiter unterscheidet sich hierin vom dotierten Halbleiter. Die Elektronen im Leitungsband können beim dotierten Halbleiter auch von Fremdatomen, sog. Donatoren, stammen, und die Löcher im Valenzband können auch durch Übergang von Elektronen aus dem Valenzband in gebundene Zustände an anderen Fremdatomen, sog. Akzeptoren, entstehen.

6.1.1. Elektronen und Löcher im Eigenhalbleiter.

Das Beispiel des Siliziums. (Struktur s. S. 26)

Die qualitative Skizze zeigt die Funktion $E(\vec{k})$ längs [100] und [111], wie sie sich im Laufe der Zeit aus Experimenten in Kombination mit theoretischen Betrachtungen ergeben hat. Jeder Kurve wäre ein Bandindex zuzuordnen. Wir können hier nicht darauf eingehen. (Ein längeres Kapitel über Gruppentheorie in der Quantenmechanik müsste eingeschoben werden. (Wir verweisen auf die auf S. 40 zitierten Bücher von V. Heine und M. Tinkham.) Beachte, dass das Valenzband im Γ-Punkt entartet ist, und dass es deshalb zwei Sorten von Löchern gibt, "schwere" Lö-

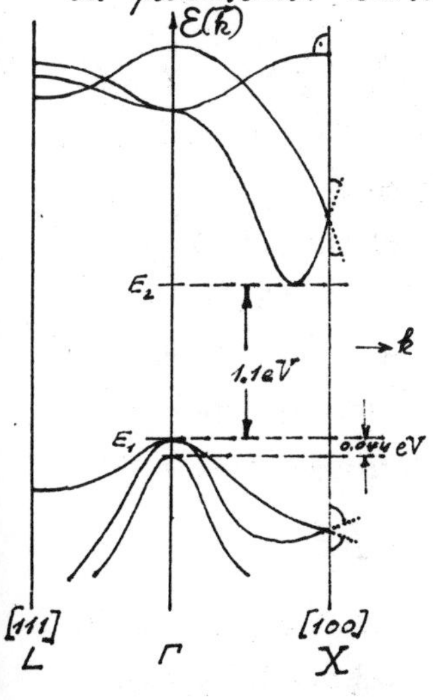

1) Man findet in der Literatur auch die Bezeichnung "Idealhalbleiter". Der englische Ausdruck ist "intrinsic semiconductor".

cher (kleine Krümmung) und "leichte" Löcher (grosse Krümmung). Die Aufspaltung des Valenzbandes von 0.044 eV im Γ-Punkt ist durch Spin-Bahn-Kopplung bedingt (S. 244/245).

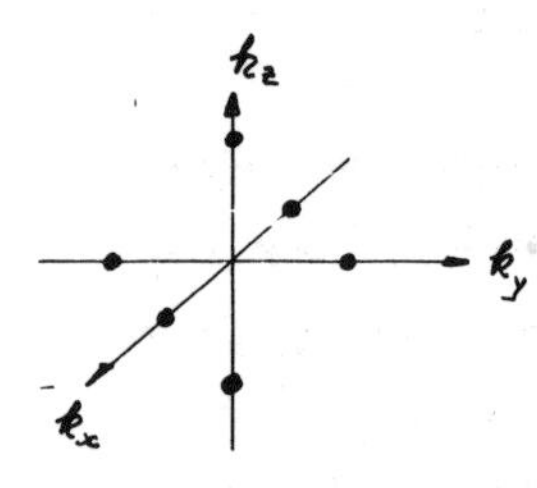

Man muss sich die Figur auf S. 303 im dreidimensionalen $\vec{k}$-Raum vorstellen. Auf jeder der drei kubischen Achsen liegen aus Symmetriegründen Energiemulden. Silizium ist ein "many valley semiconductor".

Um zu einem Verständnis der Temperaturabhängigkeit der Leitfähigkeit zu gelangen, muss man zuerst die Konzentration der Ladungsträger, nämlich der Löcher im Valenzband und der Elektronen im Leitungsband berechnen.

Die Eigenwertdichte im Leitungsband.

Die Zahl der Elektronen mit einer Energie zwischen $\mathcal{E}$ und $\mathcal{E}+d\mathcal{E}$ ist nach Gl. 237 S. 246 ganz allgemein gegeben durch

$$(1) \quad 2\,\rho(\mathcal{E})\,f(\mathcal{E})\,d\mathcal{E} \quad ,$$

wobei $\rho(\mathcal{E})d\mathcal{E}$ die Zahl der Energieeigenwerte zwischen $\mathcal{E}$ und $\mathcal{E}+d\mathcal{E}$, die sog. <u>Eigenwertdichte</u> bedeutet. Der Faktor 2 rührt von der Spin-Entartung her. Die Eigenwertdichte $\rho(\mathcal{E})$ unterscheidet sich von derjenigen für freie Elektronen (S. 225).
Bei einem Halbleiter sind im Leitungsband bei endlicher Temperatur nur Zustände in der Nähe des unteren Randes besetzt. Deshalb ist es naheliegend, $\mathcal{E}(\vec{k})$ zu entwickeln um den unteren Bandrand. Im <u>eindimensionalen</u> Fall wäre

$$(2) \quad \mathcal{E}(k) = E_2 + \frac{\partial\mathcal{E}}{\partial k}k + \frac{1}{2}\frac{\partial^2\mathcal{E}}{\partial k^2}k^2 + \cdots$$

Da der Bandrand einem Extremum der Funktion $\mathcal{E}(k)$ entspricht, verschwindet die erste Ableitung. Unter Vernachlässigung der Glieder dritter und höherer Ordnung hat man

(3) $\mathcal{E}(k) = E_2 + \frac{1}{2}\frac{\partial^2 \mathcal{E}}{\partial k^2} k^2$

Mit $\frac{1}{m^*} = \frac{1}{\hbar^2}\frac{\partial^2 \mathcal{E}}{\partial k^2}$ (Gl. (20) S. 274) wird dann

(4) $\mathcal{E}(k) = E_2 + \frac{\hbar^2}{2m^*} k^2$

Die effektive Masse ist in dieser Näherung konstant. Die Verallgemeinerung auf drei Dimensionen ist einfach. Man misst $\vec{k}$ vom Energieminimum aus und wählt das Koordinatensystem (1, 2, 3), in dem der Tensor $\left(\frac{1}{m^*}\right)_{ij} = \frac{1}{\hbar^2}\frac{\partial^2 \mathcal{E}(\vec{k})}{\partial k_i \partial k_j}$ diagonal ist, sodass

(5) $\mathcal{E}(\vec{k}) = E_2 + \frac{\hbar^2}{2}\left(\frac{k_1^2}{m_1^*} + \frac{k_2^2}{m_2^*} + \frac{k_3^2}{m_3^*}\right)$, wobei alle $m_i^* > 0$.

Im dieser Näherung sind die Flächen $\mathcal{E}(\vec{k}) = \text{const.}$ im $\vec{k}$-Raum <u>Ellipsoide</u>, deren Zentren den Punkten minimaler Energie entsprechen, der

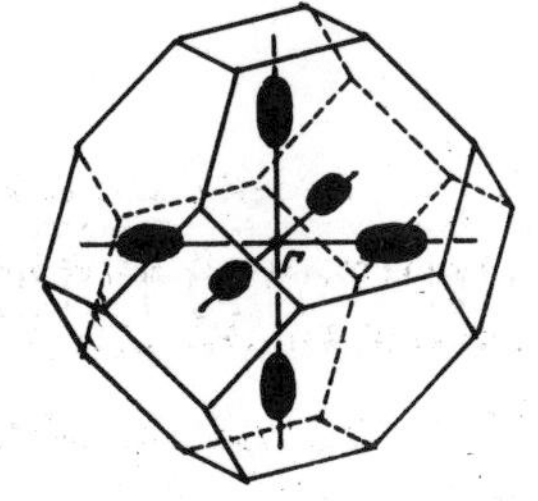

Energie E_2. Symmetriebedingt gibt es beim Silizium sechs Ellipsoide. Für die Zustände, deren Besetzung beim Ladungstransport ins Gewicht fällt, liegen die Ellipsoide innerhalb der Brillouin-Zone. Das reziproke Gitter bei Silizium ist kubisch-raumzentriert.

Die Halbachsen des Ellipsoides $\mathcal{E} = \text{const}$ sind

(6) $\left[\frac{2}{\hbar^2}(\mathcal{E} - E_2) m_i^*\right]^{1/2}$, und das Volumen ist [2)]

(7) $\Omega = \frac{4\pi}{3}\left(\frac{2}{\hbar^2}\right)^{3/2}(\mathcal{E} - E_2)^{3/2}(m_1^* m_2^* m_3^*)^{1/2}$

Das Volumen zwischen den konzentrischen Flächen $\mathcal{E} = \text{const}$ und $\mathcal{E} + d\mathcal{E} = \text{const.}$ ist

(8) $d\Omega = \frac{d\Omega}{d\mathcal{E}} d\mathcal{E} = 2\pi\left(\frac{2}{\hbar^2}\right)^{3/2}(\mathcal{E} - E_2)^{1/2}(m_1^* m_2^* m_3^*)^{1/2} d\mathcal{E}$

---

2)

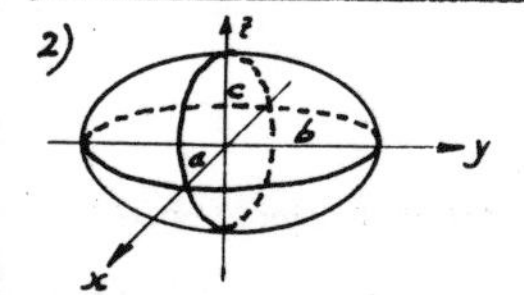

Im Hauptachsensystem x, y, z ist die Gleichung einer Ellipsoidfläche mit den Halbachsen a, b, c

$1 = \frac{x^2}{a^2} + \frac{y^2}{b^2} + \frac{z^2}{c^2}$

Das Volumen des Ellipsoides ist $\Omega = \frac{4\pi}{3} abc$

Die Zahl der Bahnzustände in einem beliebigen Volumenelement $d\Omega$ des $\vec{k}$-Raumes ist bei einem Volumen V des Grundgebietes gegeben durch $\frac{V}{(2\pi)^3}d\Omega$ (S.176, 218). Zu jedem Bahnzustand gehört ein Energieeigenwert. Pro Energiemulde ist die Zahl der Energieeigenwerte zwischen $\mathcal{E}$ und $\mathcal{E}+d\mathcal{E}$

$$(9) \quad \rho(\mathcal{E})d\mathcal{E} = \frac{V}{(2\pi)^2}\left(\frac{2}{\hbar^2}\right)^{3/2}\left(\mathcal{E}-E_2\right)^{1/2}\left(m_1^* m_2^* m_3^*\right)^{1/2} d\mathcal{E}$$

Zur Berechnung des Stromes braucht man die Zahl der Ladungsträger im Einheitsvolumen. Wir setzen deshalb $V = 1\,cm^3$. Mit der Abkürzung [3)]

$$(10) \quad m_n^* = \left(m_1^* m_2^* m_3^*\right)^{1/3} > 0$$

erhält man pro Energiemulde

$$(11) \quad \rho(\mathcal{E}) = \frac{1}{(2\pi)^2}\left(\frac{2}{\hbar^2}\right)^{3/2}\left(\mathcal{E}-E_2\right)^{1/2} m_n^{*\,3/2} \qquad \text{Eigenwertdichte im Leitungsband}$$

<u>Die Eigenwertdichte im Valenzband</u>

Ein gegebener Zustand, charakterisiert durch $\vec{k}$ und m_s, ist entweder mit einem Elektron besetzt, oder dann unbesetzt. Im zweiten Fall kann man auch sagen, er sei mit einem Loch besetzt. Für ein gegebenes Band muss man also nicht unterscheiden zwischen den Eigenwertdichten für Elektronen und für Löcher. Die Hauptwerte der effektiven Masse der Elektronen sind am oberen Rand des Bandes <u>negativ</u>, da $\mathcal{E}(\vec{k})$ nach allen Seiten nach unten gekrümmt ist. In Analogie zu (5) kann man für den <u>Energieeigenwert</u> schreiben

$$(12) \quad \mathcal{E}(\vec{k}) = E_1 - \frac{\hbar^2}{2}\left(\frac{k_1^2}{|m_1^*|} + \frac{k_2^2}{|m_2^*|} + \frac{k_3^2}{|m_3^*|}\right)$$

Da Silizium dem kubischen Kristallsystem zuzuordnen ist, und da der obere Rand des Valenzbandes dem Γ-Punkt entspricht (Skizze S. 303), ist $m_1^* = m_2^* = m_3^* = m_n^*$. Es ist hier $m_n^* < 0$, sodass mit (78) S.298 $-m_n^* = m_p^* > 0$. Analog zu (11) erhält man für die Eigenwertdichte

$$(13) \quad \rho(\mathcal{E}) = \frac{1}{(2\pi)^2}\left(\frac{2}{\hbar^2}\right)^{3/2}\left(E_1-\mathcal{E}\right)^{1/2} m_p^{*\,3/2}$$

Beachte, dass in diesem Kapitel $\mathcal{E}$ immer der Energieeigenwert eines Einelek-

---

[3)] In der Halbleiterphysik bezeichnet man negative Ladungsträger (Elektronen) mit dem Index n und positive Ladungsträger (Löcher) mit dem Index p.

tronzustandes bedeutet, gleichgültig, ob er besetzt oder unbesetzt ist.

Bei Silizium ist das Valenzband im Γ-Punkt entartet. Man muss mit einem Valenzband mit "schweren" Löchern und einem Valenzband mit "leichten" Löchern rechnen. Die Eigenwertdichten sind zu addieren, wie die Skizze illustrieren soll.

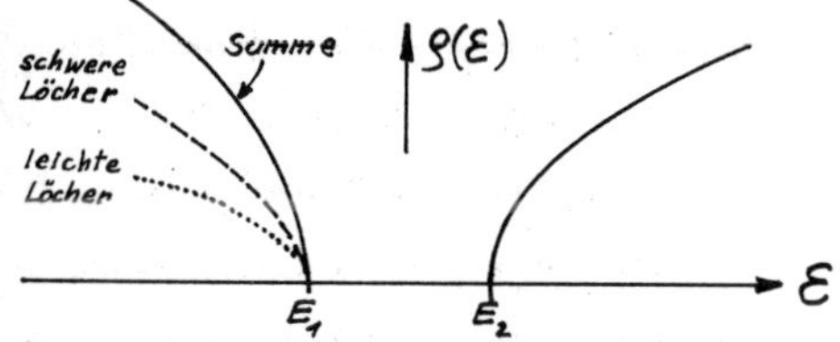

Das chemische Potential μ

Der Einfachheit halber machen wir folgende Annahmen: 1) Die Bänder seien nicht entartet. 2) $\varepsilon(\vec{k})$ habe ein einziges Maximum im Valenzband und ein einziges Minimum im Leitungsband. 3) Beide Spinzustände haben dieselbe Energie. Für die Zahl der Elektronen im Leitungsband hat man dann nach (234) S. 245 und (237) S. 246 (für 1 cm³ Grundgebiet)

$$(14) \qquad n = \int \frac{2\varrho(\varepsilon)}{e^{(\varepsilon-\mu)/k_B T}+1}\, d\varepsilon$$

Zur Integration über das Leitungsband setzen wir als untere Grenze E_2 ein. Die Approximation (11) der Eigenwertdichte liefert keinen oberen Bandrand. Man begeht aber keinen grossen Fehler, wenn man als obere Integrationsgrenze ∞ einsetzt; denn die Fermi-Funktion fällt im Integrationsgebiet annähernd exponentiell ab mit zunehmender Energie.

$$(15) \qquad n = \int_{E_2}^{\infty} \frac{2}{(2\pi)^2}\left(\frac{2m_n^*}{\hbar^2}\right)^{3/2} \frac{(\varepsilon - E_2)^{1/2}}{e^{(\varepsilon-\mu)/k_B T}+1}\, d\varepsilon$$

Analog findet man mit (231) S. 244 die Zahl der Löcher im Valenzband

$$(16) \qquad p = \int_{-\infty}^{E_1} \frac{2}{(2\pi)^2}\left(\frac{2m_p^*}{\hbar^2}\right)^{3/2} \frac{(E_1 - \varepsilon)^{1/2}}{e^{(\mu-\varepsilon)/k_B T}+1}\, d\varepsilon$$

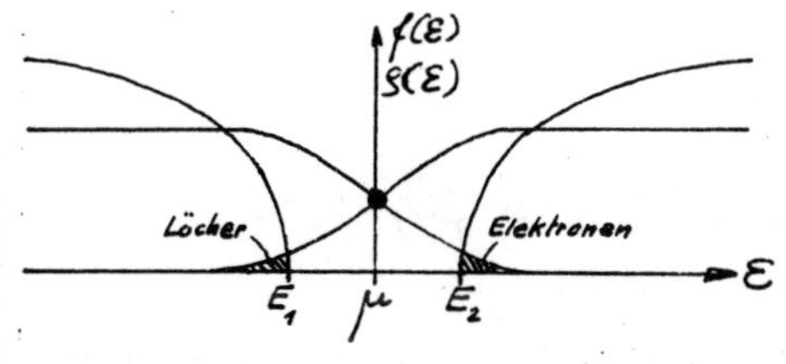

Zur Bestimmung des chemischen Potentials μ aus (15) und (16) verwendet man die Bedingung der Elektroneutralität: $p = n$ (S. 250). Im Spezialfall, wo die Eigenwertdichten in Valenz- und Leitungsband symmetrisch zueinander verlaufen, sieht man ohne Rechnung ein, dass das chemische Potential in der Mitte der Energielücke liegt. Diese Symmetrie wäre ein Zufall. Wenn z.B. die Eigenwertdichten gemäss der nebenstehenden Skizze verlaufen, ist das chemische Potential aus der Mitte der Lücke gegen höhere Energie verschoben. Eine einfache Näherung zur Berechnung der neuen Lage ist folgende: Der Unterschied im Verlauf der beiden Eigenwertdichten soll nicht so gross sein, dass das chemische Potential in die Nähe von E_1 oder E_2 zu liegen kommt. Wir nehmen an, dass sowohl

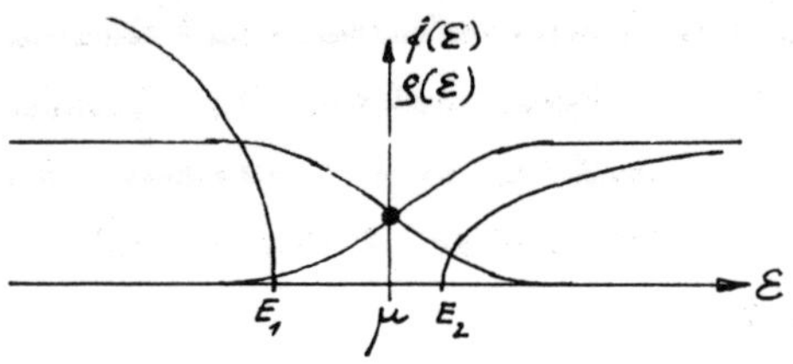

$$(17) \qquad E_2 - \mu \gg k_B T \quad , \text{ als auch } \quad \mu - E_1 \gg k_B T$$

Dies ist insofern realistisch, als $E_2 - E_1$ einige 10^{-1} eV beträgt, während $k_B T$ typischerweise unterhalb $3 \cdot 10^{-2}$ eV liegt. Die Fermi-Dirac Funktion kann dann durch eine Exponentialfunktion angenähert werden, und zwar ist

$$(18) \qquad f_n(\mathcal{E}) = e^{-(\mathcal{E}-\mu)/k_B T} \quad \text{für die besetzten Zustände im Leitungsband}$$

$$(19) \qquad f_p(\mathcal{E}) = e^{-(\mu-\mathcal{E})/k_B T} \quad \text{für die unbesetzten Zustände im Valenzband}$$

Im Sinne der auf S. 188 eingeführten Terminologie betrachten wir also das Gas der Elektronen im Leitungsband und das Gas der Löcher im Valenzband als nicht entartet. Statt (15) haben wir damit

$$(20) \qquad n = \frac{2}{(2\pi)^2}\left(\frac{2m_n^*}{\hbar^2}\right)^{3/2} \int_{E_2}^{\infty} (\mathcal{E} - E_2)^{1/2} e^{(\mu-\mathcal{E})/k_B T} \, d\mathcal{E}$$

$$= \frac{2}{(2\pi)^2}\left(\frac{2m_n^*}{\hbar^2}\right)^{3/2} e^{\mu/k_B T} \int_{E_2}^{\infty} (\mathcal{E} - E_2)^{1/2} e^{-\mathcal{E}/k_B T} \, d\mathcal{E} \quad , \text{ sodass}$$

$$(21) \qquad n = 2\left(\frac{m_n^* k_B T}{2\pi \hbar^2}\right)^{3/2} e^{(\mu - E_2)/k_B T} \quad , \text{ und analog für die Löcher}$$

$$(22) \qquad p = 2\left(\frac{m_p^* k_B T}{2\pi \hbar^2}\right)^{3/2} e^{(E_1 - \mu)/k_B T}$$

Aus der Bedingung der Elektroneutralität, $n = p$, folgt sofort

$$(23) \quad \boxed{\mu = \frac{E_1 + E_2}{2} + \frac{3}{4} k_B T \ln \frac{m_p^*}{m_n^*}}$$

Beachte den Unterschied gegenüber dem entarten Gas freier Elektronen (Gl.(63) S. 191).

Die Konzentration der Ladungsträger.

Nach (21) und (22) ist

$$(24) \quad np = 4(m_n^* m_p^*)^{3/2}\left(\frac{k_B T}{2\pi \hbar^2}\right)^3 e^{-(E_2-E_1)/k_B T}$$ woraus mit $n = p$

$$(25) \quad \boxed{n = p = 2\left(m_n^* m_p^*\right)^{3/4}\left(\frac{k_B T}{2\pi \hbar^2}\right)^{3/2} e^{-\frac{E_2 - E_1}{2k_B T}}}$$

Beachte, dass diese Formel das chemische Potential nicht enthält.

Bei einem Halbleiter ist es die starke Temperaturabhängigkeit (25) der Ladungsträgerkonzentration, die die Temperaturabhängigkeit der elektrischen Leitfähigkeit dominiert. Dies ist im Gegensatz zum Metall, wo die Temperaturabhängigkeit über die Relaxationszeit τ eingeht (Gl.(50) S.286).

6.1.2. Die Leitfähigkeit des Eigenhalbleiters.

Zur Definition der Beweglichkeit der Ladungsträger

In der elementaren Theorie der Leitfähigkeit (Elektrizität und Magnetismus S. 80-82) führt man eine Driftgeschwindigkeit $\vec{v}_d$ der Ladungsträger ein als mittlere Zusatzgeschwindigkeit, die ihnen durch ein konstantes angelegtes elektrisches Feld erteilt wird. Man schreibt

$$(26) \quad \vec{v}_d = b\vec{E}$$

und definiert damit eine Beweglichkeit b der Ladungsträger. Bezeichnen wo mit b_n die Beweglichkeit der Elektronen im Leitungsband und mit b_p die Beweglichkeit der Löcher im Valenzband, erhält man für die Stromdichte

$$(27) \quad \vec{j} = (n e b_n + p e b_p)\vec{E} \quad ,$$

wobei n und p die Konzentration der Elektronen bzw. Löcher bedeutet. Die Leitfähigkeit kann dann geschrieben werden als

$$(28) \quad \sigma = n e b_n + p e b_p$$

In der Tabelle sind experimentell bestimmte Beweglichkeiten für Elektronen und Löcher aufgeführt für einige wichtige Halbleiter bei Zimmertemperatur in $\frac{cm/sec}{Volt/cm} = \frac{cm^2}{Volt\,sec}$ [4)]

	Si	Ge	In Sb	In As	In P	Ga Sb
Elektronen	1300	4500	77000	33000	4600	4000
Löcher	500	350	750	460	150	1400

Man kann auch hier im Sinne einer klassischen Theorie eine mittlere freie "Flugzeit" τ einführen und nach (25) S. 279 schreiben

$$(29) \quad \sigma = \frac{n e^2 \tau_n}{m_n^*} + \frac{p e^2 \tau_p}{m_p^*} \quad , \text{ womit}$$

$$(30) \quad b_n = \frac{e\tau_n}{m_n^*} \quad \text{und} \quad b_p = \frac{e\tau_p}{m_p^*}$$

Mit solchen halbphänomenologischen Betrachtungen gewinnt man keine tiefere Einsicht, sondern nur einen Jargon. Man muss etwas weiter gehen:

Halbklassische Berechnung der Leitfähigkeit

Wir gehen aus vom allgemeinen halbklassischen Ausdruck (45) S. 285. Um die Notation einfach zu gestalten, machen wir folgende Annahmen:

---

4) An dieser Stelle können wir die Experimente zur separaten Bestimmung der Beweglichkeit der Elektronen und Löcher noch nicht erläutern. Man muss dazu den dotierten Halbleiter behandeln.

- Die Symmetrie sei kubisch, sodass $\overleftrightarrow{\sigma}$ isotrop ist.
- $\mathcal{E}(\vec{k})$ sei so beschaffen, dass der untere Rand des Leitungsbandes und der obere Rand des Valenzbandes dem Γ-Punkt entsprechen.
- Valenzband und Leitungsband seien am Γ-Punkt und in dessen Umgebung nicht entartet.

Wir führen die Rechnung nur für die Elektronen im Leitungsband durch; denn für die Löcher im Valenzband ist sie völlig analog. Die beiden ersten Annahmen implizieren, dass die effektive Masse im Γ-Punkt isotrop ist. Da die zu betrachtenden Zustände in der Nähe des Γ-Punktes liegen, ist dann die Approximation

$$(31) \quad \mathcal{E}(\vec{k}) = E_2 + \frac{\hbar^2}{2m_n^*}k^2 = \mathcal{E}(k)$$

zulässig, d.h. man kann rechnen, als ob man freie Elektronen mit der skalaren Masse m_n^* hätte. Es ist z.B.

$$(32) \quad \vec{v} = \frac{\hbar\vec{k}}{m_n^*}, \quad \mathcal{E}(k) - E_2 = \frac{m_n^*}{2}v^2, \quad \text{etc.}$$

Beachte, dass $\vec{v}$ hier nicht eine Driftgeschwindigkeit ist. Zur Berechnung des Stromes gehen wir von der allgemeinen halbklassischen Beziehung (47) S. 285 aus. Da die Flächen konstanter Energie in unserer Näherung Kugeln sind, bedeutet Integration über eine solche Fläche Multiplikation mit $4\pi k^2 = \frac{8\pi m_n^*}{\hbar^2}(\mathcal{E} - E_2)$. Ferner nehmen wir an, dass auch die Relaxationszeit $\tau(\vec{k})$ isotrop sei und damit als Funktion von $\mathcal{E}$ aufgefasst werden dürfe. Dann erhält man den Strom

$$(33) \quad \vec{j}_n = -\frac{2e^2m_n^*}{\pi^2\hbar^3}\int_{E_2}^{\infty}\tau(\mathcal{E})\frac{\partial f_0}{\partial\mathcal{E}}\frac{(\vec{v}(\vec{k})\cdot\vec{E})\vec{v}(\vec{k})}{|\vec{v}(k)|}(\mathcal{E}-E_2)\,d\mathcal{E}$$

Die obere Integrationsgrenze bringt wegen dem exponentiellen Abfall von $\partial f_0/\partial\mathcal{E}$ keine Schwierigkeiten. Wir setzen voraus, dass das Elektronengas nicht entartet sei, sodass $f_0(\mathcal{E})$ durch (18) gegeben ist. Wegen der vorausgesetzten Symmetrie degeneriert der Tensor der Leitfähigkeit zu einem Skalar. Für ein elektrisches Feld parallel zur x-Achse wird der Strom

$$(34) \quad j_{nx} = +\frac{2e^2m_n^*}{\pi^2\hbar^3k_BT}\int_{E_2}^{\infty}\tau(\mathcal{E})e^{-(\mathcal{E}-\mu)/k_BT}v_xE_x\frac{v_x}{|v|}(\mathcal{E}-E_2)\,d\mathcal{E}$$

Nach (32) ist $v^2 = v_x^2 + v_y^2 + v_z^2 = \frac{2}{m_n^*}(\mathcal{E} - E_2)$. Da für $\vec{E} \parallel 100$ dieselbe Leitfähigkeit resultieren muss wie für $\vec{E} \parallel 111$, dürfen wir schreiben

$$(35) \qquad v_x = \left[\frac{2}{3m_n^*}(\mathcal{E} - E_2)\right]^{1/2} \quad \text{und} \quad \frac{v_x}{v} = \frac{1}{\sqrt{3}} \quad \text{und erhalten}$$

$$(36) \qquad j_{nx} = \left[\frac{2^{3/2} e^2 m_n^{*1/2}}{3 \pi^2 \hbar^3 k_B T} \int_{E_2}^{\infty} \tau(\mathcal{E}) e^{-(\mathcal{E}-\mu)/k_B T} (\mathcal{E} - E_2)^{3/2} d\mathcal{E}\right] E_x$$

Der Ausdruck in der eckigen Klammer ist die Leitfähigkeit σ.

Der Zusammenhang von (36) mit der halbphänomenologischen Darstellung (29) kann hergestellt werden, indem man den Ausdruck (21) für die Ladungsträgerkonzentration n benützt, der ebenfalls unter der Annahme eines parabolischen Energiebandes (Gl. (5) und Gl. (31)) und der Nichtentartung des Elektronengases hergeleitet wurde. Aus (36) wird

$$(37) \qquad j_{nx} = \frac{n e^2 E_x}{m_n^*} \frac{4}{3 \pi^{1/2}} \int_{E_2}^{\infty} \tau(\mathcal{E}) \left(\frac{\mathcal{E} - E_2}{k_B T}\right)^{3/2} e^{-(\mathcal{E}-E_2)/k_B T} \frac{d\mathcal{E}}{k_B T}$$

Wir vernachlässigen nun die Energieabhängigkeit der Relaxationszeit. Mit der Substitution $x = (\mathcal{E} - E_2)/k_B T$ erhält man

$$(38) \qquad j_{nx} = \frac{n e^2 E_x}{m_n^*} \frac{4 \tau_n}{3 \pi^{1/2}} \int_0^{\infty} x^{3/2} e^{-x} dx$$

Die Temperaturabhängigkeit steckt jetzt nur noch in der Ladungsträgerkonzentration n, wie sie durch (25) S. 309 gegeben ist. Mit

$$\int_0^{\infty} x^{3/2} e^{-x} dx = \Gamma\left(\frac{5}{2}\right) = \frac{3}{4} \pi^{1/2}$$

(Γ: Gamma-Funktion)

erhält man

$$(39) \qquad j_{nx} = \frac{n e^2 \tau_n}{m_n^*} E_x$$

Analog erhält man für den Löcherstrom

$$(40) \qquad j_{px} = \frac{p e^2 \tau_p}{m_p^*} E_x$$

Damit ist die mittlere freie Flugzeit τ, die den naiven klassischen

Vorstellungen zugrundeliegt, die auf Gl.(29) S. 310 führten, mit der auf S. 284 eingeführten Relaxationszeit in Verbindung gebracht.

Nach Gl.(25) S. 309 ist $n = p$ proportional zu $T^{3/2} e^{-\frac{E_2 - E_1}{2k_B T}}$. Die Analyse der auf S. 251 dargestellten Leitfähigkeitsmessungen an Germanium zeigt, dass der Exponentialfaktor die Temperaturabhängigkeit tatsächlich dominiert. Der Vorfaktor hat jedoch eine schwächere Temperaturabhängigkeit als $T^{3/2}$. Diese Diskrepanz zwischen Theorie und Experiment ist eher in einer kleinen Temperaturabhängigkeit der Energielücke $E_2 - E_1$ zu suchen als in einer Energieabhängigkeit der Relaxationszeit τ.

Der Hall-Effekt würde wegen $n = p$ verschwinden, wenn der Elektronenstrom j_n gleich dem Löcherstrom j_p wäre. Dies wäre ein grosser Zufall; denn die Beweglichkeit der Elektronen ist im allgemeinen von derjenigen der Löcher verschieden.

6.2. Der dotierte Halbleiter

Die Leitfähigkeitsmessungen an Halbleitern zeigen, dass die Temperaturabhängigkeit **nicht** über einen beliebig grossen Temperaturbereich durch denselben Exponentialfaktor $e^{-(E_2-E_1)/2k_BT}$ dominiert wird. Mit sinkender Temperatur findet man im allgemeinen einen Übergang in ein Régime, wo die Extrapolation der Hochtemperaturdaten eine viel grössere Leitfähigkeit ergibt, als gemessen wird (Figur S. 251), und wo die Leitfähigkeit stark von der Reinheit abhängt. Wenn man z.B. das reinste Silizium, das man herstellen kann, mit Bor verunreinigt, sodass ein Bor-Atom auf rund 10^5 Silizium-Atome fällt, erhöht sich die Leitfähigkeit bei Zimmertemperatur um einen Faktor von rund 10^3! Der (beabsichtigte) Einbau von Fremdatomen in reine Kristalle wird **Dotierung** genannt. Die Dotierung ist die Grundlage der modernen Halbleitertechnologie.

6.2.1. Donatoren und Akzeptoren.

Donatoren:

Beispiel: Fünfwertige Fremdatome im Si-Kristall.

Der Si-Kristall wird durch **kovalente** Bindung zusammengehalten (S.372-376). Das Si-Atom hat im Grundzustand die Konfiguration $[Ne]3s^2 3p^2$. Die vier Valenzelektronen sind an der kovalenten Bindung beteiligt in Orbitalen, die mit Hilfe von Linearkombinationen von s- und p-Atomorbitalen darstellbar sind, sog. sp^3-Orbitale. Als Fremdatom betrachten wir hier **Phosphor**[5]. Das P-Atom hat die Konfiguration $[Ne]3s^2 3p^3$. Bei der Dotierung werden Si-Atome durch P-Atome **ersetzt**[6].

---

5) Die Überlegungen in diesem Abschnitt können auch auf Arsen $[A]4s^2 4p^3$, Antimon $[Kr]5s^2 5p^3$ und Wismut $[Xe]4f^{14} 6s^2 6p^3$ angewendet werden. Als Wirtgitter kann man sich auch Germanium denken.

6) Obwohl die Si-Struktur nicht einer dichtesten Packung entspricht, sind die eingebauten P-Atome nicht auf Zwischengitterplätzen zu finden.

Von den 5 Valenzelektronen des Phosphors sind 4 an der kovalenten Bindung beteiligt, wie die Valenzelektronen des Siliziums. Welche Zustände kann das übrig bleibende fünfte Valenzelektron besetzen?

Die Energie des übrig bleibenden Elektrons ist sicher grösser als die Energie der Elektronen, die an der kovalenten Bindung beteiligt sind [7]. Der Grundzustand wird also oberhalb des oberen Randes des Valenzbandes liegen. Anderseits wird man erwarten, dass der Grundzustand des fünften Elektrons ein gebundener Zustand ist; denn wenn man es von der Störstelle entfernt, bleibt ein (einfach) positiv geladener "Punktdefekt" zurück [8]. Damit haben wir das Problem eines Elektrons, das sich bewegt in einem Potential, das man sich vorstellen kann als Superposition des Coulombpotentials einer Punktladung mit dem periodischen Potential in der ungestörten [9] Si-Struktur. Die strenge Lösung ist eine formidable Aufgabe. Mit Hilfe eines einfachen Modells kann man indessen zu einer guten Abschätzung der Energie gelangen. Man betrachtet das Medium, in dem sich das Elektron bewegt, als dielektrisches Kontinuum mit der Dielektrizitätskonstanten ε [10]. Die potentielle Energie des Elektrons ist damit

$$V(r) = -\frac{e^2}{\varepsilon r} \qquad (41)$$

(e.s.u., "Elektrizität und Magnetismus", S. 66)

Die Kontinuumsapproximation ist tolerierbar, wenn sich die Wellenfunktion des Elektrons nicht stark ändert über Distanzen von einigen Gitterperioden. Nach klassischer und halbklassischer Vorstellung würde dies einer Bahn entsprechen, deren Radius mindestens mehrere Gitterperioden beträgt. Gl. (41) gibt die

---

7) Die an der kovalenten Bindung beteiligten Elektronen besetzen im Grundzustand des Systems Orbitale im Valenzband.

8) Es wurde ein neutrales Atom ins Gitter eingebaut.

9) Wir machen hier die nicht ganz zutreffende Annahme, dass das Gitter durch den Einbau des Phosphors nicht verzerrt werde.

10) Jede Dielektrizitätskonstante ist eine Funktion der Frequenz. Wir werden noch darüber diskutieren müssen, welche Frequenz in unserem Problem massgebend ist.

potentielle Energie bezogen auf ein "ruhendes" Elektron in sehr grossem Abstand von der Störstelle. Wir nehmen an, dass wir das fünfte Elektron <u>halbklassisch</u> behandeln dürfen. Dies ist vereinbar mit der Approximation des Kristalls durch ein dielektrisches Kontinuum [11]. Wenn wir die aus (41) folgende Coulombkraft

(42) $$\vec{F} = -\frac{e^2}{\varepsilon r^2}\frac{\vec{r}}{r}$$

in die halbklassische Bewegungsgleichung (19) S. 273

(43) $$\dot{\vec{v}} = \left(\frac{1}{m^*}\right)_{ij}\vec{F}$$

einsetzen, ist auch die Wirkung des periodischen Potentials berücksichtigt. Bei der Berechnung der effektiven Masse nach (18) S. 273 ist offensichtlich $\mathcal{E}_n(\vec{k})$ für das <u>Leitungsband</u> massgebend; denn das fünfte Elektron ist definitionsgemäss nicht im Valenzband. Wenn es ruht, verschwindet seine halbklassische Geschwindigkeit $\vec{v} = \frac{1}{\hbar}\nabla_k \mathcal{E}(\vec{k})$, d.h. der <u>Energienullpunkt liegt bei Benützung von (41) am unteren Rand des Leitungsbandes</u>. Es ist deshalb naheliegend, in (43) die entsprechende effektive Masse einzusetzen. Da die Betrachtung ohnehin sehr roh ist, nehmen wir eine konstante, isotrope effektive Masse m^* an (S. 311). Damit sind wir beim Problem des Wasserstoffatoms angelangt. Statt der potentiellen Energie $-\frac{e^2}{r}$ haben wir nun $-\frac{e^2}{\varepsilon r}$, und statt der Masse m des freien Elektrons [12] die effektive Masse m^* einzusetzen.

Da wir von der halbklassischen Bewegungsgleichung (43) ausgehen, sollte das Wasserstoff-Problem konsequenterweise <u>halbklassisch</u> behandelt werden im Sinne des alten Bohr'schen Modells, bei dem das Elektron den Atomkern auf einer Planetenbahn umkreist. Wenn ein Bahnradius resultiert, der grösser ist als der Radius des Phosphor-

---

11) Erst am Ende der Rechnung werden wir kontrollieren können, ob das Ergebnis mit den hineingesteckten Annahmen kompatibel ist.

12) Wir vernachlässigen hier den kleinen Unterschied zwischen der Masse des freien Elektrons und der reduzierten Masse ("Quantenphysik", S. 162/163).

Ions, ist die Anwendung von (42) wenigstens elektrostatisch gerechtfertigt. Beim Bohr'schen Modell ist die Bahn im Grundzustand ein Kreis mit dem Radius r_1, der sich wie folgt ergibt: Der kleinst mögliche, von null verschiedene Betrag des Bahndrehimpulses ist $\hbar$ ("Quantenphysik", S. 137), sodass $m^* r_1^2 \omega = \hbar$, wobei ω die Kreisfrequenz des Umlaufes bedeutet. Die Coulombkraft vom Betrag $F = \frac{e^2}{\varepsilon r^2}$ verursacht eine Zentripetalbeschleunigung vom Betrag $r\omega^2 = F/m^*$. Aus diesen Beziehungen ergibt sich sofort

$$(44) \qquad r_1 = \frac{\hbar^2 \varepsilon}{m^* e^2} = \frac{\varepsilon m}{m^*} \cdot \frac{\hbar^2}{m e^2} = \frac{\varepsilon m}{m^*} r_{Bohr} \qquad r_{Bohr} = 0.529\,\text{Å}$$

Für die Summe von kinetischer und potentieller Energie erhält man

$$(45) \qquad E = -\frac{m^* e^4}{2\hbar^2 \varepsilon^2} = \frac{m^*}{m\varepsilon^2} \cdot \frac{m e^4}{2\hbar^2} = \frac{m^*}{m\varepsilon^2} \cdot 13.6\,\text{eV}$$ [13),]

bezogen auf den unteren Rand des Leitungsbandes. Die Umlauffrequenz ergibt sich zu

$$(46) \qquad |\omega| = \frac{2E}{\hbar}$$

unterer Rand des Leitungsbandes

Grundzustand vom 5. Valenzelektron

E_{pot} E_{kin}

Zur Rechtfertigung unserer Näherung müssen wir zeigen, dass r_1 gross ist im Vergleich zur Strukturperiode. Wir müssen uns also mit den Zahlwerten von m^*/m und von ε befassen. Bei Si ist für die gemittelte effektive Masse etwa $m^* \approx 0.2\,m$ und bei Ge $m^* \approx 0.1\,m$ einzusetzen[14]. Die Frage nach der einzusetzenden Dielektrizitätskonstanten ε ist konzeptionell nicht so leicht zu beantworten. Die Reduktion der Coulombenergie von $-\frac{e^2}{r}$ (beim H-Atom) auf $-\frac{e^2}{\varepsilon r}$ (beim Störstellenproblem) kommt zustande, indem beide Ladungen, das umlaufen-

---

13) Durch Lösung der Schrödingergleichung $\Delta\psi + \frac{2m^*}{\hbar}\left(E + \frac{e^2}{\varepsilon r}\right)\psi = 0$ erhält man dasselbe Ergebnis für den 1s-Zustand. Die Wahrscheinlichkeit, dass man das Elektron irgendwo zwischen r und $r+dr$ befindet ist maximal bei r_1. Bei dieser Behandlung hat man aber Mühe, sich eine Umlauffrequenz vorzustellen, da der 1s-Zustand keinen Bahndrehimpuls hat!

14) Diese Zahlen stammen aus Messungen der Zyklotronfrequenz. Verschiedenartige Experimente liefern verschiedenartige Mittelwerte. Die "Zyklotronmasse" ist z.B. nicht gleich der "Leitfähigkeitsmasse".

de Elektron und das feste Phosphor-Ion, die Struktur polarisieren. Die massgebende Dielektrizitätskonstante wird irgendwo zwischen $\varepsilon(\omega=0)$ und $\varepsilon(\omega_{Umlauf})$ liegen. Beim Wasserstoff-Atom ist die halbklassische Umlauffrequenz gemäss (45) und (46) $\hbar\omega = 27.2\,eV$, was fernem Ultraviolett entspricht. Beim Problem des Donators ist $\hbar\omega = \frac{m^*}{m\varepsilon^2}\cdot 27.2\,eV$. Die statische Dielektrizitätskonstante von Si ist 11.7 und von Ge 15.8. Wegen diesen hohen Werten und den kleinen effektiven Massen resultieren Umlauffrequenzen, die weit unter optischen Frequenzen liegen. Die elektrische Polarisation des Wirtkristalls kann dem Umlauf folgen, d.h. man darf die statische Dielektrizitätskonstante einsetzen. Der Radius der Bahn im Grundzustand beträgt dann nach (44)

bei Si etwa $\frac{11.7}{0.2}\, r_{Bohr} = 31\,Å$ und

bei Ge etwa $\frac{15.8}{0.1}\, r_{Bohr} = 84\,Å$

Die Gitterperiode von Si ist 5.42 Å, und von Ge 5.62 Å. Die Voraussetzungen zur Anwendung der Abschätzungsmethode sind damit erfüllt, wenn auch etwas knapp. Durch Einsetzen der statischen Dielektrizitätskonstante in (45) erhält man schliesslich für die Ionisationsenergie der Störstelle folgende Abschätzungen

bei Si $\frac{0.2}{(11.7)^2}\times 13.6\,eV = 0.02\,eV$

bei Ge $\frac{0.1}{(15.8)^2}\times 13.6\,eV = 0.0055\,eV$ [15]

Bei $T=0$ ist der Grundzustand mit 100% Wahrscheinlichkeit besetzt. Die Ionisationsenergien sind von der Grössenordnung von $k_B T$ bei Zimmertemperatur. Die Wahrscheinlichkeit, das fünfte Valenzelektron des P-Atoms im Leitungsband zu finden, ist damit schon bei Zimmertemperatur beträchtlich. Damit ist die grosse Leitfähigkeitserhöhung erklärt. Die fünfwertigen Verunreinigungen P, As, Sb und Bi in Si und Ge sind Elektronenspender, sogenannte Donatoren.

---

15) Bei Berücksichtigung der Anisotropie der effektiven Masse erhält man 0.03 eV bei Si und 0.009 eV bei Ge. (Buch von Kittel).

Angeregte gebundene Zustände der Donator-Elektronen.

Ganz ähnlich wie beim H-Atom existieren zwischen dem Niveau des Grundzustandes und dem Ionisationsniveau, d.h. dem unteren Rand des Leitungsbandes, angeregte gebundene Zustände. Für die Hauptquantenzahl n liegt die Energie nach der diskutierten Näherung um den Betrag

(47) $\frac{1}{n^2} \cdot \frac{m^* e^4}{2\hbar^2 \varepsilon^2}$ ("Quantenphysik", S. 179)

unterhalb des unteren Randes des Leitungsbandes. Schon der erste angeregte Zustand ($n=2$) liegt viel näher beim Ionisationsniveau als beim Grundzustand. Zur Vereinfachung der Behandlung ignorieren wir diese Niveaux.

Akzeptoren.

Beispiel: Dreiwertige Fremdatome im Si-Kristall.

Als Beispiel betrachten wir Aluminium. Das freie Atom hat die Grundzustandskonfiguration (Ne) $3s^2 3p$. Es nimmt die Position eines Wirtgitteratoms ein. Naïverweise könnte man nun glauben, dass ein Valenzelektron fehle in der tetraedrischen kovalenten Bindung des Al-Atoms an die vier nächsten Si-Nachbarn. Dies trifft aber nicht zu, denn ein dermassen lokalisiertes Loch entspräche einer hohen Energie. Ein Zustand tieferer Energie wird erhalten, wenn die kovalente tetraedrische Bindung intakt ist, wie im reinen Silizium, und sich dafür ein weniger lokalisiertes Loch in der Nähe der Störstelle aufhält. Das Zentrum der Störstelle ist damit negativ geladen und zieht das weniger lokalisierte Loch an. Man kann dann für das Loch eine Betrachtung anstellen, die analog ist zur Behandlung des Donatorelektrons: Das Loch "umkreist" das geladene Zentrum. Es hat wasserstoffähnliche Orbitale, die gebundenen Zuständen entsprechen. Wenn es unendlich weit entfernt ist vom Zentrum und "still steht", ist es in einem Zustand am oberen Rand des Valenzbandes, denn dort verschwindet die halbklassische Geschwindigkeit $\vec{v}(\vec{k}) = \frac{1}{\hbar}\nabla_k \mathcal{E}(\vec{k})$, da $\mathcal{E}(\vec{k})$ ein Maximum durchläuft (S. 268).

Die Energie des Grundzustandes des Akzeptors

Ganz allgemein gilt folgendes: Wenn man ein Elektron tieferer Energie aus einem Elektronensystem herausnimmt, wird die Energie des Systems mehr vergrössert, als wenn man ein Elektron höherer Energie herausnimmt. Im Bandstrukturdiagramm $\mathcal{E}(\vec{k})$ (s. z.B. S. 211, 303) trägt man immer die Energie auf, die ein Elektron hat, das den betreffenden Zustand besetzt. Ein Loch, das in diesem Diagramm aufsteigt bedeutet eine Erniedrigung der Energie des Systems. Ein anschauliches Analogon ist eine Blase, die im Wasser aufsteigt und dabei die potentielle Energie des Wassers erniedrigt. Wenn sich also das Loch in der Nähe der negativ geladenen Störstelle aufhält, ist die Energie des Elektronensystems tiefer, als wenn es sich weit weg von der Störstelle aufhält, d.h. wenn ein Zustand am oberen Rand des Valenzbandes unbesetzt ist. Auf der Energieskala der Einelektron-Zustände liegt der Grundzustand des Akzeptors nach dem Wasserstoff-Modell um den Betrag

$$(48) \qquad E = \frac{m^* e^4}{2\hbar^2 \varepsilon^2} = \frac{m^*}{m\varepsilon^2} \cdot 13.6\,\text{eV}$$

oberhalb des oberen Randes des Valenzbandes. Für m^* ist die effektive Masse m_p^* einzusetzen, die dem oberen Rand des Valenzbandes entspricht. Analog ist in (45) die effektive Masse m_n^* einzusetzen, die dem unteren Rand des Leitungsbandes entspricht. m_p^* ist von derselben Grössenordnung wie m_n^*, sodass die Approximation des Kristalls durch ein dielektrisches Kontinuum und die Anwendung der halbklassischen Bewegungsgleichung ebenso gerechtfertigt ist wie bei den Donatoren.

Gl. (48) stellt die Energie dar, die man aufwenden muss, um den in der Nähe der Störstelle (innerhalb eines Radius von der Grössenordnung $r_1 = \frac{\varepsilon m}{m_p^*} r_{Bohr}$ lokalisierten) unbesetzten Zustand zu besetzen mit einem Elektron, das aus dem oberen Rand des Valenzbandes stammt (und als Bandelektron nicht lokalisiert ist): Die Al-Störstelle kann unter Energieaufwand (von der Grössenordnung 10^{-2} eV) ein Elektron annehmen, und wird deshalb <u>Akzeptor</u> genannt.

Das Bandschema

Die wasserstoffähnlichen Energieniveaux, die gebundenen Zuständen des Elektrons eines Donators oder des Loches eines Akzeptors entsprechen, können nicht im Bandstrukturdiagramm $\mathcal{E}(\vec{k})$ im $\vec{k}$-Raum eingezeichnet werden; denn es handelt sich um mehr oder weniger lokalisierte Zustände, denen ein $\vec{k}$-Vektor nicht zugeordnet werden kann. Anstelle der Bandstruktur malt man sich deshalb oft ein <u>Bandschema</u> hin. Auf der Ordinate ist die Energie aufgetragen, und die Abszisse symbolisiert den Ort einer Störstelle und manchmal auch den Ort eines halbklassischen Elektrons (eines Wellenpakets) im $\vec{x}$-Raum. In den folgenden Skizzen sind die mit Elektronen besetzten Zustände durch Schraffierung gekennzeichnet. Die angeregten gebundenen (wasserstoffähnlichen) Zustände sind weggelassen.

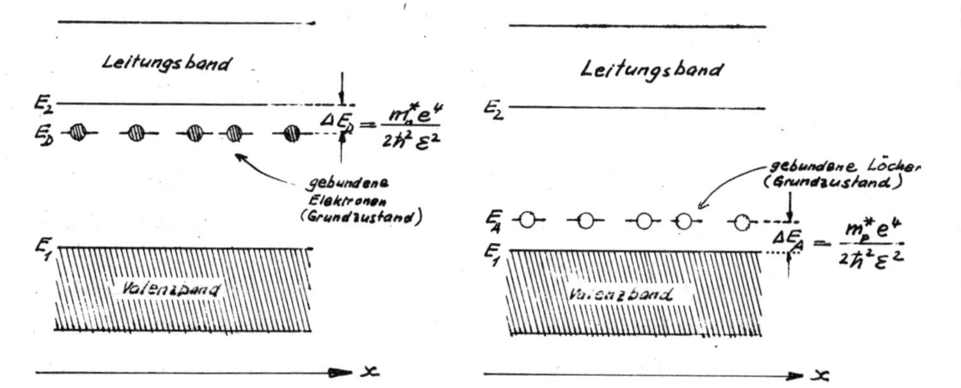

In beiden Schemata nimmt die Energie der <u>Elektronen</u> nach oben zu.

Vom Standpunkt des Wasserstoff-Modells aus betrachtet, können die Energiedifferenzen $\Delta E_D = E_2 - E_D$ und $\Delta E_A = E_A - E_1$ als <u>"Ionisationsenergie der Störstelle"</u> bezeichnet werden. Sie ist fast immer klein im Vergleich zur Energielücke $E_2 - E_1$; denn Halbleiter mit einer kleinen Energielücke haben eine grosse Dielektrizitätskonstante [16].

Aufgrund des Wasserstoff-Modells erwartet man, dass sich bei einem gegebenen Wirtkristall, Si oder Ge, die Ionisationsenergien der verschiedenen Donatoren P, As und Sb nicht unterscheiden, und dass dasselbe für die Ionisationsenergien der Akzeptoren B, Al, Ga und In gelten sollte. Tatsächlich stimmt diese Erwartung mit dem Experiment nicht schlecht überein, wie die folgende Tabelle aus dem Lehrbuch von Kittel zeigt. [17] Auch die Grössenordnung der auf S. 318 gemachten Abschätzung stimmt. Das Modell ist nicht so schlecht.

	Donatoren			Akzeptoren			
	P	As	Sb	B	Al	Ga	In
Si	0.045	0.049	0.039	0.045	0.057	0.065	0.16
Ge	0.0120	0.0127	0.0096	0.0104	0.0102	0.0108	0.0112

Ionisationsenergien in eV

6.2.2. Die Besetzung der Niveaux beim dotierten Halbleiter.

① Die Eigenwertdichte

Der dotierte Halbleiter unterscheidet sich vom undotierten Halbleiter dadurch, dass in der Energielücke Niveaux vorhanden sind, die gebundenen Zu-

---

[16] Die Umkehrung dieser Regel gilt nicht. Kristalle mit hoher Dielektrizitätskonstante haben nicht notwendigerweise eine kleine Energielücke. Bei sog. Ferroelektrika (s. Kap. 8) misst man Dielektrizitätskonstanten von der Grössenordnung 10^4, während die Energielücke von der Grössenordnung von einigen eV ist.

[17] Man kann die Ionisationsenergie mit Hilfe von Leitfähigkeitsmessungen bestimmen. Betrachte als Beispiel mit Phosphor dotiertes Silizium. Bei $k_B T \ll E_2 - E_1$ (vgl. S. 309) stammen fast alle Elektronen im Leitungsband aus Donatoren, und der Beitrag der wenigen Löcher im Valenzband zum Strom ist vernachlässigbar (s. Abschnitt 6.2.3).

ständen der Donator-Elektronen bzw. der Akzeptor-Löcher entsprechen. Wir nehmen eine einzige Sorte von Donatoren und von Löchern an und vernachlässigen zudem die angeregten gebundenen Zustände. Man erhält dann die totale Eigenwertdichte für den dotierten Kristall, indem man die Eigenwertdichte für den undotierten Kristall (Skizze S. 307) ergänzt durch zwei Deltafunktionen in der Energielücke.

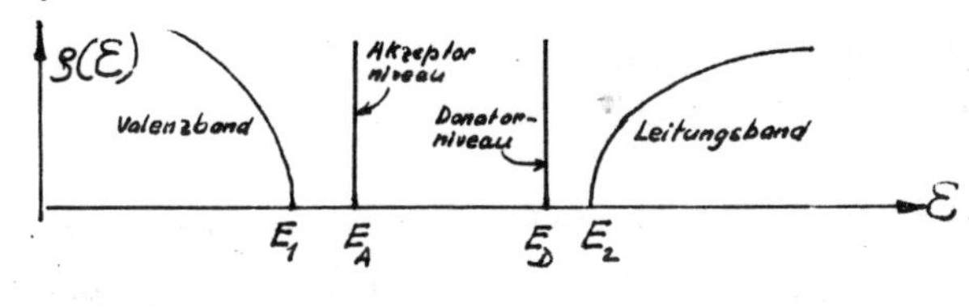

Das Integral über die Deltafunktion bei E_D ist die Zahl der Donatoren im Grundgebiet und das Integral über die Deltafunktion bei E_A die Zahl der Akzeptoren. Die Berechnung der Besetzung dieser Niveaux ist konzeptionell nicht ganz trivial, wie wir bald sehen werden. Wir nehmen starre (von der Besetzung unabhängige) Bänder an (vgl. S. 252/253).

② Besetzung der Niveaux im Leitungsband und im Valenzband.

Der allgemeine Ausdruck für die Zahl der Elektronen im Leitungsband (ℓ)

$$(49)\quad n_\ell = \int \frac{2\varrho_\ell(\mathcal{E})}{e^{(\mathcal{E}-\mu)/k_B T}+1}\,d\mathcal{E} \qquad \text{Gl. (14) S. 307}$$

und der entsprechende Ausdruck für die Zahl der Löcher im Valenzband (v)

$$(50)\quad p_v = \int \frac{2\varrho_v(\mathcal{E})}{e^{(\mu-\mathcal{E})/k_B T}+1}\,d\mathcal{E}$$

kann von der Behandlung des Eigenhalbleiters übernommen werden. Als Integrationsgrenzen kann man $-\infty$ und $+\infty$ einsetzen; denn ϱ_ℓ und ϱ_v verschwinden ausserhalb des Energiebereiches des Leitungs- bzw. Valenzbandes. Was sich gegenüber dem Eigenhalbleiter aber ändert, ist das chemische Potential μ; denn in der allgemeinen Bestimmungsgleichung für μ (Gl. (41) S. 184) sind die Donator- und Akzeptor-Niveaux zu berücksichtigen: Es ist im allgemeinen $n_\ell \neq p_v$.

③ Besetzung der Donator- und Akzeptor-Niveaux.

Wir betrachten als Beispiel den Grundzustand der Donatoren. Die entsprechende Eigenwertdichte ist die Deltafunktion

$$(51) \qquad \rho_d(\mathcal{E}) = N_d\,\delta(\mathcal{E}-E_D) \quad \text{mit} \quad \int \delta(\mathcal{E}-E_D) = 1$$

E_D bezeichnet das Donator-Energieniveau und N_d die Zahl der Donatoren im Grundgebiet. Die bisher allgemein angewendete Formel liefert für Zahl der Elektronen im Niveau E_D

$$(52) \qquad n_d = \int \frac{2N_d\,\delta(\mathcal{E}-E_D)}{e^{(\mathcal{E}-\mu)/k_BT}+1} = \frac{2N_d}{e^{(E_D-\mu)/k_BT}+1}$$

Dieses Ergebnis ist <u>falsch</u>! Es ist nämlich zu bedenken, dass das Donator-Niveau mit Hilfe der Formel für das Wasserstoff-Atom berechnet wurde und damit der Besetzung mit einem <u>einzigen</u> Elektron entspricht. Wenn zwei Elektronen am selben Donator gebunden wären, müsste man ein <u>Zweielektronen-Problem</u> lösen, das Problem des H^--Ions. Wenn zwei Elektronen ein Proton umkreisen, ist die Energie des Grundzustandes <u>des Systems</u> −14.3 eV. Dies liegt knapp unterhalb der Energie des Grundzustandes des Wasserstoffatoms (−13.6 eV), was bedeutet, dass ein H-Atom noch ein Elektron binden kann. (Die "Elektronenaffinität" des H-Atoms beträgt 14.3 − 13.6 = 0.7 eV.) Die Energie <u>pro Elektron</u> liegt also beim H^--Ion um 6.4 eV höher als beim H-Atom. Diese Erkenntnis wäre nun auf einen Donator zu übertragen.[18] Der wesentliche Punkt dabei ist, dass man es nicht mit einfacher oder doppelter Besetzung eines <u>fixierten</u> ("starren") Energieniveaus zu tun hat. Darum ist Gl. (52) falsch.

Wir wollen hier nur die <u>Bindung eines einzigen Elektrons</u> an den Donator betrachten. Wenn man naiv ist, schreibt man dann anstelle von (52)

$$(53) \qquad n_d = \frac{N_d}{e^{(E_D-\mu)/k_BT}+1}$$

---

18) Dabei wäre näher zu untersuchen, ob die Energie des H^--Ions mit demselben Faktor $\frac{m_n^*}{m\varepsilon^2}$ zu multiplizieren ist, wie die Energie des H-Atoms (Gl. (45) S. 317).

Dieses Ergebnis ist auch falsch! Es ist lehrreich, den Grund aufzuzeigen. Es sind drei Besetzungsmöglichkeiten eines wasserstoffähnlichen Niveaus E_D ins Auge zu fassen:

- unbesetzt
- besetzt mit einem Elektron mit Spinzustand $|\uparrow\rangle$
- besetzt mit einem Elektron mit Spinzustand $|\downarrow\rangle$

Diese Möglichkeiten sind nicht dieselben, die wir bei der Herleitung der Fermi-Dirac Verteilung (S. 179-183) betrachtet haben. Der Spinzustand wurde als fixiert angenommen, sodass nur die beiden Möglichkeiten "unbesetzt" und "besetzt" zu berücksichtigen waren. Wir dürfen also die Fermi-Funktion nicht blindlings übernehmen zur Berechnung der Besetzung eines Donator-Niveaus. Man muss zu den Grundlagen der statistischen Mechanik zurückgehen[19]. Das richtige Ergebnis für die Zahl der Donatoren mit einem gebundenen Elektron ist

$$n_d = \frac{N_d}{\frac{1}{2}e^{(E_D-\mu)/k_BT} + 1} \tag{54}$$

Analog erhält man für die Zahl der Akzeptoren mit einem gebundenen Loch

$$p_a = \frac{N_a}{\frac{1}{2}e^{(\mu-E_A)/k_BT} + 1} \tag{55}$$

④ Elektroneutralität

Zur Berechnung der vier Grössen n_ℓ, p_v, n_d und n_a aus den Gleichungen (49), (50), (54) und (55) muss man das chemische Potential μ kennen. Man braucht noch eine fünfte Gleichung: Die obigen vier Grössen sind nicht unabhängig; denn der Kristall ist ungeladen. (Bei der Dotierung sind Atome und nicht Ionen eingebaut worden.) Die Bedingung der Elektroneutralität kann wie folgt geschrieben werden

$$n_\ell - (N_d - n_d) = p_v - (N_a - p_a) \tag{56}$$

---

[19] Wir verweisen auf die Vorlesung "Theorie der Wärme" im Zyklus "Theoretische Physik" und auf das Buch von Ashcroft und Mermin.

Man kann auf folgendem Wege einsehen, dass (56) die Ladungserhaltung bedeutet: n_e ist die Konzentration der Elektronen im Leitungsband und $N_d - n_d$ die Konzentration der Donatoren, die kein Elektron gebunden haben, also positiv geladen sind. $n_e - (N_d - n_d)$ ist also sozusagen die resultierende Konzentration negativer Ladungen "in der oberen Hälfte des Bandschemas." Analog ist $p_v - (N_a - p_a)$ die resultierende Konzentration positiver Ladungen "in der unteren Hälfte des Bandschemas".

⑤ Der Zusammenhang mit dem Idealhalbleiter (Eigenhalbleiter)

Die allgemeine Auswertung des Systems der Gleichungen (49) bis (56) ist unübersichtlich und kompliziert. Man kann indessen auf einfache Weise eine Beziehung herleiten zwischen den Konzentrationen der Ladungsträger n_e und p_v im dotierten Halbleiter und der entsprechenden Grösse im Eigenhalbleiter, wenn man annimmt, dass das Gas der Ladungsträger nicht entartet ist, d.h. wenn die Fermi-Funktion gemäss (18), (19) S. 308 durch eine Exponentialfunktion angenähert werden darf. Da die Ausdrücke für n_e und p_e (Gl. (49) und (50)) dieselben sind wie für den Eigenhalbleiter, gilt analog zu (24) S. 309

$$n_e p_v = 4(m_n^* m_p^*)^{3/2} \left(\frac{k_B T}{2\pi \hbar^2}\right)^3 e^{-\frac{E_2 - E_1}{k_B T}} \tag{57}$$

Mit diesem vom chemischen Potential und von der Dotierung unabhängigen Produkt definiert man eine neue Grösse, die sog. Inversionsdichte n_i durch

$$n_i^2 = n_e p_v \tag{58}$$

Beim entsprechenden Eigenhalbleiter ist $n = p = n_i$

Anmerkung: Man kann die Beziehungen (24) und (57) mit dem Massenwirkungsgesetz in Zusammenhang bringen. Dieses gilt für die Gleichgewichtskonzentrationen der Reaktionspartner bei einer chemischen Reaktion, wenn die Wechselwirkung zwischen den Teilchen vernachlässigt wird. Die Einelektron-Approximation entspricht dieser Vernachlässigung. Betrachte als Beispiel das Reaktionsgleichgewicht $H_2 + Cl_2 \rightleftharpoons 2\,HCl$. Zwischen den Konzentrationen [ ] der Reaktionspartner besteht die

Beziehung $[H_2][Cl_2]=[HCl]^2K(T)$. Die Funktion $K(T)$, die sog. Gleichgewichtskonstante hängt bei gegebenem Volumen nur von der Temperatur ab. Beim Halbleiter betrachtet man offensichtlich die Reaktion eines Elektrons im Leitungsband mit einem Loch im Valenzband, die sog. Rekombination. Das Produkt $n_\ell p_v$ entspricht der linken Seite der obigen Gleichung. Über die rechte Seite muss man allerdings tiefer nachdenken; denn Loch und Elektron verschwinden bei der Rekombination.

Die Inversionsdichte n_i ist unabhängig von der Dotierung, während sich das chemische Potential μ des dotierten Halbleiters vom chemischen Potential μ_i des Eigenhalbleiters unterscheidet. Ferner ist beim dotierten Halbleiter $n_\ell - p_v \neq 0$, während beim Eigenhalbleiter $n-p=0$ ist. Zwischen den Differenzen $\mu-\mu_i$ und $n_\ell - p_v$ besteht ein einfacher Zusammenhang, wenn das Gas der Ladungsträger nicht entartet ist. Ashcroft und Mermin folgend, führen wir den Mittelwert n_0 von n_ℓ und p_v ein und setzen

$$(59)\quad \Delta n = n_\ell - p_v \;,\quad n_\ell = n_0 + \frac{\Delta n}{2} \;,\quad p_v = n_0 - \frac{\Delta n}{2}\;,\ \text{sodass mit (58)}$$

$$n_\ell p_v = n_0^2 - \left(\frac{\Delta n}{2}\right)^2 = n_i^2 \;,\ \text{also}\ n_0^2 = n_i^2 + \left(\frac{\Delta n}{2}\right)^2 \quad \text{und}$$

$$(60)\quad \begin{cases} n_\ell = \left[n_i^2 + \left(\frac{\Delta n}{2}\right)^2\right]^{1/2} + \frac{\Delta n}{2} \\ p_v = \left[n_i^2 + \left(\frac{\Delta n}{2}\right)^2\right]^{1/2} - \frac{\Delta n}{2} \end{cases}$$

Der einfache Zusammenhang zwischen Δn und $\mu - \mu_i$ kann nun folgendermassen plausibel gemacht werden: Beim Idealhalbleiter ist gemäss (21) und (22) S. 308

$$(61)\quad n_i\ \text{prop.}\ e^{\mu_i/k_B T} \quad \text{und} \quad p_i\ \text{prop.}\ e^{-\mu_i/k_B T}\;,$$

wobei der Exponentialfaktor aus der Fermi-Dirac Verteilung stammt. Beim dotierten Halbleiter hat man also anstelle von (61)

$$(62)\quad n_\ell\ \text{prop}\ e^{\mu/k_B T} \quad \text{und} \quad p_v\ \text{prop.}\ e^{-\mu/k_B T}$$

Man kann (62) präziser schreiben, wenn man den Übergang vom dotierten Halbleiter zum Idealhalbleiter verfolgt, bei dem $n_\ell \to n_i$, $p_v \to n_i$ und $\mu \to \mu_i$. Man wird also schreiben

$$(63) \qquad n_e = n_i\, e^{(\mu-\mu_i)/k_B T} \quad \text{und} \quad p_v = n_i^{(\mu_i-\mu)/k_B T} \quad \text{, sodass}$$

$$(64) \qquad \Delta n = n_e - p_v = 2 n_i \,\text{Sinh}\, \frac{\mu-\mu_i}{k_B T}$$

6.2.3. Halbleiter-Typen

① Der Idealhalbleiter (Eigenhalbleiter, intrinsic semiconductor) enthält weder Donatoren, noch Akzeptoren, d.h. $N_a = N_d = 0$. Bei jeder Temperatur ist $n_e = p_v$. Elektronen und Löcher tragen nach Massgabe ihrer Beweglichkeit zum Leitungsstrom bei (S. 309 - 313). Idealhalbleiter gibt es nicht, da sich Fremdatome nie völlig eliminieren lassen.

② Der n-Typ Halbleiter ist dadurch charakterisiert, dass der Ladungstransport vorwiegend durch Elektronen im Leitungsband erfolgt. Es ist $n_e \gg p_v$. Dies trifft bei nicht zu hohen Temperaturen zu, wenn $N_d \neq 0$ und $N_a = 0$, oder auch, wenn $N_d > N_a$. Der zweite Fall ist besonders interessant: Die im Überschuss vorhandenen Donatorelektronen werden von den Akzeptoren akzeptiert, sodass diese keine Elektronen mehr aus dem Valenzband akzeptieren können (S. 319). Im Halbleiterjargon sagt man: Donator-Elektronen haben mit den an Akzeptoren gebundenen Löchern rekombiniert. Die Akzeptoren können damit keine Elektronen aus dem Valenzband mehr aufnehmen

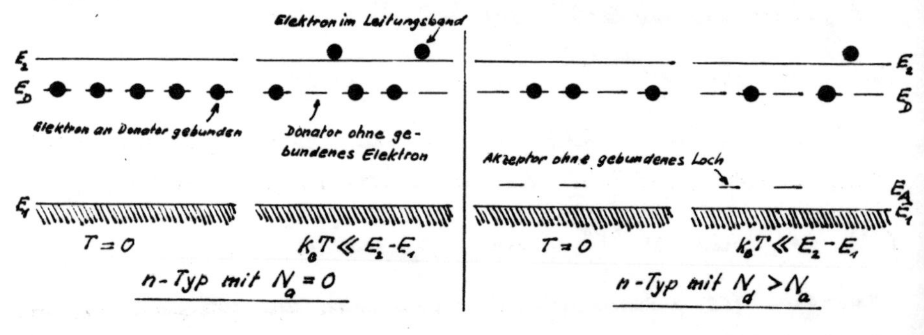

③ Der p-Typ Halbleiter ist dadurch charakterisiert, dass der Ladungstransport vorwiegend durch Löcher im Valenzband erfolgt, $p_v \gg n_e$.

Bei nicht zu hohen Temperaturen trifft dies zu, wenn $N_a \neq 0$ und $N_d = 0$, oder auch, wenn $N_a > N_d$. Im zweiten Fall rekombinieren die Donator-Elektronen mit den an den Akzeptoren gebundenen Löchern. Da die letzteren im Überschuss vorhanden sind, hat es immer noch Akzeptoren, die Elektronen aus dem Valenzband aufnehmen können.

E_2 E_2
E_D
Donator ohne gebundenes Elektron
Loch an Akzeptor gebunden
Akzeptor ohne gebundenes Loch
E_A E_A
E_1 E_1
Loch im Valenzband

$T = 0$ $k_B T \ll E_2 - E_1$ $T = 0$ $k_B T \ll E_2 - E_1$

p-Typ mit $N_d = 0$ p-Typ mit $N_a > N_d$

4 Der kompensierte Halbleiter: $N_d = N_a$

E_2
E_D
E_A
E_1

$T = 0$ $T > 0$

Die an die Donatoren gebundenen Elektronen haben weitgehend mit den an die Akzeptoren gebundenen Löcher rekombiniert. Die Donatoren liefern keine Elektronen ins Leitungsband, und die Akzeptoren nehmen keine Elektronen aus dem Valenzband mehr an. Der kompensierte Halbleiter verhält sich fast wie ein Eigenhalbleiter.

Beachte, dass die obigen Skizzen stark vereinfacht sind. Angeregte Zustände der an Donatoren gebundenen Elektronen und der an Akzeptoren gebundenen Löcher wurden vernachlässigt, ebenso die Bindung eines zweiten Elektrons bzw. Loches. Ferner sind nur die überwiegenden Besetzungen eingezeichnet für nicht zu hohe Temperaturen. Bei hohen Temperaturen nimmt bei allen Halbleitern die Leitfähigkeit den Charakter der Eigenleitfähigkeit an, indem Donatoren und Akzeptoren erschöpft werden (keine gebundenen Ladungsträger mehr haben), sodass die Elektronen im Leitungsband vorwiegend aus dem praktisch unerschöpflichen Valenzband stammen. Die Hochtemperaturdaten in der Figur auf S. 251 entsprechen der Eigenleitung. Die Abweichungen von der ausgezogenen Kurve bei tieferen Temperaturen sind durch verschiedene Dotierungen bedingt.

6.2.4. Diskussion einfacher Extremfälle.

① Das chemische Potential beim n-Typ Halbleiter $N_d \neq 0$, $N_a = 0$

a) Der Grenzfall $T \to 0$: Bei $T = 0$ ist an jeden Donator ein Elektron gebunden, d.h. $n_d \to N_d$, wobei $n_d \leq N_d$. Aus (54) S. 325 folgt dann $\mu > E_D$. Anderseits ist bei $T = 0$ dass Leitungsband leer, sodass notwendigerweise $\mu < E_2$. Das chemische Potential liegt also bei $T = 0$ irgendwo zwischen dem Donator-Niveau E_D und dem unteren Rand des Leitungsbandes. Streng genommen ist es bei $T = 0$ in diesem Intervall unbestimmt. Es gibt aber einen Grenzwert

$$(65) \qquad \lim_{T \to 0} \mu(T) = \frac{1}{2}(E_D + E_1)$$

Man kann diesen Grenzwert anhand des Ausdruckes (23) S. 309 für das chemische Potential des Eigenhalbleiters einsehen: Bei $T \to 0$ gehen die effektiven Massen, und damit auch die Funktion $\mathcal{E}(\vec{k})$ und mit ihr die Eigenwertdichte der beteiligten Bänder gar nicht ein. Im hier besprochenen Fall tritt die auf S. 324 hingeschriebene Deltafunktion bei E_D im wesentlichen an die Stelle des Valenzbandes.

b) $k_B T > E_2 - E_D$: Die Donatoren erschöpfen sich mit steigender Temperatur, und die Elektronen im Leitungsband stammen schliesslich vorwiegend aus dem Valenzband. Das chemische Potential kommt in die Gegend der Mitte der Energielücke zu liegen, ähnlich wie beim Eigenhalbleiter. (Gl. (23) S. 309).

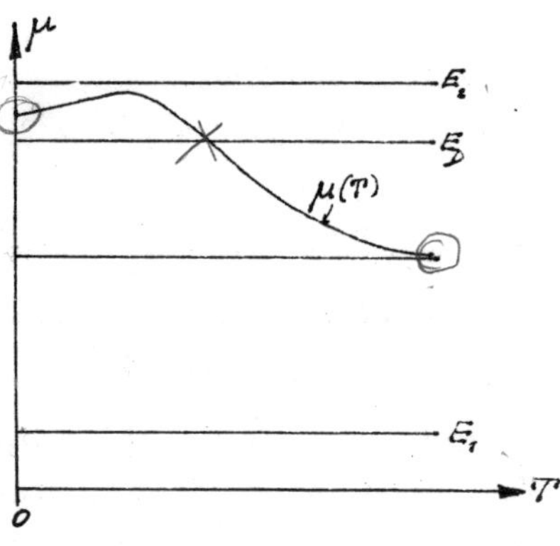

Die Skizze (aus dem Buch von Busch und Schade) stellt stellt die Temperaturabhängigkeit des chemischen Potentials dar, wie sie sich aus einer sorgfältigen Diskussion der Gleichungen (49)(50) S.323 und (54)-(56) S.325 ergibt. Die angeregten gebundenen Zustände und die Möglichkeit der Bindung von zwei Elektronen an einen Donator sind nicht berücksichtigt. Die Korrektur dürfte unbedeutend sein. Einen grösseren Einfluss hätte eine eventuelle Temperaturabhängigkeit der Energielücke.

② Schwach dotierte und annähernd kompensierte Halbleiter.

Ashcroft und Mermin betrachten den einfachen Fall, wo

$$(66)\quad \begin{cases} E_D - \mu \gg k_B T \\ \mu - E_A \gg k_B T \end{cases} \qquad (\text{und selbstverständlich } E_2 - E_1 \gg k_B T)$$

Das chemische Potential soll also zwischen E_A und E_D liegen, und diesen Grenzen nicht zu nahe kommen. Aus (54) und (55) S.325 folgt dann $n_d \ll N_d$ und $p_a \ll N_a$, d.h. fast alle Donatoren haben das gebundene Elektron und fast alle Akzeptoren haben das gebundene Loch verloren. Extreme Beispiele sind schwach dotierte Halbleiter bei nicht zu tiefen Temperaturen und kompensierte Halbleiter. Aus der Neutralitätsbedingung (56) folgt die Näherung

$$(67)\quad \Delta n = n_\ell - p_v \cong N_d - N_a \quad , \text{ und aus (60)}$$

$$(68)\quad \begin{Bmatrix} n_\ell \\ p_v \end{Bmatrix} \cong \left[n_i^2 + \left(\frac{N_d - N_a}{2} \right)^2 \right]^{1/2} \pm \frac{N_d - N_a}{2}$$

Die Inversionsdichte n_i kann nach (57) als bekannt vorausgesetzt werden. Durch Einsetzen von (67) in (64) erhält man eine einfache Gleichung zur Bestimmung des chemischen Potentials bei nicht-entartetem Gas der Ladungsträger:

$$(69)\quad \frac{N_d - N_a}{n_i} \cong 2 \,\mathrm{Sinh}\left(\frac{\mu - \mu_i}{k_B T} \right)$$

Damit haben wir endlich einmal eine Gleichung, die nur noch das chemische Potential als Unbekannte enthält.

③ Überwiegende extrinsische Leitung

Wenn die Elektronen im Leitungsband von Donatoren und die Löcher im Valenzband aus Akzeptoren stammen, spricht man von extrinsischer Leitung. Die Näherung (68) ist wenigstens als Ausgangspunkt noch brauchbar, wenn $n_i < |N_d - N_a|$, und sogar noch für $n_i \ll |N_d - N_a|$. Durch Vernachlässigung von n_i in (68) erhält man folgende grobe Näherungen

n-Typ $(N_d > N_a)$

$$(70)\quad \begin{cases} n_\ell \approx N_d - N_a \\ p_v \approx \dfrac{n_i^2}{N_d - N_a} \end{cases}$$

, woraus mit $n_\ell p_v = n_i^2$

p-Typ $(N_a > N_d)$

$$(71)\quad \begin{cases} p_v \approx N_a - N_d \\ n_\ell \approx \dfrac{n_i^2}{N_a - N_d} \end{cases}$$

④ Überwiegende Eigenleitung (intrinsische Leitung)

Bei kleiner Konzentration der Störstellen oder bei $n_i \gg |N_d - N_a|$ lässt sich (68) ohne Problematik approximieren durch Entwicklung der Wurzel:

$$(72)\quad \begin{Bmatrix} n_\ell \\ p_v \end{Bmatrix} \approx n_i \pm \tfrac{1}{2}(N_d - N_a)$$

Im kompensierten Halbleiter überwiegt (bei nicht zu hohen Temperaturen) die Eigenleitung.

6.2.5. Störbänder

Wir betrachten als Beispiel Donatoren. Wenn die Konzentration der Störstellen so gross ist, dass sich die Wellenfunktionen der gebundenen Zustände der Donator-Elektronen überlappen, hat man anstelle wasserstoffähnlicher gebundener Zustände nicht lokalisierte Zustände. Die Donator-Elektronen tunneln von Donator zu Donator, und aus dem scharfen Energieniveau E_D entsteht ein Energieband, ein sog. Störband. Auch aus den Niveaux, die angeregten gebundenen Zuständen entsprechen, entstehen Störbänder. Da nach dem Wasserstoff-Modell der Radius der Orbitale gross ist im Vergleich zur Gitterperiode (S.318), braucht es keine sehr grossen Donatorkonzentrationen, damit dieser Vorgang sich bemerkbar macht. Die Wellenfunktionen der angeregten gebundenen Zustände überlappen mehr als diejenigen des Grundzustandes, da der Abklingradius der Wasserstoff-Wellenfunktionen proportional ist zur Hauptquantenzahl.[20] Die Breite eines Störbandes nimmt zu mit der Überlappung der Orbitale, ganz ähnlich wie bei der Entwicklung der Energiebänder des periodischen Festkörpers aus Atomorbitalen (S. 235).

Zwischen einem lokalisierten Donator-Niveau und einem Störband-Niveau bestehen wesentliche Unterschiede: Die Lage des lokalisierten Donator-Niveaus wurde berechnet unter der Annahme, dass es mit einem einzigen Elektron besetzt sei (Gl. (47) S. 319). Wenn ein zweites Elektron an derselben Störstelle lokalisiert ist, liegt die Energie pro Elektron beträchtlich höher (S.324). In einem Störbandzustand hingegen ist das Elektron nicht an einer Störstelle lokalisiert, indem sich seine Wellenfunktion über viele Störstellen erstreckt. Wenn ein solcher nichtlokalisierter Zustand mit einem zweiten Elektron (mit antiparallelem Spin) besetzt wird, spielt die elektrostatische Wechselwirkung eine geringere Rolle.

---

[20] Die radialen Wellenfunktionen zur Hauptquantenzahl n enthalten beim Wasserstoff-Problem alle den Faktor $e^{-r/na}$, der entscheidend ist für den Radius der Elektronenwolke ("Quantenphysik", S. 181 und 187-191).

Das Störband, das sich bei genügend starker Dotierung aus dem wasserstoffähnlichen Grundzustand entwickelt, ist bei $T = 0$ als halb besetzt zu betrachten. Es wird deshalb auch bei tiefen Temperaturen zur Leitfähigkeit beitragen. Da die Störstellen nicht periodisch angeordnet sind, versagen die Methoden der Bandstrukturberechnung, die wir bisher kennen gelernt haben. Das Problem kann heute noch nicht als gelöst betrachtet werden, ebensowenig wie das Problem der Bandstruktur bei amorphen Festkörpern (Gläser).[21)]

Da die Wellenfunktionen der angeregten Zustände der Donatoren bzw. Akzeptoren mehr überlappen als die Wellenfunktionen des Grundzustandes, und da die entsprechenden Niveaux nahe beim Bandrand liegen (S. 319), kann man in einer rohen Betrachtung die entsprechenden Störbänder dem Leitungsband bzw. Valenzband zuschlagen.

6.3. Inhomogene Halbleiter

Wir sprechen von einem inhomogenen Halbleiter, wenn die Dotierung eine Funktion des Ortes ist. Solche Halbleiter mit raffinierten Dotierungsprofilen sind die Bauelemente der modernen Festkörperelektronik, die Hi-Fi, Mikroprozessoren, Computer, Sonnenzellen, Thyristor-Leistungssteuerungen, Leuchtdioden, Festkörper-LASER, u.s.w. ermöglicht hat. Wir beschränken uns hier auf die Besprechung eines einfachen Dotierungsprofils, des pn-Überganges.

6.3.1. Der pn-Übergang im thermischen Gleichgewicht.

Man stelle sich eine Silizium-Stange vor, die so dotiert ist, dass das Material bei $x > 0$ homogen vom p-Typ ($N_a \neq 0$, $N_d = 0$) und bei $x < 0$ homogen vom n-Typ ($N_d \neq 0$, $N_a = 0$) sei. Zunächst denken wir uns die Stange bei $x = 0$ durchgetrennt.

---

21) N.F. Mott and E.A. Davis: Electronic Processes in Non-Crystalline Materials.

n-Typ	p-Typ

(Achse x, Nullpunkt 0 an der Grenze)

Wenn wir von den Komplikationen absehen, die an einer Oberfläche auftreten, können wir sagen, dass bei Zimmertemperatur bei $x<0$ eine grosse Konzentration $n_e^{(n)}$ von Elektronen im Leitungsband und eine kleine Konzentration $p_v^{(n)}$ von Löchern im Valenzband, und bei $x>0$ eine grosse Konzentration $p_v^{(p)}$ von Löchern im Valenzband und eine kleine Konzentration $n_e^{(p)}$ von Elektronen im Leitungsband vorhanden ist. Wenn im folgenden von Elektronen und Löchern die Rede ist, sind immer Elektronen im Leitungsband und Löcher im Valenzband gemeint. In der Fachsprache werden diese Elektronen und Löcher unter dem Begriff "Ladungsträger" zusammengefasst, da sie den Ladungstransport besorgen.

Diffusion von Ladungsträgern:

Mit Stromfluss ist Reibung (Dissipation) verbunden (sonst würde der elektrische Widerstand verschwinden). Mit Reibung sind immer Schwankungserscheinungen verknüpft ("Wärmelehre", S. 41-45), d.h. die Ladungsträger führen unter dem Einfluss der thermischen Bewegung der Umgebung (an der sie reiben) eine Zufallsbewegung aus, die analog ist zur Brown'schen Bewegung. Zwischen der Beweglichkeit b [22] eines Ladungsträgers mit der Ladung Q und seiner Diffusionskonstanten D (Wärmelehre S. 48-58) besteht eine allgemeine Beziehung, die sog. Einstein-Relation [23]:

$$b = \frac{QD}{k_B T} \tag{73}$$

Wir verzichten auf eine allgemeine Herleitung mit Hilfe des Fluktuations-Dissipationstheorems und leiten die Beziehung an einem einfachen Beispiel her: Der Ladungsträger sei eine Kugel vom Radius R, die sich in einer Flüssigkeit mit der Zähigkeit η bewege. Wenn auf die Kugel eine äussere Kraft $\vec{F}$ wirkt, überlagert sich der Brown'-

---

22) Die Beweglichkeit wurde auf S. 309 definiert.

23) Diese einfache Beziehung gilt nur, wenn sich das System gemäss der Boltzmann'schen Statistik verhält, d.h. bei Äquipartition.

schen Bewegung eine Driftgeschwindigkeit $\vec{v}_d$ (S. 309), die nach Stokes gegeben ist durch

(74) $$6\pi R\eta \vec{v}_d = Q\vec{E}$$, sodass mit (26) S. 309

(75) $$b = \frac{Q}{6\pi R\eta}$$

Die Diffusionskonstante ist nach Einstein und Stokes

(76) $$D = \frac{k_B T}{6\pi R\eta}$$ ("Wärmelehre", S. 43, 44, 53)

Aus (75) und (76) folgt (73).

Störung der lokalen Elektroneutralität durch Diffusion der Ladungsträger

Wir denken uns nun den Kontakt zwischen dem n-Typ und dem p-Typ Halbleiter hergestellt. Es werden dann Elektronen im Leitungsband aus dem Gebiet hoher Elektronenkonzentration (n-Typ) in das Gebiet tiefer Elektronenkonzentration (p-Typ) hinüberdiffundieren und dort mit Löchern rekombinieren. Umgekehrt werden Löcher im Valenzband aus dem Gebiet hoher Löcherkonzentration (p-Typ) auf die n-Seite hinüberdiffundieren und dort mit Elektronen rekombinieren [24]. Auf der n-Seite bildet sich also eine positiv geladene und auf der p-Seite eine negativ geladene Raumladungsschicht aus. Das elektrische Feld zwischen diesen Schichten ist so gerichtet, dass die positive Ladung auf der n-Seite und die negative Ladung auf der p-Seite nicht beliebig anwachsen können: Es stellt sich ein Gleichgewicht ein, bei dem der Leitungsstrom im Felde der Doppelschicht den Diffusionsstrom gerade aufhebt. Der Aufbau der Doppelschicht ist beendet, sobald das chemische Potential μ im ganzen betrachteten Volumen räumlich konstant ist; denn dann hat sich das thermodynamische Gleichgewicht eingestellt (S. 394/395). Die Skizzen auf S. 337 geben einen Überblick über das System vor und nach dem Wegdenken der Trennfläche. Die Ortsabhängig-

---

[24] Die Energie, die pro rekombinierendes Ladungsträgerpaar frei wird, entspricht etwa der Energielücke. Sie kann als Strahlung oder auch als Wärme in Erscheinung treten.

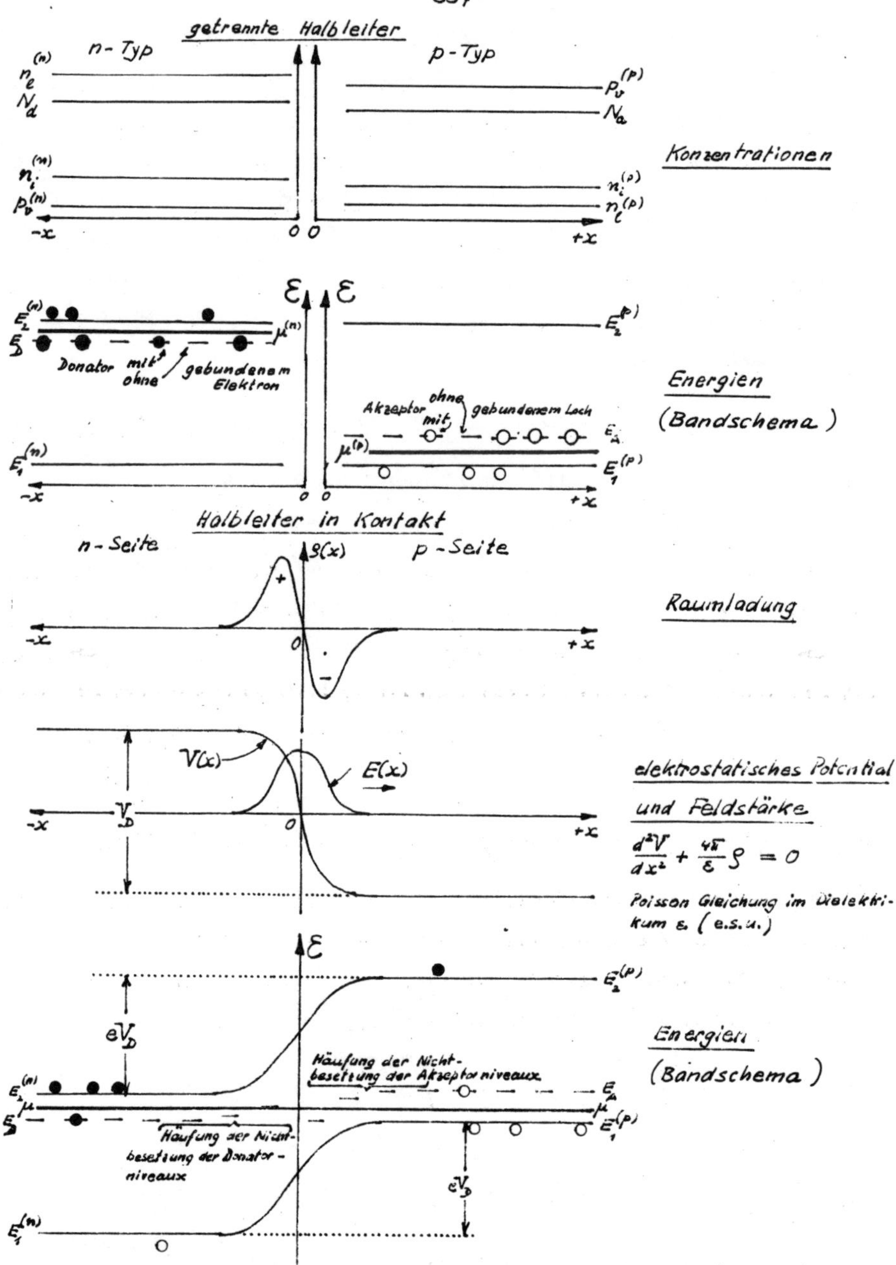

keit des elektrostatischen Potentials ergibt sich bei bekannter Raumladungsverteilung $\rho(x)$ aus der Poisson-Gleichung ("Elektrizität und Magnetismus", S. 35).

Die elektrostatische Potentialdifferenz in der Raumladungs-Doppelschicht wird Diffusionsspannung V_D genannt. Die Lage des chemischen Potentials relativ zu den Bandrändern ist im Innern der Halbleiter dieselbe, wie wenn diese getrennt sind; denn die Herstellung des Kontaktes ändert die Besetzungsverhältnisse im Innern nicht. Pour fixer les idées wurde auf S. 337 das chemische Potential auf der n-Seite zwischen E_2 und E_D, und auf der p-Seite zwischen E_A und E_1 eingezeichnet, wie es etwa der Annahme $k_B T < E_2 - E_D,\ E_A - E_1$ entsprechen würde (S. 330/331).

Durch Betrachtung der Skizze auf S. 337 sieht man unmittelbar ein, dass

$$e\,|V_D| = \underbrace{\mu^{(n)} - \mu^{(p)}}_{\text{getrennte Halbleiter}} = E_2^{(p)} - E_2^{(n)} = E_1^{(p)} - E_1^{(n)} \tag{77}$$ [25]

Die positive Raumladung auf der n-Seite ist vorwiegend in den Donatoren zu suchen, die ihr Elektron verloren haben, indem wegen dem Wegdiffundieren der Elektronen das Gleichgewicht in Richtung der Nichtbesetzung verschoben wird. Entsprechendes gilt für die negative Raumladung auf der p-Seite, bzw. für die Löcher und Akzeptoren.

Berechnung der Diffusionsspannung beim nichtentarteten Halbleiter.

Wir gehen aus von den Ausdrücken (21) und (22) S. 308 für die Konzentration der Ladungsträger im nichtentarteten Idealhalbleiter. Sie gelten auch noch für den nichtentarteten, dotierten Halbleiter, wenn man das entsprechende chemische Potential einsetzt. Mit den Abkürzungen

$$n_0 = 2\left(\frac{m_n^* k_B T}{2\pi\hbar^2}\right)^{3/2} \quad \text{und} \quad p_0 = 2\left(\frac{m_p^* k_B T}{2\pi\hbar^2}\right)^{3/2} \tag{78}$$

wird bei getrennten Halbleitern

für den n-Typ Halbleiter	für den p-Typ Halbleiter
(79) $n_l^{(n)} = n_0\, e^{(\mu^{(n)} - E_2^{(n)})/k_B T}$	(80) $n_l^{(p)} = n_0\, e^{(\mu^{(p)} - E_2^{(p)})/k_B T}$
(81) $p_v^{(n)} = p_0\, e^{(E_1^{(n)} - \mu^{(n)})/k_B T}$	(82) $p_v^{(p)} = p_0\, e^{(E_1^{(p)} - \mu^{(p)})/k_B T}$

---

[25] Stillschweigend wird hier die Annahme gemacht, dass die Breite der Energielücke nicht von der Besetzung der Niveaux abhange, d.h. dass die Bänder starr seien (S. 252).

Wenn der Kontakt zwischen den beiden Halbleitern hergestellt ist, gilt im thermodynamischen Gleichgewicht

$$(83) \qquad \mu^{(n)} = \mu^{(p)} = \mu$$

Division von (79) durch (80) und von (81) durch (82) ergibt dann

$$(84) \quad \begin{cases} k_B T \ln \dfrac{n_e^{(n)}}{n_e^{(p)}} = E_2^{(p)} - E_2^{(n)} \quad \text{und} \\ k_B T \ln \dfrac{p_v^{(p)}}{p_v^{(n)}} = E_1^{(p)} - E_1^{(n)} \end{cases}$$

Mit (77) hat man dann

$$(85) \qquad eV_D = k_B T \ln \frac{n_e^{(n)}}{n_e^{(p)}} = k_B T \ln \frac{p_v^{(p)}}{p_v^{(n)}}$$

Ein Zusammenhang mit der Elektrochemie

Die Beziehung (85) gilt unter gewissen vereinfachenden Annahmen auch für die Spannung, die über einem Konzentrationselement gemessen wird.

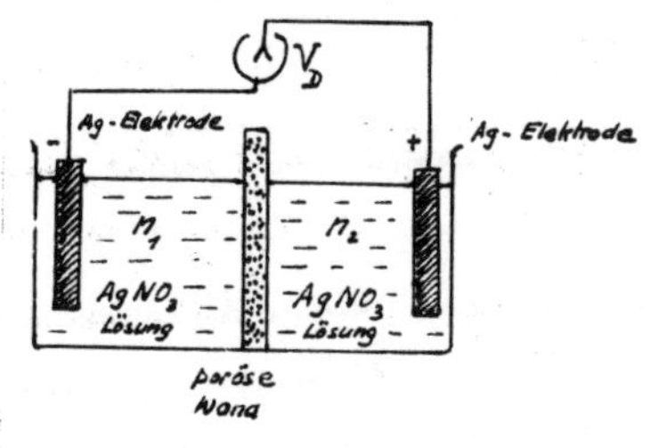

Beispiel: Auf der linken Seite einer porösen Wand sei eine wässerige Lösung von $AgNO_3$ mit der Konzentration n_1 und auf der rechten Seite eine wässerige Lösung von $AgNO_3$ mit der Konzentration $n_2 > n_1$. Die Spannung V_D, die ein Voltmeter anzeigt, das an Ag-Elektroden angeschlossen ist, die in die Lösungen eintauchen, ist bei gleicher Beweglichkeit von Anion und Kation

$$(86) \qquad eV_D = k_B T \ln \frac{n_2}{n_1} \quad ,$$

und zwar ist der positive Pol auf der Seite der höheren Konzentration. Eine einfache Energiebetrachtung zeigt sofort, dass dies so sein muss: Wenn man einen Strom durch die Zelle fliessen lässt, wird auf der einen Seite Ag aus der Elektrode in Lösung gehen und auf der anderen Seite wird Ag abgeschieden an der Elektrode. Es wird sozusagen Ag-Ionen-Gas von einer Konzentration auf die andere gebracht im Sinne einer isothermen Kompression oder Dilatation ("Wärmelehre", S. 62/64).

Obwohl die Formeln (85) und (86) identisch sind, besteht ein wichtiger Unterschied zwischen dem Konzentrationselement und dem pn-Übergang. Experimentell äussert er sich darin, dass das Voltmeter beim Konzentrationselement wirklich die Spannung V_D anzeigt, während es beim Anschluss an den pn-Übergang nicht ausschlägt. Um dies zu verstehen, muss man wissen, dass ein Voltmeter immer die Differenz zwischen zwei chemischen Potentialen misst. Beim pn-Übergang ist das chemische Potential μ auf beiden Seiten der Kontaktstelle gleich gross (S.336). Dasselbe gilt auch für den Kontakt zwischen zwei Metallen. Der fundamentale Unterschied zum Konzentrationselement besteht darin, dass bei diesem bei Stromfluss das Verhältnis der Konzentrationen der Ag^+-Ionen auf den beiden Seiten der porösen Wand dauernd ändert, indem auf der einen Seite Ag^+-Ionen abgeschieden werden und auf der anderen Seite Ag^+-Ionen in Lösung gehen, während beim pn-Kontakt die Ladungsträgerkonzentrationen unverändert bleiben.[26]

Der Photovoltaische Effekt.

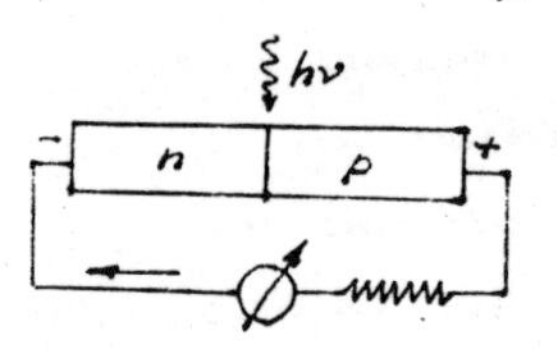

Das thermodynamische Gleichgewicht wird gestört, wenn Photonen mit einer Energie $\hbar\omega > E_2 - E_1$ auf den pn-Übergang eingestrahlt werden und Elektronen aus Zuständen im Valenzband in Zustände im Leitungsband anregen, d.h. Ladungsträgerpaare erzeugen. Im elektrischen Feld der Raumladungs-Doppelschicht (S. 329) werden die Elektronen auf die n-Seite und die Löcher auf die p-Seite getrieben. Die auf S.328 beschriebenen Prozesse sind so gerichtet, dass die Raumladungs-Doppelschicht (wenn auch in reduziertem Masse) erhalten bleibt. Der pn-Übergang wirkt bei konstanter Lichteinstrahlung wie eine (nichtideale) Batterie.

---

26) Tiefere Betrachtungen würden hier zu weit führen. Es muss indessen erwähnt werden, dass der Begriff des chemischen Potentials im Zusammenhang mit elektrochemischen Experimenten geprägt wurde: "elektrochemisches Potential."

6.3.2. Der pn-Gleichrichter

Dynamische Interpretation des thermodynamischen Gleichgewichtes.

Bei manchen Betrachtungen ist es nützlich, die auf S. 337 unten skizzierten Besetzungsverhältnisse dynamisch zu interpretieren, indem man im Gebiet des pn-Übergangs Ströme annimmt, die sich in der Bilanz aufheben: Auf der p-Seite hat es eine kleine Konzentration von Elektronen im Leitungsband (Schwanz der Fermi-Funktion). Infolge der Brown'schen Bewegung können solche Elektronen in das elektrische Feld der Doppelschicht geraten, wo sie gegen die n-Seite abgetrieben werden. Der entsprechende Strom wird Erzeugungsstrom genannt. Das auf die n-Seite "hinuntergerutschte" Leitungsbandelektron wird auf der p-Seite ersetzt, indem durch thermische Anregung ein Elektron-Loch-Paar erzeugt wird. Die räumliche Gleichgewichts-

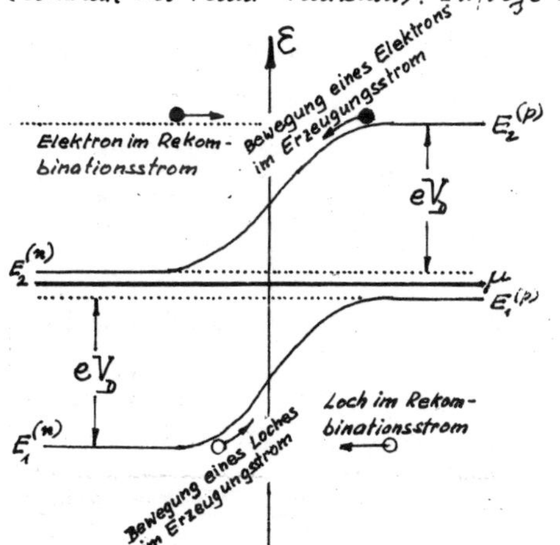

Ladungsbilanz wird wieder hergestellt, indem Elektronen genügend hoher Energie im Leitungsband auf der n-Seite (Schwanz der Fermi-Funktion) gegen die Energierampe eV_D anlaufen und sie überwinden, und auf der p-Seite mit den dort zahlreich vorhandenen Löchern rekombinieren. Der entsprechende Strom wird Rekombinationsstrom genannt. Ganz analog definiert man einen Erzeugungs- und einen Rekombinationsstrom für die Löcher. Im thermodynamischen Gleichgewicht ist der Rekombinationsstrom entgegengesetzt gleich dem Erzeugungsstrom, sowohl für Elektronen als auch für Löcher. Der Erzeugungsstrom für Elektronen hat dasselbe Vorzeichen des Ladungstransportes wie der Erzeugungsstrom für Löcher, und das entsprechende gilt für die Rekombinationsströme.

Die ungefähre Temperaturabhängigkeit des Erzeugungs- und des Rekombinationsstromes ergibt sich aus einer einfachen Überlegung: Die Zahl der Elektronen, die am Rekombinationsstrom teilnehmen, ist in der Approximation der

Nichtentartung (S. 308) <u>ungefähr</u> proportional zu

$$\int_{E_2^{(p)}}^{(\infty)} e^{-(\mathcal{E}-\mu)/k_B T} d\mathcal{E} \text{ , also proportional zu } \quad e^{-(E_2^{(p)}-\mu)/k_B T} \text{ ,}$$

und dasselbe gilt für die Zahl der Elektronen, die zum Erzeugungsstrom beitragen können. Analog haben wir bei den Löchern den Faktor

$$\int_{(-\infty)}^{E_1^{(n)}} e^{-(\mu-\mathcal{E})/k_B T} d\mathcal{E} \text{ , proportional zu } \quad e^{-(\mu - E_1^{(n)})/k_B T}$$

Wenn wir die auf S. 338 gemachte Annahme über die Lage des chemischen Potentials gelten lassen, begehen wir keinen grossen Fehler, wenn wir $E_2^{(p)} - \mu$ und $\mu - E_1^{(n)}$ durch $e|V_D|$ ersetzen. Man darf also schreiben

$$(87) \quad \left| j^{\circ}_{Erzeugung} \right| = \left| j^{\circ}_{Rekombination} \right| = C(T) e^{-e|V_D|/k_B T}$$

wobei $C(T)$ schwach temperaturabhängig ist im Vergleich zum Exponentialfaktor (vgl. S. 308). Der obere Index o soll andeuten, dass keine elektrische Spannung von aussen angelegt ist.

<u>Der pn - Übergang ausserhalb des thermodynamischen Gleichgewichtes.</u>

Es sei eine Batterie mit der Spannung V_o an die Enden der betrachteten Halbleiterkombination angeschaltet. Das chemische Potential bei N unterscheidet sich dann vom chemischen Potential bei P um eV_o, und es fliesst ein Strom. <u>Damit ist das System nicht mehr im thermodynamischen Gleichgewicht</u> (wohl aber in einem stationären Zustand). Innerhalb der auf S. 336 eingeführten Raumladungs-Doppelschicht sind die Konzentrationen der Ladungsträger durch den Diffusionsvorgang stark vermindert, sodass dort der elektrische Widerstand viel grösser ist als ausserhalb. Der Spannungsabfall ist damit in der Doppelschicht lokalisiert. Die potentielle Energie der Ladungsträger ändert sich beim Durchgang durch die Doppelschicht. Da die potentielle Energie ein Teil des chemischen Potentials ist (S. 196), ändert sich dieses in der Doppelschicht. Wenn N mit dem negativen und P mit dem positiven Pol der Batterie verbunden ist, liegt das chemische Potential auf

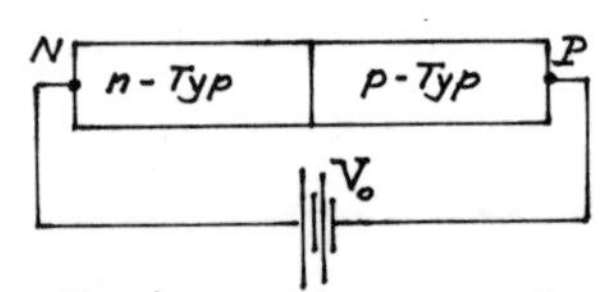

der n-Seite um $e|V_0|$ höher als auf der p-Seite; und bei umgekehrter Polung ist es umgekehrt

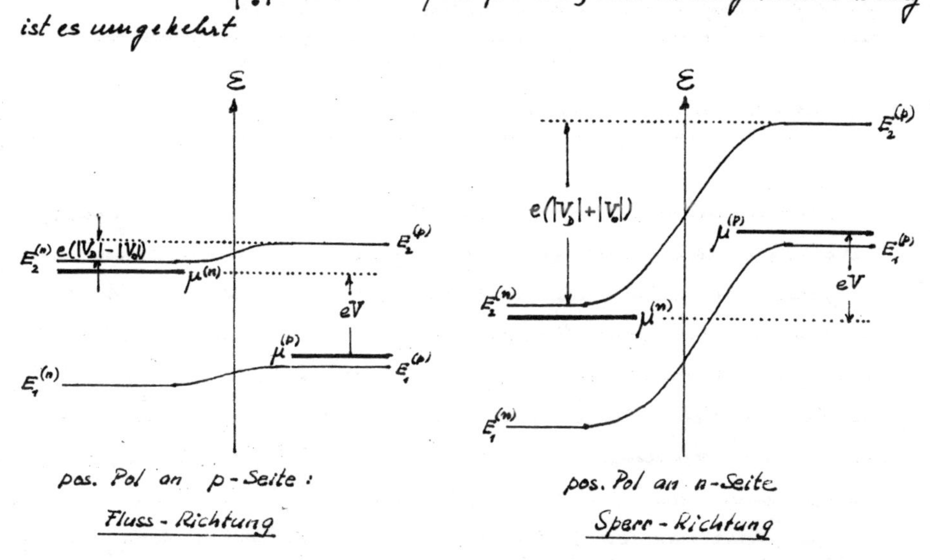

Wir betrachten zunächst den ersten Fall. Die Energierampe für den Rekombinationsstrom wird von $e|V_D|$ auf $e(|V_D|-|V_0|)$ erniedrigt, sodass der Rekombinationsstrom von $C(T)e^{-e|V_D|/k_BT}$ auf $C(T)e^{-e(|V_D|-|V_0|)}$ steigt. Der Erzeugungsstrom hängt hingegen nicht von der Höhe der Energierampe ab und beträgt nach wie vor $C(T)e^{-e|V_D|/k_BT}$. Der resultierende Strom ist damit

$$j(V) = Ce^{-e|V_D|/k_BT}\left(e^{e|V_0|/k_BT} - 1\right) \qquad (88) \qquad N \text{ negativ}$$

Bei umgekehrter Polung findet man analog

$$j(V) = Ce^{-e|V_D|/k_BT}\left(e^{-e|V_0|/k_BT} - 1\right) \qquad (89) \qquad N \text{ positiv}$$

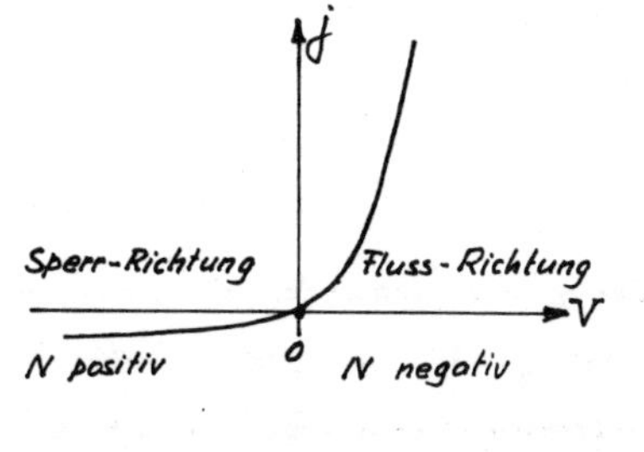

Der Strom (88) ist grösser als der Strom (89): Der pn-Übergang wirkt als <u>Gleichrichter</u>. Die Gleichrichtercharakteristik ist nicht ideal, im Einklang mit dem zweiten Hauptsatz der Thermodynamik ("Wärmelehre", S. 97/98).

---

7. Die Bindungsenergie der kondensierten Materie.

7.1. Zum Begriff der Bindungsenergie

Die kondensierte Materie wird letztenendes zusammengehalten durch die elektrostatische Wechselwirkung zwischen den negativ geladenen Elektronen und den positiv geladenen Atomkernen. Die van der Waals'sche Wechselwirkung, die Austauschwechselwirkung, die kovalente Bindung, die Wasserstoffbindung sind alle elektrostatischer Natur. Unter der Bindungsenergie oder Kohäsionsenergie der kondensierten Materie (Kristall, Glas, Flüssigkeit) versteht man die Arbeit, die aufgewendet werden muss, um sie in ihre "Bausteine" zu zerlegen. Diese vage Definition bedarf der Präzisierung:

① Man muss angeben, welches die "Bausteine" sind, in die die kondensierte Materie zerlegt wird. "Zerlegen" bedeutet, dass die "Bausteine" so weit voneinander entfernt werden, dass ihre Wechselwirkungskräfte vernachlässigt werden können.

Beispiele:

- Ein Edelgaskristall werde in Atome zerlegt.
- Ein Molekülkristall, z.B. fester Stickstoff N_2, werde in seine Moleküle zerlegt.
- Ein NaCl-Kristall (vgl. S. 27) werde in Na^+- und Cl^--Ionen zerlegt.
- Ein Na-Metallkristall werde in Na-Atome zerlegt.

② Man muss angeben, in welchem Zustand die "Bausteine" sind nach der Zerlegung der kondensierten Materie. Bei Zerlegung in Atome oder Ionen sollen diese im Grundzustand sein. Bei Zerlegung in

Moleküle sollen diese im elektronischen, vibratorischen und rotatorischen Grundzustand sein. Die Translationsenergie soll verschwinden.

③ Man muss angeben, in welchem Zustand die kondensierte Materie vor der Zerlegung ist: Sie soll im thermodynamischen Gleichgewicht sein. Wenn wir fordern, dass die "Bausteine" nach der Zerlegung im Grundzustand sein sollen, wird man auch vom Grundzustand der kondensierten Materie, d.h. von einer genügend tiefen Temperatur ausgehen.

Beispiele

- Die Normalschwingungen des Gitters sollen die Nullpunktsenergie $\frac{1}{2}\hbar\omega$ haben.[1)]

- Wenn man das Gas der Leitungselektronen in einem Metall als Gas freier Elektronen betrachten kann, ist die Energie pro Elektron $\frac{3}{5}\mathcal{E}_F$ (Gl. (24) S. 178).

Die oben genannten Nullpunktsenergien vermindern die Bindungsenergie insofern, als sie nach der Zerlegung der kondensierten Materie nicht mehr vorkommen. Anders steht es mit inneren Schwingungen von Molekülen. Die Nullpunktsenergie im Kondensat unterscheidet sich oft nicht stark von der entsprechenden Nullpunktsenergie des freien Moleküls.

Bindungstypen

Die Physiker, die sich mit der kondensierten Materie beschäftigen, unterscheiden vier Bindungstypen:

---

1) Helium ist unter Atmosphärendruck auch bei beliebig tiefen Temperaturen flüssig. Auch diese Flüssigkeit hat eine Nullpunktsenergie. Jedes Teilchen, das in seiner Bewegungsfreiheit eingeschränkt ist, hat eine Nullpunktsenergie ("Quantenphysik", S. 127). Das Problem der "Quantenflüssigkeiten" ist faszinierend, sprengt aber den Rahmen dieser Einführung.

die van der Waals Bindung
die ionische Bindung
die kovalente Bindung
die metallische Bindung
die Wasserstoffbindung.

In einer gegebenen einfachen Substanz <u>dominiert</u> im allgemeinen eine Bindungsart, und man kann die kondensierte Materie auf diese Weise klassifizieren. Im kondensierten molekularen Stickstoff dominiert z.B. die van der Waals'sche Bindung, wenn wir an die Zerlegung in einzelne Moleküle denken.[2] In einem einfachen Metall dominiert die metallische Bindung; aber van der Waals Kräfte und kovalente Bindung können auch einen kleinen Beitrag zur Bindungsenergie liefern.

7.2. Edelgaskristalle und van der Waals'sche Bindung.

Kondensierte Edelgase sind die einfachsten Beispiele für van der Waals'sche Bindung. Sie bestehen aus Atomen mit abgeschlossenen Elektronenschalen. Die Bindungsenergie ist klein im Vergleich zu den andern Bindungstypen. Sie nimmt zu mit steigender Kernladungszahl Z von etwa 0.02 eV pro Atom für kristallines Neon ($Z = 10$) zu 0.17 eV pro Atom für kristallines Xenon ($Z = 54$). Die entsprechenden Schmelztemperaturen sind (bei Atmosphärendruck) 24 K und 161 K. Man darf auf Grund dieser Zahlen nicht vermuten, dass es einen für alle van der Waals Kristalle gültigen Zusammenhang geben könnte zwischen Schmelztemperatur und Bindungsenergie; denn Schmelzen bedeutet hier nicht in erster Linie das Lösen von Bindungen, sondern eine Änderung der Anordnung der "Bausteine". Von einem quantitativen Verständnis des Schmelzvorganges ist man noch weit entfernt.

---

[2] Die Bindung innerhalb des N_2-Moleküls ist kovalent.

7.2.1. Der Ursprung der van der Waals'schen Anziehung.

Wir stehen vor der Aufgabe, eine anziehende Wechselwirkung zwischen neutralen Atomen zu erklären. Wir wollen magnetische Momente ausser Acht lassen. Es sind dann nur elektrische Dipol- und Multipolwechselwirkungen in Betracht zu ziehen. Wir beschränken uns auf den einfachsten Fall, die Dipol-Dipol Wechselwirkung. Höhere Multipolwechselwirkungen fallen ohnehin so schnell ab mit zunehmendem Abstand, dass sie nur in besonderen Fällen eine wichtige Rolle spielen.

① Die Grundidee

Jedes Atom wird in einem äusseren elektrostatischen Feld $\vec{E}$ zu einem elektrischen Dipol, indem die Elektronenhülle auf die eine und der Kern auf die entgegengesetze Seite gezogen wird. Solange das äussere Feld $\vec{E}$ klein ist im Vergleich zu den elektrostatischen Feldern innerhalb des Atoms, ist das induzierte Dipolmoment $\vec{P}$ proportional zum äusseren Felde $\vec{E}$, und man kann eine Polarisierbarkeit α definieren durch die Beziehung [3)]

$$(1) \qquad \vec{P} = \alpha \vec{E}$$

Der Dipol $\vec{P}$ erzeugt seinerseits ein elektrostatisches Feld, das in der Punktdipolapproximation [4)] am Ort $\vec{r}$ (vom Dipol aus gemessen) gegeben ist durch

$$(2) \qquad \vec{E}(\vec{r}) = \frac{3(\vec{P}\cdot\vec{r})\vec{r} - r^2\vec{P}}{r^5} \qquad \text{(e.s.u.)}$$

Die elektrostatische Energie eines Paars gegebener Punktdipole $\vec{P}_1$ und $\vec{P}_2$, deren Orte sich um $\vec{r}$ unterscheiden, ist ganz allgemein

---

3) Wir bezeichnen hier das elektrische Dipolmoment des Atoms mit $\vec{P}$. Das Symbol $\vec{p}$ wird weiter unten zur Bezeichnung des Impulses gebraucht.

4) Die Punktdipolapproximation gilt für Abstände r, die gross sind im Vergleich zur Verschiebung des Ladungsschwerpunktes der Hülle relativ zum Kern.

$$(3) \qquad W_{12} = -\frac{3(\vec{P}_1\cdot\vec{r})(\vec{P}_2\cdot\vec{r}) - r^2\vec{P}_1\cdot\vec{P}_2}{r^5}$$

Man kann dies schreiben als

$$(4) \qquad W_{12} = -\vec{E}_{12}\cdot\vec{P}_2 = -\vec{E}_{21}\cdot\vec{P}_1$$

wobei $\vec{E}_{jk}$ das elektrische Feld bedeutet, das vom Dipol $\vec{P}_j$ am Orte des Dipols $\vec{P}_k$ erzeugt wird. Bei einem kugelsymmetrischen Atom ist das induzierte Dipolmoment parallel zum polarisierenden Felde $\vec{E}$, sodass $W_{12} < 0$. Es ist damit naheliegend, zu untersuchen, unter welchen Bedingungen ein System von zwei Atomen seine gesamte Energie vermindern kann, wenn sich die Atome gegenseitig polarisieren.

② Eine statische Betrachtung

Die Stärke des Dipolfeldes (2) in einem gegebenen Abstand r ist am grössten auf der Dipolachse ($\vec{r} \parallel \vec{P}$). Die grösste Erniedrigung der elektrostatischen Wechselwirkungsenergie W_{12} zweier Dipole mit gegebenen Beträgen P_1 und P_2 wird realisiert, wenn ihre Momente $\vec{P}_1$ und $\vec{P}_2$ parallel zueinander und parallel zur Verbindungslinie der beiden Dipole sind. Nach (3) ist dann

$$(5) \qquad W_{12} = -\frac{2P_1P_2}{r^3}$$

$\vec{P}_1$ $\vec{P}_2$ r

Was wir zu betrachten haben, ist nicht nur die elektrostatische Wechselwirkungsenergie der beiden Dipole, sondern die gesamte Energie des Systems. In die Energiebilanz geht auch die Arbeit ein, die geleistet werden muss, um die Atome so zu deformieren, dass sie ein Dipolmoment bekommen. Das einfachste Atommodell, das auf die lineare Beziehung (1) zwischen äusserem Feld und induziertem Dipolmoment führt, besteht aus einem positiv geladenen Atomkern, der sich innerhalb einer kugelförmigen, homogenen, negativen Ladungswolke frei bewegen kann. Die elektrostatische Kraft, die ihn in das Zentrum zieht ist proportional zur Auslenkung aus dem Zentrum ("Elektrizität und Magnetismus", S 48-50). Die Polarisierbarkeit α spielt so die Rolle einer reziproken Federkonstanten; und die Deformationsarbeit, die aufgewendet wird, um dem Atom ein Dipolmoment vom Betrag P zu erteilen, beträgt

(6) $$W_{def} = \frac{1}{2\alpha} P^2$$

Damit erhält man für die totale Energieänderung des Systems der beiden Atome

(7) $$\Delta W = \frac{1}{2\alpha}\left(P_1^2 + P_2^2\right) - \frac{2}{r^3} P_1 P_2$$

Für $P_1 = P_2$ muss ΔW aus Symmetriegründen ein Extremum haben, und zwar ist dieses ein Minimum. Damit reduziert sich (7) auf

(8) $$\Delta W = \left(\frac{1}{\alpha} - \frac{2}{r^3}\right) P^2$$

Die Bedingung für eine Energieerniedrigung ist damit

(9) $$r^3 < 2\alpha$$

Typischerweise sind die Polarisierbarkeiten von der Grössenordnung des Atomvolumens. Wir schreiben dem Atom einen Radius R_0 zu und setzen $\alpha = \frac{4\pi}{3} R_0^3 \approx 4 R_0^3$. Die Bedingung (9) kann dann geschrieben werden als

(10) $$r < 2 R_0$$

Wenn (10) erfüllt ist, ist $\Delta W < 0$, und zudem nimmt $|\Delta W|$ zu mit abnehmendem Abstand der Dipole. Dies bedeutet eine Anziehung. Nach dieser einfachen statischen Betrachtung würde die Anziehung erst beginnen, wenn sich die Atome berühren. Bei weiterer Verminderung des Abstandes würden sich aber die Elektronenwolken durchdringen, was zu einer Erhöhung der elektronischen Energie führt. (Das Pauli-Prinzip zwingt Elektronen in Zustände höherer Energie, weil die Atome nicht mehr unabhängige Elektronensysteme sind.) Unsere statischen Betrachtungen erklären die Anziehung zwischen neutralen Atomen nicht.

③ Ein einfaches quantenmechanisches Modell (nach Kittel).

Wir betrachten die Atome als polarisierbare Gebilde im Sinne von Gl. (1). Wenn wir uns für die elektronischen Details nicht interessieren, können wir die Atome diesem Zusammenhang als harmonische Oszillatoren auffassen, deren "Federenergie" durch Gl. (6) gegeben ist, und deren Schwingmasse m die reduzierte Masse der Elektronenhülle ist. Zwei Atome stellen ein System von gekoppelten Oszillatoren dar. Die Kopplung ist durch die elektrostatische Wechselwirkung (5) beschrieben[5]. Wir berechnen die Gesamtenergie des Systems als Funktion des Abstandes r der beiden Oszillatoren.

Die Energie der ungekoppelten Oszillatoren:

Sei $+Q$ die Kern- und $-Q$ die Hüllenladung, und x die Auslenkung des Ladungsschwerpunktes der Hülle relativ zum Kern infolge der Polarisation. Es ist dann $P = -Qx$, und mit (6) wird

(11) $$W_{def} = \frac{Q^2}{2\alpha} x^2 = \frac{1}{2} f x^2 \quad \text{mit} \quad f = \frac{Q^2}{\alpha}, \text{ sodass}$$

(12) $$\omega = \sqrt{\frac{Q^2}{\alpha m}}$$

Zum Beispiel wäre für Argon

$$\left.\begin{aligned} Q &= 18e = 8.64 \times 10^{-9} \text{ e.s.u.} \\ \alpha &= 1.62 \times 10^{-24} \text{ cm}^3 \\ m &= 18\, m_e = 1.64 \times 10^{-26} \text{ g} \end{aligned}\right\} \omega = 5.3 \times 10^{16} \text{ sec}^{-1}$$

Dies entspricht einer Photonenenergie von 35 eV und einer Lichtwellenlänge $\lambda = 356$ Å. Die Interpretation dieser Grössenordnung ist einfach: Das Oszillatormodell liefert eine mittlere Atomfrequenz, d.h. eine Frequenz zwischen dem sichtbaren und dem Röntgenspektrum. (Es ist natürlich sinnlos, diese Frequenz in einem spektroskopischen Experiment zu suchen.)

Die Normalschwingungen des gekoppelten Systems

Mit $P_1 = -x_1 Q$ und $P_2 = -x_2 Q$ wird die elektrostatische Wechselwirkungsenergie zwischen den Dipolen

(13) $$W_{12} = -\frac{2Q^2}{r^3} x_1 x_2$$

---

5) Stillschweigend wurde hier die Näherung der unretardierten (elektrostatischen) Wechselwirkung gemacht. Sie entspricht dem Nahfeld-Term beim Hertz'schen Dipol ("Elektrizität und Magnetismus", S. 242–244). Für Atomabstände $r \ll \lambda$, wobei $\lambda = \frac{2\pi c}{\omega}$ mit $\omega = \left(\frac{Q^2}{\alpha m}\right)^{1/2}$ nach (12), darf diese Näherung gemacht werden.

Die Hamiltonfunktion des Systems ist dann

$$(14)\quad \mathcal{H} = \frac{1}{2m}p_1^2 + \frac{1}{2}\frac{Q^2}{\alpha}x_1^2 + \frac{1}{2m}p_2^2 + \frac{1}{2}\frac{Q^2}{\alpha}x_2^2 - \frac{2Q^2}{r^3}x_1 x_2$$

Durch Einführung von Normalkoordinaten x_s und x_a lässt sich (14) vom gemischten Glied befreien:

$$x_s = \frac{1}{\sqrt{2}}(x_1 + x_2) \quad \text{und entsprechend} \quad p_s = \frac{1}{\sqrt{2}}(p_1 + p_2)$$

$$x_a = \frac{1}{\sqrt{2}}(x_1 - x_2) \quad \text{und entsprechend} \quad p_a = \frac{1}{\sqrt{2}}(p_1 - p_2)$$

sodass

$$x_1 = \frac{1}{\sqrt{2}}(x_s + x_a) \quad \text{und} \quad p_1 = \frac{1}{\sqrt{2}}(p_s + p_a)$$

$$x_2 = \frac{1}{\sqrt{2}}(x_s - x_a) \quad \text{und} \quad p_2 = \frac{1}{\sqrt{2}}(p_s - p_a)$$

Damit wird die Hamiltonfunktion

$$(15)\quad \mathcal{H} = \frac{1}{2m}p_s^2 + \frac{1}{2}Q^2\left(\frac{1}{\alpha} - \frac{2}{r^3}\right)x_s^2 + \frac{1}{2m}p_a^2 + \frac{1}{2}Q^2\left(\frac{1}{\alpha} + \frac{2}{r^3}\right)x_a^2$$

Die Eigenfrequenzen des Systems sind also

$$(16)\qquad \omega_s = \frac{Q}{\sqrt{m}}\left(\frac{1}{\alpha} - \frac{2}{r^3}\right)^{1/2} \quad \text{und} \quad \omega_a = \frac{Q}{\sqrt{m}}\left(\frac{1}{\alpha} + \frac{2}{r^3}\right)^{1/2},$$

und die Nullpunktsenergie ist

$$(17)\quad \frac{1}{2}\hbar(\omega_s + \omega_a) = \frac{\hbar Q}{2\sqrt{m\alpha}}\left[\left(1 - \frac{2\alpha}{r^3}\right)^{1/2} + \left(1 + \frac{2\alpha}{r^3}\right)^{1/2}\right]$$

Die Polarisierbarkeit α ist von der Grössenordnung $4R_o^3$, wobei R_o der Atomradius ist. Der Einfachheit halber betrachten wir Atomabstände, die gross sind im Vergleich zum Atomradius, sodass $\frac{2\alpha}{r^3} \ll 1$. Durch Entwicklung der Wurzeln wird dann die eckige Klammer

$$(18)\quad [\quad] = 2 - \frac{1}{4}\left(\frac{2\alpha}{r^3}\right)^2 + \dots$$

Das erste Glied entspricht der Nullpunktsenergie der beiden ungekoppelten Oszillatoren und das zweite Glied der Erniedrigung der Energie des Systems durch die Kopplung der Oszillatoren. Die Abnahme der Energie ist proportional zu $\frac{1}{r^6}$ und entspricht damit einer anziehenden Kraft, die proportional ist zu $\frac{1}{r^7}$. Dies ist die <u>van der Waals'sche Anziehung</u>. Sie ist ein <u>Quanteneffekt</u>, wie man dem Faktor vor der eckigen Klammer in (17) ansehen kann.

Vielkörper-Kräfte

Auf Grund der obigen Betrachtungen ist zu erwarten, dass sich die van der Waals'sche Anziehung zwischen zwei Atomen ändert, wenn ein drittes Atom in die Nähe gebracht wird; denn man muss dann das Problem von drei gekoppelten Oszillatoren lösen; u.s.w. . Auf diese Weise gelangt man zu den sog. Vielkörper-Kräften. Diese Kräfte spielen eher die Rolle einer kleinen Korrektur bei der Berechnung der Bindungsenergie eines Edelgaskristalls. Zur Vereinfachung des Problems werden wir annehmen, dass man die Bindungsenergie eines van der Waals Kristalls erhalte durch Summation der potentiellen Energieen der Atompaare.

Das Oszillatormodell – gleichgültig, ob man es auf zwei oder mehrere Atome anwendet – stellt nichts anderes dar, als eine einfache summarische Beschreibung der Korrelationen zwischen den Elektronenbewegungen in Atomen, die einander nahe kommen.

7.2.2. Abstossung und Lennard-Jones-Potential.

Der anziehenden van der Waals Wechselwirkung ist eine abstossende Wechselwirkung überlagert, die überwiegt, wenn der Atomabstand einen gewissen Wert unterschreitet. Die Abstossung ist eine Folge des Pauli-Prinzips (S.349). Die naive Vorstellung der Superposition (Überlappung) der ungestörten Ladungsverteilungen zweier naher Atome würde auch zu einer Vergrösserung der elektrostatischen Energie des Systems führen. Der Anstieg der Energie mit abnehmendem Abstand wäre indessen nicht steil genug, d.h. die klassische elektrostatische Betrachtung ergäbe "zu weiche" Atome. Zur Disskussion der Bindungsenergie der Edelgaskristalle verwenden wir hier das Lennard-Jones-Potential (vgl. S. 95):

$$(19) \quad u(r) = 4\varepsilon\left[\left(\frac{\sigma}{r}\right)^{12} - \left(\frac{\sigma}{r}\right)^{6}\right]$$

Der Anziehungsterm entspricht der van der Waals'schen Wechselwirkung. Die hohe Potenz im Abstossungsterm beschreibt ein "genügend hartes" Atom, ist aber sonst nur aus Gründen der mathematischen Konvenienz gewählt. Ein solches Vorgehen lässt sich rechtfertigen, wenn man sich in erster Linie für die Bindungsenergie interessiert: Wenn man, vom Gleichgewichtsabstand ausgehend, die Atome auseinanderzieht, leistet die Abstossungskraft nur einen sehr kleinen (negativen) Beitrag zur Arbeit, die man aufwenden muss, um die Atome zu trennen. Es kommt also nicht sehr auf den Abstossungsterm an, solange dieser ein hartes Atom simuliert.

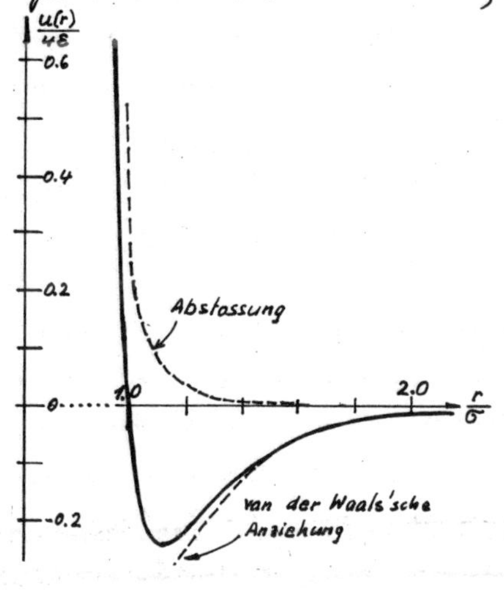

ε und σ sind Parameter, die durch Anpassung an experimentelle Daten bestimmt werden können. Wenn man von den thermodynamischen Daten der Gase ausgeht, und diese unter der Annahme von Lennard-Jones'schen Zweikörperwechselwirkungen interpretiert, erhält man nicht genau dieselben Werte wie bei der Analyse von Kristalldaten. Zum Teil mag dies davon herrühren, dass Mehrkörperkräfte im Kristall eine grössere Rolle spielen als im Gas. In der folgenden Tabelle sind die Parameter, die sich aus den thermodynamischen Daten der Gase ergeben (Hirschfelder, Curtiss and Bird: "Molecular Theory of Gases and Liquids"), verglichen mit denjenigen, die sich bei der Interpretation von Kristalleigenschaften bewährt haben (Kittel's Lehrbuch). Die Tabelle zeigt, dass das Lennard-Jones-Potential ein brauchbarer Ansatz sein könnte bei der Diskussion der Bindungsenergie.

Stoff	Gas		Kristall	
	ε 10^{-16} erg	σ Å	ε 10^{-16} erg	σ Å
Ne	48.1	2.78	50	2.74
Ar	165.3	3.405	167	3.40
Kr	236	3.60	225	3.65
Xe	323	4.10	320	3.98

7.2.3. Die Bindungsenergie des Edelgaskristalls.

A. Die Kristallstruktur.

Wenn man Gitterschwingungen und Vielkörperkräfte ignoriert, erwartet man, dass die Struktur tiefster potentieller Energie eine dichteste Packung von annähernd kugelförmigen Atomen sein wird. Man wird aber nicht ohne weiteres sagen können, ob die hexagonale oder die kubische dichteste Packung die tiefste potentielle Energie hat (vgl. S. 25 und 29/30). Es besteht auch kein Grund für die Annahme, dass diese beiden Strukturen auf dieselbe potentielle Energie führen. Wenn man noch die Gitterschwingungen und die Vielkörperkräfte in Betracht zieht, steht man vor einem ganz formidablen Problem, wenn man die Struktur voraussagen will. Es hat wenig Sinn, ein solches Problem hier anzupacken. (Moderne numerische Methoden haben hier eine Chance.) Die Strukturanalysen mit Röntgen- und Neutronenstrahlen haben ergeben, dass Ne, Ar, Kr und Xe in der kubisch-flächenzentrierten Struktur mit einatomiger Basis kristallisieren (kubische dichteste Kugelpackung). Bei He findet man, je nach Druck und Temperatur, die hexagonale oder die kubische dichteste Packung, oder die kubisch-raumzentrierte Struktur mit einatomiger Basis. Die Nullpunktsenergie der Gitterschwingungen spielt hier wegen der kleinen Atommasse eine besondere Rolle. Diese sehr interessante Komplikation sprengt den Rahmen dieser Einführung, und wir befassen uns hier nur mit Ne, Ar, Kr und Xe.

B. Die potentielle Energie

Wir berechnen die potentielle Energie der kubisch-flächenzentrierten Struktur unter der Annahme von Lennard-Jones-Zweikörperkräften. Die Energie der Wechselwirkung eines Atoms im Ursprung des Bravais Gitters mit einem zweiten Atom auf dem Gitterpunkt $\vec{R}$ wird erhalten durch Einsetzen des Betrages R in das Lennard-Jones-Potential (19). Die Wechselwirkungsenergie des Atoms im Ursprung mit allen übrigen Atomen des Gitters ist

(20) $\sum_{\vec{R}\neq 0} u(\vec{R})$

Beachte: $-\sum_{\vec{R}\neq 0} u(\vec{R})$ ist die Arbeit, die man aufwenden muss, um das Atom auf $\vec{R}=0$ bei festgehaltenen andern Atomen aus dem Kristall zu entfernen. Diesem Ausdruck liegt die Annahme zu Grunde, dass die Wechselwirkung zwischen zwei Atomen nicht verändert werde durch die übrigen Atome, die den Raum erfüllen: Vernachlässigung der Vielkörperkräfte. Da der Anziehungsterm im Lennard-Jones-Potential auf elektrostatischer Dipol-Dipol-Wechselwirkung beruht, könnte man auf die Idee kommen, dass er durch die Dielektrizitätskonstante des Einbettungsmediums zu dividieren sei ("Elektrizität und Magnetismus", S. 64-66). Dies wäre richtig, wenn man nur zwei oszillierende Dipole hätte, eingebettet in ein hypothetisches dielektrisches Kontinuum, dessen dielektrische Polarisation trägheitsfrei den Schwingungen folgen könnte. In unserem Fall ist das Einbettungsmedium unpolarisiert, sodass der Faktor $1/\varepsilon$ entfällt.

Wir stellen uns vor, dass sich der Kristall auf allen Seiten bis ins Unendliche erstrecke, d.h. dass er keine Oberfläche habe. Alle Atome sind dann äquivalent. Wenn man die Summe (20) mit der Zahl N der Atome im Kristall multipliziert, erhält man das Doppelte der gesuchten Wechselwirkungsenergie, da jedes Atompaar zweimal gezählt wird. Man muss also für den Kristall schreiben

(21) $$U_{pot} = \frac{1}{2} N \sum_{\vec{R}\neq 0} u(\vec{R})$$

Da die Paarenergie mit zunehmendem Abstand der Partner rasch gegen Null strebt, ist (21) eine Näherung für einen endlichen Kristall, solange die Zahl der Atome an der Oberfläche klein ist im Vergleich zur totalen Zahl der Atome im Kristall. Dem Buche von Ashcroft und Mermin folgend, drücken wir die Länge des Gittervektors $\vec{R}$ aus in Einheiten des Abstandes ρ nächster Nachbarn. Sei

(22) $$R = \rho\, \alpha(\vec{R})$$

Für die nächsten Nachbarn des Atoms im Ursprung wäre $\alpha(\vec{R}) = 1$. Damit wird die Lennard-Jones-Energie

(23) $$U_{pot} = N\, 2\varepsilon \left\{ \sum_{\vec{R}\neq 0} \left(\frac{1}{\alpha(\vec{R})}\right)^{12} \left(\frac{\sigma}{\rho}\right)^{12} - \sum_{\vec{R}\neq 0} \left(\frac{1}{\alpha(\vec{R})}\right)^{6} \left(\frac{\sigma}{\rho}\right)^{6} \right\}$$

$$= N\, 2\varepsilon \left[A_{12} \left(\frac{\sigma}{\rho}\right)^{12} - A_{6} \left(\frac{\sigma}{\rho}\right)^{6} \right]$$

die Summen A_{12} und A_6 konvergieren rasch. Sie sind von Lennard-Jones und Ingham (Proc. Roy. Soc <u>A 107</u>, 636 (1925)) berechnet worden. Für das <u>kubisch-flächenzentrierte</u> Gitter ist $A_{12} = 12.13188$ und $A_6 = 14.45392$. Es ist leicht zu verstehen, warum die Werte in der Nähe der Zahl 12 liegen: Jedes Atom im kubisch flächenzentrierten Gitter hat 12 nächste Nachbarn. Für Wechselwirkungskräfte, die nicht über die nächsten Nachbarn hinausreichen, kann man die Summierung in (21) auf die nächsten Nachbarn beschränken. Da für diese definitionsgemäss $\alpha(\vec{R}) = 1$, haben die Summen A im Grenzfall kurzer Reichweite den Wert 12.[6]

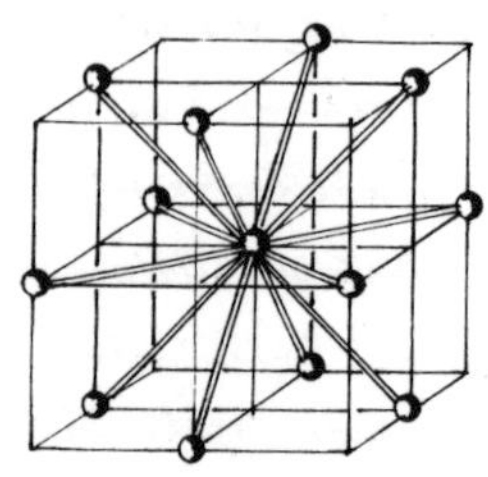

Der Gleichgewichtsabstand ϱ_0 nächster Nachbarn ergibt sich durch Differentiation von (23)

$$(24) \quad \frac{dU_{pot}}{d\varrho} = 0 = -2N\varepsilon\left[(12.13)\frac{12\sigma^{12}}{\varrho^{13}} - (14.45)\frac{6\sigma^{6}}{\varrho^{7}}\right]$$

woraus

$$(25) \quad \frac{\varrho_0}{\sigma} = 1.09$$

Diese Beziehung sollte für alle kubisch-flächenzentrierten Lennard-Jones-Kristalle gelten. Experimentell erhält man die Gleichgewichtsabstände ϱ_0 aus der Streuung von Röntgenstrahlen oder Neutronen, wobei allerdings auf $T = 0$ zu extrapolieren ist. Die folgende Tabelle dient zur Prüfung der Beziehung (25). Die Werte von σ sind der Tabelle auf S. 353 entnommen. <u>Die Übereinstimmung mit dem vorausgesagten Wert $\frac{\varrho_0}{\sigma} = 1.09$ ist erstaunlich gut</u>. Durch Einsetzen in (23) ergibt sich die Lennard –

	Ne	Ar	Kr	Xe
$\varrho_{0\,exp}(T\to 0)$	3.16 Å	3.76 Å	3.99 Å	4.35 Å
$\varrho_{0\,exp}/\sigma_{Gas}$	1.14	1.105	1.11	1.06
$\varrho_{0\,exp}/\sigma_{Krist}$	1.15	1.11	1.09	1.09

---

6) Bei der hexagonalen dichtesten Packung ist die Zahl der nächsten Nachbarn ebenfalls 12. Man erwartet deshalb, dass die Summen A_6 und A_{12} in der Nähe der obigen Werte liegen.

Jones-Energie zu

(26) $U_{pot}(\rho_0) = -8.60\,N\varepsilon$

C. Die Nullpunktsenergie der Gitterschwingungen.

Sei $\rho(\omega)$ die Frequenzdichte der Gitterschwingungen. Die Nullpunktsenergie ist

(27) $U_{osz} = \int_0^{\omega_{max}} \rho(\omega)\frac{1}{2}\hbar\omega\, d\omega$. Für das Debye-Modell ist nach (32) S. 121

(28) $\rho(\omega) = \frac{9N}{\omega_{max}^3}\,\omega^2$ mit $\hbar\omega_{max} = k_B\Theta_D$, sodass

(29) $U_{osz} = \frac{9N}{\omega_{max}^3}\cdot\frac{\hbar}{2}\int_0^{\omega_{max}} \omega^3 d\omega = \frac{9}{8}N\hbar\omega_{max} = \frac{9}{8}Nk_B\Theta_D$

Die Debye-Temperaturen können den Messungen der spezifischen Wärmen C_V (oder auch dem Debye-Waller-Faktor) entnommen werden.

	Ne	Ar	Kr	Xe
Θ_D in K	74.6	93.3	71.7	64.0

Lüscher und Hingshammer (Helv. Phys. Acta 41, 914 (1968)) zitieren die nebenstehenden Werte.

D. Die Bindungsenergie des Kristalls

Nach S. 345 ist die resultierende Bindungsenergie des Kristalls

(30) $-\left(U_{pot}(\rho_0) + U_{osz}\right) = 8.60\,N\varepsilon - \frac{9}{8}Nk_B\Theta_D$

(31) $\boxed{8.60\,\varepsilon - \frac{9}{8}k_B\Theta_D = \text{Bindungsenergie pro Atom}}$

In der folgenden Tabelle ist die nach (31) berechnete Bindungsenergie mit der experimentell bestimmten verglichen. Die letztere ergibt sich durch Extrapolation der Sublimationswärme nach $T = 0$. In die Rechnung nach (31) wurden die

	Ne	Ar	Kr	Xe
$8.60\,\varepsilon$ in 10^{-12} erg	0.041	0.142	0.203	0.278
$\frac{9}{8}k_B\Theta_D$ in 10^{-12} erg	0.012	0.014	0.011	0.010
$8.60\,\varepsilon - \frac{9}{8}k_B\Theta_D$	0.029	0.128	0.192	0.268
exp. Bindungsenergie pro Atom	0.031	0.129	0.185	0.266

ε-Werte eingesetzt, die sich aus den thermodynamischen Daten der Gase ergeben (Tabelle S. 353). Die gute Übereinstimmung weist darauf hin, dass die Annahme von Lennard-Jones-Zweikörperkräften ein guter Ausgangspunkt ist zur Diskussion der Bindungsenergie von Kristall und Flüssigkeit. Beachte auch die zunehmende Wichtigkeit der Nullpunktsenergie der Gitterschwingungen mit abnehmender Atommasse:

	Ne	Ar	Kr	Xe
$\frac{9}{8} k_B \Theta_D$ / Bindungsenergie	0.37	0.11	0.060	0.037

Besonders interessant ist Helium; doch dies wäre ein Kapitel für sich.

E. Die Flüssigkeit

In einem nächsten Schritt möchte man aus dem Lennard-Jones Potential auch die Bindungsenergie der Flüssigkeit berechnen. Daraus ergäbe sich dann auch die Schmelzwärme des Kristalls. Bei der Flüssigkeit haben wir anstelle der genau bekannten Kristallstruktur nur statistische Information über die Struktur. Hier stellen sich interessante Fragen: Kann man aus der Paarkorrelationsfunktion (S. 44-55, 94-96) die potentielle Energie ausrechnen? Welche Rolle spielt die kinetische Energie? Wir verweisen auf die auf S. 95 zitierte Literatur und geben als Anregung einige Tripelpunktsdaten

Tripelpunktsdaten	Ne	Ar	Kr	Xe
Temperatur T_t in K	24.55	83.80	115.76	161.39
Druck p_t in torr	325.0	517.1	547.5	612.2
Dichte fest / Dichte flüssig	1.157	1.146	1.153	1.151
Schmelzwärme pro Atom 10^{-14} erg	0.556	1.977	2.724	3.811
Sublimationsenergie pro Atom 10^{-14} erg	3.550	12.93	17.92	23.97
Sublimationsenergie / Schmelzwärme	6.38	6.54	6.58	6.29

7.3. Ionenkristalle

7.3.1. Die potentielle Energie für ein einfaches Modell

Die klassischen Beispiele für Ionenkristalle sind die Alkalihalogenide. Als Idealisierung kann man sich vorstellen, dass sie aus kugelsymmetrischen, nichtüberlappenden Ionen mit Edelgaskonfiguration und den Ladungen +e und -e bestehen. Die Bestimmung der Streudichte mit Röntgenstrahlen scheint zu bestätigen, dass diese Idealisierung nicht zu weit geht. Der weitaus wichtigste Term in der Bindungsenergie entspricht der Coulomb-Wechselwirkung. Im Idealbild lässt sie sich berechnen als Energie eines Systems von Punktladungen, die auf den Kern-Orten sitzen. Die Abstossungskräfte fallen mit dem Abstand so rasch ab, dass die Abstossungsenergie betragsmässig nur rund 1/10 der Coulombenergie ausmacht. Die Energie der Nullpunktsschwingungen bringt nur eine kleine Korrektur, wenn man vom leichtesten Alkalihalogenid, dem LiF, absieht [7]. Wir vernachlässigen die van der Waals'sche Anziehung und Vielkörperkräfte, sodass sich die potentielle Energie nur aus der Coulombenergie und der Abstossungsenergie zusammensetzt. Für das Abstossungspotential könnte man ein Potenzgesetz mit genügend grossem Exponenten annehmen, ähnlich wie beim Lennard-Jones Modell der Edelgaskristalle. Da man dadurch an mathematischer Konvenienz nichts gewinnt in diesem Falle, zieht man ein Gesetz vor, das durch die Quantenmechanik suggeriert wird, nämlich einen exponentiellen Abfall (Max Born). Für die Wechselwirkungsenergie eines Ionenpaars ij, dessen Partner den gegenseitigen Abstand r_{ij} und die Ladungen Q_i und Q_j haben, schreibt man

$$(32) \qquad u(r_{ij}) = \lambda e^{-r_{ij}/\rho} + \frac{Q_i Q_j}{r_{ij}}$$

Beachte, dass der Coulombterm nicht durch die Dielektrizitätskonstante des Kristalls zu dividieren ist, da das Medium keine resultierende Polarisation hat (vgl. S.355).

---

[7] Besonders interessant im Hinblick auf die Rolle der Nullpunktsschwingungen wäre Lithium-Hydrid, Li^+H^-.

Wir stellen uns auf den Standpunkt, dass λ und ρ empirisch zu bestimmende Parameter seien, ähnlich wie ε und σ im Lennard-Jones-Modell [8]. Bei harten Ionen wird der Parameter ρ ein kleiner Bruchteil des Ionenradius sein.

Wir denken an Alkalihalogenide und setzen $|Q_i| = |Q_j| = Q$. Das Aufsummieren der Paarpotentiale sei am Beispiel der CsCl-Struktur erläutert. Der Kristall wird aufgefasst als einfach kubisches Kationengitter mit der Zellenkante a, in das ein einfach kubisches Anionengitter mit derselben Zellenkante hineingestellt ist, wobei die relative Verschiebung $\vec{l}$ eine halbe Würfeldiagonale beträgt.

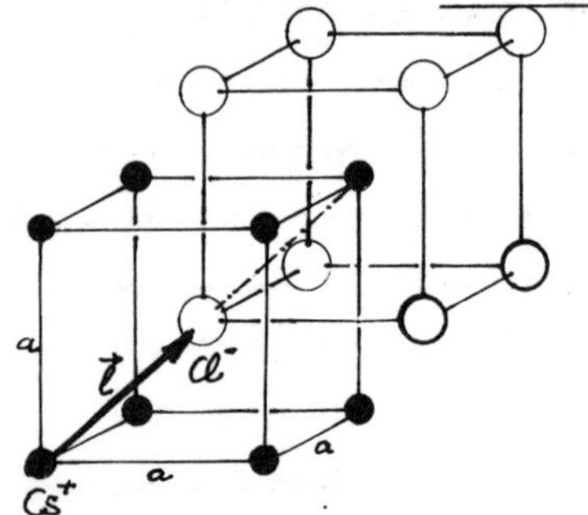

Die Gittervektoren des einfach kubischen Bravais-Gitters werden mit $\vec{R}$ bezeichnet. Ihre Länge wird durch den kürzesten Anion-Kation Abstand l ausgedrückt durch Einführung der dimensionslosen Funktion $\alpha(\vec{R})$. Wir gehen aus von einem Kation im Ursprung. Es gilt dann

$$(33) \qquad \begin{aligned} |\vec{R}| &= l\alpha(\vec{R}) \quad \text{für die Lage der andern Kationen, und} \\ |\vec{R}+\vec{l}| &= l\alpha(\vec{R}+\vec{l}) \quad \text{für die Lage der Anionen} \end{aligned}$$

In der CsCl-Struktur ist z.B. $\alpha(\vec{R}) = \frac{2}{\sqrt{3}}$ für die nächsten Kationen und $\alpha(\vec{R}+\vec{l}) = \alpha(\vec{l}) = 1$ für die nächsten Anionen, etc.

Die Energie der Coulomb-Wechselwirkung eines Kations im Ursprung mit allen übrigen Ionen kann damit geschrieben werden als

$$(34) \qquad -\frac{Q^2}{l}\Bigg[\underbrace{-\sum_{\vec{R}\neq 0} \frac{1}{\alpha(\vec{R})}}_{\text{Wechselwirkung mit den andern Kationen}} + \underbrace{\sum_{\text{alle } \vec{R}} \frac{1}{\alpha(\vec{R}+\vec{l})}}_{\text{Wechselwirkung mit allen Anionen}}\Bigg]$$

Die Born'sche Abstossung fällt so rasch ab mit dem Abstand, dass man

---

[8] Beachte, dass ρ hier eine andere Bedeutung hat als im Abschnitt 7.2.

nur die nächsten Nachbarn des herausgegriffenen Ions berücksichtigen muss. Bei der CsCl-Struktur ist deren Zahl $z = 8$. Bei der NaCl-Struktur hätte man $z = 6$, und bei der Zinkblende-Struktur $z = 4$ einzusetzen. (s. S. 27/28). Die nächsten Nachbarn sind in den betrachteten Beispielen <u>äquivalent</u>, sodass zur Coulomb-Energie (34) die Born'sche Abstossungsenergie

$$z \lambda e^{-\ell/\varrho} \tag{35}$$

zu addieren ist. Auch für ein <u>Anion</u> im Ursprung erhält man für die Wechselwirkungsenergie mit allen übrigen Ionen die Summe von (34) und (35). Um zur potentiellen Energie des <u>Kristalls</u> zu gelangen, stellen wir uns wieder vor, dass dieser so gross sei, dass weitaus die meisten Kationen bzw. Anionen dieselbe <u>nähere und fernere</u> Umgebung haben, d.h. dass Oberflächeneffekte vernachlässigt werden können.[9] Die totale potentielle Energie eines Kristalls, der aus N Kationen und N Anionen besteht, ist dann

$$U(\ell) = \frac{1}{2} 2N \left\{ z \lambda e^{-\ell/\varrho} - \frac{Q^2}{\ell} \underbrace{\left[-\sum_{\vec{R} \neq 0} \frac{1}{\alpha(\vec{R})} + \sum_{\text{alle } \vec{R}} \frac{1}{\alpha(\vec{R}+\vec{\ell})} \right]}_{\alpha} \right\} \tag{36}$$

Der dimensionslose Ausdruck in der eckigen Klammer wird <u>Madelung'sche Zahl</u>, Madelung Faktor oder Madelung-Konstante genannt

$$U(\ell) = N \left[z \lambda e^{-\ell/\varrho} - \frac{\alpha Q^2}{\ell} \right] \tag{37}$$

Im Gleichgewicht stellt sich der Anion-Kation Abstand ℓ so ein, dass die Energie minimal ist

$$\frac{dU}{d\ell} = N \left[-\frac{z\lambda}{\varrho} e^{-\ell/\varrho} + \frac{\alpha Q^2}{\ell^2} \right] = 0 \qquad \text{, woraus} \tag{38}$$

---

[9] Die analoge Überlegung wurde auf S. 355 für den Lennard-Jones-Kristall gemacht. Da die Coulomb-Kraft mit einer viel niedrigeren Potenz von $1/r$ abfällt als die van der Waals-Kraft, muss man sich bei der ionischen Bindung einen viel grösseren Kristall vorstellen als bei der van der Waals'schen Bindung. Auf die Konvergenzschwierigkeiten, die damit zusammenhängen, werden wir noch eingehen.

$$(39) \qquad z\lambda e^{-\ell/\varrho} = \frac{\varrho\alpha Q^2}{\ell^2}$$

Durch Einsetzen von (39) in (37) erhält man die potentielle Energie für den Gleichgewichtsabstand ℓ_0 [10])

$$(40) \qquad \boxed{U(\ell_0) = -\frac{N\alpha Q^2}{\ell_0}\left(1 - \frac{\varrho}{\ell_0}\right)}$$

Im Sinne der Definition auf S. 344 ist $-U(\ell_0)$ die potentielle Energie der Bindung. Das erste Glied in der Klammer gibt den Coulomb-Anteil und das zweite den Anteil der Born'schen Abstossung.

7.3.2. Die Berechnung der Coulomb-Energie.

Nach (36) ist die Coulomb-Energie des Kristalls pro Ionenpaar

$$(41) \qquad u(\ell) = -\frac{\alpha Q^2}{\ell}$$, wobei die Madelung'sche Zahl α gegeben ist durch

$$(42) \qquad \alpha = \left[\sum_{\text{alle } \vec{R}} \frac{1}{\alpha(\vec{R}+\vec{\ell})} - \sum_{\vec{R}\neq 0} \frac{1}{\alpha(\vec{R})}\right]$$

Der langsame Abfall der Coulomb-Wechselwirkung bringt eine ernsthafte Problematik in die Berechnung von α hinein: <u>Die Summe (42) ist nur bedingt konvergent</u>, d.h. man erhält verschiedene Resultate, je nachdem wie man die Glieder in der Reihe zusammenfasst. Schon eine einfache physikalische Überlegung zeigt, dass man sich vom Einfluss der Kristallbegrenzung nicht einfach dadurch unabhängig machen kann, indem man einen genügend grossen Kristall annimmt. Zwei beliebig grosse Kristalle mit derselben Zahl von Ionenpaaren können ganz verschiedene Coulomb-Energie haben, je nach den Annahmen über die Oberfläche. Dabei müssen gar keine extremen Kristallformen, wie Platten oder Na-

---

[10]) Dies war eine rein <u>statische</u> Betrachtung. Derselbe Gleichgewichtsabstand ℓ_0 ist auch der Ausgangspunkt für die Betrachtung der Gitterschwingungen in der harmonischen Approximation (S 125-145).

deln, in Betracht gezogen werden. Das folgende Beispiel diene zur Illustration:

Die Skizzen a) und b) stellen jede die Projektion der Struktur eines quaderförmigen CsCl-Kristalls dar. Die Zahl der Ionenpaare in a) ist gleich der Zahl der Ionenpaare in b). Die drei Kanten der Quader sind ungefähr gleich lang. Die ausgefüllten Kreise symbolisieren die Kationen und leeren Kreise die Anionen. c) stellt einen _fiktiven_ Kristall dar mit gleich-

a   a/2

a)   c)

vielen Ionenpaaren wie in a) und b). Wir interessieren uns für die _Differenz der Coulomb-Energie der Kristalle a) und b)_. Der Hauptunterschied besteht darin, dass der Kristall a) ein _gigantisches elektrisches Dipolmoment_ hat. Man sieht dies sofort ein, wenn man sich vorstellt, dass a) aus dem fiktiven Kristall c) entstanden ist durch Verschiebung des Anionen-Untergitters um die halbe Strukturperiode. Der Kristall b) hat kein Dipolmoment. Der Unterschied in der Coulomb-Energie zwischen a) und b) ist die Energie des elektrischen Feldes, das der gigantische Dipol erzeugt. Das Feld im Innern der Kristalle a) und b) ist dasselbe, wenn wir von einer Randschicht absehen.

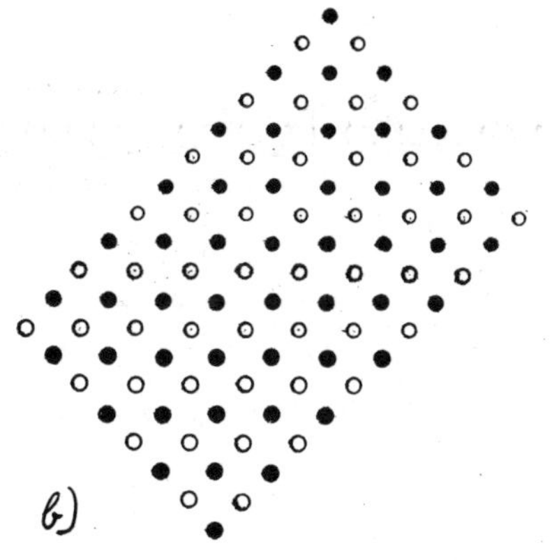
b)

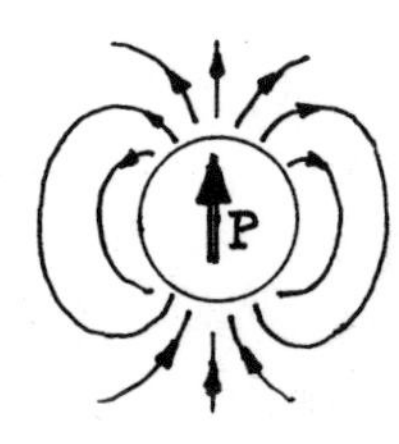

Die Berechnung der Energie des äusseren Feldes einer homogen polarisierten Kugel ist ein Problem der elementaren Elektrostatik. Bei einem Kugelvolumen V und einer Polarisation $\vec{P}$ ($\vec{P}$ = Dipolmoment pro cm^3) findet man

(43) $$W_{Feld} = \frac{2\pi}{3} P^2 V \approx 2 P^2 V$$

In roher Näherung gilt dies auch noch für einen homogen polarisierten Würfel. Das gigantische Dipolmoment des Kristalls a) ist das Produkt aus der Ladungssumme NQ der Anionen und der Verschiebung $a/2$. Die Polarisation P ist also

(44) $$P = \frac{a}{2} NQ \frac{1}{V}$$, wobei $V = Na^3$ für den CsCl Typ, sodass

(45) $$P = \frac{1}{2} \frac{Q}{a^2}$$ und

(46) $$W_{Feld} = \frac{1}{2} N \frac{Q^2}{a}$$

Dies ist <u>von derselben Grössenordnung wie der Coulombterm</u> $N\frac{\alpha Q^2}{l}$; denn l ist von der Grössenordnung der Elementarzellenkante a, und die Madelung'sche Zahl α ist von der Grössenordnung eins, wie wir gleich sehen werden. Damit haben wir eine physikalische Illustration zum Problem der bedingten Konvergenz gefunden!

Damit man <u>für α einen eindeutigen Wert</u> erhält für einen unendlich grossen Kristall, kann man folgendermassen vorgehen: Man denke sich den Kristall zerlegt in Zellen, die keine resultierende Ladung haben. Man kommt nicht darum herum, Ionen zu zerschneiden, wie in der Skizze angedeutet ist für die Struktur vom <u>CsCl-Typ</u>. Die entsprechende Punktladungszelle, die sog. <u>Evjen-Zelle</u> ist auf der rechten Seite skizziert.

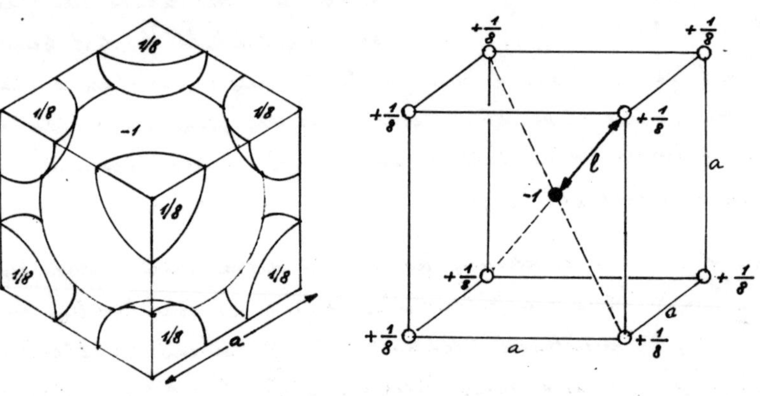
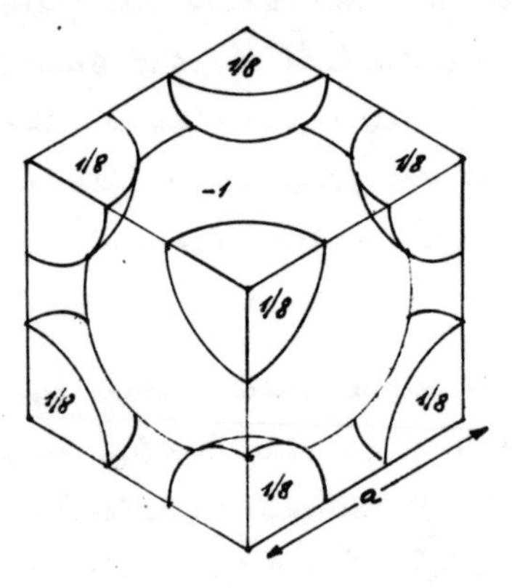

Die nächste Skizze stellt die Evjen Zelle der <u>NaCl-Struktur</u> dar. Man setzt nun den Kristall zusammen, indem man die Evjen-Zellen aneinanderreiht. Die Energie, die zum Zusammenfügen der zerschnittenen Ionen aufgewendet werden muss, ist dabei wegzulassen. Die elektrostatische Wechselwirkung zwischen zwei Zellen ist eine rasch abfallende <u>Multipolwechselwirkung</u>, sodass die Reihen <u>konvergieren</u>. Die resultierende Madelung-Zahl α hängt nur vom Strukturtyp ab. Die nächste Tabelle zeigt, dass der Unterschied zwischen den Madelung-Zahlen verschiedener Strukturtypen klein ist.

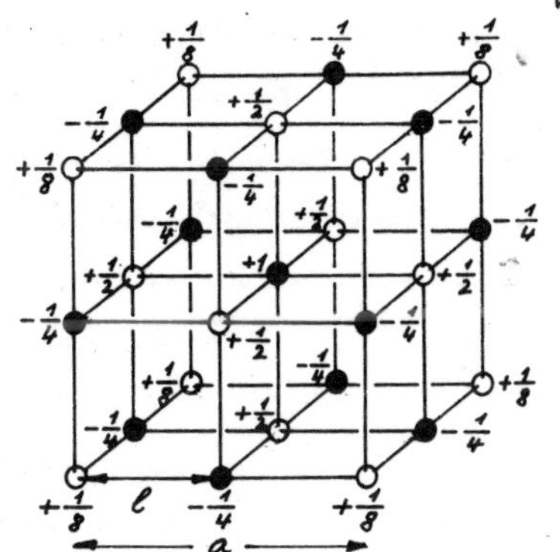

	CsCl-Typ	NaCl-Typ	Zinkblende
Madelung-Faktor	1.76267	1.74756	1.63805

Die Coulomb-Energie pro Ionenpaar ergibt sich nach (41), wobei für l der kürzeste Anion-Kation-Abstand einzusetzen ist.

<u>Numerische Beispiele zur Coulomb-Energie</u> : Alkalihalogenide $Q = e$

	NaCl	KCl	CsCl
l	$\frac{a}{2} = 2.820$ Å	$\frac{a}{2} = 3.145$ Å	$\frac{a}{2}\sqrt{3} = 3.568$ Å
$\frac{\alpha e^2}{l}$	8.93 eV	8.00 eV	7.11 eV

<u>Der Beitrag der van der Waals'schen Anziehung</u> zur Bindungsenergie ist nur eine kleine Korrektur, wie die folgende Abschätzung zeigt: Wir betrachten als Beispiel KCl. Die Ionen K^+ und Cl^- haben beide die Elektronenkonfiguration des Ar-Atoms, und der kürzeste Abstand

---

11) Beim Studium der Literatur muss man sich immer vergewissern, ob die Madelung'sche Zahl auf den kürzesten Anion-Kation-Abstand oder auf eine andere charakteristische Länge im Gitter (z.B. die Kante der Elementarzelle) bezogen ist.

K^+-Cl^- in KCl liegt nahe beim kürzesten Abstand zweier Ar-Atome im Edelgaskristall. Ein wesentlicher Unterschied besteht aber in der Koordination. Ein Ion im KCl-Kristall hat 6, ein Ar-Atom im Ar-Kristall aber 12 nächste Nachbarn (S.356). Nach der Tabelle auf S. 357 hat der Ar-Kristall <u>pro Atom</u> eine van der Waals Energie von 0.142×10^{-12} erg $= 0.089$ eV. Wenn man annimmt, dass die van der Waals-Wechselwirkung zwischen K^+ und Cl^- dieselbe ist wie zwischen zwei Ar-Atomen (was sicher nur sehr annähernd stimmt), erhält man unter Berücksichtigung des Verhältnisses der Koordinationszahlen <u>pro Ionenpaar</u> eine van der Waals Energie von etwa 0.089 eV, was nur ungefähr 1% der Coulomb-Energie ausmacht.

<u>Die Nullpunktsenergie der Gitterschwingungen</u>, berechnet nach Gl.(29) S. 349, ist pro Ionenpaar bei KCl ($\Theta_D = 230$ K) rund 0.04 eV.

7.3.3. Kompressibilität und Born'sche Abstossung.

Neben den Coulomb-Kräften spielt nur die Born'sche Abstossung eine wesentliche Rolle bei der Berechnung der Bindungsenergie eines Ionenkristalls. Die Parameter λ und ρ (Gl. 32 S. 359) können bestimmt werden durch Messung der Kompressibilität κ des Kristalls. Diese ist definiert durch

$$(47) \qquad \kappa = -\frac{1}{V}\frac{dV}{dp} \qquad \text{oder} \qquad \frac{1}{\kappa} = -V\frac{dp}{dV}$$ [12)]

Nach dem ersten Hauptsatz der Thermodynamik ist die durch den äusseren (hydrostatischen) Druck p verursachte Änderung der inneren Energie U gegeben durch

$$(48) \qquad dU = \delta Q' + \delta A' \underset{\text{für reversiblen Prozess}}{=} TdS - pdV$$

---

12) Die reziproke Kompressibilität wird auch "Kompressionsmodul" genannt; in der Englischen Sprache "bulk modulus".

Wir betrachten den Kristall im Grundzustand, d.h. bei $T = 0$. Damit ist

(49) $$dU = -p\,dV \quad \text{und} \quad \frac{dp}{dV} = -\frac{d^2U}{dV^2}$$ und mit (47)

(50) $$\frac{1}{\kappa} = V\frac{d^2U}{dV^2}$$

Da die van der Waals Energie und die Energie der Nullpunktsschwingungen vernachlässigbar sind, ist (37) eine gute Näherung für die innere Energie U. Um auf den Kompressionsmodul $1/\kappa$ zu gelangen, müssen wir von der Variablen ℓ (kürzester Anion-Kation-Abstand) auf die Variable V umrechnen. Es ist

$$\frac{dU}{dV} = \frac{dU}{d\ell}\frac{d\ell}{dV} \quad \text{und} \quad \frac{d^2U}{dV^2} = \frac{d^2U}{d\ell^2}\left(\frac{d\ell}{dV}\right)^2 + \frac{dU}{d\ell}\frac{d^2\ell}{dV^2}$$

Bei konstanter Temperatur T und konstantem Druck p ist die Gibbs'sche freie Energie $G = U - TS + pV$ im thermodynamischen Gleichgewicht minimal ("Wärmelehre", S.126). Bei $p = 0$ (Kristall im Vakuum) und $T = 0$ (Grundzustand) ist also die <u>innere</u> Energie U minimal, d.h. es ist $\frac{dU}{dV} = 0$ und damit auch $\frac{dU}{d\ell} = 0$. Es stellt sich derselbe Gleichgewichtsabstand ℓ_0 ein, wie er aus der mechanisch-statischen Betrachtung von S. 361/362 resultierte, d.h. es ist

$$\frac{d^2U}{dV^2} = \frac{d^2U}{d\ell^2}\left(\frac{d\ell}{dV}\right)^2 \quad \text{beim Gleichgewichtsabstand } \ell = \ell_0$$

Nach (50) ist damit

(51) $$\frac{1}{\kappa} = V\left(\frac{d^2U}{d\ell^2}\right)\left(\frac{d\ell}{dV}\right)^2 \quad \text{bei } \ell = \ell_0.$$

$\frac{d\ell}{dV}$ ergibt sich aus der Geometrie der Struktur. Bei der <u>CsCl-Struktur</u> ist $\ell = \frac{a}{2}\sqrt{3}$ und $V = Na^3 = \frac{8N}{3\sqrt{3}}$, sodass $\frac{d\ell}{dV} = \frac{\sqrt{3}}{8N\ell^2}$ und

(52) $$\frac{1}{\kappa} = \left(\frac{d^2U}{d\ell^2}\right)\frac{1}{8\sqrt{3}N\ell} \quad \text{bei } \ell = \ell_0$$

Für die <u>NaCl-Struktur</u> findet man analog

(53) $$\frac{1}{\kappa} = \left(\frac{d^2U}{d\ell^2}\right)\frac{1}{18N\ell} \quad \text{bei } \ell = \ell_0$$

Verallgemeinert kann man schreiben

(54) $$\frac{1}{\kappa} = \left(\frac{d^2U}{d\ell^2}\right)\frac{1}{rN\ell} \quad \text{bei } \ell = \ell_0$$

wobei Γ ein Zahlfaktor ist, der nur vom Strukturtyp abhängt. Die Formel (54) folgte aus rein thermodynamisch – geometrischen Überlegungen. Zur Anwendung auf unser Modell geht man von (37) S.361 aus:

$$(55) \quad \left(\frac{d^2U}{dl^2}\right) = N\left(\frac{z\lambda}{\varrho^2} e^{-\frac{l}{\varrho}} - \frac{2\alpha Q^2}{l^3}\right)$$

Für den Gleichgewichtsabstand l_o gilt (39) S.362 sodass (bei $p = 0$)

$$\left(\frac{d^2U}{dl^2}\right) = N\left(\frac{\alpha Q^2}{l^2 \varrho} - \frac{2\alpha Q^2}{l^3}\right) = \frac{N\alpha Q^2}{l^3}\left(\frac{l}{\varrho} - 2\right)$$, und mit (54)

$$(56) \quad \boxed{\frac{1}{\kappa} = \frac{\alpha Q^2}{\Gamma l_o^4}\left(\frac{l_o}{\varrho} - 2\right)}$$

Kompressionsmodul eines Ionenkristalls bei $T = 0$ und $p = 0$

In dieser Formel bedeuten:

α = Madelung-Zahl
Γ = ein rein geometrischer Faktor
} nur vom Strukturtyp abhängig

l_o = nächster Anion-Kation Abstand im Gleichgewicht bei $p = 0$

ϱ = Distanz, auf der die Born'sche Abstossungsenergie auf den e-ten Teil sinkt.

Aus der gemessenen Kompressibilität κ und dem mit Röntgenstrahlen bestimmten Abstand l_o lässt sich also der Born'sche Abstossungsparameter ϱ bestimmen. Man findet Werte für $\frac{l_o}{\varrho}$ von der Grössenordnung 10. Im Lichte der Formel (40) S.362 heisst dies, dass der <u>Betrag der Born'schen Abstossungsenergie nur etwa 1/10 des Betrages der Coulombenergie</u> ausmacht. Ferner bedeutet es auch, dass die Born'sche Abstossungsenergie auf den e-ten Teil sinkt, wenn der Abstand der Partner eines Ionenpaars um etwa 10% zunimmt.

Der Parameter λ ergibt sich bei bekanntem ϱ aus (39) S.362

7.3.4. Experimentelle Bestimmung der Bindungsenergie.

Die Bindungsenergie, wie sie auf S.344/345 definiert wurde, lässt sich für Ionenkristalle nicht durch blosse Messung der Sublimationsenergie bestimmen; denn die Sublimation führt nicht auf ein Gas von Alkali- und Halogen-Ionen, sondern auf Alkalihalogenid-Moleküle, (wobei diese nicht unbedingt aus einem einzigen Ionenpaar bestehen müssen, wie Experimente mit Molekularstrahlen gezeigt haben). Man kann die Bindungsenergie aber auf thermochemischem Wege bestimmen unter Zuhilfenahme spektroskopischer Daten. Man betrachtet hiezu den Kreisprozess von Born und Haber. Der Grundgedanke des Kreisprozesses ist insofern wichtig, als er sich auf viele Probleme der Physik der kondensierten Materie anwenden lässt.

Der Born-Haber-Kreisprozess am Beispiel NaCl.

2 verdünntes Gas aus Na^+- und Cl^--Ionen

Elektroneneinfang durch Na^+ / Elektronenabgabe durch Cl^- (2 → 3)

3 verdünntes Gas aus Na- und Cl-Atomen

Kondensation von Na zu Metall, Bildung von Cl_2-Molekülen (3 → 4)

4 Na-Metall, Cl_2-Gas

Reaktion vom Na-Metall mit dem Cl_2-Gas (4 → 1)

1 NaCl-Kristall

hypothetische Zerlegung durch Zufuhr der Bindungsenergie (1 → 2)

Wenn man vom NaCl-Kristall ausgehend den Kreisprozess durchläuft und zum NaCl-Kristall im Ausgangszustand zurückkehrt, ist die algebraische Summe der zugeführten Energien null. Wenn man die Bindungsenergie wissen will, muss man die Energiebilanzen der Prozesse 2-3-4-1 auf experimenteller Grundlage bestimmen. Wir können hier nur eine oberflächliche Diskussion des Kreisprozesses geben:

① → ② : Der NaCl-Kristall wird zerlegt in Na^+ und Cl^--Ionen, die im Grundzustand sein sollen. Die zugeführte Energie ist die <u>Bindungsenergie des Kristalls</u>. Falls $T = 0$, und falls die Ionen nach der Zerlegung still stehen, ist es bei Vernachlässigung der Nullpunktsenergie der Gitterschwingungen die durch (40) S. 362 gegebene Energie.

② → ③ Das Na^+-Ion im Grundzustand fängt ein Elektron ein und geht unter Abgabe der Ionisationsenergie des Na-Atoms in den Grundzustand über: Das eingefangene Elektron kann als Leuchtelektron aufgefasst werden ("Quantenphysik," S. 245-249): Vor dem Einfang ist seine Energie null, und wenn das Atom im Grundzustand angelangt ist, ist es im 3s-Zustand mit der Energie -5.14 eV, die sich mit grosser Genauigkeit aus den <u>spektroskopischen Daten</u> ergibt, z.B. aus der Grenze der Hauptserie ($3s \rightarrow np$).
Dem Cl^--Ion im Grundzustand ist anderseits ein Elektron auszureissen. Man stelle sich ein 3p-Elektron vor. Die Arbeit, die dazu aufgewendet werden muss, ist die sog. <u>Elektronenaffinität</u> des Cl-Atoms. Sie beträgt 3.61 eV. Selbstverständlich ist dabei die Meinung, dass auch das Cl-Atom im Grundzustand ist. Die Elektronenaffinität kann im Prinzip spektroskopischen Daten entnommen werden. Das Problem ist aber nicht so einfach wie bei der Ionisationsenergie des Na-Atoms; denn anstelle der Zustände eines einzigen Leuchtelektrons muss man (mindestens) die Zustände der ganzen 3p-Unterschale betrachten, die bei Cl^- 6 Elektronen enthält.

③ → ④ Bei der Kondensation von Na-Atomen zum Na-Metall wird die Bindungsenergie des Na-Metallkristalls frei, die man <u>thermochemisch</u> durch Messung der Sublimationsenergie bestimmen kann. Der experimentelle, auf $T = 0$ extrapolierte Wert ist 1.13 eV/Atom. Bei der Reaktion $2\,Cl \rightarrow Cl_2$ wird die <u>Dissoziationsenergie</u> des Cl_2-Moleküls frei.

Man kann sie thermochemisch bestimmen oder spektroskopischen Daten entnehmen. Man findet 1.24 eV pro Atom.

④ → ① Die Energie, die frei wird bei der Reaktion von Na-Metall mit Cl_2-Gas, wird thermochemisch bestimmt. Der auf $T=0$ extrapolierte Wert ist 4.26 eV.

Wenn wir die gesuchte Bindungsenergie mit X bezeichnen, gilt für den Kreisprozess in eV pro Ionenpaar [13]

$$0 = \underset{1\to 2}{X} \underbrace{-5.14+3.61}_{2\to 3} \underbrace{-1.13-1.24}_{3\to 4} \underbrace{-4.26}_{4\to 1},$$

woraus $X = 8.16$ eV pro Ionenpaar. Dies ist zu vergleichen mit der Theorie: Nach (40) S. 362 ist die Bindungsenergie pro Ionenpaar

$$\frac{U(l_o)}{N} = \frac{\alpha Q^2}{l_o}\left(1-\frac{\rho}{l_o}\right) \qquad (57)$$

Der Gleichgewichtsabstand l_o wird der Röntgen-Strukturanalyse entnommen, und der Parameter ρ der Born'schen Abstossung wird nach Formel (56) S. 368 aus dem experimentell bestimmten Kompressionsmodul berechnet. Für NaCl ist $\frac{1}{\kappa} = 2.40 \times 10^{11}$ dyn/cm². Die Übereinstimmung ist befriedigend: Dem experimentellen Wert 8.16 eV steht der berechnete Wert 7.74 eV gegenüber.[14] Durch Berücksichtigung der van der Waals Energie und der Nullpunktsenergie der Gitterschwingungen kann die Übereinstimmung nicht wesentlich verbessert werden (S. 365/366).

---

13) 1 eV = 23.05 kcal/Gramm-Mol = 1.602×10^{-12} erg.

14) Für weitere Beispiele sei auf die Tabelle im Buch von Kittel verwiesen.

7.4. Kovalente Bindung.

Die Kristalle Diamant, Silizium und Germanium sind einfache Beispiele für kovalent gebundene feste Körper. Die Struktur ist grundlegend verschieden von der Struktur der Kristalle, die durch Zentralkräfte (van der Waals Kräfte, Coulombkraft) zusammengehalten werden. Die Packung ist weniger dicht. Jedes Atom ist tetraedrisch umgeben von vier Nachbaratomen (s.S. 26). Die kovalente Bindung ist eine gerichtete Bindung, und die Zahl der Bindungspartner ist beschränkt. Es ist nicht möglich, zu einem tieferen Verständnis der kovalenten Bindung vorzustossen, ohne einen grösseren Exkurs in die Quantenchemie zu machen. Wir beschränken uns hier auf einfache, qualitative Betrachtungen[15]. Der wesentliche Punkt ist dabei, dass es elektrostatische Kräfte sind, die die kondensierte Materie (wie auch Moleküle) zusammenhalten. Die Berechnung der Ladungsverteilung ist freilich ein quantenmechanisches Problem.

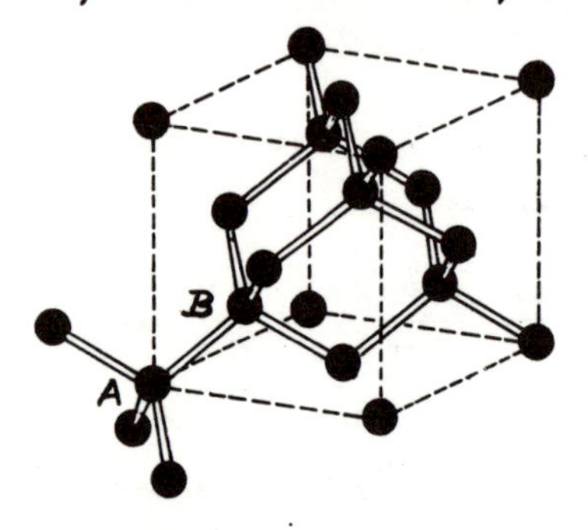

Diamant-Struktur

Betrachte als Beispiel den Silizium-Kristall. Das freie Atom hat im Grundzustand die Konfiguration $[Ne]3s^2 3p^2$. Als erste Approximation darf man sich vorstellen, dass der Atomrumpf auch im Kristall noch kugelsymmetrisch ist. Seine Ladung beträgt +4e. Die Bindung zwischen zwei Atomen ist aus elektrostatischen Gründen am stärksten, wenn sich die vier Valenzelektronen bevorzugt zwischen den Atomrümpfen auf-

Rumpf — Valenzelektronen — Rumpf
+4e +4e
bindende Elektronenwolke

[15] Als erste Einführung in die Theorie der chemischen Bindung kann dem Physiker das Buch von C.A. Coulson, "Valence", empfohlen werden. Die konsequente Anwendung auf den festen Körper findet man in grosser Klarheit im neusten Buch von W.A. Harrison, "Electronic Structure and the Properties of Solids".

halten. Zwei positive Ladungen werden durch eine dazwischen liegende negative Ladung "zusammengekittet": bindende Elektronenwolke. Andrerseits werden sich zwei Atome abstossen, wenn die Wolke der Valenzelektronen ausserhalb liegt: lockernde (antibindende) Elektronenwolke (vgl. S. 241/242).

Rümpfe
+4e
+4e
lockernde Elektronenwolke

Wir denken uns nun die Atomrümpfe auf den Plätzen der experimentell bestimmten Struktur festgehalten. Die bindende Elektronenwolke entspricht einer tieferen elektronischen Energie als die lockernde Elektronenwolke. Die bindenden Elektronenzustände sind offenbar dem Valenzband und die lockernden Elektronenzustände dem Leitungsband zuzuordnen. Die Chemiker verstehen es meisterhaft, Molekülorbitale zu konstruieren ausgehend von Atomorbitalen. Wir wenden diese Kunst [16] an zur Konstruktion bindender und lockernder Valenzelektron-Orbitale. Dabei denken wir zunächst nicht an Kristallorbitale (Bloch-Zustände), sondern an lokalisierte Orbitale.

Wir gehen aus von der Symmetrie der Struktur und von der Elektronenkonfiguration des Grundzustandes der Atome [17]. Jedes Si-Atom ist regulär-tetraedrisch umgeben von vier äquivalenten Si-Atomen. Die vier chemischen Bindungen bzw. Lockerungen, die ein Atom eingeht, müssen äquivalent sein. Man darf also nicht sagen, dass das Zentralatom B im skizzierten Strukturausschnitt zum Beispiel je ein 3s-Elektron "einsetze" zur Bindung an die Nachbarn $\bar{1}\bar{1}1$ und 111, und je ein 3p-Elektron zur Bindung and die Nachbarn $1\bar{1}\bar{1}$ und $\bar{1}1\bar{1}$, etc.. Das Analoge

z
$\bar{1}\bar{1}1$
111
y
B
x
A
$1\bar{1}\bar{1}$
$\bar{1}1\bar{1}$

---

16) Ob es sich um eine Kunst, um Chemie oder um Physik handelt, sei hier dahingestellt.

17) Beim einfachen Beispiel des H_2^+-Moleküls sind wir analog vorgegangen: Aus der Symmetrie wurde geschlossen, dass es ein Molekülorbital mit gerader und eines mit ungerader Parität geben müsse (S. 231/232).

gilt, wenn wir A als Zentralatom betrachten. Das Tetraeder der nächsten Nachbarn ist dann einfach um 90° gedreht (vgl. S. 26). Man kann der Symmetrie gerecht werden durch <u>Bildung geeigneter Linearkombinationen der Valenzelektron-Orbitale</u> des Zentralatoms. Wir gehen aus von den normierten p-Orbitalen $|p_x\rangle$, $|p_y\rangle$ und $|p_z\rangle$, wie sie auf S. 237-239 diskutiert wurden. Diese Orbitale haben im folgenden Sinne Vektorcharakter: Betrachte als Beispiel die Linearkombination

$$(58) \quad |p\rangle = \frac{1}{\sqrt{3}}\left(|p_x\rangle + |p_y\rangle + |p_z\rangle\right)$$

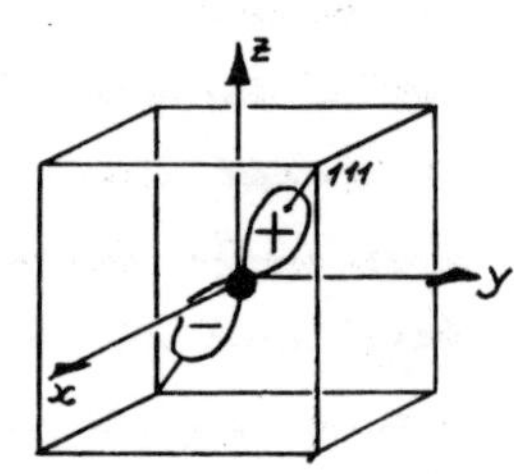

Sie stellt ein normiertes p-Orbital dar, dessen Achse längs der 111-Richtung zeigt. (Wir haben es in der Hand, p-Orbitale zu konstruieren, deren Achse in eine beliebige Richtung zeigt.)
Wenn z.B. das Zentralatom im skizzierten Würfel auf einem B-Platz sitzt, dann ist die Ecke 111 ein A-Platz, d.h. dort sitzt ein Partner-Atom. Die Aufenthaltswahrscheinlichkeit des Elektrons zwischen dem Zentralatom und dem Partner 111 ist für die obige Linearkombination grösser als für irgend eine andere normierte Linearkombination aus der Basis $|p_x\rangle, |p_y\rangle, |p_z\rangle$. Die Halbschleife der p-Funktion mit dem negativen Vorzeichen stösst allerdings sozusagen ins Leere vor. Beachte, dass (58) eine Eigenfunktion des Hamiltonoperators des Atoms ist; denn wir haben Eigenfunktionen linear kombiniert, die zum gleichen Energieeigenwert gehören ("Quantenphysik", S. 146/147). Im nächsten Schritt betrachten wir als Beispiel die normierte Linearkombination

$$(59) \quad |\psi\rangle = \frac{1}{2}\left(|s\rangle + |p_x\rangle + |p_y\rangle + |p_z\rangle\right)$$

Im Vergleich zu (58) ist die Aufenthaltswahrscheinlichkeit des Elektrons zwischen dem betrachteten Zentralatom und der Ecke 111 vergrössert und auf der Gegenseite verkleinert, wie man mit Hilfe der nebenstehenden Skizze sofort einsieht. Gl. (59) stellt einen sog. <u>Hybridzustand</u> dar. Im Gegensatz zu (58) ist (59) keine Eigenfunktion des Hamiltonoperators der Valenzelektronen des Atoms mehr;

111
p-Funktion + s-Funktion = Hybrid

denn die Energie $\mathcal{E}_s$ des 3s-Orbitals ist verschieden von der Energie $\mathcal{E}_p$ des 3p-Orbitals ($\mathcal{E}_s < \mathcal{E}_p$). Mit der Wahrscheinlichkeit 1/4 misst man die Energie $\mathcal{E}_s$ und mit der Wahrscheinlichkeit 3/4 die Energie $\mathcal{E}_p$ ("Quantenphysik", S. 147 - 149). Man spricht aus diesem Grunde von <u>sp^3-Hybridisierung</u>. Jedem der vier Valenzelektronen wird ein solcher Hybridzustand zugeschrieben. Zur Konstruktion einer <u>bindenden</u> Elektronenwolke wählt man die Vorzeichen der Koeffizienten so, dass die "fette" Schleife gegen den Bindungspartner gerichtet ist, und zur Konstruktion einer lockernden Elektronenwolke so, dass sie auf der abgewendeten Seite liegt. Zur Konstruktion einer Bindung eines Atoms auf einem B-Platz an seine vier Nachbarn geht man also von den folgenden <u>Hybridzuständen</u> dieses Atoms aus:

Bindungspartner

$$(60)\quad \begin{aligned} |\psi_1\rangle &= \tfrac{1}{2}\left(|s\rangle + |p_x\rangle + |p_y\rangle + |p_z\rangle\right) && [111] \\ |\psi_2\rangle &= \tfrac{1}{2}\left(|s\rangle + |p_x\rangle - |p_y\rangle - |p_z\rangle\right) && [1\bar{1}\bar{1}] \\ |\psi_3\rangle &= \tfrac{1}{2}\left(|s\rangle - |p_x\rangle + |p_y\rangle - |p_z\rangle\right) && [\bar{1}1\bar{1}] \\ |\psi_4\rangle &= \tfrac{1}{2}\left(|s\rangle - |p_x\rangle - |p_y\rangle + |p_z\rangle\right) && [\bar{1}\bar{1}1] \end{aligned}$$

Man überzeugt sich leicht, dass diese vier Hybridzustände orthogonal und normiert sind. Wenn man nur einzelne Atome betrachtet, kostet die Hybridisierung Energie: Für jeden der vier Zustände (60) ist der Erwartungswert der Energie

$$(61)\quad \langle\mathcal{E}\rangle = \tfrac{1}{4}\mathcal{E}_s + \tfrac{3}{4}\mathcal{E}_p \quad .$$

$\mathcal{E}_p$, $\bar{\mathcal{E}}$, $\mathcal{E}_s$ — $\langle\mathcal{E}\rangle$

Atomorbitale — sp^3-Hybrid

Beim Si-Atom im Grundzustand hingegen sind zwei Valenzelektronen im 3s- und zwei im 3p-Zustand, sodass die mittlere Energie eines Valenzelektrons $\bar{\mathcal{E}} = \tfrac{1}{2}(\mathcal{E}_s + \mathcal{E}_p)$ beträgt.

Im nächsten Schritt betrachten wir nicht einzelne Atome, sondern zwei benachbarte Atome, zum Beispiel das Atom auf dem B-Platz in der Skizze auf S. 373 und seinen Nachbar in der 111-Richtung (auf A-Platz[18]). Durch Linearkombination eines sp^3-Hybridzustandes des einen Atoms mit einem sp^3-Hybridzustand des andern Atoms kann man ein <u>"Molekülorbital"</u> konstruie-

---

[18] Mit A und B werden die Basisplätze bezeichnet im Sinne von S. 26.

ren. Das am stärksten *bindende* "Molekülorbital" wird erhalten , indem man zwei Hybridzustände wählt, die die fette Schleife einander entgegenstrecken, und zwar mit mit gleichem Vorzeichen. Die entsprechende Energie $\mathcal{E}_b$ (b für "bindend") liegt tief. Das am stärksten *lockernde* "Molekülorbital" wird konstruiert, indem man die Hybridzustände so wählt, dass eine möglichst kleine Aufenthaltswahrscheinlichkeit zwischen den Atomrümpfen und eine möglichst grosse Aufenthaltswahrscheinlichkeit auf den abgewendeten Seiten resultiert. Die entsprechende Energie $\mathcal{E}_a$ (a für "antibindend") liegt hoch.

bindendes Molekülorbital

lockerndes Molekülorbital

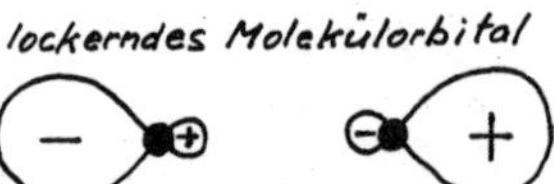

Im Schritt von den unabhängigen Si_2-Bindungen zum *Si-Kristall* konstruiert man schliesslich aus den sp^3 Hybridorbitalen des Atoms Bloch-Zustände, ähnlich wie dies auf S. 226 - 242 mit Atomorbitalen praktiziert wurde. Aus dem *bindenden* "Molekülorbital" entwickeln sich die *Valenzbänder* und aus dem *lockernden* Molekülorbital die *Leitungsbänder*: Die Berechnung der Bindungsenergie eines kovalent gebundenen Kristalls läuft auf die Berechnung der Bandstruktur hinaus. Eine gute Abschätzung ist eine formidable Aufgabe. Die experimentellen Werte der Bindungsenergie sind:

	Diamant	Silizium	Germanium
Bindüngsenergie in eV/Atom	7.36	4.64	3.87

7.5. Metallische Bindung

Zwischen den Strukturen der kovalent gebundenen Kristalle und den Strukturen der meisten metallischen Elemente besteht ein wesentlicher Unterschied : Bei den kovalent gebundenen Kristallen ist die Zahl der nächsten Nachbarn, die Bindungspartner sind, klein, da nur eine beschränkte Zahl von Valenzelektronen zur Bildung kovalenter Bindungen zur Verfügung steht. In den Strukturen der meisten metallischen Elemente hingegen ist die Zahl der nächsten Nachbarn gross :

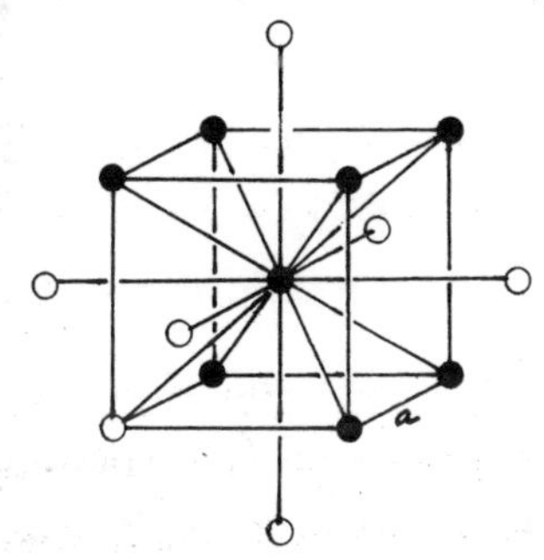

Viele Metalle kristallisieren in der <u>kubisch raumzentrierten</u> Struktur (z.B. Alkali-Metalle, α-Fe , W). Die Zahl der nächsten Nachbarn ist 8 . Ihr Abstand ist $a\frac{\sqrt{3}}{2} = 0.866\,a$. Die 6 übernächsten Nachbarn haben den Abstand a, sind also nicht viel weiter weg, sodass man von 14 Nachbarn sprechen kann.

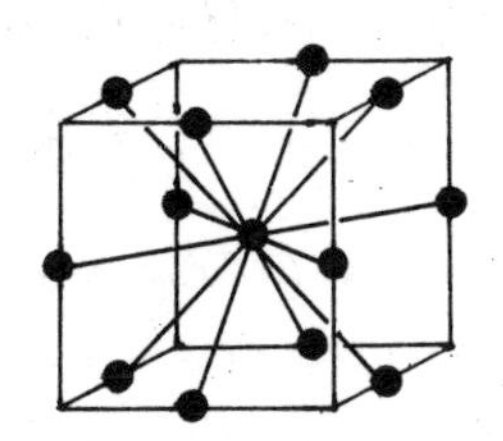

Sehr gut vertreten ist auch die <u>kubisch flächenzentrierte</u> Struktur (die kubische dichteste Kugelpackung) mit 12 nächsten Nachbarn (z.B. Al, Cu, Ag, Au, Ca, Ni).

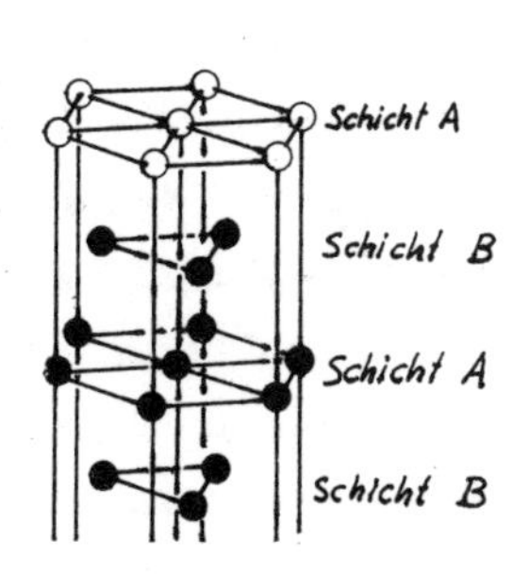

Auch die hexagonale dichteste Packung kommt vor. Beispiele sind Mg, Zn, Cd, Co. Die Anzahl der nächsten Nachbarn ist 12, wie in der kubischen dichtesten Kugelpackung. Sechs der Nachbarn liegen in der Schicht A des herausgegriffenen Atoms, drei in der darüberliegenden und drei in der darunterliegenden Schicht B (S. 29). Wenn das Achsenverhältnis c/a vom Wert $\left(\frac{8}{3}\right)^{1/2}$ abweicht, haben die letzteren sechs Nachbarn einen anderen Abstand vom herausgegriffenen Atom als die ersten sechs Nachbarn.

Diese Beispiele deuten an, dass die metallische Bindung nicht so stark zwischen den Bindungspartnern lokalisiert ist wie die kovalente Bindung.

Als rohes, extremes Modell könnte man sich positiv geladene Ionenrümpfe vorstellen, die durch das entartete Gas der Leitungselektronen zusammengehalten werden. Wie kann man aber auf Grund eines solchen Modells verstehen, dass es ganz verschiedene Metallstrukturen gibt, oder dass bei der hexagonalen dichtesten Packung das Achsenverhältnis c/a vom Wert für Kugeln beträchtlich abweicht? Schon bei den einfachen Metallen, den Alkalimetallen, ist das Problem der Kohäsion nicht so einfach, als dass man es in einer Einführungsvorlesung durchrechnen könnte. Wir diskutieren hier <u>Natrium</u> und übernehmen dabei ein wichtiges Ergebnis aus den Rechnungen von E. Wigner und F. Seitz (Phys. Rev. 43, 804 (1933)):

<u>Der grosse Unterschied zwischen dem freien Atom und dem Atom im Na-Kristall liegt in den Zuständen des Valenzelektrons.</u> (Der Atomrumpf ändert sich nicht wesentlich bei der Kondensation zum Kristall.) Beim <u>freien Atom</u> ist der Grundzustand des Valenzelektrons der <u>3S-Zustand</u>; <u>im Metall</u> hingegen muss man <u>Bloch-Zustände</u> betrachten (S. 215-221):

(62) $$\Psi_{\vec{k}}(\vec{x}) = u_{\vec{k}}(\vec{x})\, e^{i\vec{k}\cdot\vec{x}}$$

Wir beginnen mit dem Vergleich des Bloch-Zustandes tiefster Energie, d.h. des Zustandes mit $\vec{k} = 0$, mit dem 3S-Orbital des freien Atoms.

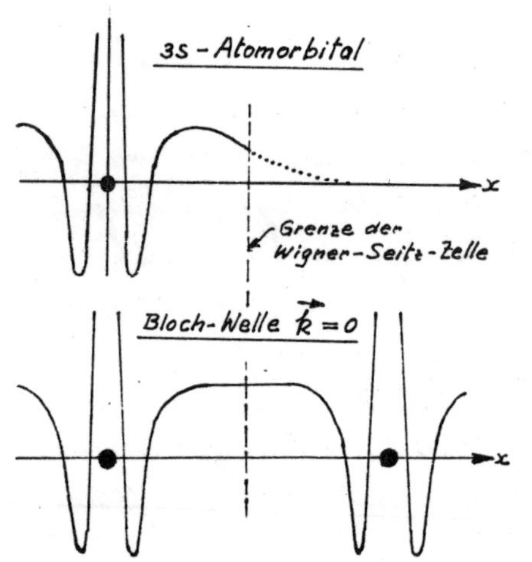

Wir wissen sehr wohl, wie das letzere aussieht. Eine Vorstellung vom Verlauf der entsprechenden Bloch-Welle erhalten wir aufgrund der nullten Näherung, wie sie auf S. 226-231 beschrieben wurde: Auf jeden Gitterpunkt setzt man ein 3S-Orbital mit dem Phasenfaktor 1 und bildet die Superposition. In einer Ebene, die die Atomkerne enthält, sieht $u_0(\vec{x})$ etwa gemäss der nebenstehenden Skizze aus. Für eine Energiebetrachtung ist der Verlauf der Wellenfunktion in der <u>Wigner-Seitz-Zelle</u> massgebend (S. 32/33). Da die Potentialtrichter der Nachbaratome in diese Zelle hineinreichen, liegt die potentielle Energie des Zustandes $u_0(\vec{x})$ tiefer als für den 3s-Atomzustand. Auch die kinetische Energie liegt tiefer für die Bloch-Welle; denn in der Gegend der Grenze der Wigner-Seitz-Zelle ist $u_0(\vec{x})$ weniger nach unten gekrümmt als die Atomfunktion [19]. Nach den Berechnungen von Wigner und Seitz liegt die Energie der Bloch-Welle für $\vec{k} = 0$ bei $\mathcal{E}_0 = -8.2\,eV$, also um etwa 3.1 eV tiefer als die Energie des 3s-Elektrons des freien Na-Atoms ($\mathcal{E}_{3s} = -5.14\,eV$, s. "Quantenphysik", S. 248).

Wenn man das Resultat von Wigner und Seitz akzeptiert, gelangt man leicht zur Kohäsionsenergie. Die Approximation freier Elektronen

$$\mathcal{E}(k) = \mathcal{E}_0 + \frac{\hbar^2}{2m} k^2 \qquad (63)$$

ist bei den Alkalimetallen nicht nur in der Nähe des Γ-Punktes brauchbar. Man darf sie bis in die Nähe der Fermi-Energie verwenden [20]. Bezogen auf die Energie eines freien, ruhenden Elektrons im Vakuum liegt damit das Fermi-Niveau bei

$$\mathcal{E}(k_F) = \mathcal{E}_0 + \frac{\hbar^2}{2m} k_F^2 ,$$

wobei im Sinne der Approximation (63) nach S. 177 und S. 255

$$k_F = (3\pi^2 n)^{1/3}$$

n bedeutet die Anzahl der Elektronen pro Volumeneinheit. Bei metallischem Natrium ist nach S. 178

$$\frac{\hbar^2}{2m} k_F^2 = 3.24\,eV$$

0 Vakuum
Natrium
Energie
$-5.14\,eV = \mathcal{E}_{Atom}$
Fermi-Niveau
Kohäsionsenergie
$\overline{\mathcal{E}}$
$\frac{\hbar^2}{2m} k_F^2$
$\frac{3}{5} \frac{\hbar^2}{2m} k_F^2$
$-8.20\,eV = \mathcal{E}_0$
Wigner-Seitz

Nach (24) S. 178 ist die mittlere Energie eines Elektrons dann

---

19) Die kinetische Energie ist allgemein $-\frac{\hbar^2}{2m} \Delta \psi$

20) Von einer möglichen Komplikation infolge der umstrittenen Overhauser'schen Ladungsdichtewellen sehen wir ab (S. 254 – 258).

$$(64)\quad \overline{\mathcal{E}} = \mathcal{E}_0 + \frac{3}{5}\frac{\hbar^2}{2m}k_F^2 = -8.2\,eV + 1.95\,eV = -6.25\,eV$$

Die Nullpunktsenergie der Gitterschwingungen ist für $\Theta_D = 150\,K$ vernachlässigbar (S. 357). Bei $T=0$ besteht dann der Energieunterschied zwischen einem freien Atom im Grundzustand und dem Atom im Metall nur darin, dass das Valenzelektron im ersten Fall die Energie $\mathcal{E}_{Atom} = -5.14\,eV$ hat und im zweiten Fall die mittlere Energie $\overline{\mathcal{E}} = -6.25\,eV$. Der Unterschied $\mathcal{E}_{Atom} - \overline{\mathcal{E}} = 1.11\,eV$ ist die Kohäsionsenergie des Metalls pro Atom. Der experimentelle Wert ist $1.13\,eV$. (Extrapolation der Sublimationswärme).

---

8. Kooperative Phänomene

8.1. Thermodynamisches Gleichgewicht und Nicht-Gleichgewicht

Wenn man die kondensierte Materie als System von kooperierenden (wechselwirkenden) Atomen oder Molekülen auffasst, stellt sich die Frage nach der Struktur, die ein gegebenes System im thermodynamischen Gleichgewicht hat, und wie diese Struktur von den thermodynamischen Grössen abhängt. Es stellt sich auch die Frage, ob die Struktur des Präparates kondensierter Materie, mit dem wir es zu tun haben, dem thermodynamischen Gleichgewicht entspreche.

(1) Thermodynamisches Gleichgewicht

Das thermodynamische Gleichgewicht wird durch Extremalprinzipien bestimmt. Welches Extremalprinzip anzuwenden ist, hängt von den Bedingungen ab, die dem System auferlegt werden. Im direkten Zusammenhang mit dem Experiment wählt man Bedingungen, die realisierbar sind, wie z.B. konstanten Druck, konstantes elektrisches Feld, konstante Temperatur, konstantes Volumen, etc.. Wenn man es auf theoretische Erkenntnisse abgesehen hat, soll man sich nicht scheuen, dem System in Gedanken auch Bedingungen aufzuerlegen, die unter Umständen nicht so einfach realisierbar sind, z.B. konstante Entropie. Einfache Beispiele von Extremalprinzipien sind folgende:

(a) Ein abgeschlossenes System strebt dem Zustand maximaler Entropie zu ("Wärmelehre", S.121); d.h. der Gleichgewichtszustand ist der Zustand maximaler Entropie.

(b) Wenn ein System in Kontakt ist mit einem Wärmereservoir der Temperatur T, und wenn die äusseren Parameter so fixiert sind, dass am oder vom System keine Arbeit geleistet wird, dann ist im thermodynamischen Gleichgewicht die Helmholtz'sche freie Energie $\Phi = U - TS$ minimal. ("Wärmelehre", S. 123-125).

Solange man nur an mechanische Arbeit denkt, wird man bei einem Gas oder einer Flüssigkeit das Volumen konstant halten, und einen festen Körper wird man ins Vakuum setzen, oder so fixieren, dass er Grösse und Form nicht ändern kann. Man kann aber auch an elektrische Arbeit denken und dazu ein Dielektrikum in einem Kondensator betrachten. Damit keine elektrische Arbeit geleistet wird vom oder am Dielektrikum, sei der Kondensator kurzgeschlossen.[1] Bei magnetisierbaren Systemen sind die magnetischen Randbedingungen in Betracht zu ziehen.

© Wenn ein System in Kontakt ist mit einem Wärmereservoir der Temperatur T, und wenn der Druck p konstant gehalten wird, dann ist im thermodynamischen Gleichgewicht die Gibbs'sche freie Energie $G = U - TS + pV$ minimal ("Wärmelehre", S. 125–127).

Diese Formulierung ist sehr speziell. Sie ist auf Gase und Flüssigkeiten zugeschnitten, und zudem ist nur mechanische Arbeit im Spiel. Eine allgemeinere Formulierung ist folgende:

©' Das System sei im Kontakt mit einem Wärmereservoir der Temperatur T. Die Arbeitsleistung erfolge bei konstant gehaltener intensiver Variable y_i. Die konjugierte extensive Variable sei x_i (d.h. $\delta A^b = y_i\, dx_i$, vgl. S. 194). Im thermodynamischen Gleichgewicht ist dann die Gibbs'sche freie Energie $G = U - TS - y_i x_i$ minimal

Aufgrund der Extremalprinzipien erwartet man, dass die Struktur eines Vielteilchensystems von den thermodynamischen Variablen, z.B. von p, $\vec{E}$, $\vec{H}$, T, abhängen kann. Ein drastisches Beispiel ist das Schmelzen eines Kristalls: Beim Überschreiten einer scharfen Temperatur wandelt sich ein Kristall, eine streng periodi-

---

[1] Was ausserhalb des Dielektrikums liegt, gehört nicht zum betrachteten System. Wichtig ist die Voraussetzung, dass die Kondensatorelektroden am Dielektrikum anliegen: Es gibt Kristalle mit einer permanenten elektrischen Polarisation. Bei nichtanliegenden Elektroden kann im Luftspalt ein elektrisches Feld entstehen, auch bei Kurzschluss.

sche – man kann auch sagen *geordnete Struktur* – , in die Flüssigkeit, eine *ungeordnete Struktur*, um. Offenbar spielt in diesem Falle der *Entropieterm*, $-TS$, eine Rolle in der Erniedrigung der Helmholtz'schen oder der Gibbs'schen freien Energie. Von einem tiefen Verständnis des Schmelzvorganges aufgrund molekularer Modelle ist man noch weit entfernt. An viel einfacheren Beispielen werden wir später zeigen, *wie bei Strukturumwandlungen der Entropieterm gegen die Energieterme "ausgespielt" wird.*

Man darf aber nicht glauben, dass der Entropieterm bei jedem Strukturproblem eine ausschlaggebende Rolle spiele. Wenn man sich z.B. überlegt, *warum NaCl die NaCl-Struktur hat (S.28) und nicht die CsCl-Struktur* (S.24), kommt man mit einer ganz einfachen Betrachtung zum Ziel. Wir gehen aus von den Ionenradien $r_{Na^+} = 0.95$ Å und $r_{Cl^-} = 1.81$ Å, wie sie sich aus quantenmechanischen Berechnungen ergeben. Sie sind in guter Übereinstimmung mit den Ionenradien, die man empirisch aus den Kristallstrukturen herleitet. Wenn man NaCl-Struktur annimmt, berühren sich Anion und Kation, d.h. der kürzeste Anion-Kation-Abstand ist $l = r_{Na^+} + r_{Cl^-} = 2.76$ Å. Wenn man hingegen annimmt, dass NaCl CsCl-Struktur hat, dann berühren sich die Cl^--Ionen und bestimmen die Strukturperiode

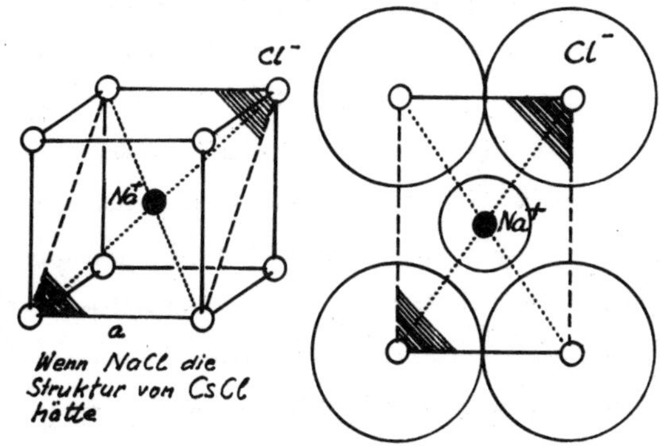

Wenn NaCl die Struktur von CsCl hätte

zu $a = 2r_{Cl^-}$. Der kürzeste Kation-Anion-Abstand ist $l = r_{Cl^-}\sqrt{3} = 3.14$ Å. Mit diesen Werten für l und den Madelungfaktoren α aus der Tabelle auf S. 365 berechnen wir die Coulombenergie $-\frac{\alpha e^2}{l}$. Wenn man die NaCl-Struktur annimmt, erhält man pro Ionenpaar -9.12 eV [2], und wenn man die CsCl-Struktur postu-

---

[2] Der kleine Unterschied im Betrag gegenüber der zweiten Tabelle auf S. 365 rührt davon her, dass wir hier die Pauling'schen Ionenradien und nicht die empirische Strukturperiode der Berechnung von l zugrundelegten.

liert, findet man -8.08 eV. Der Unterschied von rund 1 eV ist zu gross, als dass er durch einen möglichen Unterschied zwischen den Abstossungsenergien und zwischen den Schwingungsenergien wettgemacht werden könnte. Wenn man annimmt, dass die Gleichgewichtslage des Na^+-Ions in der hypothetischen CsCl-Struktur mit dem Gitterplatz zusammenfällt (obwohl es "herumlottern" könnte im Raume, der ihm zur Verfügung steht), sind beide Strukturen streng geordnet, und es kommt kein von einer Unordnung herrührender Entropieterm zur freien Energie hinzu (im Gegensatz zur Schmelze). Wenn wir uns auf diese Weise für die NaCl-Struktur entscheiden, haben wir im Grunde genommen vom folgenden Extremalprinzip Gebrauch gemacht:

ⓓ Bei <u>konstant gehaltener Entropie</u> ist im thermodynamischen Gleichgewicht die <u>innere Energie minimal.</u>

Subtiler als das obige Beispiel wäre die theoretische Entscheidung, ob RbCl im thermodynamischen Gleichgewicht die NaCl-Struktur oder die CsCl-Struktur haben sollte. Anhand der Ionenradien $r_{Rb^+} = 1.47$ Å und $r_{Cl^-} = 1.81$ Å, überlegt man sich sofort, dass <u>beide</u> Strukturen mit dem Anion-Kation-Abstand $l = r_{Rb^+} + r_{Cl^-}$ sterisch verträglich sind. Die Differenz der Coulomb-Energien der beiden Strukturen rührt allein von der kleinen Differenz (rund 1%) zwischen den Madelung-Faktoren (S. 365) her. Für die CsCl-Struktur wäre die Coulombenergie -4.39 eV. Sie läge um 0.07 eV tiefer als für die NaCl-Struktur. Diese Differenz ist so klein, dass man die Abstossungsenergie, die Schwingungsenergie, die van der Waals-Energie und eventuell sogar Vielkörperkräfte (S. 352) in die Betrachtung einbeziehen müsste. Dass das thermodynamische Gleichgewicht in diesem Falle delikat ist, zeigt auch folgende <u>Beobachtung</u>: Wenn man RbCl-Kristalle aus wässeriger Lösung oder aus der Schmelze züchtet, stellt sich die NaCl-Struktur ein. Wenn man hingegen RbCl-Dampf z.B. bei 77 °K kondensieren lässt, entsteht die CsCl-Struktur.

Bei der Substanz CsCl ist das Verhältnis der Ionenradien ebenfalls so, dass die beiden oben diskutierten Strukturtypen auf denselben Anion-Kation-Abstand $\ell = r_{Cs^+} + r_{Cl^-}$ führen. Das thermodynamische Gleichgewicht ist auch hier subtil: Wenn man CsCl mit der CsCl-Struktur über ca. 720 °K erhitzt, findet eine Strukturumwandlung in den NaCl-Typ statt.

② <u>Ausserhalb des thermodynamischen Gleichgewichtes</u>

Die oben beschriebene Beobachtung weist darauf hin, dass RbCl bei tiefen Temperaturen im thermodynamischen Gleichgewicht CsCl-Struktur hat. Wenn man aber einen RbCl Kristall, der NaCl Struktur hat, auf tiefe Temperaturen abkühlt, findet keine Strukturumwandlung statt, auch nicht bei "beliebig langsamem" Abkühlen. Dies hängt damit zusammen, dass die beiden Strukturen topologisch grundlegend verschieden sind. Die eine Struktur geht nicht in die andere über durch eine kleine Deformation, sondern durch eine <u>Rekonstruktion</u>. Bei der Temperatur, unterhalb welcher die CsCl-Struktur die tiefere freie Energie hat, ist die Rekonstruktionsgeschwindigkeit so klein, dass man die Struktur als "eingefroren" betrachten kann. Möglicherweise sind viele feste Körper, die uns umgeben bei Zimmertemperatur, <u>nicht</u> im Zustande tiefster freier Energie. Es gibt Fälle, wo der Zustand tiefster freier Energie rein hypothetisch ist, und Fälle, wo die Synthese so geführt werden kann, dass am Ende der thermodynamische Gleichgewichtszustand resultiert. Die Kondensation von RbCl-Dampf bei tiefer Temperatur ist möglicherweise ein Beispiel für den zweiten Fall.

Auch der flüssige Zustand entspricht nicht notwendigerweise dem Zustand tiefster freier Energie. Flüssigkeiten können weit unter den Gefrierpunkt abgekühlt werden unter geeigneten Vorsichtsmassnahmen. Gläser werden gelegentlich als unterkühlte Flüssigkeiten interpretiert. Die Viskosität ist so gross, dass ein fester Körper vorliegt.

8.2. Beispiele zur Phänomenologie der Phasenumwandlungen

8.2.1. Gas, Flüssigkeit und Kristall im thermodynamischen Gleichgewicht

① Die pVT - Fläche.

Wir betrachten ein Einstoffsystem mit konstanter Teilchenzahl N_0 im thermodynamischen Gleichgewicht. Als Beispiel nehmen wir das Edelgas Argon. Der Einfachheit halber lassen wir elektrische und magnetische Eigenschaften aus dem Spiel, und was die mechanischen Eigenschaften anbelangt, so betrachten wir nur das Verhalten des Systems unter hydrostatischem Druck. Als intensive Variable haben wir dann nur den Druck p und die Temperatur T. Die konjugierten extensiven Variablen sind das Volumen V und die Entropie S (S.194/195). Wir postulieren, dass das System eine thermische Zustandsgleichung habe, d.h. dass zwei der vier genannten Variablen als unabhängige Variablen betrachtet werden können, und sich eine dritte dann aus der Zustandsgleichung ergebe. (Bei nicht zu tiefer Temperatur und nicht zu kleinem Volumen ist bei unserem System die Zustandsgleichung des idealen Gases, $pV = RT$, eine Approximation.) Die Experimentatoren verschaffen sich einen Überblick über das Verhalten des Systems, indem sie p als Funktion von V und T auftragen. Man erhält so die pVT-Fläche. Die Figur stellt die Messungen an Argon dar (aus M.L. Klein and J.A. Venables: "Rare Gas Solids"). Beachte, dass das Volumen logarithmisch aufgetragen ist. In diesem Diagramm kommen drei verschiedene "Struktu-

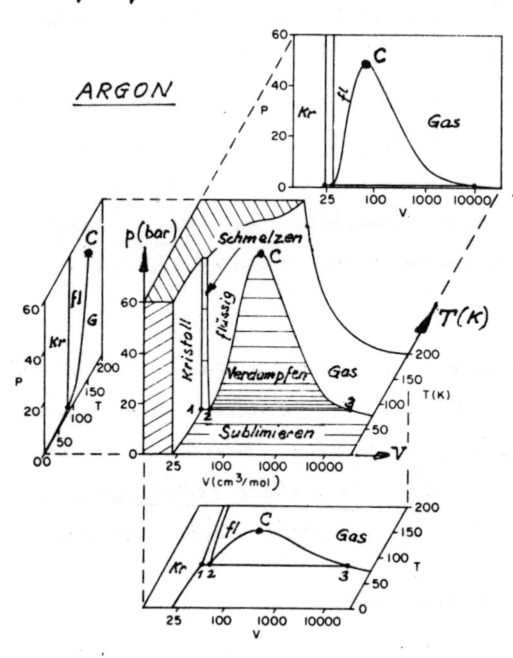

ren" (Aggregationszustände) von Argon vor: Gas, Flüssigkeit und Kristall. Man spricht auch von drei Phasen.

② Die Koexistenz verschiedener Phasen.

a) Flächenhafte Singularitäten der pVT-Fläche: Es gibt drei Stücke der pVT-Fläche, die der Koexistenz von je zwei Phasen entsprechen. In der Figur sind sie bezeichnet mit

Verdampfen : Koexistenz von Gas und Flüssigkeit. (Der Ingenieur spricht vom Nassdampfgebiet.)

Sublimieren : Koexistenz von Gas und Kristall

Schmelzen : Koexistenz von Flüssigkeit und Kristall

Jede der drei Koexistenzflächen ist eine Zylinderfläche, deren Mantellinien parallel zur V-Achse sind. Folgende Drucke würden demnach allein von der Temperatur abhängen: Der Dampfdruck der Flüssigkeit (Verdampfungsgebiet), der Dampfdruck des Kristalls (Sublimationsgebiet) und der Schmelzdruck des Kristalls (Schmelzgebiet).[3] Bei der Diskussion der Koexistenz von zwei oder mehreren Phasen spielt das folgende Theorem eine grosse Rolle:

> Wenn zwei Phasen im thermodynamischen Gleichgewicht koexistieren, sind die intensiven Variablen p, T und μ der einen Phase gleich den entsprechenden intensiven Variablen der andern Phase.

μ bedeutet das chemische Potential, im betrachteten Einstoffsystem die Gibbs'sche freie Energie pro Edelgasatom (S. 193 - 198). Wir werden den

---

3) Dies ist insofern offensichtlich, als elektrische und magnetische Variable nicht vorkommen, und der Druck im thermodynamischen Gleichgewicht nicht von der Substanzmenge abhängt. Weniger trivial ist die Diskussion der Situation, wenn man die Energie der Grenzfläche zwischen den beiden Phasen in die Überlegungen einbezieht. Wenn die Grenzfläche gekrümmt ist, ist der Druck auf beiden Seiten verschieden.

allgemeinen Beweis später geben (S. 394). Als Beispiel betrachten wir die Koexistenz der flüssigen Phase mit der Gasphase (s. "Wärmelehre", S. 137–139). Das System sei in Kontakt mit einem Wärmereservoir der Temperatur T. Wir nehmen eine Änderung des Volumens vor, die so langsam sei, dass das System dauernd im thermodynamischen Gleichgewicht ist. Dabei ändert sich das Quantitätsverhältnis der beiden Phasen. Die Qualitäten ändern sich nicht. Sie werden durch die intensiven Variablen bestimmt. Die Temperatur ist voraussetzungsgemäss konstant, und der Druck ist der Dampfdruck, der zu dieser Temperatur gehört. Bei einer Volumenvergrösserung treten Atome von der flüssigen Phase in die Gasphase (Dampfphase) über, und bei einer Volumenverkleinerung geschieht das Umgekehrte. Die Gibbs'sche freie Energie $G = U - TS + pV$ ändert sich dabei nicht, da die koexistierenden Phasen das gleiche chemische Potential haben. Die Helmholtz'sche freie Energie $\Phi = U - TS$ ändert sich nach Massgabe der geleisteten Arbeit, die wegen dem konstanten Druck als $\Delta A^{b} = -p(V_2 - V_1)$ geschrieben werden kann. (Beachte, dass die Energiebilanz bei einer solchen Volumenänderung ganz anders aussieht als bei der isothermen Volumenänderung des idealen Gases: Bei der Expansion des Systems wird dem Wärmereservoir mehr Wärme entzogen als der mechanischen Arbeitsleistung entspricht, weil Flüssigkeit verdampft. Siehe "Wärmelehre", S. 122.)

p
T
C
Koexistenz Flüssigkeit/Gas
X
V
V_{fl}
V_{Gas}

Für jeden Punkt X auf der Koexistenzfläche kann man die Verteilung der Teilchen auf die beiden Phasen eindeutig bestimmen anhand der pVT-Fläche: Man betrachtet dazu die beiden Schnittpunkte der Isotherme-Isobare durch X mit dem Rand der Koexistenzfläche. Der linke Schnittpunkt liefert die Teilchenzahldichte für die flüssige Phase und der rechte Schnittpunkt für die Gasphase. Diese beiden Teilchenzahldichten sind Qualitäten, die sich bei einer isothermen Volumenänderung des Systems im Koexistenzgebiet nicht ändern. Analoge Überlegungen gelten für das Sublimationsgebiet und für das Schmelzgebiet. Das letztere ist schmal, weil der Dichteunterschied zwischen der flüssigen und der kristallinen Phase klein ist. Am Konzept ändert sich aber nichts.

b) Die Tripellinie als singuläre Strecke auf der pVT-Fläche: Die Punkte auf der speziellen Isotherme-Isobare 1 – 2 – 3 (Figur S. 386) stellen Zustände des Systems dar, bei denen alle drei Phasen koexistieren können. Die Strecke 1 – 3 wird deshalb Tripellinie genannt. In der Projektion auf die pT-Ebene erscheint sie als Tripelpunkt. Die Qualitäten der koexistierenden Phasen ändern sich nicht, wenn man den Punkt, der den Zustand des Systems charakterisiert, auf der Tripellinie verschiebt. Es ändert sich nur das Quantitätsverhältnis. Die Teilchenzahldichten können der pVT-Fläche entnommen werden: Im Punkt 1 sind alle Teilchen in der kristallinen Phase, im Punkt 2 können alle Teilchen in der Flüssigkeitsphase sein, und im Punkt 3 sind alle Teilchen in der Gasphase.

Im Gegensatz zu einem Punkt innerhalb einer der Koexistenzflächen kann man für einen Punkt auf der Tripellinie das Quantitätsverhältnis der drei koexistierenden Phasen der pVT-Fläche nicht entnehmen: Wir bezeichnen die drei Phasen mit den Indices k (kristallin), f (flüssig) und g (gasförmig), die Teilchenzahlen mit N und die Teilchenzahldichten mit ϱ. Für den Punkt auf der Tripellinie, der dem Volumen V des Systems entspricht, gilt

$$(1) \qquad \frac{N_k}{\varrho_k} + \frac{N_f}{\varrho_f} + \frac{N_g}{\varrho_g} = V \qquad .$$

Die Erhaltung der Teilchenzahl fordert

$$(2) \qquad N_k + N_f + N_g = N_0$$

Die Qualitäten ϱ_k, ϱ_f und ϱ_g für die Tripellinie sind von der Natur vorgegeben. Der Experimentator hat N_0 und V gewählt. Kraft des Satzes auf S. 387 können bei der Tripelpunktstemperatur T_t und dem Tripelpunktsdruck p_t Teilchen von einer Phase in eine andere Phase übergeführt werden, ohne dass sich die Gibbs'sche freie Energie des Systems ändert, d.h. ohne dass das System aus dem thermodynamischen Gleichgewicht gerät. Die beiden Gleichungen (1) und (2) für die drei Unbekannten N_k, N_f und N_g lassen also (bei gewähltem N_0 und V) noch einen thermodynamischen Freiheitsgrad offen. Man kann dies auch auf folgende Weise einsehen: Bei gegebener Substanzmenge gilt für jeden Punkt auf der Tripelgeraden

$$(3) \quad G_t = U - T_t S + p_t V ,$$

wobei G_t, T_t und p_t durch die Natur der Substanz gegeben sind. Wenn man V festlegt, kann noch die Entropie S oder die innere Energie U variiert werden innerhalb der Grenzen, die durch das System der Gleichungen (1)(2) bestimmt sind. Ein Theoretiker kann deshalb auf die Idee verfallen, anstelle der pVT-Fläche die pVS-Fläche oder die pVU-Fläche aufzuzeichnen. Das letztere hat Max Planck getan für den Fall des Wassers in seinem Buch "Thermodynamik" (1897).

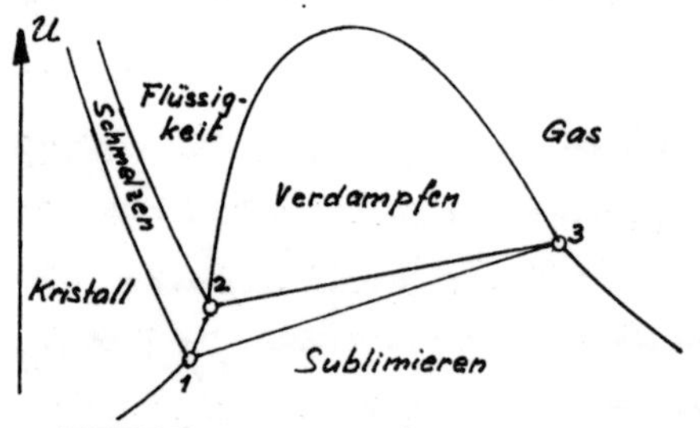

Bei einem System wie Argon, wo die kristalline Phase dichter ist als die flüssige Phase, sähe die Projektion der pVU-Fläche auf die VU-Ebene ungefähr gemäss der nebenstehenden Skizze aus. An die Stelle der Projektion der Tripellinie auf die VT-Ebene (S. 386) tritt das Planck'sche Fundamentaldreieck. Punkte auf den Seiten des Dreiecks 1,2,3 stellen Koexistenz von zwei Phasen, und Punkte im Innern Koexistenz von drei Phasen dar. Das Verhältnis der Teilchenzahlen lässt sich anhand des Dreiecks bestimmen.

Die Tripelpunktskoordinaten p_t, T_t der Edelgase findet man in der Tabelle auf S. 358. Sie unterscheiden sich stark von denjenigen des Wassers ($p_t = 4.6$ torr, $T_t = 0.01$ °C bei Wasser).

c) Der kritische Punkt C: Die Koordinaten des kritischen Punktes C sind die kritische Temperatur T_c, der kritische Druck p_c und das kritische Volumen V_c.[4] Für Temperaturen oberhalb der kritischen Temperatur gibt

---

4) V_c ist proportional zur Molzahl, während T_c und p_c unabhängig von der betrachteten Menge sind.

es keine Koexistenz einer Gasphase mit einer Flüssigkeitsphase. Wenn man sich z.B. bei festgehaltenem Volumen $V = V_c$ ausgehend von $T > T_c$ dem kritischen Punkte nähert, beginnt das System raumzeitlich zu schwanken zwischen einer gasähnlichen und einer flüssigkeitsähnlichen Struktur. Je näher man an den kritischen Punkt herankommt, umso langsamer verlaufen die Schwankungen, und umso grösser werden die gasähnlichen und die flüssigkeitsähnlichen Schwankungsgebiete. Nach dem Unterschreiten von T_c tritt schliesslich eine permanente Segregation in Gas und Flüssigkeit ein, die wir als Koexistenz im thermodynamischen Gleichgewicht gedeutet haben.

Die Flüssigkeit, wie sie knapp unterhalb der kritischen Temperatur in Koexistenz mit der Gasphase auftritt, unterscheidet sich stark von der Flüssigkeit, wie sie auf der Tripellinie in Koexistenz mit dem Kristall vorkommt. Typischerweise ist die Tripellinienflüssigkeit rund dreimal so dicht. Sie hat ganz andere Eigenschaften. Die Struktur der Tripellinienflüssigkeit wird weitgehend durch die Abstossung der Teilchen, d.h. durch "Packungsprobleme" bestimmt, während in der Nähe des kritischen Punktes die Anziehung der Teilchen (die nach S. 353 eine viel grössere Reichweite hat) die wichtige Rolle spielt.

d) Ein hypothetischer kritischer Punkt C': Man kann sich fragen, ob nicht auch das Schmelzgebiet in einem kritischen Punkt C' kulminieren würde, wenn man zu genügend hohen Drucken gehen könnte, wie die Figur aus dem "Lehrbuch der allgemeinen Chemie" von Wilhelm Ostwald (1896) suggeriert.

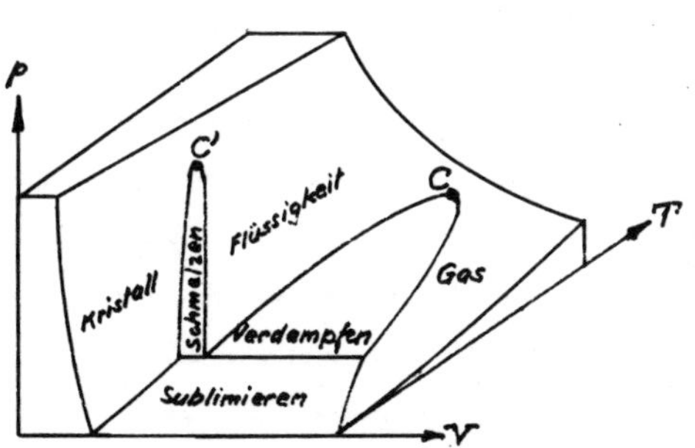

In Analogie zum kritischen Punkt C würde man erwarten, dass in der Nähe von C' die Struktur raumzeitlich zwischen einer flüssigkeitsähnlichen und einer kristallähnlichen Struktur schwankt. Wenn man diesen Zustand vom Kristall ausgehend beschreiben wollte, würde man sagen, dass die Periodizität der Kristallstruktur durch Defekte (Leerstellen, Atome auf Zwischengitterplätzen, Versetzungen) dermassen gestört sei, dass die Paarkorrelationsfunktion (S. 44-55) ihre Periodizität soweit verloren habe, dass sie ähnlich aussehe wie diejenige einer Flüssigkeit. Wenn man von der Flüssigkeit ausginge, würde man sagen, dass die Korrelationslänge so zugenommen habe, dass man von einer Periodizität mit beschränkter Reichweite sprechen könne (Figuren S. 48 und S. 52/53). Ein solcher kritischer Punkt ist bis jetzt noch nicht gefunden worden. Nach Landau sollte er nicht existieren.

③ Zur Vielfalt der pVT-Flächen

a) Helium: Helium verhält sich ganz anders als Argon, weil die Atommasse so klein ist, dass die Nullpunktsenergie eine grosse Rolle spielt.

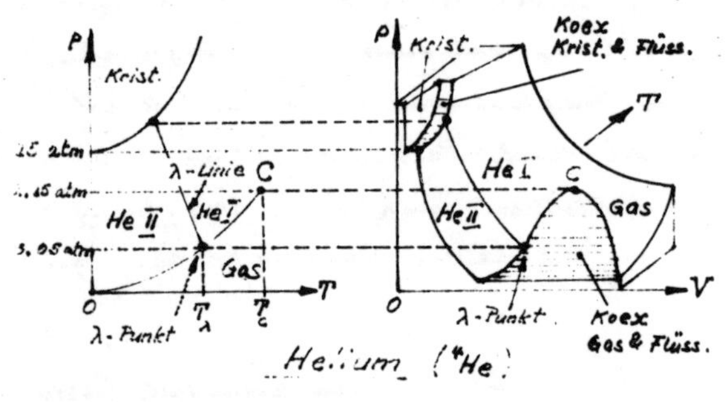

Helium (^4He)

Bei beliebig tiefen Temperaturen kann Helium noch im flüssigen Zustand sein. Besonders interessant ist das Auftreten von zwei verschiedenen flüssigen Phasen, dem normalflüssigen He I und dem superflüssigen He II. Die obige qualitative Skizze gibt einen Überblick über die pVT-Fläche.

b) Wasser: Bei der Kohäsion von Wasser und Eis spielen nicht die van der Waals Kräfte die ausschlaggebende Rolle, sondern die Wasserstoff-Bindung. Ganz roh kann man die Physik, die dahinter steckt, wie folgt beschreiben: Ähnlich wie Valenzelektronen als negativ geladene Teilchen in einem bindenden Orbital positiv geladene Atomrümpfe zusammenhalten (kovalente Bindung, S. 372/373), kann ein Proton, als verhältnismässig leichtes, positiv geladenes Teilchen, zwei negative Ionen zusammenhalten. Die Aufenthaltswahrscheinlichkeit des bindenden Protons ist durch die Quantenmechanik bestimmt.

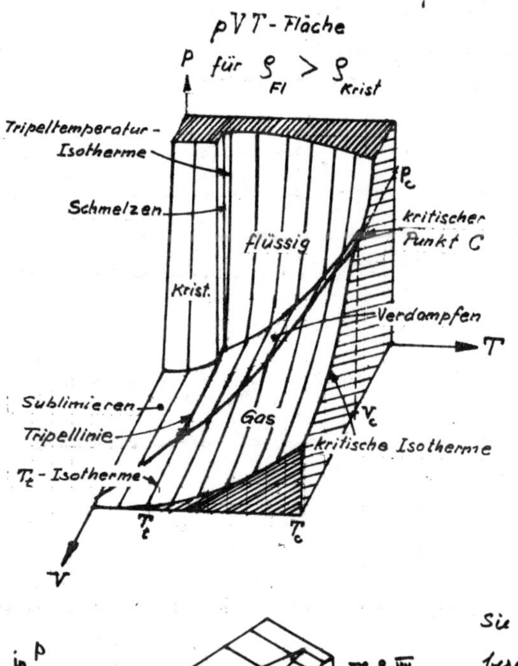

Die Topographie der pVT-Fläche von Wasser unterscheidet sich von derjenigen des Argons zunächst einmal dadurch, dass bei Drucken unter rund 1000 kg/cm² die Dichte der kristallinen Phase (Eis I) kleiner ist als die Dichte der flüssigen Phase. Die nebenstehende, rein qualitative Skizze soll nur den Zusammenhang mit der Figur auf S. 386 herstellen. Die nächste Figur zeigt, dass Wasser mehr als nur drei Phasen hat. Sie stellt einen viel grösseren Druckbereich dar als die erste Skizze, aber einen kleineren Temperaturbereich. Es treten bei Eis nicht weniger als acht verschiedene kristalline Phasen (I bis VIII) auf mit Koexistenzgebieten untereinander und mit der Flüssigkeitsphase. Verschiedene Flüssigkeitsphasen scheint es nicht zu geben.

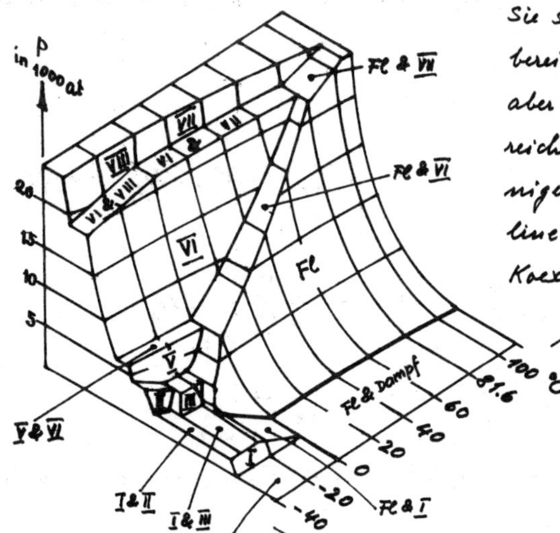

④ Universelle Aspekte

Angesichts der verschiedenen pVT-Flächen fragt sich der Physiker, ob das Studium der Phasenumwandlungen nicht in eine hoffnungslose "Botanik" hineinführe. Genau das Gegenteil ist wahr: Es sind universelle Aspekte entdeckt worden, die nicht nur in der Physik der kondensierten Materie eine Bedeutung haben.

8.2.2. Die Bedingung für die Koexistenz zweier Phasen im thermodynamischen Gleichgewicht.

Wir betrachten als Beispiel ein abgeschlossenes System von N_0 Teilchen in einem festen, thermisch isolierten Volumen. Die Bedingungen seien so gewählt, dass die flüssige Phase (Index α) mit der Gasphase (Index β) koexistiere.
Die Teilchen in einer allfälligen Grenzschicht zwischen den beiden Phasen werden vernachlässigt. Es ist dann

$$(4) \quad V_\alpha + V_\beta = V = \text{const.} \qquad N_\alpha + N_\beta = N_0 = \text{const.} \qquad U_\alpha + U_\beta = U = \text{const.}$$

Die Entropie S des Systems kann als Funktion extensiver Variablen aufgefasst werden (Gl. 75, S. 195)

$$(5) \quad S = S(U_\alpha, U_\beta, V_\alpha, V_\beta, N_\alpha, N_\beta)$$

Im thermodynamischen Gleichgewicht ist die Entropie des abgeschlossenen Systems maximal ("Wärmelehre," S. 121), sodass

$$(6) \quad dS = dS_\alpha + dS_\beta = 0$$

Benützt man die aus (4) folgenden Beziehungen $dV_\beta = -dV_\alpha$, $dN_\beta = -dN_\alpha$ und $dU_\beta = -dU_\alpha$ so folgt aus (5) und (6)

$$(7) \quad 0 = \left(\frac{\partial S_\alpha}{\partial U_\alpha}\right)_{V_\alpha N_\alpha} dU_\alpha + \left(\frac{\partial S_\alpha}{\partial V_\alpha}\right)_{U_\alpha N_\alpha} dV_\alpha + \left(\frac{\partial S_\alpha}{\partial N_\alpha}\right)_{U_\alpha V_\alpha} dN_\alpha - \left(\frac{\partial S_\beta}{\partial U_\beta}\right)_{V_\beta N_\beta} dU_\alpha - \left(\frac{\partial S_\beta}{\partial V_\beta}\right)_{U_\beta N_\beta} dV_\alpha - \left(\frac{\partial S_\beta}{\partial N_\beta}\right)_{U_\beta V_\beta} dN_\alpha$$

Die Änderungen dU_α, dV_α und dN_α sind unabhängig, sodass wegen (7)

$$(8) \quad \left(\frac{\partial S_\alpha}{\partial U_\alpha}\right)_{V_\alpha N_\alpha} = \left(\frac{\partial S_\beta}{\partial U_\beta}\right)_{V_\beta N_\beta}$$

$$(9) \quad \left(\frac{\partial S_\alpha}{\partial V_\alpha}\right)_{U_\alpha N_\alpha} = \left(\frac{\partial S_\beta}{\partial V_\beta}\right)_{U_\beta N_\beta}$$

$$(10) \quad \left(\frac{\partial S_\alpha}{\partial N_\alpha}\right)_{U_\alpha V_\alpha} = \left(\frac{\partial S_\beta}{\partial N_\beta}\right)_{U_\beta V_\beta}$$

Wir benützen nun die Euler'sche Darstellung der inneren Energie (Gl. 98, S. 199). Für ein homogenes System mit einer Teilchensorte gilt

(11) $$U(S,V,N) = TS - pV + \mu N \quad , \text{ woraus}$$

(12) $$\left(\frac{\partial S}{\partial U}\right)_{V,N} = \frac{1}{T} \; , \quad \left(\frac{\partial S}{\partial V}\right)_{U,N} = \frac{p}{T} \; , \quad \left(\frac{\partial S}{\partial N}\right)_{U,V} = -\frac{\mu}{T}$$

Die Anwendung der Gleichungen (12) auf die homogenen Teilsysteme a und b liefert mit (8), (9) und (10)

(13) $$\frac{1}{T_\alpha} = \frac{1}{T_\beta} \; , \quad \frac{p_\alpha}{T_\alpha} = \frac{p_\beta}{T_\beta} \; , \quad \frac{\mu_\alpha}{T_\alpha} = \frac{\mu_\beta}{T_\beta}$$

Damit haben wir die Gleichgewichtsbedingungen

(14) $$\boxed{T_\alpha = T_\beta \; , \quad p_\alpha = p_\beta \; , \quad \mu_\alpha = \mu_\beta}$$

Die Bedingung $T_\alpha = T_\beta = T$ ist erfüllt, wenn das System in Kontakt ist mit einem Wärmereservoir der Temperatur T. Zur Erfüllung der Bedingung $p_\alpha = p_\beta = p$ denken wir uns das System in Kontakt mit einem Druckreservoir ("Wärmelehre", S. 125/126). Dies genügt aber nicht: Bei nichtverschwindender Grenzflächenenergie muss die Grenzfläche <u>eben</u> sein. Damit ist der Satz von S. 387 bewiesen und etwas beleuchtet. Er gilt auch für die Koexistenz mehr als zwei Phasen.

Die Gleichheit der chemischen Potentiale spielt nicht nur beim Gleichgewicht zweier Phasen eine Rolle, sondern auch bei <u>Kontaktproblemen</u>: Der pn-Kontakt, zum Beispiel, ist im thermodynamischen Gleichgewicht, wenn das chemische Potential (des Elektronengases) auf beiden Seiten der Kontaktfläche gleich ist (S. 337). Die Analogie zur Phasengrenze zwischen Flüssigkeit und Gas ist offensichtlich: Auf der n-Seite ist die Konzentration der Elektronen gross, und auf der p-Seite ist sie klein; d.h. die n-Seite entspricht der Flüssigkeit und die p-Seite dem Gas.

8.2.3. Kondensation am kritischen Punkt C

Wir betrachten hier Zustände eines Einstoffsystems mit konstanter Teilchenzahl N_0 in der Nähe des kritischen Punktes C. Anstelle des Volumens V betrachten wir die Teilchenzahldichte $\varrho = \frac{N_0}{V}$ als thermodynamische Variable, und denken uns die pVT-Fläche entsprechend transformiert (S.386).

A. Die Koexistenzfläche, der Ordnungsparameter w und der kritische Exponent β.

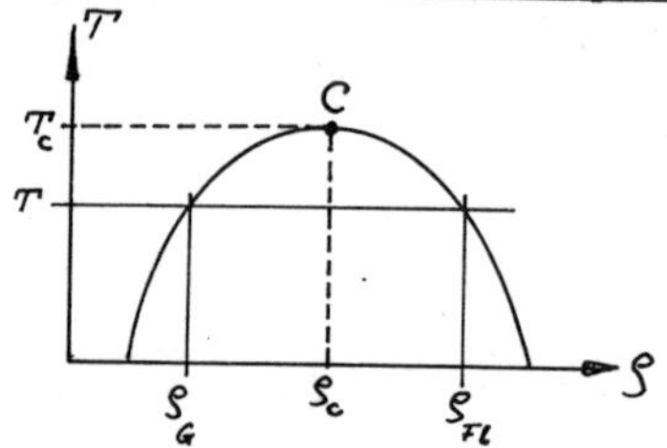

Die Skizze zeigt schematisch die Projektion der Koexistenzfläche Flüssigkeit / Gas auf die $T\varrho$-Ebene.

Das System sei in Kontakt mit einem Wärmebad der Temperatur T. Wenn V so gewählt wird, dass $\frac{N_0}{V} < \varrho_G$, existiert nur ein einziges Fluid; man nennt es "Gas". Bei $\varrho_G < \frac{N_0}{V} < \varrho_{Fl}$ koexistieren zwei Fluide, nämlich Gas (= Dampf) mit der Dichte ϱ_G und Flüssigkeit mit der Dichte ϱ_{Fl}. Bei $\frac{N_0}{V} > \varrho_{Fl}$ existiert wieder nur ein einziges Fluid; man nennt es "Flüssigkeit."

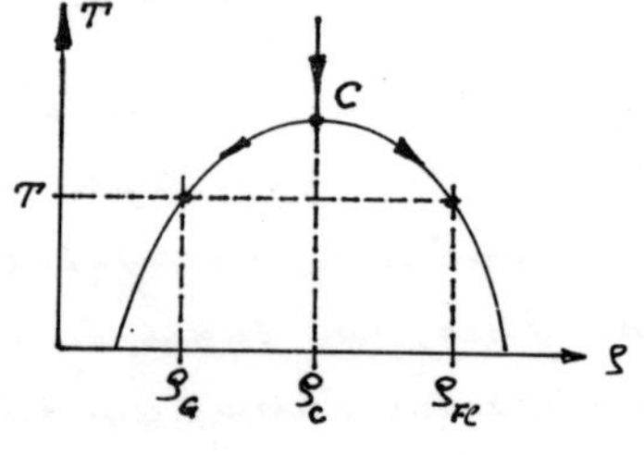

Betrachte den speziellen Fall $\frac{N_0}{V} = \frac{N_0}{V_c} = \varrho_c (= \text{const})$. Beim Abkühlen ausgehend von $T > T_c$ gelangt das System von einem Zustand, in dem nur ein Fluid existiert, an den kritischen Punkt C, und schliesslich bei $T < T_c$ in Zustände, wo Gas und Flüssigkeit koexistieren. Die Kondensation ist umso vollkommener, je grösser der Dichteunterschied zwischen den beiden Phasen ist. Man führt einen Ordnungsparameter w ein durch die Definition

$$(15) \quad w = \frac{\varrho_{Fl} - \varrho_G}{\varrho_{Fl} + \varrho_G}$$

Der Ordnungsparameter ist eine Funktion der Temperatur; bei $T > T_c$ ist $w(T) = 0$, und bei $T = T_c$ beginnt mit sinkender Temperatur ein steiler Anstieg. Die Extrapolation der Funktion $w(T)$ auf $T \to 0$

ergibt $w = 1$. Die Existenz einer scharfen kritischen Temperatur T_c weist

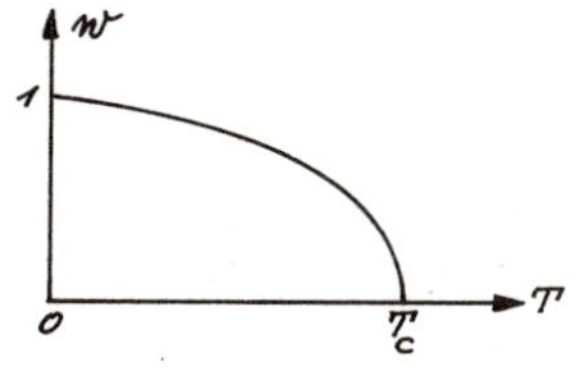

darauf hin, dass die Teilchen nicht unabhängig sind. Die Kondensation ist sozusagen eine "konzertierte Aktion", ein <u>kooperatives Phänomen.</u> Für die Stoffe, deren Koexistenzfläche Gas/Flüssigkeit genau untersucht wurde, findet man

$$(16) \qquad w(T) \propto (T_c - T)^{\beta}$$

mit $\beta \approx \frac{1}{3}$. β ist ein sog. <u>kritischer Exponent</u>. Wenn man das Koexistenzgebiet aus der van der Waals'schen Zustandsgleichung und der Maxwell'schen Konstruktion berechnet ("Wärmelehre" S. 139), erhält man $\beta = \frac{1}{2}$. Wir werden auf diese interessante Diskrepanz zwischen Experiment und van der Waals'schem Modell noch eingehen.

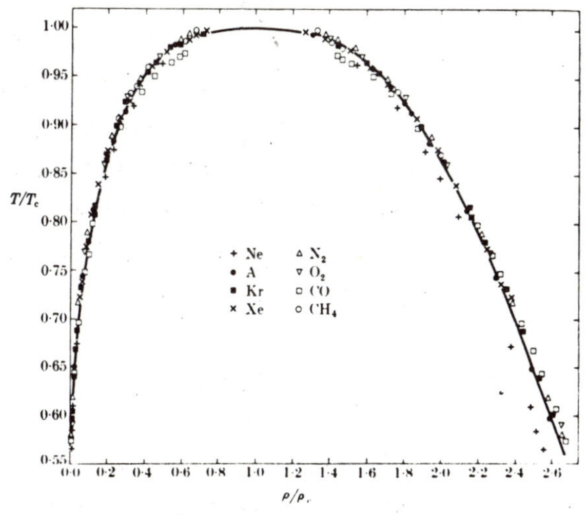

Die <u>universellen Eigenschaften</u> des Koexistenzgebietes zeigen sich klar, wenn man T/T_c gegen ϱ/ϱ_c aufträgt: Für ganz verschiedene Stoffe erhält man dieselbe Kurve (aus dem Buch von H.E. Stanley: "Phase Transitions and Critical Phenomena").

<u>B. Die isotherme Kompressibilität und der kritische Exponent γ</u>

Die isotherme Kompressibilität κ_T verknüpft die extensive Variable V mit der konjugierten intensiven Variablen p

$$(17) \qquad \kappa_T = -\frac{1}{V}\left(\frac{\partial V}{\partial p}\right)_T .$$

Wenn man die Kompressibilität mit dem Ordnungsparameter w in Zusammenhang bringen will, wählt man die Darstellung

(18) $$\kappa_T = \frac{1}{\rho}\left(\frac{\partial \rho}{\partial p}\right)_T$$

"Kompressibilität" und "Suszeptibilität" sind analoge Begriffe. Als Beispiel betrachten wir die dielektrische Suszeptibilität. Sei $\mathcal{P}$ das elektrische Dipolmoment eines Dielektrikums vom Volumen V, das durch ein homogenes elektrisches Feld der Stärke E polarisiert werde. Die isotherme dielektrische Suszeptibilität χ_T ist definiert als [5]

(19) $$\chi_T = \frac{1}{V}\left(\frac{\partial \mathcal{P}}{\partial E}\right)_T$$

in vollkommener Analogie zu (17) und (18). [5]

Betrachte die Projektion der pVT-Fläche auf die pV-Ebene, insbesondere die Isothermen $p = p(V)$. Wir interessieren uns für die isotherme Kompressibilität beim kritischen Volumen $V = V_c$. Wie die Skizze zeigt, divergiert $\left(\frac{\partial V}{\partial p}\right)_{V=V_c}$, wenn sich die Temperatur von oben der kritischen Temperatur T_c nähert. Damit divergiert die isotherme Kompressibilität nach (17). Die Divergenz kann approximiert werden durch

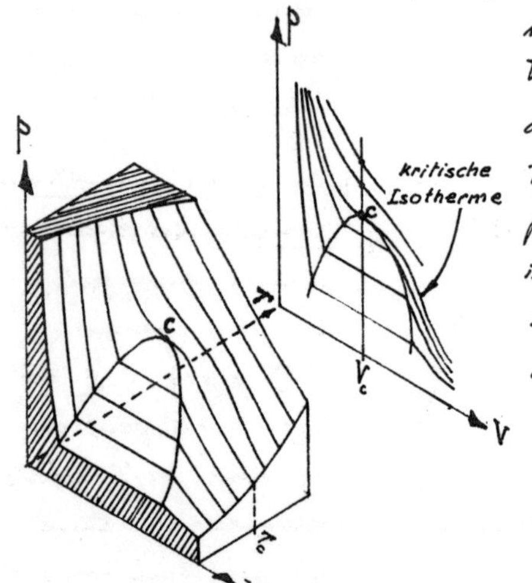

$$\kappa_T \propto (T - T_c)^{-\gamma} \qquad (20)$$

Auch hier zeigt sich ein universeller Aspekt, indem bei allen Gasen, die bisher genauer untersucht worden sind, der kritische Exponent γ in der Nähe von 1.3 liegt.

<u>Kritische Opaleszenz:</u> Die auf S. 391 erwähnten raumzeitlichen Schwan-

---

[5] Die dielektrische Polarisation P ist definiert als $P = \mathcal{P}/V$ und die dielektrische Suszeptibilität χ als $\chi = \frac{\partial P}{\partial E}$ in e.s.u. und $\chi = \frac{1}{\varepsilon_0}\frac{\partial P}{\partial E}$ im S.I. ("Elektrizität und Magnetismus", S. 56-58).

kungen sind Dichteschwankungen, und nach (15) damit auch Schwankungen des Ordnungsparameters. An den Dichteschwankungen wird Licht gestreut ("Elektrizität und Magnetismus", S. 249 - 252). Die starke Streuung, die in der Nähe des kritischen Punktes auftritt, wird kritische Opaleszenz genannt. Es besteht ein fundamentaler Unterschied zwischen den Schwankungen, die zur kritischen Opaleszenz Anlass geben und den Schwankungen, die die Brillouin-Streuung verursachen (S. 105 - 110):

Bei der kritischen Opaleszenz ist die Dynamik der Schwankungen durch eine Differentialgleichung vom Typ der Diffusionsgleichung ("Wärmelehre," S. 51) gegeben. Man spricht von "zerfliessenden" Schwankungen, von Temperatur- und Entropieschwankungen. Im Streuspektrum tritt keine verschobene, sondern eine verbreiterte Spektrallinie auf. Die Verbreiterung nimmt ab, wenn die Schwankungen langsamer werden. Bei der Brillouin-Streuung hingegen ist die Dynamik der Schwankungen durch die Differentialgleichung elastischer Wellen gegeben. Die Brillouin-Verschiebung im Streuspektrum kann als Dopplereffekt oder Modulationsseitenband interpretiert werden.

C. Die kritische Isotherme und der kritische Exponent δ

Wir betrachten die kritische Isotherme $p(V)\big|_{T=T_c}$. Der kritische Punkt ist ein Wendepunkt. Die experimentellen Daten für die Gase, die bisher eingehend untersucht wurden, zeigen dass in der Nähe von V_c

(21) $$p - p_c \propto (V_c - V)^\delta ,$$

wobei der kritische Exponent δ zwischen 4 und 5 liegt. Man kann auch schreiben

(22) $$p - p_c \propto (\rho - \rho_c)^\delta$$ [6)]

D. Die Kondensation am kritischen Punkt als Phasenumwandlung 2. Art.

Im speziellen Fall der Abkühlung des Systems bei $\frac{N_0}{V} = \frac{N_0}{V_c} = \rho_c$

---

6) Da man die Teilchenzahl als konstant betrachtet, ist

$$(V_c - V)^\delta \propto \left(\frac{1}{\rho_c} - \frac{1}{\rho}\right)^\delta = \left(\frac{\rho - \rho_c}{\rho\rho_c}\right)^\delta \cong \left(\frac{\rho - \rho_c}{\rho_c^2}\right)^\delta$$

(d.h. bei konstant gehaltenem Volumen $V = V_c$) tritt es in das Koexistenzgebiet der flüssigen und der gasförmigen Phase an einem Punkte ein, wo diese Phasen die gleiche Dichte $\varrho_{Fl} = \varrho_{Gas} = \varrho_c$ haben.[7] Der Ordnungsparameter w (definiert durch Gl. 15, S. 396) steigt beim Unterschreiten der kritischen Temperatur T_c von null ausgehend kontinuierlich an, wie auf S. 397 skizziert ist. Man spricht in diesem Falle von einer Phasenumwandlung zweiter Art [8].

8.2.4. Die binäre Flüssigkeit: Mischung und Entmischung

Wenn man von extremen Drucken und Temperaturen absieht, kann man Paare von Flüssigkeiten A und B nach ihrer Mischbarkeit in drei Klassen einteilen:

1) Flüssigkeiten, die sich in jedem Verhältnis mischen lassen, wie z.B. Wasser und Aethylalkohol.

---

7) Von den Schwankungen sehen wir hier ab.

8) Diese Bezeichnung stammt wahrscheinlich aus dem letzten Jahrhundert. Bei einer Phasenumwandlung, wie Schmelzen oder Erstarren, wird Wärme zugeführt bzw. entzogen, ohne dass sich die Temperatur ändert. Man spricht von "latenter" Wärme (vgl. S. 114). Ein solcher Vorgang wurde Phasenumwandlung "erster Art" genannt. Im Gegensatz dazu tritt am kritischen Punkt C keine latente Wärme auf, weil hier der Unterschied zwischen den Eigenschaften der beiden koexistierenden Phasen unendlich klein ist. Man klassifizierte diesen Fall als "zweite Art". In der neueren Literatur findet man oft die Begriffe "Phasenumwandlung erster Ordnung" und "Phasenumwandlung zweiter Ordnung", je nachdem, ob der Ordnungsparameter als Funktion einer thermodynamischen Variablen (z.B. der Temperatur) bei einem kritischen Wert springt, oder sich kontinuierlich ändert (wie in der Skizze auf S. 397). Der Begriff der "Ordnung" einer Phasenumwandlung kommt von der Theorie her. "Art" und "Ordnung" sind nicht identische Begriffe.

2) Flüssigkeiten, die sich nicht mischen lassen, wie z.B. Wasser und Paraffinöl.

3) Flüssigkeiten, die sich oberhalb einer kritischen Temperatur T_c in einem beliebigen Verhältnis mischen lassen und unterhalb T_c im thermodynamischen Gleichgewicht <u>segregiert</u> sind, indem eine Phase, in der wenig A in B gelöst ist, koexistiert mit einer Phase, in der wenig B in A gelöst ist.[9]

Die dritte Klasse ist für den Physiker von besonderem Interesse, da ihr Studium mit den in den Abschnitten 8.2.1. und 8.2.3. angetönten universellen Aspekten im Zusammenhang steht.

A. Ein Demonstrationsexperiment.

Anilin

Cyclohexan

Ein klassisches Beispiel für die Klasse 3 ist das Paar Anilin/Cyclohexan. Fünf abgeschmolzene Ampullen enthalten Anilin und Cyclohexan in verschiedenen Mengenverhältnissen unter dem Dampfdruck der Mischung bzw. der Segregate. Die Füllungsverhältnisse sind ungefähr

	Ampulle No.				
	I	II	III	IV	V
Gewichtsprozent Anilin	63.2	55.3	47.0	38.5	31.1
Gewichtsprozent Cyclohexan	36.8	44.7	53.0	61.5	68.9
Mischungstemperatur °C	28.8	30.1	30.5	29.8	29.3

Beobachtungen

(1) <u>Zimmertemperatur</u>: In jeder Ampulle sind im thermodynamischen

---

9) Es gibt Fälle, wo das Segregationsgebiet (das Koexistenzgebiet zweier Phasen) nicht nur eine obere, sondern auch eine untere Temperaturgrenze hat.

Gleichgewicht zwei Flüssigkeitsphasen sichtbar. Unten ist eine anilinreiche Mischung ("eine gesättigte Lösung von Cyclohexan in Anilin"), und darüber liegt eine anilinarme Mischung ("eine gesättigte Lösung von Anilin in Cyclohexan"). Es ist nicht möglich, durch Schütteln eine homogene Mischung zu erzwingen. Die anilinreiche Phase sammelt sich nach kurzer Zeit wieder unten in der Ampulle, und die anilinarme Phase schwimmt obenauf. Der Meniskus zwischen den beiden Phasen ist gut sichtbar.

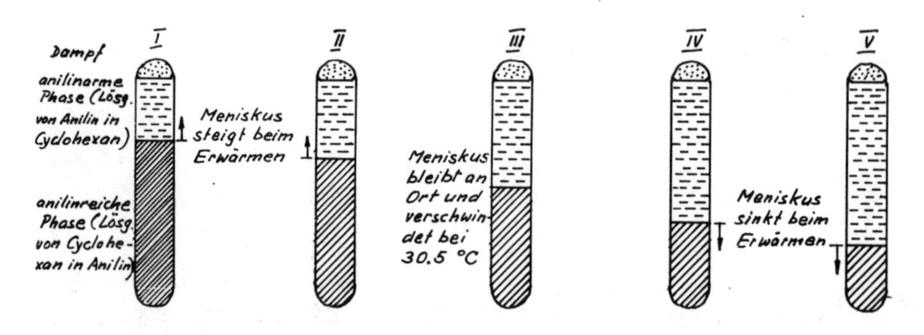

Wenn alle Ampullen auf derselben Temperatur sind, ist im thermodynamischen Gleichgewicht die Zusammensetzung der anilinreichen Phase in allen Ampullen dieselbe, und das entsprechende gilt für die Zusammensetzung der anilinarmen Phase. Die beiden Zusammensetzungen hängen nur von der Temperatur ab [10].

② $T > T_c = 30.5\,°C$: Anilin und Cyclohexan sind in jedem Verhältnis mischbar. Beim blossen Erwärmen dauert es sehr lange, bis sich das Gleichgewicht, d.h. eine homogene Flüssigkeit, eingestellt hat. Durch Schütteln kann diese Zeit im Demonstrationsexperiment abgekürzt werden.

③ Erwärmung von Zimmertemperatur ausgehend : Der Meniskus zwischen den beiden Flüssigkeitsphasen steigt in den Ampullen I und II mit

---

[10] Streng genommen ist dies nur richtig, wenn der Beitrag der Gravitationsenergie zum chemischen Potential sowohl für das Anilin als auch für das Cyclohexan vernachlässigt werden kann (S. 196).

steigender Temperatur [11]. Dies ist leicht zu verstehen: In diesen Ampullen überwiegt das Anilin, sodass sich mit steigender Temperatur mehr Cyclohexan in Anilin lösen kann, als Anilin in Cyclohexan. Die anilinreiche Phase wächst auf Kosten der anilinarmen Phase. Bei 28.8 °C ist der Meniskus zwischen den beiden Phasen oben in der Ampulle I angelangt, und es ist nur noch eine <u>einzige</u> homogene Flüssigkeit vorhanden bei $T \geq 28.8$ °C. In der Ampulle II ist die entsprechende Temperatur höher, nämlich 30.1 °C. Die verbleibende Flüssigkeit ist immer noch als "anilinreich" zu klassifizieren, da die Ampullen II und III mehr Anilin als Cyclohexan enthalten. In der <u>Ampulle III</u> bleibt der Meniskus beim Erwärmen annähernd an Ort. Es löst sich etwa gleichviel Cyclohexan in Anilin wie Anilin in Cyclohexan. Der Unterschied in der Zusammensetzung der anilinreichen und der anilinarmen Phase verschwindet schliesslich bei der <u>kritischen Temperatur</u> $T_c = 30.5$ °C, und der Meniskus hört auf zu existieren. Die Ampulle III enthält ein ganz spezielles Mengenverhältnis, das sog. <u>kritische Verhältnis</u>. In den <u>Ampullen IV und V</u> sinkt der Meniskus zwischen den beiden Flüssigkeitsphasen. In der Ampulle IV ist er bei $T = 29.8$ °C am Boden angelangt, sodass für $T \geq 29.8$ °C nur eine <u>einzige</u> homogene Flüssigkeit existiert. In der Ampulle V liegt die entsprechende Temperatur tiefer, nämlich bei 29.3 °C. Die verbleibende Flüssigkeit ist als anilinarm zu klassifizieren, da die Ampullen IV und V mehr Cyclohexan als Anilin enthalten.

Dieses Experiment gibt Auskunft über den <u>Bereich der Koexistenz von zwei Flüssigkeitsphasen</u> und über deren Zusammensetzung. Man kann z.B. die Temperatur, oberhalb der nur eine einzige Flüssigkeit vorhanden ist, auftragen als Funktion des Gewichtsanteils von Cyclohexan bzw. Anilin, der in die verschiedenen Ampullen eingewogen wurde (Tabelle S. 401).

---

[11] Wenn man dieses Experiment in einer Vorlesung demonstrieren will, muss man die Ampullen nach jeder Temperaturerhöhung schütteln und dann warten, bis sich die dichtere Phase (sofern noch eine solche existiert) abgesetzt hat. Bei genauen Messungen muss man tagelang warten, bis sich das System dem thermodynamischen Gleichgewicht genügend genähert hat.

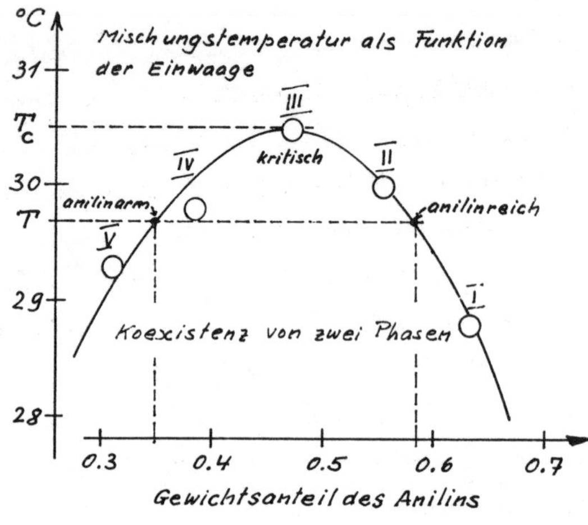

Die Zusammensetzung der koexistierenden Flüssigkeiten hängt nur von der Temperatur ab im thermodynamischen Gleichgewicht. Man kann sie ablesen auf der skizzierten Kurve: Der linke Schnittpunkt mit einer Geraden $T = const$ gibt die Zusammensetzung der anilinarmen Phase und der rechte Schnittpunkt die Zusammensetzung der anilinreichen Phase.

Die Analogie zwischen der Entmischung und der Kondensation (S. 396) ist offensichtlich:

Kondensation ↔	Entmischung
flüssige Phase ↔	anilinreiche Phase (α-Phase)
ρ_{Fl} ↔	Anilinkonzentration in α-Phase c_2
Gasphase ↔	anilinarme Phase (β-Phase)
ρ_G ↔	Anilinkonzentration in β-Phase c_1

④ Abkühlung der homogenen Mischung ausgehend von $T > T_c$: Man beobachtet, dass sich die Flüssigkeit trübt beim Unterschreiten einer gewissen Temperatur. Bei der Ampulle III stimmt die Trübungstemperatur mit der Mischungstemperatur etwa überein, bei den übrigen

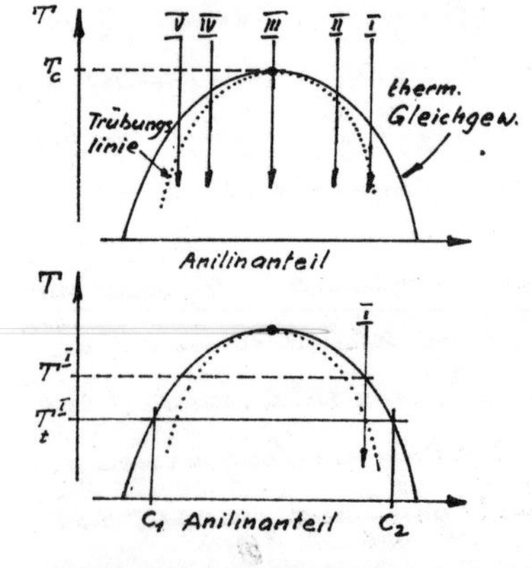

Ampullen liegt sie etwas tiefer als die Grenze des Koexistenzgebietes für das thermodynamische Gleichgewicht. Die Trübung kann wie folgt interpretiert werden: In der Ampulle I z.B. bilden sich beim Unterschreiten der Trübungstemperatur T_t^I Bereiche mit der Anilinkonzentration c_1 und Bereiche mit der Anilinkonzentration c_2. Wegen dem Unterschied im

Brechungsindex wird Licht gestreut. Interessant ist die Beobachtung, dass die Trübung nicht schon bei der Temperatur T^I einsetzt, wo die Koexistenz zweier Phasen im thermodynamischen Gleichgewicht gerade möglich wird, sondern dass das System unterkühlt, d.h. in einen Zustand ausserhalb des thermodynamischen Gleichgewichts gebracht werden muss. Die Erklärung liegt in der Energie der Grenzfläche zwischen der anilinreichen und der anilinarmen Phase. In der Ampulle III herrschen besondere Verhältnisse. Sie enthält die kritische Mischung. Die beiden Phasen unterscheiden sich im Raummittel nicht bei T_c. Die Trübung wird hier schon bei Annäherung an T_c durch raumzeitliche Schwankungen der Zusammensetzung der Mischung verursacht. Man beobachtet das Phänomen der kritischen Opaleszenz (S. 398/399).

B. Der Ordnungsparameter

Für den Anfänger ist das Verhalten der kritischen Mischung von besonderem Interesse, und wir wollen uns im folgenden diesem Fall zuwenden. Bei $T > T_c$ kann man sagen, dass vollkommene Unordnung herrscht, in dem Sinne, dass Anilin und Cyclohexan völlig durchgemischt sind. Beim Unterschreiten von T_c beginnt sich das System zu ordnen, indem die Anilin- und Cyclohexanmoleküle räumlich sortiert werden. Die Sortierung ist anfänglich recht unvollkommen. Mit sinkender Temperatur wird sie indessen immer besser, und die Extrapolation der Zusammensetzungskurve gegen $T = 0$ ergibt vollkommene Ordnung, d.h. eine Trennung in reines Anilin und reines Cyclohexan. Man kann nun einen Ordnungsparameter w einführen, der null ist im vollständig ungeordneten Zustand, d.h. bei $T > T_c$, und der den Wert +1 (oder -1) hat im vollständig geordneten (segregierten) Zustand. Die Differenz der Anteile des Anilins zwischen der anilinreichen Phase (α-Phase) und der anilinarmen Phase (β-Phase) wäre ein solcher Parameter. Wenn

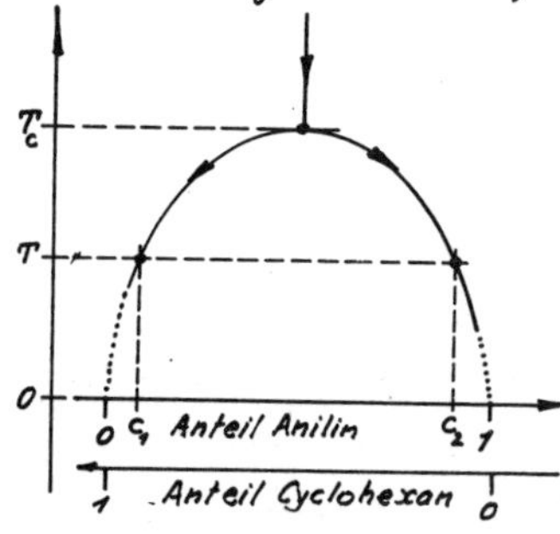

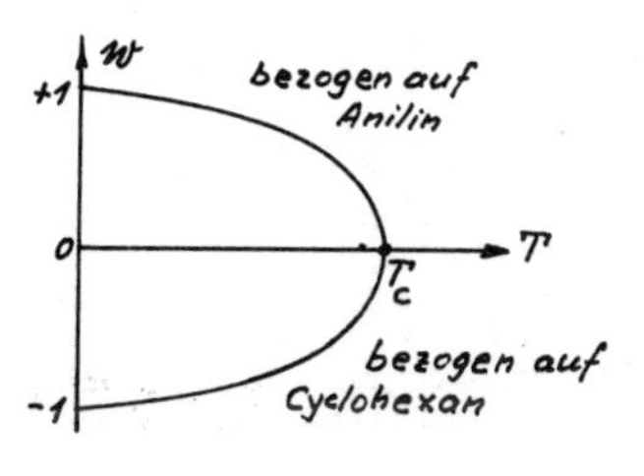

man anstelle des Anilinanteils den Cyclohexananteil setzt, ist im vollständig geordneten Zustand $w = -1$ statt $w = +1$.

C. Universelle Aspekte.

Der Anstieg des Betrages des Ordnungsparameters, der beim Unterschreiten der kritischen Temperatur T_c beobachtet wird, lässt sich analog zum Fall der Kondensation durch einen kritischen Exponenten β charakterisieren (Gl. 16, S. 397). Man findet für die verschiedenen Flüssigkeitspaare, die bisher näher untersucht worden sind, β-Werte in der Nähe von $\frac{1}{3}$, wie bei der Kondensation. Die Universalität erstreckt sich also nicht nur über verschiedene Stoffe bei einem bestimmten Phänomen (zum Beispiel bei der Entmischung), sondern auch über verschiedene Phänomene (zum Beispiel Entmischung, Kondensation, ...).

Auch beim Entmischungsproblem kann man einen kritischen Exponenten γ definieren (vgl. S. 398). Er beschreibt das Verhalten der isothermen osmotischen Kompressibilität der Mischungskomponenten, und kann elegant bestimmt werden durch Untersuchung der kritischen Opaleszenz. Auch hier bestätigt sich die erweiterte Universalität: Man findet γ-Werte in der Nähe von 1.3, wie bei der Kondensation.

8.2.5. Unordnung und Ordnung in β-Messing

A. Experimentelle Tatsachen

β-Messing ist eine Legierung, die aus ungefähr gleich vielen Kupfer- und Zinkatomen besteht. Zur Beschreibung der Struktur denkt man sich zwei gleiche, kubisch-primitive Punktgitter α und β, die so ineinandergestellt sind, dass das eine Gitter die Innenzentrierung des andern darstellt. Oberhalb einer kritischen Temperatur $T_c \triangleq 470\ °C$ sind die Cu- und die Zn-Atome regellos auf die α- und β-Plätze verteilt, wobei in guter Näherung alle Plätze besetzt sind. Dies ist der ungeordnete Zustand. Wenn die Temperatur unter die kritische Temperatur T_c sinkt, beginnt sich die Legierung zu ordnen, indem sich die Cu-Atome bevorzugt auf den Plätzen des einen und die Zn-Atome bevorzugt auf den Plätzen des anderen Untergitters ansiedeln. Dies geschieht durch Diffusion. Bei vollkommener Ordnung wären alle Cu-Atome auf α-Plätzen und alle Zn-Atome auf β-Plätzen, oder umgekehrt. Vollständige Ordnung lässt sich nicht realisieren, da der Diffusionsvorgang mit sinkender Temperatur immer langsamer wird. Experimentell äussert sich die Ordnungs-Unordnungs-Umwandlung auf viele Weisen:

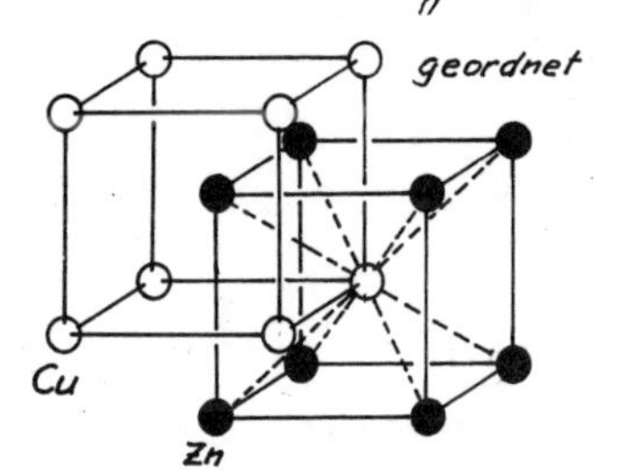

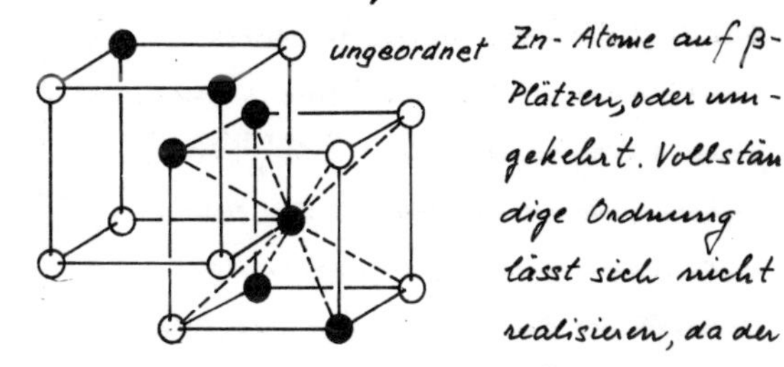

① Kohärent-elastische Streuung von Röntgenstrahlen oder thermischen Neutronen: Die vollständig geordnete Struktur ist kubisch-primitiv mit zweiatomiger Basis, wie CsCl (S. 24). Es treten keine systematische Auslöschungen auf (S. 101). Die Streudichteverteilung in der ungeordneten Struktur kann zerlegt werden in eine periodische Verteilung, die einer kubisch-innenzentrierten Struktur mit einatomiger Basis entspricht, wobei die Streudichte eines Atoms das Mittel zwischen Cu und Zn darstellt, und eine nichtperiodische Verteilung, die durch den Unterschied zwischen den Streudichten der Cu- und Zn-Atome zustande kommt. Der erste Beitrag gibt Anlass zu scharfen Bragg'schen Reflexen, wobei die systematischen Auslöschungen der kubisch-innenzentrierten Struktur auftreten; der zweite Beitrag verursacht diffuse Streuung, ähnlich wie bei einer Flüssigkeit (S. 93-96).

② Anomalie der spezifischen Wärme: Dem normalen Anstieg, wie er etwa durch die Debye'sche Theorie wiedergegeben wird, (S. 112) ist eine Spitze überlagert, deren Maximum bei T_c liegt.

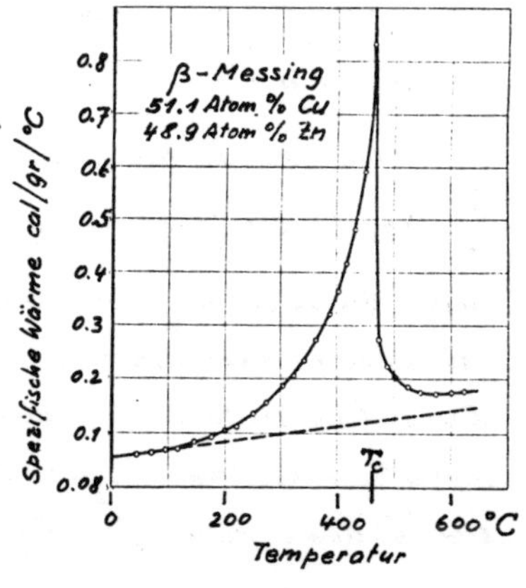

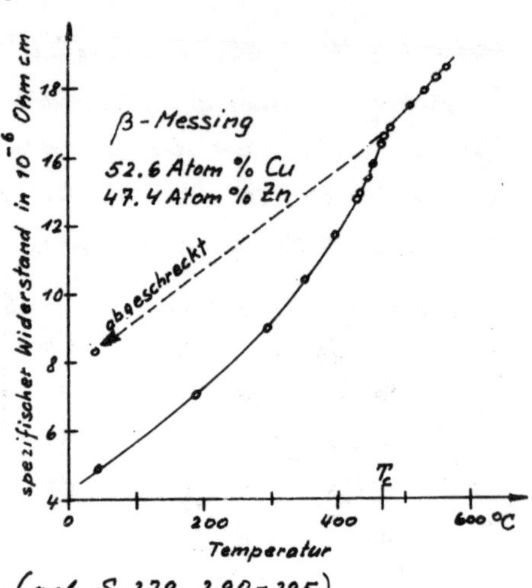

③ Elektrischer Widerstand: Im geordneten Zustand hat β-Messing einen kleineren Widerstand als bei gleicher Temperatur im ungeordneten Zustand, der durch plötzliches Abkühlen (Abschrecken) von einer Temperatur $T > T_c$ auf eine genügend tiefe Temperatur $T < T_c$ "eingefroren" werden kann. Der zusätzliche Widerstand des ungeordneten Materials ist auf die Störung der Periodizität der Struktur zurückzuführen (vgl. S. 279, 290–295).

B. Definition eines Ordnungsparameters

Der Einfachheit halber betrachten wir einen Kristall, der aus N_0 Cu-Atomen und gleichvielen Zn-Atomen besteht. Die Zahl der Leerstellen und die Zahl der Atome auf Zwischengitterplätzen ist vernachlässigbar bei Temperaturen weit unterhalb des Schmelzpunktes, sodass man sich vorstellen darf, dass sich die N_0 Cu-Atome und die N_0 Zn-Atome auf $2N_0$ Gitterplätze verteilen, von denen N_0 dem α-Untergitter und N_0 dem β-Untergitter angehören. Ein Ordnungsparameter w, der bei vollkommener Unordnung null ist und bei vollkommener Ordnung den Wert +1 oder −1 hat, kann wie folgt definiert werden:

$$
(23)\left\{
\begin{array}{ll}
\text{Anzahl der A-Atome auf } \alpha\text{-Plätzen} = \dfrac{(1+w)N_0}{2} & \text{, sodass} \\
\text{Anzahl der A-Atome auf } \beta\text{-Plätzen} = \dfrac{(1-w)N_0}{2} & \text{, und} \\
\text{Anzahl der B-Atome auf } \beta\text{-Plätzen} = \dfrac{(1+w)N_0}{2} & \text{, und} \\
\text{Anzahl der B-Atome auf } \alpha\text{-Plätzen} = \dfrac{(1-w)N_0}{2} &
\end{array}
\right.
$$

Durch Vertauschung der Untergitter oder der Atomsorten geht w in $-w$ über; $+w$ und $-w$ entsprechen also <u>demselben</u> physikalisch-chemischen Zustand. Der durch (23) definierte Ordnungsparameter beschreibt den Ordnungszustand nur sehr unvollständig. Insbesondere gibt er keine Auskunft über die Ordnung und Unordnung im kleinen.

Bereichen, z.B. über den Bruchteil von Paaren nächster Nachbarn mit gleichen bzw. ungleichen Partnern. Als extremes Beispiel kann man sich einen Kristall denken, bei dem die linke Hälfte den Ordnungsparameter $w = +1$ und die rechte Hälfte den Ordnungsparameter -1 hat. Der Ordnungsparameter für den ganzen Kristall ist dann null, obwohl man es mit einem hochgeordneten Zustand zu tun hat. Der oben eingeführte Ordnungsparameter beschreibt die Ordnung bzw. Unordnung in grossen Gebieten und wird deshalb auch Fernordnungsparameter genannt.

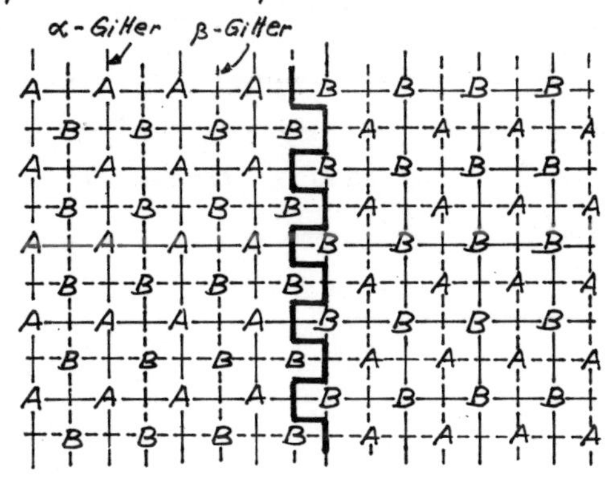

Man kann die Beschreibung des Ordnungszustandes etwas verbessern, wenn man zusätzlich noch einen Nahordnungsparameter einführt. Sei z die Koordinationszahl (die Zahl der nächsten Nachbarn). In unserem Beispiel ist $z = 8$. Die Zahl der Paare nächster Nachbarn, die man aus der diskutierten Struktur herausgreifen kann, ist zN_0. Sei q der Bruchteil dieser Paare mit ungleichen Nachbarn. Bei vollkommener Unordnung wäre $q = \frac{1}{2}$ und bei vollkommener Ordnung $q = 1$. Bethe definierte 1935 einen Nahordnungsparameter w' durch

$$(24) \quad w' = \frac{q - q(\text{vollkommen ungeordnet})}{q(\text{vollkommen geordnet}) - q(\text{vollkommen ungeordnet})} \overset{\beta\text{-Messing}}{=} \frac{q - \frac{1}{2}}{1 - \frac{1}{2}} = 2q - 1$$

Der Bethe'sche Nahordnungsparameter steht nicht in direkter Beziehung zum Experiment, und er wird heute nicht mehr verwendet. Viel sinnvoller ist die Angabe von Paarkorrelationsfunktionen (S. 44-55), denn diese stehen in einer direkten Beziehung zur kohärenten Streuung von Röntgenstrahlen und Neutronen (vgl. S. 91, 93-96).

Der Fernordnungsparameter w ist ein nützlicheres Konzept als der Nahordnungsparameter w'. Er ist in vielen Fällen phänomenologisch interpretierbar (S. 396, 405). Beim β-Messing kann w durch kohärente

Streuung von thermischen Neutronen bestimmt werden. Der Anstieg beim Unterschreiten der kritischen Temperatur kann durch einen kritischen Exponenten β charakterisiert werden. Man findet $\beta = 0.30$. Aus den Streuexperimenten erhält man auch das mittlere Schwankungsquadrat des Ordnungsparameters, und daraus den Wert 1.25 für den kritischen Exponenten γ (s. S. 397-399, 406). Damit scheint es, dass sich die Universalität auch auf β-Messing erstreckt.

8.2.6. Ferroelektrizität

Es gibt viele Kristalle, die sich beim Unterschreiten einer kritischen Temperatur T_c spontan (d.h. ohne angelegtes elektrisches Feld) elektrisch polarisieren. Man nennt dieses Phänomen Seignette-Elektrizität oder Ferro-Elektrizität. Der erste Name geht auf die Substanz zurück, an der diese Erscheinung zuerst untersucht wurde, nämlich an Seignette-Salz[12], und der zweite Name basiert auf der Analogie zum Ferromagnetismus. Eisen magnetisiert sich spontan beim Unterschreiten einer kritischen Temperatur, der Curie-Temperatur. Im spontan polarisierten Zustand besteht ein ferroelektrischer Kristall im allgemeinen aus Bereichen mit verschieden gerichteter Polarisation. Die Bezeichnung "Weiss'sche Bezirke" hat man von den Ferromagnetika übernommen. Wenn wir im folgenden von spontaner Polarisation sprechen, ist die Polarisation eines Bezirks gemeint.

Als Beispiel betrachten wir hier ein Ferroelektrikum, das sich (phänomenologisch gesehen) sehr einfach verhält: Triglycinsulfat, abgekürzt TGS, mit der Formel $(NH_2CH_2COOH)_3H_2SO_4$. Oberhalb und unterhalb der kritischen Temperatur $T_c = 49\,°C$ gehören die Kristalle dem monoklin-primitiven Kristallsystem an (S. 22). Die Elementarzelle enthält zwei Formeleinheiten.

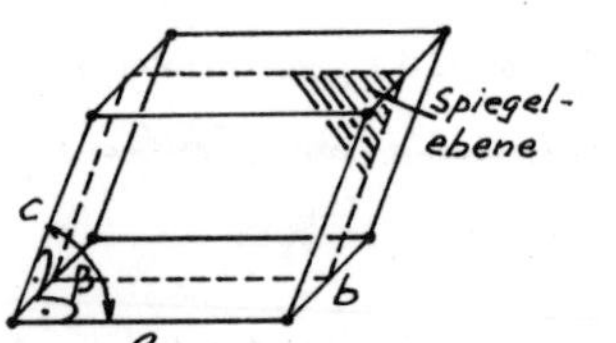

---

[12]) Seignette-Salz ist ein KNa-Tartrat. Es wurde um 1655 vom Apotheker Seignette in La Rochelle als Laxativum verkauft. Der englische Name ist Rochelle Salt.

Im unpolarisierten Zustand hat die Struktur eine auf der b-Achse senkrecht stehende Spiegelebene. Da sich die spontane Polarisation parallel zur b-Achse entwickelt, fällt die Spiegelebene unterhalb T_c dahin: Spontane Brechung einer Symmetrie.

A. Dielektrisches Verhalten

① Statische Dielektrizitätskonstante bei kleinen Feldstärken: Die Figur[13] zeigt die Temperaturabhängigkeit der Dielektrizitätskonstanten, wie sie mit Wechselfeldern von Frequenzen von einigen kHz und Amplituden von der Grössenordnung von einigen Volt/cm gemessen wird. Für elektrische Felder parallel zur Achse b divergiert die Dielektrizitätskonstante ε, wenn T von oben oder von unten gegen T_c strebt. In einem Temperaturbereich von einigen °C in der Nähe von T_c findet man einfache Gesetzmässigkeiten:

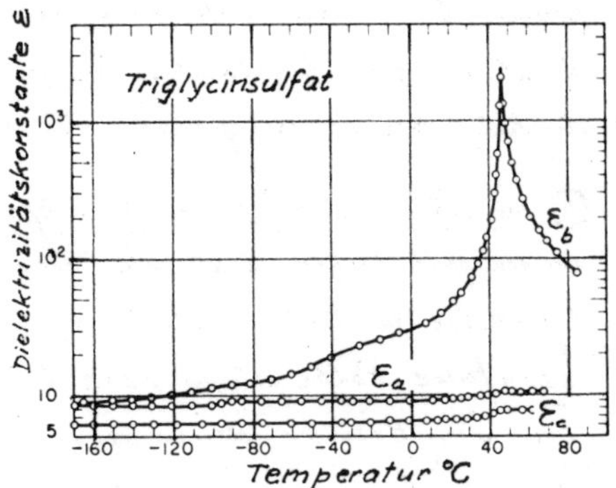

(25) für $T \geq T_c$ $\qquad \varepsilon_b = \dfrac{A}{(T-T_c)^\gamma}$

mit $A \approx 3200\,K$, $T_c = 322\,K$ und $\gamma = 1.00 \pm 0.01$. Dieselbe Gesetzmässigkeit gilt auch für die Suszeptibilität $\chi = \varepsilon - 1$ (im SI) bzw $\chi = \frac{\varepsilon - 1}{4\pi}$ (e.s.u.), da $\varepsilon \gg 1$. Man darf also auch schreiben

(26) $\chi_b = \dfrac{C}{(T-T_c)^\gamma}$ $\qquad \left(C = A \text{ im SI}, \; C = \frac{A}{4\pi} \text{ in e.s.u.}\right)$

Der kritsche Exponent γ entspricht konzeptionell ganz dem auf S. 398 eingeführten Exponenten. Der Wert γ = 1 wird bei allen Ferroelektrika beobachtet. Die erweiterte Universalität (vgl. S. 406) scheint hier insofern nicht zu funktionieren, als bei der Kondensation, der Entmischung und beim β-Messing ein Wert in der Nähe von 1.3 gemessen wird. Diese Diskrepanz hat ziemlich fundamentale Gründe, und

---

13) Die Daten auf S. 411-413 stammen aus dem Buch von F. Jona und G. Shirane: "Ferroelectric Crystals", das weitaus die beste Einführung in die experimentellen Tatsachen darstellt.

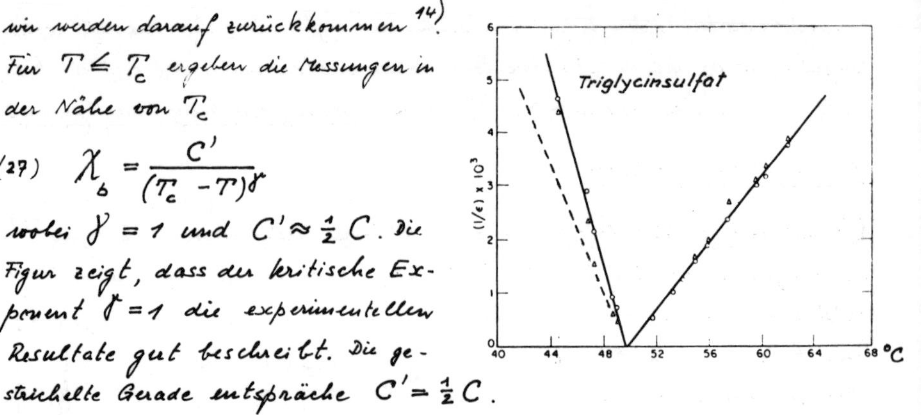

wir werden darauf zurückkommen [14]. Für $T \leq T_c$ ergeben die Messungen in der Nähe von T_c

$$\chi_b = \frac{C'}{(T_c - T)^\gamma} \qquad (27)$$

wobei $\gamma = 1$ und $C' \approx \frac{1}{2} C$. Die Figur zeigt, dass der kritische Exponent $\gamma = 1$ die experimentellen Resultate gut beschreibt. Die gestrichelte Gerade entspräche $C' = \frac{1}{2} C$.

② <u>Dielektrische Hysteresis und spontane Polarisation</u>: Wenn man bei $T < T_c$ ein genügend starkes elektrisches Feld längs der ferroelektrischen Achse (b-Achse bei TGS) anlegt, wachsen die Weiss'schen Bezirke, deren spontane Polarisation parallel zum angelegten Felde ist, auf Kosten der Bezirke, deren spontane Polarisation antiparallel ist.

Die Beziehung zwischen zwischen der über das Kristallvolumen gemittelten Polarisation $\overline{P}$ und der elektrischen Feldstärke ist durch eine <u>Hysteresiskurve</u> gegeben. Die spontane Polarisation P_s lässt sich aus der Hysteresiskurve ablesen oder extrapolieren. Die Funktion $P(E)$ kann mit Hilfe der skizzierten Schaltung auf dem Schirm eines Kathodenstrahloszillographen aufgezeichnet werden. Ein gewöhnlicher Kondensator C mit linearem Verhalten ($V = Q/C$) wird in Serie zum ferro-

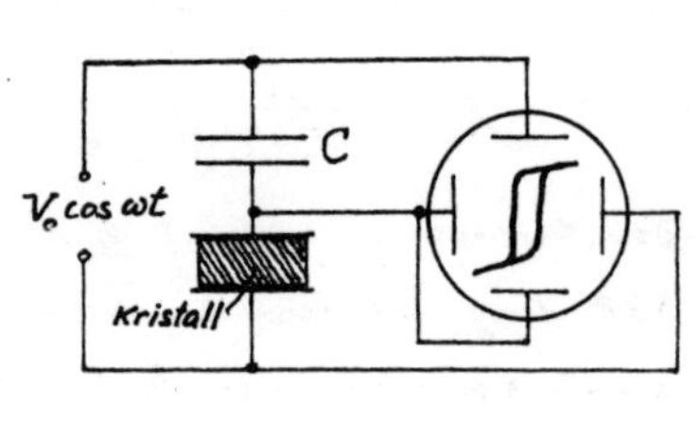

[14] Die Temperaturabhängigkeit der magnetischen Suszeptibilität des Eisens oberhalb der Curietemperatur T_c wird auch durch die Formel (26) wiedergegeben. In der Nähe der Curietemperatur ist für γ der Wert 1.33 einzusetzen, und weit oberhalb der Wert 1. Das Gesetz (26) für $\gamma = 1$ wird <u>Curie-Weiss'sches Gesetz</u> genannt. Der Name geht zurück auf frühe Untersuchungen an Ferromagnetika.

elektrischen Kondensator geschaltet. Die Ladung von C ist also jederzeit gleich der Ladung des ferroelektrischen Kondensators, d.h. gleich dessen elektrischem Dipolmoment, das proportional zu $\overline{P}$ ist.

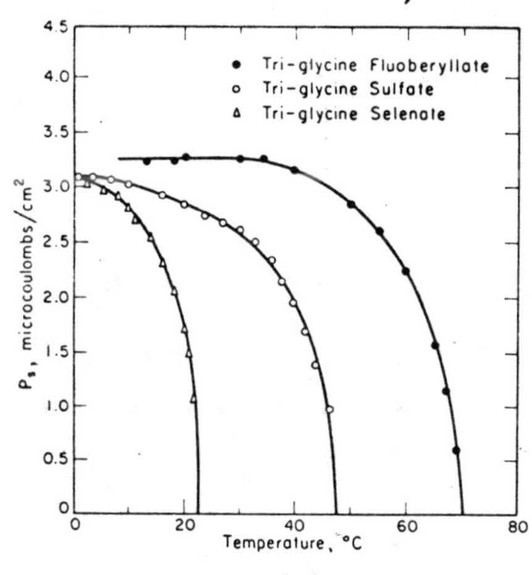

Die auf diese Weise gemessene spontane Polarisation von Ferroelektrika aus der TGS-Familie ist nebenstehend abgebildet [23]. Präzise Messungen an TGS zeigen, dass der Anstieg der spontanen Polarisation unmittelbar unterhalb T_c durch die folgende einfache Beziehung dargestellt werden kann:

$$P_s \propto (T_c - T)^{\beta} \qquad (28)$$

Im Rückblick auf (16) S. 397 ist es naheliegend, den Ordnungsparameter zu definieren als

$$(29) \qquad w = \frac{P}{|P^{max}|}$$

w, +1, längs +b, 0, T_c, T, −1, längs −b

Qualitativ verläuft die Funktion $w(T)$ wie bei den früher diskutierten Systemen (S. 397, 405, 409/410). Der kritische Exponent β liegt aber bei TGS nicht in der Nähe von 1/3, sondern man findet hier $\beta = 0.51 \pm 0.05$ [15].

③ Dielektrische Nichtlinearität bei $T > T_c$: Wenn sich die Temperatur dem kritischen Wert T_c nähert, nimmt die dielektrische Suszeptibilität so hohe Werte an, dass sich die Nichtlinearität der Beziehung $\overline{P}(E)$ schon bei mässigen Feldstärken bemerkbar macht. Das Curie-Weiss'sche Gesetz $\chi = \frac{C}{T - T_c}$ gilt nun in der Grenze $E \rightarrow 0$. Die folgenden qualitativen Skizzen geben einen Überblick über das nichtlineare dielektrische Verhalten bei $T < T_c$ ($P(E)$ nicht eindeutig, Hysteresis)

---

15) Beim Eisen erhält man aus dem Anstieg der spontanen Magnetisierung den Wert $\beta = 0.34$

und $T > T_c$ ($P(E)$ eindeutig). Der gestrichelt gezeichnete Teil der Hy-

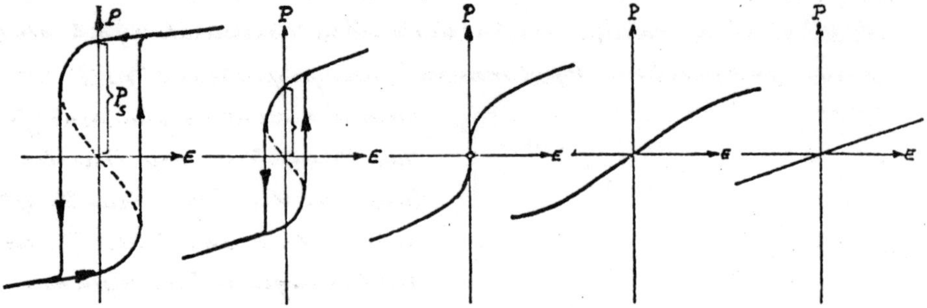

$T_1 < T_2 < T_c < T_3 < T_4$

steresiskurven wird nicht durchlaufen. Er entspricht instabilen Zuständen und wurde zur Suggestion einer noch zu besprechenden Analogie eingezeichnet.

B. Anomalie der spezifischen Wärme

Die Figur zeigt die Temperaturabhängigkeit der spezifischen Wärme eines elektrisch kurzgeschlossenen TGS-Kristalls. Ähnlich wie beim β-Messing ist dem normalen Debye'schen Verlauf

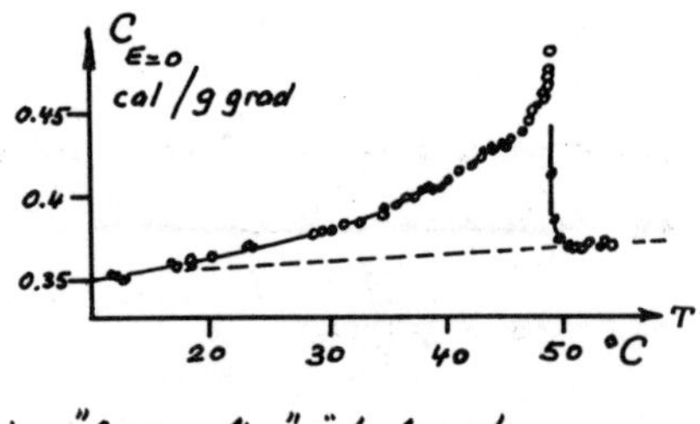

in der Nähe der kritischen Temperatur eine "Anomalie" überlagert.

8.3. Universelle Aspekte

Man kann kann die oben skizzierten Kurven auffassen als Darstellung der Abhängigkeit einer extensiven Variablen, nämlich des elektrischen Dipolmoments eines Kristalls, als Funktion der konjugierten intensiven Variablen, nämlich der Stärke des angelegten elektrischen Feldes. Die Temperatur ist dabei als Parameter aufzufassen. Eine analoge Darstellung haben wir am Beispiel der Kondensation gegeben (S. 398): Es

---

16) Die Polarisation P, das Dipolmoment eines Kristalls vom Volumen von 1 cm^3, fassen wir hier als extensive Grösse auf.

wurde der Druck p (intensive Variable) als Funktion des Volumens V (konjugierte extensive Variable) aufgezeichnet. Des Argumentes willen zeichnen wir hier diese Kurven auf, wie sie sich aus dem van der Waals'schen Modell des realen Gases [17], ergänzt durch die Maxwell'sche Konstruktion ergeben ("Wärmelehre", S. 70/71, 137 - 139). Der gestrichelte Teil der Isothermen für $T < T_c$ entspricht den Nichtgleichgewichtszuständen, die sich als "analytische Fortsetzung" aus der van der Waals'schen Zustandsgleichung ergeben.

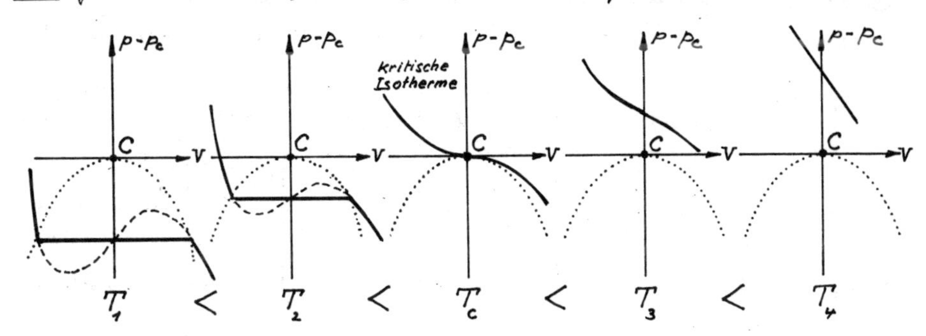

Durch Drehung dieser Skizze um 90° erkennt man sofort einen Zusammenhang mit der Darstellung von $P(E)$ auf S. 414. Der Hauptunterschied zwischen den beiden Skizzen besteht darin, dass wir beim Ferroelektrikum das Durchlaufen von Nichtgleichgewichtszuständen zugelassen haben, während wir bei der Kondensation das thermodynamische Gleichgewicht (die Maxwell'sche Konstruktion) voraussetzten [18].

Beim Problem der Kondensation haben wir auf S. 398/399 die Isotherme für $T = T_c$ in der Nähe des kritischen Punktes C durch einen kritischen Exponenten δ charakterisiert. Dasselbe können wir tun beim Ferroelektrikum, indem wir schreiben

$$E(P) \propto P^{\delta} \qquad (30)$$

Bei TGS findet man experimentell $\delta = 2.95 \pm 0.1$. Die Ferroelektrika

---

[17] Das van der Waals'sche Modell ist ein <u>mathematisches</u> Modell, nämlich die van der Waals'sche Zustandsgleichung $\left(p + \frac{a}{V^2}\right)(V - b) = RT$.

[18] Auch bei der Kondensation können Zustände auftreten, die nicht dem thermodynamischen Gleichgewicht entsprechen. Beachte auch die Bemerkungen über die Trübungslinie bei der Entmischung (S. 404/405).

scheinen auch hier aus der Reihe zu tanzen (vgl. S. 411 und 413). Universalität lässt sich aber nicht wegdiskutieren, wie die folgenden Zusammenstellungen kritischer Exponenten für Systeme (mit dreidimensionalen Wechselwirkungen zwischen den Teilchen) zeigen:

① Anstieg des Ordnungsparameters mit sinkender Temperatur, ausgehend vom kritischen Punkt: $w(T') \propto (T_c - T')^\beta$ in der Nähe von T_c.

	Kondensation		Ferroelektrikum	Ferromagnetikum	binäre Mischung	β-Messing
	CO_2	Xe	TGS	Fe	CCl_4/C_7F_{12}	
β	0.34	0.35	0.51	0.34	0.33	0.305
Fehler	±0.015	±0.015	±0.05	±0.04	±0.02	±0.005

② Anstieg der Suszeptibilität bzw. Kompressibilität mit sinkender Temperatur bei Annäherung an den kritischen Punkt: $\chi(T) \propto (T - T_c)^{-\gamma}$

	Kondensation		Ferroelektrika		Ferromagnetika		β-Messing
	CO_2	Xe	TGS	KH_2PO_4	Fe	Ni	
γ	1.22	1.24	1.00	1.00	1.333	1.35	1.25
Fehler	±0.01	±0.03	±0.01	±0.05	±0.015	±0.02	±0.02
Methode	kritische Opaleszenz (Lichtstreuung)		direkte Messung der dielektrischen Suszeptibilität		direkte Messung der magnetischen Suszeptibilität		Neutronenstreuung

Beim β-Messing ist das Analogon der Suszeptibilität nicht thermodynamisch-phänomenologisch definierbar. Man definiert hier eine "formale Suszeptibilität" mit Hilfe der Schwankungen des Ordnungsparameters (S. 410).[19]

③ Wendepunkt der kritischen Isotherme bei $T = T_c$: Beim Kondensationsproblem ist $p - p_c \propto (\varrho - \varrho_c)^\delta$ (S. 399). Die Symmetrie der Berandung

[19] Das englische Wort für diese formale Suszeptibilität ist "staggered susceptibility".

des Koexistenzgebietes von Flüssigkeit und Gas in der Nähe des kritischen Punktes (in der Nähe von $\varrho/\varrho_c = 1$ in der Figur auf S. 397) erlaubt auf Grund der Definition des Ordnungsparameters (15) S. 396 auch die Schreibweise $p - p_c \propto w^{\delta}$. Die analoge Beziehung gilt beim Ferroelektrikum. Hier ist nach (29) und (30) $E \propto w^{\delta}$. Die dem kritischen Druck p_c entsprechende kritische Feldstärke E_c verschwindet, sodass man auch schreiben darf $E - E_c \propto w^{\delta}$. Damit wäre die Analogie perfekt, bis auf den Wert des kritischen Exponenten.

	Gase		Ferroel.	Ferromagn.	Mischung
	CO_2	Xe	TGS	Ni	CCl_4/C_7F_{14}
δ	5	4.2	2.95	4.2	~4
Fehler	±1	±0.6	± 0.1	±0.1	

④ Weitere kritische Exponenten: Die kritischen Exponenten β, γ und δ stellen nur eine Auswahl dar. Neben den altvertrauten thermodynamischen Grössen, die wir zur Beschreibung des Verhaltens eines Systems in der Nähe des kritischen Punktes herangezogen haben, gibt es noch andere wichtige Grössen, die divergieren oder gegen null streben, wenn sich das System dem kritischen Punkt nähert, und denen man kritische Exponenten zuordnen kann. Zum Beispiel nimmt die Korrelationslänge der Schwankungen des Ordnungsparameters w zu und mit ihr auch deren Lebensdauer.

⑤ Systeme mit gleicher Dimensionalität haben gleiche kritische Exponenten. Die oben aufgeführten Werte sind typisch für dreidimensionale Systeme. Die Ferroelektrika tanzen nicht wegen der Dimensionalität aus der Reihe, sondern weil die spontane Polarisation eine Folge einer Wechselwirkung besonders grosser Reichweite ist.

8.4. Die einfachste Theorie der kooperativen Phänomene.

Das Erstaunlichste an den Phänomenen, die wir oben beschrieben haben, ist die Tatsache, dass es überhaupt eine kritische Temperatur gibt, d.h. eine scharfe Temperatur T_c, bei der der Ordnungsparameter mit sinkender Temperatur ohne weitere äussere Einflüsse steil, von null ausgehend ansteigt (S. 397, 405, 413). Eine dermassen scharf einsetzende, spontane Veränderung im ganzen System kann nur eintreten auf dem Wege über eine Wechselwirkung zwischen den Teilchen im System. Darum spricht man von kooperativen Phänomenen. Ein System von nicht-wechselwirkenden Teilchen hat keine endliche kritische Temperatur: Die Energieniveaux der Teilchen werden einfach gemäss einem Boltzmann-Faktor besetzt.[20] Die Schaffung einer quantitativen Theorie eines kooperativen Phänomens, ausgehend von den Wechselwirkungen zwischen den Teilchen, ist eine formidable Aufgabe. Es gibt indessen eine Approximation, die auf einer Mittelung über die Wechselwirkung zwischen den Bausteinen des Systems beruht und darum als "Approximation des mittleren Feldes" bezeichnet wird. Sie ist nicht ganz transparent, eher genial, und gerechtfertigt durch ihren beachtlichen Erfolg in der qualitativen und manchmal sogar quantitativen Beschreibung der beobachteten Phänomene.

8.4.1. Das Modell von van der Waals.

① Die Zustandsgleichung

$$\left(p + \frac{a}{V^2}\right)(V - b) = RT \qquad (1\ \text{Mol}) \tag{31}$$

[20] Ein Beispiel ist das Ensemble von unabhängigen Zweiniveausystemen, das auf S. 153-157 behandelt wurde. Die spezifische Wärme durchläuft wohl ein Maximum (Schottky-Anomalie), aber von einer kritischen Temperatur kann man nicht sprechen, wie ein Vergleich der Schottky-Anomalie mit der Anomalie der spezifischen Wärme von β-Messing (S. 407) zeigt.

wurde 1873 von Johannes Diderik van der Waals vorgeschlagen zur Beschreibung des Verhaltens "realer" Gase. Heute klassifiziert man diese Gleichung als "Approximation des mittleren Feldes". Die Anziehung zwischen den Molekülen wird berücksichtigt in einer intuitiven Mittelung durch die Einführung eines "Binnendruckes" p_B, der zum äusseren Druck p hinzukommt

(32) $$p_B = \frac{a}{V^2},$$

und die Abstossung durch ein "unzugängliches Volumen" b, das vom Gefässvolumen V zu subtrahieren ist. (Die thermodynamischen Variablen sind p und V, und nicht etwa $p+p_B$ und $V-b$.) Wie wenig transparent die Einführung eines Binnendruckes ist, zeigt sich sofort, wenn man die "fiktive innere Oberfläche" zu verstehen versucht, die in der Anfängervorlesung ("Wärmelehre", S. 72) eingeführt wurde.

② Die Gibbs'sche freie Energie

Wir denken uns das System in Kontakt mit einem Wärmereservoir der Temperatur T und einem Druckreservoir vom Druck p, sodass im thermodynamischen Gleichgewicht die Gibbs'sche freie Energie $G = U - TS + pV$ minimal ist (S. 382). Eine infinitesimale Änderung von G kann allgemein geschrieben werden als

(33) $$dG = dU - TdS - SdT + pdV + Vdp$$

Wir haben keine chemischen Reaktionen und schreiben den 1. Hauptsatz in der Form

(34) $$dU = \delta Q' + \delta A' = \delta Q' - pdV$$

(vgl. S. 194/195). Der Prozess, der G ändert, sei reversibel, sodass $\delta Q' = TdS$ ("Wärmelehre", S. 112). Damit wird

(35) $$dG = -SdT + Vdp$$

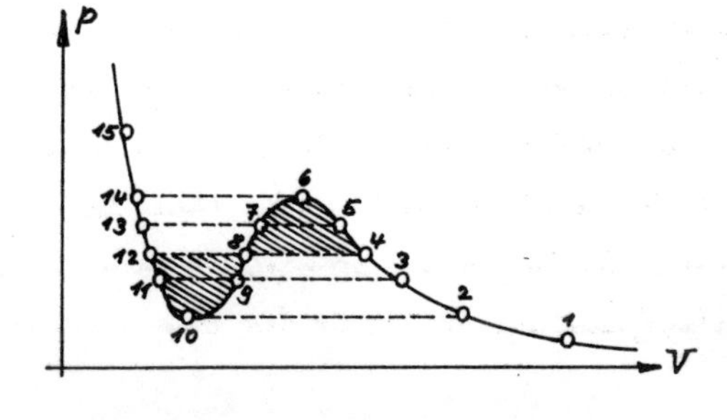

Wir denken uns die Temperatur festgehalten auf einem Wert, der unterhalb der kritischen Temperatur T_c liegt. Die van der Waals'sche Gleichung liefert eine Isotherme vom skizzierten Typ. Die Punkte ④, ⑧ und ⑫ sollen auf der Geraden liegen, die der Maxwell'schen Konstruktion entspricht (schraffierte Flächen gleich gross, "Wärmelehre", S. 75). Da wir Punkte auf einer festen Isotherme betrachten, ist $dT = 0$, also

(36) $$dG = V dp \quad \text{und} \quad G = \int V dp + \text{const.}$$

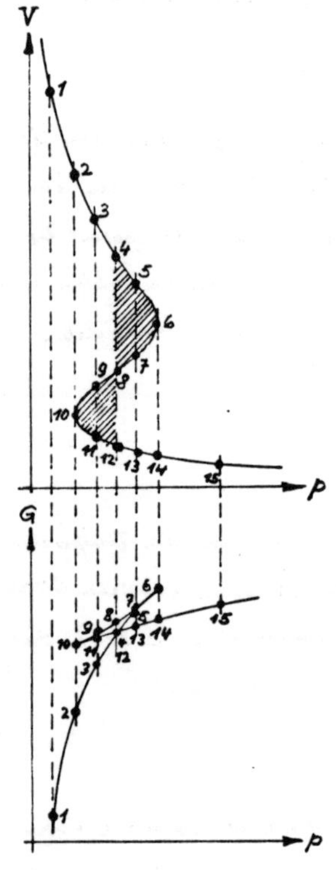

Die Durchführung der Integration ist nebenstehend graphisch skizziert. Wegen der Maxwell'schen Konstruktion haben die Zustände ④ und ⑫ die gleiche Gibbs'sche freie Energie. Wegen dem Minimum-Prinzip sind die Zustände zwischen ④ und ⑫ (z.B. ⑤ bis ⑪) keine thermodynamischen Gleichgewichtszustände; denn beim gleichen Druck (und der gleichen Temperatur) gibt es mindestens noch einen Zustand mit tieferer Gibbs'scher freier Energie. Zum Druck $p④ = p⑧ = p⑫$ gehören im thermodynamischen Gleichgewicht die beiden Zustände ④ und ⑫, und zwar sind im Zustand ④ alle Moleküle in der Gasphase und im Zustand ⑫ in der Flüssigkeitsphase. Da diese beiden Zustände die gleiche Gibbs'sche freie Energie haben, ist das chemische Potential μ (die Gibbs'sche freie Energie pro Molekül) für die Flüssigkeit und für das Gas gleich, d.h. die Flüssigkeit kann mit dem Gas im thermodynamischen Gleichgewicht koexistieren. $p④ = p⑫$ ist der Dampfdruck p_D bei der gewählten Temperatur T.

③ Kondensation durch Volumenverkleinerung

Nach den obigen Betrachtungen sollte es einen Weg geben vom Zustand ④ in den Zustand ⑫, auf dem das thermodynamische Gleichgewicht nie verlassen wird: Das Volumen des Systems werde ausgehend von $V④$ ganz langsam auf $V⑫$ reduziert unter Koexistenz von Gas der Qualität ④ und Flüssigkeit der Qualität ⑫. Der Druck $p_D = p④ = p⑫$ bleibt dabei konstant, und die Flüssigkeitsmenge nimmt zu auf Kosten der Gasmenge. Die Temperatur ist nach Voraussetzung (Kontakt mit Wärmereservoir) konstant, und die Gibbs'sche freie Energie ändert sich auch nicht, sodass

$$(37) \quad U\textcircled{4} - TS\textcircled{4} + p_D V\textcircled{4} = U\textcircled{12} - TS\textcircled{12} + p_D V\textcircled{12}$$

Zur Volumenverkleinerung muss Arbeit aufgewendet werden, nämlich

$$(38) \quad A^{\downarrow}_{4\to12} = \underbrace{p_D\left(V\textcircled{4} - V\textcircled{12}\right)}_{>0} = \underbrace{U\textcircled{12} - U\textcircled{4}}_{<0 \;\; 21)} + \underbrace{T\left(S\textcircled{4} - S\textcircled{12}\right)}_{Q^{\nearrow}}$$

Die an das Wärmereservoir abgegebene Wärmeenergie $Q^{\nearrow}$ ist grösser als die Arbeit, die gegen den Dampfdruck geleistet wird (vgl. S. 388).

④ Eine ernsthafte Problematik

Wir haben oben argumentiert, dass man vom Zustand ④ in den Zustand ⑫ gelange durch Verkleinerung des Volumens und gleichzeitigen Entzug von Wärme. Es stellt sich die Frage, ob man dies erreichen kann durch eine infinitesimale Druckerhöhung auf $p_D + dp$ oder durch eine infinitesimale Temperaturerniedrigung des Wärmebades auf $T - dT$, oder eventuell durch eine Kombination dieser beiden Massnahmen. Der Experimentator findet, dass eine <u>infinitesimale</u> Abweichung vom thermodynamischen Gleichgewichtszustand ④ <u>nicht</u> genügt, um Kondensation einzuleiten. Eine <u>endliche</u> Abweichung ist nötig, weil die Koexistenz zweier Phasen die <u>Schaffung einer Grenzfläche</u> voraussetzt. Dazu braucht es zusätzliche Energie. Es muss ein "Keim" der Flüssigkeitsphase in der Gasphase entstehen. Erst dann kann die Koexistenz beginnen, die man mit der Gleichgewichtsthermodynamik beschreibt.

⑤ Die kritischen Exponenten beim van der Waals'schen Modell.

a) <u>Der kritische Exponent β</u>: Die Zustände ④ und ⑫ entsprechen Punkten auf der Begrenzung des Koexistenzgebietes Gas/Flüssigkeit (S. 396). Aus der van der Waals'schen Zustandsgleichung und der Maxwell'schen Konstruktion lassen sie sich eindeutig berechnen. Damit hat man auch den

---

21) Die innere Energie des van der Waals'schen Gases ist $U = U_{ideal} - \frac{a}{V}$, wobei U_{ideal} die innere Energie des entsprechenden idealen Gases bedeutet. Die Anwendung auf die Flüssigkeit ist etwas gewagt; aber $U\textcircled{12} - U\textcircled{4} < 0$ dürfte im allgemeinen immer stimmen. ("Wärmelehre", S. 84).

Ordnungsparameter w und seine Temperaturabhängigkeit. In der Nähe der kritischen Temperatur[22] findet man

$$(39) \quad w(T) \propto (T - T_c)^{\beta} \quad \text{mit} \quad \beta = \tfrac{1}{2} \quad ,$$

was nicht gerade in Übereinstimmung ist mit dem Experiment, das $\beta \approx \frac{1}{3}$ liefert (S. 416).

b) Der kritische Exponent γ: Für die isotherme Kompressibilität κ_T (S. 397) erhält man für das van der Waals'sche Modell bei Temperaturen $T \geqq T_c$ in der Nähe von T_c [22]

$$(40) \quad \kappa_T \propto (T - T_c)^{-\gamma} \quad \text{mit} \quad \gamma = 1 \, ,$$

was wiederum nicht gut mit dem Experiment übereinstimmt (S. 416)

c) Der kritische Exponent δ: Die van der Waals'sche Zustandsgleichung liefert für die kritische Isotherme in der Nähe des Wendepunktes (S. 398/399)

$$(41) \quad p - p_c \propto (\varrho - \varrho_c)^{\delta} \quad \text{mit} \quad \delta = 3 \, ,$$

Auch hier besteht eine Diskrepanz zwischen Theorie und Experiment (S. 417).

⑥ Zum Erfolg der van der Waals'schen Gleichung.

Trotz den quantitativen Unzulänglichkeiten ist die van der Waals'sche Zustandsgleichung in Kombination mit der Maxwell'schen Konstruktion eine sehr bemerkenswerte Leistung: Sie liefert einen kritischen Punkt, die Koexistenz zweier Phasen, die Divergenz der isothermen Kompressibilität am kritischen Punkt, etc.. Es ist gesagt worden, das van der Waals'sche Modell sei so genial gewesen, dass es den Fortschritt auf dem Gebiete der Theorie der Phasenumwandlungen für 80 bis 90 Jahre blockiert habe. Theorien können offenbar auch "zu gut" sein (s. S. 13² und 3⁵).

---

22) "Nähe der kritischen Temperatur" kann definiert werden durch

$$\frac{|T - T_c|}{T_c} \ll 1 \qquad \text{oder} \qquad \frac{|T - T_c|}{T} \ll 1$$

8.4.2. Die Approximation des mittleren Feldes bei einem Ferroelektrikum.

Etwas transparenter als der van der Waals'sche "Binnendruck" ist das "Binnenfeld" oder "innere Feld" das man zur Erklärung der spontanen Polarisation der Ferroelektrika herbeiziehen kann[23]. Die Approximation des mittleren Feldes lässt sich anhand eines einfachen Modell-Ferroelektrikums leicht illustrieren, und auch der Zusammenhang mit der Segregation einer binären Mischung (S. 400-406) und den Ordnungs-Unordnungsphänomenen in einer Legierung (S. 406-410) lässt sich herstellen.

Wir betrachten ein einfaches Modell eines Ferroelektrikums, bei dem der Übergang vom unpolarisierten Zustand ($T > T_c$) in den spontan polarisierten Zustand ($T < T_c$) als Übergang von einem ungeordneten in einen geordneten Zustand aufgefasst werden kann. Bei Triglycinsulfat (S. 410) trifft dies zu.

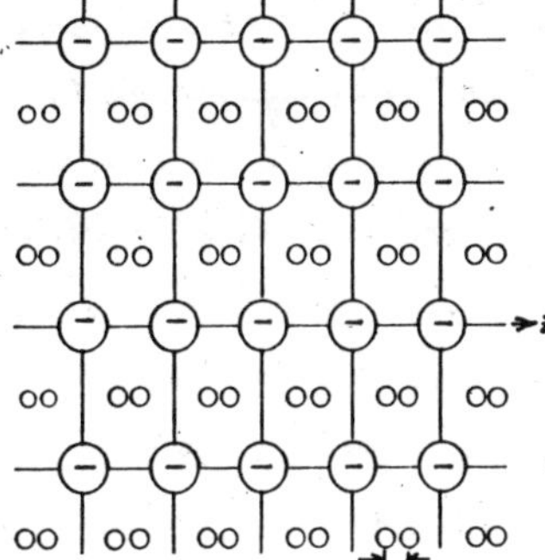

Ein hypothetischer Kristall bestehe aus N positiven Ionen der Ladung $+q$ und gleichvielen negativen Ionen der Ladung $-q$. Um viele Worte zu sparen, denken wir uns die negativen Ionen unpolarisierbar und fixiert auf den Plätzen eines starren Gitters. Die positiven Ionen sollen zwischen zwei diskreten Gleichgewichtslagen hin- und herspringen können, die symmetrisch liegen bezüglich einer Spiegelebene, die senkrecht auf der z-Achse steht und das Zentrum der Zelle enthält. Der Abstand $2l$ der Gleichgewichtslagen sei klein im Vergleich zur Strukturperiode c. Dieses Modell kann als periodische Anordnung

23) Die Idee des "inneren Feldes" stammt nicht von den Ferroelektrikern. Es wurde von Pierre Weiss zur Erklärung der spontanen Magnetisierung des Eisens eingeführt, lange vor der Entdeckung des ersten Ferroelektrikums. Man spricht deshalb auch vom Weiss'schen Feld. Da wir die Wechselwirkungen, die zur spontanen Magnetisierung der Ferromagnetika führen, in dieser Vorlesung nicht behandelt haben, konzentrieren wir uns auf die Ferroelektrizität.

von permanenten elektrischen Dipolen vom Betrage $p_0 = lq$ aufgefasst werden, von denen jeder entweder längs +z oder längs −z zeigen kann. Wegen der Annahme $2l \ll c$ können wir uns vorstellen, dass im Zentrum jeder Elementarzelle ein Punktdipol sitzt. Bei zufälliger Besetzung der beiden Gleichgewichtslagen verschwindet die elektrische Polarisation des Kristalls [24].

Wir nehmen an, dass die Orientierung der Dipole statistisch homogen sei, d.h. dass in verschiedenen genügend grossen Teilvolumina dasselbe Dipolmoment pro Elementarzelle resultiere. Betrachte das elektrische Feld, das von allen übrigen Dipolen am Orte zufällig herausgegriffener Dipole erzeugt wird, und mittle über viele herausgegriffene Dipole. Dieser Mittelwert wird verschwinden bei zufälliger Besetzung beider Gleichgewichtslagen. Wir nehmen an, dass sich der Kristall in einem kurzgeschlossenen Kondensator befinde, dessen Elektroden eng am Kristall anliegen und senkrecht zur z-Achse sind. Aus irgend einem Grunde seien nun die Gleichgewichtslagen auf der rechten Seite der Elementarzellen stärker besetzt als die andern. Man kann z.B. an eine spontane Polarisation denken. Der oben definierte Mittelwert des elektrischen Feldes am Orte eines Dipols verschwindet dann nicht mehr, und zwar ist er parallel zur +z-Richtung. Dieser Mittelwert ist das Binnenfeld E_B. In der Approximation des mittleren Feldes berechnet man es wie folgt:

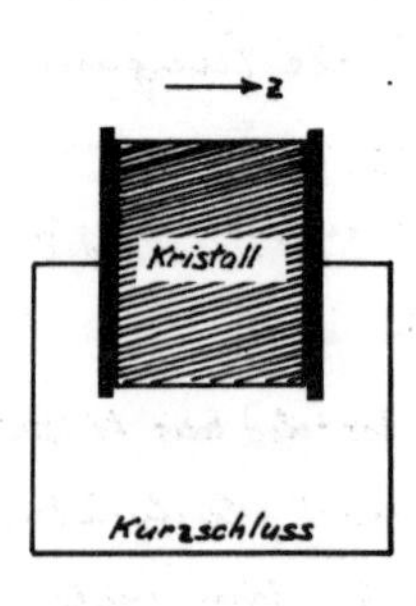

> Man ersetzt jeden Dipol durch den Mittelwert $\langle \vec{p} \rangle$, der der makroskopischen Polarisation $\vec{P}$ des Kristalls entspricht, und berechnet das Feld, das von lauter gleichen Dipolen $\langle \vec{p} \rangle$ an den Dipolplätzen erzeugt wird.

Beim kurzgeschlossenen Kristall werden die polarisationsbedingten Oberflächenladungen ("Elektrizität und Magnetismus", S. 53) durch die Influenzladungen auf den Elektroden kompensiert. Das Feld der Oberflächenladungen auf dem Kristall, das sog. "depolarisierende" Feld [25], ist von der Superposition der

---

[24] Es gibt auch hochgeordnete Besetzungen mit verschwindender Polarisation. Wir wollen sie hier nicht diskutieren.

[25] Es ist der Polarisation entgegengerichtet.

Felder der Dipole $\langle\vec{p}\rangle$ zu subtrahieren.

Die Approximation des mittleren Feldes lässt sich beim Ferroelektrikum wie folgt rechtfertigen: Das Feld eines Dipols nimmt ab wie $1/r^3$, und die Zahl der Dipole in einer Kugelschale vom Radius r und der Dicke dr nimmt zu mit r^2. Die Zahl der Dipole, die zum Felde am Orte eines herausgegriffenen Dipols beitragen ist so gross, dass die beschriebene Mittelung eine gute Näherung darstellt. Bei statistisch homogener Polarisation des Kristalls ist (zum mindesten für die einfache auf S. 423 skizzierte Struktur) das Binnenfeld nach Betrag und Richtung an jedem Gitterplatz gleich. Trivialerweise ist es proportional zu $\langle\vec{p}\rangle$ und damit auch zur Polarisation $\vec{P}$. Wir schreiben

(42) $$\vec{E}_B = \lambda \vec{P}$$ Binnenfeld (Analogon des Binnendruckes)

Im allgemeinen Fall ist λ ein Tensor zweiter Stufe. Bei hochsymmetrischen Dipolanordnungen kann der Tensor zum Skalar degenerieren. Bei unserem einachsigen Modell-Ferroelektrikum kann man selbstverständlich mit einem Skalar rechnen. λ hängt vom Verhältnis der Achsen der Elementarzelle ab. Zur Illustration wollen wir annehmen, dass in unserem Modell die Dipole auf einem primitiven tetragonalen Gitter (S. 22) sitzen, wobei die c-Achse parallel zur z-Achse ist. Für $c/a = 1$, d.h. für den Spezialfall des kubischen Gitters, ergibt die Aufsummierung der Dipolfelder den Wert $\lambda = \frac{4\pi}{3}$ in e.s.u. (und $\lambda = \frac{1}{3\varepsilon_0}$ im S.I). Bei $c/a > 1$ ist $\lambda < \frac{4\pi}{3}$, und bei $c/a < 1$ ist $\lambda > \frac{4\pi}{3}$.

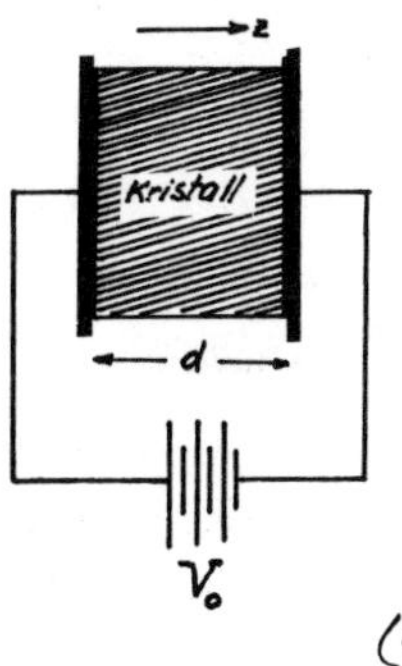

Wir denken uns nun die Kondensatorplatten verbunden mit den Polen einer Batterie der Spannung V_0. Dem Binnenfelde E_B (gleichgültig, wie es entstanden sein mag) überlagert sich dann das angelegte Feld der Stärke $E = \frac{V_0}{d}$. (Bei Felder sind parallel zur z-Achse und können bezüglich ihrer Wirkung auf die Dipole als homogen betrachtet werden). Jeder Dipol befinde sich in einem elektrischen Felde der Stärke

(43) $$E_{tot} = E + E_B = E + \lambda P$$

Die thermodynamischen Variablen sind E und P. Die entsprechende Gleichung beim van der Waals'schen Modell ist

$$P_{tot} = p + P_B = p + \frac{a}{V^2} \quad (44)$$

8.4.3. Theorie des einachsigen Ordnung-Unordnung Ferroelektrikums in der Approximation des mittleren Feldes

Wir berechnen für das auf S. 423/424 beschriebene Modell zunächst die Helmholtz'sche freie Energie

$$\Phi = U - TS \quad (45)$$

und daraus mit Hilfe vom Minimumprinzip und vom kanonischen Formalismus der Thermodynamik die uns interessierenden Grössen bzw. Funktionen, wie z.B. die spontane Polarisation, die dielektrische Suszeptibilität, die dielektrische Nichtlinearität $P(E)$, die Anomalie der spezifischen Wärme ("Wärmelehre", S. 123 - 131). Um die Rechnung möglichst transparent zu gestalten, nehmen wir an, dass der Betrag $p_0 = lq$ des Momentes der permanten Dipole unveränderlich sei, und dass die Polarisation des Kristalls einzig und allein durch die Ausrichtung der permanenten Dipole zustande komme.[26)]

① Die innere Energie U

Wir gehen aus vom kurzgeschlossenen Kristall. Die innere Energie besteht bei unserem Modell dann allein aus der Energie der Dipol-Dipol-Wechselwirkung. Jeder Dipol ist in einem Feld der Stärke $E_B = \lambda P$, das von allen übrigen Dipolen herrührt. Jeder Dipol hat entweder das Moment $+p_0$ oder das Moment $-p_0$, also entweder die Energie $-p_0 \lambda P$ oder $+p_0 \lambda P$: Damit wir nicht zwischen Polarisation und Dipolmoment des Kristalls unterscheiden müssen, betrachten wir einen Kristall vom Einheitsvolumen. Er enthalte N Dipole, von denen n nach rechts und n' nach links zeigen. Bei unserem

---

26) Es wäre nicht schwierig, eine temperaturunabhängige Polarisierbarkeit des "Einbettungsmediums" in die Rechnung einzubeziehen.

Modell ist $n + n' = N$. Für die Energie des Systems schreiben wir zunächst naïv

$$U = -np_0\lambda P + n'p_0\lambda P = -(n-n')p_0\lambda P$$

Definitionsgemäss ist

(46) $P = (n-n')p_0$, sodass

$$U = -\lambda P^2$$

Dieser Ausdruck ist noch nicht ganz richtig. Die Dipol-Dipol-Wechselwirkung, die wir hier betrachten, ist eine Zweiteilchen-Wechselwirkung. Was wir berechnen wollen, ist die Energie der Wechselwirkung aller Dipolpaare, die wir aus dem Kristall herausgreifen können. In der obigen Rechnung sind die Paare doppelt gezählt worden. Man hat die Energie eines Dipols A im Felde eines Dipols B addiert zur Energie des Dipols B im Felde des Dipols A. Der richtige Ausdruck ist deshalb (vgl. S. 355)

(47) $U = -\frac{1}{2}\lambda P^2$

Für ferroelektrische Dipolanordnungen ist $\lambda > 0$, sodass die Energie durch die Polarisierung <u>erniedrigt</u> wird. Wenn man den Zusammenhang mit andern Systemen herstellen will, ist es von Vorteil, anstelle der Polarisation den <u>Ordnungsparameter</u> w einzuführen. Mit (29) S. 413 und (46) wird

(48) $w = \frac{P}{|P^{max}|} = \frac{(n-n')p_0}{Np_0} = \frac{n-n'}{N}$ und $P = Np_0 w$, sodass

(49) $\boxed{U(w) = -\frac{1}{2}\lambda (Np_0)^2 w^2}$

U w

② Die Entropie S

Zur Berechnung der Entropie als Funktion des Ordnungsparameters w geht man von der Boltzmann'schen Beziehung

(50) $S = k \ln W$ ("Wärmelehre", S. 118-121)

aus. W bedeutet die Anzahl der Realisierungsmöglichkeiten

des durch den Ordnungsparameter w charakterisierten Zustandes. Elementare Kombinatorik führt auf

$$(51)\quad W = \frac{N!}{n!(N-n)!} = \frac{N!}{(N-n')!\,n'!}$$

Nach der Definition des Ordnungsparameters (48) ist

$$(52)\quad n = N\frac{1+w}{2} \quad \text{und} \quad n' = N - n = N\frac{1-w}{2}\,, \text{ sodass}$$

$$(53)\quad W = \frac{N!}{\left(N\frac{1+w}{2}\right)!\left(N\frac{1-w}{2}\right)!}$$

Zur Berechnung der Fakultäten benützen wir die <u>Stirling'sche Approximation</u>

$$(54)\quad Z! = \left(\frac{Z}{e}\right)^Z\sqrt{2\pi Z}$$

Im Hinblick auf die Boltzmann'sche Beziehung interessieren wir uns für den Logarithmus

$$(55)\quad \ln Z! = Z\ln Z - Z + \tfrac{1}{2}\ln(2\pi Z)$$

Da Z eine sehr grosse Zahl ist (Grössenordnung 10^{22}), kann das dritte Glied vernachlässigt werden, und es wird

$$(56)\quad \ln W = N\ln N - N - N\frac{1+w}{2}\ln\left(N\frac{1+w}{2}\right) + N\frac{1+w}{2} - N\frac{1-w}{2}\ln\left(N\frac{1-w}{2}\right) + N\frac{1-w}{2}$$

$$= N\ln 2 - \tfrac{1}{2}N\left[(1+w)\ln(1+w) + (1-w)\ln(1-w)\right]\,, \text{ womit}$$

$$(57)\quad \boxed{S = Nk\ln 2 - \tfrac{1}{2}Nk\left[(1+w)\ln(1+w) + (1-w)\ln(1-w)\right]}$$

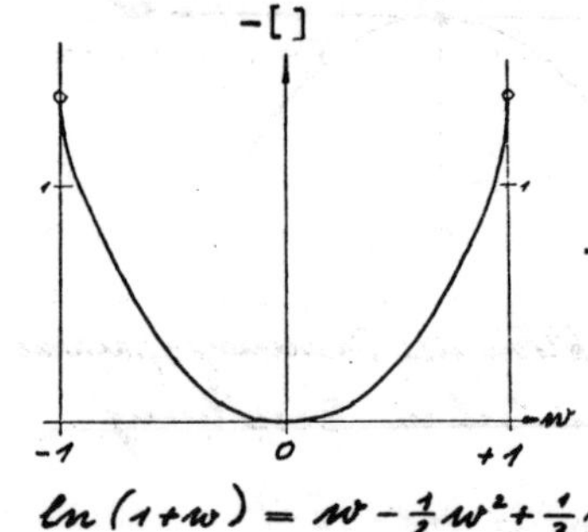

Die Funktion in der eckigen Klammer ist nebenstehend graphisch dargestellt. Bei $w = \pm 1$ divergiert die Ableitung.

Im Hinblick auf die Berechnung des Verhaltens des Ferroelektrikums bei $w \ll 1$ entwickeln wir (57) um $w = 0$. Mit $\ln(1+w) = w - \frac{1}{2}w^2 + \frac{1}{3}w^3 - \frac{1}{4}w^4 + \frac{1}{5}w^5 - \frac{1}{6}w^6 + \cdots$ erhält man

$$(58)\quad S = Nk\ln 2 - \tfrac{1}{2}Nk\left(w^2 + \tfrac{1}{6}w^4 + \tfrac{1}{15}w^6 + \cdots\right)$$

③ Die freie Energie Φ

Nach (45), (49) und (57) ist

$$\Phi(w,T) = -\tfrac{1}{2}\lambda(Np_0)^2 w^2 + \tfrac{1}{2}NkT\left[(1+w)\ln(1+w)+(1-w)\ln(1-w)\right] - NkT\ln 2 \tag{59}$$

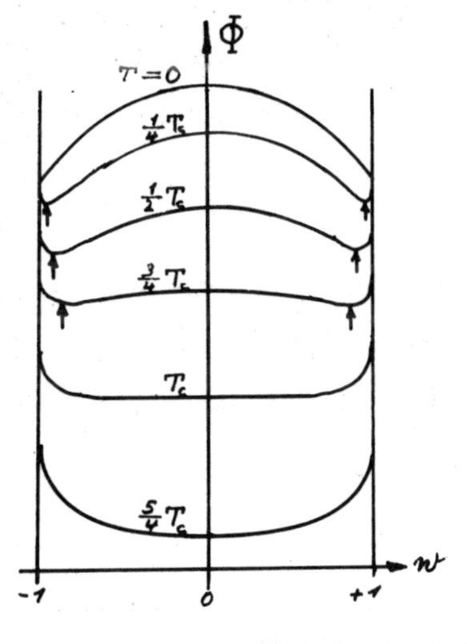

Die Skizze zeigt die freie Energie als Funktion des Ordnungsparameters w für verschiedene Temperaturen. Wir denken uns einen kurzgeschlossenen Kristall in Kontakt mit einem Wärmereservoir. Der Ordnungsparameter w stellt sich dann im thermodynamischen Gleichgewicht so ein, dass die Helmholtz'sche freie Energie Φ minimal ist (S. 381/382).

Die Voraussetzung des Kurzschlusses ist wichtig. Wäre der Kristall z.B. an eine Batterie angeschlossen, so würde bei einer Polarisationsänderung elektrische Arbeit geleistet, und das Minimumprinzip würde nicht gelten für die Helmholtz'sche freie Energie. Wenn die Elektroden nirgends angeschlossen sind, kann sich ein depolarisierendes Feld aufbauen, dessen Energie zu berücksichtigen ist (vgl. S. 363/364).[27]

Bei $T=0$ zeigen die Dipole alle nach rechts oder alle nach links. Bei $T>0$ liegen die Minima von $\Phi(w)$ bei $|w|<1$, denn die Steigung des Terms $-TS$ ist der Steigung der Parabel $U(w)$ entgegengesetzt und divergiert bei $w=\pm 1$. Der Betrag des Ordnungsparameters nimmt stetig ab mit steigender Temperatur.

---

27) Bei offenen (oder gar keinen) Elektroden würde im Falle homogener Polarisation (keine Bildung Weiss'scher Bezirke) die Energie des Systems erhöht statt erniedrigt bei allen bekannten Ferroelektrika ($\lambda \lesssim \frac{4\pi}{3}$) d.h. homogene spontane Polarisation kann unter diesen Umständen nicht eintreten, es sei denn, dass das Material elektrische Leitfähigkeit habe. Wenn sich Weiss'sche Bezirke bilden, sieht die Energiebilanz anders aus, und bereichsweise Polarisation **kann** eintreten.

④ Die kritische Temperatur T_c

Der Energieterm $U(w)$ hängt nicht explizit von der Temperatur ab. Solange er bei $w = 0$ stärker nach unten gekrümmt ist als der Term $-TS(w)$ nach oben, gibt es zwei Minima von $\Phi(w)$ bei $|w| > 0$. Im umgekehrten Fall gibt es nur ein einziges Minimum, nämlich bei $w = 0$. Die kritische Temperatur liegt dort, wo die beiden Krümmungen entgegengesetzt gleich sind:

$$(60) \qquad \frac{\partial^2 U(w)}{\partial w^2} - T\frac{\partial^2 S(w)}{\partial w^2} = 0$$

Da das Verhalten dieser Funktionen bei $w \ll 1$ für diese Betrachtung massgebend ist, darf man die Entwicklung (58) benützen und sie nach dem Glied in w^2 abbrechen. Aus (60) folgt mit (49) und (58)

$$-\lambda (Np_0)^2 + NkT = 0 \quad , \text{ sodass}$$

$$(61) \qquad \boxed{kT_c = \lambda N p_0^2}$$

Die Grössenordnung der kritischen Temperatur T_c

N ist die Zahl der Dipole in der Volumeneinheit. Ein mittlerer Abstand r zwischen benachbarten Dipolen kann also definiert werden durch $Nr^3 = 1$. Damit kann man (62) in folgender Form schreiben

$$(62) \qquad kT_c = \frac{\lambda p_0^2}{r^3}$$

Nun ist (in e.s.u.) λ von der Grössenordnung $\frac{4\pi}{3} \approx 4$ und die Wechselwirkungsenergie zweier Dipole im Abstand r betragsmässig von der Grössenordnung $\frac{2p_0^2}{r^3}$ (S.348). Die Grössenordnung der kritischen Temperatur eines Ferroelektrikums mit permanten elektrischen Dipolen ist damit gegeben durch

$$(63) \qquad kT_c = |\text{Wechselwirkungsenergie benachbarter Dipole}|$$

Die Gleichung (61) ermöglicht uns, zu prüfen, ob unser Modell des Ferroelektrikums nicht ganz unrealistisch ist: T_c ist für die meisten Ferroelektrika von der Grössenordnung 10^2 K. λ ist von der Grössenordnung 1. Für den mittleren Abstand benachbarter Dipole setzen wir den realistischen Wert 4 Å ein, sodass $N = 1/64 \times 10^{-24}$ pro cm^3. Ferner ist $p_0 = lq$, wobei q von der Grössenordnung der Elektronenladung 4.8×10^{-10} e.s.u. ist. Für l ergibt sich dann aus (61)

$$l = \left(\frac{kT_c}{e^2 \lambda N}\right)^{1/2} = 4 \times 10^{-9}\ cm = 0.4\ Å$$

Dieser Wert ist insofern plausibel, als er klein ist im Vergleich zur Gitterperiode, die etwa so gross ist wie der mittlere Abstand benachbarter Dipole. Die mit der spontanen Polarisation verknüpfte Strukturänderung ist erfahrungsgemäss nicht gross.

Eine Bemerkung über die Curie-Temperatur des Eisens

Wenn man Ferromagnetismus mit Dipol-Dipol-Wechselwirkung erklären wollte, würde man permanente magnetische Dipole von der Grössenordnung des Bohr'schen Magnetons $\mu_{Bohr} = 0.927 \times 10^{-20}$ erg/Gauss anstelle von p_0 in unsere Formeln einsetzen.

Als Beispiel betrachten wir α-Eisen. Die Struktur ist kubisch-raumzentriert, sodass $\lambda = \frac{4\pi}{3}$. Die Anzahl der Atome (= magnetische Dipole) pro cm^3 ergibt sich aus der Kristallstruktur zu $N = 8.5 \times 10^{22}\ cm^{-3}$. Wenn auf jedem Gitterplatz ein Bohr'sches Magneton sitzt, erhält man nach (61) eine kritische Temperatur $T_c = \frac{4\pi}{3} \mu_{Bohr}^2 N/k = 6.7 \times 10^{-2}$ K. Experimentell findet man 1041 K, rund 10^4 mal mehr. Diese ungeheure Diskrepanz wurzelt darin, dass die Wechselwirkung, die die magnetischen Momente im Eisen und in andern Ferromagnetika parallel stellt, nicht die magnetische Dipol-Dipol-Wechselwirkung ist, sondern eine sog. Austauschwechselwirkung [28]. In der Weiss'schen Theorie des Ferromagnetismus wird ein phänomenologischer Faktor λ von der Grössenordnung 10^4 eingeführt.

---

28) Die Austauschwechselwirkung beruht auf dem Pauli-Prinzip. Sie ist eine elektrostatische Wechselwirkung. Als Zugang zum Verständnis wird die Theorie des H_2-Moleküls empfohlen.

⑤ Die Landau'sche Entwicklung der freien Energie

kT_c ist ein natürliches Mass für die Wechselwirkung zwischen den Teilchen des Systems, wie aus (61) und (62) hervorgeht. Es ist deshalb naheliegend, den Energie-Term (49) mit Hilfe dieses Masses auszudrücken, um zu einem Ausdruck zu gelangen, der den Modellparameter λ nicht enthält. Mit (61) wird aus (49)

$$U(w) = -\frac{1}{2} N k T_c w^2 \tag{64}$$

Wir setzen diesen Ausdruck in $\Phi = U(w) - TS(w)$ ein und erhalten unter Benützung der Entwicklung (58)

$$\boxed{\Phi(w,T) = -NkT\ln 2 + \frac{1}{2}Nk(T-T_c)w^2 + \frac{1}{12}NkTw^4 + \frac{1}{30}NkTw^6 + \dots} \tag{65}$$

Landau schuf eine allgemeine phänomenologische Theorie der Phasenumwandlungen, die auf einer Entwicklung der freien Energie nach Potenzen des Ordnungsparameters beruht, wobei die Koeffizienten temperaturabhängig sind, und ihrerseits eine Entwicklung nach Potenzen von $T-T_c$ darstellen. Gl. 65 ist ein einfaches Beispiel.

⑥ Der Anstieg des Ordnungsparameters w beim Unterschreiten von T_c.

Beim kurzgeschlossenen Kristall ist Φ im Gleichgewicht minimal:

$$\frac{\partial \Phi}{\partial w} = Nk(T-T_c)w + \frac{1}{3}NkTw^3 + \frac{1}{5}NkTw^5 + \dots = 0 \tag{66}$$

Die triviale Lösung $w=0$ interessiert uns nicht (Skizze S. 429), und wir dividieren durch w. Wir betrachten die Nähe der kritischen Temperatur, wo $|w| \ll 1$. Höhere Potenzen von w werden vernachlässigt, und es bleibt

$$Nk(T-T_c) + \frac{1}{3}NkTw^2 = 0 \text{ , sodass} \tag{67}$$

$$w(T) = 3^{1/2}\left(\frac{T_c - T}{T}\right)^{1/2} \tag{68}$$

In der Nähe von T_c darf T im Nenner durch T_c ersetzt werden. Der kritische Exponent β hat also für unser Modell den Wert $\frac{1}{2}$, was mit dem Experiment an TGS in guter Übereinstimmung ist (S. 416).

⑦ Die dielektrische Suszeptibilität χ in der Nähe von T_c

Die isotherme dielektrische Suszeptibilität χ eines isotropen Dielektrikums ist definiert durch

(69) $\chi = \left(\frac{\partial P}{\partial E}\right)_T$ oder $\frac{1}{\chi} = \left(\frac{\partial E}{\partial P}\right)_T$ (in e.s.u.)

E bedeutet das angelegte elektrische Feld. Diese Definitionen gelten auch für unser Modell des einachsigen Ferroelektrikums, wobei das elektrische Feld E längs der z-Achse gerichtet ist. Nach dem kanonischen Formalismus der Thermodynamik ("Wärmelehre," S. 130/131) ist

(70) $E = \left(\frac{\partial \Phi}{\partial P}\right)_T$. Durch Einsetzen in (69) bekommt man

(71) $\frac{1}{\chi} = \left(\frac{\partial^2 \Phi}{\partial P^2}\right)_T$

Die freie Energie Φ (Gl. 65) kann mit (48) als Funktion von P geschrieben werden

(72) $\Phi(P,T) = -NkT \ln 2 + \frac{1}{2}\frac{Nk}{(Np_0)^2}(T-T_c)P^2 + \frac{1}{12}\frac{NkT}{(Np_0)^4}P^4 + \frac{1}{30}\frac{NkT}{(Np_0)^6}P^6 + \dots$

Durch Einsetzen in (71) erhält man

(73) $\frac{1}{\chi} = \frac{Nk}{(Np_0)^2}(T-T_c) + \frac{NkT}{(Np_0)^4}P^2 + \frac{NkT}{(Np_0)^6}P^4 + \dots$

Bei $T \geq T_c$ verschwindet die spontane Polarisation, und man hat

(74) $\frac{1}{\chi} = \frac{Nk}{(Np_0)^2}(T-T_c)$ also $\chi = \frac{Np_0^2}{k}(T-T_c)^{-1}$ (e.s.u.)

Das Modell liefert also für den kritischen Exponenten γ den Wert 1, in Übereinstimmung mit dem Experiment (S. 411, 412, 416)

Eine Prüfung der Anwendbarkeit des Modells

Wir schreiben (76) in der Form des Curie-Weiss'schen Gesetzes (Fussnote S. 412)

(75) $\chi = \frac{C}{T - T_c}$

Die Curie-Konstante C, eine leicht messbare Grösse, ist also für unser Modell gegeben durch

(76) $C = \frac{Np_0^2}{k}$

Mit (61) erhält man sofort die dimensionslose Beziehung

$$\frac{T_c}{C} = \lambda \quad , \tag{77}$$

die weder das permanente Dipolmoment, noch die Zahl der Dipole pro Volumeneinheit enthält, sondern nur den "geometrischen" Faktor λ, der von der Grössenordnung 1 sein sollte (S.425), und die messbaren Grössen T_c und C.

	TGS	Seignette	KH_2PO_4	$BaTiO_3$	$KNbO_3$
T_c °K	322	297	123	393	688
C °K	255	178	260	1.3×10^4	1.9×10^4
T_c/C	1.27	1.67	0.47	3.0×10^{-2}	3.6×10^{-2}

Die in der Tabelle aufgeführten experimentellen Daten deuten darauf hin, dass es Ferroelektrika gibt, bei denen der Quotient T_c/C tatsächlich von der Grössenordnung 1 ist (z.B. bei TGS, Seignette-Salz und KH_2PO_4), aber auch Ferroelektrika, bei denen er von der Grössenordnung 10^{-2} ist (z.B. bei $BaTiO_3$ und $KNbO_3$). Diese kleinen Werte von T_c/C bedeuten nicht, dass die Approximation des mittleren Feldes bei der zweiten Gruppe versagt, sondern dass hier das Modell der permanenten elektrischen Dipole fern der Wirklichkeit ist [29].

Bei $T \leq T_c$ muss man die spontane Polarisation in (73) einsetzen. In der Nähe von T_c ist sie nach (48) und (68) gegeben durch

$$P = Np_0\, 3^{1/2}\left(\frac{T_c - T}{T}\right)^{1/2} \tag{78}$$

Unter Vernachlässigung der Glieder vierter und höherer Ordnung des Ordnungsparameters $w = P/Np_0$ wird aus (73)

$$\frac{1}{\lambda} = \frac{Nk}{(Np_0)^2}(T - T_c) + \frac{NkT}{(Np_0)^4}(Np_0)^2\, 3\frac{T_c - T}{T} = \frac{2k}{Np_0^2}(T_c - T) \tag{79}$$

und damit

---

29) Erfolgreich ist bei diesen Substanzen ein Modell, das auf den Gitterschwingungen beruht und deren Anharmonizität berücksichtigt.

(80) $\chi = \frac{N p_0^2}{2k} \left(T_c - T\right)^{-1}$

Der kritische Exponent hat den Wert $\gamma = 1$, und die "Curie-Konstante" ist halb so gross wie für $T \geq T_c$ (Gl. 76). Die Übereinstimmung mit dem Experiment an TGS ist nicht schlecht (S. 412).

⑧ Die dielektrische Nichtlinearität P(E)

Wir berechnen das Verhalten unseres Modell-Ferroelektrikums unter dem Einfluss eines angelegten elektrischen Feldes E (Skizze S. 425). Bei einem Polarisationszuwachs in Richtung E leistet die Batterie Arbeit am Ferroelektrikum, und bei einer Polarisationsabnahme leistet das Ferroelektrikum Arbeit an der Batterie. Im thermodynamischen Gleichgewicht ist in einem solchen Falle nicht die Helmholtz'sche freie Energie minimal, sondern die Gibbs'sche freie Energie (s. S. 382 und "Wärmelehre", S. 125-127).

Anstelle des Paares p und V der konjugierten Variablen, die man in der elementaren Wärmelehre meistens betrachtet, haben wir hier das Paar E und P. Die Gibbs'sche freie Energie in unserem Falle ist nicht

(81) $G = U - TS + pV = \Phi + pV$, sondern

(82) $G = U - TS - EP = \Phi - EP$

Der Unterschied im Vorzeichen des dritten Terms rührt davon her, dass dass der Ausdruck für die zugeführte Arbeit im ersten Fall gegeben ist durch $\delta A' = -p\,dV$ und im zweiten Fall durch $\delta A' = E\,dP$. Im thermodynamischen Gleichgewicht ist bei konstantem Felde E

(83) $\frac{\partial G}{\partial P} = 0$, also $\frac{\partial \Phi}{\partial P} - E = 0$

Mit Φ aus (72) hat man dann

(84) $E = \frac{Nk}{(Np_0)^2}(T - T_c)P + \frac{1}{3}\frac{NkT}{(Np_0)^4}P^3 + \frac{1}{5}\frac{NkT}{(Np_0)^6}P^5 + \cdots$

Die nächste Skizze zeigt die so berechnete Funktion $P(E)$ für verschiedene Werte der Temperatur, $T_1 < T_2 < T_c < T_3 < T_4$.

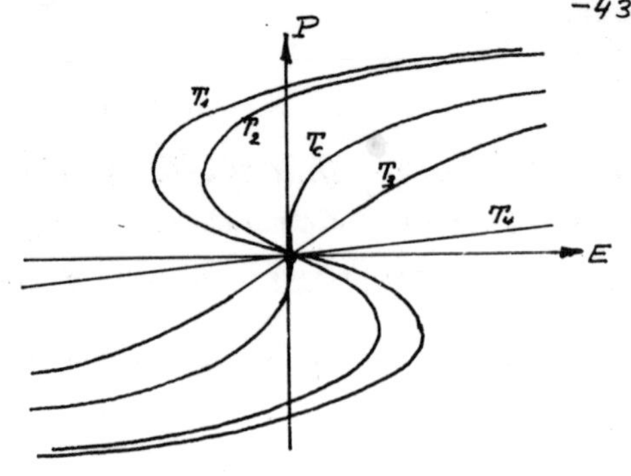

Die kritische Isotherme: Bei $T=T_c$ verschwindet der lineare Term in (84). Für $w = \frac{P}{Np_0} \ll 1$ kann die Entwicklung beim Term in P^3 abgebrochen werden, sodass $E \propto P^3$. Der kritische Exponent δ hat also für das Modell den Wert 3, was mit dem Experiment an TGS übereinstimmt (S. 417).

Bei $T < T_c$ tritt Hysteresis auf (S. 412). Es werden Zustände durchlaufen, die nicht tiefster Gibbs'scher freier Energie entsprechen. Wir werden im Abschnitt 8.5 auf diese wichtige Erscheinung eingehen.

(9) Die Anomalie der Wärmekapazität

Der Kristall sei kurzgeschlossen, d.h. es wird keine (elektrische) Arbeit geleistet beim Aufbau bzw. Abbau der spontanen Polarisation bei sich ändernder Temperatur. Die Wärmekapazität ist dann nach dem ersten Hauptsatz

(85) $$C_{E=0} = \frac{dU}{dT}$$ ("Wärmelehre", S. 80), wobei nach (47) S. 427

(86) $$U = -\tfrac{1}{2}\lambda P^2$$

Für P ist die spontane Polarisation einzusetzen, wie sie sich aus dem Minimumprinzip für die Helmholtz'sche freie Energie ergibt (S. 429). Das Ergebnis der Rechnung ist in der Skizze dargestellt. Die Wärmekapazität divergiert nicht. Der Anstieg bei Annäherung an T_c mit steigender Temperatur ist linear. Beim Überschreiten von T_c fällt sie diskontinuierlich auf Null; denn oberhalb T_c hat die spontane Polarisation den temperaturunabhängigen Wert null. Die Übereinstimmung mit den experimentellen Daten für TGS ist befriedigend, wenn man von Temperaturen sehr nahe von T_c absieht (S. 414). Die Diskrepanz besteht darin, dass die Ex-

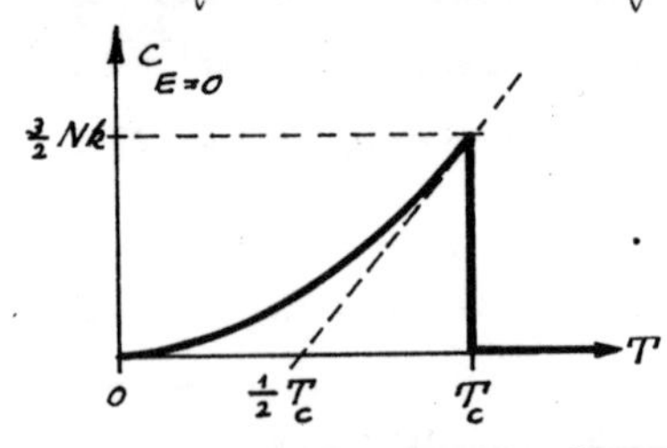

perimente bei T_c eine Divergenz andeuten, und dass auf den Abfall ein "Füsschen" folgt. Sehr ausgeprägt wird dies beim β-Messing beobachtet (S. 407). Das Ungenügen unserer einfachen Theorie liegt vor allem darin, dass sie die Schwankungen am kritischen Punkt nicht berücksichtigt (S. 399, 405).

Das Integral der Anomalie der Wärmekapazität ist die Energie, die man in den Kristall hineinstecken muss zur Zerstörung der spontanen Polarisation

$$(87) \quad Q = \int_0^{(\infty)} c_{E=0}(T)\, dT = \int_0^{(\infty)} \frac{dU}{dT} dT = U(\infty) - U(0) = \tfrac{1}{2}\lambda P_{max}^2$$

Der Binnenfeldfaktor λ kann also im Prinzip der Messung der Polarisationswärme Q und der Sättigungspolarisation entnommen werden. Aus (77) und (87) ergibt sich die dimensionslose Beziehung

$$(88) \quad \frac{T_c}{C} = \frac{2Q}{P_{max}^2} ,$$

die keinen der beiden Modellparameter λ und p_0 enthält, sondern nur phänomenologische Grössen. Es ist deshalb zu vermuten, dass die Gleichung (88) universelle Aspekte enthält, obwohl sie am Modell der permanenten Dipole hergeleitet wurde. Tatsächlich sind die experimentellen Daten innerhalb der ziemlich grossen Streuung[30] mit (88) verträglich, und zwar nicht nur bei den Ferroelektrika, die auf Grund des Kriteriums von S. 434 als Ordnung-Unordnung Ferroelektrika (permanente Dipole) klassifiziert wurden, sondern auch bei Ferroelektrika, denen das Modell der anharmonischen Gitterschwingungen besser angepasst ist. Die folgende Tabelle gibt eine Übersicht über einige experimentelle Daten in c.g.s. / e.s.u.[31]:

---

[30] Problematisch ist vor allem die Bestimmung der Polarisationswärme Q, wenn sich die Anomalie $c_{E=0}$ der Wärmekapazität über ein grosses Temperaturintervall erstreckt: Unsicherheit bis zu 50%.

[31] Pro memoria:

$1\ \text{cal} = 4.18\ \text{Joule} = 4.18 \times 10^7\ \text{erg}$

$1\ \text{Coulomb} = 3 \times 10^9\ \text{statcoulomb}$ (e.s.u.)

	TGS	KH_2PO_4	KH_2AsO_4	$BaTiO_3$	$KNbO_3$
$Q\left(\frac{10^7 erg}{cm^3}\right)$	~7	6.3	5.6	5	~20
$P_{max}\left(\frac{10^4 statclb}{cm^3}\right)$	0.96	1.4	1.5	6	8
$2Q/P_{max}^2$	~1.5	0.64	0.50	2.8×10^{-2}	6.2×10^{-2}
T_c/C	1.27	0.47	0.4	3.0×10^{-2}	3.6×10^{-2}

8.4.4. Ein einfaches Modell der binären Mischung

① Das Modell

Um zu einem rohen Verständnis des am Beispiel Anilin/Cyclohexan demonstrierten Mischungs-Entmischungsphänomens zu gelangen, kann man sich das folgende einfache Bild machen:

- Das System bestehe aus N_0 Molekülen der Sorte A und aus gleichvielen Molekülen der Sorte B. Diese Zusammensetzung entspricht näherungsweise der kritischen Mischung
- Ein Molekül der Sorte A brauche gleichviel Platz wie ein Molekül der Sorte B.
- Die kinetische Energie der Flüssigkeitsteilchen wird vernachlässigt gegenüber der potentiellen Energie [32].
- Wir betrachten nur Kräfte zwischen nächsten Nachbarn. Die Bin-

---

[32] Diese Vernachlässigung ist nicht viel schlimmer als die Vernachlässigung der Schwingungsenergie bei der Berechnung der Bindungsenergie eines van der Waals Kristalls: Die Flüssigkeiten, die wir betrachten, werden durch van der Waals Kräfte zusammengehalten, und die Dichte der Flüssigkeit unterscheidet sich nicht stark von der Dichte des Kristalls (vgl. S. 357).

dungsenergie, die man auf diese Weise berechnet, ist um etwa 20% zu klein[33]. Wir setzen $-\varepsilon_{AA}$ für die Energie eines eines AA-Paars, $-\varepsilon_{BB}$ für die Energie eines BB-Paars und $-\varepsilon_{AB}$ für die Energie eines AB- oder BA-Paars. Die Energien ε_{ij} sind als positive Grössen aufzufassen. Zum Beispiel ist ε_{AA} die Arbeit, die aufgewendet werden muss, um ein AA-Paar zu trennen.

- Jedes Molekül sei im Mittel von Z_0 anderen Molekülen umgeben, wobei wir bei dieser Zählung A und B nicht unterscheiden. (Jedes Molekül hat im Mittel Z_0 Nachbarplätze, die alle besetzt sind.)

Nomenklatur:

A-reiche Phase (Phase mit grösserer A-Konzentration) = α - Phase
B-reiche Phase (Phase mit grösserer B-Konzentration) = β - Phase

Zahl der A-Moleküle in α - Phase = $N_A^{(\alpha)}$
Zahl der A-Moleküle in β - Phase = $N_A^{(\beta)}$
Zahl der B-Moleküle in α - Phase = $N_B^{(\alpha)}$
Zahl der B-Moleküle in β - Phase = $N_B^{(\beta)}$

Für unser Modell gilt

(89) $$N_A^{(\alpha)} + N_A^{(\beta)} = N_B^{(\alpha)} + N_B^{(\beta)} = N_0$$

Nach den Voraussetzungen, die dem Modell zu Grunde liegen, ist die Gesamtzahl der Moleküle in der α-Phase gleich der Gesamtzahl in der β-Phase: Der Meniskus zwischen den beiden Phasen ändert seine Lage nicht bei der kritischen Mischung (S. 403).

(90) $$N_A^{(\alpha)} + N_B^{(\alpha)} = N_A^{(\beta)} + N_B^{(\beta)} = N_0 \quad , \text{ sodass mit (89)}$$

(91) $$N_A^{(\beta)} = N_B^{(\alpha)} \quad \text{und} \quad N_A^{(\alpha)} = N_B^{(\beta)}$$

---

[33] Um die ungefähre Grösse des Fehlers einzusehen, betrachte man den Lennard-Jones'schen Faktor A_6 für die kubische dichteste Packung. Wenn man nur nächste Nachbarn berücksichtigt, ist $A_6 = 12$, während die korrekte Rechnung $A_6 = 14.45$ liefert (S. 355/356).

Wir gehen vor wie bei der Theorie des Ferroelektrikums und spielen den Entropieterm TS gegen die innere Energie U aus.

② Der Ordnungsparameter w

Die folgende Definition des Ordnungsparameters präzisiert die auf S. 405 gegebene Formulierung

$$(92)\quad N_A^{(\alpha)} = N_B^{(\beta)} = \frac{(1+w)N_0}{2}, \quad \text{womit} \quad N_A^{(\beta)} = N_B^{(\alpha)} = \frac{(1-w)N_0}{2}.$$

w kann bei dieser Definition nur zwischen null und eins variieren: $w=0$ bedeutet homogene Mischung und $w=1$ vollkommene Segregation. Im übrigen ist die Analogie zu (23) S. 408 und zu (52) S. 428 vollkommen.

③ Die innere Energie U

Zur Berechnung der inneren Energie U machen wir eine Mittelung, die analog ist zur Mittelung, die beim Modell des Ferroelektrikums auf das Binnenfeld führte (S. 424). Wir betrachten irgend ein Molekül in der α-Phase und zählen, wie viele Moleküle unter seinen Z_0 Nachbarn A-Moleküle sind und wieviele B-Moleküle. Wir denken uns diese Zählung durchgeführt für viele Moleküle in der α-Phase. Dann wird gemittelt: Sei $z_A^{(\alpha)}$ der Bruchteil der Z_0 Nachbarn, die A-Moleküle sind und $z_B^{(\alpha)}$ der Bruchteil der Z_0 Nachbarn, die B-Moleküle sind. Gemäss unserer Nomenklatur und der Definition des Ordnungsparameters ist

$$(93)\quad \begin{cases} z_A^{(\alpha)} = \dfrac{N_A^{(\alpha)}}{N_0} = \dfrac{1+w}{2} & z_B^{(\alpha)} = \dfrac{N_B^{(\alpha)}}{N_0} = \dfrac{1-w}{2} \quad \text{und analog} \\ z_A^{(\beta)} = \dfrac{N_A^{(\beta)}}{N_0} = \dfrac{1-w}{2} & z_B^{(\beta)} = \dfrac{N_B^{(\beta)}}{N_0} = \dfrac{1+w}{2} \end{cases}$$

Mit (92) und (93) ist die Zahl der nächstnachbarlichen AA-Bindungen in der α-Phase

$$(94)\quad \underbrace{\frac{(1+w)N_0}{2}}_{\text{Zahl der A-Moleküle in der }\alpha\text{-Phase.}} \cdot \underbrace{\frac{(1+w)Z_0}{2}}_{\text{Zahl der nächsten Nachbarn, die A-Moleküle sind.}} \cdot \underbrace{\frac{1}{2}}_{\text{Die Paare dürfen nicht doppelt gezählt werden.}} = \frac{1}{8} N_0 Z_0 (1+w)^2$$

Dasselbe erhält man für die Zahl der BB-Bindungen in der β-Phase. Für die Zahl der nächstnachbarlichen AB-Bindungen in der α-Phase findet man analog

$$(95)\quad \frac{(1+w)N_0}{2}\cdot\frac{(1-w)Z_0}{2}\cdot\frac{1}{2} = \frac{1}{8}N_0 Z_0\left(1-w^2\right)$$

Dasselbe gilt für die Zahl der BA-Bindungen (≡AB-Bindungen) in der β-Phase. Für die Zahl der BB-Bindungen in α und für die Zahl der AA-Bindungen in β wird je

$$(96)\quad \frac{(1-w)N_0}{2}\cdot\frac{(1-w)Z_0}{2}\cdot\frac{1}{2} = \frac{1}{8}N_0 Z_0\left(1-w\right)^2$$

Bei Vernachlässigung der Grenzflächen wird die innere Energie des Systems

$$U = -\frac{1}{8}N_0 Z_0\Big[\underbrace{(1+w)^2(\varepsilon_{AA}+\varepsilon_{BB})}_{\substack{\text{AA-Bindungen in } \alpha\\ \text{BB-Bindungen in } \beta}} + \underbrace{2(1-w^2)\varepsilon_{AB}}_{\substack{\text{AB-Bindungen}\\ \text{in } \alpha \text{ und } \beta}} + \underbrace{(1-w)^2(\varepsilon_{AA}+\varepsilon_{BB})}_{\substack{\text{AA-Bindungen in } \beta\\ \text{BB-Bindungen in } \alpha}}\Big]$$

und umgeformt:

$$(97)\quad U = -\frac{1}{4}N_0 Z_0\Big[\left(\varepsilon_{AA}+\varepsilon_{BB}-2\varepsilon_{AB}\right)w^2 + \left(\varepsilon_{AA}+\varepsilon_{BB}+2\varepsilon_{AB}\right)\Big]$$

Diese Gleichung ist das Analogon von (49) S. 427. Die Mittelung, die diesem Ausdruck zu Grunde liegt (Gl. 93), ist in der Theorie der Ordnungserscheinungen in Legierungen (vgl. S. 406-410) als Bragg-Williams-Approximation bekannt.

④ Die Entropie S

Es sind N_0 A-Moleküle und N_0 B-Moleküle so zu verteilen, dass von den A-Molekülen $\frac{1}{2}(1+w)N_0$ in die α-Phase und $\frac{1}{2}(1-w)N_0$ in die β-Phase fallen, und gleichzeitig von den B-Molekülen $\frac{1}{2}(1-w)N_0$ in die α-Phase und $\frac{1}{2}(1+w)N_0$ in die β-Phase. Nach elementarer Kombinatorik ist die Zahl der Realisierungsmöglichkeiten des durch den Ordnungsparameter w charakterisierten Zustandes gegeben durch

$$(98)\quad W = \underbrace{\frac{N_0!}{\left(\frac{1+w}{2}N_0\right)!\left(\frac{1-w}{2}N_0\right)!}}_{\substack{\text{Zahl der Möglichkeiten,}\\ N_0 \text{ A-Moleküle auf } \frac{1+w}{2}N_0\\ \alpha\text{-Plätze und } \frac{1-w}{2}N_0\\ \beta\text{-Plätze zu verteilen}}}\cdot\underbrace{\frac{N_0!}{\left(\frac{1-w}{2}N_0\right)!\left(\frac{1+w}{2}N_0\right)!}}_{\substack{\text{Zahl der Möglichkeiten,}\\ N_0 \text{ B-Moleküle auf } \frac{1-w}{2}N_0\\ \alpha\text{-Plätze und } \frac{1+w}{2}N_0\\ \beta\text{-Plätze zu verteilen}}}$$

Die Boltzmann'sche Beziehung $S = k \ln W$ liefert dann in der Stirling'schen Approximation (S. 428)

$$(99) \quad S = 2N_0 k \ln 2 - N_0 k \left[(1+w)\ln(1+w) + (1-w)\ln(1-w) \right]$$

⑤ Die kritische Temperatur T_c und die kritischen Exponenten

Der Vergleich von (99) mit (57) S. 428 und von (97) mit (49) S. 427 zeigt die vollkommene Analogie des Mischungsmodells mit dem Modell des Ordnungs-Unordnungs Ferroelektrikums [34]. Da neue Gesichtspunkte nicht auftauchen, verzichten wir auf die detaillierte Durchführung der weiteren Rechnungen. Für kritische Temperatur erhält man z.B. (vgl. S. 430)

$$(100) \quad kT_c = \frac{1}{4} Z_0 \left(\varepsilon_{AA} + \varepsilon_{BB} - 2\varepsilon_{AB} \right)$$

Segregation kann bei diesem Modell nur auftreten, wenn

$$(101) \quad (\varepsilon_{AA} + \varepsilon_{BB}) > 2\varepsilon_{AB}$$

Es ergeben sich dieselben kritischen Exponenten wie beim Modell des Ferroelektrikums und dem van der Waals-Maxwell'schen Modell der Kondensation, nämlich $\beta = \frac{1}{2}$ (Anstieg des Ordnungsparameters beim Unterschreiten von T_c), $\gamma = 1$ (Divergenz der Suszeptibilität, der Kompressibilität, der osmotischen Kompressibilität), $\delta = 3$ (kritische Isotherme). Das einfache, auf der Bragg-Williams-Approximation beruhende Modell beschreibt das beobachtete Phänomen (S. 400-406) nur qualitativ. Die experimentell bestimmten kritischen Exponenten haben etwas verschiedene Werte (Tab. S. 416/417).

Es ist eine einfache Übungsaufgabe, das Modell auf die Ordnung-Unordnung-Umwandlung in β-Messing anzuwenden. Man verwende den auf S. 408 definierten Ordnungsparameter. Tatsächlich haben Bragg und Williams das Modell zur Erklärung dieser Umwandlung geschaffen.

---

[34] Der Faktor 2 im Vergleich der Entropien rührt nur davon her, dass die Teilchenzahl im Mischungsmodell $2N_0$ beträgt.

8.4.5. Zur Unzulänglichkeit der Approximation des mittleren Feldes

Die "Approximation des mittleren Feldes", die wir an drei Beispielen durchexerziert haben (van der Waals'sches Modell, Ferroelektrikum mit permanenten Dipolen, binäre Flüssigkeit) erklärt zum mindesten qualitativ die Existenz einer kritischen Temperatur oder eines kritischen Punktes, den Anstieg des Ordnungsparameters, die Divergenz der Suszeptibilität (und ihrer Analoga) und die Anomalie der spezifischen Wärme. Die kritischen Exponenten, die diese Approximation liefert, nämlich $\beta = \frac{1}{2}$, $\gamma = 1$, $\delta = 3$, stimmen bei den Ferroelektrika im allgemeinen mit dem Experiment überein. In andern dreidimensionalen Systemen findet man $\beta = \frac{1}{3}$, $\gamma \approx 1.3$, $\delta = 4$ bis 5. Die Anomalie der spezifischen Wärme zeigt im Experiment am kritischen Punkt eher eine Divergenz als den Sägezahn, der von der Approximation des mittleren Feldes vorausgesagt wird, und zudem fällt sie nicht auf null beim Überschreiten der kritischen Temperatur. Sie hat ein "Füsschen", wie das Beispiel des β-Messings (S.407) zeigt.

Das Ungenügen der Approximation des mittleren Feldes beruht darauf, dass das System als statistisch homogen betrachtet wird (S. 424), d.h. dass die Schwankungen vernachlässigt werden. Das Phänomen der kritischen Opaleszenz (S. 398/399) zeigt indessen, dass Schwankungen in der Nähe des kritischen Punktes eine grosse Rolle spielen. Betrachte als Beispiel die kritische Mischung von Anilin und Cyclohexan (Ampulle III, S. 400-406) bei sinkender Temperatur. Wenn sich die Temperatur dem kritischen Wert T_c nähert, wachsen die raumzeitlichen Schwankungen der Zusammensetzung der Mischung an: Anilinreiche und anilinarme Gebiete folgen in raumzeitlichem Wechsel. Man kann eine Abklinglänge ξ einer Schwankung einführen, indem man die räumliche Autokorrelationsfunktion der Konzentrationsschwankungen einführt. ξ ist eine Korrelationslänge (vgl. S. 49-55). Sie divergiert bei T_c, wie die nächste Skizze illustrieren soll (aus dem Buch von H.E. Stanley: "Introduction to Phase Transitions and Critical Phenomena"). Die schraffierten Gebiete sind anilinreich und die andern anilinarm. Der Massstab ξ der statistischen Inhomogeni-

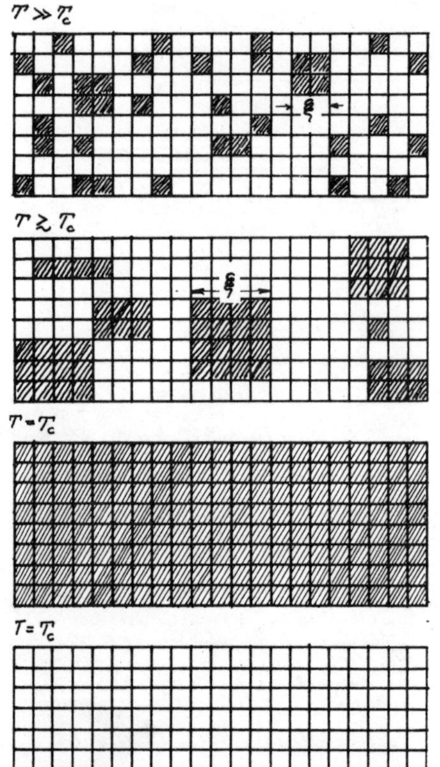

tät wird immer grösser, und die Mittelung, die der Approximation des mittleren Feldes zu Grunde liegt immer schlechter, je näher das System beim kritischen Punkt ist.

<u>Warum versagt die Approximation des mittleren Feldes bei den Ferroelektrika nicht?</u> Der Grund liegt in der grossen Reichweite der Dipol-Dipol-Wechselwirkung (S. 425), die einer Mittelung über ein grosses Kristallvolumen entspricht. Auch bei grosser Korrelationslänge ξ der Schwankungen kommt noch ein "vernünftiges" Mittel heraus. Erst ganz nahe bei der kritischen Temperatur würden sich Abweichungen vom "mittleren Feld Verhalten" bemerkbar machen. Da jeder Kristall Gitterdefekte hat, dürfte es schwierig sein, die Abweichungen zu interpretieren, die in den letzten Milli- oder Mikrograden vor der kritischen Temperatur möglicherweise auftreten. Im Gegensatz zur Dipol-Dipol-Wechselwirkung, die proportional zu $1/r^3$ ist (S. 347/348, 430), fällt die van der Waals'sche Wechselwirkung mit $1/r^6$ ab (S. 351) und die Austausch-Wechselwirkung sogar exponentiell. Die Schwankungen machen sich deshalb bei der Kondensation, der Entmischung und beim Ferromagnetismus schon weit vom kritischen Punkt entfernt bemerkbar. Es gibt ein <u>Kriterium von Ginzburg</u>, das sagt, dass die Approximation des mittleren Feldes anwendbar ist, solange die (raumzeitlichen) Schwankungen des Ordnungsparameters klein sind im Vergleich zum Ordnungsparameter. Der universelle Charakter der kritischen Exponenten (Tabellen S. 416/417) kann auf den universellen Charakter der Schwankungen zurückgeführt werden.

8.5. Zustände ausserhalb des thermodynamischen Gleichgewichts.

Zustände ausserhalb des thermodynamischen Gleichgewichts spielen eine grosse Rolle in der Natur. Zum Beispiel ist ein elektrischer Leiter, in dem ein Strom fliesst, nicht im thermodynamischen Gleichgewicht, auch dann nicht, wenn der Zustand stationär ist. Es wird dauernd elektrische Arbeit geleistet und als Joule'sche Wärme abgeführt, sodass die Verteilung $f(\vec{k})$ der Elektronen auf die Bahnzustände $\vec{k}$ nicht dem thermodynamischen Gleichgewicht entspricht (S. 283-285). Einem ganz anderen Beispiel eines thermodynamischen Nichtgleichgewichtszustandes sind wir bei der Diskussion des van der Waals'schen Modells begegnet: Die Schaffung einer Grenzfläche zwischen zwei Phasen führt über Nichtgleichgewichtszustände (S. 421). Das Analoge gilt bei der Unterkühlung der binären Flüssigkeitsmischung (S. 405). Ein ganz anderes Problem stellt der RbCl-Kristall mit NaCl-Struktur dar, der auf tiefe Temperatur abgekühlt wird (S. 384/385); denn Koexistenz einer Phase mit NaCl-Struktur mit einer Phase mit CsCl-Struktur ist im thermodynamischen Gleichgewicht gar nicht denkbar, und man sollte deshalb hier gar nicht von Phasen sprechen.

Das auf S. 423-438 behandelte Modell eines Ferroelektrikums eignet sich zur Illustration von Nichtgleichgewichtszuständen, die im Zusammenhang stehen mit der Koexistenz von zwei Phasen. Wir gehen aus vom nichtlinearen dielektrischen Verhalten $P(E)$ für eine feste Temperatur unterhalb der kritischen Temperatur. Die auf S. 436 skizzierten Kurven $P(E)$ entsprechen Zuständen, für die $\left(\frac{\partial G}{\partial P}\right)_T = 0$. Es kann sich dabei um ein Maximum von G handeln (instabiler Zustand), um ein absolutes Minimum (stabiler Zustand), um ein lokales Minimum (metastabiler Zustand) oder um eine horizontale Wendetangente. Die Figuren $\overline{I}$, $\overline{II}$, $\overline{III}$, $\overline{IV}$ auf S. 446 illustrieren die Situation. Ausgangspunkt ist $G = \Phi - EP$ (Gl. 82, S. 435), wobei Φ durch (65) S. 432 gegeben ist mit $w = P/Np_0$ (Gl. 48, S. 427). Nebenstehend skizziert ist $G(P)$ für $E = 0$ (vgl. Skizze S. 429).

$G + NkT \ln 2$

P

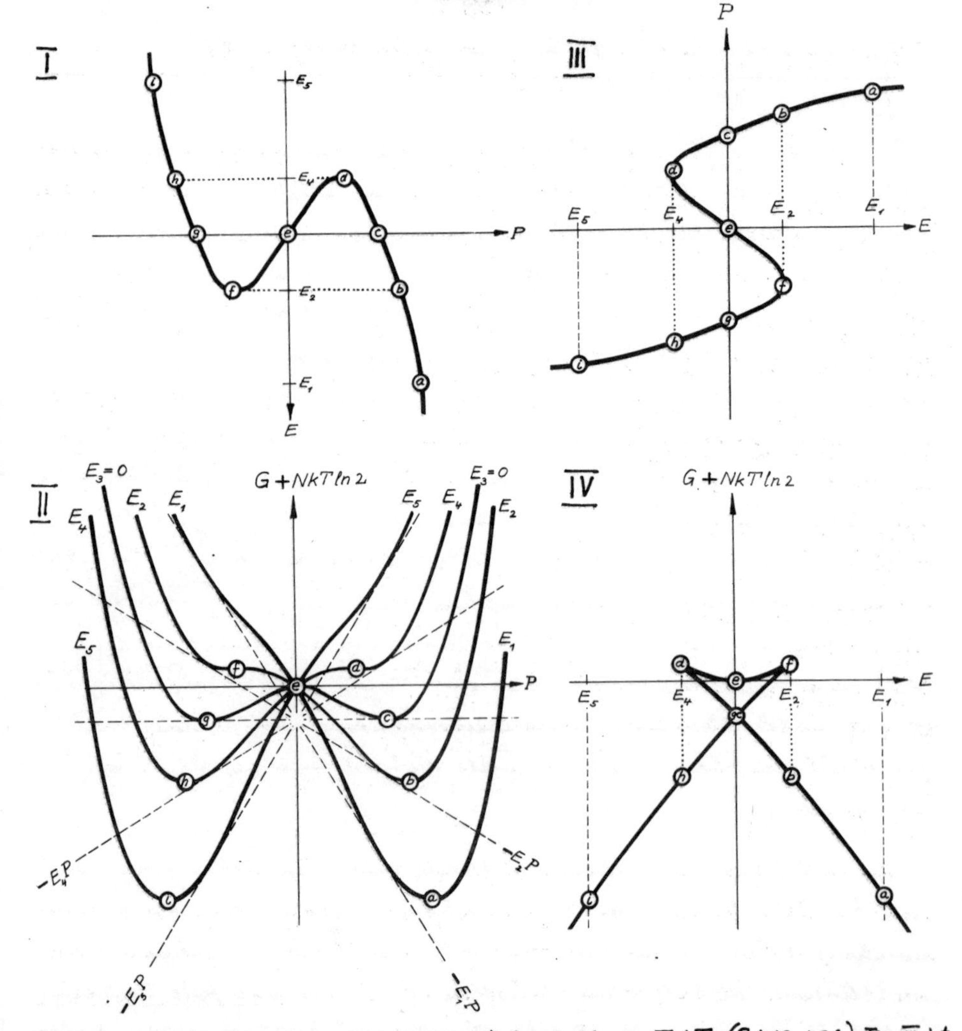

Fig. I ist das Analogon zur van der Waals'schen Isotherme $T < T_c$ (S. 419, 436). Fig. III ist die um 90° gedrehte Fig. I. Fig. II stellt die (um den konstanten Betrag $NkT \ln 2$ vergrösserte) Gibbs'sche freie Energie G als Funktion der Polarisation P dar für konstant gehaltenes, angelegtes elektrisches Feld. Die Feldstärke E ist der Parameter der Kurvenschar. Fig. IV zeigt die Gibbs'sche freie Energie der Zustände, für die $\left(\frac{\partial G}{\partial P}\right)_T = 0$, als Funktion des angelegten elektrischen Feldes. Die analoge Kurve für das van der Waals'sche Modell ist auf S. 420 skizziert. Die höhere Symmetrie dieser Kurve beim Ferroelektrikum wird sofort verständlich, wenn man

Fig. I mit der van der Waals'schen Isotherme vergleicht (S. 419) und dabei folgende Analogie erkennt:

Ferroelektrikum	van der Waals - Modell
Polarisation längs +z	Gasphase (Dampf)
Polarisation längs −z	Flüssigkeitsphase

Wir beginnen mit dem angelegten Feld E_1. Der Zustand ⓐ ist stabil. Weitere Zustände mit $\frac{\partial G}{\partial P} = 0$ gibt es bei der Feldstärke E_1 nicht. Wir lassen nun die Feldstärke abnehmen auf den Wert E_2. Der stabile Zustand des Systems ist dann ⓑ. Der Zustand ⓕ entspricht auch $\frac{\partial G}{\partial P} = 0$, aber er ist offensichtlich instabil und liegt zudem bei einer höheren Gibbs'schen freien Energie. Bei weiterer Abnahme der Feldstärke auf $E_3 = 0$ gelangt das System in den Zustand ⓒ. Bei der Feldstärke null gibt es aber noch einen Zustand mit derselben freien Energie, nämlich ⓖ.

Wenn man den Satz von S. 387 sinngemäss auf das Ferroelektrikum überträgt [35], wird man sagen, dass im thermodynamischen Gleichgewicht ein Teil des Ferroelektrikums im Zustand ⓒ und der Rest im Zustand ⓖ sein kann. Diese Zustände entsprechen Weiss'schen Bezirken mit spontaner Polarisation längs +z bzw. −z. <u>Wenn</u> zur Bildung einer Grenzfläche zwischen zwei Bezirken [36] keine Arbeit aufgewendet werden müsste, würde eine infinitesimale Änderung der Stärke des angelegten Feldes von $+dE$ auf $-dE$ genügen, um die spontane Polarisation im Kristall von Pⓒ nach Pⓖ zu bringen, d.h. zu reversieren. Es würde sich z.B. ein Weiss'scher Bezirk mit reversierter Polarisation bilden, und dieser würde auf Kosten des ursprünglichen (kristallgrossen) Bezirks wachsen. Die Analogie mit dem van der Waals'schen Modell ist klar: Der Weg von ⓒ nach

+ −

Wand zwischen Weiss'schen Bezirken bewegt sich nach unten

---

[35] Das Modell-Ferroelektrikum enthält nur eine einzige Sorte von permanenten Dipolen, entspricht also einem Einstoffsystem. Das chemische Potential ist damit die Gibbs'sche freie Energie pro Dipol (Gl. 100, S. 200).

[36] Bei Ferromagneten spricht man von Bloch'schen Wänden, bei Ferroelektrika von Domänenwänden.

ⓖ entspricht der Maxwell'schen Konstruktion und die Wand zwischen den Weiss'schen Bezirken der Phasengrenze Dampf / Flüssigkeit.[37] Bei weiterer Feldänderung in derselben Richtung würden nach dem Zustand ⓖ die stabilen Zustände ⓗ und ⓘ durchlaufen, etc..

Die experimentelle Hysteresiskurve (S. 412) zeigt, dass die Sequenz ⓐⓑⓒⓖⓗⓘ höchstens teilweise durchlaufen wird bei einer Variation des angelegten Feldes von E_1 auf E_5, und dass der Rückweg teilweise über andere Zustände läuft als der Hinweg, d.h. dass Zustände auftreten können, die nicht einem absoluten Minimum der Gibbs'schen freien Energie entsprechen.

Des Argumentes willen wollen wir zunächst annehmen, dass sich keine Domänenwände bilden können, und dass keine Schwankungen auftreten. Wenn das Feld weiter im ursprünglichen Sinne geändert wird, geht das System von Zustand ⓒ nicht in den Zustand ⓖ über, sondern es gelangt in den Zustand ⓓ. Die Zustände zwischen ⓒ und ⓓ sind metastabil. Sie entsprechen einem lokalen Minimum der Gibbs'schen freien Energie.

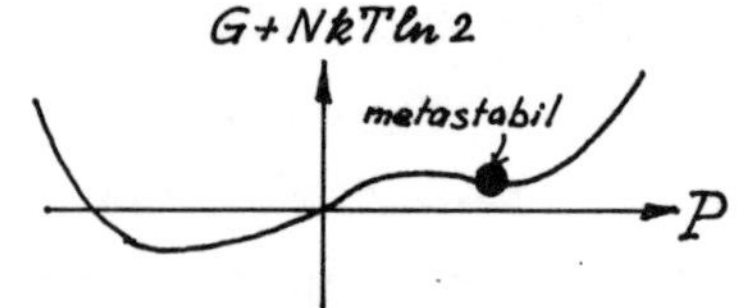

Bei der Feldstärke E_4 ist der instabile Zustand ⓓ erreicht, und das System "fällt" in den Zustand ⓗ hinunter. Dieser "Fall" wird noch getrieben von der angeschlossenen Batterie, die dabei pro cm^3 Kristall die Arbeit

$$A_{d\to h} = \left| E_4 \left(P_{ⓓ} - P_{ⓗ} \right) \right| \tag{102}$$

am Kristall leistet. Dabei nimmt die Gibbs'sche freie Energie noch ab! Die Energiebilanz kann hier nur durch einen irreversiblen Prozess, durch Wärmeproduktion, in Ordnung gebracht werden: Die Wand zwischen den beiden Bezirken bewegt sich unter Reibung durch den Kristall.

---

[37] Im Gegensatz zum analogen Prozess beim van der Waals'schen Modell ist der Weg von ⓒ nach ⓖ hier nur mit unendlich kleiner Arbeitsleistung verbunden (bei reversibler Führung), nämlich wegen der Äquivalenz der beiden Polarisationsrichtungen.

Bei einem vollen Hysteresezyklus würde nach diesen Vorstellungen die Sequenz Ⓐ Ⓑ Ⓒ Ⓓ Ⓗ Ⓘ .... Ⓘ Ⓗ Ⓖ Ⓕ Ⓑ Ⓐ durchlaufen. Für jede Temperatur unterhalb T_c gibt es zwei singuläre Zustände, nämlich Ⓓ und Ⓕ, sogenannte spinodale Zustände[38], bei denen die Instabilität einsetzt. Schwankungserscheinungen sorgen dafür, dass die spinodalen Zustände nicht erreicht werden. In metastabile Zustände hingegen können diese Systeme leicht hineinmanövriert werden durch geeignete Änderung einer der thermodynamischen Variablen.

Folgende Bücher sind eine grosse Hilfe für den Anfänger, der tiefer eindringen will in das Gebiet der kooperativen Phänomene:

H. Eugene Stanley: "Introduction to Phase Transitions and Critical Phenomena", (1971).

H. Eugene Stanley: "Cooperative Phenomena near Phase Transitions, a Bibliography with Selected Readings", (1973).

C.N. Rao and K.J. Rao: "Phase Transitions in Solids", (1978).

---

38) Spina (lat.) heisst Dorn. Die Bezeichnung "spinodal" wird bei der Betrachtung der Skizze IV S. 446 sofort klar.

Nachwort

Bei der Durchsicht dieses Manuskripts – es stellt die vierte Fassung des Kurses dar – hat sich der Verfasser gefragt, wie er zukünftige Fassungen gestalten würde. Als <u>allgemeinen grossen Mangel</u> hat er empfunden, dass die Beschreibung der experimentellen Tatsachen zu kurz gekommen ist. Zugegeben, man kann sich in der Wissenschaft auf den Standpunkt stellen, dass das, was man über die experimentellen Ergebnisse denkt, mindestens so wichtig ist, wie diese Ergebnisse selber; aber man kann auch zu weit gehen und der Theorie zu viel Platz einräumen.

Zu den einzelnen Kapiteln hat der Verfasser folgendes zu sagen:

1. <u>Beschreibung der Struktur der kondensierten Materie</u>: Dieses Kapitel würde in einer zukünftigen Fassung gekürzt. Der Abschnitt über die 23 kristallographischen Punktgruppen würde weggelassen. Er ist insofern ein Fremdkörper in diesem Manuskript, als weder die phänomenologische Kristallphysik, noch das Atom im Kristallfeld systematisch behandelt werden. Auch der Abschnitt über die 230 Raumgruppen könnte weggelassen werden, denn es wird in den späteren Kapiteln nicht darauf Bezug genommen. Was der Physiker an konventioneller <u>kristallographischer</u> Raumgruppenlehre braucht, findet er in den "Internationalen Tabellen zur Bestimmung von Kristallstrukturen". In der modernen Physik der kondensierten Materie stehen Strukturen im Vordergrund, die <u>nicht</u> in das konventionelle Schema passen, sodass sich der Physiker die Sache ohnehin von vorn überlegen muss.

2. <u>Strukturbestimmung durch kohärent-elastische Streuung</u>: An diesem Kapitel würde der Verfasser nicht viel ändern. Auf der Ausbildungsstufe, für die der Kurs konzipiert ist, könnte man nur mit grösserem Aufwand tiefer in die Theorie der Streuprozesse eindringen.

3. Thermische Bewegung im festen Körper: Der Abschnitt über kohärent-elastische Streuung am thermisch schwingenden Kristall könnte vielleicht eleganter gestaltet werden, indem man nicht die Amplitude der gestreuten Welle berechnet, sondern mit Hilfe der vierdimensionalen (raum-zeitlichen) Autokorrelationsfunktion die Intensität (klassische Behandlung von $S(\vec{q}, \Omega)$). Vielleicht ist auch die Zeit nicht mehr so fern, wo man eine einfache Behandlung des Einflusses einer kleinen Anharmonizität der Gitterschwingungen geben kann.

4. Elektronenzustände im Kristall: In diesem Kapitel fehlt der Zusammenhang zwischen Theorie und Experiment fast vollständig. Im übrigen ist das Kapitel sehr konventionell, und grosse Anleihen wurden gemacht bei den im Vorwort genannten Lehrbüchern. Trotzdem sind einige den Festkörperphysikern liebgewordene Betrachtungen weggelassen worden. Der Verfasser fragt sich auch, ob er nicht vermehrt vom Atom hätte ausgehen sollen, etwa im Sinne des Buches von W. A. Harrison: "Electronic Structure and the Properties of Solids". Vielleicht hätte er auch ein Zweielektronen-Problem etwas behandeln sollen, um die Einelektron-Approximation etwas besser zu beleuchten. Aber das wäre noch mehr Theorie gewesen.

5. Das halbklassische Modell des elektronischen Ladungstransportes: Als der Verfasser ein junger Student mit etwas puristischen Neigungen war, erschreckte ihn dieses Kapitel dermassen, dass er kopfscheu wurde, und sich in der Folge nie mit elektronischen Transportproblemen beschäftigte. Vor vier Jahren, als er den Kurs über Physik der kondensierten Materie übernahm, war er aber soweit abgebrüht, dass er begann sich für dieses heikle Thema zu interessieren. Der Leser wird in diesem Kapitel fast nur Konventionelles finden, freilich in didaktischer Verbrämung. Viel zu formal erklärt ist aber der Zusammenhang zwischen Elektronen und Löchern. Vielleicht hätte man vom Pauli'schen Lückensatz ausgehen sollen (wie in früheren Fassungen dieses Kurses), um etwas Physik hineinzubringen. Insbesondere fehlt ein Denkanstoss über den Hall-Effekt bei negativer effektiver Masse.

6. Halbleiter: In einer zukünftigen Fassung würde dieses Kapitel nach dem Kapitel über Bindungsenergie eingereiht. Im Abschnitt "Kovalente Bindung" könnten einige Grundlagen gelegt werden zum Verständnis der Bandstruktur von Silizium und Germanium.

7. Die Bindungsenergie der kondensierten Materie: Durch engere Anlehnung an das oben genannte Buch von Harrison hätte man die kovalente Bindung in der Diamantstruktur klarer behandeln können. Es wäre auch zu prüfen, ob eine elementare Theorie der Bindungsenergie einer Lennard-Jones-Flüssigkeit in der Reichweite dieser elementaren Einführung liegen könnte.

8. Kooperative Phänomene: Dieses Kapitel wurde in den Kurs aufgenommen, weil der Physiker nicht nur geschult werden muss, Unterschiede zu erkennen und zu verstehen, sondern auch Ähnlichkeiten oder gar Universalitäten. Man muss sich aber fragen, ob die Universalitäten in den letzten 10 Jahren auf dem Gebiete der Phasenumwandlungen und kritischen Phänomene nicht oft etwas zu hoch gespielt wurden.

Magnetismus: Dieses Kapitel sollte in einer zukünftigen Fassung nicht fehlen. Da es unrealistisch wäre, den Umfang des Kurses zu vergrössern, müssten in anderen Kapiteln grössere Abstriche in Kauf genommen werden.

Da der Verfasser neue Lehrverpflichtungen übernimmt, wird er nicht in der Lage sein, noch eine verbesserte Fassung dieser Einführung in die Physik der kondensierten Materie zu liefern. Er verlässt sie mit diesem Manuskript, wohl wissend, dass auch eine fünfte, sechste und siebente Version ihre Mängel gehabt hätten. Gerne gibt er seinen jüngeren Kollegen die Chance, einen anderen, besseren Kurs zu konzipieren.

Seinen Studenten, Mitarbeitern und Kollegen im Laboratorium für Festkörperphysik und Kollegen im Seminar für theoretische Physik ist der Verfasser zu grossem Dank verpflichtet für Anregungen und Diskussionen. Für die vielen Kompetenzüberschreitungen und Fehler trägt er aber die Verantwortung allein.

Zürich, den 9. September 1982

W.K